릴리키위
LiLiKiWi ®
100%천연함량성분

 유해성분 0%   동물실험 NO!

전성분 필수성분만 사용   유기농 인증!
(5~9가지만 사용)

핸드워시   헤어샴푸   바디워시   수분크림

선물상자에 예쁘게 담아 선물하세요!

전속모델 신다은

버블비 홈페이지

버블비
bubble b
자연에서 온 완벽한 식물성 성분

순수한 성분으로 아기 피부를 보듬다!
세 살 피부처럼 순수하게,
여든까지 부드럽게

향기가득 세탁세제   유아청결제   만능클리너 청소
2종세트   2종세트   2종세트

100% natural ingredients
100% 천연유래성분

effibioz
에피바이오즈 인증

ECOCERT
에코서트 인증
천연성분 인증서

VEGAN
비건제품
식물성성분사용

Allergen Free
알러지FREE

Made in FRANCE
100% 메이드인프랑스

120년의 영양 연구 역사

평생 건강의 첫 시작,
1896년부터 시작된 뉴트리시아의 역사와 함께하세요.

뉴트리시아
공식 스토어 방문하기

압타밀 공식 제조사
뉴트리시아의 멤버십, **압타클럽**

**Your Life,
Our Science**

평생 건강의 기초,
압타클럽과 함께해 보세요.

1	맞춤 정보 메시지
2	영유아 영양상담
3	AI 아기 똥감별
4	웰컴기프트
5	분유단계 전환시기 알람 서비스
6	제휴 쿠폰 패키지

웰컴기프트를 포함한
멤버십 혜택 받기

GERMAN DESIGN AWARD
GOLD 2024

iF DESIGN AWARD
2024

Joolz Day⁵

디럭스의 **안정감**에 **경쾌함**을 더하다

하이브리드형 세미 티럭스 유모차,
줄즈 데이5 (데이5 　Q)

Hello New World

JOOLZ

Bebesup

대한민국 NO.1 브랜드 베베숲

8년 연속 물티슈 **판매 1위**[*]

안전의 기준, 베베숲
11가지 성분 무첨가

고평량, 고보습
프리미엄 물티슈

지구를 위한 착한 선택
Eco-package

* 물티슈 판매수량 집계 기준 : 2023-2020 닐슨아이큐코리아 인증 / 2019-2016 칸타월드패널 인증

Bebesup

베베숲 스킨케어

대한민국 최초

더마테스트 엑설런트 등급 획득

유아보습케어부문
*판매 1위 아기 로션

여린 피부를 지키는
100시간 꽉찬 수분 보호막

Dr.Line
Hemo kids

국내 최초 수입
유소아 액상철분제

닥터라인 헤모키즈 액상형 / 120ml / 2개월분
· 맛있는 딸기맛 · **국내 최초 수입** 유소아 액상철분제 · SCIE급 논문등재 유소아 액상철분제 · 건강기능식품 / 판매원 : (주)탑헬스

수치로 증명하는
닥터라인 헤모키즈 기술력

비교군 대비 섭취 혈중 페리틴 수치 증가 확인

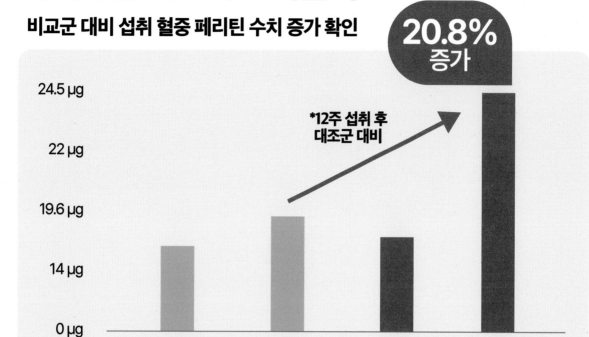

20.8% 증가

*12주 섭취 후
대조군 대비

24.5 μg

22 μg

19.6 μg

14 μg

0 μg

0주   12주   0주   12주

Placebo(대조군)   **철분시럽(실험군)**

연구대상: 만 6세 이하의 어린이
연구 기간 및 방법 : 94명 아이를 두그룹으로 나누어 12주간 철분 14mg 섭취 및 수치 추적 관찰

12주간 철분 14mg 섭취한 결과 페리틴 혈중 농도 수치 증가확인

*출처 : nutrients [Micronized, Microencapsulated Ferric Iron Supplementation in the Form of >Your<Iron Syrup
Improves Hemoglobin and Ferritin Levels in Iron-Deficient Children: Double-Blind, Randomized Clinical Study of Efficacy and Safety] SCIE 등재
※ 본 인체적용 시험은 모든 사람에게 동일하게 적용 되는 것은 아님

엄마와 함께

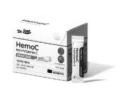

닥터라인 헤모씨
(온가족 분말철분)

시너지 UP 닥터라인 3종 세트

닥터라인 헤모키즈
(유소아 액상철분)

닥터라인 징크키즈
(유소아 액상아연)

닥터라인 칼디키즈
(유소아 액상칼슘)

황금변을 위한 선택
힙 콤비오틱 유기농 3단계 더뉴

소중한 우리 아이를 위한
힙의 유기농 품질

유기농 원재료 가공에 대한 오랜 경험으로 **엄선된 유기농 품질을 제공합니다.**

- ☑ 엄선된 유기농 원재료
- ☑ 원재료 재배부터 제품 생산까지 엄격한 품질 관리
- ☑ 자연과 조화를 이룬 유기농업
- ☑ 자연 방목으로 성장한 소들의 원유 사용

- ☒ 화학 합성 농약, 살충제 등 무첨가
- ☒ 가축의 성장호르몬 미사용
- ☒ 인공 비료 미사용
- ☒ 항생제 미사용

유기농 갈락토올리고당 (GOS)

유기농 락토스(유당)으로부터 추출된 ' 프리바이오틱 식이섬유 ' 함유

건강정보 *제품과 무관한 성분에 대한 설명입니다.

GOS(갈락토올리고당) 이란?

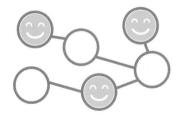

> 프리바이오틱 식이섬유로서
> 장내 유익균인
> 프로바이오틱스의 먹이

> 프로바이오틱스의
> 먹이가 되어 유익균의 활발한
> 활동 및 증식을 견인하는 성분

중요 : 모유가 아기에게 가장 좋은 식품입니다. 아기의 영양에 관해서는 소아과 의사 등 전문가와 상담하시기 바랍니다.

Peg Perego
MADE IN ITALY

Italy
A taste for life.

❚❚

SIESTA

BOOK FOR TWO

BabyBjörn

기능과 디자인의 섬세한 혁신,
프리미엄 올인원 아기띠를 만나보세요.

크림
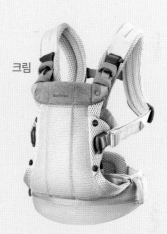

다크그린

Best 베이비본
베이비 캐리어 하모니 3D메쉬

기능과 디자인의 섬세한 혁신,
프리미엄 올인원 아기띠를 만나보세요.

우리 아이 성장 밸런스를 위한
잘크톤 에스

♪ ♫

잘크~잘크
잘크톤 에스

잘크톤에스 전속모델
배우 박하선

3앰플 1앰플 30앰플

비타민, 칼슘, 아연 마그네슘 등 총 **13가지 성분**이 앰플에 쏙!

네이버 스마트스토어  에서 잘크톤 에스를 구매하실 수 있습니다

soonsung

Real Ventilation Carseat

Uno air

0-12세 올인원 카시트

리얼 팬 탑재로
완성한 진짜

공기 순환

QR코드를 스캔하여
우노 에어만의
Triple air-flow system을
눈으로 직접 확인하세요

**Color
Line-up**

실버 베이지

딥 그레이

코랄 핑크

안정감을 주는 우리 아이 첫 공간

리틀라이프
베이비룸

특허 디자인 ｜ 간편한 조립 ｜ 안전한 소재

you are adorable
little life

임신 출산 육아 대백과

술술 잘 읽히는 첫아기 잘 키우는 법

삼성출판사

MY LITTLE TIGER

내 아이의 비범함을 키워줄
마이리틀타이거

70년 간 놀이와 학습을 선도해 온
삼성출판사의 노하우를 바탕으로
마이리틀타이거는 가치 있는 제품을
합리적인 가격에 선보입니다.

mylittletiger_official ✓

mylittletiger_official [블록 테이블] 160개의 알록달록
블록과 놀이판으로 무한 반복 쌓기 놀이 시작!
#우리아이첫블록

mylittletiger_official ✓

mylittletiger_official [도우 테이블] 말랑말랑한 도우의
촉감으로 오감을 자극하며 상상력을 키우는 도우놀이의
끝판왕, 도우테이블 #소근육놀이템

🏠 www.mylittletiger.co.kr

📷 @mylittletiger_official

임신

Bugaboo Dragonfly

Let the future unfold

임신

STEP 3

건강한 임신 생활

건강한 임신 생활과 순산을 위한 요가 레슨부터 개월별 태교 방법, 임신 중 바른 자세 등 사소하지만 꼭 필요한 정보가 들어 있어요.

♡ ○ ◁   🔖

mylittletiger_official [에너지 트램펄린] 체력이 넘치는
우리 아이를 위한 홈 트램펄린! 집에서도 쉽게 펴고 접어요.
#트램펄린

♡ ○ ◁   🔖

mylittletiger_official [마그넷 블록스] 상상력, 창의력,
문제해결능력 이 모든 것을 마그넷 블록스로 잡으세요!
두뇌 자극이 폭발하는 자석형 블록 #자석블록

♡ ○ ◁   🔖

mylittletiger_official [오프라인 스토어] 주변의 마이
리틀타이거 핑크색 간판을 찾아보세요
#마이리틀타이거 #전국유아매장

내 아이의 비범함을 키워줄
마이리틀타이거

출산

STEP 4

완벽한 출산 준비

완벽한 출산 준비를 위한 생명 탄생의 과정과, 출산의 신호, 입원 준비물 리스트를 알려드려요.

STEP 5

안전한 분만 정보

자연분만, 제왕절개의 특징과 과정은 물론 다양한 최신 분만법도 알아봤습니다.

STEP 6

산후조리 가이드

42일 산후조리 스케줄, 산후조리원 선택 가이드부터 출산 후 좌욕 요령까지.

아이와 가족 모두를 위한
라이프 스타일 브랜드

little life

living

little life 베이비룸

견고한 소재와 감각적인 디자인으로
아이와 부모가 시선을 나누는 공간

little life 4단 폴딩 매트/플랫 매트

층간 소음 걱정 없는 탄탄한 쿠션감에
깔끔한 디자인을 더한 공간

육아

STEP 7

신생아 키우기

엄마는 알 수 없는 신생아실 24시 모습과 신생아 돌보기의 기본을 이해하기 쉬운 동영상식 가이드로
준비했습니다. 신생아 발달 특징, 돌보기 포인트, 자주 일어나는 트러블도 집중 분석했습니다.

STEP 8

모유수유 교과서

'완모'부터 젖떼기까지 모두 성공할 수 있도록 모유수유에 대한 정보를 총망라했습니다.
어쩔 수 없이 분유를 먹이는 엄마를 위한 분유수유 방법도 담았습니다.

little life 마그넷 아기 병풍

신생아 발달에 필요한 다양한 주제로
자극을 더하는 터미타임 필수템

little life 워터매트

소근육을 자극하는 촉감과 다채로운
패턴으로 오감을 키우는 발달 필수템

Originally published in French by Éditions La Partie © La Partie

little life 베베북(3권)

아이의 마법 같은 첫 순간을 담은
아이와 부모가 함께 읽는 그림책

little life supports
new chapter of your *life.*

육아

육아의 기초

아이의 발달 과정에 맞춰 각 시기마다 엄마가 알아둘 것과 해야 할 일,
성장 발달의 평균을 보기 쉽게 정리했습니다.

hegen

Cherish Nature's Gift

유축, 보관, 수유 3 in 1 헤겐

Warm & Soft
영국 국민 애착 인형 브랜드

Warmies 애착 인형은

01. 엄마 품처럼 따뜻한 인형
전자레인지를 사용해
포근하고 따뜻하게 사용할 수 있어요.

02. 믿고 쓸 수 있는 안전한 인형
100% 오가닉 곡물 충전재를 사용했어요.

LINE UP

Large Bear   Large Dinosaur   Large/Junior
Cockapoo

Warm Hugs   Warm Hugs   Warm Hugs
Puppies   Sloths   Llamas

Junior Penguin   Junior Sheep

https://www.mylittletiger.co.kr
080-470-3000

육아

Bugaboo Giraffe

The chair designed for all ages,
adjustable in one second

bugaboo

reddot winner 2023
best of the best

iF GOLD AWARD 2023

부가부 코리아 1577-0680, Bugaboo.com

임신

———

생명의 씨앗이 자라고 있어요

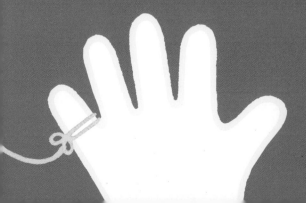

임신 기초 정보

———

의사도 가르쳐주지 않는 초음파 사진 읽는 법을 알려드립니다.
태아를 지켜주는 생명의 물, 양수를 건강하게 만드는 방법도 알아봤고요.
막상 임신을 하고 보니 들어가는 의료비가 만만치 않다고요?
알아두면 도움이 되는 임신 지원 제도와 보건소 활용법도
보기 좋게 정리했습니다.

태아의 성장

생명은 난자와 정자가 결합해 수정란이라는 하나의 세포가 만들어지는 순간부터 시작된다.
수정란에서 태아로 성장하기까지의 전 과정을 사진으로 살펴보자.

26일 된 태아

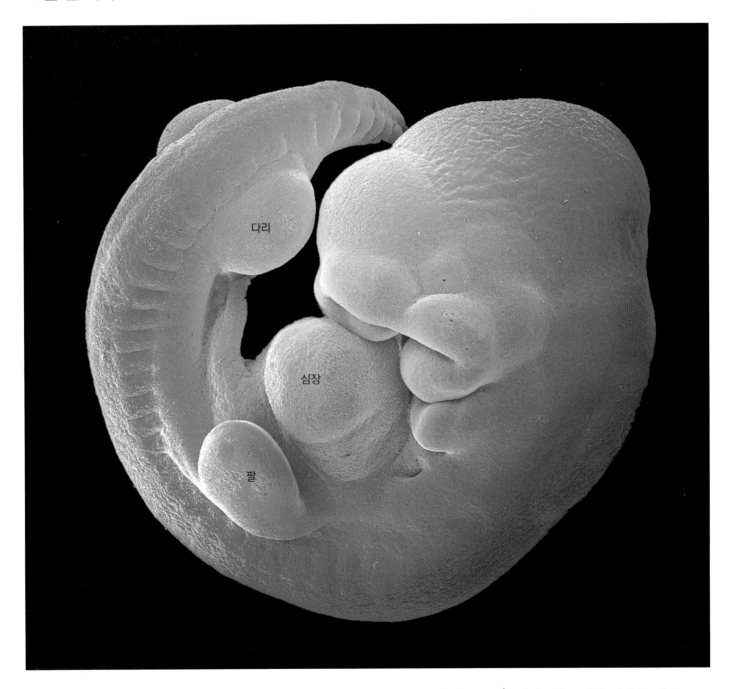

임신 첫 달이 끝나갈 무렵의 태아는 둥그스름한 머리에 등이 아치형이며 꼬리가 기다란 척추동물의 모습을 갖추고 있다. 단일세포였던
수정란이 불과 4주 만에 수백 개의 세포로 분열해 신경, 근육, 혈관, 골격 등 인체의 주요 계통을 갖춘 조직화된 세포로 발달한 것.
이 무렵부터 심장, 뇌, 척수, 감각기관이 형성되기 시작해 어느 정도 기능을 발휘한다. 아직은 배아 상태로 C자 형태의 작은 쉼표 모양이다.

6주째 태아

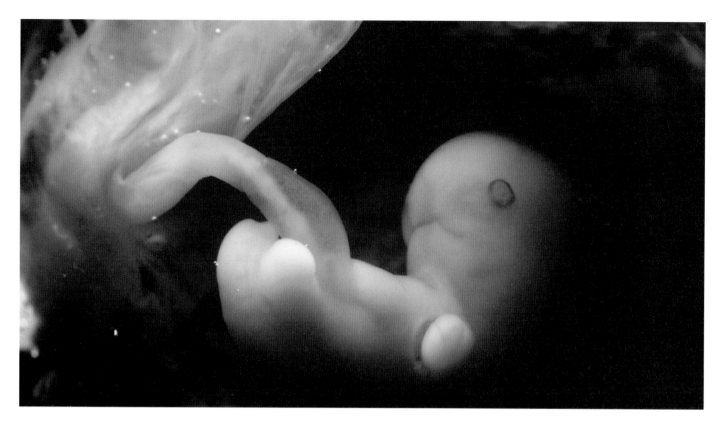

4주부터 얼굴 부분에 가시적인 작은 점이 있다가 6주가 되면 망막의 초기 형태를 띠면서 첫 번째 눈꺼풀이 생긴다. 심장박동을 시작해 초음파로 박동 소리를 들을 수 있지만, 아직 심장 형태를 갖추지 않아서 2개의 혈관이 튜브 모양을 하고 있다. 머리가 커져 이등신이 되고 7주에 들어서면 머리와 몸체, 팔다리의 형태가 구분되면서 점점 사람 모습을 갖추게 된다.

12주째 태아

꼬리가 완전히 없어져 배아에서 비로소 태아가 되는 시기다. 주요 계통이 거의 발달해 필요한 기관은 다 생기며, 이 기관들은 앞으로 6개월 동안 태아가 생존하는 데 꼭 필요한 여러 기관으로 발달한다. 코에는 콧날이 생기고 손톱이 보이기 시작한다. 초음파 검사를 통해 심장박동 소리를 들을 수 있으며, 손가락을 빨거나 하품 또는 딸꾹질을 하고 기지개를 켜는 등 움직임도 볼 수 있다.

16주째 태아

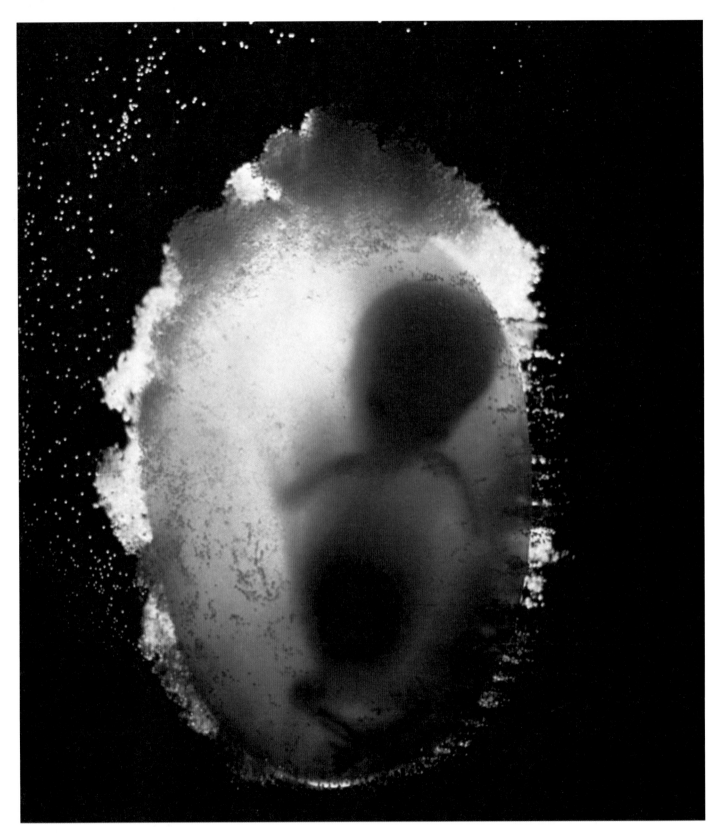

머리가 몸의 3분의 1 정도 차지하고 팔다리의 구분도 확실해진다. 양수가 늘어나 태아의 활동이 더욱 활발해지며 5분 정도 지속적으로 움직이기도 하는데, 이러한 활동은 뇌 발달을 촉진하고 근육을 단련시킨다. 모든 망막 구조가 완성되어 눈의 초기 감각 상태가 형성되며, 생식기가 점차 발달해 초음파로 남녀 구분을 정확히 할 수 있다.

25주째 태아

완전한 사등신이 되며 손발을 자유롭게 움직일 수 있다. 눈썹·속눈썹·머리카락이 생기고 눈꺼풀이 떨어져 때때로 눈을 떴다 감았다 한다. 피하에 지방이 없어 피부는 쪼글쪼글하며, 이마를 찡그리거나 눈동자를 움직이는 등 표정을 짓기도 한다. 24주부터 종종 손가락을 빨기도 하고 바깥 소리에 예민하게 반응하며, 무엇보다 뇌가 급격히 발달하기 시작한다.

임신을 알리는 신호

임신을 하면 생리가 중단되는 것 외에도 다양한 자각증상이 나타난다.
특히 생리가 불규칙한 여성이 참고하면 도움 될 여러 가지 임신 징후를 알아본다.

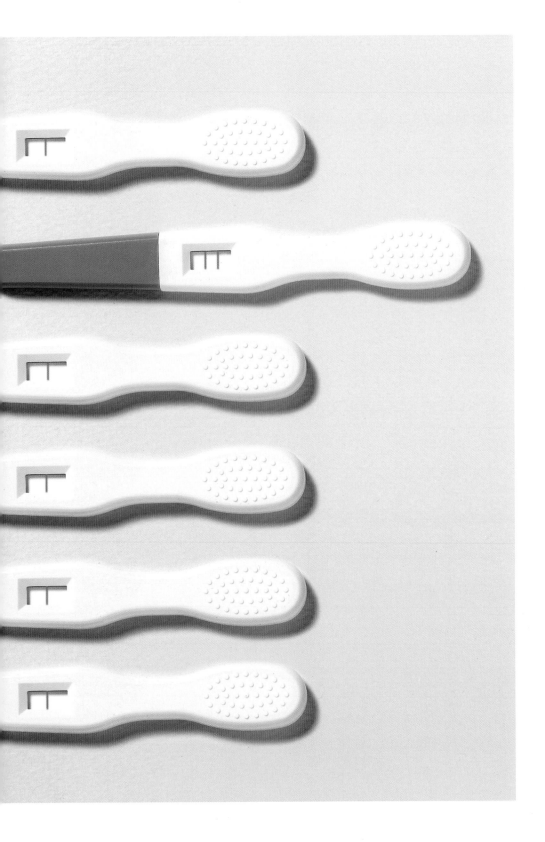

임신 징후

생리가 일주일 이상 늦어진다

생리 주기가 규칙적인 경우 생리 날짜가 예정일보다 일주일 이상 늦어지면 임신을 의심해볼 수 있다. 정자와 난자가 만나 수정이 이루어지고 자궁벽에 배아 세포가 착상하면 생리가 중단되기 때문이다. 그러나 스트레스와 정신적 충격, 내분비 기능 저하, 자궁의 발육 부진이나 난소 이상 등 여러 가지 요인으로 임신이 아닌데도 생리가 멈출 수 있으므로 다른 임신 징후들이 동반되는지 확인한다.

체온이 높고 으슬으슬 춥다

평소보다 체온이 높고 때론 감기에 걸린 것처럼 몸이 으슬으슬 춥다. 임신을 하면 생리 예정일이 되어도 기초체온이 내려가지 않고 배란기처럼 36.7~37.2℃의 미열이 임신 13~14주까지 계속된다. 따라서 미열이 3주 이상 계속되면 임신이라고 볼 수 있으나, 이러한 증상이 없는 경우도 있으며 다른 질병이 원인일 수도 있다.

! 이 시기에 약을 먹거나 방사선 검사를 받으면 태아 기형을 유발할 수 있다. 따라서 임신 가능성이 있는 시기에는 의사 처방 없이 어떤 약도 먹지 않는다.

쉽게 피로를 느낀다

몸이 노곤하고 쉽게 피로를 느끼며 수면량이 많아진다. 이유 없이 짜증이 나기도 한다. 이는 황체호르몬의 영향으로 생명을 잉태한 임신부의 몸을 보호하기 위해 나타나는 자연스러운 현상이다. 단, 질병을 앓고 있는 경우라면 해당 질병 전문의의 진찰을 받는 것이 좋다.

기미와 주근깨가 두드러진다

유방뿐 아니라 얼굴, 복부, 외음부, 겨드랑이 등에 색소침착이 나타난다. 황체호르몬의 영향으로 멜라닌 색소가 많아지면서 생기는 현상. 기미나 주근깨가 두드러지고 눈 주위가 거무스름해진다.

아랫배가 땅기고 변비가 생긴다

자궁 크기가 커지면서 아랫배가 단단해지는 느낌이 들며 변비가 생기기도 한다. 이는 황체호르몬의 영향으로 장운동이 약해지고 자궁이 점차 강하게 장을 압박하기 때문이다. 심한 경우 치핵이나 치질이 생기며, 원래 치핵이 있는 경우에는 증상이 더욱 악화된다.

유방이 커지고 아프다

생리 전 유방이 부풀고 통증을 느끼는 경우가 있는데, 임신 초기에도 이런 증상이 나타날 수 있다. 유두가 민감해져 속옷에 닿으면 아프고, 접촉이나 온도 변화에 예민하게 반응한다. 유두나 유륜이 거무스름하게 변하기도 하는데, 이런 변화를 느끼지 못하는 사람도 있다.

질 분비물이 많아진다

수정란이 자궁에 착상하면 호르몬의 영향으로 자궁의 활동이 활발해지면서 분비물도 많아진다. 임신 초기 분비물은 냄새가 없고 끈적끈적한 유백색의 점액으로 가려움증도 없는 것이 특징이다. 만약 질 부위가 가렵고 분비물에서 냄새가 나거나 초콜릿처럼 색깔이 짙고 고름 상태일 경우 세균성 질염이나 칸디다질염, 트리코모나스질염일 수 있으므로 반드시 병원 치료를 받는다.

소변을 자주 본다

소변이 자주 마려울 뿐 아니라 소변을 본 후에도 잔뇨감이 있는 듯 불쾌하다. 이는 임신을 하면 자궁을 보호하기 위해 골반 주위로 혈액이 몰리고, 그 혈액이 방광을 자극하기 때문이다. 커진 자궁이 방광을 누르는 것도 원인이다. 자궁이 골반강에서 상복부로 올라와 방광을 압박하지 않는 임신 중기에 증상이 사라졌다가 임신 후기가 되면 태아 머리가 방광을 누르면서 다시 증상이 나타난다. 임신 중 소변을 참으면 방광염에 걸리기 쉬우므로 요의를 느끼면 곧장 화장실에 간다.

입덧 증상이 나타난다

입덧은 보통 임신 2개월경에 시작하지만 일찍 나타나는 경우도 있다. 가벼운 구토 증세와 식욕부진, 평소 좋아하는 음식이 갑자기 싫어지는 등의 증세가 나타난다. 첫 임신일 때는 입덧 증상을 알지 못하고 체한 것으로 생각해 약을 먹거나 내과 검진을 받는 경우도 있으니 유의하자.

❗ 상상임신의 경우에도 임신 징후가 그대로 나타난다. 그러나 병원 검진으로 임신이 아닌 것이 확실해지면 나타난 증상들이 자연스레 사라진다.

Q 임신인 줄 모르고 약을 먹었는데 어떻게 할까?

A 사람에 따라, 또는 첫 임신인 경우 초기에 임신 징후를 느끼지 못할 수도 있다. 이로 인해 감기약, 진통제 등을 무심코 복용하고 극단적으로 임신 중절 수술을 선택하는 경우도 있다. 그러나 약을 먹었다고 무조건 태아에게 해로운 것은 아니다. 실제로 태아에게 영향을 미치는 약물은 20가지 정도인데, 이 약들도 임신 시기에 따라 영향을 미치는 범위가 다르다. 임신 사실을 모르고 약을 먹었다면 복용한 약 이름과 양을 체크해 산부인과 전문의와 상담하자. 보건복지부에서 운영하는 한국마더세이프전문 상담센터(mothersafe.or.kr, 1588-7309)를 통해 임신 중 약물 복용에 대한 긴급 상담을 받을 수 있다.

임신을 알기 힘든 경우

출산 후 모유수유 때문에 생리가 없는 시기, 임신 중절 수술을 받은 뒤, 생리 불순의 경우 등에는 이미 임신 자각증상과 비슷한 증상을 겪고 있기 때문에 임신 사실을 알기 힘들다. 또 자궁외임신이나 이상 임신의 경우도 임신 사실을 모르고 지나칠 수 있다. 출혈의 양상이 생리와 비슷하기 때문이다. 일반적으로 장기간 루프를 낀 경우, 질 내 염증이 많은 경우, 과거 유산 경험이 많거나 피임약을 장기 복용한 경우는 특히 임신 여부에 주의를 기울여야 한다.

임신 확인하는 법

임신 진단 시약 테스트

임신을 하면 임신호르몬인 융모성선자극호르몬(hCG)이 소변으로 배출되는데, 이를 활용해 임신 여부를 알 수 있다. 수정 후 7~9일이면 검사가 가능하고, 아침 첫 소변으로 검사하는 것이 가장 정확하다. 생리 예정일 5일 전에 검사할 수 있는 조기 임신 진단 시약도 있다.

소변 검사

병원에 가면 처음 하는 진단법으로, 수정된 지 4주가 지나야 100% 정확하게 확인할 수 있다. 수정 2주 후에 검사해도 90% 정확한 결과를 얻을 수 있다.

혈액 검사

병원에서 받는 검사로, 소변 검사보다 정확하다. 혈액 속 융모성선자극호르몬 여부로 임신을 확인하며, 수정 2주 후에 하면 임신 여부를 정확히 알 수 있다.

초음파 검사

임신 4주가 지나면 질식 초음파 검사를 통해 임신을 확인할 수 있다. 임신 5주부터는 복부 초음파 검사로도 확인할 수 있지만, 임신 10주까지는 질식 초음파 검사가 더 정확하다.

출산 예정일 계산하기

태아에게 이상이 있거나 쌍둥이 임신일 경우 등 임신 기간에 영향을 미치는 요인은 여럿 있지만 평균적인
임신 기간은 279~282일, 즉 40주 정도다. 보통 수정란이 착상한 날을 시작일로 본다.

자가 계산법

마지막 생리일+280일

수정부터 출산까지의 기간은 평균 266일
이다. 임신 최초의 순간은 난자와 정자가
만나 수정한 날 또는 착상한 날로 봐야 하
지만, 그날을 정확하게 알 수 없으므로 생
리를 시작한 지 2주일 후에 수정이 이루
어지는 것을 기본으로 여겨 마지막 생리
를 시작한 날로부터 280일 후를 출산 예
정일로 계산한다. 마지막 생리 시작일부
터 배란까지가 14일, 배란부터 다음 생리
시작일까지가 14일인 생리 주기 28일형
을 기준으로 계산하는 방법이다. 생리 주
기가 25일이라면 28일형에서 3일을 뺀
277일 후, 생리 주기가 35일형인 사람은

7일을 더한 287일 후가 자신의 출산 예정
일이 된다. 그러나 정상적으로 임신을 해
도 예정일이 2주가 지나도록 진통이 없는
지연 출산도 전체 임신의 10%에 달한다.

네겔식 계산법

마지막 생리 달수에서 3을 빼거나 뺄 수
없는 때는 9를 더하고, 마지막 생리를 시
작한 날짜에 7을 더한다.

- **마지막 생리를 시작한 날이 4~12월인 경우**
(A-3)월 (B+7)일
9월 20일인 경우, 출산 예정일은 6(9-3)월
27(20+7)일이 된다.
- **마지막 생리를 시작한 날이 1~3월인 경우**
(A+9)월 (B+7)일
1월 5일인 경우, 출산 예정일은 10(1+9)월
12(5+7)일이 된다.

기초체온 곡선 확인법

기초체온이란 3시간 이상 숙면을 취하고
잠을 깬 후 곧바로 측정한 체온을 말한다.
일반적으로 배란하기 전에는 체온이 36.3
~36.6℃(저온기)를 유지하다가 배란 후
에는 36.8~37℃(고온기)로 올라간다. 배
란 후 임신이 되지 않으면 생리가 시작되
면서 체온이 다시 떨어지고, 임신이 되면
출산 때까지 계속 고온기를 유지한다. 고
온기 때 평균 체온과 저온기 때 평균 체온
의 차이는 0.55℃ 정도이며, 3~4개월간
꾸준히 측정해야 정확히 알 수 있으므로
평소 기초체온을 재어 기록해둔다. 단, 경
구 피임약 복용 시 정확한 결과를 알 수
없으니 주의한다. 체온이 저온을 나타내
는 기간 중 마지막 날을 배란일로 생각하

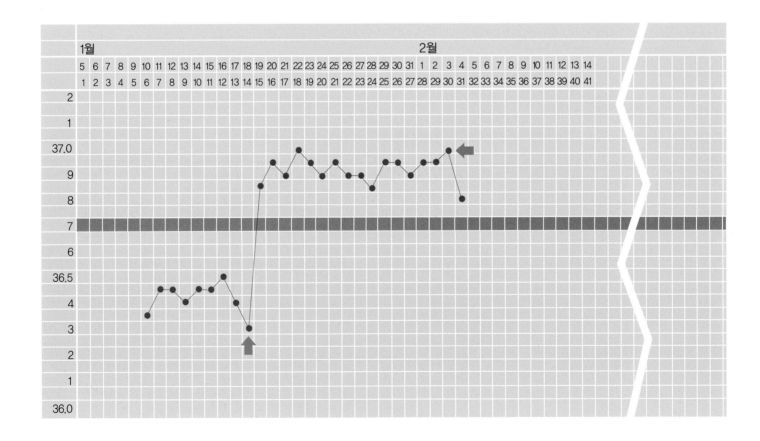

고 여기에 38주(266일)를 더해 출산 예정일을 산출한다. 하지만 배란일에 꼭 임신이 되는 것은 아니므로 병원에서 산출하는 결과와는 다소 차이가 있을 수 있다.

! 임신 전 마지막 생리 시작일을 임신 제1일로 보고 여기에 280일을 더한 것이 출산 예정일이다. 임신 기간을 10개월이라고 하는 것은 1개월을 4주로 계산한 결과이다.

기초체온 곡선 보는 법

- 36.7℃를 기준으로 보면 배란과 동시에 체온이 상승해서 기준선을 넘어간다. 배란 이후 상승한 체온은 약 2주일 동안 지속되다 생리가 시작되면 다시 저온기로 내려가고, 이후 그보다 더 낮은 저온기가 된다.
- 기초체온 곡선의 상승점은 배란 시기이고, 하강점은 생리 시작일과 일치한다.
- 배란이 되고 2주간 고온기가 지속되다가 수정이 되면 고온이 유지되고, 생리가 시작되면 체온이 내려가서 저온기가 된다.
- 고온기는 대개 14일 정도지만, 저온기는 생리 주기에 따라 약간 차이가 난다.
- 저온기가 되어도 생리를 시작하지 않으면 호르몬 균형이 무너졌다고 본다. 자궁 이상일 수 있으므로 병원 진료를 받는다.
- 고온기와 저온기의 구분이 분명하지 않으면 무배란이므로 검진을 받는다.

병원 계산법

초음파로 알 수 있다

보통 임신 5주부터 초음파 검사를 통해 임신 여부와 태아 상태를 확인할 수 있다. 임신부가 마지막 생리 날짜를 정확히 모르거나, 생리 주기가 불규칙할 때 이 방법으로 예측 가능하다. 초기에는 아기를 싸고 있는 태낭 크기를, 7주 이후에는 태아의 머리끝부터 엉덩이까지의 길이를 측정해 수정된 날짜를 산출해내는 방법이 일반적인데, 각 개월에 알맞은 태아 성장의 평균치와 비교해 출산 예정일을 유추한다. 임신 12주 이후에는 신체 일부분으로만 태아를 볼 수 있기 때문에 태아의 머리 크기를 기준으로 예측한다. 태아마다 성장 발달에 차이를 보이고, 담당 의사에 따라 초음파 사진의 판독이 다른 경우가 있다. 따라서 출산 예정일은 일주일 정도 오차가 생길 수 있다는 점에 유의하자.

자궁저 높이를 잰다

태아가 있는 자궁의 크기로 출산 예정일을 계산하는 방법으로, 마지막 생리 날짜가 확실하지 않을 때 사용한다. 자궁저 높이란 골반 앞쪽 아래에 있는 치골부터 자궁의 가장 높은 곳까지의 길이. 임신 20~31주의 경우에는 특별히 비만이거나 저체중인 임신부를 제외하고는 자궁저 높이가 임신 주 수와 거의 일치한다. 즉 임신 21주면 자궁저 높이는 21cm로, 과거에는 태아의 발달 상태를 파악하는 데 많이 이용했다. 자궁저가 가장 높을 때는 임신 9개월 무렵이며, 만삭일 때는 오히려 태아가 밑으로 내려와 그 높이가 낮아진다. 보통 자궁저 높이만으로 출산 예정일을 산출하지는 않으며, 초음파 검사나 태동 상태 등을 종합해 산출한다.

! 태동을 처음 느낀 시기로도 예정일을 알 수 있다. 초산부는 임신 19~20주 정도에 처음 태동을 느끼므로 그 날짜에 20주를 더한 날이 출산 예정일이다. 경산부는 초산부에 비해 태동을 빨리 느끼므로 이 방법으로 출산 예정일을 가늠하기는 어렵다.

정상 출산의 범위

출산 예정일은 정확하지 않다

다양한 방법으로 출산 예정일을 계산했어도 그날에 지나치게 구애받을 필요는 없다. 80% 이상의 임신부가 출산 예정일보다 일주일 빠르거나 늦게 출산한다. 초산부는 예정일보다 늦게, 경산부는 예정일보다 빨리 낳는 것이 보통이다. 출산 예정일을 알아보는 의미는 태아의 발육 상태를 체크하고 임신부가 그 단계에 맞는 임신 생활을 하도록 돕는 데 있다.

출산 예정일 전후 5주간은 정상 출산, 그러나 지연 임신은 위험하다

출산 예정일(40주)을 기준으로 3주 전(37주)에서 2주 후(41주 6일)인 5주 동안의 출산은 정상 출산 범위에 속한다. 따라서 날짜에 지나치게 집착할 필요는 없으나 출산이 너무 지체되는 지연 임신이 되지 않도록 주의를 기울여야 한다. 태아는 임신 막달까지도 계속 자라며, 특히 출산 직전 며칠 동안 급속히 성장한다. 게다가 예정일을 넘긴 태아는 태변을 더 많이 보는데, 태아를 감싸고 있는 양수는 점차 줄어들기 때문에 자궁 내 환경이 악화된다. 이와 함께 태반 기능이 약화되어 산소와 영양분 공급이 원활하지 못한데, 이 상태가 지속되면 결국 태아가 위험해질 수 있다. 또 임신 후기에 별 이유 없이 임신중독증이 나타날 수도 있으므로 주의해야 한다.

초음파 사진 읽는 법

초음파 검사를 하면 임신한 지 얼마나 되었는지, 태아는 건강한지, 언제 출산할 수 있는지 등 다양한 정보를 알 수 있다.
개월별 초음파 검사 내용부터 초음파 사진 잘 읽는 법까지.

초음파 검사란?

초음파 검사 방법
진단 장치를 복부나 질 안에 대고 진단 장치에서 발생하는 초음파의 반사를 이용해 태아 모습을 영상화하는 것. 임신 초기에는 질 속에 봉 형태의 진단 장치를 넣어 검사하는 질식 초음파 검사를 하며, 그 후에는 배에 젤을 바르고 변환기를 문지르며 진단하는 복식 초음파 검사를 한다.

초음파 검사 원리
진단 장치의 변환기에서 자궁 속으로 음파를 보내면 음파가 태아에게 부딪쳐서 되돌아오는데, 이렇게 반사된 음파를 컴퓨터로 해석한 다음 모니터로 내보낸다. 이 화면을 통해 태아 모습을 추정하는 것이 초음파 검사다. 몸에 나쁜 영향을 주지 않고 태아 모습을 여러 번 반복해서 볼 수 있기에 산과 검사의 기본으로 주로 사용하는 검사법이다.

초음파 검사, 무엇이 좋은가
방사선 촬영과 달리 임신부와 태아의 몸에 나쁜 영향을 주지 않고 자궁과 태아 상태를 모니터로 바로 확인할 수 있다. 검사 결과를 빨리 알 수 있으므로 이상이 있을 경우 신속하게 대처할 수 있다는 것이 가장 큰 장점이다. 또 중요한 부위는 여러 번 반복해 볼 수 있어 정확한 진단이 가능하다.

❗ 임신 초기에는 태아가 너무 작아서 복식 초음파 검사로는 태아를 볼 수 없다. 따라서 초기에는 질을 통해 진단 장치를 넣는 질식 초음파 검사를 하고, 태아가 어느 정도 자란 중기 이후에는 복부에 변환기를 대고 진단하는 복식 초음파 검사를 한다.

무엇을 진단하나?

임신한 지 얼마나 되었나
아기집이라 부르는 태낭의 위치와 태아의 심장박동, 다태아 임신 여부를 확인한다. 또 태아 머리부터 엉덩이까지의 길이를 재서 정확한 임신 주 수를 판단하고 출산 예정일을 산출한다.

태아가 잘 자라고 있나
태아의 정둔장(CRL)을 재서 성장 발달이 원만하게 이뤄지고 있는지 판단한다. 임신 14주 이후부터는 태아의 머리 크기, 목 둘레, 복부 둘레, 다리뼈(넓적다리) 길이 등을 측정한다.

태아에게 질병은 없나
복식 초음파 검사로는 임신 12주 이후에 기형 여부를 진단할 수 있으며, 질식 초음파 검사를 하면 좀 더 일찍 태아의 이상을 발견할 수 있다. 단, 손발 기형이나 언청이 등 외형적 이상만 알 수 있다.

초음파 사진으로 보는 태아 모습

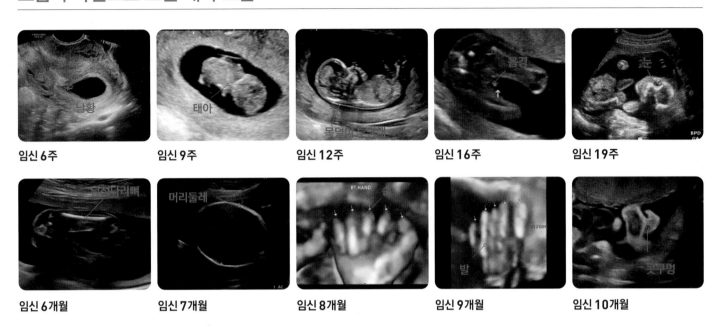

임신 6주 · 임신 9주 · 임신 12주 · 임신 16주 · 임신 19주

임신 6개월 · 임신 7개월 · 임신 8개월 · 임신 9개월 · 임신 10개월

! 초음파 검사는 해부학적 검사이므로 외형적 이상만 발견할 수 있을 뿐, 다운증후군 같은 염색체 이상은 발견할 수 없다.

안전하게 출산할 수 있나

자궁 내 양수량을 측정해 양수과다증, 양수과소증을 진단한다. 양수과다증이면 태아의 기형 발생 빈도가 높으므로 주의해야 하며, 양수과소증이면 저산소증이나 태아의 기형 가능성을 고려해야 한다. 자궁외임신, 전치태반, 역아, 쌍둥이, 난소나 자궁의 이상 등도 발견할 수 있다.

개월별 초음파 검사 내용

임신 1개월

수정란이 자궁에 착상해서 임신되는 시기(배아기)로 태낭이 형성된다. 태아는 꼬리가 달린 물고기 모양을 하고 있다. 태아 크기가 너무 작아서 초음파로도 태아를 볼 수 없으며, 간혹 태아를 싸고 있는 태낭을 볼 수 있는 경우도 있다. 아직은 검사를 해도 태아에 대한 정확한 정보를 얻기 어려운 시기로, 임신이 잘 유지되는지 정도만 확인한다.

임신 2개월

태아의 뇌와 신경세포의 약 *80%*가 만들어지는 시기다. 이 무렵부터 심장이 생기기 시작하며 초음파 검사를 하는 동안 태아의 심장박동 소리를 들을 수 있다. 간장 등 장기의 분화도 시작되며, 태아의 머리와 몸통을 볼 수 있다.

임신 3개월

태아가 비로소 사람다운 모습을 갖추는 시기다. 머리와 몸통을 구별할 수 있으며, 꼬리가 없어지고 손발이 형성된다. 또 손가락과 발가락이 생겨 머리와 손, 발 등을 구분할 수 있다. 하품을 하고 기지개를 켜는 모습을 볼 수 있다.

임신 4개월

태아가 탯줄을 통해 영양분을 흡수하기 시작한다. 몸의 각 기관이 형성되고, 체내에 혈액이 흐르면서 신체 기관들이 활발하게 움직인다. 손톱과 발톱도 자라고, 근육도 발달해 팔다리가 두꺼워진다. 초음파 사진으로 태아의 목둘레를 재서 염색체 이상이 있는지도 확인할 수 있다. 이 무렵이면 성기도 완성된다. 따라서 이 시기에 하는 복식 초음파 검사를 통해 태아의 성별을 알 수 있으나, 임신 32주 전에 알려주는 것은 법으로 금하고 있어 실제로는 알기가 어렵다. 그 밖에 등뼈가 곧은지, 탯줄이 정상 형태를 갖추고 있는지도 알 수 있다.

임신 5개월

머리카락이 자라는 것을 볼 수 있으며, 심장박동 소리도 커진다. 손가락 5개가 모두 갖추어져 손가락을 빨기도 한다. 이때부터 망막이 발달해 배 속에서도 빛의 자극에 반응한다. 또 골격과 근육이 발달해 움직임이 크고 활발하기 때문에 엄마가 태동을 느낀다. 초음파 사진으로 태아의 손가락과 발가락 개수와 눈·코·입이 제대로 형태를 갖췄는지 확인할 수 있다.

임신 6개월

태아의 머리카락이 짙어지고 눈썹이나 속눈썹도 자란다. 양수량이 서서히 늘어나 태아가 자궁 안에서 몸을 자유롭게 움직이기 때문에 거꾸로 있는 경우도 많다. 다리뼈가 올바르게 자리 잡았는지도 확인할 수 있다.

임신 7개월

아직은 피하지방이 부족해 피부나 얼굴에 주름이 많다. 뇌 기능이 제법 발달해 이 무렵부터는 몸 전체를 태아 자신의 의지에 따라 제어할 수 있다. 팔다리 길이와 머리둘레를 재서 평균치에 맞게 자랐는지 살펴보고, 머리나 심장으로 흐르는 혈류의 세기를 보면서 성장이 제대로 이루어지고 있는지 확인할 수 있다.

임신 8개월

근육이 발달하고 신경이 활발해져 태아가 양수 안에서 맘껏 움직인다. 망막이 발달해 바깥의 빛이 새어 들어오면 눈을 돌리는 등 빛의 자극에 반응한다. 폐 기능은 완성되지 않았지만 조금씩 호흡하기 시작한다. 남자 아기는 복부에 있는 고환이 제 위치를 잡아서 내려가는데, 태아 고환수종이 있는 경우 이 시기에 초음파 검사로 발견할 수 있다.

임신 9개월

피하지방이 늘어나면서 피부에 주름도 없어지고 몸 전체가 통통해지며 폐 기능도 거의 완성된다. 외부 자극에는 민감하지만 몸이 많이 자라 움직임은 전보다 둔한 편이다. 태아가 너무 커서 초음파로 전체 모습을 보기는 힘들므로 부위별로 초음파 사진을 찍어서 발달 정도와 이상 여부를 확인한다.

임신 10개월

피부가 부드러워지고 머리카락이 자란다. 내장이나 신경 계통이 거의 완성되는 등 세상 밖으로 나올 준비를 마친 상태이다. 그러나 초음파 검사를 통해서는 장기를 살펴보기 어려우며 주로 태아의 크기를 측정한다. 출산 전 마지막 초음파 검사로 분만 상황 또한 예측해보아야 한다. 태반의 위치와 탯줄이 태아의 몸에 감겨 있지는 않은지 확인하고, 양수의 양도 체크해 난산 가능성이나 분만 시기 그리고 조산 위험 등을 점검한다.

더 알고 싶은 것들

출산까지 몇 번이나 검사하나

미국 학회에서는 임신 초기·중기·후기 3회 정도를 권장하나 초음파가 보편화되어 있고 여러 가지 정보를 알 수 있기에 현재 검사하는 평균 횟수는 정해져 있지 않다. 임신 경과가 사람마다 다르기 때문에 필요한 검사 횟수 또한 다르다.

병원에 따라 결과가 다른 이유

초음파 사진을 통해 알게 되는 수치는 계산식에 따라 약간의 차이가 있다. 태아의 체중은 머리 크기나 넓적다리 길이 등의 수치로 계산하는데, 이때의 계산식이 의사마다 조금씩 다르기 때문이다. 막달에 초음파 검사로 잰 몸무게는 ±200mg 정도 오차가 있다.

사진이 깨끗하게 보이지 않는 이유

그날의 태아 상태나 양수 속 위치, 임신부의 수술력, 비만 정도 등에 따라 보이는 부분의 정도와 선명도가 달라질 뿐, 태아에게 이상이 있는 것은 아니다. 자궁 근육층이나 임신 주 수에 따라 초음파 사진이나 영상의 선명도에 차이가 생길 수 있다.

일반 초음파 검사와 정밀 초음파 검사, 입체 초음파 검사의 차이

일반 초음파 검사로는 태아와 태아를 둘러싼 환경이 건강한지 체크한다. 태아 위

> **Q 성별 구분은 언제부터 가능할까?**
>
> **A** 초음파 검사로 태아의 성별 구분이 가능한 시기는 임신 13주 전후. 하지만 대개의 경우 태아가 웅크리고 있어서 초음파로는 정확하게 판별하기 어렵다. 또 초기의 여아는 대음순이 남아의 성기처럼 보이는 경우도 있다. 현재 개정 법령에서는 의료인이 임신 32주 이후 태아 성별을 알릴 수 있다.

치나 탯줄에 이상은 없는지 등 태아, 양수, 태반, 자궁의 건강 전반을 확인하는 것. 정밀 초음파 검사는 일반 초음파 검사보다 정밀한 기기로 태아의 장기 구조와 크기 등을 확인한다. 또 주요 동맥과 정맥의 혈류량을 측정하는 도플러 검사도 병행할 수 있다. 임신 20~24주에 시행하는 중기 정밀 초음파 검사가 가장 중요하며, 기형이 의심되면 어느 주 수에든 진행할 수 있다. 태아의 팔다리나 손발 등 외형적 이상뿐 아니라 뇌 기형, 심장 기형 등 주요 장기의 이상을 중점적으로 관찰한다. 한편 입체 초음파 검사는 태아의 외형을 실제와 거의 비슷한 형태로 볼 수 있어 임신부와 태아 사이에 정서적 유대감을 형성하는 데 많은 도움을 준다. 입체 초음파 검사는 3D 초음파, 4D 초음파(영상) 등으로 불리지만 모두 같은 말이다.

입체 초음파 검사, 꼭 받아야 할까

입체 초음파 검사는 보통 임신 24~32주에 시행한다. 이 시기가 양수량이나 태아의 성장 등 여러 면에서 태아를 입체적으로 관찰하는 데 적절하기 때문이다. 입체 초음파 검사는 태아 모습을 자세히, 색다르게 볼 수 있고 기념 영상을 만들기 위한 목적으로도 선호하지만, 기형아 검사에서 이상 소견이 없고 꾸준히 진찰받았다면 반드시 해야 하는 것은 아니다. 검사 방법은 기존의 초음파 검사와 같고, 비용은 병원마다 조금씩 다르다.

입체 초음파 검사는 안전할까

입체 초음파 검사가 태아에게 유해할지에 대한 논란은 지속적으로 제기되어온 문제지만, 큰 영향을 미치지 않는 것으로 정리되는 추세다. 그러나 입체 초음파는 검사 시간이 일반 초음파 검사(5~10분)에 비해 길어(30~40분) 초음파에 노출되는 시간이 늘어나므로 태아에게 스트레스를 줄 가능성이 있다. 따라서 최소한으로 실시하는 것이 바람직하다. 특히 기형아가 우려되는 경우 주의한다.

시기별 정밀 초음파 검사 내용

• **초기 정밀 초음파 검사** 보통 임신 11~14주 무렵 실시한다. 태아의 목둘레를 재서 염색체 기형 여부를 확인한다. 기형을 진단할 수 있는 검사 중 시기적으로 가장 빠른 검사라 고위험 임신부에게는 매우 중요하다.

• **중기 정밀 초음파 검사** 보통 임신 19~24주에 시행하며, 얼굴 기형이나 심장 이상 등 선천성 기형을 발견하는 데 매우 중요한 검사다. 산모의 자궁경부 길이를 측정해 조산 위험도 확인한다.

• **후기 정밀 초음파 검사** 추가 검사가 필요한 경우에 진행한다. 검사 전 500ml 정도의 물을 마셔서 방광을 부풀려야 태아 모습을 선명하게 볼 수 있다.

입체 초음파 사진 보는 법

입체 초음파로 포착한 사진과 영상은 평면으로 보이는 기존 초음파 사진에 비해 훨씬 정교하다. 일반인도 태아의 각 부위를 쉽게 알아볼 수 있을 정도. 얼굴, 몸통 등 신체 부위의 윤곽을 따라가면 태아의 전체 모습과 각 부위를 볼 수 있다. 때론 신체의 모습이라고 보기 어려운 다소 복잡한 그림이 나오기도 한다. 이는 대개 장기의 모습으로 심장, 척추, 위, 방광, 신장 등이 나타난다. 입체 초음파 검사를 하는 날에는 배에 오일이나 크림 등을 바르지 않고 병원에 가는 것이 좋다. 배에 검사용 젤 외의

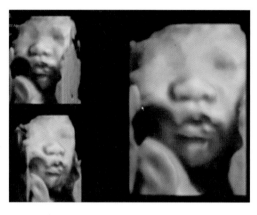

다른 것이 묻어 있으면 태아 모습을 선명하게 보지 못할 수 있기 때문. 검사 전에 물을 충분히 마시면 초음파의 반사 범위가 커져서 검사가 용이하며, 식사를 하고 가는 것도 좋은 방법이다. 영양분을 충분히 섭취한 태아가 더욱 활발히 움직이는 모습을 볼 수 있다. 태아가 자신의 손이나 다리로 얼굴을 가려 제대로 보지 못하는 경우도 있는데, 이때는 병원에 재검사를 요청한다. 대부분의 병원에서는 이 같은 요청을 받아들인다. 요즘에는 데이터로도 사진을 받을 수 있으니 참고할 것.

초음파 사진으로 보는 태아 모습

GA 추정하는 임신 주 수. W는 주 수를, D는 날짜(오차 2주)를 말한다.

LMP 마지막 생리가 시작한 날짜를 의미한다.

DOC 태아가 수정된 날짜, 즉 수정일을 의미한다.

EFW 태아의 예상 체중으로 복부 둘레나 머리둘레 등을 측정하여 산정한다.

BPD 태아의 머리둘레와 주 수에 따른 평균 크기를 바탕으로 체중을 추정하고 발육을 체크한다.

AC 복부 둘레. 태아의 발육 정도를 체크하는 기준이 된다.

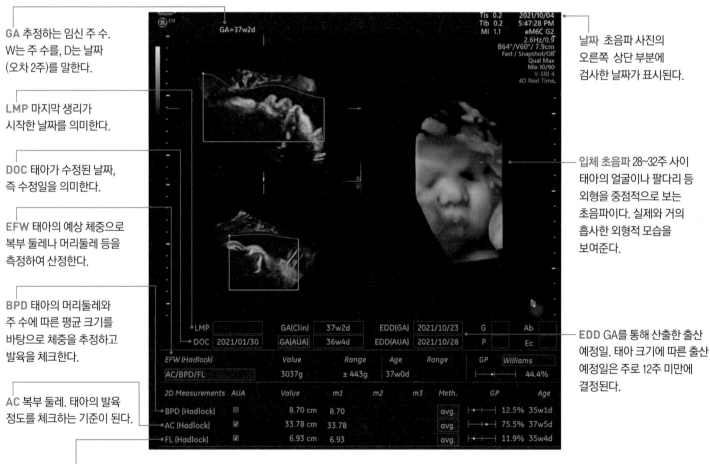

날짜 초음파 사진의 오른쪽 상단 부분에 검사한 날짜가 표시된다.

입체 초음파 28~32주 사이 태아의 얼굴이나 팔다리 등 외형을 중점적으로 보는 초음파이다. 실제와 거의 흡사한 외형적 모습을 보여준다.

EDD GA를 통해 산출한 출산 예정일. 태아 크기에 따른 출산 예정일은 주로 12주 미만에 결정된다.

FL 넓적다리 길이를 잰 수치. 체중을 추정하고 성장 정도를 알아본다.

GS 자궁 크기. 태아 형태가 거의 보이지 않는 임신 5주 전까지 많이 사용한다.

CRL 태아의 머리부터 엉덩이까지의 길이. 대부분의 태아는 다리를 구부리고 있으므로 이 길이가 여러 가지 측정에서 큰 기준이 된다.

건강한 양수 만들기

양수는 태아를 지켜주는 생명의 물이다. 특히 양수의 양은 태아의 안전과 밀접한 관계가 있기 때문에
정기검진 시마다 측정하는 게 바람직하다.

어떻게 만들어지나?

양수란 무엇인가

자궁강을 채우는 액체로, 모체의 혈액 성분인 혈장의 일부가 양수로 만들어진다. 임신 중기에는 태아의 얇은 피부를 통해 체액이 배어 나와 양수를 만들기도 하고, 태아의 몸속으로 양수가 흡수되기도 하며, 피부의 기공을 통해 배출된 수분이 새로운 양수가 되기도 한다. 임신 16주가 지나면 피부의 기공이 서서히 닫혀 양수가 피부를 통과하지 못하고, 이때부터 태아의 소변이 양수의 주요 공급원이 된다. 임신 초기의 양수는 무색으로 투명한데, 임신 후기가 되면 태아의 피부에서 박리되는 상피세포, 태지, 솜털, 소변 등이 섞여 흰색 또는 노르스름한 색을 띤다.

양수의 양

임신이 진행되면서 태아가 커감에 따라 양수의 양은 점점 늘어난다. 임신 10주엔 10~20ml, 12주엔 50ml, 임신 중기에 접어들면 400ml가 된다. 이때부터 하루 10ml 정도씩 증가하다가 임신 24주가 되면 평균 800ml까지 늘어난다. 임신 36~38주 무렵이면 1000ml에 이를 정도로 최고치를 나타낸다. 그러나 출산이 가까워지면 양수량은 오히려 서서히 감소해 출산을 앞두고는 800ml쯤 되는 것이 보통이다. 출산 예정일을 넘길 경우 양수의 양은 더욱 적어진다.

어떤 역할을 하나?

태아를 보호하는 쿠션이다

양수의 가장 중요한 역할은 외부 충격을 흡수해 태아를 안전하게 보호하는 것이다. 임신부가 배를 세게 눌리거나 부딪치는 등의 충격을 받아도 중간에서 양수가 완충 작용을 하기 때문에 태아는 직접 영향을 받지 않는다.

태아의 성장을 돕는다

태아는 엄마 배 속에서 팔다리를 움직이고 몸의 방향을 트는 동작을 반복하면서 근육과 골격이 발달한다. 태아가 이처럼 자유롭게 움직일 수 있는 것은 양수에 떠 있기 때문. 폐 발육에도 지대한 영향을 미친다. 양수 속에서 생활하면서 폐가 발달한 태아는 태어나자마자 스스로 호흡한다.

탯줄이 감기는 걸 막아준다

태아가 움직일 때 탯줄이 몸에 감기지 않도록 탯줄을 떼어놓는다. 탯줄이 태아의 몸을 감아 조이면 신체 발달이 원활하지 못하거나, 저산소증에 걸릴 수 있다.

태아의 건강 정보를 알려준다

태아의 세포 중 일부가 떨어져 나와 섞여 있기 때문에 양수를 채취해 검사하면 태아의 발육 정도와 건강 상태를 알 수 있다. 다운증후군, 에드워드증후군 등 주로 염색체 이상 여부를 알기 위해 시행한다.

항균 작용, 체온을 유지해준다

양수에서는 박테리아가 살 수 없기 때문에 태아는 질병의 감염으로부터 안전하다. 또 체온 조절 능력이 없는 태아가 체온을 일정하게 유지하도록 도와준다.

분만 시 윤활유 역할을 한다

태아가 나오기 직전에 양수가 먼저 터져서 자궁 입구를 열어주고, 태아가 잘 나올 수 있도록 산도를 촉촉하게 적셔준다.

건강한 양수 만드는 법

물은 많이 마실수록 좋다

임신부가 하루에 섭취해야 할 물의 양은 2~3L 정도다. 갈증을 많이 느끼는 편이라면 이보다 훨씬 많은 하루 5L 이상 마셔도 상관없다. 식사 전이나 도중에 물을 마시면 위의 소화효소나 위산이 희석되어 소화가 잘 안 되므로 공복 때나 식사하기 30분 전에 마시는 것이 좋다.

끓여서 식힌 미지근한 물을 마신다

빈속에 찬물이 들어가면 내장이 차가워지고 혈관이 급속히 수축될 수 있으므로 미지근한 물을 마시는 것이 가장 좋다. 생수보다는 끓인 물이 좋은데, 팔팔 끓인 물을 체온과 비슷한 온도로 식혀 마신다. 맹물을 꾸준히 마시기 어렵다면 시판하는 이온 음료를 마시는 것도 방법이다. 단, 나트륨을 과잉 섭취하지 않도록 나트륨 함량이 낮은 제품을 고르는 것이 좋다. 또 유통 과정 중 오염 가능성이 있으므로 유통기한이나 제품 보관 상태도 꼼꼼히 확인한다.

탄산음료는 되도록 마시지 않는다

탄산음료에는 온갖 색소와 카페인 등 몸에 해로운 성분이 들어 있다. 엄마가 탄산음료를 마시면 그 성분이 고스란히 양수와 태아의 몸에 흡수돼 결국 아토피피부염이나 면역력 결핍 등의 증세를 초래한다. 탄산음료가 먹고 싶을 땐 차라리 탄산수를 마신다.

재미있는 태몽 이야기

태몽은 태어날 아이의 미래를 예지하는 꿈이다. 성별부터 성격, 재능, 부에 이르기까지 태아의 인생에 대한 암시를 받을 수 있는 재미있는 태몽 이야기.

태몽이란?

다른 꿈과 무엇이 다른가

태몽은 깨어난 후에도 생생하게 기억나는 것이 특징이다. 무언가를 가져오거나 받는 꿈, 자세히 관찰하는 꿈, 동물에게 물리거나 동물이 품으로 뛰어드는 등의 꿈은 태몽이라고 할 수 있다.

어떤 태몽이 좋은 걸까

태아를 상징하는 표상(태몽에서 가장 인상 깊었던 사물이나 동식물)의 형체가 온전하고 또렷하며, 그 표상이 빛나고 예쁠수록 좋은 태몽이다. 또 표상을 가까운 데서 보거나, 몸과 직접 닿거나, 완전히 소유할수록 예지력이 강하다.

태몽 풀이

네발짐승 · 순하고 선량하다

돼지가 등장하는 태몽은 재주가 많고 장차 부자가 될 아이가 태어날 꿈이다. 말은 거침없이 달리는 동물이기 때문에 아이의 인생이 순탄하게 풀리는 꿈으로 풀이한다. 사슴은 보통 아들을 상징하는데, 사슴처럼 조용한 성품일 확률이 높다.

용 · 권세를 누린다

길몽 중 길몽으로 용은 큰 인물을 상징한다. 대개 아들 꿈일 가능성이 크고, 딸일 경우에는 활동적인 여자아이가 태어날 꿈이다. 재물보다는 권세를 상징한다.

호랑이 · 리더십이 강하다

씩씩하고 리더십이 강하며, 집안에서도 든든한 자식 노릇을 한다. 두 마리가 등장하는 경우가 있어 아들을 연년생으로 낳을 가능성이 높은 꿈이다.

뱀 · 사랑을 많이 받는다

지혜가 뛰어난 동물로 태몽에서도 좋은 징조로 풀이한다. 뱀이나 구렁이가 나오는 태몽은 큰 인물이 될 것을 상징한다.

물고기 · 재능이 많고 예쁘다

잉어는 아이가 장차 큰 인물이 될 것을 암시하고, 어항 속 금붕어는 예술적 재능이 뛰어난 아이를 뜻한다. 고래, 거북 등은 상서로운 뜻으로 해석해 아이가 높은 자리에 오를 것을 암시한다.

새 · 재능과 미모가 뛰어나다

봉황은 아이가 두뇌가 명석하고 활동적인 사람이 될 꿈이다. 참새, 꾀꼬리, 제비 등은 재주가 많고 미모가 빼어난 아이를 상징한다.

위인과 스님 · 존경받는 인물이 된다

권위가 높은 사람이 나오는 꿈은 아이가 커서 존경받는 사람이 되거나, 존경받는 사람이 아이를 도울 운명을 나타낸다. 단, 그들이 꿈속에서 어떤 물건을 건네주어 받거나 그들의 물건을 빼앗는 행동을 해야 좋은 태몽으로 본다.

금은보석 · 학자가 된다

연구 분야에서 값진 성과를 거둘 아이가 태어날 가능성이 크다. 그냥 보는 것보다는 얻거나 줍는 꿈이 더 좋다.

해, 달, 별 · 선망의 대상이 된다

가장 좋은 것은 해를 꿀꺽 삼키는 꿈으로 권세, 명예, 업적 중 하나를 반드시 소유할 것임을 의미한다. 달은 다복하고 재주가 많으며 효성이 지극한 자식을 상징하고, 별은 위대한 사람 또는 별처럼 인기 있는 사람이 될 것을 예지한다.

꽃, 과일, 채소 · 삶이 풍족하다

꿈에서 꽃을 보면 아이가 장차 명예와 업적을 얻게 된다. 과일은 풍요로운 삶을 상징한다. 땅에 떨어진 열매보다는 나무에 달려 있는 열매를 봐야 아이의 인생이 여유롭고 풍족하다.

신기한 유전 이야기

부모의 장점만 닮는다면 더 이상 바랄 것이 없겠지만, 유전의 법칙은 그리 만만하지 않다.
아이의 외모, 성격, 두뇌, 심지어 버릇에까지 영향을 미치는 유전의 법칙 이모저모.

어디까지 닮을까?

닮은꼴 1 아빠★와 아들★★의 신생아 사진

닮은꼴 2 엄마★와 아들★★의 돌 사진

닮은꼴 3 엄마★와 딸★★의 세 돌 무렵

유전과 유전자

엄마 아빠의 유전 정보를 물려받는다

유전이란 자신의 형질, 즉 얼굴 생김새 · 체형 · 눈 색깔 등과 관련한 정보를 복사해 다음 세대로 전하는 것을 말하는데, 이때 자식 세대로 전달되는 물질을 유전자라고 한다. 우리 몸의 세포는 각각 크기와 모양이 같은 23쌍(남성은 22쌍+XY), 즉 46개의 염색체로 이루어져 있다. 그리고 이 염색체에는 우리 몸의 여러 가지 특징을 결정하는 유전 정보, 즉 유전자가 들어 있다. 정자와 난자 둘이 합쳐져 하나의 세포가 되고, 그 세포가 분열을 거듭해 생명체를 이루므로 아이는 엄마 아빠의 세포를 물려받고, 엄마 아빠의 유전 정보는 자연히 아이에게 전달된다.

우리 아이, 스무 살 키 계산법

- **남자아이**
(엄마 키+아빠 키+13)÷2(오차 5cm)
- **여자아이**
(엄마 키+아빠 키-13)÷2(오차 5cm)
※ 이 계산법은 유전 요인만 고려한 경우이며, 환경 요인으로 오차가 생길 수 있다.

각 신체의 유전 확률

키 · 유전 확률 70%

흔히 키는 유전 인자에 의해 좌우된다고 생각한다. 전문가의 견해에도 조금씩 차이가 있지만, 보통 키가 유전 인자에 의해 좌우될 확률은 70% 정도이다. 이 중 아빠의 유전자가 차지하는 비율은 30% 정도이므로 엄마의 키 유전자가 아이에게 전해질 확률이 조금 더 높다. 나머지 30%는 영양과 운동, 수면 등 환경 요인에 의해 좌우된다. 키가 큰 인자를 가지고 태어났더라도 성장하면서 편식 등으로 충분한 영양을 섭취하지 못하거나, 병치레를 하면 유전적으로 결정된 수치까지 크지 못하는 경우도 있다. 반대로 키가 더 자랄 수 있는 환경이 충분히 갖춰지면 유전적으로 결정된 키보다 10~15cm가량 더 자랄 수 있다. 키 성장에는 호르몬이 영향을 많이 미치므로 호르몬이 분비되는 시간인 밤 10시 이전에는 잠자리에 드는 습관을 들여야 한다. 점프 등 성장판을 압박하는 동작이 많은 운동보다는 뼈와 근육을 이완하는 철봉 매달리기 같은 운동이 키 성장에 더 도움이 된다.

몸무게 · 부모가 모두 비만일 경우 유전 확률 14.4%

국민건강보험공단이 발표한 '2017 비만백서'에 따르면 부모가 모두 비만일 때 영 · 유아 자녀가 비만인 비율은 14.4%이다. 부모 중 한 명만 비만인 경우 자녀 비만율은 6.6~8.3%로 낮아지고, 부모 모두 비만이 아닌 경우 자녀 비만율은 3.2%에 불과하다. 부모가 비만인 자녀와 그렇지 않은 자녀의 비만율 격차가 무려 4.5배인 것이다. 부모가 고도비만일 때에는 문제가 더 심각한데, 이 경우 영 · 유아 자녀가 비만일 확률은 26.3%나 된다.

외모 · 곱슬머리, 검은 피부가 우성인자

피부색, 눈 크기와 모양, 머리카락 모양, 코 모양, 체형 등 외모는 유전적 성향이 강하다. 자외선에 의해 생기는 것으로 알고 있는 주근깨도 유전되는데, 부모 중 한 사람이라도 주근깨가 있다면 아이에게도 유전될 수 있다. 부모 한쪽이 둥근 코라면 아이가 둥근 코일 확률은 50% 이상이며, 부모 한쪽이 화살코라면 아이가 화살코일 확률 역시 50% 이상이다. 부모 모두 곱슬머리라면 아이가 곱슬머리일 확률은 75%이다. 피부색도 유전되는데, 검은 피부 인자가 우성이기 때문에 부모 중 한쪽의 피부색이 검다면 아이 역시 피부가 검을 확률이 높다.

쌍꺼풀 · 유전인자가 있어도 나타나지 않을 수 있다

부모 모두 쌍꺼풀이 있는데도 아이에게는 없는 경우가 있다. 쌍꺼풀이 있는 아이가 태어날 확률은 부모 모두 쌍꺼풀이 있으면 62%, 한 사람에게만 있으면 43%이다. 부모 모두 쌍꺼풀이 없더라도 아이가 쌍꺼풀이 있는 경우도 있는데, 이는 부모가 쌍꺼풀 유전자를 가지고 있지만 겉으로 나타나지 않았기 때문이다. 이런 경우 나이가 들어 쌍꺼풀이 생기기도 한다.

머리 · 아빠가 대머리이면 아들이 대머리가 될 확률은 50%

대머리 유전인자는 우성이므로 아빠가 대머리라면 아들이 대머리가 될 확률은 50%에 달한다. 엄마까지 대머리 유전자를 가진 경우 그 확률은 75%로 높아진다. 아빠가 대머리가 아니라면 아들이 대머리가 될 가능성은 적다. 하지만 대머리 유전자를 가지고 있다 하더라도 모두 다 대머리가 되는 것은 아니다. 탈모는 유전자뿐 아니라 호르몬과 나이, 스트레스, 환경 등과 관계가 깊은 '다인자 유전성 질환'이기 때문이다. 따라서 대머리 유전자를 가지고 태어났더라도 노력에 따라 탈모를 늦출 수도 있고 치료할 수도 있다.

쌍둥이 · 이란성은 유전, 일란성은 유전이 아니다

일란성쌍둥이는 난자 한 개와 정자 한 개가 만나 수정된 후, 세포분열 도중 두 세포군으로 분리되어 쌍둥이가 되는 경우이므로 유전의 법칙보다는 우연의 법칙을 따른다. 그러나 이란성쌍둥이는 한 번에 난자 2개가 배란되는 모체의 특성 때문에 나타난다. 따라서 이란성쌍둥이를 낳은 엄마가 다음에 출산할 때 쌍둥이를 낳을 확률은 다른 사람에 비해 2~3배 정도 높으며, 이란성쌍둥이인 여자가 결혼해서 쌍둥이를 낳을 확률도 다른 사람에 비해 월등히 높다.

지능 · 유전 확률 40~60%

아이의 지능은 40~60%가 유전되고, 나머지를 결정하는 것은 역시 후천적 환경이다. 영국 글래스고 의학연구위원회 연구에 따르면 엄마의 지능지수가 아이의 지능에 가장 많은 영향을 미친다고 한다. 엄마의 지능지수가 아이의 지능에 가장 많은 영향을 미친다고 한다. 여성이 가진 X염색체가 뇌의 사고 능력과 지능을 결정하는 데 중요한 역할을 하기 때문. 하지만 부모 모두 지능이 그리 높지 않을 경우에도 환경의 영향이 40%나 차지하고, 서로 다른 유전자가 만났을 때 좋은 결과를 나타내기도 하므로 아이의 지능이 높을 가능성은 얼마든지 있다.

성격 · 기질은 선천적이지만 성격은 변할 수 있다

성격은 기질과 환경의 상호작용을 통해 형성되는데, 그중 기질은 선천적 유전자가 큰 영향을 미친다. 신생아가 보이는 순하거나 까다로운 기질, 타고난 외향성과 내향성이 대표적 예이다. 전문가들에 따르면 좋은 기질과 나쁜 기질은 따로 존재하지 않으며, 각각의 장단점이 있다. 따라서 억지로 기질을 바꾸려고 하기보다 타고난 기질을 인정하고 그에 맞는 양육 방식을 선택할 때 아이의 성격 형성에 긍정

Q 쌍둥이는 지능지수도 비슷할까?

A 일란성쌍둥이의 지능지수 차이는 평균 6 이내이다. 반면 이란성쌍둥이의 경우 그 차이가 평균 10에 가깝고, 30 이상의 큰 차이를 보이는 경우도 있다. 일란성쌍둥이는 완전히 다른 환경에서 자라도 평균 8.2 정도의 지능 차이를 보이는 것으로 나타나 같은 환경에서 자란 이란성쌍둥이보다도 지능 차이가 적은 것으로 밝혀졌다.

적 영향을 미칠 수 있다. 유전은 감성, 사회성, 공격성, 성실성 등 성격 특징의 50% 정도만 결정하며 나머지는 환경에 따라 결정된다는 사실을 기억하자.

질병 · 유전인자의 영향을 많이 받는다

유전되는 것으로 알려진 대표 질병은 당뇨병과 고혈압이다. 부모 중 한쪽이 당뇨병이 있으면 아이가 당뇨병에 걸릴 확률이 30%이고, 부모 모두 당뇨병인 경우 아이가 당뇨병에 걸릴 확률은 60%로 높아진다. 부모가 모두 고혈압이면 자녀의 50%가 고혈압에 걸리고, 부모 중 한쪽이 고혈압일 때 자녀가 고혈압에 걸릴 확률은 30%이다. 암 역시 유전인자의 영향을 받는 질환이므로 가족 중 암 환자가 있다면 특별히 주의한다. 특히 암은 부위까지 유전되는 경우가 많다. 정신 질환 중에도 유전 질환이 많은데 자폐증과 조현병, 조울증, 지적장애는 유전될 확률이 높다. 안과 질환도 유전되는데 색맹, 근시, 사시가 대표적이다. 부모 중 한 사람이 사시라면 아이가 사시일 확률이 20~30% 가량 된다. 아토피피부염 또한 유전될 확률이 높다. 부모 모두 아토피피부염을 앓고 있으면 자녀의 발병률이 75%로 매우 높고, 부모 중 한쪽이 아토피피부염이면 자녀가 아토피피부염에 걸릴 확률은 50%이다.

임신부 지원 제도

정부에서는 저출산 문제를 해결하고 출산을 장려하기 위해 임신부를 위한 다양한 복지 제도를 운영하고 있다.
대표적 지원 내용과 혜택받는 방법을 소개한다.

건강보험 임신 출산 진료비 지원

임신 출산 진료비 지원 제도란

건강한 태아의 분만과 산모의 건강관리, 출산 친화적 환경을 조성하기 위해 임신과 출산, 아이의 건강 관리에 소요되는 진료비 일부를 전자 바우처(국민행복카드)로 지원하는 제도이다. 횟수에 제한 없이 임신 1회당 단태아 100만 원, 다태아는 태아당 100만 원(쌍둥이 200만 원, 세쌍둥이 300만 원)을 지원한다. 임신과 출산에 관련한 진료를 받기 어려운 지역에 거주하면서 연속 30일 이상 거주하는 경우 20만 원을 추가 지원한다. 2024년 1월 1일 이후 출생한 아이부터는 첫째 200만 원, 둘째 이상 300만 원이 포인트로 지급되는 첫만남 이용권도 받을 수 있다. 출생일로부터 1년 동안 사용할 수 있으며, 양육에 필요한 물품 구입이 가능하다.

❗ 국민행복카드란 정부에서 지원하는 다양한 바우처(이용권)를 하나의 카드로 묶은 형태이다. 신용카드·체크카드·전용카드 세 종류가 있으며, 전용카드는 신용카드와 체크카드 발급이 어려운 경우 예외적으로 발급한다.

누가 사용할 수 있나

임신확인서로 임신이 확인된 건강보험 가입자 또는 피부양자라면 소득과 관계없이 신청하고 지원받을 수 있다. 단, 의료급여법이나 독립유공자, 국가유공자 관련 법에 따라 의료 보호를 받는 사람은 제외된다. 임신 뿐만 아니라 조산, 자연유산, 분만 후에도 신청할 수 있으며 지원 기간 종료일까지 지원 금액을 사용할 수 있다.

어떻게 신청하나

산부인과에서 '임신확인서'를 받은 후 전담 금융기관이나 국민건강보험공단지사, 주민센터 보건소(임신만 신청 가능)을 방문해 '건강보험 임신·출산 진료비 지급 신청서'를 제출한다. 대리인이 신청할 경우 대리인 신분증, 주민등록등본, 가족관계증명서 등 임신부와의 관계를 입증할 수 있는 서류가 필요하다. 국민건강보험공단(nhis.or.kr), 정부24(gov.kr)는 물론 카드사 홈페이지 및 전화 신청도 가능하다. 국민건강보험공단(1577-1000), 삼성카드(1566-3336), 롯데카드(1899-4282), BC카드(1899-4651), KB국민카드(1599-7900), 신한카드(1544-8868) 등에서 국민행복카드 발급 신청을 할 수 있다.

❗ 첫만남이용권은 아동의 주민등록 상 주소지 읍·면·동 행정복지센터에서 방문 신청하거나 복지로(bokjiro.go.kr) 또는 정부24(gov.kr)에서도 신청할 수 있다.

어떻게 사용하나

국민행복카드를 이용해 전국 요양 기관(약국 포함)에서 본인 부담금을 결제한다. 단, 카드 수령 후 분만 예정(출산, 유산 진단)일로부터 2년까지 사용 가능하고, 미사용한 잔여 금액은 자동 소멸되므로 유의한다. 잔여 금액은 카드사 콜센터에 문의하거나, 결제 시 카드 매출 전표를 통해 확인할 수 있다. 사용 기간 내에 재임신한 경우 새로운 국민행복카드를 신청할 수 있으며, 기존 잔여금은 자동 소멸된다. 또한 산부인과 외에 다른 외래 진료를 받을 경우 모든 병원 진료비와 약제 및 치료 재료 구입 비용으로 사용할 수 있다. 2세 미만의 영유아의 병원 진료비와 약제 및 치료 재료도 구입 가능하다.

❗ 임신, 출산을 위한 요양기관에 대한 정보는 국민건강보험공단(nhis.or.kr)을 통해 확인할 수 있다.

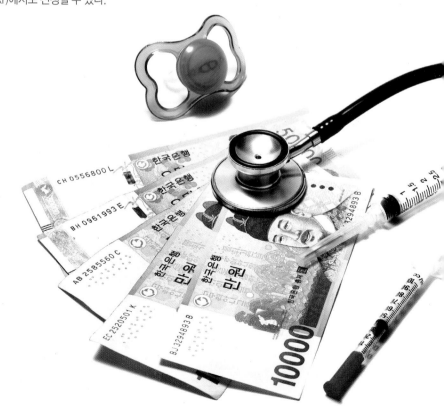

고위험 임산부 의료비 지원

고위험 임산부 의료비 지원이란

고위험 임산부가 제때 적절한 치료와 관리를 받을 수 있도록 진료비를 지원해주는 제도이다. 고위험 임신 질환 의료비 중 비급여 본인 부담금의 90%를 300만 원 한도 내에서 지원한다. 단, 병실 입원료와 환자 특식 비용, 한방치료 등 일부 항목은 제외한다. 의료급여법에 따른 의료 급여 수급권자라면 300만 원 한도 내에서 비급여 본인 부담금 100%를 지원한다.

누가 사용할 수 있나

19대 고위험 임신 질환(조기진통, 분만관련 출혈, 중증 임신중독증, 양막의 조기 파열, 태반조기 박리, 전치태반, 절박유산, 양수과다증, 양수과소증, 분만전 출혈, 자궁경부무력증, 고혈압, 다태임신, 당뇨병, 대사장애를 동반한 임신과다구토, 신질환, 심부전, 자궁 내 성장 제한, 자궁 및 자궁의 부속기 질환)으로 진단받은 후 입원 치료하는 임산부의 경우, 2024년부터는 소득 기준에 상관없이 진료비를 지원한다. 전액 본인부담금과 진찰료, 처치 수술료 등 비급여 진료비 등이 지급된다.

어떻게 신청하나

분만일로부터 6개월 이내에 임산부 주소 등록지 관할 보건소 또는 e보건소 공공보건포털(e-health.go.kr), 모바일 앱 아이마중 등 온라인으로도 신청 가능하다. 구비 서류로는 질병명과 질병 코드가 포함된 진단서 1부, 입·퇴원 진료확인서 및 진료비 영수증 각 1부, 주민등록등본 1부(등본상 출생 확인 불가시 출생보고서 또는 출생증명서 1부 추가) 등이 있다.

어디에 문의하나

자세한 사항은 보건복지상담센터 사이트(129.go.kr)나 보건복지부 상담센터(129), e보건소 공공보건포털(e-health.go.kr)로 문의한다.

직장 여성의 출산전후휴가

출산전후휴가란

근로기준법 제74조에 의거해 출산한 여성 근로자는 출산 전후에 일정 기간 동안 법적 보호를 받는다. 출산전후휴가는 출산 전과 출산 후를 합해 모두 90일(다태아는 120일)이다. 이는 강행규정으로 육아를 위해 반드시 출산 후에 45일(다태아는 60일) 이상을 사용해야 한다.

누가 사용할 수 있나

임신 중이거나 출산한 여성 근로자 중 비정규직, 임시직, 계약직 등 고용 형태와 관계없이 근로기준법의 적용을 받는 모든 여성 근로자가 사용할 수 있다. 단, 일 단위로 근로계약이 갱신되는 일일 고용의 경우는 사업주가 근로자에게 출산전후휴가를 제공할 법적 의무가 없다. 또 출산전후휴가 기간 중 근로계약 만료 등의 이유로 계약이 종료되면 출산전후휴가도 종료된다.

휴가 기간 동안 급여는 어떻게 받나

출산전후휴가 중 최초 60일(다태아의 경우 75일)은 유급휴가다. 해당 기간 중에는 회사에서 통상 임금의 100%를 지급한다. 나머지 30일(다태아는 45일) 동안은 고용보험에서 급여를 지급하는데, 상한액은 210만 원(2024년 기준)이다. 통상 임금이 월 210만 원 이하이면 통상 임금의 100%를 지급하며, 월 210만 원을 초과하면 월 210만 원만 지급한다. 우선지원대상기업 의근로자는전체휴가기간동안고용보험에서급여를받을수있다. 대규모 기업의 근로자는 최초 60일(다태아의 경우 75일)동안 받아야 할 통상 임금이 고용보험 급여보다 높다면 통상 임금에서 고용보험 급여를 뺀 차액을 회사로부터 지급받는다. 한편, 소득활동을 하고 있지만 고용보험 적용을 받지 못하는 경우에도 총 150만 원을 지원해준다. 단, 심사를 통해 출산전 18개월 중에 3개월 이상 소득 활동을 한 사실을 입증해야 한다.

> ❗ 통상 임금은 일률적·고정적으로 지급하는 급여로, 기본급뿐 아니라 고정적으로 지급하는 수당까지 포함한다.

고용보험 급여는 어떻게 신청하나

우선지원대상기업 대상자는 출산전후휴가를 시작한 날 이후 1개월부터 휴가가 끝난 날 이후 12개월 이내에 사업주에게 출산전후휴가 확인서를 발급받아 신청서와 함께 거주지 또는 사업장 관할 고용센터에 제출하면 된다. 우선지원대상기업이 아니면 출산전후휴가 후 60일(다태아의 경우 75일)이 지난 시점을 기준으로 1개월 이후에 신청할 수 있다.

어디에 문의하나

사업장의 인사 부서나 총무 부서, 또는 고용노동부 고객상담센터(1350)나 관할 고용노동부 고용센터를 통해 자세하게 상담받을 수 있다.

> **Q** 남편도 출산휴가를 받을 수 있을까?
>
> **A** 남녀고용평등과 일·가정 양립 지원에 관한 법률 제18조의 2에 의한 배우자 출산휴가를 10일 동안 신청할 수 있다. 남편이 우선지원대상기업에 다니고 있는 근로자라면 최초 5일을 통상임금에 상당하는 금액(상한액 40만1910원, 하한액 최저임금)을 배우자 출산휴가 급여액으로 지급한다. 배우자 출산휴가는 출산한 날부터 90일 이내에 신청해야 한다. 한 번은 분할 신청도 가능하다. 사업주는 배우자 출산휴가를 쓴다는 이유로 해고하거나 그밖의 불리한 처우를 하면 500만 원 이하 과태료를 부과 받을 수 있다.

직장 여성의 임신기 근로시간 단축제

임신기 근로시간 단축제란

근로기준법 제74조에 의거해 임신한 여성 근로자는 1일 2시간의 근로시간 단축을 신청할 수 있다. 만약 1일 근로시간이 8시간 미만인 경우에는 1일 근로시간이 6시간이 되도록 조정 가능하다. 이때 근로시간 단축을 이유로 임금을 삭감해서는 안 된다.

누가 사용할 수 있나

임신 12주 이내 또는 36주 이후인 여성 근로자가 사용할 수 있다. 상시 노동자가 1인 이상인 모든 사업장에 적용된다.

어떻게 신청하나

근로시간 단축 개시 예정일의 3일 전까지 임신 기간, 근로시간 단축 개시 예정일 및 종료 예정일, 근무 개시 및 종료 시각 등을 적은 문서와 임신 사실을 확인할 수 있는 의사의 진단서나 소견서를 사업장에 제출한다. 이를 허용하지 않은 사업주는 500만 원 이하의 과태료가 부과된다.

어디에 문의하나

자세한 사항은 사업장의 인사 부서나 총무 부서, 또는 고용노동부 고객상담센터(1350)나 관할 고용노동부 고용센터에 문의한다.

직장 여성의 태아 검진 시간 허용

태아 검진 시간 허용이란

임신부는 근무시간 중 정기 건강검진 시간을 허용받을 수 있고, 이를 이유로 임금이 삭감되면 안 된다. 검진에 필요한 총시간은 4시간가량이 보통이다. 임신부 정기 건강검진 기준은 28주까지는 4주마다 1회, 29~36주는 2주마다 1회, 37주 이후에는 매주 1회이다.

누가 사용할 수 있나

임신 중이거나 분만 후 6개월 미만의 여성 근로자가 사용할 수 있다. 상시 5명 이상의 근로자를 고용하는 모든 사업장에 적용된다.

어떻게 신청하나

필요 시 회사 내규에 따라 구두로 신청하거나, 태아 검진 시간 신청서를 제출한다.

어디에 문의하나

자세한 사항은 사업장의 인사 부서나 총무 부서, 또는 고용노동부 고객상담센터(1350)나 관할 고용노동부 고용센터에 문의한다.

산모 · 신생아 건강관리 지원 사업

산모 · 신생아 건강관리 지원 사업이란

산모와 신생아의 건강관리를 돕는 건강 관리사 서비스 이용료 일부를 전자 바우처(국민행복카드)로 지원하는 제도이다. 서비스 가격에서 정부 지원금을 뺀 차액을 이용자가 부담한다. 1일 기준 평균 이용 가격(2024년 기준)은 단태아 13만7600원, 쌍태아 25만8000원, 삼태아 이상 86만 원이다. 정부 지원금은 다태아 여부, 출산 순위, 소득수준, 서비스 기간 등에 따라 달라지는 데 최소 4만3300원에서 최대 174만2400원이다. 표준 이용 기간은 첫째 아이면 10일, 둘째 아이면 15일(쌍태아 15일), 셋째 아이 이상이면 15일(쌍태아 20일), 삼태아 이상이거나 중증 장애 산모인 경우 25일이며, 각 5일씩 단축하거나 연장할 수 있다. 서비스는 출산 후 60일 이내에 이용하는 것이 원칙이며, 미숙아나 선천성 이상아 출산 등의 이유로 입원을 했다면 신생아의 퇴원일로부터 60일 이내, 출산일로부터 180일 이내에 이용해야 한다.

누가 사용할 수 있나

산모와 배우자의 건강보험료 본인 부담금 합산액이 기준 중위 소득 150%(2024년 3인 기준 직장 가입자 25만1147원, 지역 가입자 21만599원, 직장 지역 혼합 25만5837원)이하 가구에 지원한다. 지방자치단체 중에는 소득 기준을 초과해도 예외적으로 지원하는 경우도 있으므로 관할 보건소에 문의해본다.

어떻게 신청하나

출산 예정일 40일 전부터 출산일 이후 30일까지(온라인 신청의 경우 출산일로부터 20일까지) 산모의 주민등록 주소지 관할 보건소나 복지로 사이트(bokjiro.go.kr)에서 신청한다.

어디에 문의하나

사회서비스 바우처 사이트(socialservice.or.kr)나 관할 보건소, 보건복지부 콜센터(129)에서 안내를 받는다.

NG 임신부는 초과 근무하지 않는다

임신 중인 여성 근로자와 태아의 건강을 위해 '시간 외 근로 금지'와 '탄력적 근로시간제 적용 금지', '임산부의 야간·휴일 근로 제한'을 법으로 정하고 있다. 임신부는 1일 8시간의 근로시간을 초과해 근무할 수 없고, 쉬운 종류의 근로로 전환해줄 것을 회사에 요구할 수 있다. 이를 어길 경우 사용자는 2년 이하의 징역 또는 2000만 원 이하의 벌금에 처해진다. 또한 오후 10시부터 오전 6시까지의 시간이나 휴일에 근로하는 것도 제한한다.

더 많은 복지 혜택을 확인하고 싶다면

더 많은 복지 제도를 알아보고 싶다면 보건복지부에서 운영하는 복지로 사이트(bokjiro.go.kr)에서 확인하자. 복지 제도와 관련한 궁금증도 보건복지부 콜센터(129)를 통해 해결할 수 있다.

병원 선택하기

임신부와 태아의 건강을 믿고 맡길 병원을 선택하는 것은 매우 중요한 일이다.
거리, 시설, 의료진, 서비스, 응급 상황에서의 대처 등 병원 선택 시 고려해야 할 점을 꼼꼼하게 체크하자.

병원 선택 시 유의할 점

집에서 가까운 곳을 고른다
초진부터 분만할 때까지 대략 13~15회 정도 병원을 찾는다. 임신 7개월 이전에는 한 달에 한 번, 8~9개월에는 한 달에 두 번, 막달에는 일주일에 한 번 검진을 받는다. 이를 고려해 교통이 편리하고 차가 막혀도 1시간 내에 갈 수 있는 병원을 선택한다.

출산과 산욕기까지 생각한다
초진부터 출산, 산욕기까지 같은 병원에서 진찰을 받는 것이 가장 바람직하다. 정해진 주치의와 임신부가 지속적인 신뢰감을 쌓으면 임신부 입장에서는 안심하고 분만할 수 있으며, 의사는 이상 징후나 응급 상황에 더 잘 대처할 수 있다.

건강 상태를 고려한다
35세 이상인 경우, 가족 중 유전적 질병이 있는 경우, 임신부 본인의 건강이 좋지 않은 경우, 태아에게 이상이 있는 경우 종합병원이나 산부인과 전문병원을 찾는다.

병원의 위생 상태를 체크한다
출산 직후 산모와 신생아는 면역력이 많이 떨어진 상태이다. 입원실, 수술실, 신생아실, 화장실 등을 둘러보고 위생 상태를 알아본 후 병원을 결정한다.

분만 방법을 고려하자
가족 분만, 자연주의 분만 등 임신부가 원하는 분만 방법을 시행할 수 있는지도 중요하다. 해당 분만에 필요한 시설과 여건을 갖춘 병원을 선택한다.

각 병원의 장단점

개인병원
집에서 가까운 곳을 선택할 수 있다. 진료 대기시간이 짧고 궁금한 점에 대해 충분히 질문하고 자세히 설명들을 수 있다. 그러나 임신부에게 다른 질병이 생기거나 출산 중 위급 상황이 발생할 경우 신속한 처치를 받기 어렵다. 요즘에는 진료는 개인병원에서 받고, 분만은 산부인과 전문병원이나 종합병원에서 하는 추세이다.
• **비용** 자연분만(2박 3일) 50~70만 원 선, 제왕절개(6박 7일) 100~150만 원 선
※ 2024년 1인실 기준(이하 동일)

산부인과 전문병원
산부인과와 관련한 소아청소년과, 내과, 비뇨기과 등의 의료진이 있어 긴급한 상황에서 적절한 처치를 받을 수 있다. 라마즈 호흡법이나 태교 교실 등 임신부 프로그램도 준비되어 있으며, 다양한 분만 시설을 갖추고 있다.
• **비용** 자연분만(2박 3일) 50~100만 원 선, 제왕절개(5박 6일) 100~200만 원 선

종합병원
임신 중 합병증이나 산부인과와 직접 관련이 없는 질환에 대해서도 치료가 가능하다. 임신 진행이 순조롭지 못하거나 고령 출산 등 위험이 예상되는 임신부에게 적합하다. 위급한 상황에서 제대로 대처할 수 있기 때문이다. 미숙아·신생아 집중 센터가 있는 병원을 선택하면 만약의 상황에서 더욱 정확한 조치를 취할 수 있다. 국가 지정 센터가 있는 곳도 있으니 미리 확인하고 병원을 정할 것. 진료 대기시간이 길고, 진료와 분만을 담당하는 의사가 다를 수 있으며, 세심한 배려를 기대하기 어렵다는 것이 단점이다.
• **비용** 자연분만(2박 3일) 120~170만 원 선, 제왕절개(5박 6일) 200~300만 원 선

병원을 옮겨야 할 때

병원 옮기기를 고려해야 할 상황
개인병원에서 진료받는 중 임신중독증, 임신성 당뇨 같은 질병이 생겼을 경우 임신 상태와 질병을 함께 볼 수 있는 전문병원이나 종합병원으로 옮기는 것이 좋다. 갑자기 이사를 가거나 친정 근처에서 출산하고자 할 때, 의사와 소통이 잘되지 않을 때도 다른 병원을 고려한다. 일단 전문의의 처방을 믿어야겠지만, 심리적 안정이 중요한 임신부의 경우 의사와 의견 차이로 병원을 옮기는 일도 종종 있다.

병원 옮길 때 체크해야 할 것

• **옮기는 적정 시기는 언제일까?** 일단 병원을 옮기기로 결정했다면 빠를수록 좋다. 담당의가 산모와 태아 상태를 충분히 파악할 시간이 있어야 하기 때문이다. 6개월 전에 옮기는 것이 좋고, 늦더라도 출산 2~3개월 전에는 결정 하는 것이 좋다.

• **다니던 병원에는** 옮길 병원과 담당의를 알려준다. 그러면 언제쯤 옮기는 것이 좋은지, 필요한 것은 무엇인지 의견을 들을 수 있다. 그간 받은 검사 결과와 건강 상태를 기록한 담당의 소견서, 산모수첩을 챙긴다.

• **새로 옮길 병원에는** 다니던 병원에서 준 소견서과 산모수첩을 지참하고 그동안 복용한 약, 현재 복용하는 약과 스스로의 건강 이상 징후를 새 담당의에게 설명해야 한다.

보건소 활용하기

임신 중 모든 검사를 병원에서만 받을 수 있는 건 아니다. 산전 검사부터 출산 후까지 다양한 서비스를 제공하는
보건소를 활용하면 내가 낸 세금 혜택을 받으면서 출산 비용도 절약할 수 있다.

보건소 이용 시 주의할 점

주민등록증과 산모수첩을 지참한다

풍진이나 기형아 검사 등은 지역구에 살고 있는 임신부에 한해 실시하므로 실제 거주지와 임신 주 수를 확인받은 후에야 혜택을 받을 수 있다. 따라서 주민등록증과 산모수첩을 반드시 가지고 간다.

병원 진료와 병행한다

보건소의 검진과 프로그램이 병원 진료를 완전히 대신할 수는 없다. 35세 이상 고령 임신부, 지병이나 유전 질환의 가족력이 있는 고위험 임신부는 반드시 산부인과 병원의 진료를 병행해야 한다. 또 임신 전에 생리일이 불규칙한 편이었다면 정확한 출산 예정일을 추정하기 위해 산부인과 진료를 받아야 한다. 혈액 검사, 소변 검사처럼 무료 또는 저렴하게 받을 수 있는 검사는 보건소를 활용하고, 재검이 필요하거나 보건소에서 시행하지 않는 질식 초음파 검사, 입체 초음파 검사, 후기 정밀 초음파 검사 등은 산부인과를 이용하면 경제적이다.

보건소 혜택은 지역마다 다르다

보건소는 기초자치단체장이 설치 운영한다. 보건소의 다양한 사업 중 엽산제와 철분제를 무료로 제공하는 것처럼 국가 보조금의 지원 아래 보건복지부의 지도를 받는 보건 사업은 공통적으로 운영한다. 하지만 기타 사업은 지방자치단체에 따라 각각의 방침으로 운영한다. 따라서 진료 범위, 내용, 비용 등은 보건소마다 다르므로 이용하기 전에 각 보건소의 홈페이지나 전화를 통해 확인해본다.

보건소에서 받을 수 있는 무료 검사

임신 반응 검사

임신 사실을 확인하는 기본 검사를 무료로 받을 수 있으며, 임신이 확인되면 보건소에서는 임신부 배지를 준다. 이 배지를 옷이나 가방 등에 부착하면 외관상 구분하기 어려운 초기 임신부도 대중교통을 이용할 때 배려받을 수 있다.

모성 검사

에이즈·매독 검사, 일반 혈액 검사, B형 간염 검사, 혈액형 검사, 소변 검사 등 대부분의 산전 검사를 무료로 받을 수 있다. 검사 결과는 보건소에서 받아 병원에 제출하면 된다.

모체 혈청 쿼드 검사

모체의 혈청으로 다운증후군, 척추이분증, 무뇌아 등 기형아 가능성 유무를 판단하는 검사이다. 보건소에 따라 무료로 검사해주거나 검사비를 지원한다.

복식 초음파 검사

일부 보건소에서는 복식 초음파 검사를 받을 수 있다. 해당 지역 보건소에 전화해 초음파 검사 여부를 확인하고, 실시하는 경우 검사 시간을 예약한다.

임신성 당뇨 검사

임신 중기에 필수로 받는 당뇨 검사를 무료 또는 저렴하게 해주는 곳도 있다.

보건소별 다양한 혜택

임신부 선물 제공

보건소에 임신부 등록을 하면 임신부 배지와 함께 선물을 제공한다. 선물 종류는 보건소마다 다른데 튼살 크림, 임산부 칫솔, 가제 손수건, 손싸개, 아기 양말 등이 일반적이다.

엽산제와 철분제 무료 제공

거의 모든 보건소에서 임신 12주까지 엽산제를, 임신 16주부터 출산 전까지 철분제를 무료로 제공한다. 제공하는 엽산제와 철분제 제품명은 보건소마다 다르다.

유축기 대여

각 지역 보건소에서는 유축기를 무료로 대여하고 있다. 관할 주소지 보건소에 3~4일 전에 예약하고 대여 당일에는 신분증과 출산확인서, 산모수첩을 갖고 방문한다. 대여 기간은 대부분 약 4~8주로, 수량이 정해져 있어 1인 1회로 제한한다.

예비 부모 대상 무료 강좌

관할 보건소마다 다르지만 대부분 임신부를 위한 태교 교실, 임신부 마사지, 모유수유 교실 등을 무료로 운영한다. 처음 아기를 맞이하는 초보 엄마 아빠를 위해 순산 체조 교실, 아빠와 함께 하는 태교를 배우는 출산 준비 교실 등 출산 관련한 여러 강좌도 들을 수 있다.

임신부 영양 상담 서비스

일부 보건소에서는 임신부와 산모·수유부 및 영·유아를 위한 건강관리 지원 서비스 '영양 플러스 사업'을 진행한다. 월 1회 영양 교육과 상담 서비스를 제공하고, 쌀·감자·달걀·우유·시리얼 등을 포함한 6가지 패키지 중 한 가지를 제공한다. 보건소마다 대상자 선정 기준이 다르므로 관할 보건소에 문의해보자.

육아용품 대여 사업

지방자치단체에 따라 다르지만 보건소에서 출산용품, 육아용품을 대여해주기도 한다. 출산용품으로는 태아 심박동 측정기, 입덧 완화 밴드를 비롯해 고위험 임신부를 위한 혈압기와 혈당기, 임신부의 복부를 피해 골반과 허벅지를 잡아주는 3점식 벨트 등이 있다. 육아용품으로는 유축기와 젖병 소독기, 보행기, 흔들침대, 수유 쿠션, 카시트 등 다양한 용품이 있다.

지자체마다 대여해주는 용품이 다르고, 기초수급가정을 우대하는 등 조건이 다르므로 지역 보건소에 직접 확인하자.

임산부 우울증 관리

임산부에 대한 우울증을 진단해서 우울증 예방 교육 프로그램 및 상담을 통해 안전한 분만을 적극적으로 유도한다. 출산 후에는 산후우울증과 연계해서 관리 받을 수 있다. 모든 보건소에서 공통적으로 실시하고 있다.

시기별로 챙겨야 할 보건소 검사 & 프로그램

출산 전	
임신 전	풍진 항체 검사
임신 후	임신부 선물 제공, 임신부 대상 프로그램
4~6주	임신 반응 검사, 임신 초기 검사 (빈혈, 간염, 매독, 에이즈 등)
9주 이상	복식 초음파 검사, 태아 심음 확인
12주 이내	엽산제 무료 제공, 모성 검사(혈액형, 빈혈, 신장, 소변, 간기능, B형간염, 매독, 에이즈)
11~24주	기형아 검사
24~28주	임신성 당뇨 검사
16~40주	철분제 무료 제공

출산 후	
12개월까지	유축기 대여, 신생아 선천성 대사이상 검진, 12개월 이하를 대상으로 갑상샘저하증, 단풍당뇨증, 갈락토오스혈증 등 6가지 항목 검사
12세까지	만 12세 이하를 대상으로 국가예방접종을 무료로 실시한다. 2024년에는 전년도와 마찬가지로 총 18종의 백신을 지원한다. 일부 보건소에서는 영·유아 건강검진을 실시하고 있으니 사는 지역의 현황을 알아보자. 방문 시 건강보험증이나 주민등록등본을 지참해야 하므로 필요 서류도 확인한다.

임신부 첫 검사

임신 징후를 느꼈다면 바로 산전 초기 검사를 받아야 한다. 임신 사실뿐 아니라 태아에게 감염되는 질병을 앓고 있는지 여부까지 확인할 수 있는 첫 산전 검사에 대해 알아본다.

왜 받아야 하나?

지병과 감염 여부를 확인한다

임신 징후를 느끼고 병원을 방문하는 시기는 대개 임신 6~7주 무렵이다. 이 시기 초음파 검사를 통해 태아의 심장박동을 확인하면 첫 산전 검사에 들어간다. 산전 초기 검사에서는 태아에게 영향을 미칠 수 있는 지병, 몇 가지 감염 여부를 판별한다. 이 검사는 필수적인 것으로, 받지 않고 지나가면 태아에게 병을 옮기거나 특정 질환을 평생 유전시킬 수 있으며, 심지어 태아가 사망하는 경우도 생긴다. 특히 매독과 풍진은 태아의 발육과 생존에 직접 영향을 미치며, 우리나라에서 발병 빈도가 높은 간염은 신생아에게 전염되므로 발견 즉시 반드시 치료해야 한다.

어떤 검사를 받나?

소변 검사

임신을 하면 융모성선자극호르몬이 분비되는데, 이 호르몬은 소변과 함께 배출된다. 소변 검사를 통해 임신 여부는 물론 임신부에게 당뇨와 단백뇨가 있는지와 신장·방광·요도의 감염 여부도 확인할 수 있다. 임신중독증을 조기에 발견하기 위해서도 꼭 필요한 검사다.

> ❗ 좀 더 정확하게 검사하려면 처음 나오는 20~25cc 정도의 소변은 버리고, 그 이후 나오는 소변을 1/4컵 정도 받는 것이 좋다. 콜라나 주스 등은 당 수치를 높이므로 검사 전에는 절대 마셔서는 안 되며, 물도 너무 많이 마시지 않는다.

몸무게&혈압 측정

임신 중 몸무게의 변화는 임신부와 태아 건강의 바로미터이므로 반드시 정기적으로 체크해야 한다. 혈압 역시 자주 재야 한다. 임신을 하면 혈관 기능의 변화로 혈압 이상이 일어나기 쉽고, 특히 높은 혈압은 임신중독증과 직결된다. 임신중독증에 걸리면 부종, 단백뇨 등으로 임신 기간 내내 힘들게 보내게 되고 치료도 어려우므로 예방이 최선책이다. 첫 검사 때 나온 혈압을 기준으로, 이후 꾸준히 혈압을 측정해서 수치를 비교해가며 관리한다.

문진

문진할 때 의사는 앞으로 있을 진료에 정확성을 기하기 위해 임신부에 대한 정보를 최대한 확보해야 한다. 보통 마지막 생리 시작일, 생리 주기, 첫 생리 나이, 약물 복용 여부, 유산이나 조산 경험 여부, 선천성 질환이나 지병 유무 등을 묻는다. 임신부의 나이가 만 35세 이상이면 염색체 이상과 기형아 발생률이 높아진다. 한편

✔ **CHECK**

임신 중 문제가 되는 병

- **빈혈** 태아의 성장을 저해할 뿐 아니라 임신부까지 위험할 수 있다.
- **심장병** 심하면 조산 또는 사산의 원인이 되고, 최악의 경우 산모가 사망할 수도 있다.
- **고혈압** 저체중아를 낳거나 임신중독증에 걸리기 쉽다.
- **저혈압** 임신 중에는 혈압이 떨어지는 경우가 많으므로 주의해야 한다.
- **당뇨병** 임신중독증에 걸리거나 태아 이상, 정상 분만이 어려운 경우가 많다.
- **만성 신장염** 임신을 하면 신장의 부담이 커져 임신중독증을 일으킬 우려가 있다.
- **자궁근종** 근종이 커지거나 근종 부위에 태반이 착상할 경우 태아나 임신부가 위험할 수 있다.
- **간염** 입덧을 심하게 하거나 임신중독증에 걸리기 쉬우며, 간 질환이 악화될 수 있다.
- **결핵** 출산 후에 악화되기 쉽고 신생아에게 감염될 위험이 있다.

엄마의 선천성 기형이 태아에게 영향을 미칠 확률은 2~4%이고, 아빠의 선천성 기형이 영향을 미칠 확률은 1% 정도이다.

촉진과 시진

촉진은 의사가 복부 등 필요한 부위를 만져서 진찰하는 것으로, 자궁이나 난소의 크기와 상태 등을 체크할 수 있다. 또 눈으로 보아 진찰하는 것을 시진이라고 하는데, 질 내부에 기구를 넣어 질 내부와 자궁을 보다 자세하게 관찰하기도 한다. 어떤 방법으로 진찰할지는 상황에 따라 다르므로 담당의와 상의해 결정한다.

자궁경부 세포진 검사

자궁경부암 여부를 알아보기 위한 검사로, 브러시 같은 도구를 사용해 자궁경부의 세포를 채취한다. 검사 후 약간의 출혈이 있을 수 있으며, 출혈이 지속될 경우 즉시 의료진과 상의하는 것이 바람직하다. 자궁경부암은 임신 중에도 발병할 수 있으며, 출산 후 많이 진행된 상태로 발견하는 경우도 빈번하다. 자궁경부암 검사를 받은 지 1년이 지났다면 임신 초기에 자궁경부에 이상 소견이 있는지 확인해본다.

질식 초음파 검사

비닐 커버를 씌운 봉 형태의 진단 장치를 질 속에 넣어 검사한다. 임신 초기에는 태아의 크기가 너무 작기 때문에 복식 초음파 검사로는 태낭 위치나 크기를 정확하게 볼 수 없다. 따라서 질식 초음파를 이용해 태낭 위치와 심장박동을 확인하고, 태아의 머리끝부터 엉덩이까지의 길이를 재서 정확한 임신 주 수를 진단한다.

혈액 검사

팔에서 5~10cc 정도의 혈액을 채취해 임신부의 혈액형을 확인하고, 질병 유무를 진단한다. 종합병원이나 산부인과 전문병원에서는 1일, 개인병원에서는 3~4일 정도면 검사 결과를 알 수 있다.

혈액 검사로 확인하는 것

Rh 인자

임신부와 태아가 모두 Rh+이거나 Rh-이면 괜찮지만, 서로 다를 경우 태아가 태내에서 사망하거나 태어난 직후 황달이 심해져 뇌성마비를 일으킬 수 있다.

풍진 항체 검사

임신 12주 이내에 풍진에 감염되면 태아에게 백내장(혹은 녹내장), 청력 장애, 심장 질환, 발달 장애 등 심각한 기형이 일어날 수 있다. 따라서 임신 전에 항체 유무 검사를 받고 항체가 없다면 풍진 예방백신을 맞아야 한다.

간염 항체 유무

간염 바이러스는 임신부의 체력을 떨어뜨려 태아의 생명까지 위협할 수 있다. B형간염 보균자이거나 현재 간염을 앓고 있다면 출산 과정에서 혈액이나 분비물 등을 통해 신생아에게 전염될 가능성이 크다. 이 경우 출산 후 신생아에게 면역글로불린을 접종해야 한다.

임신 전 받는 검사

빈혈 검사

임신 전 철분 수치가 정상이었어도 임신 후 빈혈이 생길 수 있다. 평소 빈혈이 있거나 다이어트를 했다면 더욱 주의한다.

간염 검사

항체와 항원 여부를 확인하는 검사를 한 후 필요하다면 접종한다. 1회의 접종이 아니라 기간을 두고 여러 차례 접종하는데, 접종 중에도 임신은 가능하다.

풍진 검사

백신을 접종한 후 3개월이 지나야 항체가 생긴다. 따라서 임신하기 3개월 전에는 풍진 검사를 받고, 백신을 맞은 후 3개월 동안은 피임을 해야 한다.

매독 혈청 검사

모자보건법에는 임신 전이나 임신 14주 이내에 의무적으로 매독 검사를 하도록 규정하고 있다. 임신부가 매독에 걸리면 태아가 선천성 매독증후군에 걸려 유산이나 사산할 수 있고, 임신부도 위험해질 수 있다. 유산의 고비를 넘긴다 해도 태아 기형을 일으킬 가능성이 높다. 검사를 통해 양성반응이 나오면 부부가 함께 치료해야 하며, 완치될 때까지는 피임한다.

자궁경부 바이러스 검사

만 20세 이상 여성은 2년마다 한 번씩 국가 무료 검진을 받을 수 있다. 곤지름 등 생식기 문제가 있는 경우 반드시 받는다.

검진 시 주의할 점

화장을 옅게 한다

색조 화장은 하지 말고 매니큐어도 바르지 않는다. 안색과 손톱 색깔을 보는 것은 임신부 검진의 기본이다.

입고 벗기 편한 옷을 입는다

내진할 때는 속옷을 벗어야 하므로 치마 차림이 좋다. 속옷은 입고 벗기 편한 것이 좋고, 혈압 측정이나 채혈에 대비해 소매를 걷기 쉬운 상의를 입는다.

외음부를 청결히 씻는다

병원에 가기 전 외음부를 씻되 분비물 검사를 위해 질 안은 씻지 않는다. 검사 전날에는 성관계를 하지 않는다.

추가로 고려해볼 검사

산모에게는 별다른 증상이 없는 성병도 태아에게는 조산, 기형, 유산 등 치명적 결과를 초래할 수 있다. 따라서 성병 유무를 확인하고 적절한 조치를 취해야 한다. 에이즈, 클라미디아 검사는 모든 임신부에게 추천하며, 임질 등 기타 성병의 경우 위험 가능성에 대해 담당의와 상담한 후 검사 여부를 결정한다.

기형아 검사의 모든 것

우리나라 임신부 100명 중 3~5명은 기형아를 출산한다. 그중 65~75%는 원인을 알 수 없는 기형이다.
기형은 누구에게나 찾아올 수 있는 불행인 만큼 미리 알고 대비해야 한다.

태아 기형의 원인

유전 질환에 의한 기형

구순구개열이나 선천성 심장병, 무뇌아 등 선천성 기형은 비정상 유전인자에 환경 요인이 작용해 나타나는데, 몇 세대를 걸러서 나타나기도 한다. 하나의 비정상 유전인자 때문에 생기는 기형도 있다. 선천적으로 효소가 부족해 대사 물질이 뇌에 축적되어 지적장애를 일으키는 페닐케톤뇨증, 소인증, 혈우병, 자폐증 등이 이 경우에 해당한다.

염색체 이상에 의한 기형

전체 태아 중 7%가 염색체 이상을 일으키는 것으로 알려져 있다. 이 경우 대부분은 자연유산되고, 0.6%만이 염색체 이상으로 태어난다. 다운증후군이 대표적으로, 선천성 심장병 등 장기 기형을 동반하는 경우가 많다. 터너증후군은 여자아이에게만 나타나는데, 다 자란 키가 140cm 미만이지만 지능은 정상이다. 그러나 2차 성징이 나타나지 않아 생리나 음모 등이 없다. 반면 클라인펠터증후군은 남자아이에게만 나타나며, 지능이 낮고 성 기능 장애가 동반된다. 에드워드증후군인 아이는 머리가 작고 심장에 이상이 나타난다.

임신부 질환에 의한 기형

임신 전 당뇨병을 앓은 임신부의 기형아 출산율은 그렇지 않은 임신부의 5배. 선천성 심장병, 선천성 고관절탈구, 구순구개열, 다지증 등의 기형이 잘 생긴다. 성병(매독, 선천성 매독증후군)이나 에이즈에 걸린 임신부는 선천성 심장병, 지적장애의 기형아를 낳을 수 있다.

감염에 의한 기형

임신부가 풍진에 감염되면 태아에게 선천성 풍진증후군, 백내장, 선천성 심장병, 중추신경계 이상이 생길 수 있다. 고양이 대변으로 배출되는 톡소플라스마라는 기생충에 감염되면 머리가 작은 기형아나 머리에 물이 차는 기형아를 낳을 수 있다. 기생충이 태아의 망막에 염증을 일으켜 시각 장애 아이가 태어나기도 한다.

선천성 형태 이상

항문이 없이 태어난 항문막힘증인 경우 변을 볼 수 없어 배가 부풀어 커진다. 선천성 식도폐쇄증이나 장폐쇄증은 식도나 장이 끊어져 모유나 분유를 먹을 수 없고, 배가 부풀어 오르는 기형. 배꼽탈장은 배꼽 속 구멍으로 장이 빠져나오는 기형이며, 대체로 생후 1~3개월경에 나타나는데 간단한 수술로 치료할 수 있다.

필수 검사 5가지

1 풍진 항원 · 항체 검사

- **검사 시기** 임신 전 또는 임신 4~12주
- **기형 유형** 백내장, 선천성 심장병, 중추신경계 이상
- **검사 비용** 2만~4만 원 선, 보건소는 무료
- **병원** 개인병원, 종합병원

풍진에 대한 면역성 여부를 확인하는 검사로, 임신부의 팔에서 5~10cc 정도의 혈액을 채취해 항원과 항체 여부를 확인한다. 항원이 양성으로 나타나면 태아가 풍진에 감염되었을 확률이 높다. 임신 전에 미리 백신을 맞는 것이 바람직한데, 한 번 맞으면 평생 항체가 생기지만 어릴 때 맞은 경우에는 성인이 되어서 항체가 사라지기도 하니 검사를 다시 받도록 한다. 풍진 백신은 생백신으로 접종한 후 3개월이 지나야 항체가 생기므로 그 기간 동안 피임을 해야 한다. 풍진은 어린이를 통해 전염되는 경우가 많으므로 유치원 교사 등 어린이와 접촉을 많이 하는 직업에 종사하면 반드시 풍진 검사를 받아야 한다.

2 정밀 초음파 검사

- **검사 시기** 임신 11~14주(초기 정밀 초음파 검사), 임신 19~24주(중기 정밀 초음파 검사)
- **기형 유형** 다운증후군 등 염색체 이상, 심장 기형, 탈장 등
- **검사 비용** 2만~10만 원 선
- **병원** 개인병원, 종합병원

복식 초음파 검사로 측정한 태아의 목둘레가 3mm 이상이면 기형 가능성이 있다고 본다. 임신 24주경에 태아 심장 초음파와 정밀 태아 형태 초음파 검사를 받는다.

3 모체 혈청 쿼드 검사

- **검사 시기** 임신 15~22주
- **기형 유형** 다운증후군, 에드워드증후군, 신경관 결손 기형 등
- **검사 비용** 5만~10만 원 선
- **병원** 개인병원, 종합병원

흔히 말하는 기형아 검사로, 임신부의 혈액을 뽑아 태아 당단백질과 여성호르몬인 에스트리올(estriol), 융모성선자극호르몬(hCG) 수치 등을 측정한다. 다운증후군의 발견율은 80% 정도이다.

> ⚠️ 모체 혈청 쿼드 검사에서 인히빈A(inhivin-A)라는 물질의 측정만 뺀 트리플 검사는 비용이 더 저렴하다. 보건소에 따라 트리플 또는 쿼드 검사를 무료로 진행해주거나 검사비를 일부 지원해 준다.

4 당뇨 선별 검사

- **검사 시기** 임신 24~28주
- **기형 유형** 폐 성숙이 안 된 기형, 뇌 이상 기형, 저혈당증 등
- **검사 비용** 1만~2만 원 선
- **병원** 일부 개인병원, 종합병원

설탕 50g을 녹인 물을 마신 뒤 피를 뽑아 당뇨 여부를 확인하고, 당뇨가 확인되면 식사를 거른 상태로 설탕 100g을 녹인 물을 마시고 재검사를 받아야 한다. 선천성 당뇨인 경우 당 조절을 하지 않고 출산하면 뇌 이상 기형아가 태어나며, 임신성 당뇨인 경우 임신 중 꾸준히 당 조절을 하지 않으면 폐 성숙이 안 된 아이가 태어날 수 있다. 특히 임신성 당뇨는 사산, 출생 시 손상, 저혈당증 등 산모와 신생아에게 위험한 합병증을 유발하므로 조기에 발견해 치료해야 한다.

5 신생아 선천성 대사 검사

- **검사 시기** 출생 후 4~6일
- **기형 유형** 정신박약증, 페닐케톤뇨증, 선천성 갑상샘기능저하증, 갈락토오스혈증 등
- **검사 비용** 55종의 대사 검사 모두 무료 (혈액형 검사 추가시 5000~1만5000원 선)
- **병원** 신생아실이 있는 개인병원, 종합병원

선천성 대사이상 질환 또는 유전성 대사이상 질환은 태어날 때부터 물질 대사에 관여하는 효소나 조효소가 결핍되어 대사되어야 할 물질이 고스란히 몸에 축적되고, 그로 인해 다양한 기능 장애가 나타나는 질환이다. 증상이 나타나기 전에 진단하면 병의 진행을 막거나 늦출 수 있으나, 아쉽게도 검사를 통해 알 수 있는 선천성 대사이상 질환은 그리 많지 않으며 태아기에는 거의 발견하지 못한다. 대사이상 여부는 신생아의 발꿈치에서 소량의 혈액을 뽑아 검사한다. 조기 발견해서 치료하면 100% 정상아가 될 수 있다.

선택 정밀 검사 7가지

1 톡소플라스마 검사 감염이 의심되면 양수를 뽑아 톡소플라스마 기생충을 세포 배양한다. 기생충의 생성 여부를 통해 확인한다.

2 산모 혈청 검사 산모의 혈액에서 발견되는 단백질을 검사해 태아의 당단백질 수치를 확인한다. 다운증후군이 의심되면 혈청 재검사, 융모막 융모 검사, 양수 검사를 한다.

3 융모막 융모 검사 가족력에 유전병이 있거나 혈액 검사에서 염색체 이상이 의심될 때 검사한다. 기형 여부를 빨리 알 수 있지만 자칫 검사 도중 태아 조직에 손상을 입힐 수 있다. 1%의 유산 가능성이 있다.

4 양수 검사 모체 혈청 쿼드 검사에서 염색체 기형이 의심되는 경우에 주로 한다. 추가 비용을 내고 FISH 검사(유전자의 증폭 여부를 확인하는 검사로, 48시간 내에 결과 확인 가능)를 받으면 원하는 염색체의 이상이나 유전자 기형을 검사할 수 있다. 0.02~0.05%

정도의 태아 감염·유산·조산 가능성이 있다. 15~20주에 하고 검사 결과에서 다른 염색체 기형을 발견할 가능성이 95% 이상이다.

5 정밀 태아 형태 초음파 검사 임신 24주면 태아의 장기가 완성되므로 정상적으로 장기가 있는지 확인한다. 3차원 초음파는 기형 여부를 좀 더 입체적으로 보여준다.

6 제대혈 검사 기형 가능성이 높을 경우 임신 20주 이후에 시행한다. 염색체 분석뿐 아니라 감염, 빈혈, 저산소증, 혈액 이상 등 태아의 전반적 상태를 직접 확인할 수 있다. 양수 검사나 융모막 검사보다 위험성은 높지만 결과를 1~2주 만에 확인할 수 있다.

7 니프티 검사 혈액을 채취해 검사하는 방식으로, 부작용이 적고 정확도도 높은 편이다. 다운증후군, 에드워드증후군, 파타우증후군 여부를 확인할 수 있다. 다만 무뇌증 등 신경관 결손 관련 질환에 대해서는 확인할 수 없다. 임신 10주부터 검사가 가능해 고위험 임신부가 다른 기형아 검사를 하기 전 진행하는 경우가 많다.

✔ CHECK
양수 검사를 받아야 하는 임신부

- ☐ 출산 시 임신부가 35세 이상일 때
- ☐ 임신부 또는 남편에게 유전 질환이나 기형이 있을 때
- ☐ 본인 또는 가까운 친척이 기형아를 출산한 적이 있을 때
- ☐ 모체 혈청 트리플 검사에서 비정상으로 판정받았을 때
- ☐ X염색체와 관련한 유전 질환이 의심되어 성 감별이 필요할 때

양수 검사에 대해 궁금한 것들

- **양수 검사란?** 모체 혈청 쿼드 검사에서 염색체 기형이 의심되는 경우 임신 15~20주에 실시한다. 모체의 자궁에 주사기를 꽂아 약 20cc의 양수를 채취해 태아 세포 내의 염색체로 기형을 진단한다.

- **아프지 않을까?** 주사기를 자궁에 투입하는 데 대한 두려움이 있을 수 있지만 통증은 심하지 않아 거의 마취 없이 검사가 이루어진다. 주사기가 들어갈 때와 양수를 채취할 때 느끼는 통증은 생리통과 비슷한 수준으로 개인차는 있지만 다소 뻐근한 정도이다.

- **부작용은 없을까?** 실제로 양수 검사로 인한 유산이나 감염 가능성은 0.02~0.05%이고, 양막 파수 등의 부작용은 1~2% 내에 불과하다.

- **얼마나 정확한가?** 검사의 정확도가 99%로 꽤 높은 편이다.

- **비용은 얼마나 들까?** 60만~100만 원이며 평균적으로 80만 원 선이다. 검사 비용은 병원이나 지역마다 조금씩 차이가 있다.

임신 중 약물 복용

임신 중에는 되도록 약을 먹지 않는 것이 기본이지만, 그렇다고 모든 약이 임신부에게 위험한 것은 아니다.
처방전 없이 구입할 수 있는 약 중에는 태아에게 악영향을 미치지 않는 것도 있다.

임신 중 약물 복용 상식

약이 태아에게 미치는 영향

임신 중 약을 먹으면 탯줄을 통해 약 성분이 태아에게 전달된다. 태아는 간과 위의 기능이 미숙한 상태라 약물의 대사나 배설이 되지 않기 때문에 약 성분이 그대로 몸에 축적된다. 임신부의 약물 복용이 태아에게 영향을 미치는 시기는 임신 3개월까지. 임신 15주 이후에는 태아가 약으로부터 받는 영향이 줄어들므로 약물 복용으로 기형이 될 우려는 거의 없다. 그러나 태아의 장기 기능에 영향을 미치거나 난청이나 뇌 발달에 문제를 일으키는 약물도 있으므로 섣불리 복용해서는 안 된다.

❗ 임신 1~2주에 약물 복용으로 태아의 기형이 유발되면 임신이 더 이상 진행되지 않고 자연유산되기 쉽다. 임신 3~8주에 약을 복용하면 태아의 심장, 중추신경, 눈과 귀, 팔다리가 완성되는 데 영향을 미친다. 임신 8~15주에 복용한 약은 태아의 입 부분과 성기 발달에 영향을 미친다.

장기간 복용하지 않는다

어쩌다 머리가 아파 두통약 한 알 정도 먹는 것은 괜찮지만, 장기간 진통제를 먹는 것은 절대 금물이다. 약을 복용해야 하는 경우, 전문의의 진단을 받고 최소 유효 용량을 단기간 복용한다.

임신 전 약물을 복용했다면

임신이 되어 비교적 안정적으로 초기를 보내고 있다면 임신 전 먹은 약에 대해서는 크게 걱정하지 않아도 된다. 난자가 약의 영향을 받았을 경우 수정 능력이 사라지거나 수정이 되어도 착상이 안 되고, 또 착상이 되더라도 바로 유산되기 때문이다. 그러나 피부병에 사용하는 티가손, 통풍 치료에 쓰는 콜킨, 항암제 등은 시간을 두고 태아에게 악영향을 미치므로 임신 사실을 확인하는 동시에 전문의와 복용량이나 기간 등에 대해 상담한다. 또 약물을 복용했다고 해서 전문의의 진단 없이 함부로 중절 수술을 하지 않는다.

산부인과 전문의와 상담한다

지병이 있거나 건강상 문제가 생겼을 경우에는 산부인과 전문의와 상담해 임신부와 태아 모두에게 안전한 약을 처방받는다. 무심코 약을 먹은 경우에는 반드시 담당 의사에게 알려 문제를 해결한다.

복용 방법과 양을 정확히 지킨다

의사가 처방한 약은 안심하고 먹어도 되지만, 복용법과 용량을 꼭 지켜야 한다. 임의로 판단해 복용을 중단하거나 중복 복용할 경우 병을 치료할 수 없을뿐더러 태아에게도 악영향을 미칠 수 있다. 예를 들어 복부 팽만감을 해소하는 약은 의사의 지시 없이 복용량을 줄이거나 중단하면 조산이나 유산의 위험이 높아진다.

절대 안전기준은 없다

임신부에게 절대 안전한 약의 성분과 용량을 말해줄 수 있는 사람은 없다. 사소한 증상이라도 의사 또는 관련 기관과 상담해 약을 복용한다.

무조건 위험한 것도 아니다

임신 중에는 어떤 약도 절대 안전하다고 말할 수는 없지만, 약을 먹었다고 해서 모두 기형아를 낳는 것은 아니다. 기형아 발생 원인 중 임신부의 약물 복용이 차지하는 비율은 2~3% 정도이다. 따라서 임신부의 건강을 위해 부득이하게 약을 복용해야 하는데도 무조건 피하는 것은 올바른 선택이 아니다.

❗ 임신 초기의 흡연과 음주
●**흡연** 미국 FDA의 최근 연구 결과에 따르면 담배는 임신 12주 차 이내에는 반드시 끊어야 한다. 임신 중 흡연은 미숙아·저체중아·기형아 출산, 신생아 돌연사의 가능성을 높이는데 이런 가능성은 임신 중에 임신부가 피운 담배 개수에 정비례한다. 금연을 위해 사용하는 패치는 접촉면을 통해 니코틴이 체내로 흡수되기에 임신부가 사용하는 것은 적절치 않으며, 금연 약의 복용도 금한다.
●**음주** 임신 중에 지속적으로 음주를 하면 태아알코올증후군을 일으킬 수 있는데, 이는 발달 장애와 정신·신경계 장애를 초래할 수 있으며, 타인과 관계를 맺는 데 어려움을 겪을 확률이 높다. '가볍게 한 잔' 정도는 괜찮다는 의견도 있지만 임신 중에는 술을 마시지 않는 게 가장 좋다. 임신부의 상당수가 임신인 줄 모르고 술을 마셨다며 불안해하는데, 의사와 상의하고 예후를 지켜보아야 한다.

임신 중 영양제 복용

● **엽산** 엽산이 결핍되면 태아가 신경관결손증에 걸릴 수 있으므로 반드시 섭취한다. 단태아이면 하루 0.4mg, 다태아나 거대아이면 그 이상 섭취할 것을 권장한다.
● **철분제** 임신부에게 필요한 하루 철분량은 30~60mg 정도. 임신 초기에 섭취할 경우 메스꺼움, 구토, 위장 장애가 심할 수 있으므로 피하고 임신 중기부터 복용한다.
● **임신부 전용 비타민제** 비타민과 미네랄을 이상적으로 배합한 약제이다. 임신을 계획하는 순간부터 수유기까지 꾸준히 복용하면 좋다.
● **비타민 D** 최신 연구 결과에 따르면 임신부는 비타민 D를 하루 4000IU 이상 복용하는 것이 좋다. 종합 비타민제만으로 부족하다면 비타민 D를 추가로 복용한다.
● **유산균** 유산균은 장내 유익균을 증식시키고 유해균을 억제해 배변 활동을 원활하게 하고, 질염을 포함한 각종 바이러스성 감염 질환을 예방하는 데 도움을 준다.
● **오메가-3** 태아의 눈과 신경계를 구성하는 데 필수영양소일 뿐 아니라, 엄마의 면역력을 지켜주고 산후우울증을 방지한다.

Q 임신부 독감 예방접종, 위험할까요?

A 독감 예방접종은 비활성 바이러스 백신으로, 병원성균을 약하게 만든 생백신과 달리 임신부에게 안전하다. 세계보건기구에서는 임신 중 접종을 적극적으로 권장하는데, 임신부는 면역력이 떨어진 상태이기 때문에 독감으로 인한 후유증을 겪을 가능성이 높고, 고열 같은 독감 증상이 태아 기형이나 신경관 손상 등 심각한 문제를 일으킬 수 있기 때문이다. 독감 백신은 그해 유행할 가능성이 높은 독감 바이러스에 대한 예방주사이므로 이전에 접종했더라도 매년 접종해야 한다. 또 접종 후 약 2주가 지나야 효과가 나타나므로 계절성 독감이 유행하기 이전에 미리 접종하는 것이 좋다. 임신을 계획하는 가임기 여성, 임신 초기, 후기, 수유기 등 어느 기간이나 접종 가능하며 출산이 임박한 산모나 수유부가 접종하면 독감 예방접종이 불가능한 생후 6개월 이하 신생아도 독감 예방 효과를 볼 수 있다. 단, 달걀 알레르기 등 접종하면 안 되는 예외적인 경우도 있으므로 접종 전 담당의와 상의한다.

복용할 약이 안전한지 확인하고 싶다면

빈혈, 속 쓰림, 정맥류 등 임신 중 흔히 나타날 수 있는 증상이라도 심할 경우에는 의사와 상의해 약을 처방 받아 치료해야 한다. 약 복용이 꺼려져 그대로 방치했다간 더욱 심각한 질병을 유발할 수 있기 때문이다. 전문의로부터 처방 받은 전문의약품은 대부분 안전하지만, 다시 확인하고 싶다면 한국마더세이프전문상담센터(mothersafe.or.kr 1588-7309)에 문의한다. 또는 약학정보원(health.kr)이나 대한약사회(kpanet.or.kr)에서 의약품에 대한 정보를 쉽게 찾아볼 수 있다.

쌍둥이 임신

쌍둥이 임신은 합병증과 임신중독증의 위험이 크고 조산할 확률도 높다.
임신 초기부터 건강관리에 신경 쓰고, 생활 수칙도 철저히 지켜야 순조로운 출산을 할 수 있다.

쌍둥이 임신 알아보기

쌍둥이 임신의 원인

쌍둥이 임신은 유전인 경우가 많다. 최근 쌍둥이 임신이 늘고 있는 추세인데, 인공 수정이나 시험관아기 시술에 사용하는 배란 유도제가 쌍둥이 임신을 유발하기 때문이다. 그 밖에 임신부의 나이가 많을 수록, 임신 횟수가 많을수록 쌍둥이를 임신할 가능성 또한 높다. 배란을 촉진하는 호르몬이 더 많이 생성되기 때문이다.

일란성쌍둥이, 이란성쌍둥이

하나의 난자와 하나의 정자가 결합한 후 세포분열 과정에서 수정란이 2개로 분리되어 성장하는 일란성쌍둥이와 2개의 난자와 2개의 정자가 각각 결합해 성장하는 이란성쌍둥이가 있다. 하나의 태반에서 성장하는 일란성쌍둥이는 성별과 혈액형이 같고, 생김새도 비슷하며, 한 태아에게 문제가 있을 때 다른 태아도 같은 문제를 겪는다. 반면 각각의 태반에서 성장하는 이란성쌍둥이는 성별과 혈액형이 다를 수 있고, 생김새도 닮지 않은 경우가 많다.

쌍둥이는 37주가 만삭이다

쌍둥이 태아는 일반 태아에 비해 성장 속도가 빠르다. 따라서 출산 예정일도 임신 40주가 아닌 37주로 잡아야 한다. 성장 속도가 빠르긴 하지만 엄마 배 속에서 자라는 기간이 짧은 만큼 미숙아로 태어날 가능성도 염두에 두어야 한다. 쌍둥이를 임신했다면 병원에 미숙아를 위한 치료 시설이 있는지를 알아보고, 그런 시설이 없다면 의사와 상의해서 시설을 갖춘 병원으로 옮겨야 한다.

태아가 둘 다 정상 자세일 때 자연분만이 가능하다

쌍둥이가 모두 머리를 아래로 향하고 있는 '정상 자세'일 때만 자연분만을 할 수 있다. 하지만 이런 경우는 50%에 불과하고 분만 도중 태아의 자세가 바뀔 수도 있다. 따라서 분만 직전에 두 태아가 정상 자세라고 해서 전적으로 자연분만이 되는 것은 아니다. 둘 다 정상 자세인 쌍둥이 출산 시 첫째 아이를 자연분만했더라도 두 번째 아이의 위치가 첫째 아이가 나오는 과정에서 바뀌면 제왕절개를 해야 한다. 분만 시 자궁이 과다 팽창해 빈혈이나 쇼크가 발생할 확률 또한 단태아 임신보다 높다. 결론적으로 쌍둥이 중 한 명이라도 역아이거나 문제가 있다면 제왕절개를 하는 것이 원칙이다.

쌍둥이 임신부 생활 수칙

하루 600kcal를 더 섭취해야 하지만 체중 관리도 철저히 한다

한 아이를 임신한 단태아 임신부는 임신 전보다 하루 300kcal를 더 섭취해야 하지만, 쌍둥이 임신부는 2배인 600kcal를 더 섭취해야 한다. 그러나 무턱대고 칼로리 높은 간식을 먹는 것은 금물. 쌍둥이는 단태아보다 빨리 성장하는 만큼 임신부의 체중도 더 많이 증가한다. 단태아 임신부가 평균 10~13kg 체중이 는다면, 쌍둥이 임신부는 15~20kg 정도 증가하고 증가 속도도 빠르다. 체중이 지나치게 늘면 임신중독증 등 합병증 위험이 커지고 분만도 힘들 수 있으니 주의한다. 특히 임신 12주 이후로는 체중이 일주일에 700g 이상 늘지 않도록 조절해야 한다.

철분제, 엽산제도 더 많이 먹어야 한다

쌍둥이를 임신했을 때는 칼로리, 단백질, 광물질, 비타민, 필수지방산 등 영양분을 더 많이 섭취해야 한다. 기름기 없는 살코기 등으로 질 좋은 단백질을 섭취하고 과일과 채소를 적절하게 먹자. 쌍둥이 임신부는 태아와 태반을 유지하기 위해 철분이 많이 소모되므로 그만큼 챙겨 먹어야 한다. 엽산도 단태아 임신부보다 많은 하루 1mg 복용한다. 또 양수를 맑게 유지하기 위해 하루 2L 정도의 물을 마신다.

가벼운 운동을 꾸준히, 자주 한다

단태아 임신부는 막달이 되어서야 복부 둘레가 100cm에 이르지만 쌍둥이 임신부는 30주 초반에 100cm를 넘는 경우가 많다. 게다가 몸이 빨리 무거워지고 막달에는 의자에 앉거나 눕는 기본자세를 취하기도 힘들다. 틈틈이 조금씩 걷고 체조를 하는 등 운동을 해서 출산에 대비해 몸을 유연하게 유지해야 한다. 그러나 단태아 임신부보다 피로를 빨리 느끼므로 무리하게 몸을 움직이는 것은 삼가고, 가벼운 산책이나 맨손체조가 적당하다.

혈압에 항상 신경 쓰자

태아가 성장하면서 점점 커진 자궁은 횡격막을 들어 올리고 심장과 폐, 갈비뼈를 압박한다. 단태아 임신부는 이런 증상을 임신 6개월 이후에 느끼지만 쌍둥이 임신부는 훨씬 빨리 느끼기 시작하며 가슴 두근거림, 어지러움, 숨이 차는 증상 또한 더 강하게 경험한다. 이런 이유로 쌍둥이 임신부는 고혈압이 생길 가능성이 단태아 임신부보다 훨씬 높다. 일상생활에서 절대 무리하지 말고 가슴이 두근거리거나 숨 차는 증상이 나타나면 반드시 병원에 가서 검진을 받는다.

제왕절개를 준비하자

쌍둥이는 임신부의 건강과 태아 위치·자세 등에 따라 제왕절개를 해야 하는 경우가 많다. 또 쌍둥이 임신부는 출산 중 위급 상황이 발생할 가능성도 높다. 따라서 제왕절개 과정과 비용에 대해 미리 알아두고, 제왕절개가 가능하고 분만 중 위급 상황에 대처할 수 있는 시설과 의료진을 갖춘 병원에서 진료를 받고 분만하는 것이 안전하다.

쌍둥이 임신 중 생기기 쉬운 질병

고혈압

평소에 혈압이 안정된 수치였더라도 쌍둥이를 임신하면 고혈압에 걸리기 쉽다. 커진 자궁이 장기를 압박하고 둔해진 몸으로 인해 여러모로 스트레스를 받기 때문. 고혈압을 무심코 넘기면 임신중독증으로 악화될 수 있다. 정기검진 때 혈압을 체크하고 스트레스를 받지 않도록 노력하고 편안하게 안정을 취하도록 하자.

임신중독증

쌍둥이 임신부의 16%, 많게는 20% 정도가 임신중독증에 걸린다. 임신중독증은 고혈압, 신장병과 증세가 비슷하다. 혈압이 급상승하고 두통, 눈이 침침해지는 시야 장애를 일으키며 얼굴과 팔다리가 부어오른다. 임신부는 물론 태아에게도 치명적이니 절대 안정을 취하고 고혈압 증세를 체크해 예방하는 것이 중요하다.

임신성 당뇨

쌍둥이 임신부는 임신 중 당뇨병에 걸릴 위험이 단태아 임신부의 2배에 달한다. 인슐린 저항성은 더 높은데, 인슐린 분비는 충분하지 않기 때문. 임신부의 혈당이 증가하면 태아의 체형 이상(거대아), 신생아 당뇨 등이 일어날 수 있다. 단것을 많이 먹지 않도록 하고 체중이 갑자기 늘지 않도록 식사 습관을 조절해야 한다.

빈혈

쌍둥이 임신부는 둘 이상의 태아에게 철분을 공급해야 하므로 빈혈에 걸리기 쉽다. 따라서 단태아 임신부보다 2배 많은 60~100mg의 철분제를 임신 5개월부터 출산 후 3개월까지 계속 복용해야 한다. 또 손실분을 감안해 신경 써서 철분 함량이 높은 음식을 먹는다. 임신부가 빈혈에 걸리면 태아가 산소를 충분히 공급받지 못하고, 숨이 찬 증상도 심하다.

고령 임신의 모든 것

35세 이후에 맞는 임신은 '고위험 임신'으로 분류한다.
유산과 합병증 위험이 20대 임신부의 2배나 되는 고령 임신부, 건강을 관리하는 데에도 배로 깐깐해져야 한다.

고령 임신의 기준

만 35세 이상이면 고령 임신

세계보건기구(WHO)와 국제산부인과학회는 고위험 임신으로 분류할 수 있는 고령 임신부의 기준 연령을 초산 여부와 관계없이 35세로 본다. 아이를 처음 가졌든 둘째 이상이든 35세부터는 고령 임신부로 분류하는 것이다. 최근 우리나라는 물론 세계적으로 고령 임신부가 증가하는 추세이며, 모든 고령 임신을 고위험 임신으로 분류하지만 단지 나이가 많다는 이유로 미리 걱정할 필요는 없다. 건강 상태는 사람마다 다르고 과거에 비해 영양 상태와 의료 기술의 수준이 향상되었기 때문이다. 고령 임신부의 생활 수칙을 잘 지키고 필요한 검진을 제때 받는다면 안전하고 수월하게 건강한 아이를 출산할 수 있다.

고령 임신 시 조심해야 할 트러블

임신합병증, 자궁외임신 위험성이 높다

고령 임신부는 임신중독증이나 고혈압이 나타날 확률이 20대 임신부에 비해 2배 이상 높고, 임신 중 당뇨병에 걸릴 확률도 3배나 높다. 연령이 높을수록 자궁외임신의 가능성 또한 높다. 자궁외임신은 태아의 생존과 임신부의 건강에 치명적이며 자연유산, 조산이 되기 쉽다. 임신 초기에 유산될 가능성도 높은 편이다. 일반적 건강 상태의 20대 임신부가 유산을 경험할 확률은 12~15%. 이에 비해 고령 임신부는 그 확률이 20%나 된다. 임신 초기 유산의 가장 큰 원인은 염색체 이상이다. 조산은 출산 예정일 기준으로 3주 이상 일찍 분만하는 경우를 말하는데, 고령 임신부는 고혈압이나 임신중독증 등 임신합병증에 걸릴 위험이 일반 임신부보다 높아 조산의 확률 또한 높다.

기형아 출산 가능성이 높다

자궁의 기능이 떨어져 있으면 태아에게 영양분과 산소를 공급하기 힘들고, 이런 환경은 태아에게 기형이나 장애를 유발할 수 있다. 20대 임신부에 비해 고령 임신부의 기형아 출산 비율은 최대 7배까지로 본다. 20대나 30대 초반 임신부에게는 선택인 기형아 검사가 고령 임신부에게는 필수이다.

고령 임신부 생활 수칙

지나친 걱정은 하지 않는다

고령 임신이라는 말 자체가 임신부 당사자에게는 큰 부담과 걱정으로 다가온다. 실제로 건강과 태아 상태에 이상이 없는데도 나이를 의식해 지나치게 걱정을 하고 스트레스를 받는 임신부가 많다. 건강에 이상이 없고 적절한 영양 섭취와 운동을 하고 있다면 35세 이후에 임신하더라도 큰 문제는 없다. 물론 고령 임신에 따르는 위험 요소가 있긴 하지만, 조심하면 예방할 수 있는 가능성일 뿐이다. 미리 걱정하며 두려워하지 말고 몸과 마음을 편안하게 하자.

산전 검사를 철저히 받는다

고령 임신부는 기본 산전 검사를 더욱 철저하게 받아야 한다. 고령 임신은 임신부뿐 아니라 태아에게도 위험 부담이 있기 때문에 세심한 진찰과 정확한 진단이 필요하다. 의사의 판단에 따라 융모막 검사, 양수 검사, 정밀 초음파 검사 등 추가적으로 검사를 할 수도 있다.

몸을 유연하게 해줄 운동을 한다

고령 임신부는 골반과 척추의 유연성이 상대적으로 떨어지는 경우가 많다. 따라서 자연분만 시 진통 시간이 길어질 수 있다. 항상 굽이 낮고 편한 신발을 신고, 하루 30분씩 가볍게 걸으며, 임신부 요가를 해서 몸을 부드럽게 풀어주자. 라마즈나 소프롤로지 강좌를 통해 자연분만 상황에 대비하면 큰 도움이 된다.

무리한 자세와 행동은 자제한다

나이가 들수록 운동 능력이나 반사신경 기능이 조금씩 떨어진다. 본격적으로 배가 불러오는 임신 중반기 이후에는 행동이 눈에 띄게 둔해지므로 특별한 주의가 필요하다. 계단이나 화장실, 베란다의 바닥에 미끄러짐 방지 테이프를 붙이고 무거운 것을 들거나 걸터앉는 자세, 침대에 올라서는 자세는 피한다.

힘들다는 느낌이 들면 즉시 앉거나 누워서 쉰다

야근이 잦거나 체력이 많이 소모되는 직장에 다니는데, 임신 중 직무상 배려를 받기 힘들다면 휴직을 적극적으로 고려하는 것이 좋다. 장시간 서서 일하는 것도 조기 유산의 가능성을 높이므로 절대 피해야 한다. 몸이 힘들다는 느낌이 들면 즉시 조용한 곳을 찾아 다리를 높이고 휴식을 취한다. 주변 사람들에게도 임신 사실을 빨리 알리고 배려를 받도록 하자.

개월별 신체 변화

新 생명을 키우는 임신 10개월 동안 엄마 몸에는 어떤 변화가 일어나는지,
태아는 어떻게 성장하는지 개월별 신체 변화를 알아봅니다.
미리 조심하고 만일의 사태에 잘 대처하도록
임신부에게 닥칠 수 있는 응급 상황을 점검해보았습니다.
궁금한 것 투성이인 초보 엄마를 위해 임신 중 나타날 수 있는
이상 증세와 대표 질병도 소개합니다.

한눈에 보는 임신 10개월

임신 10개월 동안 엄마와 태아는 엄청난 변화를 겪는다. 임신 기간 동안 내 몸에 어떤 변화가 나타나는지
꼼꼼히 체크해두면 보다 행복한 10개월을 보낼 수 있다.

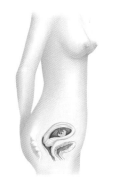 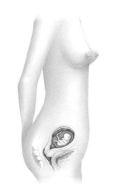 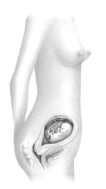 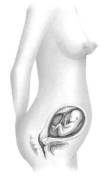 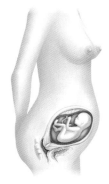

임신 1 개월 1~4주	임신 2개월 5~8주	임신 3개월 9~12주	임신 4개월 13~16주	임신 5개월 17~20주
아기는 지금 **머리~엉덩이 길이** 측정 불가 **몸무게** 측정 불가 • 빠른 속도로 세포분열을 한다. • 신경관이 생기고, 시간이 지나면서 뇌와 척추로 분화한다. • 심장, 혈관, 내장, 근육 등의 조직이 만들어지기 시작한다.	**아기는 지금** **머리~엉덩이 길이** 약 0.5~2.4cm **몸무게** 측정 불가 • 머리와 몸통의 구분이 가능하다. • 뇌와 신경세포의 80% 정도가 만들어지고 심장, 간장, 위 등의 기관 분화가 시작된다. • 6주부터는 태아의 심장박동 소리를 들을 수 있다.	**아기는 지금** **머리~엉덩이 길이** 약 4.5cm **몸무게** 약 20g • 얼굴 골격이 나타나기 시작하고 입술, 턱, 뺨의 근육이 발달한다. • 심장, 간 등 내장 기관이 활동하기 시작하며, 탯줄을 통해 영양분을 흡수하고 소변을 배설하기도 한다.	**아기는 지금** **머리~엉덩이 길이** 약 12cm **몸무게** 약 110g • 혈액순환이 순조롭게 이뤄지고 손발, 등뼈, 근육 등이 현저하게 성장한다. • 성기 형태가 완성되어 남녀 구분이 뚜렷해진다. • 태아는 활발하게 움직이지만 엄마는 아직 태동을 느끼지 못한다.	**아기는 지금** **머리~엉덩이 길이** 약 16cm **몸무게** 약 300g • 태아의 신체 움직임이 활발해지기 때문에 청진기로도 심장 소리를 확인할 수 있다. • 청각이 발달해 외부 소리를 어느 정도 들을 수 있다.
엄마는 지금 **몸무게** 변화 없음 **자궁 크기** 달걀 정도 • 임신 사실을 모르고 지나치는 경우가 많다. • 예민한 사람은 몸이 나른하고 한기를 느끼거나, 감기 혹은 변비 등의 증상을 경험한다. • 기초체온이 고온에서 내려가지 않는다.	**엄마는 지금** **몸무게** 변화 없음 **자궁 크기** 레몬 정도 • 생리가 멎고 기초체온의 고온기가 계속 지속된다. • 나른하고 미열이 있어 마치 감기에 걸린 듯하며, 유방이 아프고 팽창한 느낌이 든다. • 임신 5주 정도에 입덧을 시작한다.	**엄마는 지금** **몸무게** 변화 없음 **자궁 크기** 어른 주먹 정도 • 호르몬이 왕성하게 분비돼 생리하기 전 증세와 비슷하게 감정 기복이 심해진다. • 젖꼭지 주변이 진한 색을 띠고 단단해지며 유방이 부풀어 분비물이 나오기 시작한다.	**엄마는 지금** **몸무게** 평균 약 2kg 증가 **자궁 크기** 신생아 머리 정도 • 자궁이 커지고 양수가 많아져 본격적으로 몸무게가 늘고 유방이 커지면서 배가 나오기 시작한다. • 구토 증세가 어느 정도 완화되면서 입덧이 끝나 식욕이 돌아온다.	**엄마는 지금** **몸무게** 평균 약 4kg 증가 **자궁 크기** 어른 머리 정도 • 체중이 본격적으로 늘기 시작한다. • 5개월 말경에 태동을 확실하게 느낄 수 있다. • 자궁저가 배꼽 부근까지 올라와 아랫배가 나오고 유선이 발달한다.
✓CHECK ■ 담배나 술 등 몸에 해로운 것은 끊고, 톡소플라스마에 감염되지 않도록 강아지와 고양이 같은 애완동물은 멀리한다. ■ 배란일 이후부터 다음 생리 예정일까지 CT 스캔, X선 촬영 등은 피한다. ■ **이달에 받는 검사** 임신 여부를 확인하는 소변 검사	**✓CHECK** ■ 쌍둥이 임신은 6주 이후에 확인할 수 있으므로 인공수정이나 시험관아기를 시술했다면 한 번 더 확인한다. ■ 태아의 각 기관이 형성되는 시기이므로 약을 복용할 때는 의사와 상담한다. ■ **이달에 받는 검사** 질식 초음파 검사	**✓CHECK** ■ 태반이 불안정해 유산의 위험이 있으므로 작은 행동에도 신경 쓰고 항상 배를 따뜻하게 유지한다. ■ 땀과 분비물이 많아지므로 따뜻한 물로 하루 1~2회 샤워를 한다. ■ **이달에 받는 검사** 초기 정밀 초음파 검사, 융모막 융모 검사, 태아 목 투명대 검사	**✓CHECK** ■ 엉덩이, 옆구리 등에 살이 붙어 평상시 입던 옷이 불편해지므로, 몸을 조이지 않는 편안한 옷을 입는다. ■ 태아가 소리에 반응하기 시작하는 시기로, 음악 태교를 하면 좋다. ■ **이달에 받는 검사** 초음파 검사	**✓CHECK** ■ 치과 치료는 임신 전에 하는 것이 좋지만, 그러지 못했다면 배가 본격적으로 나오기 전인 이 시기에 충치 등 간단한 치과 치료를 받는 것이 좋다. ■ 철분과 칼슘 섭취량을 더 늘린다. ■ **이달에 받는 검사** 기형아 검사(쿼드 검사), 양수 검사

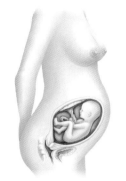	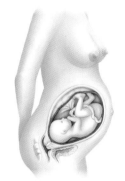	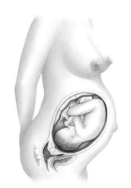	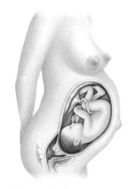	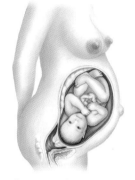
임신 6개월 21~24주	**임신 7개월** 25~28주	**임신 8개월** 29~32주	**임신 9개월** 33~36주	**임신 10개월** 37~40주

아기는 지금

임신 6개월
머리~엉덩이 길이 약 20cm
몸무게 약 630g
• 피부를 보호하기 위해 하얀 크림 상태의 지방인 태지가 생긴다.
• 눈썹, 속눈썹, 머리카락이 자라고, 눈을 떴다 감았다 한다.
• 양수가 많아지며 뼈와 근육이 발달하고 튼튼해진다.

임신 7개월
머리~엉덩이 길이 약 25cm
몸무게 약 1kg
• 피부색이 점차 붉어지고 얼굴에 주름이 많다.
• 머리를 아래로 향하려고 한다.
• 대부분의 시간을 엄지손가락을 빨면서 보내고, 의식적으로 몸을 움직인다.

임신 8개월
머리~엉덩이 길이 약 28cm
몸무게 약 1.5~1.8kg
• 뇌의 크기가 커지고, 뇌 조직의 수도 증가하며 발달한다.
• 청력과 시력이 거의 완성되어 엄마 몸 밖에서 나는 소리나 빛에 움찔 놀라기도 한다.

임신 9개월
머리~엉덩이 길이 약 32cm
몸무게 약 2~2.5kg
• 피하지방이 늘어나고 피부에 주름이 없어져 신생아와 비슷한 체형이 된다.
• 골격이 거의 완성된다.
• 피부는 붉은색에서 윤기 있는 살색으로 바뀐다.
• 힘도 제법 세져 태동이 거세진다.

임신 10개월
머리~엉덩이 길이 약 36cm
몸무게 약 2.5~3kg
• 40분 주기로 잠자고 깨는 규칙적인 생체 리듬을 형성한다.
• 출산에 대비해 머리를 모체의 골반 속으로 집어넣으면서 등을 구부린 자세를 취하고, 손발은 앞으로 모은다.

엄마는 지금

임신 6개월
몸무게 평균 5~6kg 증가
자궁 크기 19~21cm
• 체중이 늘어 다리가 저리고 붓는 현상이 나타난다.
• 커진 자궁이 위장을 눌러 소화불량이나 변비가 생길 수 있다.
• 복부나 다리 등의 피부가 늘어나고 건조해져 가려움을 느낀다.

임신 7개월
몸무게 4주간 평균 1.8kg 증가
자궁 크기 22~24cm
• 배와 유방 주위에 검붉은 선(임신선)이 나타난다.
• 배가 커져 등, 허리, 갈비뼈에 통증을 느낀다.
• 때때로 배가 단단해졌다가 정상으로 되돌아온다.

임신 8개월
몸무게 4주간 평균 1.8kg 증가
자궁 크기 27~30cm
• 주기적으로 자궁 수축이 일어나 배가 단단하게 뭉치는 현상이 나타난다.
• 조산이나 임신중독증이 나타날 수도 있다.
• 유두와 외음부의 색이 짙어진다.

임신 9개월
몸무게 일주일에 0.5kg 이상 증가하면 위험
자궁 크기 30cm
• 자궁저가 명치 부위까지 올라가 숨이 차고 속 쓰림이 심해진다.
• 발목과 발이 부어 다리에 쥐가 나기도 하고 손과 얼굴도 붓는다.

임신 10개월
몸무게 일주일에 0.5kg 이상 증가하면 위험
자궁 크기 30~35cm
• 배가 아래로 처져 위장의 압박감이 덜해진다.
• 자궁구와 질이 부드러워지고 분비물이 늘어난다.
• 아랫배가 땅기는 증상이 빈번해진다.

✔CHECK

임신 6개월
☐ 자궁이 커지면서 정맥을 압박해 정맥류가 생길 수 있으므로 서 있거나 앉아 있는 시간을 잘 분배한다.
☐ 모유수유를 하는 데 어려움이 없도록 유방 마사지를 시작한다.
☐ **이달에 받는 검사** 중기 정밀 초음파 검사, 태아 심장 초음파 검사(24주 이후)

임신 7개월
☐ 태아가 하나하나의 소리를 분별할 수 있는 시기이므로 다양한 책을 꾸준히 읽어주는 태교를 한다.
☐ 배가 많이 불러오는 시기로 걸음걸이에 유의하고, 피곤하면 휴식을 취한다.
☐ **이달에 받는 검사** 임신성 당뇨 검사, 빈혈 검사

임신 8개월
☐ 한 달에 한 번 받던 정기검진을 2주에 한 번으로 늘리고, 초유가 만들어지는 시기이므로 틈틈이 유방 마사지를 한다.
☐ 조산과 임신중독증의 징후를 알아보고 특히 조심한다.
☐ **이달에 받는 검사** 단백뇨 검사, 초음파 검사

임신 9개월
☐ 모유수유에 대한 의지를 담당의에게 미리 밝히고, 분만 후 1시간 안에 젖을 물리게 해달라고 요청한다.
☐ 원하는 분만 환경에 대해 담당의와 상의하고 미리 준비한다.
☐ **이달에 받는 검사** 후기 정밀 초음파 검사, 혈액 검사, 질 분비물 도말 검사

임신 10개월
☐ 외출할 때는 파수에 대비해 항상 진찰권과 산모수첩, 생리대를 챙기고, 파수됐을 경우 지체하지 말고 병원에 간다.
☐ 출산이 다가오므로 정기 검진 횟수를 일주일에 한 번으로 늘린다.
☐ **이달에 받는 검사** 내진, 초음파 검사, 비수축 검사

임신 2개월 5~8주 | 몸무게 측정 불가

처음으로 임신임을 아는 시기로, 수정란이 자궁내막에 착상하면서 엄마 몸에 구체적 변화가 일어난다.
태아는 각 기관이 형성되며 점차 사람 모습을 갖추어간다.

태아의 성장 발달

탯줄과 태반이 발달한다

임신 4주부터는 태아 주위를 덮고 있는 융모 조직이 활발하게 증식해 태아에게 필요한 영양과 산소를 공급하고, 불필요한 노폐물을 엄마 몸으로 운반한다. 이 융모 조직은 자궁벽에 있는 혈관과 함께 태반으로 발달하는데, 이때부터 탯줄도 생기기 시작해 엄마와 태아의 관계가 보다 밀접하고 돈독해진다.

심장박동을 시작한다

아직 심장 형태를 갖추지는 않았지만 2개의 혈관이 모인 튜브 모양의 심장관이 경련 같은 수축을 반복하며 혈액을 뿜어낸다. 온몸에 혈액을 내보내는 능력이 생긴 것이다. 초음파 검사를 통해 태아의 심장박동을 들을 수 있다. 심장관이 발달해 나중에 태아의 심장이 된다.

이등신이 된다

임신 7주에 들어서면 중추신경이 놀라운 속도로 발달하고, 머리가 몸 전체 길이의 2분의 1을 차지하는 이등신이 된다. 태아 등에 짙은 색을 띠는 부분이 나중에 척수로 발달한다. 머리와 몸, 팔다리 형태도 구분되며 아직은 물고기 모양의 배아 모습이 남아 있지만 서서히 사람 모습을 갖추게 된다.

엄마 몸의 변화

나른하고 미열이 있다

감기나 몸살에 걸린 것처럼 온몸이 나른하고 머리가 아프거나 한기를 느끼며, 몸을 조금만 움직여도 쉽게 피로해진다. 이런 현상은 임신 상태를 유지하려는 황체호르몬의 영향으로 나타난다. 임신하면서 (수정되어) 올라간 기초체온은 12주 정도 고온기가 지속되는데, 만약 임신 초기에 체온이 갑자기 내려가면 유산의 징조일 수 있으므로 빨리 병원에 가야 한다.

> ❗ 황체호르몬은 난자가 나오는 황체에서 배란 직후 분비되는 호르몬이다. 임신을 유지하기 적합한 몸으로 만드는 역할을 하며, 부족하면 12주 미만에 유산될 가능성이 있다. 이 경우 황체호르몬을 지속적으로 투여해야 한다.

유방이 붓고 아프다

호르몬이 왕성하게 분비되어 생리하기 전처럼 유방이 땅기듯이 아프거나 부풀어 올라 크고 무거워지며, 유두가 아주 민감해져 옷에 스치기만 해도 아프고 따끔거린다. 특히 유두와 유륜의 색이 두드러지게 짙어지며 유방 바로 밑의 혈관이 선명하게 보이기도 한다.

입덧을 시작한다

황체호르몬이 구토를 일으키는 뇌의 중추신경을 자극해 입덧과 구토 증세가 나타난다. 아침 공복에 가장 심하며, 식욕이 없어지고 속이 메스껍다. 평소 싫어하던 음식을 찾는 등 입맛이 변하기도 한다. 냄새에도 민감해 신경이 날카로워지는데, 이러한 증상은 임신 5주 정도에 시작해 3개월이 지나면 대부분 사라진다.

소변이 자주 마렵다

생식샘자극호르몬이 분비되면서 혈액이 골반 주위로 몰리고, 이로 인해 방광이 자극을 받는다. 또 이전에 비해 커진 자궁이 방광을 압박하기 때문에 소변이 자주 마렵다. 자주 보는 것은 문제가 되지 않지만, 소변을 볼 때 통증을 느낀다면 방광염을 의심해야 한다. 방광염은 자궁의 세균 감염으로 이어질 수 있으므로 즉시 치료를 받아야 한다. 또 소변의 흐름이 원활하지 않아 배나 허리가 팽팽해지면서 긴장을 느끼기도 하고, 장의 움직임이 둔해져 변비에 걸리기도 한다.

이달의 건강 수칙

단백질을 많이 섭취한다

태아의 뇌가 급속도로 발달하는 시기. 뇌 발달에 효과적인 단백질을 많이 섭취한다. 특히 동물성 단백질은 태반과 태아의 혈액, 근육 등 몸 조직을 구성하는 근원이 되므로 더욱 신경 써서 섭취해야 한다. 육류, 생선, 콩류에 질 좋은 단백질이 많이 함유되었다.

엽산을 충분히 섭취한다

엽산은 태아의 DNA를 합성하고 뇌 기능을 정상적으로 발달시키는 데 도움을 준다. 척추액의 중요한 성분이 되기도 하므로 세포분열이 급격히 이루어지는 이 시기에 반드시 필요하다. 녹색 잎채소, 잡곡류, 굴, 연어, 우유 등에 많이 들어 있으므로 충분히 먹고 엽산제로 보충한다.

> ❗ 엽산 섭취가 부족할 경우 태아에게 척추기형 또는 물뇌증 등이 생길 수 있다. 단, 너무 많이 섭취하면 다른 영양소 섭취에 방해가 되므로 하루 1,000μg 이하로 섭취한다.

칼슘 섭취를 2배로 늘린다

태아의 골격, 턱뼈, 유치가 형성되는 시기이므로 칼슘이 부족하면 태아의 골격 형성에 이상이 생길 수 있다. 출생 후 치아 발달이 늦어지기도 하고, 임신부가 골다공증에 걸리기도 쉽다. 우유, 뱅어포, 멸치, 정어리, 치즈, 녹색 채소 등을 많이 섭취하며 우유는 하루 2컵 이상 마신다.

채소와 과일을 많이 먹는다

임신을 하면 장운동 기능이 저하되어 변비에 걸리기 쉬우므로, 섬유질이 풍부한 채소나 과일을 많이 먹어서 변비를 예방한다. 채소나 과일에는 비타민 C도 풍부한데, 이는 태아의 태반을 튼튼하게 만들어 유산을 예방하며 철분의 흡수를 도와준다. 비타민과 섬유질은 체내에 축적되지 않으므로 매일 먹어야 하고, 익혀 먹을 때 흡수가 더 잘되는 채소와 그렇지 않은 채소를 구분해 조리한다.

사람이 많은 곳은 피하고 무리하지 않는다

유산의 위험이 높은 시기이므로 유행성 감기나 풍진, 간염 등 바이러스성 질병에 걸리지 않도록 주의하고 사람이 붐비는 곳은 가지 않는다. 임신 초기라 자각증세는 거의 없지만, 태아에게는 무리가 될 수 있으므로 피곤할 정도로 운동하거나 성관계를 하지 않는 것이 좋다.

> ❗ 임신 사실을 확인하면 건강진단을 받아 임신부가 임신과 출산을 지속적으로 견딜 수 있는 건강한 몸인지 체크해야 한다. 다른 질병을 발견했을 때는 해당 질환의 전문의와 산부인과 의사, 양쪽의 공조 치료를 받는 것이 안전하다.

이달의 정기검진

질식 초음파 검사

끝에 진단 장치가 달린 둥근 봉을 질 안에 넣어 검사한다. 아기집인 태낭이 있는지 확인하고, 없을 경우 자궁외임신은 아닌지 살펴본다. 동시에 난소종양이나 자궁근종 같은 자궁의 이상 여부도 확인한다. 임신 6~7주가 되면 태아의 심장박동도 확인할 수 있다.

> ❗ 태아의 건강 상태를 확인하기 위해 임신 기간 동안 정기적으로 초음파 검사를 실시한다. 초기에는 태아가 너무 작기 때문에 질을 통해 진단 장치를 넣는 질식 초음파 검사를 하고, 중기 이후에는 배 위에 복부 변환기를 대고 진단하는 복식 초음파를 한다. 태아의 기형 여부를 확인할 수 있는 정밀 초음파와 태아 모습을 자세히 볼 수 있는 입체 초음파 검사도 있다.

✔ CHECK

임신 2개월 생활법

- ☐ 생리 예정일에서 열흘 이상 지나도록 생리가 없다면 산부인과에서 임신 진단 검사를 받는다.
- ☐ 유산되기 쉬운 시기이므로 격한 운동이나 성관계는 삼가고, 휴식을 충분히 취한다.
- ☐ 출혈이나 하복부 통증이 있을 때는 즉시 병원을 방문한다.
- ☐ 태아의 각 기관이 형성되는 시기이므로 약을 먹을 때는 의사와 상담한다.
- ☐ 집이나 직장에서 1시간 이내에 갈 수 있는 가까운 병원을 선택한다.
- ☐ 쌍둥이 임신은 6~10주경에 확인할 수 있다. 임신 생활을 건강하게 하기 위해 미리 체크한다.
- ☐ 입덧이 심할 땐 영양을 생각하기보다 먹고 싶은 것 위주로 먹는다.
- ☐ 버스와 지하철을 탈 때는 차의 중간에 서거나 앉는다.

임신 3개월 9~12주 | 몸무게약 20g

자궁이 커지면서 서서히 몸에 변화가 나타난다. 초기 유산의 80%가 이 시기에 일어나므로 각별히 주의하고 모든 면에서 안정된 생활을 해야 한다.

태아의 성장 발달

얼굴 윤곽이 잡히기 시작한다

색소가 모여 눈동자가 까맣게 되며 눈꺼풀이 생기고 코, 입술, 턱, 뺨의 근육이 발달한다. 이목구비가 생기고, 팔다리의 구분도 확실해져 팔에서 손목과 손가락이 나타나며 다리에서 허벅지, 무릎, 종아리, 발, 발꿈치 등이 분화되기 시작한다. 탯줄을 통해 영양분을 흡수하고 소변을 배설하기도 하며, 심장과 간 등의 조직이 발달한다.

태아기가 시작된다

임신 8주가 되면 꼬리가 완전히 없어진다. 이전까지 배아(胚芽)라고 부르다가 비로소 태아(胎兒)라고 부를 수 있게 되는 것. 배아기에는 외부에서 유입되는 유해 물질에 쉽게 영향을 받아 기형 발생률이 높지만, 태아기에는 기형이 거의 발생하지 않는다. 태아기로 접어들었다는 것은 성장에 필요하고 중요한 신체 기관이 무사히 형성되었다는 것을 의미한다.

그 밖의 변화

뇌세포가 폭발적으로 발달해 임신 3개월이 되면 뇌 기능은 대부분 완성된다. 단, 뇌의 모양은 태어날 때까지 계속 변화하고 발달을 거듭한다. 탯줄이 완성되어 양수 안을 자유롭게 떠다니고, 피부에 무언가 닿으면 촉감을 느낄 수 있을 정도로 예민해진다. 손가락 끝에 미세한 지문이 만들어지고, 외성기가 발달해 남녀 생식기에 차이가 나타난다.

엄마 몸의 변화

허리선이 변한다

자궁 크기가 어른 주먹만 해져서 방광이나 직장을 압박한다. 이 때문에 소변이 자주 마렵고 가스가 많이 나오면서 변비 증세가 나타나기도 한다. 아직 눈에 띄게 배가 부른 것은 아니지만, 아랫배에 손을 대면 단단하면서 조금 부푼 듯한 느낌이 든다. 사람에 따라 기존에 입던 바지가 꼭 끼거나 불편할 정도로 허리가 굵어진 느낌이 들기도 한다.

유방이 부풀고 분비물이 생긴다

유방이 단단하게 부풀어 오르면서 옷에 스치기만 해도 통증이 느껴진다. 간혹 덩어리가 만져지기도 하는데, 호르몬의 작용이므로 크게 걱정할 필요 없다. 유륜이 짙은 암갈색이 되며 유륜선이 돌출한다. 또 기름 성분의 분비물이 나오기 시작하는데, 이는 유두를 부드럽고 유연하게 함으로써 태어날 아기에게 젖을 먹이기 위한 준비 과정의 하나이다.

감정 기복이 심해진다

생리하기 전 증세와 비슷하게 감정 기복이 심해진다. 임신했다는 사실에 부담을 느끼거나 불안하고 두려우며 짜증이 나기도 한다. 또 이유 없이 눈물이 나며 갑자기 우울해지기도 한다. 이는 모두 호르몬이 왕성하게 분비되면서 나타나는 증상으로, 그

밖에 헛배가 부르고 몸이 붓거나 소화가 안 되고 가슴이 두근거릴 수 있다. 앞으로 임신 40주 동안 적응해야 할 몸의 변화이므로 감정 변화에 민감해지지 말고 마음을 편안히 갖도록 노력한다.

질 분비물이 늘어난다

자궁경부의 내분비샘 기능이 임신 전보다 활발해지고, 질벽과 자궁 입구가 부드러워지면서 질 분비물이 늘어난다. 신진대사가 활발해져 땀이 많이 나므로 청결을 유지하고, 꼭 죄는 거들이나 바지는 입지 않는다. 분비물이 흰색이나 담황색이라면 걱정할 필요가 없지만, 분비물에서 악취가 나거나 연녹색을 띠면서 가려움증이 동반되면 질염일 가능성이 있으므로 의사와 상담한다.

이달의 건강 수칙

섬유질이 많은 음식을 섭취한다

규칙적 식사와 배변 습관을 들이고 섬유질이 풍부한 음식을 자주 먹어 변비를 예방한다. 섬유질을 풍부하게 섭취하기 위해서는 채소나 과일을 씹어 먹는 것이 가장 좋다. 주스는 갈고 짜는 과정에서 섬유질이 상당 부분 파괴되며, 특히 시판 주스는 당분이 지나치게 높은 경우가 많다. 단, 셀러리나 파인애플처럼 섬유질이 질긴 경우는 갈아서 부드러운 상태로 섭취하는 것이 낫다.

비타민 섭취에 신경 쓴다

비타민 A는 감염에 대한 저항력을 길러주고, 비타민 B_1은 신경 기능을 조절해주며, 비타민 D는 칼슘·인의 흡수와 뼈의 발육을 도와준다. 비타민 E는 근육 수축을 방지하며, 비타민 K는 혈액응고 작용을 하는 데 꼭 필요하다. 이들 비타민은 체내에서 만들어지지 않으므로 음식으로 충분히 섭취해야 한다. 녹황색 채소, 간, 돼지고기, 콩류, 달걀, 연어, 해조류, 토마토 등에 풍부하다.

알코올, 카페인, 약물의 복용을 피한다

임신 7주까지는 태아기 이전 단계인 배아기로, 사람 모양을 완전히 갖추기 전이라 이 시기 태아는 머리와 꼬리 부분으로 나뉘어 있다. 이후 급격한 세포분열을 통해 빠르게 사람 모습을 갖춰나간다. 이렇듯 급격한 변화를 견디는 중이어서 이 시기는 유산하기 쉽고, 기형이 생길 확률이 높다. 임신부가 받아들인 물질은 1시간 이내에 태아에게 전달되므로 알코올·카페인·의약품의 복용은 가급적 피하고, 니코틴이나 X선 촬영 등도 자제한다.

면 속옷을 입고 청결을 유지한다

임신 기간에는 몸을 조이지 않고 배를 덮는 넉넉한 크기의 면 소재 속옷을 입는다. 분비물이나 출혈을 바로 확인할 수 있도록 속옷 색깔은 흰색이나 연한 것이 좋다. 질 분비물이 진노랑이나 붉은색을 띠고 가렵거나 냄새가 난다면 질염에 걸렸을 가능성이 높으므로 즉시 병원에 간다. 샤워는 미지근한 물로 가볍게, 하루 1회 정도 하는 게 적당하다.

유산하기 쉬운 시기이므로 각별히 주의한다

아직 배가 부르지 않아 활동하는 데 큰 불편을 느끼지 못하다 보니 몸을 격렬하게 움직일 수 있다. 그러나 임신 초기는 유산의 위험이 가장 높은 시기로, 항상 조심해서 움직여야 한다. 무거운 것을 들거나 높은 곳에 손을 뻗거나 허리를 구부리거나 오랜 시간 서 있지 않도록 한다. 또 몸을 항상 따뜻하게 하고, 균형 잡힌 식사를 하며, 마음의 안정을 위해 노력하는 것도 잊지 않는다. 유산은 특히 임신 7~9주경에 많이 일어나는데, 태아에게 문제가 있는 경우가 많다. 아랫배 통증과 함께 약간의 출혈이 있으면 유산일 가능성이 높으므로 바로 병원에 간다. 유산 재발률은 15%나 되므로 유산한 경험이 있다면 더욱 조심해야 한다.

이달의 정기검진

초기 정밀 초음파 검사

보통 임신 11~14주에 실시하며 정상적으로 임신이 되었는지 확인할 수 있다. 태아의 머리부터 엉덩이까지의 길이(정둔장)를 측정해 태아의 발달 정도를 체크하고 출산 예정일을 산출한다. 또 태아의 후두경부를 촬영해 목뒤의 두께가 3mm를 넘을 때는 유전적 결함(다운증후군 등)이 있는 것으로 판단한다.

> ❗ 태아에게 질병이나 염색체 이상이 의심될 때는 태반 세포를 채취해 융모막 융모 검사를 하기도 한다. 임신 16~20주에 실시하는 양수 검사보다 이른 시기에 할 수 있다는 장점이 있지만, 유산의 위험이 1%나 되므로 의사와 상담해 신중하게 판단한다.

✔ CHECK
임신 3개월 생활법

- ☐ 땀과 분비물이 많으므로 따뜻한 물로 하루 1~2회 샤워하고, 손발도 자주 씻는다. 청결해야 상쾌하게 임신 기간을 보낼 수 있다.
- ☐ 출혈은 물론 분비물을 바로 확인할 수 있도록 면 100%의 흰색 속옷을 입는다.
- ☐ 조급해하거나 서두르지 말고 마음을 편안하게 갖고 항상 여유 있게 행동해 유산을 예방한다.
- ☐ 규칙적 식사와 배변 습관을 들이고, 섬유질이 풍부한 채소를 섭취한다.
- ☐ 계단을 뛰어 올라가거나 높은 곳의 물건을 내리는 등 허리와 배에 무리가 가는 행동은 자궁을 자극할 수 있으므로 피한다.
- ☐ 배가 불러오면서 요통이 생기고 몸이 무거워져 균형을 잡기 어려우므로 굽이 낮고 넓어서 편안한 신발을 신는다.
- ☐ 만 35세 이상이거나 습관성 유산을 경험한 경우, 걸레질이나 빨래 등도 무리가 될 수 있으므로 하지 않는다.

2~3개월 건강 메모

입덧, 출혈, 빈뇨 등 임신에 따른 여러 증상이 나타나면서 임신에 적응해야 하는 시기이다.
태아가 급격히 성장하는 때이기도 하므로 영양 섭취는 물론 유산의 위험에도 주의한다.

어떻게 먹을까?

카페인 섭취에 주의한다

인스턴트식품이나 가공식품에는 조미료와 염분이 많이 들어 있어 즐겨 먹으면 고혈압과 당뇨의 위험이 높고, 영양 상태도 불균형해지므로 되도록 먹지 않는다. 특히 조심해야 할 것이 카페인. 카페인은 중추신경을 자극하는 물질로 많이 섭취할 경우 태아의 뇌, 중추신경계, 심장, 신장, 간, 동맥 형성에 나쁜 영향을 미칠 수 있으며 임신부는 호흡 장애나 불면증, 흥분을 경험할 수 있다. 카페인은 커피, 홍차, 코코아, 콜라, 청량음료, 초콜릿 등은 물론 진통제나 감기약처럼 평소 접하는 여러 음식에 들어 있으므로 자신도 모르게 섭취하고 있지는 않은지 주의한다.

음식은 양보다 질

임신부에게 필요한 하루 열량은 2150kcal 정도(임신하지 않은 여성은 2000kcal)이다. 임신 전과 큰 차이가 없으므로 음식의 양을 늘려서 먹기보다 양질의 음식을 먹는 것이 중요하다. 단백질이나 비타민 등은 꼭 먹되, 지방은 적게 먹어 필요 이상으로 열량을 많이 섭취하지 않도록 주의한다. 육류는 단백질이 풍부한 살코기로, 생선은 등 푸른 생선이나 뼈째 먹는 생선을 섭취하고, 신선한 제철 과일과 채소를 즐겨 먹는다.

입덧을 하더라도 반드시 먹는다

입덧이 심하면 제대로 먹지 못하고 소화도 잘되지 않으므로 입맛 당기는 음식을 한꺼번에 많이 먹기보다 조금씩 자주 먹는 것이 좋다. 특히 아침 공복에 입덧 증상이 심하므로 자고 일어나서 크래커나 신선한 과일을 먹는다. 더운 음식보다 찬 음식이 냄새가 적고 위 점막을 자극하지 않아 먹기가 수월하다.

> ⚠️ 물을 지나치게 많이 마시면 위장 기능이 떨어져 입덧이 더욱 심해질 수 있다. 보리차를 끓인 뒤 얼려서 그 얼음을 한 조각 입에 물면 갈증을 푸는데 도움이 된다.

조금씩 천천히 먹는다

임신 초기에는 소화가 안 되어 배에 가스가 많이 차고 심하면 배가 볼록하게 나오기도 한다. 배 속 가스가 태아에게 나쁜 영향을 미칠까 걱정할 필요는 없다. 태아는 따뜻하고 부드러운 자궁 속에서 잘 지내고 있으며, 엄마의 위와 장에서 나는 소리에도 이미 익숙한 상태이다. 저녁이면 더 심하게 가스가 차지만, 그래도 저녁 식사를 걸러서는 안 된다. 증상을 완화하기 위해서는 한꺼번에 많이 먹는 습관을 버리고 조금씩 자주 먹는 것이 좋다. 음식을 급하게 먹는 것도 삼가자. 갑자기 많은 양의 음식이 위 속으로 들어가면 공기 또한 급하게 들어가 가스가 차기 쉽다.

빈혈을 예방하는 음식을 섭취한다

임신부에게 가장 부족하기 쉬운 영양소가 철분이다. 철분이 부족하면 임신부 빈혈이 되기 쉽고, 이로 인해 난산의 위험이 커진다. 그렇다고 무작정 철분 영양제를 복용하지 않는다. 임신 초기에는 철분 영양제를 복용하면 메스꺼움과 구토가 심해질 수 있으므로 음식을 통해 섭취하는 것이 가장 좋다. 철분이 풍부한 식품으로는 돼지 간·쇠고기 간, 등 푸른 생선, 조개·굴 등의 어패류, 콩류, 녹황색 채소, 달걀, 해조류 등이 있다.

태아의 뇌 발달을 돕는 간식을 먹는다

간식 하나도 태아의 건강을 위해 선택한다. 호두·잣·땅콩·아몬드·밤 등의 견과류와 참깨·호박씨·해바라기씨 등의 종실류를 항상 준비해놓고 수시로 먹는 것이 좋다. 견과류와 종실류는 리놀레산 등 불포화지방산과 단백질이 풍부한 영양 간식이다.

생선회나 덜 익은 고기는 먹지 않는다

임신 중에는 모든 음식을 완전히 익혀 먹는 것이 안전하다. 생선회, 생고기, 덜 익힌 고기를 먹으면 톡소플라스마에 감염될 수 있기 때문이다. 신선하지 않은 갑각류와 조개류도 주의한다. 임신 중에는 중독을 일으키기 쉬운데, 이런 음식은 식중독의 원인이 된다. 냉장고에 보관하는 음식에도 신경 써서 오래된 음식은 과감히 버리고, 조금이라도 의심이 가는 음식은 입에 대지 않는다.

생활은 이렇게

면 소재 흰색 속옷을 입는다

기초체온이 올라가는 시기이므로 속옷은 통기성 뛰어난 면 소재가 좋다. 또 배 속 태아를 따뜻하게 감싸줄 수 있도록 배를 덮을 수 있는 넉넉한 사이즈라야 한다. 색깔은 흰색, 또는 연한 색을 선택한다. 그래야 질 분비물과 출혈의 차이를 금방 알 수 있기 때문이다. 출혈이 조금이라도 있을 경우 바로 병원으로 가 의사와 상담한다.

집안일을 무리하게 하지 않는다

피곤할 정도로 집안일을 하지 않는다. 오랫동안 서서 일하면 허리와 배에 무리가 가서 자궁이 수축될 수 있다. 틈틈이 쉬면서 일하고, 화장실 청소나 베란다 청소처럼 힘이 많이 드는 일은 다른 사람에게 부탁한다. 배가 뭉치는 등 이상 증상이 나타나면 모든 일을 중단하고 쉰다.

성관계는 되도록 피한다

임신 11주까지는 성관계를 하지 않는 편이 안전하다. 겉으로 드러나는 징후가 없기 때문에 남편은 일상적 성관계를 요구할 수 있지만, 임신부의 몸은 예민함이 최고조에 달한 상태이다. 쉽게 피로감을 느끼고 신경질이 많을 때이므로 잦은 성관계보다 부부간의 대화를 늘리는 것이 현명한 방법. 성관계를 하더라도 음경이 질 안에 깊이 삽입되면 자궁이 자극을 받으므로 주의하고 시간은 짧게, 횟수도 줄인다. 감염의 우려가 있으므로 손가락을 질 안에 넣는 것도 피한다.

사람이 붐비는 곳엔 가지 않는다

전철이나 버스는 혼잡해서 사람들과 이리저리 부대끼다 보면 배에 충격이 갈 수 있고, 몸의 피로가 가중된다. 대중교통을 이용할 때는 혼잡한 출퇴근 시간을 피하고, 백화점이나 영화관 등 사람이 많이 모인 장소에 가야 할 때는 덜 붐비는 시간대를 이용한다.

편안한 음악을 듣는다

태아의 청각 기능이 발달하기 때문에 엄마가 듣는 소리를 태아도 그대로 들을 수 있다. 편안하고 조용한 음악을 들으면 태아와 엄마의 마음이 편안해진다. 이 시기에 가장 적당한 음악은 엄마의 심장박동 수와 비슷한 클래식이지만, 억지로 듣다 보면 오히려 스트레스를 받을 수 있으므로 관심 있는 분야의 음악을 듣는다. 태교를 위해 그림책을 읽어준다거나 가벼운 명상을 하는 것도 좋다.

낮잠을 조금씩 잔다

임신 초기에 괴로운 것은 입덧만이 아니다. 시도 때도 없이 찾아오는 졸음도 임신 초기 고충 중 하나. 게다가 직장 생활을 한다면 졸린 티를 내는 것도 여간 눈치 보이는 일이 아니다. 그러나 임신 초기의 졸음은 태아가 잘 성장하고 있다는 증거. 태아를 키우기 위해 모체가 많은 에너지를 소모하고 있다는 뜻이다. 너무 졸릴 때는 주변에 양해를 구하고 조용한 장소나 휴게실에서 오후에 20분 정도 낮잠을 청해보자. 한결 몸이 가벼워지는 것을 느낄 수 있다. 낮잠 시간은 20분을 넘기지 않아야 밤에 숙면할 수 있다.

찜질방과 대중목욕탕 이용은 삼간다

'이열치열'이라며 더운 여름날에도 찜질방에 가는 임신부가 있는데, 체온이 많이 상승할 경우 태아와 임신부 모두에게 안 좋을 수 있으므로 절대 가지 않는다. 특히 임신 14주 이전에 사우나나 찜질방의 높은 온도에 노출되면 태아의 뇌 조직이 손상될 가능성이 높다는 보고도 있다. 대중목욕탕에도 가지 않는 것이 좋다. 임신 중에는 감염성 질병을 조심해야 하는데, 특히 임신 초기는 감염의 위험이 높은 때이므로 여러 사람이 함께 사용하는 대중목욕탕은 문제가 될 수 있다. 또 고온다습한 환경에 장시간 노출되면 빈혈을 일으킬 수도 있다. 임신 중에는 42℃ 이상의 탕욕과 90℃ 이상의 사우나는 하지 않는 것이 기본이다. 임신 전보다 늘어난 땀과 분비물 때문에 찜찜하다면 땀이 나는 대로 바로 닦아내고 미지근한 물로 샤워하는 정도로 만족한다.

행동을 천천히 한다

임신 3개월까지는 태반이 제대로 완성되지 않아서 유산하기 쉬운 시기이다. 이 시기에 몸을 갑작스럽게 움직이면 자궁에 충격을 줄 수 있으므로 좀 느리다 싶을 정도로 행동을 천천히 한다. 걷기 이상의 운동은 자제하고, 걸을 때도 산책하는 기분으로 느릿느릿 움직인다. 또 넘어지지 않도록 각별히 주의하고 집 안에 부딪칠 만한 장애물이 있으면 치운다.

무거운 것을 들지 않는다

무거운 물건을 들면 배에 힘이 들어가게 마련. 자칫 복부에 압력이 가해져 유산이 될 수 있다. 따라서 무거운 물건은 들지 말고, 가벼운 물건을 들 때도 한쪽 다리를 구부리고 허리를 세운 자세로 들어 올려 배에 부담이 가지 않도록 한다. 많은 계단을 오르내리는 것도 위험하므로 엘리베이터를 이용하고, 어쩔 수 없이 계단을 이용해야 할 경우에는 난간을 잡고 천천히 오르내린다.

너무 조이는 속옷은 입지 않는다

배가 많이 나오지 않아 옷을 가려 입을 필요는 없다. 단, 코르셋이나 딱 달라붙는 청바지같이 몸을 너무 조여 자궁 속 태아를 긴장시킬 수 있는 옷은 입지 않는다.

운전은 가급적 삼간다

운전은 주의력과 순간 판단력, 순발력 등이 필요한데, 임신 중에는 호르몬 변화로 심리 상태가 불안정하고 주의가 산만하며 갑자기 졸음이 올 수도 있다. 따라서 되도록 운전을 삼간다. 꼭 해야 한다면 반드시 안전벨트를 착용하고, 운전 시간은 2시간을 넘기지 않으며, 운전 도중 자주 쉬도록 한다. 쉴 때는 운전석을 충분히 넓힌 후 다리를 쭉 뻗어 온몸의 긴장을 풀어준다. 울퉁불퉁한 길이나 급커브 길은 피하고 속도를 줄여 천천히 운전한다.

술과 담배를 멀리한다

니코틴은 혈관을 수축시켜 엄마의 혈액 속 산소와 영양분을 태아에게 제대로 공급하지 못하게 만든다. 또 담배 연기의 유해 물질은 엄마를 통해 태아에게 그대로 전달돼 유산이나 사산, 저체중아 출산 등의 문제를 일으킬 수 있다. 직접 담배를 피우지 않는 것은 물론이고, 담배 연기가 있는 장소에도 가지 않는다. 임신 초기에는 한 잔의 술도 기형을 초래할 수 있으므로 절대 마시지 않는다. 임신을 계획한 여성이라면 술과 담배는 미리 조심하는 것이 안전하다.

자극적인 TV 프로그램은 피한다

임신 중에는 임신부의 심리적·신체적 안정이 필요하다. 특히 여러모로 불안한 임신 초기에 공포 영화나 폭력 장면이 많은 드라마를 보면 심리적 불안이 가중돼 태아에게도 좋지 않은 영향을 미칠 수 있다. TV를 너무 오랜 시간 시청하는 것도 좋지 않다. TV에서 방출되는 전자파는 극히 적은 양이기는 하지만 오랜 시간 노출되면 심한 피로를 느낄 수 있다.

소변을 참지 않는다

임신 중에는 자궁이 팽창하면서 방광을 압박해 소변이 자주 마렵게 마련이다. 소변을 참으면 방광염이나 신우염에 걸릴 수 있으므로 소변이 마려우면 곧바로 화장실에 가는 습관을 들인다.

임신우울증을 극복한다

지나가는 말 한마디에도 우울해지고 때론 과격해지기도 한다. 혹시 아기가 유산되지 않을까, 건강하게 태어날까, 아기를 낳으면 잘 키울 수 있을까 등 쓸데없는 고민을 하느라 잠을 이루지 못하는 경우도 많다. 이런 것들은 모두 호르몬 변화 때문에 나타나는 증세로, 아직 임신을 실감하지 못하기 때문에 그 증세가 더욱 심해지기도 한다. 임신 5개월 정도 되어 태동을 느끼고 아기가 건강하게 움직이는 것을 실감하면 마음의 안정을 되찾게 된다.

안전하게 건강관리

적당한 운동을 한다

충분한 휴식이 필요하지만 안정을 취한다며 누워만 있는 것도 좋지 않다. 청소와 설거지 같은 가벼운 집안일은 매일 하는 것이 좋다. 단, 걸레질할 때 쪼그리고 앉아서 하면 자궁이 수축될 수 있으므로 무릎을 꿇고 엎드려서 하되 허리를 수평으로 유지한다. 또 체조나 산책 등 가벼운 운동을 꾸준히 하면 출산할 때 필요한 체력과 유연성을 기를 수 있다. 이 시기는 유산의 위험이 있으므로 등산, 조깅, 골프, 에어로빅처럼 과격한 운동은 피한다.

잠은 충분히 잔다

임신을 하면 수시로 졸음이 쏟아지는데, 이는 황체호르몬의 영향으로 피로해진 몸을 쉬게 하려는 자연스러운 현상이다. 임신 전보다 수면 시간을 1~2시간 늘리되, 일찍 자고 일찍 일어나는 습관을 들인다. 태아는 엄마의 수면 시간에 맞춰 자거나 깨는 것이 아니므로 잠을 자지 못한다고 태아에게 영향을 미치는 건 아니다. 하지만 엄마가 잠을 자지 못해 초조해하거나 신경이 날카로워지면 태아에게도 좋지 않다. 충분한 수면을 취하고 편안한 마음을 유지하는 것이 무엇보다 중요하다.

! 낮잠을 너무 많이 자면 밤에 불면증으로 고생할 수 있으므로 낮잠 시간은 되도록 1시간을 넘기지 않는다.

긍정적 사고로 두통을 날린다

임신 초기에는 임신과 출산에 대한 두려움, 육아에 대한 부담감 때문에 두통을 호소하는 임신부가 많다. 이럴 땐 출산과 육아에 대한 정보를 알아보고 미리 마음의 준비를 하면 오히려 마음이 안정돼 두통이 잦아든다. 잠을 너무 많이 자거나 잘 자지 못하는 등 불규칙한 생활을 해도 두통이 심해질 수 있으므로 규칙적 생활 리듬을 유지한다. 창문을 자주 열어 신선한 공기를 마시고, 두통을 완화하는 단백질 식품을 챙겨 먹는 것도 도움이 된다.

한 달에 한 번 산전 검사를 받는다

임신 7개월까지는 한 달에 한 번, 후기에 접어들면 한 달에 두 번 정도 의사가 정해주는 날짜에 맞춰 산전 검사를 정기적으로 받는다. 병원에 가기 전에는 사소한 증상이라도 메모해두었다가 의사와 상담하는 것이 임신 중 트러블을 줄이거나 예방하는 노하우다.

체중 관리가 건강의 바로미터

임신을 하면 자연스레 체지방과 체내 수분량이 증가한다. 특히 임신 12주까지는 지방만 증가하는 시기이므로 일주일 동안의 체중 증가량은 200~300g 정도가 적당하다. 입덧으로 체중이 그대로이거나 다소 줄기도 하지만, 이 시기에 태아에게 공급되는 영양분은 극히 적은 양이기 때문에 걱정할 필요는 없다. 다만 임신 초기 체중이 10% 이상 감소한 경우에는 탈수 증세를 보일 수 있으므로, 영양 섭취와 수분 공급에 신경 쓴다.

애완동물을 키우고 있다면 면역력을 점검한다

임신 중 태아에게 유산과 기형을 유발하는 톡소플라스마가 고양이를 통해 감염되는 것으로 알려져 있으나, 집에서 키우는 고양이에게 감염되는 경우는 매우 드물다. 톡소플라스마는 고양이 자체가 아니라 생식을 하는 길고양이의 배설물, 오염된 흙, 잘 씻지 않은 과일이나 생채소를 통해 감염되기 때문이다. 또 감염으로 인한 악영향도 면역력이 극도로 떨어진 환자나 면역 억제제를 사용한 환자에게만 나타난다. 하지만 태아의 신경계가 형성되는 임신 초기에 감염되면 위험하므로 개나 고양이 등 애완동물을 키운다면 병원을 찾아 임신부의 면역 상태를 확인한다. 그래도 걱정된다면 임신 초기에만 고양이를 다른 곳에 맡긴다.

X선 촬영은 하지 않는다

임신 초기에는 세포분열이 활발히 이루어지며 태아의 주요 기관이 형성되기 때문에 X선 등 방사선에 노출되면 태아의 세포분열에 이상이 생길 수 있다. 이는 각종 기형의 원인이 되며, 특히 임신 4주 이전의 방사선 노출은 유산으로 이어질 수 있으므로 주의한다.

Q 임신 중 꿈을 자주 꾸는 이유는 무엇일까?

A 꿈은 감정 상태를 반영하기 때문에 엄마가 된다는 두려움과 불안감으로 무서운 꿈을 꾸는 임신부가 많다. 또한 잠을 깊게 자지 못해 또렷하게 기억에 남는 꿈을 많이 꾼다.

임신 초기 트러블

아랫배가 땅기거나 현기증이 일어나는 등 임신 초기에 흔히 나타나는 증상 중에는 위험 신호도 있다.
임신 초기, 서둘러 의사에게 진찰을 받아야 하는 증상에는 어떤 것이 있을까?

출혈이 있는 이상 증세

아랫배가 땅기고 묵직하다

배가 땅기면서 출혈 증세가 나타난다면 유산일 가능성이 높다. 임신 초기 유산은 통증이 없는 경우도 많으므로 일단 소량이라도 출혈이 있다면 병원에 가서 전문의의 진찰을 받는다.

복통이 아주 심하다

자궁외임신인 경우 착상된 부위(난관이 가장 흔하다)가 자라는 태아의 크기를 견디지 못해 파열되면서 심한 하복부 통증이 나타난다. 이렇게 되면 출혈량이 많아 임신부 생명이 위험하다. 출혈 없이 갑자기 배가 아프고, 어지럼증이나 목 통증을 동반하는 경우도 있다.

분비물에 혈액이 섞여 있다

자궁질부가 헐거나 빨갛게 되면서 출혈이 있는 상태로, 자궁질부미란이라고 한다. 대부분 자궁 내 혈액순환이 왕성해져 나타난다. 통증은 없으며 질 분비물에 혈액이 섞여 나오거나 성관계 시 출혈이 있다. 임신에 직접 영향을 미치지는 않지만, 염증을 일으킬 수 있으므로 심하면 산부인과 의사의 진료를 받는다.

조금만 무리해도 출혈이 일어난다

자궁경관에 양성종양이 있는 자궁목관폴립을 의심할 수 있다. 이 경우 조금만 무리하게 움직이거나 가벼운 성관계를 한 후에도 출혈이 나타난다. 자궁목관폴립은 수술로 간단하게 제거할 수 있지만, 악성종양인 경우도 있으므로 전문의에게 정확히 진찰을 받는 것이 현명하다.

구토를 하며 음식을 먹지 못한다

하복부 통증은 없지만 심한 구토가 오랫동안 계속되어 음식을 먹을 수 없다면 포상기태를 의심한다. 융모가 이상을 일으켜 포도송이 같은 작은 수포가 자궁에 가득 차는 상태로, 검붉은색 분비물이 조금씩 계속 흘러나오기도 한다. 즉시 입원해 자궁 속을 완전히 비워야 한다. 다음 임신 시 90% 이상 정상 임신이 되며, 난임으로 이어질 확률은 없다.

배변이 힘들고 통증이 있다

치질은 임신 중에도 치료가 가능한 질환. 치질이 의심되면 되도록 빨리 치료를 받는다. 임신에는 큰 영향을 미치지 않지만 방치하면 분만 과정에서 악화될 수 있다.

빈뇨와 잔뇨감이 있다

방광염에 걸리면 아랫배가 아프고 소변이 자주 마려우며, 소변을 봐도 개운하지 않고 잔뇨감이 있다. 심하면 소변에 피가 섞여 나오기도 한다. 약물과 식이요법으로 치료할 수 있지만, 방치하면 신우염이 될 수 있다. 신우염은 입원 치료를 해야 하는 중증 질병이므로 주의해야 한다.

Q 임신 중 신우염에 걸리면 어떻게 해야 할까?

A 입원해서 항생제 치료를 받으면 대부분 치료되지만, 심한 경우 수술을 하기도 한다. 태아에게는 영향을 미치지 않는다. 초기에 치료해야 잘 나으므로 증상이 느껴지면 지체하지 말고 병원으로 간다.

출혈이 없는 이상 증세

배를 잡아당기는 듯한 통증이 있다

난소낭종을 의심한다. 자각증세가 약해 모르고 지내다가 산부인과 내진 시 우연히 발견하는 경우가 많다. 원인은 아직 확실히 밝혀지지 않았다. 낭종 크기에 따라 수술을 해야 하는 경우도 있는데, 임신기에 생긴 낭종은 임신 4~5개월이면 자연스럽게 사라지는 경우가 많다. 그러므로 난소낭종이 의심되면 두려워하지 말고 의사와 상의해 수술할지 기다려볼지 결정한다.

현기증이 잦다

임신부는 혈압의 변화가 심하고, 섭취하는 영양분을 태아에게 빼앗기므로 혈당이 금세 떨어진다. 저혈당성 현기증은 앉았다 일어설 때, 공복 시에 나타나므로 이에 대비해 동작을 천천히 한다.

배가 땅기고 통증이 심하다

충수염일 수 있다. 임신으로 인한 배 땅김과는 다른 통증이 느껴지거나, 참을 수 없을 정도로 통증이 심할 때는 병원에 간다. 임신으로 인한 배 땅김일 경우 옆으로 비스듬히 누워 휴식을 취하면 곧 나아지지만, 충수염은 통증이 점점 심해진다.

외음부가 가렵다

질 분비물이 많아지면서 가려움증이 있거나, 통증이 동반될 때는 세균 감염에 의한 염증이나 칸디다질염일 가능성이 높다. 그대로 방치하면 조산되거나 세균 종류에 따라 태아에게도 감염되어 유산으로 이어질 수 있다.

임신 초기 직장 생활

막상 해보면 임신과 직장 생활을 병행하기란 얼마나 어려운지 실감하게 된다.
특히 유산 위험이 높은 임신 초기에는 작은 변화에도 주의를 기울이고, 출퇴근 시에도 몸가짐을 조심해야 한다.

기본 생활법

임신 사실을 직장에 빨리 알린다

전업주부에 비해 신체적·정신적 부담이 커서 본인의 몸 상태를 체크하기 힘들다. 일에 열중하다 보면 유산이나 조산, 임신 중독증의 징후를 알아채지 못할 수 있다. 임신 사실을 빨리 알려 동료들의 이해를 구하며, 무리한 회식 자리에는 참석하지 못한다고 미리 양해를 구한다.

영양 만점 간식을 준비한다

평소보다 열량 소모가 많아 금세 배가 고파진다. 그렇다고 자주 식사를 할 수는 없으므로, 간단하게 요기할 수 있는 간식을 준비해두었다가 허기를 느끼거나 기운이 달릴 때마다 조금씩 먹는다.

채소 위주의 메뉴를 선택한다

매일 한 끼 이상을 외식으로 해결하므로 과일과 채소를 골고루 섭취하기 어렵고 염분 섭취가 늘어난다. 염분을 많이 섭취하면 부종과 임신중독증으로 이어질 수 있으므로 주의해야 한다. 간식으로 과일을 준비하는 것도 좋은 방법.

소변을 참지 않는다

임신 중에는 소변이 자주 마려운데, 주위의 시선을 의식해 소변을 참으면 방광염이나 신우염으로 진행할 수 있다.

냉방 시에는 옷을 덧입는다

찬 바람을 직접 쐬면 자궁 수축이 일어나 유산이나 조산이 될 위험이 있다. 냉방 중이라면 바람을 직접 쐬지 않도록 에어컨이나 선풍기 방향을 바꾸고, 카디건 등을 준비해 체온을 일정하게 유지한다.

틈틈이 휴식을 취한다

장시간 같은 자세로 일하면 하반신 부종, 정맥류 등이 생긴다. 컴퓨터를 할 때는 30분마다 5분 정도 쉬고, 틈틈이 통풍이 잘되는 곳으로 나가 간단한 체조나 심호흡으로 몸과 마음의 긴장을 푼다.

출퇴근 시 주의할 점

혼잡한 시간대를 피한다

출퇴근 시간의 버스나 지하철은 많은 사람으로 붐비고 공기도 탁해서 좋지 않다. 사람들에게 치여 배에 충격을 줄 수 있고, 서두르다 보면 발을 헛디디거나 넘어질 수도 있다. 출근 시간보다 약 30분 정도 일찍 나와 여유 있게 출근한다.

굽 낮은 신발을 준비한다

임신 중에는 몸의 균형이 깨져 넘어지기 쉽다. 게다가 굽이 높은 신발을 신으면 골반과 허리에 부담을 준다. 굽 낮은 신발을 신되, 너무 낮은 신발은 걸을 때 생기는 진동이 허리에 전달되어 충격을 주므로 3cm 정도의 넓은 굽이 적당하다.

버스와 지하철을 탈 때는 차의 중간에 선다

버스나 지하철에 탈 때는 흔들림이 심한 뒤쪽보다 중간에 서거나 앉는 것이 안전하다. 서 있을 때는 손잡이를 잡거나 의자에 몸을 기대야 급정거 시에도 넘어지지 않는다. 자리에 앉을 때는 의자에 등을 수직으로 붙이면 진동이 고스란히 전달되므로 몸을 가볍게 기대는 정도가 적당하다. 임신부 배려석에 앉는 것도 좋은 방법.

속이 울렁거리면 차에서 내린다

차를 타고 가는 도중 속이 울렁거리거나 현기증이 나면 바로 내려서 잠시 휴식을 취한다. 비포장도로처럼 험한 길은 피하는 것이 좋다. 임신을 하면 호르몬의 영향으로 반사 신경이 둔해지므로 운전이 익숙하지 않다면 운전하지 않는다.

입덧 극복하기

입덧은 대개 임신 4주 전후에 시작해 2개월 정도 지속되다가 3개월이 지나면 자연스럽게 사라진다.
아침과 오후 3시 등 공복에 특히 심하게 나타난다.

입덧의 원인

호르몬 변화
입덧의 정확한 원인은 밝혀지지 않았지만 태반에서 분비되는 융모성선자극호르몬(hCG)이 구토 중추를 자극하기 때문이라는 학설이 가장 신빙성 있다. 융모성선자극호르몬의 수치가 증가하는 시기와 입덧이 나타나는 시기가 임신 6~7주로 일치하기 때문이다.

심리적 원인
임신을 하면 당연히 입덧이 뒤따른다는 생각으로 임신부 스스로 속이 불편하다고 느끼는 심리적 원인도 크다. 대부분의 경우 스트레스를 받거나 정신적으로 불안정하고 예민하며 신경질적일 때 입덧이 더 심하게 나타난다. 산책을 해서 기분 전환을 하거나 심호흡으로 마음을 가다듬으면 증상이 나아지는 것도 이런 연구 결과를 뒷받침한다.

한의학적으로 보면
임신오조증이라 하여 비위가 약하고 수분 대사가 원활하지 못하면 담음이 정체되어 입덧이 생긴다고 본다. 몸이 찬 사람은 위장을 따뜻하게 하고, 소화가 잘되는 음식을 먹으면 입덧을 줄일 수 있다. 반대로 몸이 따뜻한 사람은 차가운 음식을 먹는 것이 좋다.

통계적으로 보면
지나치게 마른 사람이나 뚱뚱한 사람, 위장이나 간장·신장 등 내장이 약한 사람이 그렇지 않은 사람에 비해 입덧을 심하게 하는 것으로 나타난다.

입덧의 증상

임신부마다 다르다
음식 냄새, 담배 연기, 생선 비린내 등으로 갑자기 비위가 상하면서 식욕이 떨어지고 가슴이 울렁거리거나 현기증이 나기도 하며, 속이 메스껍고 구토를 하기도 한다. 신것이 먹고 싶거나 평소에는 입에 대지도 않는 음식이 갑자기 생각나기도 한다. 침이 많아지고 숨이 가쁜 증상도 입덧에 속한다.

입덧이 심한 경우
어떤 임신부는 아침이나 공복 시에 가볍게 메스꺼움을 느끼는가 하면, 심한 사람은 음식 냄새만 맡아도 토하면서 음식은 물론 물조차 먹지 못한다. 구토 때문에 음식을 먹지 못하면 영양이 부족할뿐더러 신경쇠약 증세로까지 발전할 수 있다. 따라서 입덧이 심해 병으로 악화되지 않도록 신경 쓴다.

> **Q** 엄마가 먹지 못하면 태아가 영양 결핍이 되는 걸까?
>
> **A** 태아에게 문제가 생기지 않을까 걱정해서 입덧이 심한데도 음식을 억지로 먹는 경우가 있다. 하지만 이렇게 음식을 억지로 먹으면 대부분 다시 토하게 되고, 입덧이 더욱 심해질 수 있다. 임신 초기에는 음식을 잘 먹지 못한다고 태아가 성장을 못 하는 것은 아니다. 아직 작기 때문에 엄마 몸에 이미 축적된 영양분만으로도 충분히 성장할 수 있다. 뭐라도 꼭 먹어야 한다는 중압감을 떨쳐버리고, 먹고 싶을 때 먹고 싶은 양만큼 먹는 것이 좋다.

입덧 줄이는 생활법

조금씩 자주 먹는다

모든 음식을 조금씩 자주 먹는다. 한꺼번에 많은 양을 먹으면 위의 활동이 왕성해져 다시 입덧이 심해질 수 있다. 식욕이 날 때면 언제든지 조금씩 그리고 천천히 오래 씹어 먹는다. 비스킷 같은 간식을 먹는 것도 좋은 방법.

자신에게 맞는 음식을 찾는다

평소 좋아하던 음식도 싫어지고, 김치 냄새만 맡아도 구역질이 나는 경우가 많다. 이럴 때 자신의 입맛에 맞는 음식을 찾아두면 도움이 된다. 평소에는 거들떠보지도 않던 뜻밖의 음식일 수도 있지만, 입맛에 맞는 음식을 하나라도 찾는다면 입덧을 견디기가 훨씬 수월하다.

수분을 충분히 섭취한다

구토로 빠져나간 수분을 보충해야 한다. 우유, 과즙, 보리차, 신선한 과일과 채소를 많이 먹는다. 이때 음식과 음료를 차게 해서 먹으면 음식에서 나는 냄새를 줄일 수 있고, 장운동도 활발해지기 때문에 속이 편해진다. 미지근한 음식은 구역질을 일으키기 쉬우므로 피한다.

> **!** 마늘 1~2쪽을 껍질 벗긴 뒤 달군 팬에 살짝 구워 물을 2~3컵 정도 부어 끓인 뒤 메스꺼울 때마다 조금씩 마신다. 마늘 물을 마시면 입덧 증세가 가라앉고, 출산 후 젖이 잘 도는 효과도 있다.

신맛으로 입맛을 돋운다

신맛은 입맛을 돋우는 효과가 있으므로 입맛이 없을 땐 신 김치, 레몬, 초무침, 요구르트 등을 먹어본다. 차게 하면 먹기가 훨씬 수월하다. 비빔국수나 차가운 메밀국수, 과일, 잼을 바른 토스트 등도 입덧이 있을 때 먹기 좋다.

게으른 버릇은 버린다

누워만 있거나 움직이지 않는 습관은 기분을 우울하게 만들고, 입덧을 더 악화시킨다. 하루에 몇 분씩이라도 집 주변을 산책하거나 쇼핑을 하면 기분 전환에 도움이 된다. 가벼운 체조를 수시로 하면 활력을 잃지 않는 데 큰 도움이 된다.

입덧을 나쁜 것이라고 생각하지 않는다

입덧으로 인한 메스꺼움과 구토는 자연스러운 증상이다. 대부분의 임신부가 겪는 일이고, 시간이 지나면 언제 그랬느냐는 듯 없어지게 마련이다. 병이 아니므로 편안히 받아들이고, 입덧 자체에 신경을 쓰지 않으면 증상이 훨씬 가벼워진다. 마음을 느긋하게 갖는 것도 중요하다. 앞서 말했듯 입덧은 심리적 이유도 크며, 스트레스를 받거나 감정적으로 흥분하면 더욱더 심해지게 마련이다.

열중할 수 있는 취미를 찾는다

어떤 일에 열중하면 입덧을 잠시 잊을 수 있다. 신경을 집중해야 하는 뜨개질이나 자수, 책 읽기 등 몰두할 수 있는 취미를 가진다. 몰입하는 동안 입덧이나 임신 사실에 신경을 덜 쓰게 돼 마음이 진정되고, 생활에 활력도 생겨 스트레스도 점점 줄어든다. 영화 관람, 노래하기, 음악 감상 등 어떤 취미 활동이든 상관없다.

변비를 극복한다

속이 더부룩하면 입덧은 더욱 심해진다. 아침에 일어나 미지근한 물을 한 잔 마셔 제때에 변을 보도록 노력한다. 평소 과일, 채소, 해조류 등 섬유질이 풍부한 식품을 충분히 섭취한다. 유산균을 꾸준히 챙겨 먹는 것도 도움이 된다.

몸을 청결하고 상쾌하게 유지한다

기운이 없다고 샤워를 멀리하면 기분 전환이 되지 않아 입덧이 악화된다. 몸을 청결하고 상쾌하게 유지하는 것은 입덧은 물론, 각종 임신 트러블을 극복할 수 있는 방법. 아로마 목욕제나 향긋한 배스용품을 이용해 즐겁게 목욕하고 너무 덥거나 춥지 않게 한다.

손바닥과 발바닥을 마사지한다

손이나 발에 있는 지압점을 눌러주면 입덧을 줄이는 데 효과적이다. 지압점은 비위 기능을 조절하는 자리인데, 손바닥과 발바닥에 집중되어 있다. 방법은 손과 발 전체를 10분 정도 마사지하는 것. 손가락 끝으로 골고루 꾹꾹 눌러주면 입덧도 줄어들고 내장 기능이 좋아진다. 엄지와 검지손가락 사이의 움푹 들어간 부위를 눌러주거나 손목 안쪽 부위를 주물러줘도 좋은 효과를 볼 수 있다.

> **✔ CHECK**
> ## 진찰을 받아야 하는 입덧 증세
> - 거의 아무것도 먹을 수 없고 냄새도 맡기 어려운 경우.
> - 서 있으면 저절로 몸이 흔들릴 정도로 기운이 없는 경우.
> - 임신 전보다 몸무게가 5kg 이상 감소한 경우.
> - 열흘 이상 음식을 제대로 먹지 못하고, 먹고 싶은 것이 없는 경우.
> - 물만 먹어도 위액까지 토해내는 상태가 하루 종일 지속되는 경우.

유산 예방하기

자연유산은 임신 20주 이내에 태아가 사망하는 것을 말한다.
전체 임신의 10~15%가 이에 해당하며, 그중 80% 이상이 임신 12주 이내에 일어난다.

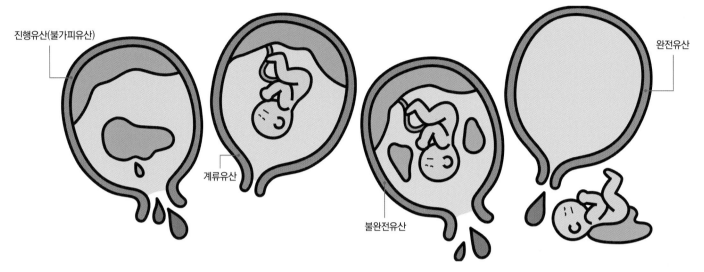

진행유산(불가피유산)

계류유산

불완전유산

완전유산

유산의 형태

절박유산

출혈이나 복통 등 유산 징조가 나타나지만 아직 임신을 지속할 수 있는 상태를 말한다. 태아의 생존 여부는 초음파 검사로 간단하게 확인할 수 있다. 태아의 심장박동이 확인되면 태아가 안전하다는 신호이며, 심장박동이 확인되지 않는 경우에는 태아를 싸고 있는 태낭을 검사한다. 정확한 진단이 어려울 경우에는 1~2주 후 다시 검사해 유산 여부를 확인한다. 이때 태아의 심장박동이 확인되거나 태낭의 크기가 이전보다 성장했다면 안심해도 좋지만, 태아가 살아 있지 않다고 진단되면 소파 수술을 실시한다.

진행유산(불가피유산)

자궁구가 열려 자궁 속 태아와 태반의 일부가 나오기 시작한 상태. 출혈과 복통을 동반하기 때문에 임신부 스스로 유산 사실을 직감할 수 있다. 이때 출혈과 복통의 정도는 개인차가 상당히 크다. 참을 수 없을 정도로 심한 복통이 있는가 하면, 배가 살살 아픈 정도로 약하게 나타나는 경우

도 있다. 또 갑자기 많은 양의 출혈이 있는가 하면, 피가 약간 비치는 정도에서 그치는 경우도 있다. 어떤 경우라도 피가 비치는 것은 태아가 위험하다는 신호이므로 빨리 병원을 찾아야 한다. 때로는 난막이 찢어져 양수가 흘러나오기도 하는데, 이 정도까지 진행되면 이미 유산은 피할 수 없는 상태라고 봐야 한다. 이렇게 되면 자궁 내의 내용물이 밖으로 나오는 불가피유산이 되어 다량의 출혈이 뒤따르기도 한다. 이 경우 소파 수술로 자궁 속의 잔여물을 깨끗하게 제거해야 다음 임신에 영향을 미치지 않는다.

계류유산

사망한 태아가 자궁 안에 그대로 머물러 있으면서도 아무런 증상이 없는 상태를 이른다. 임신부 자신도 모르는 사이에 유산이 진행되고, 통증과 출혈이 없기 때문에 알아차리지 못하는 경우가 많아 대개는 정기검진 시 초음파 검사를 통해 유산 사실을 알게 된다. 때로는 유산한 지 여러 주가 지나서 생리처럼 출혈이 나타나는 경우도 있다. 임신을 했는데도 입덧은 물론 임신의 징후가 전혀 나타나지 않거나,

입덧 증상이 있다가 갑자기 어느 날 사라지면 정기검진일이 아니더라도 병원을 찾아가 진찰을 받아보는 것이 안전하다. 하지만 입덧이 사라진다고 해서 다 유산이거나 문제가 있는 것은 아니므로 의사의 확실한 진단이 있기 전에 섣불리 절망해서는 안 된다.

완전유산

태아와 태반이 완전히 자궁 밖으로 나온 상태의 유산을 말한다. 검붉은 핏덩어리 형태의 출혈이 대량으로 쏟아진다. 태반이 빠져나가면서 자궁은 자연스럽게 수축하고 출혈도 시간이 지나면서 자연스레 멈추지만, 자궁 내 잔여물이 남아 트러블을 일으킬 수 있으므로 반드시 산부인과 전문의의 진찰을 받는다.

불완전유산

유산이 진행되어 태아와 태반의 대부분이 자궁 밖으로 나온 상태이다. 처음에는 완전유산과 비슷한 증상을 보이다가 차츰 출혈량이 줄어든다. 태반의 일부가 자궁 안에 남아 있어 출혈이 계속되므로 반드시 치료를 받아야 한다.

유산의 원인

태아의 염색체 이상

임신 12주 이내에 일어나는 자연유산의 절반가량은 태아의 염색체 이상이 원인이다. 수정란은 유전자 정보에 따라 세포 분열을 반복해가면서 성장하는데, 유전 정보를 전달하는 염색체 등에 결함이 있으면 성장 도중 발육이 멈춰 태아가 사망하면서 유산이 되는 것. 태아의 염색체 이상으로 일어나는 유산은 사실상 예방이나 치료가 불가능하다.

자궁근종

자궁의 근육층에 생기는 딱딱한 혹 덩어리를 근종이라고 한다. 대개 근종이 생기면 생리량이 많아지고 생리통도 심해지지만, 자각증상이 거의 없는 경우도 있다. 생긴 위치에 따라 난임을 유발하기도 하는데, 근종 위치가 수정란의 착상이 일어나는 자궁내막에 가까울수록 유산이나 조산의 위험이 높다.

자궁 기형

자궁의 모양이나 위치가 기형이면 수정란의 착상 과정에 문제가 생겨 유산할 수 있다. 임신 이후 자궁 기형을 발견했다면 손쓸 방법이 없으므로 상태를 지켜봐야 한다. 임신 전에 발견하면 자궁 기형의 종류에 따라 성형 수술을 통해 자궁의 모양과 위치를 바로잡을 수 있으며, 자궁 성형 수술 없이 임신이 가능한 경우도 많으므로 산부인과 전문의와 상담한다.

자궁내막증

자궁내막은 자궁 내벽에 존재하는 얇은 막으로 임신을 하면 태반이 만들어지는 자리가 된다. 자궁 내벽에 있어야 할 자궁내막이 나팔관이나 난소에 생겨 수정이나 착상을 방해하는 질병을 자궁내막증이라고 한다. 난임과 자궁외임신을 유발하는 대표적 질환이며, 간혹 유산의 원인이 되기도 한다.

골반염과 질염

자궁에 생기는 가장 흔한 질환으로 심각한 질병은 아니지만 초기에 치료하지 않으면 자궁·난관·난소에까지 염증이 퍼지고, 이 때문에 난관과 자궁내막에 이상이 생겨 유산과 난임을 일으킬 수 있다. 조금만 신경 쓰면 예방할 수 있고, 조기에 치료가 가능하므로 평소와 다른 질 분비물이 나오고 통증이 동반되는 경우에는 산부인과 전문의의 진찰을 받는다.

자궁경관무력증

자궁경부는 분만할 때 아기가 나오는 산도이며, 임신 중에는 태아를 둘러싸고 있는 양막을 보호한다. 자궁경부가 여러 가지 원인으로 약해지면 조그만 자극에도 양막이 벌어지고 양수가 터지면서 유산을 일으킬 수 있다. 임신 14주 무렵 자궁경관을 묶는 수술을 하면 대부분의 유산을 막을 수 있으므로 조기 진단이 무엇보다 중요하다.

자궁외임신

수정란이 자궁이 아니라 난관이나 복강 등 자궁 이외의 장소에 착상된 상태. 자궁외임신의 95%는 수정란이 자궁강까지 가지 못하고 난관에 착상하는 난관 임신인데, 대부분 수정란이 충분히 발육하지 못하고 유산된다. 그렇지 않더라도 태아가 자라면서 난관의 내벽을 약화시켜 출혈을 일으키다가 결국은 압박을 이기지 못한 난관이 파열된다. 난관이 파열되면 복부에 심한 통증을 느낄 뿐 아니라, 출혈이 많아 혈압이 급격히 내려가 의식이 흐릿해지는 등 쇼크 상태에 빠질 수 있다. 그러나 약간의 복통이나 출혈 외에 자각 증상이 거의 없이 유산되는 경우도 있다. 자궁외임신은 한쪽 난관을 제거하는 수술을 통해 치료하는데, 이렇게 해도 다른 한쪽의 난관과 양쪽 난소가 남아 있기 때문에 바로 난임으로 이어지지는 않는다. 단, 자궁외임신을 경험한 사람이 다시 자궁외임신을 할 확률은 7~15%에 이른다.

정신적·물리적 충격

임신부의 경우 유산에 대비해 스트레스를 잘 다스려야 한다. 임신부가 자주 스트레스를 받으면 수정란이 착상하는 데 필요한 난소 호르몬의 분비가 감소되어 유산이 될 수 있기 때문이다.

임신부의 질환과 면역학적 이상

갑상샘 질환, 당뇨병, 고혈압, 습관성 음주, 영양실조를 앓고 있거나 인플루엔자 또는 헤르페스바이러스에 감염된 상태라면 특히 유산이 되지 않도록 조심한다. 면역 상태도 유산에 영향을 미칠 수 있다. 부부간의 면역 상태가 지나치게 닮은 경우, 임신부가 자신의 몸에 대한 항체를 만들어버리는 자가면역질환을 앓고 있는 경우에는 태아에게 혈액이 충분히 공급되지 않아 태아가 사망하기도 한다.

유산 후 몸조리

유산 후에도 몸조리를 해야 한다

유산을 했을 때도 출산과 같은 수준으로 세심하게 몸조리를 해야 한다. 이른 시기에 유산을 하더라도 자궁은 평상시보다 커져 있고, 분비물과 태반 잔류물이 몸 안에 남아 있는 상태이다. 찬 바람, 찬물까지 피해야 하는 것은 아니지만 몸이 회복될 때까지 충분히 휴식을 취해야 한다. 유산 후 몸조리를 소홀히 하면 자궁 기능이 저하되고 건강이 악화되어 이후에 임신이 어려워질 수 있다.

NG 습관성 유산으로 이어지지 않게 조심한다

자연유산을 3회 이상 했을 때 습관성 유산이라고 한다. 이 경우 세심하게 관리하지 않으면 불임의 원인이 될 수 있으므로 주의해야 한다. 습관성 유산의 원인은 정확하게 밝혀지지 않았지만, 자궁 형태가 원인인 경우에는 수술을 해야 하며, 자궁경관무력증이 원인이라면 자궁경관봉축술, 즉 자궁경관의 입구를 꿰매는 수술을 한다.

마음의 산후조리가 필요하다

유산을 하면 몸은 물론 마음의 고통 또한 심하다. 죄책감, 상실감 등이 크고 무엇보다 '내 탓'이라는 생각에 빠지기 쉽다. 이런 상태에서 오래 머물러 있으면 우울증이 고착될 수 있으므로 산모 스스로는 물론, 남편을 비롯한 주변 사람들이 각별히 마음을 써야 한다. 명상은 우울감을 털어내는 데 도움이 되는 호르몬인 세로토닌 분비를 촉진하므로, 우울한 마음이 지속되면 자신에게 맞는 명상법을 찾아 꾸준히 시도해본다.

집안일이나 복직은 천천히

유산 후에는 출산 때와 달리 장기 휴가를 받을 수 없다. 하지만 유산 후에도 산후조리가 반드시 필요하다. 직장에 유산 사실을 알리고 최대한 휴가를 받아 업무 복귀를 미룬다. 집안일은 1~2주 후에나 시작하고 안정을 취해야 한다. 병원에서 처방해준 약과 철분제를 복용하고 고기, 채소, 과일 등을 골고루 섭취해서 체력을 키워야 한다. 운동과 산책은 수술 후 일주일 뒤부터 집 근처를 20분 정도 걷는 것으로 시작해서 조금씩 시간을 늘려가는 것이 바람직하다.

임신은 충분히 회복한 뒤 계획한다

성관계는 유산 15일 이후부터는 가능하지만 서두르지 말자. 적어도 한 달 이상은 몸과 마음이 회복할 시간을 가지는 것이 좋다. 유산 후의 상실감을 극복하기 위해 급하게 임신하기를 원하는 부부도 있는데, 이런 조급증은 금물이다. 태아가 잘 자랄 수 있을 정도로 자궁이 회복되지 않았다면 임신을 하더라도 또 유산될 수 있고, 두 번 이상 유산하면 습관성 유산으로 이어질 수 있다. 유산 이후 최소 3개월이 지나 시도하고, 그 전에 성관계를 하려면 반드시 피임을 한다. 임신 4개월 이후에 유산이 되었다면 유선이 발달해 있어 젖몸살을 겪을 수 있다. 이때는 젖 말리는 약을 복용해야 한다.

유산을 피하려면

기초체온을 꾸준히 체크한다

유산 위험이 높은 임신부라면 임신 기간 동안 매일 기초체온을 재서 꾸준히 기록한다. 수정 후 임신 12주 전후까지는 고온기가 계속되는데, 만약 이 기간에 갑자기 기초체온이 내려가면 유산이 진행되고 있다는 뜻일 수 있으므로 병원에 간다.

운동량을 줄이고 휴식을 취한다

만 35세 이상이거나 습관성 유산을 경험한 임신부라면 임신 초기에는 절대 안정을 취해야 한다. 격렬한 운동, 장거리 여행 등은 삼가고 걸레질, 빨래, 화장실 청소 등 자궁 수축을 불러올 수 있는 강도 높은 집안일은 하지 않는다.

임신 초기에는 성관계를 자제한다

정액에는 자궁을 수축시키는 프로스타글란딘이라는 물질이 들어 있다. 또 가슴을 애무하면 임신부 몸에서 옥시토신이라는 호르몬이 분비되는데, 이 또한 자궁 수축을 활발하게 한다. 따라서 유산의 위험이 높은 임신부라면 임신 초기에 성관계를 자제하는 것이 좋다.

✔ CHECK 유산 가능성 알아보기

1 현재 나이
① 30세 미만　② 30~35세
③ 35~40세　④ 40세 이상

2 유산 경험 여부
① 없음　② 1회
③ 2회　④ 3회 이상

3 흡연 여부
① 비흡연　② 임신 확인 후 금연
③ 흡연(반 갑 이하)　④ 흡연(반 갑 이상)

4 임신 후 성관계 패턴
① 전위 과정만 즐김
② 변화 없음
③ 일주일에 2~3회 정도 2~3가지 체위로 함
④ 성욕이 늘어 더 격렬해짐

5 집안 대소사 참석 정도
① 참석하지 않으며 스트레스 없음
② 참석하지 않으나 신경 씀
③ 참석해 적당히 일함
④ 대소사와 일에 대한 스트레스 심함

6 여가 시간 활용 정도
① 가벼운 산책과 휴식
② 예전보다 조심하고 있음
③ 백화점이나 마트 등 사람 많은 곳 방문
④ 장거리 여행과 과격한 운동

7 갑상샘 질환 여부
① 없음
② 임신 전 치료받아 완치
③ 현재 치료 중
④ 임신 후 치료를 제대로 받지 못함

8 임신 전 자궁근종(증상-갑자기 생리량이 많아지고 생리통이 심해진다) 여부
① 없음
② 임신 전 치료받아 완치
③ 현재 약물 치료 중
④ 치료를 제대로 받지 못함

9 임신 전 질염 또는 골반염 여부
① 없음　② 임신 전 치료받아 완치
③ 현재 치료 중　④ 치료받다가 중단

10 자궁경관무력증 진단 여부
① 아님　② 진단 후 수술받음
③ 진단 후 치료하면서 수술 예정
④ 진단 후 수술받기가 겁이 나 연기 중

- -

• 결과 계산하기
① 0점 ② 1점 ③ 3점 ④ 5점으로 모두 더한다.

• 결과

0~2점 유산에 대해 안전하다.

3~4점 대체로 안전하나, 유산이 될 위험 요소가 있으므로 조심한다.

5~9점 유산에 대해 안심할 수 없다. 특히 질병과 관련한 7~10번에 ④번이라고 답한 것이 하나라도 있다면 반드시 치료를 받도록 한다.

10점 이상 유산의 적신호! 임신 20주까지 절대적 안정이 필요하다. 특히 보기 중 ④번은 유산의 근본 위험 요인이므로 이에 대한 치료나 대책을 찾아 대처해야 한다.

※ 이는 간단한 자가 진단법으로 정확한 결과를 위해서는 반드시 병원을 찾도록 한다.

예비 아빠가 할 일

임신은 기쁜 일이지만 당사자인 아내는 기대감, 불안감 등 다양한 감정과 몸의 변화를 겪는다.
건강한 아기를 출산하고 부부 관계를 돈독히 하기 위해서는 남편이 적극적으로 임신 기간을 함께해야 한다.

임신한 아내의 남편이라면

아내의 몸과 마음의 변화를 이해한다

임신한 아내는 전과 같지 않다. 입덧을 하면 두통, 메스꺼움, 어지러움을 호소하고 평소에 잘 먹던 음식을 먹지 않게 된다. 호르몬 변화로 쉽게 짜증을 내기도 하고 감정 기복이 심해 종잡을 수 없는 모습을 보이기도 한다. 서서히 배가 불러오고 체중이 늘면서 전에 쉽게 하던 일을 혼자서 해내지 못할 때가 많다. 아내의 이런 변화를 낯설어하거나 임신 전과 달라진 점을 지적해서는 안 된다. 호르몬과 몸의 변화는 아내가 조절할 수 있는 것이 아니고, 두 사람의 아이가 커가는 과정이므로 함께 변화에 익숙해지려 노력하며 배려해야 한다.

아내가 필요한 것을 알아둔다

임신부는 입덧이나 피로, 스트레스 때문에 식욕이 떨어지고 쉽게 지친다. 이럴 때 특별히 당기는 음식이 있다면 남편이 챙겨주자. 아침과 저녁 식사는 함께 하고 가급적 일찍 퇴근해 저녁 시간을 같이 보낸다. 임신 중기 이후에는 체중 증가로 손발이 붓기 쉽고 저리는 증상을 자주 느끼므로 남편이 손발 마사지를 해주면 좋다. 임신 기간이 길어지면서 아내는 먼 곳으로 외출하는 것이 힘들어 스트레스를 받는다. 집 근처 공원으로 함께 산책을 나가면 임신부의 정신 안정에 도움이 된다.

아기에 대한 사랑을 표현한다

임신 초기에는 아내의 배가 많이 부르지 않고 태동도 없기에 남편 입장에서는 아기의 존재를 실감하지 못할 수 있다. 하지만 무심한 태도는 아내에게 상처를 줄 수 있다. 아직 존재감이 느껴지지 않더라도 태명을 지어주고 배를 쓰다듬어주는 등 애정과 기대감을 표현하자.

담배를 끊고 술을 자제한다

간접흡연은 물론 흡연 후에 집에 들어와 아내를 대하는, 이른바 '3차 간접흡연' 또한 간접흡연만큼이나 위험하다. 아내가 임신을 했다면 담배는 반드시 끊도록 한다. 또 술자리에서 여러 가지 음식 냄새와 담배 냄새를 묻힌 채로 귀가하면 아내의 입덧이 악화될 수 있다. 술자리 후 귀가해서는 환기가 잘되는 곳에 옷을 걸어 아내에게 냄새가 전해지지 않도록 하자.

정기검진에 동행한다

맞벌이가 많은 요즘, 부부가 항상 정기검진에 함께 하는 것은 어려운 일이다. 매번 함께 하지 못하더라도 중요한 검사는 일정을 맞춰 꼭 함께 병원에 가도록 하자. 병원에서 아내와 함께 의사를 만나면 아내와 태아의 건강에 대한 자세한 정보를 들을 수 있고, 궁금한 점을 직접 물어볼 수도 있다. 초음파 검사를 통해 태아의 모습과 심장 소리를 들으면 아빠가 된다는 사실이 더 실감 날 수 있다.

집안일은 공동의 일, 적극적으로 한다

아직 배가 나오지 않아 인지하기 어려울 수 있지만, 임신 초기는 다른 기간에 비해 유산의 위험이 높은 기간이다. 아내와 태아의 안전을 위해 남편은 기존에 하던 것보다 더 적극적인 자세로 집안일을 해야 한다. 갈수록 움직임이 둔해지고 자세 바꾸기가 힘들어지는 아내를 위해 집 안을 정리하고 위험한 물건을 치우자. 바닥에 미끄럼 방지 매트를 붙이거나, 자주 쓰는 물건은 아내가 집기 쉬운 아래쪽으로 내려놓는 등의 배려가 필요하다.

먼 곳으로의 여행과 행사 참석은 자제한다

임신 초기와 후기에는 먼 곳으로 여행하거나 가족, 친지를 방문하는 것은 자제한다. 차를 오래 타는 것도 문제가 될 수 있으며, 어려운 집안 어른들 앞이라 꼭 휴식이 필요한 순간에도 쉬지 못해 몸에 무리가 갈 수 있다. 이 경우 남편이 나서서 입장을 대변해주어야 한다. 적어도 유산 위험이 높은 임신 초기와 몸이 무거워지는 후기에는 먼 곳에서 하는 행사 참석은 피하는 것이 바람직하다.

꼭! 남편이 해야 하는 집안일

1 쓰레기 버리기 쓰레기 봉지 자체가 무거워서 임신부가 들기에 부담스럽기도 하지만, 특히 음식물 쓰레기는 냄새 때문에 입덧을 겪는 임신부에게 고역이다.

2 높은 곳의 물건 다루기 임신 초기에는 태아에게 영양이 집중되기 때문에 임신부에게 저혈당 현기증이 자주 일어난다. 임신부는 이러한 현기증이나 호르몬의 영향으로 균형 감각이 떨어지기 때문에 높은 곳에 있는 물건을 내리거나 올리는 일은 남편이 한다.

3 집 안 청소 화장실 청소, 베란다 청소는 시간이 오래 걸리고 체력 소모가 크다. 또 쪼그려 앉거나 허리를 구부리는 등 임신부에게 부담이 가는 자세로 해야 하므로 남편이 도맡는다.

4 장보기 임신 중에는 자주 외출하기 힘들기 때문에 한꺼번에 장을 보는 일이 많은데, 장보기는 시간과 체력이 많이 소모된다. 장을 볼 때는 아내와 동행하고, 생필품은 인터넷 쇼핑을 이용해 배달시키면 훨씬 편하다.

임신 4개월 13~16주 | 몸무게 약 110g

입덧도 서서히 줄고 유산의 위험에서도 어느 정도 벗어났지만 조산, 임신중독증, 고혈압, 기형아 등의 문제가
발생할 수 있다. 따라서 항상 안정을 취하고 몸 상태를 주의 깊게 살펴야 한다.

태아의 성장 발달

태반이 완성된다

태아가 모체에 안정적으로 정착하는 시기. 태아가 모체에 완전히 뿌리를 내렸다고 볼 수 있으며, 유산의 위험이 어느 정도 줄어든다. 태아는 양수를 삼켰다가 소변으로 배출하며, 입술을 내밀거나 머리를 돌리고 이마에 주름을 잡는 등의 행동을 한다. 양수가 늘어나 태아의 움직임이 활발해지고 이에 따라 뇌가 발달하고 근육이 단련된다. 그러나 아직 태아의 움직임을 임신부가 느끼지는 못한다.

순환기 계통이 완성된다

태아의 목 근처에 커다랗게 부푼 탯줄 형태로 있던 폐와 심장이 가슴으로 내려가 자리를 잡고 제 기능을 시작한다. 따라서 심장이 활동함으로써 혈액이 온몸으로 흐르며 투명한 피부에 혈관이 비쳐 붉은 기운이 감돈다.

남녀 구별이 가능하다

태아의 성별이 드러나는 시기. 남자는 전립샘이 나타나고, 여자는 복부에 있던 난소가 골반으로 내려간다. 여자의 난소에는 600만~700만 개의 원시 난자가 있는데, 점차 줄어 태어날 때는 200만 개 정도 된다.

엄마 몸의 변화

아랫배가 불러온다

자궁이 커지면서 골반에 있던 자궁이 점차 위쪽으로 올라간다. 따라서 방광 압박이 줄어 잦은 소변 증세가 없어지지만, 자궁과 골반을 연결하는 인대가 늘어나 배나 허리가 땅기고 사타구니에 통증을 느낄 수 있다. 이는 자궁의 변화에 몸이 적응하면서 나타나는 현상으로 태아에게는 영향을 미치지 않는다.

현기증과 두통이 나타난다

앉았다 일어나거나 갑자기 자세를 바꿀 때 어지러움과 현기증을 느낄 수 있다. 이는 혈액이 자궁으로 몰리면서 뇌에 혈액이 원활하게 공급되지 않아 나타나는 일시적 현상이다. 식사 간격이 너무 길 경우에도 혈당이 내려가서 현기증이 생길 수 있다. 현기증 때문에 몸을 가누지 못하거나 쉽게 넘어질 수 있으므로 일어설 때는 조심스럽게 일어나고, 갑자기 몸을 움직이지 않도록 주의한다.

기초체온이 내려간다

임신 이후 계속 고온을 유지하던 기초체온이 이때부터 점차 내려가기 시작해 출산할 때까지 저온 상태를 유지한다. 급격하게 분비되던 호르몬 분비량이 안정화되면서 임신 초기에 느낀 나른함이 어느 정도 사라지고, 불안하거나 초조하던 마음도 점차 안정을 되찾는다. 임신으로 나타나는 변화에 몸과 마음이 익숙해지기 때문이다. 적당한 운동으로 몸을 움직이고 식사도 규칙적으로 해서 평소의 컨디션을 빨리 되찾는다.

임신부 필수영양소, 철분

임신부(16주 이후) 및 수유부가 섭취하는 분말형 철분 보충용 제품. 유럽의 기술력으로 특수 코팅한 철분 원료를 사용하여 철분의 단점을 최소화 했으며, 철의 흡수에 꼭 필요한 비타민C를 함유했다. 국내 최초로 이지멜트 공법을 적용하여 섭취 시 뭉침이 없고 상큼한 오렌지 맛으로 청량감을 느낄 수 있어 맛에 예민한 임신부도 거부감 없이 섭취할 수 있다. 닥터라인 헤모씨, 탑헬스.

피부 트러블이 나타난다

자궁에서 나오는 점액의 양이 늘고 피부의 노폐물이 많아지면서 피부 트러블이 생기기 쉽다. 목과 얼굴에 불규칙한 갈색 반점이 나타나는데, 이는 멜라닌 색소가 늘어나기 때문. 호르몬 분비의 변화로 피부가 가려운 임신성 소양증이 나타나기도 한다. 임신부의 1~2% 정도가 겪는 임신성 소양증은 발진이 없으며 가렵기만 한 것이 특징. 특별한 치료 방법은 없고 아기를 낳으면 저절로 없어지나, 다음 임신 때 재발할 수 있다.

⚠ 매일 미지근한 물로 샤워하고, 옷을 두껍게 입지 않으며, 기름진 음식을 멀리하면 피부 트러블을 예방할 수 있다. 의사의 처방 없이 연고를 바르지 않는다.

입덧이 줄고 식욕이 왕성해진다

속이 거북하고 메스꺼운 증상이 사라지면서 갑자기 먹고 싶은 음식이 많아지고, 식사 후에도 자꾸 음식이 당긴다. 자궁이 커지고 태아의 몸무게가 늘어 자연히 체중이 증가하지만, 한 달에 2kg 이상 늘지 않도록 체중 조절에 신경 쓴다.

이달의 건강 수칙

바른 자세를 유지한다

자궁이 커지고 배가 불러오면서 허리 인대가 늘어나 통증이 나타나고, 심하면 종아리와 발에 경련이 일어난다. 이때부터 자세를 바로 하는 습관을 들이지 않으면 출산할 때까지 요통으로 고생할 수 있다. 장시간 서 있거나 쪼그리고 앉지 않으며, 불편한 자세로 오래 일하는 것도 피한다.

체중 증가에 주의한다

입덧이 끝나고 식욕이 돌아오면서 인스턴트식품이나 간식 등을 무절제하게 섭취하는 경우가 많다. 이때 주의하지 않으면 체중이 급격히 증가하므로 임신 20주까지는 주당 0.32kg, 20주부터 임신 후기까지는 주당 0.45kg 이상 늘지 않도록 한다. 산도 주변에 지방이 쌓이면 출산에 지장을 줄 수 있다. 급격한 체중 증가로 임신성 고혈압이나 임신중독증, 당뇨병 같은 합병증에 걸리기도 한다. 달고 찬 음식, 인스턴트식품, 패스트푸드, 무절제한 간식 등은 피한다.

⚠ 일주일에 한 번 정해진 요일, 같은 시간대에 체중을 잰다. 가장 좋은 시간대는 아침에 일어나자마자 화장실에 다녀온 후 측정하는 것. 체중 변화를 한눈에 알아볼 수 있도록 기록해둔다.

수영이나 산책을 한다

적당한 운동은 출산에 필요한 근육을 단련하고 기분 전환도 되므로 임신부 체조나 수영, 산책 등을 시작하는 것이 좋다. 단, 엎드려 하는 운동은 피한다. 자궁이 혈관을 눌러 혈액이 뇌와 자궁에 원활하게 공급되지 않기 때문에 현기증을 유발할 수 있다. 무릎을 심하게 구부리거나 내미는 동작도 골반을 상하게 할 수 있으므로 적당치 않다. 임신중독증이나 유산의 위험이 있는 사람은 운동을 피하고, 운동 중이라도 배가 땅기거나 통증이 있을 때는 중단하고 휴식을 취한다.

이달의 정기검진

초음파 검사

태아의 몸통과 머리가 구분되는 시기. 정둔장(태아 머리부터 엉덩이까지 가장 긴 길이)을 재어 태아의 성장 상태를 확인한다. 뇌와 두개골이 제대로 발달하지 않는 무뇌증 진단이 가능하다. 초음파 도플러 장치를 이용해 태아의 심장 소리를 들을 수 있는데, 이를 통해 임신부는 태아의 생존을 실감하게 된다.

소변 검사

소변 검사를 통해 소변 속에 단백질이나 당이 나오는지 확인한다. 검사 결과는 남은 임신 기간 동안 임신부의 건강관리에 유용하게 사용된다.

✔ CHECK
임신 4개월 생활법

- 체중이 늘기 시작하므로 단백질, 칼슘, 철분, 비타민을 골고루 섭취하되 균형 잡힌 식사로 체중 관리에 신경 쓴다.
- 무리하지 않는 선에서 임신부 수영이나 체조 등 운동을 한다.
- 엉덩이, 옆구리, 허벅지 등에 살이 붙어 평상시 입던 옷이 불편해진다. 몸을 조이지 않는 편안한 옷을 입는다.
- 안정기에 접어들었으므로 가벼운 여행을 다녀오는 것도 좋다.
- 갑자기 자리에서 일어나거나 급하게 몸을 움직이면 현기증이 생길 수 있으므로 모든 동작을 천천히 한다.
- 배가 부르면 등과 허리에 부담을 줘 요통을 유발할 수 있으므로 평소 바른 자세를 취하도록 노력한다.
- 요통이 심할 때는 복대로 허리를 받쳐주되, 너무 꽉 조이지 않는다.

임신 5개월 17~20주 | 몸무게 약 300g

가슴이 눈에 띄게 커지고 배는 점점 더 통통하고 동그래진다. 자궁은 어른 머리만 한 크기이며
배꼽에 거의 닿아 있다. 태아의 움직임이 활발해지면서 태동을 느낄 수 있다.

태아의 성장 발달

신체 움직임이 활발하다

양수의 양이 늘고 태아를 둘러싼 양
막이 단단해진다. 태아는 삼등신이
되면서 체형의 균형이 잡히고 양
수 속에서 움직임이 더욱 활발
해진다. 움직이면서 자궁벽
에 부딪치기도 하는데, 이
때 엄마는 태동을 느
낀다. 이 시기부터
태아의 움직임은
점점 활기차고
강해져 청진기로
도 심장박동 소리를 들
을 수 있다.

손가락을 빨며 젖 빠는
동작을 익힌다

눈을 감은 채 눈동자를
이리저리 굴리면서
탯줄을 잡아당기거
나 자궁벽과 태반,
자신의 몸을 손으
로 더듬기도 한다.
하품을 하거나 기
지개를 켜는가 하면
입을 벌리고 심호흡
을 하는 것처럼 가슴과
배를 움직이는 등 제법 사
람 행세를 한다. 능동적으로
움직이며 감촉을 느끼고 인지하
는 이러한 과정은 태아의 두뇌 발
달과 신체 발육을 위해 반드시 필
요할 뿐 아니라, 태어나 세상을 살
아가기 위한 훈련이 된다.

소리를 들을 수 있다

귓속의 작은 뼈가 단단해지면서 소리를
들을 수 있게 된다. 엄마의 심장 뛰는 소
리, 소화기관에서 나는 소리 외에도 엄마
아빠의 목소리같이 자궁 밖에서 나는 소
리도 곧잘 듣는다. 이때부터 주변의 갖가
지 소리와 울림은 태아에게 영향을 미치
기 시작한다. 연구에 따르면 조용한 음악
을 들으면 태아가 편안함을 느끼지만, 시
끄러운 음악이나 신경질적인 소리를 들
으면 흥분 상태가 된다고 한다.

> ! 태동은 태아 상태를 체크하는 기준이
> 된다. 처음 태동을 느낀 날을 알면
> 태아의 건강 상태를 진단하고 출산 예정일을
> 산출할 수 있다.

엄마 몸의 변화

태동을 느낀다

빠른 사람은 임신 16주부터, 보통은 18~
20주에 처음으로 태동을 느낀다. 첫 태동
은 배 속에서 뭔가 미끄러지는 듯하거나
뽀글뽀글 물방울이 올라오는 것 같은 느
낌으로, 아주 미약해서 초산부의 경우 모
르고 지나치는 경우가 많다. 경산부는 초
산부보다 태동을 빨리 느끼고, 체중이 많
이 나가는 사람은 태동을 느끼는 시기가
늦는 경향이 있다.

허리선이 사라진다

엉덩이나 허벅지, 팔 등 몸 전체에 피하지
방이 붙는다. 아랫배가 단단해지고, 누가
보아도 임신한 사실을 알 수 있을 정도로
배가 불러온다. 자궁 크기가 어른의 머리
만큼 커져서 위와 장이 눌려 속이 답답하
고 거북한 증상이 나타난다.

NG 빈혈을 치료하지 않으면 난산이 될 수 있다

임신을 하면 혈액이 증가하지만 적혈구는 늘어나지 않는 데다 태아가 모체의 혈액에서 철분을 받아들여 자신의 혈액을 만들기 때문에(태아는 생후 6개월까지 사용할 수 있는 철분을 축적한다) 빈혈이 생기기 쉽다. 임신성 빈혈에 걸리면 주의력이나 기억력이 감퇴하고 현기증, 심한 심장박동, 손발 냉증, 두통, 전신 무력감 등이 나타난다. 빈혈을 치료하지 않으면 분만 시 미약 진통으로 분만 시간이 길어지고 자궁 수축이 제대로 이루어지지 않아 출혈량이 많을 수 있다. 그러나 엄마가 빈혈로 고생해도 태아에게는 영향을 미치지는 않는다.

빈혈이 생기기 쉽다

임신 중기에는 혈액량이 평소의 2배로 증가한다. 이는 혈장이 증가한 것으로 혈액의 농도는 상대적으로 낮다. 철분이 부족하면 현기증, 두통 등의 증세가 나타날 수 있으므로 철분이 풍부한 음식을 섭취해 빈혈을 예방하고, 하루 최소 30mg의 철분제를 복용한다.

유방이 커지고 분비물이 나온다

수유에 대비해 유선이 발달하고 유방이 커진다. 이 시기에 임신 전에 착용하던 브래지어를 억지로 입으면 유두를 압박해 유선의 발달이 방해받을 수 있다. 또 유방이 커지고 무거워지므로 되도록 임신부용 브래지어를 착용해 유방을 받쳐주어야 한다. 구입할 때는 사이즈가 여유 있는 것을 고른다. 목욕 중 유두를 누르면 분비물이 나오기도 하는데, 거즈나 티슈로 닦아내고 일부러 짜내지는 않는다.

질 분비물이 증가한다

희거나 누르스름한 분비물이 나오는데 양이 점차 증가한다. 분비물이 많을 때는 팬티라이너를 착용하고 가급적 면 소재 속옷을 입어 자극을 줄인다. 분비물에서 냄새가 나고 색이 진하면 질염일 수 있으니 산부인과 진료를 받는다.

치질이 생길 수 있다

임신 18주 무렵이면 치질로 고생하는 임신부가 많아진다. 임신부 치질은 커진 자궁이 직장을 압박해 직장 속의 정맥이 부풀어 오르는 것으로, 심하면 항문 밖으로 치핵이 튀어나오기도 한다. 항문 주변이 간지럽거나 따끔거리고 의자에 앉거나 배변 시 출혈이 나타날 수도 있다. 좌욕이나 얼음찜질로 가려움을 진정시키고 병원에서 연고를 처방받아 바르는 등 적절한 치료를 해야 한다.

이달의 건강 수칙

저칼로리·고단백 식사를 한다

태아의 장기 기능이 활발해지면서 모체로부터 많은 영양을 흡수한다. 따라서 다양한 영양분을 골고루 섭취해야 하지만 과식은 절대 금물. 체중이 본격적으로 느는 시기인 만큼 신경 써서 고단백·저칼로리 식사를 한다. 쇠고기는 등심으로, 닭고기는 가슴살 등 저칼로리 부위를 선택한다. 탄산음료나 잼, 마요네즈 등의 섭취는 자제한다.

철분제를 복용한다

임신 중기에는 하루 30mg의 철분이 필요하다. 이를 식품으로 섭취할 경우 멸치는 약 300마리, 달걀은 20개 정도. 이는 하루에 섭취하기에 부담스러운 양이므로 빈혈을 예방하기 위해 엽산이 함유된 철분제를 복용하는 것이 좋다. 단, 스스로 판단해 먹기보다 의사와 상담한 후 섭취하는 것이 안전하다. 철분제는 공복에 복용해야 흡수가 잘되지만 위장을 자극할 수 있으므로 식후에 바로 먹는다. 간·달걀·두부 등 철분이 풍부한 음식을 자주 먹고, 철분 흡수를 도와주는 무나 레몬 등 비타민 C 식품도 함께 섭취한다.

치아 관리에 신경 쓴다

혈액량이 늘고 혈압이 높아져 잇몸이 붓고 상처가 나기 쉽다. 치아 위생에 특별히 신경 써야 하는데, 잇몸이 부어 음식 찌꺼기가 치아 사이에 끼면 잇몸 염증을 유발하기 때문이다. 임신 중에는 치아 건강이 계속 나빠질 수 있으며 초기에는 입덧 때문에, 후기에는 조산 위험 때문에 치료하기 어렵다. 안정기인 임신 중기에 치료를 받아 치과 질환을 예방한다. 마그네슘, 인, 비타민 D 등은 충치를 예방하는 데 도움이 된다.

이달의 정기검진

기형아 검사

모체 혈청 트리플 검사 또는 모체 혈청 태아 단백 검사라고 하며 임신부의 혈액으로 태아의 무뇌증, 척추 이상, 다운증후군, 신장 기형, 신경관결손증 등의 가능성을 알아본다. 사산, 난산, 조산 위험뿐 아니라 저혈당증 등 임신부의 건강도 점검할 수 있으므로 모든 임신부가 반드시 받아야 한다.

양수 검사

기형아 검사에서 염색체 이상이 의심되는 경우 필요한 검사로, 염색체 기형을 발견할 가능성은 약 95% 정도 된다. 35세 이상의 고령 임신, 유전병 가족력이 있는 경우 등 고위험군 임신부라면 의사와 상의해 검사를 받는다. 단, 모든 고위험군 임신부가 받아야 하는 검사는 아니다.

✔ CHECK
임신 5개월 생활법

- ☐ 태동을 처음 느낀 날을 체크한다.
- ☐ 팬티나 브래지어 등은 여유 있는 임신부용 속옷으로 준비한다.
- ☐ 모유수유를 위해 날마다 유방 마사지를 하고 충분한 휴식을 취한다.
- ☐ 질 분비물과 땀이 많아지므로 하루 1~2회 샤워를 해서 청결을 유지한다.
- ☐ 치은염이나 치주염에 걸리기 쉬운 시기로 신경 써서 치과 치료를 받는다.

임신 6개월 21~24주 | 몸무게 약 630g

체중이 임신 전보다 5~6kg 정도 늘고 배가 불러 허리 통증이 심해진다.
배를 만져서 태아의 위치를 알 수 있을 정도로 태아의 몸이 커진 상태이다.

태아의 성장 발달

피지샘에서 태지를 분비한다

태지는 태아 피부를 덮고 있는 하얀 크림 상태의 지방층으로, 겨울잠을 자는 동물에게 발달돼 있다. 태아의 피부를 양수로부터 보호하고 몸을 따뜻하게 유지하며 출생 시 태아가 산도를 부드럽게 빠져나올 수 있도록 돕는다.

표정이 생긴다

눈썹 · 속눈썹 · 머리카락 등이 섬세하게 자라고, 눈꺼풀이 떨어져서 이때부터 양수 속에서도 눈을 떴다 감았다 한다. 피부에 지방이 붙으면서 쭈글쭈글하던 얼굴 모양이 포동포동하게 살아나기 시작한다. 이마를 찡그리거나 눈동자를 움직이고 울상을 짓기도 하는 등 다양한 표정을 짓는다. 미각도 발달해 엄마가 먹은 음식에 의해 양수의 맛이 달라지면 쓴맛을 멀리하고 단맛은 가까이 하려고 한다.

쪼그려 앉거나 발버둥을 친다

신체의 각 기관이 모두 형성되면서 완전한 사등신이 되며, 손발을 자유롭게 움직일 수 있다. 양수의 양도 많아져 움직임이 급격히 늘어난다. 발버둥을 치기도 하고, 공중곡예를 하듯 자궁 속에서 이리저리 움직인다.

엄마 몸의 변화

피부 가려움증이 나타난다

복부나 다리 · 유방 등에 가려움증이 나타나는데, 심한 경우 수포가 생기기도 한다. 피부가 늘어나고 건조해지면서 나타나는 증상으로, 크림이나 오일을 발라 수분을 공급하면 가려움증이 덜하다. 지나치게 뜨거운 물로 씻지 않는 것이 좋으며, 자극이 적은 면 소재의 옷을 입는다.

부종이나 정맥류가 생긴다

자궁이 커지면서 정맥을 압박하고, 하반신의 혈액순환이 원활하지 못한 데다, 몸속 수분량이 늘어 손발이 붓기 쉽다. 신발도 큰 걸 신어야 하는 경우가 생기며, 밤에 잘 때 종아리에 경련이 일어나기도 한다. 다리를 조금 높게 올리기만 해도 부기는 어느 정도 가라앉으므로 틈틈이 다리 위치를 조절하고, 잘 때도 베개나 쿠션에 발을 올리고 잔다. 또 몸속 수분을 빼앗는 차보다는 물을 많이 마셔서 몸속의 노폐물을 씻어내고 단백질이 풍부한 음식을 섭취한다.

! 잠을 자고 나면 대부분 부기가 가라앉는데 24시간이 지나도 가라앉지 않거나 부종 부위가 늘고 고혈압, 두통, 복통이 동반되면 산부인과 전문의의 진찰을 받는다. 심한 부종은 임신중독증을 유발하기 때문이다.

소화불량 증세가 나타난다

커진 자궁이 위장을 압박하기 때문에 소화불량, 헛배 부름 등의 증세가 나타난다. 속 쓰림을 느끼거나 위산이 역류해 나오기도 한다. 누워 있거나 기침할 때, 배변 시 힘을 줄 때, 무거운 물건을 들어 올릴 때 자주 나타난다.

변비가 생긴다

자궁이 위장을 눌러 위의 활동이 둔해지므로 소화가 잘되지 않고 변비가 생기기 쉽다. 미지근한 물 한 잔으로 하루를 시작하고, 부드러운 섬유질이 풍부하게 들어 있는 음식을 자주 먹으며, 아침 배변 시간이나 식사 시간을 규칙적으로 습관화하면 변비 해소에 큰 도움이 된다. 임신 후기가 되면 태아가 골반으로 내려가면서 증상이 호전된다.

이달의 건강 수칙

칼슘 섭취에 신경 쓴다

칼슘은 태아의 골격과 치아 형성, 혈액 작용 등에 중요한 역할을 한다. 임신 7개월 이후부터 경계해야 할 임신중독증을 예방해주는 영양소 역시 칼슘이다. 양질의 칼슘이 풍부하게 들어 있는 우유와 치즈 등을 꾸준히 먹는다. 칼슘 흡수를 돕는 비타민 D와 운반을 돕는 알부민도 신경 써서 챙겨 먹는다.

어패류를 먹는다

태아의 신장 기능이 발달해 태아가 자궁 안에서 오줌을 누고, 오줌이 섞인 양수를 마시기도 하는데, 마신 소변은 다시 여과할 수 있으므로 문제 되지 않는다. 태아의 신장과 간장이 튼튼하면 여과 기능이 더욱 활발해지는데, 이를 도와주는 영양소가 바로 타우린과 글리코겐이다. 타우린은 문어, 오징어, 새우 등에 많고 글리코겐은 굴, 바지락, 모시조개 등에 많이 함유돼 있다.

충분한 휴식으로 조산을 예방한다

조산이 일어나기 쉬운 시기이므로 순간적으로 힘이 많이 들어가는 동작이나 자궁을 자극할 수 있는 진동을 피한다. 에어컨 바람을 직접 쐬지 말고, 차가운 바닥에는 앉지 않는 등 몸이 차지 않도록 주의한다. 피로하지 않게끔 충분히 휴식을 취하고, 쉴 때는 잠시라도 누워서 쉰다.

NG 임신 중 뱃살 트임, 출산 후에도 남는다

임신 중기에는 갑작스러운 체중 증가로 피부 표면적이 넓어지고 피부 진피의 단백질인 콜라겐이 갈라져 튼살이 생긴다. 배뿐 아니라 가슴, 허벅지, 엉덩이, 종아리 등에도 튼살이 나타나는데 출산 후에도 없어지지 않는다. 예방하려면 물을 많이 마셔 피부가 건조해지는 것을 막고, 튼살 방지 크림이나 오일을 아침저녁으로 꾸준히 바른다. 저녁에는 아침보다 유분이 많은 제품을 바르는 게 효과적이다.

모발의 손질과 피부 관리에 신경 쓴다

호르몬의 영향으로 피부가 거칠어지고 여드름과 잡티 등이 생기기 쉽다. 대부분의 피부 트러블은 출산 이후에 저절로 사라지지만 기미, 주근깨, 거칠어진 피부 등은 출산 후에도 남을 수 있으므로 임신 중에도 관리가 필요하다. 미지근한 물로 세안하고 적당한 수분과 유분을 보충해주며, 자외선 차단제를 꼼꼼히 바른다. 피지가 많을 때이므로 청결을 유지하는 데도 신경 쓴다. 미백 화장품에 들어 있는 알부틴은 임신 중 피해야 하는 성분이므로, 들어 있지 않은 제품을 고른다. 모발에도 변화가 찾아온다. 호르몬이 다량 분비되면서 머리카락 색이 짙어지고 숱이 많아지거나, 반대로 탄력을 잃고 부스스해지는 경우도 있다. 헤어트리트먼트를 꾸준히 사용해 머리카락이 거칠어지지 않도록 신경 쓰고, 배가 더 부르면 미용실에 가는 것도 힘들므로 미리 머리 손질을 해둔다.

태동에 주의를 기울인다

자궁이 커지고 양수량이 늘어나면서 태동이 본격화되는 시기이다. 태동은 태아 상태를 가늠하기에 가장 손쉬운 방법이므로 태동이 갑자기 멈추지 않는지 주의를 기울인다. 임신 중기에 이유 없이 태동이 멈춘 경우 태아가 이미 사망했거나 위험한 상황에 빠져 있을 수 있으므로 즉시 병원에 가야 한다.

모유수유를 준비한다

유선 발달이 본격적으로 이루어지고 유즙이 나오기도 한다. 모유수유를 위해 지금부터 유방 관리를 시작하는 것이 좋다. 유방을 지속적으로 부드럽게 마사지해주면 유방의 혈액순환이 원활해지고 유선 발달이 촉진되어 출산 후에 모유가 잘 나온다. 단, 유방 마사지를 하는 중이라도 배가 땅기면 즉시 멈춘다.

이달의 정기검진

중기 정밀 초음파 검사

임신 19~24주에 실시하며, 양수가 충분하고 태아의 장기가 비교적 크게 보인다. 태아 크기와 주요 부위의 기형 여부를 확인할 수 있고, 태반 위치와 양수의 양을 측정한다.

태아 심장 초음파 검사

초음파를 이용해 태아의 심장을 집중 검사하는 것으로, 필수 검사는 아니다. 태아의 심장에 이상 소견이 있을 시 전문의의 판단에 따라 검사 여부가 결정된다. 임신 24주 이후에 받을 수 있으며, 추가 비용이 발생한다.

✔ **CHECK**
임신 6개월 생활법

- 원인을 알 수 없는 출혈이 있을 때는 양이 적더라도 의사와 상담한다.
- 활동하기 편하도록 굽이 낮고 넓은 신발(구두보다 운동화가 좋다)을 신는다.
- 갑상샘이 활발하게 활동해 땀이 많이 난다. 자주 쉬고 무리하지 않는다.
- 체중이 일주일에 0.5kg 이상 늘지 않도록 조심한다.
- 자주 사용하는 물건은 손이 닿기 쉬운 곳에 보관하는 것이 요령이다.

임신 7개월 25~28주 | 몸무게 약 1Kg

태아와 엄마 모두 임신 상태에 충분히 적응해 출산 준비를 할 수 있는 시기. 태아의 성장 발달에
가속도가 붙으면서 임신 트러블이 심해질 수 있으므로 크고 작은 신체 변화에 유의한다.

태아의 성장 발달

의식적으로 몸을 움직인다

콧구멍이 뚫리면서 호흡을 하는 흉내를 내기도 하는데, 아직 폐에는 공기가 없기 때문에 실제로 숨을 쉬지는 못한다. 입술을 움직이면서 젖 빠는 동작을 집중적으로 익히는 시기로, 대부분의 시간을 엄지손가락을 빨면서 보낸다. 이전까지는 무의식적으로 팔다리를 움직였지만, 이제부터는 스스로의 의지에 따라 몸을 움직인다. 이는 대뇌피질이 발달했기 때문인데, 몸의 방향을 돌리는 고난도 동작까지 스스로 해낼 수 있다. 이 시기에는 태아가 거꾸로 있는 경우가 많다.

엄마와 감정을 공유한다

외부의 소리에 더욱 민감하게 반응하며, 엄마와 대화를 나누는 것도 가능하다. 엄마나 아빠가 말을 건네면 태아의 심장박동이 빨라지는 것을 초음파 검사를 통해 확인할 수 있다. 또 엄마의 스트레스 호르몬이 태아에게 영향을 미치는데, 엄마가 불안하고 흥분한 상태가 되면 태아도 불안해하면서 계속 깨어 있는다. 또 엄마가 아주 피곤한데도 휴식을 취하지 않을 때에는 격렬한 움직임으로 반항하기도 한다.

투명하던 피부가 붉어진다

혈관이 비칠 정도로 투명하던 피부가 점차 붉어지면서 불투명해진다. 피부의 지방 분비가 증가해 얼굴과 몸이 통통해지지만, 아직 얼굴에는 주름이 많다. 임신 중기 후반인 이 시기가 되면 머리를 태반 아래로 향하려고 한다.

> **!** 아직 사물을 볼 수 없지만, 엄마가 전해주는 멜라토닌 호르몬을 통해 낮과 밤을 구분할 수 있다. 사물은 최소 임신 27주가 되어야 볼 수 있다.

엄마 몸의 변화

임신선이 나타난다

자궁과 유방이 커지면서 피부가 늘어나 피부밑의 작은 혈관들이 터져 복부나 유방, 엉덩이 주위에 보라색의 임신선으로 나타난다. 임신선은 비만이거나 피부가 약한 사람에게 더 잘 나타나는데, 출산 후 점점 엷어지므로 걱정하지 않아도 된다.

갈비뼈에 통증을 느낀다

태아가 성장하면서 커진 자궁이 갈비뼈 위까지 올라간다. 이러한 자궁의 압박을 견디지 못해 가장 아래 갈비뼈가 휘어지면서 통증이 나타나는 것. 태아가 발로 갈비뼈를 밀거나 눌러 가슴 통증을 느끼는 경우도 있는데, 이때는 자세를 바꿔준다.

종종 배가 단단해진다

배가 몇 초 동안 수축해서 단단해졌다가 다시 이완될 때가 종종 있다. 이를 가진통이라고 하는데, 몸이 다가올 분만을 미리 준비하는 과정이다. 심할 때에는 자세를 바꾸거나 충분히 휴식을 취한다.

이달의 건강 수칙

단 음식은 자제한다

단 음식은 당뇨와 비만을 일으켜 임신중독증 발병 가능성을 높이므로 과자, 아이스크림 등의 섭취를 줄이는 것이 좋다. 단, 태동이 약한 경우라면 당분 섭취가 도움이 될 수 있으므로 약간만 섭취한 뒤 반응을 지켜보도록 한다.

짜게 먹지 않는다

임신중독증을 예방하기 위해 부종과 고혈압 증세를 유발할 수 있는 지나친 염분 섭취는 피한다. 김치는 평소 먹던 양의 반으로 줄이고, 젓갈과 햄 등 나트륨이 많은 가공식품도 피한다.

질 좋은 단백질을 많이 먹고, 밀가루 음식의 섭취를 줄인다

단백질이 부족해도 임신중독증에 걸리기 쉽다. 쇠고기의 살코기, 닭 가슴살, 콩, 두부, 우유 등 질 좋은 단백질 섭취에 신경 쓴다. 반면 탄수화물, 특히 밀가루 음식은 섭취량을 줄이는 게 좋다. 소화가 잘되지 않을뿐더러 몸에 오래 남아 비만을 부추긴다. 빵, 국수 등 밀가루 음식을 먹지 않는 것만으로도 체중을 조절하고 임신중독증을 예방하는 데 어느 정도 성공할 수 있다. 꼭 먹고 싶으면 통밀, 호밀 등으로 만든 음식을 먹는다.

스트레스를 관리한다

임신부가 스트레스를 심하게 받으면 호르몬 분비가 불안정해져 트러블이 생길 수 있으므로 스트레스가 쌓이면 그때그때 풀어야 한다. 가벼운 외출이나 산책을 통해 자주 기분 전환을 한다. 정신이 산만해져 물건을 잘 잃어버리거나 해야 할 일을 자주 잊고 집중력이 떨어지는 경향이 있는데, 이러한 변화에 너무 집착하지 말고 마음을 편안히 갖도록 한다. 평소보다 수면 시간을 1시간 정도 늘리는 것도 좋은 방법이다.

NG 임신중독증에 유의한다

갑자기 체중이 증가하거나 우측 상복부에 통증이 있으며 목덜미가 뻣뻣해지고 눈이 침침하면 임신중독증을 의심할 수 있다. 임신중독증에 걸리면 단백뇨가 나오기 때문에 소변 색이 짙어나거나 냄새가 난다. 중증으로 발전하면 태반으로 영양이 잘 공급되지 않아 조산이나 사산의 위험이 크므로 임신 7~8개월이라도 수술로 분만을 해야 한다. 혈압을 잘 조절해야만 태아와 임신부 상태가 좋으므로, 체중과 혈압을 정기적으로 체크하고 싱겁게 먹는 식습관을 들인다. 예방과 조기 발견이 최선책이다.

무리하지 않는다

상대적으로 임신 안정기라고 할 수 있지만, 일하는 엄마의 경우 자칫 무리하기 쉬운 시기이기도 하다. 일의 강도를 높이면 갑자기 진통이 시작되거나 조산할 위험이 높다. 일하는 동안 자세와 다리 위치를 수시로 바꾸는 것이 좋으며, 앉아서 할 수 있는 체조를 익혀 틈틈이 몸을 풀어준다. 책상 밑에 상자를 놓고 다리를 올리면 다리 부종도 예방할 수 있고 허리 부담도 줄일 수 있어 좋다.

편평유두와 함몰유두를 교정한다

유두 돌출이 거의 없는 편평유두와 안으로 들어가 있는 함몰유두의 경우 아기가 젖을 빨기 어려워 모유수유가 힘들 수 있다. 임신 중기부터 유두가 돌출되도록 유방 마사지를 꾸준히 하면 어느 정도 유두 모양을 교정할 수 있다. 이 시기부터 가슴 전체를 감싸주는 임신부용 브래지어를 착용해 가슴을 보호한다.

복대를 착용한다

복대는 배가 아래로 처지는 것을 막고 외부 충격으로부터 배를 보호해준다. 간혹 복대를 착용하면 혈액순환을 방해한다는 의견도 있지만, 복대를 두르면 든든하고 안정감이 있는 것이 사실이다. 특히 요통이 심한 임신부라면 복대를 착용하는 것도 좋다. 허리를 곧게 펴게 되므로 자세가 좋아지고, 배의 무게가 분산되어 허리가 편안해진다. 단, 지나치게 조이지 않도록 신경 써서 착용한다. 여름에는 통풍이 잘되는 임신부용 거들을 입어도 좋다.

임신복을 입는다

몸을 압박하지 않고 활동하기 편한 임신복을 입는다. 가능하면 몸매가 드러나지 않는 옷이 좋으며, 허리가 밖으로 노출되지 않도록 짧은 상의는 피한다. 원피스가 여러모로 무난하다.

이달의 정기검진

임신성 당뇨 검사

임신 전 당뇨가 있거나 요당이 있는 경우, 당뇨 가족력이 있고 35세 이상인 경우에는 반드시 검사한다. 임신성 당뇨는 선천성 기형, 사산, 저혈당증 등 분만 이상이나 분만합병증을 유발할 수 있다.

빈혈 검사

분만 시 나타날 수 있는 위험을 줄이기 위해 빈혈 검사를 다시 받는다. 임신 초기에는 없던 빈혈이 생겼거나 심해진 경우 의사와 상담한 후 철분제 용량을 조절한다.

✔ CHECK
임신 7개월 생활법

- 배가 많이 불러오므로 걸음걸이에 조심하고 몸의 중심을 바로잡는다.
- 무리하지 말고 피곤함이 느껴지면 언제든지 휴식을 취한다.
- 요통이 심할 때는 임신부 체조나 마사지 등으로 근육을 풀어준다.
- 성관계 중 아랫배가 땅기거나 아프고, 태동이 격렬하게 느껴지면 즉시 멈추고 안정을 취한다.
- 정맥류나 치질이 생기지 않도록 한 자세로 오래 서서 일하는 것은 삼간다.

4~7개월 건강 메모

임신 중기가 되면 엄마의 몸과 마음이 안정기에 접어든다. 하지만 태아의 성장이 활발하게 이루어지는
시기인 만큼 잘 먹고 잘 쉬어야 한다. 또 엄마의 감정이 태아에게 전달되므로 스트레스 조절에도 신경 쓴다.

어떻게 먹을까?

철분 섭취를 늘린다

태아는 혈액을 만드는 데 필요한 철분을
태반을 통해 흡수하고, 모체는 수유 시에
필요한 철분까지 저장해놓는 습성이 있
다. 임신 중기부터는 모체의 적혈구가 크
게 증가하고, 태아가 필요로 하는 철분량
도 늘어난다. 이 시기 임신부에게 필요한
철분량은 하루 30mg. 철분제를 꼭 복용하
고 철분이 듬뿍 들어 있는 동물의 간, 해
조류, 어패류, 녹황색 채소를 챙겨 먹는
다. 철분을 섭취할 때는 반드시 단백질과
비타민 C를 함께 섭취해야 한다. 이 두 가
지는 10%에 불과한 철분 흡수율을 높여
주는 일등 공신이다.

! 홍차나 녹차에 들어 있는 타닌 성분은
철분의 흡수를 방해하고, 변비를
악화시키므로 식사 전후 1시간 이내에는
마시지 않는 것이 좋다.

칼슘 섭취에 더욱 신경 쓴다

임신 5개월부터는 태아의 뼈가 단단해지
는 시기인 만큼 칼슘 섭취가 중요하다. 칼
슘이 부족하면 유산 · 조산 · 난산의 위험
이 있고 산후 회복이 지연되며, 임신 중에
다리가 땅기거나 손발이 저린 증상이 나
타나기도 한다. 칼슘은 우유나 치즈 같은
유제품, 잎채소, 뼈째 먹는 생선, 참깨, 아
몬드 등에 많이 들어 있다. 흡수율이 20%
정도로 매우 낮으므로 쇠고기나 돼지고
기 등 동물성 단백질이 풍부한 식품과 함
께 먹어 흡수율을 높이는 게 좋다. 태아에
게 필요한 하루 칼슘량은 30mg으로, 임
신부 필요 칼슘량의 2.5%에 불과하다. 따
라서 영양제를 섭취할 필요는 없다.

동물성 지방을 피한다

지방에는 세포막을 만드는 성분이 들어 있으므로 적정량을 섭취해야 한다. 단, 동물성 지방은 입자가 커서 태반을 통과하지 못해 영양분이 태아에게 전달되지 못할 뿐 아니라, 모체의 피하지방에 쌓여 비만의 원인이 된다. 이 시기에는 지방 섭취를 줄이는 것이 좋고, 먹더라도 식물성 지방 위주로 섭취한다. 당분이 많은 음식이나 간식 또한 필요한 영양소는 적고 칼로리는 높아 비만의 원인이 되므로 한꺼번에 많이 먹지 않는다.

❗ 되도록 기름이 적은 살코기를 먹고, 버터 대신 식용유를 사용한다. 반찬을 만들 때는 튀기거나 볶지 말고 한 번 튀긴 기름은 다시 사용하지 않는다.

섬유질이 풍부한 식단을 짠다

임신 중기가 되면 호르몬의 영향과 커진 자궁의 압박으로 장의 움직임이 느려져 변비에 걸리기 쉽다. 양배추, 배추, 시금치, 무, 고사리, 고구마, 감자, 버섯 등의 섬유질이 풍부한 채소와 사과, 바나나, 포도 등의 과일을 즐겨 먹는다. 평소 수분을 충분히 섭취하고 배변 시간이나 식사 시간을 정해 규칙적으로 생활한다.

생활은 이렇게

복대를 착용한다

복대는 배가 아래로 처지는 것을 막아 태아를 고정해주고 외부 충격으로부터 태아를 보호하는 역할을 한다. 요통이 심할 때 복대를 착용하면 허리를 곧게 펴게 되므로 자세가 좋아지고, 배의 무게가 분산되어 허리가 편안해진다. 아랫배는 약간 단단하게, 윗배는 조금 느슨한 듯 착용하는 것이 좋다. 너무 꽉 조이면 혈액순환이 방해를 받고 정맥류가 악화될 수 있으므로 주의한다. 복대를 착용하기 번거롭다면 신축성이 뛰어난 임신부용 거들을 입는다. 거들 역시 배를 감싸 든든하게 받쳐주고 허리를 잡아준다.

임신 중 먹어도 되는 영양제

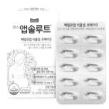

임신·출산·수유부에게 필요한 오메가3와 비타민D 비타민E까지 하루 1회 2캡슐로 충족시켜주는 매일유업 식물성 오메가3는 임신 초기부터 수유기까지 꾸준히 섭취할 수 있다. 특히 DHA를 안전하게 전해주는 '중금속으로부터 안전한 미세조류 원료'인 life's DHA 원료를 사용해 더욱 안심할 수 있다. 맘스앱솔루트, 매일유업.

임신복을 입는다

배를 압박하는 속옷이나 몸을 꽉 조이는 옷은 자궁을 비롯한 장기를 압박해 혈액의 흐름을 방해하고, 태아의 성장에 나쁜 영향을 미칠 수 있으므로 가급적 편안한 옷을 입는다. 특히 임신복은 부른 배를 감싸주면서 입고 벗기 편한 것으로 고른다. 여름에는 흡수성이 좋은 순면 제품이, 겨울에는 보온성이 뛰어난 모 혼방 제품이 좋다. 무더운 여름이라도 길이가 너무 짧은 옷은 피하고 배를 가려주는 옷을 입는다. 품과 길이가 넉넉한 원피스를 몇 벌 구입해두면 여러모로 유용하다.

임신부용 속옷을 준비한다

배가 눈에 띄게 불러오고 유방이 커지며 분비물이 많아지는 시기이므로 임신부용 속옷을 준비한다. 유두가 특히 민감해지므로 유방 전체를 지탱할 수 있는 임신부용 브래지어를 착용해서 유방을 보호한다. 임신부의 몸은 출산할 때까지 임신 전보다 가슴은 2컵 이상, 허리는 23cm 이상, 몸무게는 10kg 정도 증가한다. 몸이 불어날 것을 고려해 사이즈 조절이 가능하고 넉넉한 사이즈를 선택한다.

임신부 교실에 참여한다

배가 부르고 태아의 움직임이 뚜렷해지면 임신과 출산에 대한 궁금증도 많아진다. 입덧이 끝나고 몸도 안정기에 접어드는 중기부터 산부인과나 육아용품업체에서 진행하는 임신부 교실에 다니면 좋은 경험을 많이 할 수 있다. 최근에는 다양한 주제의 교실이 열려 임신부터 출산에 이르기까지 임신부의 궁금증을 풀어주고 있다. 임신 중의 생활 수칙, 다양한 분만법, 산후조리 정보는 물론 출산 준비물이나 육아 정보도 얻을 수 있다. 다른 임신부들을 만나 대화를 나누면서 정서적으로도 안정된다.

미지근한 물로 샤워한다

임신 중기부터 피하지방이 늘어나고 땀이나 피지 분비가 왕성해진다. 피지를 제때 씻어내지 않으면 땀샘이 막혀 피부 트러블이 생기므로 하루 1~2회 씻는 것이 좋다. 또 질 분비물이 늘어나고 자정 능력이 떨어져 질이 세균에 감염될 수 있으므로 항상 청결하게 한다. 단, 지나치게 뜨거운 물로 씻으면 혈관이 과도하게 늘어나 쉽게 피로해지므로 미지근한 물로 가볍게 샤워하고 속옷도 자주 갈아입는다.

마음의 안정을 취한다

태아가 엄마의 희로애락을 느낄 수 있으므로 마음의 안정을 취하고 항상 즐거운 기분을 유지하도록 노력한다. 또 스트레스를 받으면 호르몬 분비가 불균형해지므로 가벼운 외출이나 산책 등 적극적인 활동을 통해 기분 전환을 하는 것이 바람직하다. 단, 무리하면 조산의 위험이 있으므로 피곤하다고 느끼면 잠시 앉거나 누워서 휴식을 취한다.

적당한 가사는 운동이 된다

운동량이 적으면 비만이 되어 임신중독증이 나타나거나 체력이 약해져 난산할 위험이 높다. 일상적인 가사는 좋은 운동이 되므로 피곤하지 않을 정도로 한다. 대청소가 되지 않도록 집안일을 미루지 말고 그때그때 해결한다. 단, 무거운 것을 들거나 높은 곳에 올라가는 일, 허리를 구부려서 하는 일 등은 피한다.

집안일할 때 주의할 점

1 요리 자주 사용하는 조리 도구는 손이 닿기 쉬운 곳에 두고 바닥에 매트를 깔아 발이 차지 않게 한다. 장시간 해야 하는 일은 되도록 앉아서 하는 것이 좋다.

2 청소 미뤄두었다가 한 번에 대청소를 한다는 생각은 금물이다. 부엌이나 화장실 등 금세 더러워지는 곳은 사용 후 그때그때 청소하고, 방의 정리 정돈도 수시로 한다.

3 빨래 모아두지 말고 매일 조금씩 한다. 젖은 빨래는 무게가 나가므로 세탁기를 이용하더라도 한꺼번에 많은 빨래를 하지 않는다. 팔을 높이 들지 않도록 빨래 건조대의 위치도 낮게 조절하는 것이 좋다.

규칙적 생활을 한다

임신 중기에 접어들면 임신에 적응되어 마음이 한결 편안해진다. 반면 몸이 무겁고 움직임이 둔해져 자칫 생활 리듬이 깨지기 쉽다. 집안일과 외출, 휴식 시간을 적절히 배분하고 가급적 일찍 일어나고 일찍 잠자리에 들며, 정해진 시간에 식사를 하는 등 규칙적으로 생활한다.

여행을 떠나도 좋다

건강 상태에 이상이 없다면 가까운 곳으로 여행을 떠나는 것도 기분 전환에 도움이 된다. 한곳에 머무르면서 여유 있게 즐길 수 있도록 여행 일정을 짠다. 혼잡한 휴일이나 연휴는 피하고, 교통편 또한 임신부의 움직임이 적은 것으로 선택한다. 승용차를 타고 이동할 경우 임신부가 너무 오래 앉아 있지 않도록 2시간에 한 번씩 차를 세워 휴식을 취한다. 여행을 떠나기 전 의사의 진찰을 받는 것은 필수.

되도록 누워서 쉰다

자궁이 점점 커지면서 앉아 있으면 허리에 힘이 들어간다. 휴식은 되도록 누워서 취하는 것이 좋은데, 바로 눕기 불편하면 왼쪽으로 몸을 돌려 구부린 자세로 눕는다. 혈액순환과 신장의 활동을 방해하지 않아 손발이 붓는 정도가 덜하다.

배를 압박하지 않는 체위를 찾는다

임신이 안정되어 성관계를 하는 데 아무런 문제가 없지만, 배를 압박하면 태동이 시작되어 관계를 지속할 수 없는 경우가 있다. 임신 중기에는 배를 압박하지 않고 삽입이 깊지 않은 체위인 전측위, 후측위, 후좌위가 좋다. 성관계 중 태동이 심해지면 바로 안정을 취하도록 한다. 감염을 예방하기 위해 관계 전에 몸을 깨끗이 씻고, 항상 콘돔을 사용해 균이 질 안으로 침투하는 것을 막는다.

안전하게 건강관리

태동의 시작을 기억한다

개인차가 있지만 대개 임신 5개월 정도면 태동을 느낄 수 있다. 태동은 아기가 엄마에게 처음으로 보내는 신호이며, 태아가 잘 성장하고 있는지 판단하는 기준이 된다. 처음 태동을 느낀 날을 기록해두면 태아의 발육 상태를 판단하고 출산 예정일을 추정하는 데 도움이 된다.

유방 마사지를 시작한다

임신 중기가 되면 본격적으로 유선이 발달하면서 임신부 몸은 모유를 만들 준비를 한다. 이때부터 유방과 유두 마사지를 시작한다. 목욕할 때나 잠자기 전 2~3분 정도 하는 것이 가장 좋은데, 세균이 침투하지 않도록 손을 깨끗이 씻고 손톱도 짧게 정리해 유두에 상처가 나지 않게 한다. 마사지를 꾸준히 하면 유방의 혈액순환이 좋아지고 유선 발육이 촉진되어 모유가 잘 나온다. 단, 유두를 지나치게 자극하면 옥시토신이라는 호르몬이 분비돼 자궁이 수축할 수 있으므로 주의하고, 마사지 도중 배가 땅기면 즉시 멈춘다.

체중 변화를 주목한다

입덧이 가라앉으면 식욕이 돌아와 과식하기 쉽다. 적당한 영양 섭취는 필요하지만, 지나치면 비만이 되어 여러 가지 임신 트러블을 일으킬 수 있다. 임신 초기부터

20주까지는 주당 0.32kg, 임신 20주부터 막달까지는 주당 0.45kg의 체중 증가가 적당하다. 임신 기간 40주 동안 약 11.5~16kg 정도 체중이 느는 것이 적당한데, 임신 전 저체중이었다면 12.5~18kg 늘어도 괜찮다. 임신 전 과체중이었던 임신부의 경우 7~11.5kg 정도 느는 것이 적당하다. 한 달에 1kg 이상 체중이 늘지 않도록 관리하면 안정적으로 체중을 유지할 수 있다. 체중은 일주일에 한 번, 정해진 날, 정해진 시간에 체크하고, 음식 섭취는 양보다 질적인 면에 신경 쓴다.

충치 치료를 받는다

호르몬 분비의 변화와 혈압 상승으로 잇몸이 약해지고 출혈이 잦아 세균에 감염되기 쉽다. 또 임신 초기 입덧 때문에(치약 냄새가 거북해서) 양치질을 제대로 안 한 경우 기존의 충치나 구강 질환이 악화됐을 수 있다. 방치하면 증세가 더욱 심해지고 스트레스가 되므로 임신 안정기인 중기에 적극적으로 치료받는 것이 좋다. 단, 치료 전 임신 사실을 알려야 한다.

튼살을 예방한다

임신이 안정화되는 중기부터 체중이 급격히 증가하고 피하 조직이 늘어난다. 이때 피하조직이 늘어나는 속도를 따라가지 못해 모세혈관이 파열되면서 생기는 것이 튼살이다. 튼살은 한번 생기면 없어지지 않고 출산 후에도 가늘게 흰 선으로 남는데, 그 정도는 사람마다 다르다. 체중이 갑자기 늘지 않도록 주의하고 물을 많이 마셔서 피부가 건조해지는 것을 막는다. 튼살 방지 크림이나 오일을 아침저녁으로 바른다. 저녁에는 아침보다 유분이 많은 제품을 바르는 게 효과적이다.

가능한 한 천천히 움직인다

혈액량이 점점 늘어 심장의 부담이 커진다. 또 호르몬 균형이 깨지면서 말초혈관의 운동 조절 기능이 떨어지므로 하반신의 혈액이 심장으로 원활하게 흐르지 않

임신부 전용 스킨케어 제품

불러오는 배를 중심으로 가슴, 엉덩이, 허벅지 부위가 건조해지면서 가려울 수 있다. 임신 초기부터 출산까지 신경 쓰이는 부위에 임신부 전용 고보습 크림을 바르고 부드럽게 마사지하면 임신 중에도 촉촉한 피부를 유지하는 데 도움이 된다. 벨리 크림 Plus, 120g, 54,000원, 프라젠트라.

임신으로 피부가 건조해지거나 급격하게 손상되는 피부를 위한 임신부 관리크림으로 고함량 시어버터, 콜라겐&엘라스틴 함유로 피부가 팽창하며 늘어난 피부조직에 탄력과 영양공급으로 피부가 손상되는 붉은 선 예방에 도움을 준다. 200ml, 소비자가 2만6850원, 사노산.

예비맘의 튼살 고민을 해결해 줄 식약처 허가 붉은선(튼살)개선 기능성 크림. 끈적임 없이 가볍고 부드러운 질감으로, 관리가 필요한 부위에 수시로 마사지한다. 3개월 이상 꾸준히 사용하는 것이 효과적이다. 베어벨리 비건 튼살크림, 100ml, 3만2000원, 튼튼맘스.

아 심장에 부담이 간다. 이 때문에 호흡곤란 증세가 종종 나타난다. 따라서 평소 심장에 부담을 주는 급한 동작은 하지 말고, 일어서거나 몸을 돌릴 때는 가능한 한 천천히 움직인다.

바른 자세로 요통을 줄인다

자궁이 커지면서 위치가 올라가 요통을 느낀다. 특히 오랫동안 같은 자세를 취하거나 불안정한 자세로 일할 경우 허리에 부담이 가 요통이 심해지고 쉽게 피로가 쌓인다. 증세를 완화하기 위해서는 자세

를 바로 하고 자주 바꿔주는 것이 중요하다. 걸을 때는 물론 서 있을 때도 가능하면 몸을 뒤로 젖히지 말고 등뼈를 똑바로 세운다. 잠잘 때는 옆으로 누워 구부린 자세로 자야 허리의 부담을 덜 수 있다. 구부린 무릎 사이에 베개나 방석을 끼고 자면 더욱 편하다.

피부를 청결히 하고 속옷을 자주 갈아입는다

가슴이나 배가 심하게 가려우면서 오톨도톨한 것이 돋기도 하고 피부가 거칠어지기도 한다. 이는 임신으로 인한 피부괴양증으로, 자꾸 긁으면 피부 표면이 벗겨지거나 습진이 생길 수 있다. 피부괴양증은 출산 후 시간이 지나면 자연스레 없어지므로 크게 신경 쓰지 않아도 된다. 하루 1~2회 샤워나 목욕을 해서 피부를 청결하게 유지하는 것 외에 특별한 치료법은 없다. 감촉이 좋은 순면 속옷을 입고 기름진 음식은 피하며 비타민과 무기질이 풍부한 과일이나 해조류를 많이 섭취한다. 너무 가려워서 참을 수 없을 때에는 피부과 전문의의 진찰을 받아야 한다.

정맥류를 주의한다

자궁의 무게 때문에 혈액순환이 잘되지 않아 다리의 정맥이 튀어나오는 정맥류. 체중이 많이 나가고 오래 서 있거나 앉아 있는 임신부에게 나타난다. 심하면 다리에 응어리가 생기고 아프며 걷기 힘든 상태가 된다. 체중이 갑자기 늘지 않도록 주의하고, 몸에 달라붙는 옷은 피하며, 몸을 따뜻하게 해서 혈액순환이 잘되게 한다. 오래 서 있지 않는 것이 가장 중요하다.

손가락이나 손목을 자주 움직인다

임신 중기가 되면 손가락이나 손목이 부으면서 저리고 통증이 나타나기도 한다. 특히 오전에 증세가 심한데, 때론 통증 때문에 손을 꽉 쥐기도 힘들고 심할 경우 손가락을 쭉 펼 수도 없다. 이런 증상을 손목터널증후군이라고 하는데, 임신으로

인한 전신 부종이 손목을 따라 움직이는 신경 주위에 나타나 손목과 손가락 신경이 가볍게 마비되는 증상이다. 대부분 출산 후 자연스럽게 해소되므로 크게 염려할 필요는 없다. 증세가 심할 경우 염분과 수분 섭취를 줄이고, 손가락이나 손목을 자주 움직이거나 마사지해준다.

한약을 함부로 먹지 않는다

변비, 감기, 두통 등의 증상이 있어도 약을 함부로 먹을 수 없어서 몸에 좋다는 한약을 먹거나 민간요법을 사용하는 경우가 종종 있다. 한약이나 민간요법을 아예 금해야 하는 것은 아니지만, 예상치 못한 부작용이 있을 수 있으므로 임신 중에는 되도록 삼간다. 건강식품이나 미용 식품으로 알려진 것 중 계피와 마른 생강, 율무, 엿기름, 알로에, 홍화 등은 태아에게 손상을 주거나 유산의 위험이 있으므로 먹지 않는다. 우황청심환이나 우황, 사향 등도 태아에게 악영향을 줄 수 있다.

몸의 변화에 주의를 기울인다

빈혈이나 통증 등을 치료하지 않고 내버려두면 태아에게 좋지 않은 것은 물론 분만 시 큰 문제를 일으킬 수 있다. 사소한 것이라도 불편하게 느끼는 증상은 그때그때 메모해두었다가 의사와 상담한다.

✔ **CHECK**

임신 중기 부기와 체중 관리법

- ☐ 몸에 달라붙는 옷이나 판탈롱 스타킹을 착용하지 않는다.
- ☐ 굽이 높은 신발은 피하고 다리를 꼬고 앉지 않는다.
- ☐ 휴식을 취할 때는 옆으로 눕거나 쿠션 위에 다리를 걸쳐놓는다.
- ☐ 체중이 갑자기 늘지 않도록 과식을 피하고 적당한 운동을 한다.
- ☐ 수시로 가벼운 운동과 휴식을 취해 혈액순환을 원활하게 한다.

튼살 예방 마사지

임신 중기에는 체중이 급격히 늘면서 복부와 허벅지, 엉덩이에 튼살이 생기기 쉽다.
튼살이 붉은색에서 흰색으로 변하면 치료가 잘되지 않으므로 임신 중기부터 꾸준히 마사지한다.

복부 튼살 해소

1 오일을 손에 덜어 시계 방향으로 원을 그리며
배 전체를 마사지한다.

2 손가락 끝으로 뱃살을 꼬집듯 크게 움켜잡고
쥐었다 놨다를 3회 반복한다.

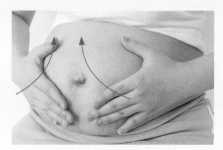

3 두 손을 배에 편안히 올려놓은 뒤 배
바깥쪽에서 안쪽으로 쓰다듬어 올린다.

4 배꼽을 중심으로 안쪽에서 바깥쪽으로 점차
크게 원을 그리며 마사지한다.

5 손바닥을 오므려 살짝 두드리며 배꼽을
중심으로 점차 원을 크게 그린다.

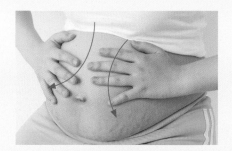

6 두 손을 펴서 배를 감싼다. 배 위에서 아래로
천천히 쓰다듬는다.

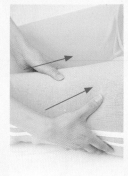

7 허벅지 안과
바깥 부위를
두 손으로
움켜잡고 천천히
쓸어 올린다.

8 ⑦과 같은
방법으로 잡고
손가락 끝에 살짝
힘을 주어
지압하듯 누른다.

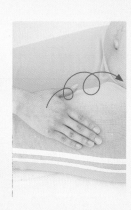

9 손바닥을 대고
시계 방향으로
문지르며 위로
올라간다.

임신선과 튼살을 완화하는 올리브 오일 마사지

올리브 오일은 고대 로마 시대부터 지금까지 지중해 연안 국가들에서 피부 미용과 소독제로 이용하고 있다. 올리브 오일은 피부 조직의 결합을 돕는
아젤직산(azelzic acid)을 비롯해 유익한 지질 성분을 많이 함유해 임신부의 튼살을 예방하는 데도 효과가 있다. 배가 불러오기 시작하면 올리브 오일로 복부를
마사지해주는데, 화학적 가공을 하지 않은 100% 엑스트라 버진 올리브 오일을 사용하는 것이 좋다. 임신 중에는 피부가 예민하고 건조해지기 쉬운데 이때도
올리브 오일을 발라주면 안정되는 효과가 있다.

손 저림과 부기 해소

1 두 손에 오일을 바르고 임신부의 손목을 가볍게 잡은 뒤, 작은 원을 그리듯이 여러 번 돌린다.

2 양 엄지로 손바닥 전체를 꼼꼼히 누른다. 통증이 심한 부위를 집중적으로 한다.

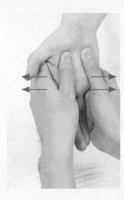

3 엄지손가락에 힘을 주어 손바닥을 펴듯이 안쪽에서 바깥쪽으로 밀어낸다.

4 손가락 끝을 잡고 하나씩 잡아당긴 후 손가락 끝을 꾹 눌러준다.

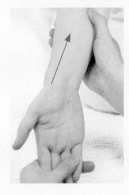

5 손끝에서 겨드랑이까지 엄지손가락으로 천천히 지압하며 올라간다.

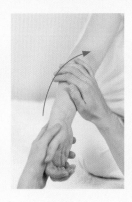

6 손을 감싸 잡은 뒤 팔을 꼭 쥔다는 느낌으로 아래에서 위로 쓸어 올린다.

발 저림과 부기 해소

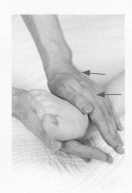

1 두 손과 임신부의 발에 오일을 바른다. 양 손바닥으로 발을 부드럽게 감싼 뒤 발등에서 발가락 방향으로 힘주어 쓸어내린다.

2 발가락 끝을 쥐고 원을 그리듯 지압한 뒤 하나씩 잡아당긴다.

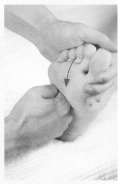

3 발바닥의 움푹 들어간 부위를 주먹으로 눌러가며 위에서 아래로 쓸어내린다.

4 무릎을 잡고 엄지손가락에 힘을 주어 작은 나선을 그리며 누른다.

5 두 손으로 양발을 옆으로 잡고 엄지손가락으로 발바닥 전체를 골고루 누른다.

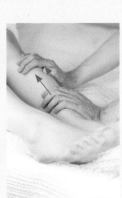

6 발목에서 무릎 방향으로 올라가며 가볍게 주물러 뭉친 근육을 푼다.

개월별 태동의 변화

손발로 엄마 배를 툭툭 차고 몸을 이리저리 움직이면서 태아는 엄마에게 자신의 존재를 알린다.
엄마와 태아가 나누는 첫 번째 교감 태동, 잘 느끼고 제대로 반응해주면 태아는 더욱 건강하게 자란다.

태동의 이해

임신 5개월부터 느낄 수 있다

태아는 임신 8주 정도 되면 위치를 바꾸거나 몸을 움직이기 시작하는데, 실제로 엄마가 태동을 느끼는 시기는 임신 18주 전후이다. 초산인 경우 임신 18~20주, 경산부는 15~17주에 느낄 수 있다. 하지만 이는 평균치일 뿐 20주 이후에 느끼는 경우도 많다. 경산부가 초산부보다 빨리 느끼는 이유는 이전의 출산 경험으로 복벽이 늘어져 태아의 움직임이 쉽게 전달되기 때문이다. 또 날씬한 임신부가 상대적으로 태동을 일찍 그리고 더 많이 느낀다. 자궁벽과 자궁을 둘러싸고 있는 피하지방이 적어 태아의 움직임을 좀 더 민감하게 느끼기 때문이다.

> ❗ 엄마가 배고프면 태동이 줄어든다.
> 임신 중 모체의 영양 결핍으로 심한 배고픔을 오랫동안 경험한 태아는 태어나 성장한 후에 성인병이나 과로사 등 각종 질병에 노출되기 쉽다는 연구 결과가 있다.

태동은 태아 건강의 바로미터

엄마가 느끼는 단위 시간당 태동을 '자각 태동'이라고 하며, 10분에 2회 정도가 보통이다. 태동의 횟수와 정도는 개인차가 크므로 임신 중기 검진에서 아무런 이상이 없었다면 태동이 적어도 걱정할 필요는 없다. 단, 30주 이후에는 태동의 횟수에 주의를 기울여야 한다. 하루 20회 미만의 경우, 시간당 평균 3회 이하의 태동이 2일 이상 계속되면 비정상으로 간주한다. 태동이 평소와 다르다고 느껴지면 태아가 많이 움직이는 밤에 조용히 배에 손을 대고 태동이 있는지 확인한다. 움직임

5~10개월 태동의 추이

임신 5개월 태아가 엄마 배꼽 바로 아래에 있는 시기. 배꼽 주변에서 감지되는 희미한 움직임으로 첫 태동을 느낄 수 있다. 첫 느낌은 배 속에서 뭔가 미끄러지는 기분이나 뽀글뽀글 물방울이 올라오는 것 같다. 태아가 자라면서 운동 능력이 발달해 태동의 강도도 점차 강해지는데, 자궁벽에 손발을 부딪칠 때마다 진동이 자궁에서 복벽으로 전달되어 태동을 느끼게 된다.

임신 6개월 태아가 엄마 배꼽 위까지 올라와 보다 큰 범위에서 태동을 느낄 수 있다. 양수량이 많아 태아가 양수 속에서 상하좌우로 자유롭게 움직이는 등 행동이 다양해지고 태동도 더욱 명확해진다. 남편을 비롯한 주변 사람들도 임신부의 배에 손을 대면 태동을 느낄 수 있다. 태아의 자리가 정해져 한쪽에서만 태동을 느끼는 경우가 많다.

임신 7개월 양수의 양이 가장 많은 시기로 아직은 여유 공간이 있어 태아가 양수 속에서 자유롭게 움직인다. 공중곡예를 하거나 발로 배를 차는 등의 동작을 하기 때문에 엄마 배의 피부가 얇으면 배가 튀어나와 눈으로도 태동을 확인할 수 있다.

임신 8개월 임신 기간 중 태동을 가장 잘 느끼는 시기. 양수 속을 아래위로 마음껏 헤엄치고 다니던 태아가 머리를 아래로 향해 자리를 잡는다. 이때 발이 위쪽으로 가기 때문에 엄마의 가슴 아랫부분을 차서 흉통을 느끼기도 한다. 발로 차면 아픔을 느낄 정도로 태동이 강해진다.

임신 9개월 손발의 움직임이 크고 강해져서 발이 움직이는지 손이 움직이는지 구분할 수 있다. 가끔 손이나 발이 불룩 튀어나오거나 자다가도 깜짝 놀라 깰 정도로 심하게 움직이기도 한다. 태아가 딸꾹질을 1~2분 정도 지속적으로 하는 경우도 있는데 걱정하지 않아도 된다. 이 무렵에는 움직임이라기보다는 뭔가 날카로운 것이 배 안을 찌르는 것 같은 통증을 느끼는 경우가 많다.

임신 10개월 태아의 신경 기관이 발달해서 재채기를 하기도 하는데, 이때 엄마는 온몸이 경련하는 듯한 느낌을 받는다. 태동이 줄거나 평소보다 둔해지기도 한다. 자궁 속을 활발하게 돌아다니던 태아가 골반 속으로 내려가기 때문이다.

이 느껴지지 않으면 곧바로 병원에 가서 검사를 받는다. 탯줄이 목에 감기거나 혈행이 나빠져 자궁 안에서 태아가 사망한 것일 수도 있기 때문이다.

태동 놀이로 태아와 교감한다

태동이 활발해지는 6개월 이후부터 태동을 통해 태아와 교감하는 놀이를 할 수 있다. 태아가 배를 차면 찬 곳을 손으로 두드려주는데, 태아가 같은 곳을 차면 일단 성공. 다음에 태아가 발로 차면 찬 곳의 반대쪽을 손으로 두드려보자. 태아가 반대쪽을 차면 또 성공이다. 태아가 크게 움직일 때 손으로 살짝 배를 두드려서 태아의 존재를 인식하고 있다는 사실을 알려주자. 남편과 함께 하면 신기함과 감동이 배가된다.

임신 중기 트러블

자궁이 크고 무거워지면서 여러 신체 기관을 압박해 요통, 정맥류, 변비 등의 트러블이 나타나기 시작한다.
예방법을 숙지해 트러블을 피하는 것이 현명하다.

대표 트러블의 예방과 해소

요통 → 오래 서 있지 않는다

• 배를 내밀거나 몸을 뒤로 젖히지 않는다. 서 있거나 걸을 때도 등을 쭉 펴고, 한 자세로 오래 서 있지 않도록 노력한다.
• 의자는 너무 푹신하거나 등받이가 없는 것은 피하고 등받이에 등을 바짝 붙이고 곧게 앉는다. 30분 이상 앉아 있지 않는다.
• 인대가 늘어나 있으므로 푹신한 침대에서 자는 것은 좋지 않다. 단단한 매트리스로 바꾸거나 당분간 바닥에 요를 깔고 잔다. 잠잘 때는 물론 잠시 누워 쉴 때도 옆으로 눕는 것이 좋다.
• 통증이 심할 때는 몸을 따뜻하게 하면 도움이 된다. 잠들기 전 미지근한 물로 목욕해 체온을 올리고, 보온성이 좋은 잠옷을 입고 잔다.
• 임신부의 허리와 등의 근육이 튼튼하면 요통이 생기지 않는다. 수영이나 체조 등 꾸준한 운동으로 근육을 단련한다.

정맥류와 부종 → 체중 증가에 주의한다

• 단기간에 체중이 많이 늘면 정맥류가 생기기 쉬우므로 체중 조절에 신경 쓴다.
• 몸에 달라붙는 옷이나 굽 높은 신발은 피하고, 다리를 꼬고 앉지 않는다.
• 항상 옆으로 눕고 쿠션, 베개 등에 다리를 걸쳐서 혈액순환이 원활하게 한다.
• 몸을 항상 따뜻하게 해서 몸 구석구석까지 혈액이 잘 돌게 한다.
• 발끝으로 서는 운동을 하면 종아리 근육이 자극을 받아 다리 전체의 혈액순환이 잘된다. 습관화하면 다리 부종을 줄일 수 있고 몸 컨디션 또한 좋아진다.

변비 → 섬유질이 풍부한 음식을 먹는다

• 채소와 잡곡밥 등 섬유질이 풍부한 음식을 매끼 꾸준히 섭취한다. 소화가 안 되면 국, 나물, 찜 등의 조리법으로 익혀 먹는다. 조직이 부드러워져 임신부도 무리 없이 소화할 수 있다.
• 아침 식사 전에 화장실에 가는 습관을 들인다. 어렵다면 하루 중 가장 여유 있는 시간을 정해 배변을 규칙적으로 한다.
• 몸이 무겁더라도 무리가 안 되는 범위 내에서 가벼운 운동을 꾸준히 한다.
• 변비가 심할 땐 프룬 주스를 마시거나 임신 12주 이후에 사용 가능한 변비약을 복용해 변비 증세를 해소한다.

가려움증 → 몸을 시원하게 한다

• 땀을 많이 흘리면 증상이 심해지므로 통풍이 잘되는 소재의, 품이 넉넉한 옷을 입어 몸을 항상 시원하게 유지한다.
• 목욕을 너무 자주 해도 증상이 심해진다. 하루 1~2회 가볍게 샤워하고 보습제를 바른다. 지나치게 뜨거운 물은 금물. 미지근한 정도가 좋다.
• 소화가 안 되는 동물성 지방이나 밀가루 음식은 가려움증을 유발할 수 있으므로 되도록 섭취하지 않는다.

불면증 → 차를 마신다

• 취침 전에 하는 운동은 숙면을 방해하므로 삼간다. 오전이나 이른 저녁에 운동하고 휴식을 취한 후 잠자리에 든다.
• 취침 전 따뜻한 물로 가볍게 목욕하고 잠자리 환경을 쾌적하게 만든다.
• 신경을 안정시키고 숙면에 도움이 되는 대추차나 둥굴레차, 양파 달인 물 등을 준비해두었다가 잠들기 1~2시간 전 마신다.

배 뭉침 → 옆으로 누워 쉰다

• 같은 자세로 오래 서 있거나 일을 하면 증상이 빈번해지므로 주의한다.
• 스트레스를 받거나 외부 압력에 의해서도 나타난다. 편안하게 옆으로 누워 쉬는데, 되도록 자주 쉬도록 노력한다.

❗ 누워서 쉬었는데도 배 뭉침이 나아지지 않거나 일정한 간격을 두고 계속되면 병원에 간다. 임신 30주 이전에는 평균 1시간에 3회 이상, 30주 이후에는 1시간에 5회 이상 나타나면 문제라고 본다.

현기증 → 갑자기 움직이지 않는다

• 혈액순환이 원활하게 이뤄지도록 매일매일 적당한 스트레칭을 생활화한다.
• 앉았다가 갑자기 일어서는 등 급하게 동작을 바꾸면 증상이 심해지고, 넘어지거나 부딪치는 등 2차 사고로 이어질 수 있다. 모든 동작은 천천히 한다.
• 현기증이 느껴지면 그 자리에 앉아 머리를 밑으로 숙인다. 혈액이 머리 쪽으로 흘러 증상이 한결 나아진다.
• 혼잡한 곳이나 통풍이 안 되는 실내에 오래 있으면 현기증이 더 잘 생긴다. 창문을 열어 실내 공기를 자주 환기시킨다. 상황이 여의치 않으면 크게 심호흡을 한다.

Q 이미 정맥류가 생겼다면 어떻게 해야 할까?

A 임신부용 고탄력 스타킹을 신어 바깥에서 압력을 가해 혈액순환을 촉진하고, 정맥류가 생긴 부분을 아래에서 위쪽으로 마사지한다. 아픈 부위는 마사지하지 않는다.

임신중독증 예방과 치료

임신합병증 중에서 가장 무서운 병으로, 중증으로 진전되면 엄마와 태아의 생명이 위험할 수 있다.
원인과 자각증상을 알아두고, 조기에 발견할 수 있도록 세심하게 몸을 살핀다.

임신중독증이란?

임신부의 약 5%가 겪는다

임신중독증은 임신부의 5% 정도가 걸릴 정도로 발병률이 높으며, 자간전증과 자간증으로 나뉜다. 임신 20주부터 나타날 수 있는 자간전증의 초기 증상은 단백뇨, 얼굴과 손의 부종, 140mmHg 이상의 고혈압 등이며 심하면 태아에게 뇌 장애, 시각 장애, 폐부종, 청색증 등이 나타난다. 더 악화되면 자간증으로 되는데, 자간전증의 증상에 발작과 혼수가 뒤따른다.

고혈압, 부종, 단백뇨 순으로 나타난다

임신중독증의 정확한 원인은 밝혀지지 않았지만, 임신으로 인한 혈액순환기의 변화에 몸이 적응하지 못해 생긴다고 보는 것이 일반적이다. 주요 증상이 나타나는 순서는 개인마다 차이가 있다. 보통은 고혈압, 부종, 단백뇨 순이다. 혈액 흐름이 원활하지 못해 고혈압과 부종 증세가 나타나고, 신장 혈관이 수축하면서 신장이 손상돼 단백뇨가 생기는 것이다.

✔CHECK
임신중독증 자각증상

- 팔과 다리, 얼굴 등이 심하게 붓는다.
- 일주일간 체중이 0.5kg 이상 늘었다.
- 시력 저하 현상과 함께 두통이 심하다.
- 우측 상복부에 통증이 있다.
- 뒷목이 심하게 뻐근하고 아프다.
- 감기, 몸살처럼 고열과 오한이 있다.
- 심장이 두근거리는 증상이나 왼쪽 가슴에 통증을 느낀다.

심하면 유산될 수 있다

혈액의 흐름이 나빠지고 태반의 기능이 저하되어 태아의 발육이 지연되므로 미숙아가 태어날 수 있다. 또 태아의 폐와 심장, 신장, 뇌혈관에 장애를 일으킬 수도 있다. 심한 경우에는 자궁 내에서 태아가 사망하기도 한다.

대표 증상

고혈압

임신중독증에 걸리면 혈압부터 높아진다. 임신한 지 20주 이후에 최고 혈압이 140mmHg, 최저 혈압이 90mmHg 이상이면 임신중독증을 의심한다. 임신 전 고혈압이었다고 반드시 임신중독증에 걸리는 것은 아니지만, 혈압이 정상이던 사람에 비해 걸릴 확률이 높다.

부종

임신 중에는 체내에 수분이 축적되어 체중 증가와 관계없이 손발이나 몸 전체가 붓는 경우가 잦다. 충분히 쉬거나 수면을 취하면 대부분 가라앉는데, 다음 날까지 부기가 빠지지 않거나 부은 부위를 손으로 눌렀을 때 빨리 원상태로 회복되지 않으면 임신중독증을 의심한다. 단, 고혈압이나 단백뇨 증상이 동반되지 않으면 단순 부종일 가능성이 높으므로 크게 걱정하지 않아도 된다.

단백뇨

소변에 단백질이 섞여 나오는 증상이다. 단백질은 위와 장에서 흡수됐다가 신장에서 다시 흡수되는데, 신장 기능이 저하되어 모체에 필요한 단백질이 흡수되지 못하고 소변으로 빠져나오는 것이다. 자각증상이 거의 없기 때문에 정기검진 때 소변 검사에서 단백뇨인지 아는 경우가 다반사다. 정기검진 전이라도 하루에 한두 번 머리가 아프거나 몸이 많이 붓는 경우에는 약국에서 소변 검사 시약을 구입해 스스로 체크해본다.

예방과 치료

규칙적 생활과 스트레스 관리

평소 자주 휴식을 취하면 혈압이 내려가고 태반과 신장에 혈액이 원활하게 공급되어 부종이 가라앉는 데 도움이 된다. 두통이 심하거나 심장이 두근거리는 등의 증세는 고혈압에서 비롯되므로 평소 마음의 여유를 가지고 편안하게 생활한다. 관련 징후가 동반되어 나타나는지도 주의 깊게 살핀다.

염분 섭취 줄이고 체중 관리

음식을 짜게 먹으면 물을 많이 마시게 되는데, 과다한 수분 섭취는 몸이 붓는 원인이다. 체중이 갑자기 늘어도 임신중독증에 걸리기 쉽다. 신장과 심장에 부담이 가서 고혈압이 되는 것. 따라서 임신 후기에 체중이 일주일에 0.5kg 이상 급격히 증가하면 임신중독증을 의심한다.

조기 발견

임신중독증 위험이 있는 임신부는 진찰을 자주 받아 조기에 발견하는 것이 중증으로 발전하지 않는 방법. 심한 경우 입원 치료를 받아야 하며 자연분만은 어렵다. 아기를 포기해야 하는 경우도 있다.

또 하나의 복병, 이상 태반

전치태반

태반은 보통 자궁의 위쪽에 자리 잡고 있는데, 아래로 내려와 자궁 입구에 자리 잡은 상태를 전치태반이라고 한다. 통증 없는 출혈이 대표 증상으로, 방치하면 출혈성 쇼크 상태에 빠져 임신부와 태아 모두 위험해질 수 있다. 임신 초기 전치태반 진단을 받았다면, 출혈이 조금만 보여도 병원으로 가야 한다. 대개 자궁구가 약간만 열려도 대출혈이 일어나므로 제왕절개로 분만한다. 태반이 자궁구를 가로막지 않는 위치에 있고 임신부가 건강하다면 자연분만도 가능하다.

태반조기박리

태아가 자궁 밖으로 나오면 태반이 자연히 떨어져 나오는데, 분만하기도 전에 태반이 자궁벽에서 벗겨져 떨어지는 현상을 태반조기박리라고 한다. 고혈압일 때 잘 나타나며, 산모의 연령이 높거나 출산 횟수가 많을수록 발생률이 높다. 과거 유산이나 조산, 사산 등의 경험이 있는 임신부에게도 잘 나타난다. 넘어지거나 심하게 배를 부딪쳐 압박을 받은 경우 등 사고에 의해서도 발생할 수 있다. 임신 후기에 많이 발생하며 불규칙한 복통이 계속되고, 배가 단단해지는 것이 특징. 태반이 박리되면 출혈량이 많아지면서 혈압이 떨어져 태아는 산소 부족을 겪고, 임신부는 출혈 과다로 위험해진다. 조금만 늦어도 태아를 살리지 못하므로 갑작스러운 통증 후 태동이 줄거나 출혈이 있으면 즉시 응급 수술이 가능한 병원으로 간다.

모유수유 준비하기

아이를 낳으면 당연히 젖을 먹일 수 있다고 생각하지만, 모든 엄마가 모유수유에 성공하는 것은 아니다.
엄마와 아이 모두 고생하지 않으려면 임신 중기부터 모유수유를 준비해야 한다.

모유수유를 돕는 편의용품

1 모유량 증가에 도움을 주는 7가지 천연 허브 성분으로 만든 차. 20개입, 1만8000원, 모유수유클럽.
2 유축한 모유를 깨끗하게 저장할 수 있는 일회용 모유 저장용 지퍼팩. 30매, 8000원, 마더스베이비.
3 출산 후 수유 중 열감 등 진정이 필요한 가슴에 효과적인 비건 인증 가슴팩, 8매, 1만8900원, 튼튼맘스.
4 외출 중 수유해야 할 때 엄마 몸을 가려주면서 아이와 눈맞춤이 가능하도록 디자인한 수유 가리개. 4만5000원, 베베오레.
5 벌집 패턴을 적용해 흡수력이 뛰어난 일회용 수유 패드. 30매, 8000원, 마더스베이비.
6 수유로 인해 건조하고 갈라진 유두 상처 치료를 위한 연고. 30g, 9000원 선, 바이엘코리아.
7 1초 만에 설치되고 쉽게 접히는 프리미엄 접이식 아기침대. 탈착식 배시넷 포함, 휴대 가능. 49만4000원, 부가부코리아.
8 비타민과 미네랄 19종이 함유되어 수유부의 건강한 영양 보충을 돕는 건강식품. 90일 분, 10만 원, 닥터맘스.
9 상처가 나거나 갈라진 유두를 감싸 보호해주는 유두 보호기. 2만 원, 메델라.

수유하기 좋은 환경 만들기

모유수유 권장 병원을 선택한다

모유수유에 협조적인 병원은 출산 직후 몇 시간 동안 아기와 엄마가 함께 있도록 배려해주거나 모자동실을 운영한다. 또 아기가 생애 첫 젖 빨기에 성공할 때까지 기다려주고, 상주하는 모유수유 전문가가 필요할 때마다 도움을 준다. 산후조리원 역시 전동 유축기를 갖추고 있고 모유수유 강좌 프로그램이 있는 곳, 모자동실을 운영하는 곳으로 선택한다.

모유수유 계획을 미리 알린다

출산할 병원에 모유수유 계획을 미리 알리면 출산 후 첫 젖을 먹이기까지의 과정이 순조롭다. 갓 태어난 아기는 정신이 말똥말똥하기 때문에 이때 첫 번째 모유수유를 하면 젖을 먹이기가 쉽다. 출산 후 30분~1시간 이내가 가장 좋으며, 병원 측에서 엄마의 의사를 정확히 알고 있어야 잊지 않고 제시간에 아기에게 젖을 물리도록 도와줄 수 있다. 제왕절개로 출산해도 옆으로 눕거나 아기를 끼고 누운 자세를 취하면 얼마든지 모유수유를 할 수 있으므로 반드시 의사를 밝힌다.

모유수유용품을 준비한다

입원 준비물을 챙길 때 수유 쿠션과 수유용 브래지어, 수유 패드 등도 빼먹지 않는다. 모유수유와 관련한 책을 미리 읽고 자신에게 필요한 용품을 체크해두면 도움이 된다. 아기에게 직접 젖을 물리지 않고 유축기나 손으로 젖을 짠 뒤 젖병에 담아 먹이는 경우도 있는데, 한 번이라도 젖병을 문 아기는 엄마 젖을 물지 않으려 하므로

유두 모양과 교정법

• 보통 타입 유두의 길이와 지름이 0.9~1cm 정도라면 적당한 크기이다. 아기가 물고 빨기 가장 쉬운 사이즈이다.

• 작은 타입 유두의 길이와 지름이 0.5~0.7cm 정도이다. 아이가 빨기 힘든 경우도 있지만 대부분 작아도 잘 빨아 먹는다.

• 큰 타입 길이와 지름이 1.1cm 이상인 유두. 유륜까지 입에 다 넣지 못해 아이가 젖을 제대로 빨지 못한다. 끈기 있게 물려서 아이가 크기에 익숙해지게 만들어야 한다.

• 함몰유두 피부가 약해 준비 없이 모유를 먹이면 상처만 입는다. 마사지로 유두를 부드럽게 만든 뒤 교정기로 끄집어낸다.

• 편평유두 입에 물어도 잘 걸리지 않아 빠져나가기 쉽다. 그러나 꾸준히 빨리면 유두의 형태가 바뀌므로 걱정하지 않아도 된다.

좋은 방법이 아니다. 처음부터 직접 수유하기가 힘든 상황이라면 소주잔 크기의 플라스틱 컵이나 스푼식 젖병을 이용하는 편이 젖병으로 먹이는 것보다 낫다. 유축기는 되도록 전동식을 선택한다. 수동 유축기는 장시간 사용하면 약해진 산모의 손목 관절에 크게 무리가 갈 수 있다.

수유를 위한 가슴 만들기

잘 물 수 있는 젖꼭지로 만든다

자신의 유두를 잘 관찰한다. 깊숙이 박혀 있지는 않은지, 양쪽 다 제대로 튀어나와 있는지, 튀어나와 있더라도 가운데가 안으로 들어가 있지는 않은지 등이 체크 포인트이다. 아기가 물었을 때를 상상해 엄지손가락과 집게손가락으로 유두를 살짝 끌어내본다. 이렇게 했을 때 유두가 튀어나오지 않으면 나중에 젖 먹일 때 고생할 수 있으니 미리 조치를 취해야 한다.

가슴이 작다고 젖이 적지 않다

모유는 젖가슴 전체에 분포한 특수 세포에서 만들어져 유선을 통해 분비된다. 따라서 중요한 것은 크기가 아니라 유선이다. 만약 유선을 절개해 유방 축소 수술을 한 경우에는 모유수유를 할 수 없다. 모유의 분비량과 성분은 사람마다 다르지만 체질이나 유전과는 관계가 없다.

함몰유두라면 마사지나 교정기로 교정한다

함몰유두라도 얼마든지 모유수유를 할 수 있다. 브래지어 안에 착용하는 함몰유두 교정기를 하루에 1시간 정도 착용하다가 점차 착용 시간을 늘린다. 유두가 모유수유를 할 수 있을 만큼 충분히 돌출될 때까지 사용한다.

4개월부터 유방 마사지를 한다

임신 중 유방 마사지를 꾸준히 하면 유방의 혈액순환이 좋아지고, 유선의 발육을 촉진해 출산 후 젖이 잘 돈다. 유두가 외부 자극에 익숙해져서 출산 후 아기가 편히 빨 수 있고, 헐거나 갈라지는 트러블을 막을 수도 있다. 유방 마사지는 하루에 한 번, 2~3분 정도가 적당하다. 몸이 편안한 상태인 잠자기 직전이나 목욕 후에 한다. 단, 유두를 너무 자극하면 자궁 수축을 유발하는 옥시토신이라는 호르몬이 분비될 수 있으므로 마사지 도중 배가 땅기면 즉시 그만둔다. 습관성 유산 등 특별히 조심해야 하는 임신부의 경우 마사지를 하지 않는 편이 좋다.

유두를 깨끗이 관리한다

임신 중기 말부터 초유가 조금씩 나오므로 이 무렵부터는 유두와 유방의 청결에 각별히 신경 써야 한다. 목욕할 때 깨끗한 손에 비누를 묻히고 유륜부와 유두를 빙글빙글 돌려가며 가볍게 문질러 씻는다. 유두 끝에 분비물이 묻어 씻기지 않는 경우에는 목욕 전 베이비오일을 묻힌 가제 손수건을 5~10분 정도 덮어두었다가 씻어낸다. 한꺼번에 씻어내려 하지 말고 며칠간의 시간을 두고 떼어낸다. 오염물을 그냥 두면 유선염의 원인이 된다.

유방 마사지 요령

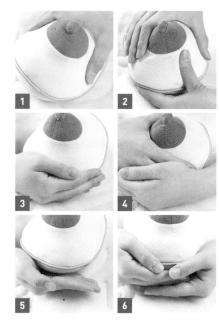

1 유방을 한 손으로 크게 감싼다.
2 다른 손의 엄지를 유방의 옆부분에 대고 돌아가며 힘주어 문지른다.
3 마사지할 유방을 한 손으로 잡고 아래에서 위로 떠받치듯 들어 올린다.
4 다른 손바닥의 볼록한 부분을 유방을 떠받치고 있는 손의 바깥쪽에 대고 힘주어 위로 올렸다가 내린다.
5 유방을 손바닥 위에 올려놓는다.
6 다른 손의 새끼손가락을 유방 바로 밑에 대고 힘주어 들어 올린다.

유두 마사지 요령

한 손으로 유방을 잡고 다른 손으로 유륜과 유두를 잡고 비비듯이 조물락거린다.

아프다는 느낌이 들 정도로 유두를 꾹꾹 누른다.

손가락으로 유두를 잡아당겨 좌우로 쥐어짜듯 비튼다. 처음부터 2~3회 반복한다.

임신 8개월 29~32주 | 몸무게 약 1.5~1.8Kg

호흡과 배냇짓을 하고 뇌 조직이 발달하는 등 태아의 발달이 어느 정도 완성되는 시기이다.
이 시기에 엄마는 힘겨운 임신 후기에 대비한 생활 리듬을 몸에 익혀야 한다.

태아의 성장 발달

뇌 조직이 발달한다

뇌의 크기가 커질 뿐 아니라 뇌 조직의 수도 증가한다. 지금까지 매끈하던 뇌 표면에 특유의 주름과 홈이 생긴다. 어느 정도 성장한 뇌 조직은 이제 신경순환계와 연결되어 활동하기 시작한다. 이로써 태아는 드디어 머리를 써서 몸을 움직이게 되고, 따라서 이 무렵부터 학습 능력과 운동 능력이 비약적으로 발달한다. 청각과 시각 또한 거의 완성된다.

배냇짓을 시작한다

눈동자가 완성되어 앞을 보고 시선의 초점을 맞출 수 있다. 시각도 발달해 자궁 밖의 밝은 빛을 볼 수 있어 강한 빛을 비추면 깜짝 놀라기도 하고, 밝은 빛을 따라 고개를 움직이기도 한다. 초음파 검사를 하는 동안 웃는 모습, 찡그린 모습 등 다양한 표정을 볼 수 있다.

횡격막으로 호흡 연습을 한다

폐가 거의 완성되어 양수 속에서 호흡 연습을 한다. 초음파 검사를 통해 태아가 폐를 부풀려 숨을 들이쉬고 내쉬며 입을 오물거리거나 횡격막이 위아래로 움직이는 모습을 볼 수 있다. 그러나 아직은 호흡이 불완전한 상태이다. 체온 조절 능력이 생겨 태아 스스로 체온을 조절할 수 있으므로 이 시기에 조산하더라도 무사히 생존할 확률이 높다.

> **!** 아직은 탯줄을 통해 산소를 공급받으며, 공기가 아니라 양수 속에서 호흡 연습을 하기 때문에 출생 직전까지는 호흡이 불안정하다.

엄마 몸의 변화

요통과 어깨 결림이 심해진다

배가 불러 몸의 중심이 앞으로 이동하면서 허리 근육을 긴장시켜 요통이 생기기 쉽다. 무거워진 배를 지탱하기 위해 몸을 뒤로 젖히면 어깨에 피로가 쌓여 저녁이면 통증이 심해진다. 특히 어깨 근육은 커진 유방도 지탱해야 하기 때문에 출산이 가까울수록 통증은 점점 심해진다. 앉거나 설 때는 어깨와 허리를 구부정하게 하지 말고 똑바로 편다. 임신부 체조나 수영 등 적절한 운동으로 혈액순환을 원활하게 만들고, 매일 잠들기 전 어깨를 마사지 해주면 도움이 된다.

가슴이 답답하고 위가 쓰리다

자궁이 점점 커져 자궁저의 높이가 배꼽과 명치 중간까지 올라와서 위와 심장을 압박하고 폐를 눌러 점차 호흡이 짧아진다. 위와 심장이 제 기능을 하지 못하기 때문에 가슴이 답답하고 신물이 넘어오듯 위가 쓰린 증상이 나타난다(입덧 증상과 비슷하다). 소화도 잘되지 않는다.

배가 자주 뭉친다

오래 서 있거나 조금만 피곤해도 배가 딱딱해지고 특정 부위가 공처럼 단단하게 뭉친다. 자궁 근육이 예민한 상태라 작은 자극에도 자궁 수축이 일어나기 때문인데, 이 같은 증상은 하루 4~5회씩 한 번에 30초~2분간 지속되다 사라지곤 한다. 잠시 쉬어서 괜찮아지면 걱정할 필요가 없지만, 분비물에 혈액이 섞여 나오거나 배 뭉침이 빈번하게 나타난다면 조산으로 이어질 가능성이 있으므로 진찰을 받는 것이 안전하다. 일반적 배 뭉침이 아니라 태반의 기능이 저하되었거나, 자궁 내에 염증이 생겨 더 이상 아기를 배 속에 둘 수 없어 자궁이 아기를 밀어내는 상황일 수도 있기 때문이다.

하루 3끼보다 4~5끼가 좋다

커진 자궁이 위를 압박해 소화가 안 되는 일이 잦고 더불어 식욕도 떨어질 수 있다. 이때는 하루 3끼에 연연하지 말고 필요한 양을 4끼나 5끼로 나누어 먹는 것도 방법이다. 두부, 녹황색 채소, 버섯 등 소화가 잘되는 식품을 중심으로 식단을 짜서 위의 부담을 줄인다. 튀기거나 볶은 요리는 열량이 높을 뿐 아니라 소화도 잘되지 않으므로 삶거나 쪄서 먹는다.

> ⓘ 아무리 태아에게 좋은 음식이라도 임신부가 먹고 싶지 않으면 억지로 먹을 필요는 없다. 같은 영양을 함유한 다른 음식으로 대체해서 섭취한다.

분비물이 많아지고 가렵다

출산 예정일이 가까워지면 질과 자궁경부가 부드러워지면서 자궁경부에서 배출되는 분비물이 늘어난다. 이전의 분비물과 달리 진하고 점액이 많이 섞인 것이 특징이다. 이 때문에 외음부에 접촉성 피부염이나 습진이 생겨 가려울 수 있다. 이를 예방하기 위해서는 속옷을 자주 갈아입고, 팬티라이너를 착용한다. 젖은 팬티라이너는 오래 착용하지 않는다. 비데를 너무 자주 사용해도 좋지 않다.

이달의 건강 수칙

녹색 채소와 현미 등을 먹는다

이 시기의 태아는 형성된 골격과 근육을 다져주고 튼튼하게 해줄 영양소가 필요한데, 망간과 크롬이 제격이다. 망간은 녹색 채소와 호밀빵에 많이 들어 있으며 엽산과 함께 비타민 B1, 비타민 C의 작용을 돕는다. 크롬은 성장 촉진 효과가 있는 영양소로 현미, 쇠간, 닭고기 등에 많다.

> ⓘ 의외로 이 시기에 빈혈을 호소하는 임신부가 많다. 임신 후기에도 철분은 반드시 챙겨 먹는다.

배가 부딪치지 않도록 주의한다

조금만 움직여도 배가 이리저리 출렁인다. 배의 움직임을 줄이기 위해 앉거나 일어서는 등 큰 동작을 할 때는 두 손으로 배를 감싼다. 배가 크고 몸 움직임도 둔해 가구 모서리에 배를 부딪칠 수 있으므로 주의한다. 늘 앉던 식탁인데도 배를 부딪치는 일이 잦으며 음식도 잘 흘린다. 몸의 균형을 잡기가 힘든 시기이므로 미끄러지거나 넘어지지 않도록 신경 쓴다.

충분히 쉬고 조산에 대비한다

임신 후기부터는 조산에 대비해야 한다. 일상 활동 중에도 늘 조심하는 습관을 들여야 하는데, 심한 운동은 피하고 배를 압박하는 일은 하지 않는다. 피곤하면 언제라도 누워서 쉴 수 있도록 주변에 담요나 이불을 항상 준비해둔다. 쉴 때는 되도록 누워서 쉬되, 똑바로 눕지 않는다. 커진 자궁이 척추 주변의 혈액순환을 방해하기 때문이다. 몸 왼쪽을 바닥에 대고 누워 쉬면 혈액순환이 좋아져 피로가 금방 풀린다. 자궁 수축이 규칙적으로 일어나거나 질 분비물에 피가 섞여 있지는 않은지 등 몸의 변화를 주의 깊게 살핀다.

> ⓘ 정상적인 배 뭉침일 경우 아랫배가 콕콕 찌르듯이 아프거나 배의 양옆이 잡아당기듯 아프다. 반면 조산으로 인한 통증은 배가 규칙적으로 아프고 분비물이 갑자기 증가하며 출혈도 나타난다.

이달의 정기검진

소변(단백뇨) 검사

임신중독증이 많이 생기는 시기이므로 소변 검사를 통해 단백뇨를 체크한다. 검사에서 두 차례 이상 단백뇨가 나오고, 부종과 고혈압이 동반되면 임신중독증에 걸렸을 가능성이 높다. 멸균 용기에 소변을 받아 리트머스 종이에 묻혀 검사한다.

> ⓘ 혈압은 평소에도 꾸준히 재는 것이 중요하다. 병원에서 혈압기로 잰 혈압이 반드시 정확하다고 할 수 없고, 또 임신부 몸에 변화가 생겼을 수도 있기 때문이다.

초음파 검사

태아와 임신부의 전반적 상태를 최종 확인한다. 태아의 크기와 위치가 자연분만에 적당한지 여부, 태반 위치와 양수량을 체크한다. 태아의 심장은 잘 뛰고 있는지, 태반은 깨끗한지 알아보고 자궁의 이상 유무도 확인한다.

✔CHECK
임신 8개월 생활법

- ☐ 한 달에 한 번 받던 정기검진을 2주에 한 번으로 늘린다.
- ☐ 무리하게 몸을 움직일 때 배가 땅기는 현상은 너무 심하지 않으면 일반적인 증상으로 본다.
- ☐ 출산의 전 과정에 대해 공부하고, 호흡법을 익혀둔다.
- ☐ 초유가 만들어지는 시기이므로 매일 틈틈이 유방 관리를 한다.
- ☐ 요통과 어깨 결림이 심해지므로 무리하지 말고 바른 자세를 유지한다.
- ☐ 복부가 가렵고 배꼽이 튀어나오므로 로션이나 오일을 자주 바른다.
- ☐ 산후조리 방법을 정하고 산후조리원을 이용할 계획이라면 미리 방문해본다.
- ☐ 분비물이 많아져 질이 가렵고 여러 문제가 생길 수 있으므로 청결히 한다.
- ☐ 유즙이 나오면 브래지어 안에 거즈를 대고, 없을 땐 팬티라이너를 댄다.

임신 9개월 33~36주 | 몸무게 약 2~2.5Kg

자궁저의 높이가 가장 높은 시기로 임신부가 아주 힘들어한다. 부종은 심해지고 소화불량에 숨이 가빠 움직임이 불편하다.
충분히 쉬면서 마인드 컨트롤에 신경 써야 한다.

태아의 성장 발달

골격이 거의 완성된다

근육이 발달하고 뇌의 크기가 커짐에 따라 신경 작용 또한 활발해진다. 골격이 거의 완성되고 팔다리가 적절한 비율로 성장해 신생아와 비슷한 모습을 갖춘다. 태아의 몸이 자궁 내부를 가득 채울 만큼 성장해서 움직임이 둔해지지만, 외부 자극에 대해서는 더욱 예민하게 반응한다. 움직임이 커지고 힘도 제법 세져서 태아 몸이 자궁벽에 부딪치면 엄마가 심한 통증을 느낄 정도로 태동이 거세다.

피부 주름이 펴진다

피부 밑에 백색의 지방이 축적되면서 피부색이 붉은색에서 윤기 있는 살색으로 바뀐다. 이 지방은 태아가 스스로 체온을 조절하고 에너지를 발산하는 데 도움을 주고, 태어난 후에는 체중을 조절하는 역할을 한다. 지방층이 생기면서 쭈글쭈글하던 피부의 주름이 펴지고 제법 통통하게 살이 오른다.

머리가 아래로 향하고 몸이 골반 쪽으로 내려간다

태아는 머리를 엄마의 골반 쪽으로 향하며 세상 밖으로 나올 준비를 한다. 간혹 머리를 거꾸로 두고 있는 역아도 있지만, 아직 자세를 바꿀 시간은 충분하므로 미리 걱정할 필요는 없다. 머리는 산도를 빠져나갈 수 있도록 물렁한 상태이며, 머리를 제외한 나머지 골격들은 모두 단단하다. 양수량이 많지 않아 태아의 몸이 자궁벽에 부딪치면 동작이 힘차게 느껴진다.

❗ 역아의 원인은 지금까지 확실하게 밝혀지지 않았다. 다만 탯줄이 짧거나 양수가 적으면 역아가 될 가능성이 높다고 한다.

엄마 몸의 변화

숨이 차고 속 쓰림이 심해진다

임신 35주가 되면 자궁저가 명치끝까지 올라와 최고에 달한다. 자궁이 위와 폐를 누르고 심장을 압박하므로, 숨이 쉽게 차고 가슴이 쓰린 정도가 지난달보다 더 심해진다. 속 쓰림으로 밤에 잠을 잘 이루지 못하기도 한다. 이럴 땐 베개를 높이 베고 자면 한결 편안해진다. 또 잠들기 전에 따뜻한 우유를 한 잔 정도 마시면 속 쓰림이 덜하다. 단, 우유는 소화가 잘되지 않으므로 하루 종일 소화가 안됐거나 속이 더부룩한 날에는 마시지 않는다.

소변이 잦고 요실금 증상이 나타난다

배꼽이 튀어나올 정도로 배가 불룩해지고 단단해지면서 소변보는 횟수가 늘어난다. 소변을 본 후에도 개운하지 않고 잔뇨감이 있는데, 이는 자궁이 커져서 방광을 압박하기 때문에 나타나는 증상이므로 걱정할 필요는 없다. 재채기나 기침을 하면 소변이 조금 흘러나오기도 하는데, 이는 모두 자연스러운 현상으로 출산 후에는 사라진다. 평소 방광이 차지 않도록 소변을 자주 본다.

부종이 심해지고 다리에 경련이 일어나기도 한다

자고 일어나면 손발이 붓거나 심한 경우에는 팔다리에 통증과 경련이 일어나기도 한다. 체액과 혈액이 증가해서 나타나는 현상으로, 저녁에 조금 붓는 정도라면 자연스러운 임신 증상으로 봐도 좋다. 하지만 이튿날 아침에도 얼굴이 퉁퉁 부어 있거나 하루 종일 부기가 빠지지 않고, 살을 눌렀을 때 원래대로 돌아오는 데 시간이 오래 걸리면 부종이나 임신중독증일 수 있으므로 병원 진료를 받는다.

유두가 검어지고 초유가 나온다

유방이 급격하게 커지고 유두 주변이 검어진다. 유두에서 누런 빛깔의 초유가 방울방울 나오는데, 간혹 모래 같은 덩어리가 나오기도 한다. 이는 유두에 쌓여 있던 분비물이 나오는 것으로, 걱정하지 않아도 된다. 유두가 막히면 젖이 나오기 어려우므로 평소 샤워나 목욕 후에 유방 마사지를 간단히 해서 분비물이나 각질이 쌓이지 않도록 관리한다.

체중이 늘고 기미와 주근깨가 생긴다

이전까지 태아의 몸은 매우 작고 가볍다. 그러다 임신 후기 7주에 걸쳐 급격히 성장한다. 신생아 몸무게의 1/3~1/2 정도가 이 기간에 증가한다. 따라서 임신부의 체중도 급격하게 늘어나며, 체중이 늘면서 고혈압이나 단백뇨를 비롯한 각종 신체 트러블이 나타날 수 있으니 주의 깊게 살핀다. 기미와 주근깨가 생기거나 늘고, 머리카락이나 눈썹이 빠지는 경우도 있다. 혈액이 자궁을 중심으로 회전하면서 몸 전체의 혈행이 나빠져 잇몸에서 피가 나거나 치질이 생기기도 한다.

이달의 건강 수칙

체중 증가 주의보, 과식하지 않는다

밥을 잘 챙겨 먹되 칼로리를 과잉 섭취하지 않도록 주의하고, 단 음식과 간식을 자제한다. 식사 후 몸이 힘들면 1시간가량 소화를 시킨 다음 몸의 왼쪽을 바닥에 대고 옆으로 누워서 쉬는 것이 좋다. 혈액이 배 부분에 집중되어 태아에게 충분한 영양을 공급할 수 있다. 그러나 낮에 긴 시간 숙면을 취하면 밤에 불면증이 심해질 수 있으므로 주의한다.

짠 음식과 수분 섭취를 줄인다

손발이 붓거나 저리는 증세가 자주 나타나는 건 몸속 수분과 혈액량이 늘어났기 때문이므로 짜고 매운 음식을 자제하고 수분 섭취를 줄인다. 휴식을 취할 때 다리를 높은 곳에 올리면 울혈을 예방하고 피로도 어느 정도 해소할 수 있다. 잘 때는 비스듬히 심즈 체위로 누워 다리 사이에 쿠션을 끼면 한결 편안하다.

감기에 걸리지 않도록 신경 쓴다

몸의 변화가 급격히 진행되면서 컨디션 조절이 어려워 감기에 걸리기 쉽다. 태아의 성장이 완성되는 시기라 마음대로 약을 먹을 수 없으므로 몸을 따뜻하게 유지하고 저항력이 떨어지지 않도록 평소에 충분히 휴식을 취한다. 사람이 많은 곳에도 가지 않는다. 에어컨 바람이 센 곳에서는 반드시 카디건 등 가벼운 겉옷을 입어 체온을 유지해야 한다.

분만 호흡법을 미리 연습한다

호흡만 잘해도 분만이 수월해진다. 깊게 호흡하면서 몸과 마음이 두루 부드러워지기 때문이다. 엄마 몸을 이완시킬 뿐 아니라 태아의 불안감을 잠재우는 데도 도움이 된다. 엄마의 호흡이 가쁘면 태아에게 공급되는 산소량이 부족하기 쉬운데, 분만 호흡법으로 숨을 쉬면 태아에게 충분한 산소를 공급할 수 있다.

이달의 정기검진

혈액 검사

초진 때 한 빈혈 검사, 매독 같은 성병 감염 여부를 확인하는 혈액 검사를 다시 한다. 출산 시 출혈에 대비하는 것. 평소 혈관이 약해 채혈이 쉽지 않으면 간호사에게 말하고 산모수첩에도 기록해둔다.

후기 정밀 초음파 검사

병원에 가기 전 500ml 가량의 물을 마셔 방광을 최대한 부풀리면 태아 모습을 보다 선명하게 볼 수 있다. 태아와 임신부의 상태를 최종 확인하며 태아 크기를 정확하게 측정한다.

질 분비물 도말 검사

칸디다질염, 트리코모나스질염 등을 진단할 수 있는 검사. 이상이 있는 경우 분만 방법으로 제왕절개를 선택하거나, 치료를 받아야 한다.

✔ **CHECK**
임신 9개월 생활법
- 혈액순환이 잘되도록 틈틈이 앉거나 왼쪽으로 누워서 휴식을 취한다.
- 외출할 때는 산모수첩을 챙기고, 혼자 장시간 외출을 하지 않는다.
- 변비나 치질이 심해지므로 섬유질이 풍부한 음식을 먹는다.
- 역아라면 바로잡는 체조나 자세를 하루에 두 차례 한다.
- 고혈압이나 부종, 단백뇨, 급격한 체중 증가, 임신중독증 등에 유의한다. 체중을 매일 측정한다.
- 조산의 위험이 있는 시기이므로 무리하지 말고 안정을 취한다.
- 담당 의사에게 모유수유 의지를 밝히고, 분만 후 1시간 이내에 젖을 물리게 해달라고 요청한다.
- 배가 많이 나와 식탁과의 거리가 멀어진다. 식사할 때 음식을 흘리기 쉬우므로 그릇을 가까이 대고 먹는다.

임신 10개월 37~40주 | 몸무게 약 2.5~3Kg

임신부와 태아 모두 본격적 출산 준비에 들어가는 시기이다. 일주일에 한 번씩 병원에 방문해 정기검진을 받고,
언제 올지 모를 출산 신호에 항상 주의를 기울인다.

태아의 성장 발달

태반을 통해 항체를 받아 면역력이 생긴다

태아는 스스로 항체를 만들어내지 못하기 때문에 외부 세균으로부터 자신을 보호할 능력이 없다. 따라서 태반을 통해 모체로부터 질병에 대한 여러 가지 면역 성분을 얻는다. 태어난 후에는 모유를 통해 면역 성분을 얻는다. 엄마 배 속에서 받은 면역 성분은 생후 6개월까지 유지된다.

세상에 나올 준비를 마친다

신체의 각 기관이 완전히 성숙해서 임신 37주가 지나면 세상 밖으로 나와도 미숙아가 아닌 정상아로 본다. 피부는 부드럽고 연해지며, 산도를 빠져나오기 수월하도록 피부에 태지가 조금 남아 있다. 임신 마지막 주가 되면 태아는 거의 움직이지 않고 손발을 몸 앞으로 모으고 등을 구부린 자세로 태어날 준비를 한다. 그러다 출산일이 가까우면 머리를 아래로 향한 채 골반 아래로 몸이 처지는데,

태아가 움직일 수 있는 공간이 작아지므로 태동 같은 움직임이 거의 없다. 출산 직전 일주일 동안 태아의 부신에서 코르티솔이라는 호르몬이 많이 분비되는데, 이 호르몬은 태아가 세상에 태어나 첫 호흡을 할 수 있도록 도와준다.

규칙적인 생체리듬을 형성한다

세상에 나올 준비를 마치고 규칙적으로 자고 일어나며 손가락을 빨기도 하고 탯줄을 잡고 장난을 치기도 한다. 눈을 떴다 감았다 하고 잠을 자면서 꿈을 꾸기도 하는데, 이 시기에 40분 주기로 잠자고 깨는 생체리듬이 형성된다.

엄마 몸의 변화

태동이 약해진다

자궁에 비해 태아가 커지고 양수량도 줄어 태아가 움직일 수 있는 공간이 좁아진다. 출산이 가까워지면 태아가 골반 안으로 들어가 세상 밖으로 나갈 준비를 하기 때문에 태동은 거의 느껴지지 않는다.

위장의 압박감이 덜해진다

출산이 가까워지면 자궁이 아래로 내려가고, 태아가 골반 안으로 들어가 자리를 잡기 때문에 압박이 줄어 위가 편안해지고 답답함도 줄어든다. 두근거리거나 숨이 차는 증상, 속 쓰림이나 신물이 넘어오는 증상, 소화불량도 서서히 줄고 숨 쉬기도 한결 수월해진다.

성욕과 식욕이 줄어든다

출산에 대한 두려움과 불안으로 성욕도 식욕도 줄어든다. 이때는 성관계를 자제

하는 것이 좋지만, 가벼운 애무로 서로의 애정을 확인하는 것은 심리적 부담감을 줄이고 불안감을 잠재우는 데 크게 도움이 된다. 또 태아의 정서에도 좋은 영향을 미친다. 마음의 여유를 갖고 수면과 휴식을 충분히 취한다. 식사를 불규칙하게 하면 변비와 치질이 생길 수 있다.

치골 통증이 심해진다

태아가 골반 안으로 들어와 자리를 잡으면서 머리가 치골 부위를 압박하는데, 이 때문에 골반이 아래로 빠지는 듯한 통증이 나타난다. 통증은 출산 때까지 점점 강해지다가 출산과 함께 없어지는데, 통증이 심한 경우에는 치골이 압박받지 않는 자세로 누워 휴식을 취한다. 변비가 있는 경우 치질이 생길 확률이 높으니 특히 주의한다.

질이 부드러워지고 분비물이 늘어난다

출산이 가까워지면 태아가 쉽게 나올 수 있도록 자궁구가 촉촉하고 유연해지며 탄력이 생긴다. 이러한 변화로 인해 자궁 분비물도 많아지므로 속옷을 자주 갈아입고 심할 때는 팬티라이너를 착용한다. 간혹 자궁구가 미리 열리는 임신부도 있는데, 이 경우 안정을 취한 다음 경과를 지켜보면서 병원에 갈 준비를 한다.

배가 뭉치고 진통이 잦아진다

아랫배가 땅기는 증상이 빈번해지거나 통증을 느끼는데, 불규칙하다면 진통의 시작이 아니라 몸이 출산 연습을 하는 것이다. 대부분 자세를 바꾸어 몸을 움직이면 통증이 사라진다. 그러나 진통을 느끼는 횟수가 늘어 30분~1시간 간격으로 계속되면 출산이 임박한 것이므로 입원 준비를 한다. 당장 출산하는 것은 아니니 당황하지 말고 천천히 준비한다.

❗ 자궁 수축과 함께 양막이 파열되어 양수가 나오거나 자궁경관에서 출혈이 생기기도 하는데, 이것을 이슬이라고 한다. 이슬이 비쳤다고 곧바로 출산하는 것은 아니므로 동반 증상을 살핀다.

이달의 건강 수칙

잠자기 전, 다리 마사지를 한다

출산이 임박하면 마음이 불안해 몸이 붓는 것도 커다란 스트레스가 된다. 저녁이면 다리가 퉁퉁 붓거나 때로는 저리고 쥐가 나기도 한다. 이럴 때는 잠자기 전 샤워를 한 뒤 로션이나 오일을 바르고 10분 정도 다리를 마사지한다.

소화가 잘되는 음식을 먹고 과식을 피한다

초산인 경우 진통을 시작해 분만하기까지 평균 12시간 이상 걸리므로 미리 체력을 비축해두어야 한다. 따라서 출산이 임박해서는 소화가 잘되고 힘을 길러주는 음식을 섭취한다. 지방이 적은 흰 살 생선이나 달걀, 우유 등 단백질 식품이 좋다. 단, 막달에는 위의 압박감이 덜해 식사하기 수월하므로 주의하지 않으면 체중이 급격하게 늘어난다. 산도에 지방이 쌓이면 난산으로 이어질 수 있으니 주의한다.

분만실을 미리 방문한다

출산 예정일 2~3주 전, 정기검진을 받으러 갔을 때 자연분만이 가능한지 등을 의사와 상의한다. 또 미리 분만실을 둘러보고, 모자동실 여부와 회복실 구조 등도 살펴보고 만약을 대비해 야간 분만은 가능한지, 일반적인 입원 기간은 얼마나 되는지 등을 물어본다.

출산 신호를 주의 깊게 살핀다

출산 임박 사인을 보내는 증상들을 체크하고 몸의 변화에 주의를 기울인다. 출산을 하게 되면 당분간 몸을 씻기 어려우므로 샤워를 하고, 분비물을 잘 체크하기 위해 속옷을 자주 갈아입는다. 출산 예정일은 그야말로 예정일이므로 하루 이틀 출산이 늦어지더라도 조바심을 갖지 않는다. 초산일 경우 예정일 전 3주일과 예정일 후 2주일, 즉 40주의 앞뒤 5주 이내에 출산하는 것은 정상 출산으로 본다.

이달의 정기검진

내진

36주가 되면 일주일에 한 번씩 정기검진을 받고 내진을 통해 자궁경부 상태, 태아가 내려앉은 정도, 골반 모양 등을 확인해야 한다. 막달에는 예상치 못한 이상이 발견될 수 있으므로, 임신이 순조롭게 진행되고 있더라도 정기검진은 빼먹지 않는다. 출산 예정일이 지난 경우는 주치의, 가족들과 함께 유도분만을 할 것인지 좀 더 기다릴 것인지 의논한다.

초음파 검사

출산 예정일이 지났는데도 별다른 출산 징후가 나타나지 않을 때는 초음파 검사와 비수축 검사를 한다. 경우에 따라 태아 심장박동 수 검사를 해서 태아의 상태를 살펴보기도 한다.

✔CHECK
임신 10개월 생활법

- ☐ 일주일에 한 번 정기검진을 받는다.
- ☐ 언제라도 입원할 수 있도록 몸을 청결하게 유지하고, 출산 준비물을 누구든지 볼 수 있게 눈에 잘 띄는 곳에 놓는다.
- ☐ 남편과 가족의 비상연락처를 적은 메모지를 항상 소지하고, 병원 교통편 등 갑자기 신호가 왔을 때 필요한 정보를 미리 체크한다.
- ☐ 외출할 때는 파수를 대비해 생리대나 팬티라이너 등을 준비한다.
- ☐ 집 이외의 곳에서 산후조리를 한다면 출산 준비물을 미리 가져다 놓는다.
- ☐ 장시간 집을 비우거나 살림을 못 할 것에 대비해 집 안 살림을 정리한다.
- ☐ 출산 징후에 대해 미리 알아둔다.
- ☐ 이슬이 비치면서 진통이 느껴지면 곧바로 병원에 간다.
- ☐ 급하게 움직이면 현기증이 일어날 수 있으므로 모든 행동을 천천히 한다.
- ☐ 옆으로 누워 잠을 청한다.

8~10개월 건강 메모

배가 급격히 불러오고 몸은 붓고 둔해지므로 부딪치거나 넘어지지 않도록 모든 행동을 조심스레 해야 한다.
출산이 임박했으므로 출산 신호에 주의를 기울여 제때 대응할 수 있도록 한다.

어떻게 먹을까?

칼로리가 적은 음식을 먹는다

천천히 성장하던 태아가 골격과 근육을
완성하기 위해 빠르게 몸무게를 늘려 나
간다. 임신 후기 7주 동안 신생아 몸무게
의 1/3~1/2 정도가 채워진다. 따라서 임
신부의 몸에 필요한 영양이 많아지는데,
그렇다고 너무 많이 먹으면 체중이 단기
간에 급격하게 늘 수 있다. 출산이 가까워
졌다고 방심하지 말고 매일 체중을 체크
하고 고영양·저칼로리 음식을 섭취한
다. 쌀밥 대신 현미, 콩 등을 섞은 잡곡밥
을 먹고 매 끼니 채소 반찬을 많이 먹는
것이 방법. 산도에 지방이 쌓이면 난산으
로 이어질 수 있으므로 식단과 체중 조절
에 유의한다.

짜게 먹지 않는다

염분 섭취를 줄이지 않으면 필요 이상의
물을 마시게 되어 그러잖아도 체내 수분
과 혈액량이 증가한 상태에서 몸이 붓기
쉽다. 또 임신 후기 내내 소화불량 증세가
나타나는데 과다한 수분 섭취는 소화를
방해한다. 소금 함유량이 높은 인스턴트
식품을 자제하고 평소 먹는 것보다 싱겁
게 먹도록 노력한다.

❗ 국물 맛을 낼 때는 소금을
사용하기보다 가다랑어나 다시마, 멸치
같은 천연 조미료를 이용한다. 마늘, 양파,
생강, 고추 등을 넣고 조리하면 염분을
줄이면서 음식 맛을 끌어올릴 수 있다.

간식과 주식을 구분하지 않는다

임신 중에는 소화가 잘되지 않아 조금씩
자주 먹는 식습관이 형성되는데, 이때는

간식도 주식이 되므로 신중하게 선택해서 먹어야 한다. 고구마나 감자를 구워 먹거나 비타민이 풍부한 브로콜리를 데쳐 요구르트에 찍어 먹는 등 되도록 천연 간식을 먹는 것이 좋다.

비타민 A가 풍부한 음식을 먹는다

태아에게 비타민 A가 부족하면 출생 후 발육이 부진하거나 질병에 대한 저항력이 떨어져 잔병치레가 잦을 수 있다. 비타민 A가 풍부한 식품으로는 쇠간, 토마토, 달걀, 김 등이 있다. 그러나 비타민 A를 과잉 섭취할 경우 태아 기형을 일으킬 수 있으므로 영양제를 통해 섭취할 때는 의사와 상담한 뒤 복용하는 것이 안전하다.

생활은 이렇게

혼자서 외출하지 않는다

출산 예정일이 가까워오면 언제 어디서 진통이 시작될지 모르므로 혼자서 멀리 장시간 외출하지 않는 것이 좋다. 가능하면 남편이나 주위 사람들과 함께 외출하고, 혼자 외출해야 한다면 주위 사람에게 가는 곳을 반드시 알린다. 만일의 사태를 대비해 진찰권과 산모수첩, 신용카드나 현금, 그리고 산모가 의식을 잃었을 때를 대비한 비상연락처 등을 소지한다.

입원용품을 준비한다

출산하면서 바로 사용해야 하는 육아용품과 생활용품을 챙겨둔다. 산모수첩과 출산 준비물이 든 가방은 잘 보이는 곳에 두어 누구든 쉽게 찾을 수 있게 한다. 산모가 쓰러지는 등 긴급한 상황을 대비해 가까운 사람들과 병원 연락처를 보기 쉽게 정리해 비상연락망을 만든다.

출산 계획을 구체적으로 세운다

조산의 위험이 있고 예정일이 변할 수 있으므로 출산 계획을 미리 세운다. 건강 상태에 맞는 분만 방법을 선택하고, 갑자기 진통이 왔을 때 당황하지 않도록 입원과 분만 절차를 확인한다. 입원부터 분만, 퇴원과 산후조리 기간을 최소 3개월로 잡고 절차와 비용, 준비물 등을 체크한다. 막달에는 아기용품과 산후조리 기간에 필요한 용품을 정리해서 눈에 띄는 곳에 두거나 산후조리를 할 곳에 미리 옮겨놓는다.

안전하게 건강관리

충분히 쉬고 숙면한다

출산이 임박해 불안하고 스트레스를 받기 쉽다. 불편한 몸 때문에 잠을 자는 것도 힘든데, 이때 숙면하지 않으면 신체 트러블이 가중된다. 잠을 잘 자야 심신의 스트레스가 줄어들어 안정적인 태내 환경이 만들어지므로 언제든 누워 잠을 청할 수 있도록 침구를 펴놓는다.

샤워를 자주 한다

출산일이 다가오면 산도를 부드럽게 하기 위해 분비물의 양이 늘어나고 몸이 무거워 땀도 많이 흘린다. 하루 1~2회 샤워를 하고 속옷을 자주 갈아입는다. 임신 후기에는 위급하게 출산할 수 있으므로 늘 몸을 청결하게 관리한다.

 물의 온도가 너무 높으면 태아의 신경계에 영향을 미칠 수 있다. 체온보다 약간 높은 38℃가 적당하다. 샤워 시간은 10~15분을 넘기지 않는다.

호흡법과 임신부 체조 등을 익힌다

깊고 규칙적인 호흡은 출산에 대한 긴장과 불안을 줄여준다. 진통 자체를 줄이는 것은 아니지만 몸과 마음을 부드럽게 만들고, 임신부와 태아에게 충분한 산소를 공급해주며, 진통에 쏠리는 신경을 다른 곳으로 돌릴 수 있다. 배에 힘이 들어가면 자궁이 수축될 수 있으므로 주의한다.

배에 압박을 가하지 않는다

허리를 숙이면 태아에게도 압박이 가해진다. 몸을 낮춰야 할 때는 허리를 숙이지말고 무릎을 구부린다.

임신 후기에도 잘 자는 법

1 낮잠을 잔다 30분~1시간 정도의 낮잠은 집중력과 기억력 향상뿐 아니라 피로를 풀어주는 효과가 있다.

2 복부를 압박하지 않는 심즈 체위가 좋다 옆으로 누워 다리를 구부린 후 밑에 쿠션을 대어 발의 위치를 높인다. 종아리와 발의 혈액순환이 좋아져 피로가 풀리고 잠이 잘 온다.

3 수면 환경을 쾌적하게 만든다 침실 조명은 너무 밝지 않도록 간접조명을 이용하고, 춥거나 덥지 않도록 가볍고 따뜻한 이불과 옷을 갖춘다.

4 취침 시간을 정해놓는다 취침 시간을 정해놓아야 규칙적인 생활이 이루어져 피로도 덜하고 잠도 잘 잘 수 있다. 저녁 식사 이후 독서나 목욕 등 시간 순서를 정해놓고 규칙적으로 생활한다.

5 잠이 안 올 땐 바로 일어난다 잠자리에 들어 20~30분이 지났는데도 잠이 오지 않으면 억지로 자려 하지 말고 편안한 음악을 듣거나 책을 읽으며 졸릴 때까지 기다린다.

6 저녁에는 물을 많이 마시지 않는다 임신 후기에는 그렇잖아도 소변량이 늘어난다. 저녁 시간에 물을 많이 마시면 자다 깨어 화장실에 가야 하므로 적게 마시도록 노력한다.

넘어지지 않도록 조심한다

배가 불러 발치를 내려다보기 힘들고, 가만히 서 있거나 앉은 자세에서도 몸의 균형을 잡기 어렵다. 서 있을 때에는 두 발을 모으지 말고 한쪽 다리를 약간 앞으로 내디더 그 다리에 중심을 둔다. 높은 곳과 미끄러운 곳은 피하고, 목욕탕에서는 더욱 조심한다. 미끄럼 방지 처리가 된 신발을 신고 슬리퍼는 신지 않는다.

태동의 변화에 주의를 기울인다

태동이 약해지고 횟수가 줄어들면서 태동의 변화에 부주의하게 되는데, 막달에 태동이 멎고 알 수 없는 이유로 태아가 사망하는 경우도 있으므로 매일 태동을 체크한다. 태아가 격렬하게 움직이다가 갑자기 멈추거나 24시간 아무 움직임이 없을 땐 병원에 가야 한다. 복부에 통증이 심하면서 태동이 줄어든 경우에도 병원에 간다.

막달 증상과 대처법

막달이 되면 태아는 밖으로 나올 준비를 한다. 이때 모체에서 일어나는 변화는 출산과 직결돼 있다.
세심하게 관찰하고 재빨리 대처하기 위해 필요한 정보들을 알아본다.

출혈

내진 후 소량의 출혈이 비친다

출혈이 있다 해도 통증이나 배 땅김 등 다른 이상 증세가 동반되지 않으면 크게 걱정할 필요는 없다. 출혈이 멈출 때까지 패드를 대고 상태를 지켜보다가 통증이 심해지고 출혈량이 늘면 즉시 병원으로 간다. 통증이 없더라도 출혈이 지속되면 위험한 상황으로 이어질 수 있다.

통증과 함께 검붉은 출혈이 있다

통증이 심하면서 검붉은 출혈이 비친다면 태반이 분만 전에 자궁으로부터 떨어져 나온 상태, 즉 태반조기박리일 수 있다. 바로 수술에 들어가야 하는 응급 상황이며, 증상이 시작되면 빠르게 진행되므로 최대한 빨리 병원으로 간다.

점액이 섞인 소량의 출혈이 있다

다른 이상 증세가 동반되지 않으면 출산 신호인 이슬일 확률이 높다. 일단 병원에 연락하고 진통을 기다려본다. 무조건 병원에 가면 다시 집으로 되돌아올 가능성이 많으므로, 진통 상태를 잘 체크해 10분 간격으로 일정하게 나타나면 병원에 간다.

통증 없이 출혈만 있다

배에 통증은 없는데 갑자기 출혈이 시작되어 멈추지 않는다면 전치태반을 의심한다. 어떤 경우든 생리보다 많은 출혈은 이상 증세이므로 즉시 병원에 가야 한다.

통증

콕콕 찌르는 듯한 통증이 있다

통증이 심할 수도 있고 약하게 나타날 수도 있다. 소화불량인 경우를 비롯해 의자에서 일어나거나 돌아서는 등 갑자기 몸을 움직일 때, 기침이나 재채기를 할 때, 운동할 때 이런 증상이 나타난다. 자궁을 받치고 있는 근육과 인대가 늘어난 상태이고, 예민해진 자궁이 조그마한 자극에도 수축하기 때문에 나타난다.

치골에도 통증이 나타난다

출산 예정일이 다가오면 아기가 산도를 쉽게 통과하도록 호르몬이 분비되어 치골 결합부가 느슨해지는데, 이때 태아의 머리가 이 부분을 압박해서 통증이 생긴다. 오래 앉거나 서 있지 말고, 심즈 체위로 누워 휴식을 취하면 나아진다.

갑자기 배가 뭉치고 땅긴다

출산이 가까워졌음을 알리는 신호이다. 자궁이 불규칙적으로 수축해서 나타나는 증상이므로 다리를 뻗고 휴식을 취한다.

복부 통증이 심하다

난소낭종의 염전(비틀림)이나 맹장염 등의 징후일 수 있으므로 급히 병원 진료를 받아야 한다. 한편 출산 신호일 수도 있다. 이슬 등 동반되는 다른 출산 징후가 없는지 주의 깊게 살펴본다.

배가 불규칙적으로 뻣뻣해진다

통증의 간격이 줄어들지 않고 불규칙하게 20~30분에 한 번, 약 10초 정도 지속되었다가 사라지면 가진통이다. 가진통이 오면 시계를 보면서 정확하게 진통 간격을 재기 시작한다. 배가 뻣뻣해지는 통증이 같은 간격으로 꾸준히 오면 진통이 시작된 것이다. 초산인 경우 10분 간격으로 진통이 오면 병원에 간다.

통증이 계속되고 격렬한 통증이 돌발적으로 나타난다

갑작스럽고 강한 통증이 계속되는 것은 이상 신호이다. 출혈의 유무와 양을 살펴본다. 출혈이 있거나 출혈량이 많으면 태반조기박리일 수 있다. 이 경우 심한 출혈이 계속되면서 쇼크 상태에 빠질 수 있으므로 지체하지 말고 바로 병원에 간다.

두통

머리가 자주 아프다

출산에 대한 스트레스와 호르몬 분비의 변화로 막달이 되면 두통 증세가 자주 나타난다. 따뜻한 물수건으로 눈 부위를 찜질하거나 관자놀이, 목덜미를 손가락으로 눌러 지압하면 증상이 완화된다. 임신중독증이 심한 경우에도 두통이 나타날 수 있으므로 의심스러울 땐 병원에서 혈압을 체크한다.

어지럼증과 구토 증세를 동반한다

두통이 심하거나 어지럼증, 구토 증세가 함께 나타나면 빈혈이나 고혈압을 의심할 수 있다. 둘 다 난산을 야기할 수 있으므로 서둘러 병원 진료를 받아야 한다.

급하게 움직이면 현기증이 난다

막달이 되면 혈액량이 크게 증가하는데, 이에 비해 적혈구 수는 증가하지 않는다. 이 때문에 뇌의 혈액순환이 나빠지고 앉거나 일어서거나 급하게 몸을 움직일 때 어지럼증이 심하고 현기증이 나타날 수 있다. 현기증이 나면 재빨리 제자리에 주저앉아 머리를 낮추고 휴식을 취한다. 뇌에 혈액이 공급돼 증세가 가라앉는다.

질 분비물

백색과 노란색 대하가 나온다

악취가 나거나 가려움증을 동반하면 칸디다균 또는 트리코모나스균에 감염되었을 가능성이 높다. 방치하면 조기 파수를 초래하거나 출산 시 산도가 감염될 수 있으므로 빨리 치료한다.

물이 흐른다

조기 파수일 수 있다. 소변과 구별하기 어려우므로 막막할 땐 병원에 전화해 증상을 설명하고 처방을 따른다. 진찰 전에 샤워나 목욕은 하지 않는다.

부종

며칠 만에 500g 이상 체중이 늘었다

과식 때문이 아니라면 임신중독증일 확률이 높다. 종아리 앞쪽을 손가락으로 눌러보아 자국이 남는 정도로 판가름한다. 눌린 부위가 금방 되돌아오지 않으면 병원에서 단백뇨 검사를 받고 임신중독증 치료를 받는다.

손이 저리고 다리에 쥐가 나거나 경련이 일어난다

부종에 의해 손가락이 아프거나 저리고 관절이 뻣뻣한 증상이 나타난다. 자궁이 복부의 대정맥을 누르면서 혈액순환을 방해하기 때문이다. 가볍게 손 마사지를 해서 혈액순환을 도우면 증상이 완화된다. 다리에 쥐가 나는 이유는 부종 또는

다리 근육에 피로가 쌓였기 때문이다. 특히 부종이 있을 경우 혈액 흐름이 나빠지고 그로 인해 다리 근육에 산소가 부족해 경련이 일어날 수 있다.

> ❗ 고탄력 스타킹을 신거나 압박붕대를 감아 바깥에서 압력을 가하면 하체의 혈액순환이 좋아져 다리 부종과 경련이 완화된다. 발을 심장보다 높이 올린 상태로 쉬는 것도 도움이 된다.

기타 증상

똑바로 누워 자면 괴롭다

위를 보고 똑바로 누우면 커진 자궁이 심장으로 들어가는 대정맥을 누른다. 따라서 혈액순환이 제대로 이루어지지 않아 어지럽고 가슴이 답답하다. 옆으로 누워 한쪽 다리를 구부린 심즈 체위를 하면 좋다. 다리 사이에 쿠션을 끼우면 혈액순환이 좋아져 잠이 잘 온다.

오한과 열이 난다

감기 또는 자궁 내 감염, 신우염일 수 있다. 독감에 걸린 것처럼 몸이 으슬으슬 춥고, 열이 많이 나면 되도록 빨리 병원 진료를 받는다.

태동이 느껴지지 않는다

출산 예정일이 가까워 태아가 골반 속으로 내려가면서 태동이 미약해진다. 그러나 태동이 없는 경우는 없다. 만약 하루 종일 태동이 느껴지지 않으면 지체하지 말고 병원에 간다.

숨이 차고 가슴이 두근거린다

자궁이 횡격막을 밀어 올려 폐가 압박되기 때문에 조금만 움직여도 숨이 차고 가슴이 두근거린다. 막달을 맞아 임신 중 최고조에 달한 혈액량을 순환시키고 있는 심장이 부담을 느낀다는 신호이다. 심하게 숨이 차고 가슴이 두근거릴 때는 몸을 천천히 움직이며 깊고 느리게 심호흡을 해서 증상을 가라앉힌다.

임신 후기의 응급 상황

임신 초기에는 흔하게 나타나는 증상이라도 후기에는 위험한 증상이 될 수 있다.
갑작스러운 출혈, 양막 파수, 호흡곤란 등 태아의 생명까지 위협하는 응급 상황과 대처법을 알아본다.

빨리 치료해야 하는 증상

조기 양막 파수 → 빨리 병원에 간다

태아와 외부를 연결하는 길이 트이기 때문에 세균에 감염될 위험이 크다. 드물지만 탯줄이 자궁 밖으로 나와 태아가 위험한 경우도 있으므로 양수가 터지면 씻지 말고 즉시 병원에 간다. 패드나 타월을 대고 다리를 붙인 상태에서 허리를 약간 높이면 많은 양의 양수가 흘러나오는 것을 막을 수 있다. 차 안에서는 옆으로 비스듬히 누운 자세를 유지한다. 특히 출산 예정일에 훨씬 못미쳐 양수가 터진 경우 그대로 분만이 진행되면 태아가 위험해질 수 있으므로 빨리 병원에 가는 것이 무엇보다 중요하다.

출혈 → 피의 색깔이 선명하게 붉고 양이 많으면 위험하다

점액이 섞인 소량의 출혈이거나, 색이 옅고 양도 적으며 곧 멈춘 경우라면 크게 걱정하지 않아도 된다. 그러나 적은 양이라도 출혈이 계속되면 병원으로 가야 한다. 통증 없이 갑자기 출혈이 있는 경우는 전치태반을, 심한 통증과 함께 검붉은 피가 나온다면 태반조기박리를 의심할 수 있다. 출혈과 함께 진통이 오거나 배가 땅기는 증상이 있으면 조산의 위험성도 있다. 출산 예정일을 1~2주 앞두고 이런 증상이 나타나면 분만까지도 고려해야 한다.

태동 이상 → 하루 동안 20회 이하이면 문제이다

태동이 크든 작든, 태아가 유독 한쪽에서만 노는 일도 임신부에 따라 흔한 증상이므로 신경 쓰지 않아도 된다. 태동이 정상인지 알아보려면 취침 전에 몸을 편하게 하고 태동을 체크해본다. 몸의 왼쪽을 바닥에 대고 옆으로 누워 있으면 미약한 태동도 감지할 수 있다. 태동이 하루 평균 20회 이하인 상황이 이틀 이상 계속될 때는 일단 병원에 전화해 문진을 한 후 의사의 지시에 따른다.

감기와 발열 → 오래 지속되면 태아에게 안 좋은 영향을 미친다

감기에 걸리면 초기에 충분한 휴식을 취하고 영양가 높은 음식을 섭취해 빨리 낫게 한다. 만약 감기몸살처럼 2~3일간 열이 나면서 온몸이 쑤시다가 피부에 붉은 반점이 나타나고, 귀 뒤나 목의 림프선이 부어올라 아프며, 침을 삼키면 목 안이 아프고, 눈이 빨갛게 충혈된 경우에는 풍진을 의심한다. 임신 중 고열이 발생하면 태아에게 나쁜 영향을 미칠 수 있으며, 심한 경우 조산할 수도 있다.

교통사고와 넘어짐 → 외상이 없어도 병원에 간다

교통사고를 당하거나 넘어졌을 때는 외상이 없더라도 가능한 한 빨리 병원 진료를 받는다. 배가 아프고 뭉치는 느낌이 드는 경우, 출혈이 있는 경우에는 응급실로 간다. 사고 당일 태동이 있어도 다음 날 태동이 멈추고 태아가 사망하는 경우도 있으므로 사고 후 일주일 동안은 태아의 상태를 주의 깊게 살펴야 한다. 대부분의 태아 이상은 사고 후 최소 3일에서 최대 7일 사이에 발견된다.

주의를 요하는 증상

배 땅김 → 주기적이고 격렬한 통증은 위험하다

휴식을 취한 후 배가 땅기는 증상이 가라앉는다면 걱정하지 않아도 된다. 그러나 통증이 좀처럼 가라앉지 않고 평소와 다른 느낌이라면 유산, 조산, 태반조기박리 등 이상 신호일 수 있다. 쉬어도 지속적으로 강해지는 통증, 출혈을 동반한 통증의 경우에는 곧장 병원에 간다.

분비물의 이상 → 색깔이 짙고 냄새가 나면 문제이다

분비물이 갑자기 많아지더라도 색깔이 옅은 크림색이면 안심해도 된다. 하지만 냄새가 심하고 노란색이나 초록색을 띠거나, 외음부 주위가 가렵고 따끔거리면 감염성 질병일 가능성이 높다.

 비누나 보디 클렌저를 사용하면 자극이 되므로 미지근한 물로 뒷물만 한다.

요통 → 태아가 처지는 느낌이 들면 이상 증세이다

허리를 따뜻하게 하고 마사지를 해 굳은 근육을 풀어주면 통증을 줄일 수 있다. 반신욕으로 하반신의 혈액순환을 돕는 것도 좋은 방법. 체중이 많이 늘수록 요통이 더 심해지므로 체중 관리에도 신경 쓴다. 푹신푹신한 곳보다는 조금 딱딱한 곳에

서 자는 것이 좋다. 평소와 증상이 다르고 태아가 갑자기 아래로 내려온 느낌이 들면 곧바로 병원에 가서 진찰을 받는다.

호흡곤란 → 손발이 차갑고 축축한 증세가 동반되면 위험하다

일상생활에서는 별문제가 없었다 해도 갑자기 일어서거나 무거운 것을 들어 올릴 때, 계단을 오르내릴 때 호흡곤란을 심하게 느낄 수 있다. 똑바로 누워 자는 것도 호흡곤란의 원인이 될 수 있으니 임신 후기에는 되도록 옆으로 누워서 잔다. 호흡이 가빠지는 것은 일반 증상이므로 걱정할 필요는 없으나, 증상이 나타나면 바로 쉬고 모든 움직임을 느리고 부드럽게 한다. 단, 숨이 차면서 맥박이 빨라지고 가슴이 두근거리며 손발이 축축해지는 증상이 동시에 나타나면 의사의 진찰을 받아야 한다. 원래 천식이 있는 임신부의 경우, 호흡곤란이 나타나면 즉시 병원에 가서 적정한 치료를 받는다.

어지럼증 → 안색이 창백해지면 빈혈을 의심한다

일시적으로 어지럼증이 있을 땐 창문을 열어 실내 공기를 환기시키고 옆으로 누워 휴식을 취하면 나아진다. 그러나 안색이 창백해지거나 손톱 색이 나쁘다면 이미 빈혈이 악화된 상태로 본다. 이 상태가 계속되면 분만 시 위험한 상황에 처할 수 있으므로 병원에 가서 진찰을 받는다.

두통 → 몸이 붓고 눈이 침침한 증상이 동반되면 심각한 상황이다

초기나 중기의 두통과 달리 임신 후기에 나타나는 두통은 심각한 이상 신호일 수 있다. 임신 후기 두통은 임신중독증의 증상인 경우가 많기 때문이다. 두통이 오랫동안 지속되고 눈이 침침하면서 몸이 붓고, 뒷골이 땅기는 증상이 동반되면 바로 임신중독증을 의심해야 한다. 당뇨병 확률도 있으므로 반드시 의사와 상의해 적절한 조치를 취한다.

설사 → 이틀 이상 지속되면 병원에 간다

소화기관이 제 기능을 발휘하지 못할 때 나타난다. 바이러스 감염이나 스트레스에 의한 신경성 요인으로도 나타날 수 있다. 장기간 설사가 계속되면 탈수가 일어날 뿐 아니라 열량 손실이 커서 임신부나 태아 모두에게 위험하다. 조기 진통이 뒤따를 수도 있다. 반드시 전문의와 상의한 후 약을 처방받아 복용한다.

생과일이나 찬 음식은 피하고 배를 따뜻하게 하면 도움이 된다. 설사를 하면 체내의 수분이 많이 빠져나가므로 수분을 충분히 보충해준다. 보리차를 자주 마시고, 증세가 심하면 정맥 주사로 영양을 공급받는다.

다리 경련과 부종 → 아침에도 지속되는지 체크한다

막달이 다가올수록 혈액순환이 나빠져서 다리에 경련이 나타나기도 하고 몸이 붓는다. 이때는 충분히 쉬면서 적당한 스트레칭을 하면 한결 나아진다. 대부분 밤에 심해지고 아침에 일어나면 좋아지는데, 오후가 되도록 좋아지지 않으면 문제가 있다. 특히 정강이를 눌렀을 때 움푹 들어간 살이 원상태로 회복되지 않거나 일주일에 약 900g, 한 달에 2.7kg 이상 체중이 증가했다면 임신중독증일 수 있으므로 병원에 가서 진찰받는다.

속 쓰림 → 소화불량이 되지 않도록 주의한다

임신 후기에 속 쓰림 증상이 나타나는 것은 흔한 일이다. 보통 기침을 하거나 배변할 때, 무거운 것을 들어 올리기 위해 힘을 줄 때, 누워 있을 때 위액이 역류해 속 쓰림을 느끼게 된다. 그러나 속 쓰림이 소화불량으로 이어지면 위에 참기 힘든 통증이 나타나므로 그대로 방치해서는 안 된다. 임신 후기 속 쓰림은 위에 있는 음식 때문에 나타나는 경우도 있고, 십이지장에 위액이 너무 많을 때도 나타난다. 소화불량 증세가 며칠간 계속되면 병원을 찾아 치료를 받는다.

육아용품 준비하기

아기가 태어나 사용할 육아용품을 준비하는 일은 엄마에게 크나큰 기쁨이다. 그러나 막상 구입하려면
품목도 많고 가격도 만만치 않은데……. 나중에 후회하지 않으려면 확실한 기준을 세워야 한다.

알뜰한 구입 요령

리스트를 작성한다

필요한 육아용품의 리스트를 만들어보자. 육아용품 리스트는 인터넷 육아 카페 또는 육아용품점에서 제공하는 것을 사용해도 된다. 리스트에 있는 것을 다 살 필요는 없다. 육아 선배들의 조언을 참고하고 개인의 취향이나 출산하는 계절, 주거 형태 등을 감안해 꼭 필요한 것만 표시해보자. 리스트는 '미리 살 것', '조금 나중에 살 것', '선물로 받을 것', '물려 쓸 것'의 네 가지로 구분하자.

출산 전에 살 것과
출산 후에 살 것을 나눈다

출산 후에는 외출하기 힘들 것이라 생각해 출산 전에 육아용품을 한꺼번에 사는 경우가 많다. 그러나 이러한 조바심에 물건을 많이 사면 나중에 곤란한 경우도 생긴다. 젖병은 질감이나 소재에 따라 아기가 좋아하는 것이 다르므로 처음부터 여러 개 구입하지 말고 1~2개만 사서 사용하다가 잘 맞는지 확인하고 추가로 구입하는 편이 낫다. 배냇저고리도 많이 살 필요가 없다. 신생아는 금방 자라므로 4~5벌이면 충분하다. 아기띠 같은 외출용품은 아기가 목을 가누기 시작할 때 구입하고, 아기띠나 유아차는 생각보다 유행을 잘 타므로 필요한 시기에 맞춰 구입하는 것이 좋다. 하지만 출산 후 조리원으로 이동할 때나 예방접종 등을 위해 신생아가 외출할 일이 있으므로 겉싸개나 보낭은 미리 구입하고, 차량으로 이동할 예정이라면 반드시 카시트를 마련한다.

선물로 받을 것도 감안하자

출산을 하면 아기 옷이나 용품을 선물로 받는 경우가 많다. 때로는 비슷한 선물이 많이 들어와서 처치 곤란한 경우도 있다. 용품 구입 리스트에 '선물로 받을 것' 목록을 만들어놓았다가 필요한 것을 선물하겠다고 물어보는 지인에게 귀띔해주면 이런 상황을 피할 수 있다. 필요한 용품을 거의 준비한 상태라면 기저귀, 물티슈 등 생필품을 선물 받는다.

온라인 쇼핑몰을 이용하거나 세일 상품을 구입하자

육아용품 중 유아차나 아기띠 같은 외출용품은 브랜드나 디자인 면에서 유행을 타는 편이지만, 생필품은 기능이나 디자인이 크게 바뀌지 않으니 반드시 신제품을 고집할 필요는 없다. 모유수유용품과 한 번 쓰고 버리는 위생용품은 가격 경쟁력이 있는 온라인 쇼핑몰이나 마트를 이용하고, 침구나 유아복 등은 직접 보고 취향에 따라 구입할 수 있는 백화점이나 브랜드 매장 등의 세일 기간을 이용한다. 출산 전 육아용품 박람회를 방문해보는 것도 좋은 방법. 시중 가격보다 저렴하게 구입할 수 있으며, 트렌디한 육아 정보를 얻을 수 있다. 일부 용품은 할인 폭이 인터넷과 큰 차이가 없지만, 현장에서 직접 보고 확인한 뒤 구입할 수 있는 장점이 있다.

물려받고 나눠 쓰자

가까운 시일에 출산한 지인이 있다면 쓰던 것을 물려받는 것이 경제적이다. 신생아 때 사용하는 용품, 특히 장난감은 가격이 만만치 않은 데 비해 아이가 흥미를 보이는 기간은 몇 달뿐이라 구입하기가 애매하다. 모빌, 오감 인형, 딸랑이, 소서 등은 잠깐 동안 쓰는 것이므로 물려받아 깨끗이 세척 · 소독해서 사용하는 것이 좋다. 비슷한 시기에 출산하는 지인이 있다면 필요한 것을 공동으로 구입해서 아이의 성장 시기에 맞게 돌려가며 쓰는 것도 좋은 방법이다.

공공 기관의 대여 서비스를 이용하자

보건복지부와 지방자치단체에서 운영하는 육아종합지원센터에서는 가정 양육 지원으로 장난감 및 도서를 대여해주는 서비스를 실시하고 있다. 거주하는 지역의 육아종합지원센터를 방문해서 부모 신분증과 주민등록등본 등 구비 서류를 제출하고 연회비 1만 원을 납부하면 횟수 제한 없이 이용할 수 있다. 전국 134곳(2024년 기준)에서 육아종합지원센터를 운영하고 있으며 중앙육아종합지원센터(central.childcare.go.kr)에서 소재 및 연락처를 확인할 수 있다. 여성가족부에서는 지역사회와 연계해서 전국 376곳(2024년 기준) 공동육아나눔터를 운영하고 있다. 아이들의 성장과 발달에 맞는 다양한 놀이프로그램을 제공하고 교구, 장난감, 도서 등을 대여해준다. 지역마다 회원 가입 조건이 다르며 대여 서비스를 운영하지 않는 곳도 있으니 미리 확인하고 방문한다. 자세한 사항은 가족센터(familynet.or.kr)를 참고하자.

대체용품을 찾아 활용하자

젖병과 아기용품을 섹션별로 나눠서 수납할 수 있는 기저귀 가방과 파우치 세트는 반드시 필요한 것은 아니다. 큼직한 숄더백에 보온병을 넣고 큰 지퍼백에 기저귀를 챙기면 문제없다. 부드러운 비치 타월을 속싸개 대신 사용할 수도 있고, 아기 옷을 사면 덤으로 주는 가제 손수건을 비닐 턱받이 대신 쓰면 된다. 신생아기에 필요한 용품은 아주 잠시 동안만 사용하는 것이 대부분이므로 약간의 센스를 발휘해 대용품을 찾아보자.

간단한 것은 직접 만든다

육아용품은 디자인이 단순하고 크기가 작은 데 비해 가격은 비싼 편이다. 턱받이나 가제 손수건 등 간단하게 만들 수 있는 것은 천을 사다가 직접 만드는 것도 좋다. 출산용품을 저렴하게 준비할 수 있고, 태교에 도움도 되므로 일석이조이다.

육아용품 잘 빌리는 노하우

- **보상 기준을 확인하자** 고가의 제품일 경우 파손되었을 때 보상해야 할 금액도 크다. 대여업체마다 보상 기준이 다르니 확인하고 대여하는 것이 안전하다.

- **어떤 브랜드 제품인지 알아보자** 침대 같은 고가의 제품은 업체마다 대여료가 비슷하다. 그러나 브랜드에 따라 가격 차이가 나기도 한다. 대체로 많이 선호하는 브랜드 제품이 대여료가 비싼 편. 대여료가 비슷하다면 각각 어떤 브랜드의 어떤 제품을 빌려주는지 비교해본 후 결제한다.

- **제품에 이상이 없는지 확인하자** 눈으로 제품을 확인하고 만져서 이상 유무를 확인한 후 대여하자. 만약 이상이 발견되면 바로 반송하고 새 제품으로 교환해줄 것을 요구하거나 취소할 것. 침대는 연결 부분과 수평이 맞는지를, 유아차 · 카시트 · 유아용 전동 자동차 등은 잘 작동하는지와 연결 부분이 튼튼한지를 반드시 살펴보자.

- **대표적인 육아용품 대여업체**
  장난감아저씨 010-3720-5531 toyuncle.co.kr
  국민장난감 010-9341-1648
  smartstore.naver.com/kukmintoy
  리틀베이비 1661-6615 littlebaby.co.kr
  베이비노리터 010-5811-4454 babynoriter.com
  베베월드 051-864-7161 bebeworld.co.kr
  러블리베이비 070-7635-1500 lovelybaby.kr
  장난감점빵 070-8667-8020 jumbbang.co.kr
  베이비파크 052-247-6610
  babyparkulsan.modoo.at

고가의 가구와 대형 완구는 대여하자

아기 침대, 놀이 기구 등 부피가 크고 사용 기간이 짧은 것은 대여하면 훨씬 경제적이다. 인터넷을 통해 육아용품 대여 사이트를 찾아볼 수 있는데, 거의 모든 용품을 대여하거나 중고로 구입할 수 있다. 업체마다 대여해주는 용품의 브랜드나 대여 가격, 조건이 다르므로 충분히 검색해보고 고른다. 신생아용 카시트는 잠깐 사용한 후 다음 연령대의 제품으로 넘어가야 하므로 대여해서 사용하거나, 어린 연령부터 어린이 시기까지 사용할 수 있는 제품을 구입하는 것이 경제적이다.

출산 전에 사야 할 용품

의류

소재와 바느질 상태를 잘 살펴야 한다. 신생아는 땀을 많이 흘리고 변도 자주 보며 모유나 분유 또한 자주 토하므로 세탁하기 쉽고 흡습성이 뛰어난 100% 면 소재 옷을 입혀야 한다. 또 신생아 피부는 무척 얇고 민감하므로 무형광이나 오가닉 소재로 만든 옷을 고르면 좋다. 같은 면이라도 여름에는 얇은 거즈나 무명, 겨울에는 메리야스 조직으로 된 것을 구입하자.

- **베냇저고리** 4~5벌 정도 준비하자. 면 100%에 솔기가 없고, 입히고 벗기기 쉽도록 단추 대신 끈이 달린 것이 좋다.

- **올인원** 우주복이라고 부르는 올인원은 상·하의가 연결된 것으로 기저귀를 갈아주기 쉽게 단추가 다리까지 달려 있다. 털이나 장식이 있는 것보다는 단순한 디자인이 활용도가 높다. 외출용으로 1벌 정도 있으면 적당하다.

- **모자, 양말** 신생아는 대천문과 소천문이 닫히지 않은 상태이며 머리숱도 적다. 외출할 때 여름이라도 얇은 모자를 씌워 보호한다. 면 소재에 끈으로 길이를 조절할 수 있는 것이 좋다. 양말은 발을 보호하기 위해 신긴다. 모자는 1~2개, 양말은 4~5켤레 준비한다.

- **손싸개** 신생아의 손톱은 생각보다 날카롭고 빨리 자란다. 아기가 팔을 휘젓다가 손톱으로 얼굴을 할퀼 수 있으므로 손싸개를 준비해 씌우자. 1~2개 정도 구매하면 충분하다. 손싸개 대신 손싸개가 달린 배냇저고리를 고르는 것도 방법이다.

- **내의** 생후 0~12개월용으로 상·하의가 분리된 순면 소재가 좋다. 기저귀를 늘 채워야 한다는 걸 감안해서 넉넉한 사이즈로 구입하자. 4~5벌 정도만 있어도 충분하다.

- **기저귀** 신생아 종이 기저귀는 하루 10장 정도, 천 기저귀는 하루 15장 정도 사용한다. 천 기저귀는 빨아서 사용하므로 30장 정도만 준비한다. 종이 기저귀를 사용하더라도 기저귀 발진이 있거나, 아기의 건강 상태가 좋지 않을 때는 천 기저귀를 사용하므로 최소한의 매수를 준비해둔다.

- **기저귀 커버, 기저귀 밴드** 천 기저귀를 사용할 때 필요하다. 여름이라면 통풍이 잘되는 기저귀 밴드를 준비하고, 겨울엔 기저귀 커버가 좋다. 방수성과 발수성이 좋은 것으로 2~3장 준비한다.

수유용품

분유수유를 계획한 경우에는 대부분의 수유용품을 미리 준비해둔다. 모유로 키우고자 한다면 꼭 필요한 몇 가지만 준비하고 상황에 따라 추가로 구입하는 것이 좋다. 엄마가 감기나 유선염 등에 걸려 모유수유를 할 수 없는 기간에는 젖병을 비롯한 분유수유용품이 필요하다.

- **모유 패드** 모유가 흘러서 옷을 적시는 것을 막아주는 패드로 브래지어 안에 착용한다. 한 번 쓰고 버리는 일회용과 세탁해서 여러 번 사용할 수 있는 다회용 패드가 있다.

- **모유 저장팩** 모유가 많이 나오거나 모유를 짜서 보관해야 할 때 필요하다. 살균 처리한 일회용 비닐팩으로, 용량을 표시하는 눈금이 있어 수유량을 알 수 있다. 모유가 나오는 상황을 보고 추가 구입하면 되므로 처음에는 소량만 산다.

- **젖병 전용 솔** 젖병에 남은 분유 찌꺼기를 닦는 데 쓰므로 젖병 크기에 맞춰 구입한다. 스펀지 소재가 구석구석 잘 닦이며, 젖꼭지용 솔이 달린 것이 유용하다. 젖병 크기에 맞는 제품으로 2개 정도 구비한다.

- **젖병 세정제** 분유수유를 한다면 1통 정도 준비한다. 일반 세정제에 비해 인체에 유해하지 않고, 젖병에 남아 있는 분유의 찌꺼기는 물론 세균까지 없애주어 소독 효과가 확실하다. 젖병을 끓이지 않아도 되므로 환경호르몬에도 안전하다. 단, 신생아 시기에는 세정제로 젖병을 씻더라도 3~4일에 한 번은 열탕 소독을 해야 한다.

- **보온병** 밤중 수유 시 급히 분유를 탈 때나 외출해서 따뜻한 물을 먹일 때 요긴하다. 신생아의 경우 1~2L 용량이면 충분하다.

- **젖병** 신생아 시기에는 작은 것만 사용하므로 3~4개 구입한다. 큰 젖병은 생후 3개월 이후에 아기의 수유 스타일에 맞춰 추가로 구입하는 것이 좋다. PES, PPSU, 유리 소재라야 열탕 소독을 해도 환경호르몬이 나오지 않으며, 매끄럽고 가벼운 것을 골라야 사용하기도 세척하기도 편리하다.

- **젖병 소독기** 분유수유 시 젖병을 자주 삶게 되는데, 그때 용이한 제품이다. 하지만 반드시 살 필요는 없다. 속이 깊은 냄비를 젖병 소독용으로 정해서 사용해도 무방하다.

- **수유 쿠션** 출산 후 산욕기 동안은 늘어난 관절이 회복되는 시기이므로, 수유하면서 아기를 오랫동안 안고 있으면 손목과 팔이 저리고 아프다. 수유 쿠션이 있으면 그 위에 아기를 올려놓을 수 있어 힘이 덜 들고, 올바른 수유 자세를 유지할 수 있어 훨씬 편안하다.

- **유축기** 산모마다 맞는 제품이 다르므로 구입하기 전 대여점이나 보건소에서 빌려서 사용해본다. 전동식 유축기는 손으로 짜지 않아 편리하다. 양이 적어서 손으로 직접 눌러야 하는 펌프식 유축기가 필요하다면 유축기에 달린 고무가 탄력이 있는지 확인한다.

침구류

먼저 아기 침대를 사용할지 이부자리를 사용할지를 결정한다. 아기 침대는 아기만을 위한 공간을 충분히 확보하고 먼지나 습기 등을 막을 수 있어서 좋으며, 이부자리는 수납이 쉽고 공간을 이동하기가 간편하다. 신생아 침구는 너무 푹신하면 아기의 등뼈가 휘거나 질식할 위험이 있으므로 좋지 않다.

- **침대** 아기 침대는 주로 신생아 때부터 만 3세까지 사용한다. 아기가 떨어지지 않도록 사방에 튼튼하고 높은 안전 난간이 설치된

것으로 고른다. 요즘 많이 사용하는 범퍼 침대는 아이가 굴러다니거나 기어 다녀도 벽이나 가구 모서리에 부딪치지 않도록 사방을 푹신한 솜으로 마감해놓아 안전하다. 수유할 때 엄마가 함께 누워도 불편하지 않도록 크기가 넉넉한 것이 좋다.

• **이불** 바닥에 재우는 경우 별도의 아기용 이불을 구입한다. 가볍고 따뜻한 것을 고르되, 생후 2개월까지는 속싸개나 타월을 덮어주므로 요만 따로 구입해도 된다. 이불 커버는 지퍼나 단추로 된 것을 골라야 손쉽게 벗겨서 세탁할 수 있고 건조도 빠르다.

• **속싸개** 생후 3개월까지는 아기에게 배냇저고리를 입힌 후 속싸개나 블랭킷으로 감싼다. 이는 아기가 자궁 속에서와 같은 안정감을 느끼게 하는 조치. 속싸개는 얇은 면 소재로 4장 정도 필요하다. 유난히 잠투정이 심하거나 모로반사 등으로 잠에서 잘 깨어나는 신생아를 위한 특수 속싸개도 있다. 발을 고정하고 온 몸을 긴 천으로 둘둘 감싸는 형태인데, 일반 사각형 속싸개보다 아기를 더 안정되게 품어주는 기능성 제품이다.

• **모빌** 신생아는 흑백밖에 구분하지 못하고 사물의 윤곽을 뚜렷하게 볼 수 없으므로, 단순한 모양의 흑백 모빌을 걸어주는 것이 효과적이다. 컬러 모빌은 생후 3개월 이후에 사용한다.

• **베개** 좁쌀 베개는 흡습성이 좋아 아기 머리의 열을 식혀주고, 짱구 베개는 뒤통수가 납작해지는 것을 방지한다. 단, 짱구 베개는 생후 1개월 이후부터 사용한다. 신생아는 땀이 많으므로 2개 정도 구입해서 번갈아 사용한다.

• **겉싸개, 보낭** 여름에는 겉싸개, 겨울에는 보낭 하나씩만 있으면 된다. 아기가 외출할 수 있는 시기가 되면 계절을 감안해서 구입하자.

목욕용품

신생아는 분비물(땀, 콧물, 소변 등)이 많아서 목욕을 자주 시켜야 한다. 욕조 그네 같은 보조용품을 사용하면 목욕을 수월하게 시킬 수 있다. 비누나 체온계 등은 기본으로 준비하고, 그 외의 용품은 필요

에 따라 구입해 사용한다.

• **아기 욕조** 안전을 위해 미끄럼 방지 패드를 장착한 제품을 고른다. 아기 성장에 따라 탈착할 수 있는 이너 보디가 있는 제품을 고르면 신생아기가 지난 후에도 사용할 수 있어 경제적이다.

• **목욕 타월** 머리부터 발끝까지 감쌀 수 있는 크기로 준비한다. 흡수성이 좋고 올이 짧은 것이 적당하다. 한 면은 타월로, 다른 한 면은 100% 순면으로 만들어 속싸개로도 사용할 수 있는 제품이 활용도가 높다.

• **물티슈** 처음에는 완제품을 구입하고 다음부터 리필용 제품을 구입하는 것이 경제적이다. 되도록 아기 피부에 자극이 없는 유아 전용 제품으로 구입한다.

• **아기 비누, 배스 제품** 신생아 피부는 얇고 민감해서 발진, 땀띠, 홍조가 자주 일어난다. 그러므로 반드시 유아 전용 비누와 배스제품을 사용해야 한다. 샴푸와 보디 워시 겸용 제품이 많은데 아기 피부가 예민한 편이라면 유기농 제품을 쓴다.

• **로션, 크림** 로션은 크림보다 유분과 수분이 적어 여름에 태어난 아기에게 좋고, 크림은 겨울에 온몸에 발라주면 피부의 유·수분 균형을 맞춰주어 아기 피부가 건조해지는 것을 막아준다. 무색소, 무알코올, 저자극성 제품을 골라야 아기 피부에 트러블이 생기지 않는다.

• **기저귀 발진 크림** 신생아는 피부가 여리기 때문에 기저귀 트러블이 잘 생긴다. 이때를 대비해 엉덩이를 보호하는 진정 성분의 발진 크림을 준비한다. 연고가 필요하다면 반드시 의사의 처방에 따라 구입한다. 원인에 따라 처방 성분이 다르기 때문.

• **면봉** 목욕 후 콧구멍이나 귀를 닦아줄 때 사용한다. 배꼽이 떨어지기 전 배꼽을 소독할 때도 유용하다. 항균 처리를 하고 대가 종이나 플라스틱으로 된 것을 고른다.

안전용품

• **카시트** 퇴원해 집이나 조리원으로 옮길 때, 예방접종을 위해 병원에 갈 때 차로 이동한다면 반드시 카시트가 필요하다. 머리의 흔들림을 최소화할 수 있는 패드나 신생아 시트가 장착된 바구니형 카시트를 준비한다.

• **아기 전용 손톱 가위** 신생아 때는 손톱이 금세 자라므로 자주 잘라주지 않으면 얼굴을 긁어 상처를 낼 수 있으므로 구비한다.

• **체온계** 신생아는 체온이 수시로 변하기 때문에 반드시 준비해야 한다. 체온을 빠르게 잴 수 있는 전자 체온계가 편리하다.

출산 후에 사도 되는 용품

• **아기띠** 앞으로 메는 아기띠가 인기가 많으며, 그 외에도 옆으로 메는 슬링 형태 등 디자인과 기능이 조금씩 다른 제품이 있다. 엄마의 취향과 아기 몸무게에 따라 선택하자.

• **유아차** 아기가 외출할 수 있는 생후 3개월 정도에 구입하는 것이 적당하다. 공간을 많이 차지하므로 너무 일찍 사지 않는다.

• **턱받이** 3개월 이전에는 사용할 일이 없다.

• **노리개 젖꼭지** 매일 소독해서 사용하므로 2~3개는 필요하다. 좋아하지 않는 아기도 있으니 우선 하나만 구입해서 물려볼 것.

• **코 흡입기** 코감기에 걸리기 쉬운 환절기와 겨울에 필요하다. 흡입식과 펌프식이 있는데 흡입식이 성능이 좋은 편.

순산을 위한 생활법

순조롭게 낳고 건강한 아기의 탄생을 맞이하는 것은 모든 엄마의 소망이다.
순산의 조건과 순산을 위해 막달 임신부가 지켜야 할 생활 수칙을 꼼꼼히 알아두자.

순산의 조건

출산 시기는 임신 37~41주

산모와 아기에게 무리가 없는 시기에 출산해야 순산으로 본다. 일반적으로 임신 37주 0일~41주 6일의 기간이다. 37주 이전에 출산하면 조산, 42주 이후에 출산하면 만산이라고 한다. 조산하면 체중 미달 아기를 낳기 쉽고, 만산하면 태반 기능이 저하돼 태아가 위험할 수 있다.

태아의 태내 위치가 정상일 때

순산하기 위해서는 태아 머리가 아래로 향해 있어야 한다. 이와 반대로 머리가 위로, 손발이 아래로 내려와 있는 경우를 '역아'라고 한다. 이 경우 출산이 가까워도 태아가 정상 위치를 찾지 못하면 분만 중 머리가 쉽게 나오지 않아 태아가 위험해질 수 있다. 태아가 거꾸로 자리를 잡으면 대부분 제왕절개로 분만한다.

출산 방법은 자연분만

난산이나 제왕절개가 아닌 자연분만을 해야 순산으로 본다. 자연분만 가능 여부는 대부분 태아의 머리 크기와 임신부의 골반 크기에 따라 결정되며 산도의 상태나 분만 시 진통의 강도와도 관련 있다. 골반이 평균보다 작거나 태아 머리가 골반보다 클 때는 자연분만이 불가능한 경우가 많다. 태아가 거꾸로 혹은 옆으로 누워 있는 경우, 태아가 치명적 병에 걸렸을 경우, 세쌍둥이 이상일 경우, 임신부가 성병에 감염되었을 경우, 전치태반이나 태반조기박리 등 이상 증세가 있을 경우, 고령 임신부의 초산이나 태아가 거대아일 경우에는 제왕절개를 고려한다.

순조로운 분만 시간은 12~15시간

분만에 소요되는 시간은 초산이 약 12~15시간, 경산은 약 6~8시간 정도이다. 분만 시간이 이보다 길어지면 산모는 체력이 떨어지고 태아도 활동성이 떨어질 위험이 높다. 분만 시간이 너무 짧아도 자궁 입구가 일시에 열려 과잉 출혈이 일어날 수 있다. 그러나 이는 이상적 시간일 뿐 분만에 소요되는 시간은 태아의 머리 크기나 자궁구가 열리는 속도, 진통의 강약 그리고 촉진제나 무통 진통제의 사용 유무에 따라 달라질 수 있다. 따라서 소요 시간에 관계없이 산모나 태아 모두 건강한 상태로 분만하면 순산이라고 본다.

출산 후 산모와 아기 모두 건강해야 한다

분만 과정이 원만하다고 모두 순산은 아니다. 분만 과정이 모두 끝났는데도 자궁이 수축되지 않아 출혈이 멎을 때까지 장시간 분만실에서 안정을 취해야 하는 경우도 있다. 산모와 신생아에게 큰 이상이나 질병이 없고, 산후조리 과정이 원만한 경우에만 순산이라고 할 수 있다.

> **Q 어떤 경우에 난산을 겪을까?**
>
> **A** 분만 과정에서 임신부나 태아에게 위험한 상황이 발생하는 경우를 난산이라고 한다. 가장 흔한 경우가 임신부의 골반이 좁거나, 아기가 나오기 어려운 형태의 골반일 때, 자궁구가 잘 열리지 않고 분만이 진행되지 않아 진통이 길어지고 임신부가 지치는 경우이다. 역아 등 태아 위치나 태반에 이상이 있을 때, 임신중독증 등 임신부에게 병이 있는 경우에도 난산의 가능성이 있다. 또 임신부가 지나치게 비만이거나 마른 경우, 체구가 작아 골반이 잘 발달하지 않은 경우, 출산에 대해 지식이 전혀 없고 두려움을 많이 느끼는 경우, 임신 중 운동 부족이거나 체력이 약할 때도 난산이 될 수 있다.

식생활 요령

식사 일지를 쓴다

임신 8개월이 넘으면 식사량이 많지 않은데도 체중이 쉽게 증가하고 손이나 발이 붓는다. 이런 경우에는 식생활을 체크해 문제점을 찾아내야 한다. 가장 간단한 방법은 매일 매끼 먹은 식사의 종류와 양을 기록하는 것이다. 식사 일지 내용이 구체적일수록 섭취하는 음식의 칼로리를 효율적으로 조절할 수 있고, 부족한 영양소도 쉽게 파악할 수 있다.

고단백·저칼로리 식단을 짠다

임신부가 살이 찌면 임신중독증이나 당뇨의 위험이 커진다. 반면 너무 말라도 태아에게 충분한 영양을 공급하기 어렵다. 임신 후기에는 단백질이나 비타민 등을 꼭 섭취하되, 지방은 적게 먹어 필요 이상으로 살이 찌지 않도록 노력한다. 체중 조절이나 영양 섭취를 위해서는 튀김이나 볶음 반찬보다 찜이나 구이로 조리해 먹는 것이 좋다. 신선하고 영양이 풍부한 제철 과일과 채소를 많이 먹으면 임신 중 생기기 쉬운 변비도 예방된다.

싱겁게 먹는다

임신 후기에 접어들면 부종이나 정맥류 증상이 심해지는데, 이때 음식을 짜게 먹으면 물을 많이 마시게 되어 증상이 악화될 수 있다. 짜게 먹는 습관은 혈압에도 영향을 미쳐 임신중독증을 유발한다. 요리할 때 소금이나 간장의 양을 줄이고, 국과 찌개를 먹을 때는 국물 섭취량을 최소화하며, 김치도 평소보다 양을 줄여 먹는다. 또 과자나 햄 등 가공식품이나 각종 패스트푸드에도 염분이 많이 들어 있으므로 섭취량을 줄인다.

간식과 카페인 섭취는 줄인다

출산 예정일이 가까워지면 배가 아래로 처지면서 배가 불러 소화가 안 되고 답답한 증상이 가라앉는데, 이때 식사량을 조절하지 못해 체중이 증가하는 경우가 많다. 따라서 식사량을 조절하고 되도록 간식을 자제해 체중 조절에 신경 써야 한다. 청량음료나 이온 음료, 100% 과즙 음료도 칼로리가 높으므로 많이 마시지 않는다. 하루 2~3잔의 커피는 태아에게 큰 영향을 미치지 않는 것으로 알려져 있지만, 혈관을 수축시키는 작용을 하므로 임신 후기에는 되도록 마시지 않는다.

철분·칼슘 섭취에 신경 쓴다

임신 중에는 체내에서 순환하는 혈액량이 많아지고 태아의 혈액도 만들어야 하므로 임신부의 몸은 철분이 많이 필요하다. 칼슘 역시 태아의 골격과 치아를 만드는 데 없어서는 안 될 중요한 영양소. 특히 임신 후기에는 태아의 골격이 완성되는 시기이므로 철분과 칼슘이 부족하지 않도록 식단에 항상 신경 쓴다. 칼슘이 많은 식품으로는 우유, 치즈, 멸치, 두부, 시금치, 미역, 양배추 등이 있으며 철분을 보충해주는 식품은 동물의 간, 조개, 콩, 달걀, 녹황색 채소, 감 등이다.

순산 생활법

정기검진을 꼬박꼬박 받는다

임신 중 정기검진을 통해 엄마는 태아가 잘 자라는지, 임신중독증 등 임신 관련 질환이 생기지 않았는지 알 수 있다. 특히 막달 정기검진은 태아의 위치 이상, 전치태반 등을 확인해서 난산 가능성을 알아보고 이에 대한 대비책을 세우기 위한 중요한 검사이다. 분만 과정에서 우려되는 점에 대해 담당 의사와 상의하면 출산을 앞두고 커진 불안감도 줄어든다.

운동 후에는 휴식을 취한다

순산을 위해서는 몸의 유연성과 근력을 키워야 하지만, 무리한 운동은 절대 금물이다. 배가 땅기거나 몸이 붓고 피곤할 때는 바로 운동을 멈춘다. 운동 후에는 피로가 풀릴 때까지 충분히 쉰다.

몸의 이상 증세를 유심히 살핀다

선혈이 비치지는 않는지, 배가 땅기고 아프지는 않는지, 두통이나 위통·구역질을 느끼지는 않는지 등 몸의 변화를 유심히 관찰하고 증상을 체크해 의사가 지시하는 대로 움직인다. 자신의 몸 상태와 임신 중 나타날 수 있는 증상을 정확히 알고 있어야 불안감도 덜하다. 갑자기 양수가 터지거나 외출 도중 출산 신호가 왔을 때의 대처법도 알아둔다.

9개월 이후에는 운전하지 않는다

반사신경이 둔해지기 때문에 임신 중 운전은 삼가는 것이 좋지만, 임신 중기까지는 크게 문제 되지 않는다. 그러나 9개월 이후에는 운전을 아예 하지 말아야 한다. 배가 땅기거나 복통이 나타나면 즉시 휴식을 취해야 하며, 그러지 않을 경우 임신부는 물론 태아에게도 안 좋은 영향을 미칠 수 있는데, 운전을 하면 곧바로 쉬기가 어렵기 때문이다. 또 오랜 시간 몸이 흔들리면 자궁에 진동이 가해져 출혈이 생길 수 있고, 무엇보다 갑자기 통증이 찾아올 경우 큰 사고로 이어질 수 있다.

분만 과정을 미리 파악한다

분만 시 임신부가 긴장해 있으면 진통 시간이 길어질 뿐 아니라 태아에게도 좋지 않다. 분만 과정을 미리 알아두면 분만 당일 당황하거나 긴장할 일도 줄어든다. 가족 분만, 소프롤로지 분만 등 분만법을 미리 알고 선택한 후 그에 맞는 분만 과정을 순서대로 정리해보면 도움이 된다.

분만 과정과 호흡법을 연습한다

분만이 가까워오면 배가 땅기고 가슴이 두근거리는 등 몸 곳곳에서 분만을 위한 준비가 시작되고, 아무리 태연하려고 해도 긴장감과 불안감이 커진다. 마음이 불안할 때는 남편과 함께 분만 전 과정과 호흡법을 연습해본다. 라마즈 호흡이나 이완법 등은 순산에 도움이 될 뿐 아니라 불안한 마음을 다독여준다.

체력 기르기

규칙적으로 가벼운 운동을 한다

임신부 워킹은 몸에 무리를 주지 않으면서도 전신 근육을 단련해주기 때문에 출산에 필요한 체력을 기르는 데 매우 적합한 운동이다. 혈액순환을 원활하게 하는 데도 도움이 된다. 일주일에 3회 정도 40분 이상씩 걷는 것이 좋고, 배가 땅기거나 이상 증세가 나타나면 즉시 중단한다. 다리에 부담을 주지 않는 또 다른 운동으로는 수영이 있는데 일주일에 3회, 30분 정도 하는 것이 적당하다. 사람이 붐비지 않는 시간대를 이용해 체력을 기르되, 미끄러지지 않도록 조심한다.

체조로 골반을 유연하게 한다

임신부 체조는 요통과 어깨 통증, 부기 해소에 좋고 분만 시 골반의 개폐력을 높여준다. 회음부 신축성을 키워주는 복부 체조는 임신 16주부터 꾸준히 하고, 골반을 확장시키는 고관절 체조의 경우 임신 중기부터 시작하는 것이 가장 좋지만, 시기를 놓쳤다면 28주부터 해도 늦지 않다. 매일 20분 정도, 동작마다 5~10회씩 꾸준히 반복해야 분만 시 효과를 볼 수 있다. 복부 체조와 고관절 체조는 무거워진 막달 임신부의 움직임을 가볍게 하는 데도 도움이 된다.

마사지로 몸의 긴장을 푼다

막달이 되면 상반신에서 하반신으로, 하반신에서 상반신으로의 혈액 흐름이 나빠져 불쾌감이 자주 찾아오고, 이로 인해 잠을 편히 자지 못하는 경우가 많다. 숙면을 취하지 못하면 임신부의 기초 체력이 떨어지고 여러 가지 임신 트러블이 나타날 뿐 아니라, 태아의 발육에도 나쁜 영향을 미칠 수 있다. 손과 발, 다리, 어깨 등을 가볍게 마사지해서 몸의 긴장을 풀어주어야 힘겨운 막달을 잘 버틸 수 있으며 분만 시 진통도 줄일 수 있다. 취침 전 15분간 마사지하는 습관을 들인다.

✔ CHECK
난산 가능성 알아보기

- ☐ 임신 전부터 비만 체형이었다.
- ☐ 임신 후 15kg 이상 체중이 늘었다.
- ☐ 혈압이 120mmHg 이상으로 높다.
- ☐ 임신중독증 발병 가능성이 있다는 말을 들었다.
- ☐ 나이가 만 35세 이상이다.
- ☐ 몹시 마르고 연약한 편이다.
- ☐ 부종이 심하거나 당뇨가 있다.
- ☐ 임신 전부터 위장병 증세가 있었다.
- ☐ 키가 150cm 이하이다.
- ☐ 요통이 심하고 평소 허리가 약하다.
- ☐ 내진 시 골반이 좁다는 말을 들었다.
- ☐ 막달에 주기적으로 가진통을 느낀 적이 한 번도 없다.
- ☐ 태아의 머리가 크다는 말을 들었다.
- ☐ 막달 내진 때도 태아가 많이 내려오지 않았다.
- ☐ 임신 기간 중 몸을 움직이는 운동은 거의 하지 않았다.
- ☐ 임신 기간 중 스트레스를 많이 받았다.
- ☐ 막달에 기름기 많은 고열량 음식을 많이 섭취했다.
- ☐ 사소한 일도 걱정을 많이 한다.
- ☐ 심장병이나 폐결핵을 앓고 있다.
- ☐ 초산이다.

- **체크한 항목 17개 이상 →** 난산 가능성 80%. 임신부 건강 상태가 좋지 않고 출산에 대한 준비도 부족하다. 기초 체력을 기르기 위해 임신부 체조를 꾸준히 하고 출산 관련 책을 읽어 불안감을 떨쳐낸다.
- **체크한 항목 11~16개 →** 난산 가능성 50%. 난산이냐 순산이냐 분기점에 놓여 있다. 워킹이나 수영 등 적당한 운동을 꾸준히 해서 체력을 기르고, 단백질과 비타민을 충분히 섭취한다.
- **체크한 항목 0~10개 →** 난산 가능성 20%. 임신부의 건강 상태가 좋아 순산 가능성이 높다. 그러나 순산을 장담할 수는 없으므로 영양을 골고루 섭취하면서 가벼운 운동으로 체력을 관리하고, 스트레스를 받지 않도록 마음을 편안히 갖는다.

역아 바로 세우기

출산이 임박했는데도 태아 머리가 엄마의 가슴 쪽을 향하고 있는 역아는 난산 가능성이 높다.
그렇다고 너무 걱정하지는 말자. 태아의 자세를 바꿀 시간은 충분하다. 출산 20일 전까지 실천하는 역아 바로 세우기.

역아 바로잡는 체조

허리 높여 눕기
1 똑바로 누워 허리와 엉덩이 사이에 쿠션을 받친다. 쿠션 높이는 30~50cm가 적당하다.
2 무릎을 세우고 어깨와 발바닥은 바닥에 붙인다. 천장을 바라보며 5~10분 정도 자세를 유지한다.

엎드려 엉덩이 들기
1 바닥에 무릎을 꿇고 다리를 벌려 앉는다.
2 고개를 숙이면서 상체를 앞으로 내린다.
3 두 팔을 쭉 뻗고, 엉덩이를 높이 치켜든다.
5~10분 정도 자세를 유지한다.

역아 바로 알기

정확한 원인은 알 수 없다
의학 용어로는 둔위(臀位), 골반위라고 한다. 임신부의 골반이 좁은 경우, 자궁 기형, 자궁근종, 전치태반, 다산으로 인한 자궁 이완, 양수과다증이나 과소증이 있는 경우, 탯줄이 짧은 경우, 임신 후기까지 자전거를 타는 등 자궁에 압박을 가한 경우, 심한 스트레스에 시달린 경우 등 다양한 원인을 추정할 수 있지만 아직 정확한 원인은 밝혀지지 않았다.

태동을 통해서도 알 수 있다
역아 여부는 초음파 검사를 해봐야 확실하게 알 수 있지만, 태동을 통해서도 어느 정도 예측할 수 있다. 태동이 배꼽 위쪽에서 느껴지면 정상일 확률이 높고, 치골 가까운 데서 느껴지면 태아가 역아 자세로 있을 가능성이 크다.

분만 시 태아가 뇌 손상을 입을 수 있다
분만 시 머리보다 발이 먼저 나오기 때문에 머리가 나올 만큼 산도가 확장되지 않을 수 있다. 태아 머리가 산도에 끼어 뇌 손상을 입을 수 있으며 머리와 골반 사이에 탯줄이 끼면 일시적으로 산소 공급이 중단되어 질식할 수도 있다. 따라서 막달까지 역아로 있는 경우 병원에서는 안전한 분만을 위해 제왕절개를 권한다.

출산 예정일 전에 제왕절개를 한다
난산의 위험 때문에 출산 예정일보다 1~2주 앞서 제왕절개로 분만하는 경우가 많다. 태아 크기가 작거나 양수량이 충분하면 자연분만을 시도하기도 하는데, 만약을 위해 마취과나 소아청소년과 전문의를 대기시켜야 하는 등 비용 부담이 크고 절차가 복잡하다.

역아 바로 세우기

체조를 해서 바로잡을 수 있다
임신 8개월부터 꾸준히 역아 바로잡는 체조를 하면 막달에 제 위치를 찾는 경우가 흔하다. 체조의 기본 원리는 평소 자세와 반대 자세를 취하는 것. 머리를 아래로 두고 엉덩이를 들어 올리거나 누울 때 허리에 쿠션을 대고 배를 높이 올린 자세를 취한다. 이렇게 하면 골반에 공간이 생겨 태아가 활발히 움직이면서 정상위로 돌아올 가능성이 높다.

❗ 체조를 하는 도중 배가 단단하게 뭉치거나 저린 증상이 나타나면 조산의 신호일 수 있다. 그 즉시 체조를 중단하고 휴식을 취해야 하며, 증상이 심하거나 지속되면 병원으로 가야 한다.

태아 외두부회전술을 실시한다
의사가 자궁 외부에서 태아 위치를 바꿔주는 방법으로, 태반조기박리 등 위험한 합병증 때문에 최근에는 거의 시행하지 않는 추세이다. 의사가 질 안쪽으로 손을 넣어 태아의 엉덩이를 들어 올려 위로 밀어주면 태아가 이를 계기로 위치를 바로잡게 된다. 태아가 작을수록 성공 확률이 높기 때문에 보통 임신 35~37주에 시행한다. 단, 아두골반 불균형과 자궁 내 근종이 없어야 한다.

조산 예방하기

조산이란 정상 임신 기간을 다 채우지 못하고 임신 20주 0일~36주 6일에 미리 분만하는 것을 말한다.
우리나라 산모 13명 중 1명이 경험하는 조산, 예방법을 알아본다.

조산의 원인

태아의 기형

염색체 이상, 심장 이상 등 태아에게 선천적 기형이 있을 경우 대부분 임신 초기에 유산이 된다. 간혹 그렇지 않고 계속 자라다가 임신 후기에 조산하기도 한다.

임신부의 질환

임신부가 고혈압성 질환이나 심장병, 신장병, 당뇨병, 폐결핵, 폐렴 등의 지병을 앓고 있다면 태반이 제 기능을 발휘하지 못해 조기에 유산하거나 임신 후기에 이르러 조산할 위험이 높다.

태반의 이상

전치태반이나 태반조기박리로 인해 조산할 수 있다. 많은 양의 출혈이 일어나기 때문에 임신부나 태아 모두 위험하다. 임신 초기에 태반 이상 진단을 받으며 곧바로 입원 치료를 받아야 한다.

양수의 이상

양수의 양이 너무 많으면 양막이 압력을 견디지 못해 출산 예정일 이전에 양수가 터지기도 한다. 이를 파수라고 하는데, 파수가 되면 많은 양의 양수가 한꺼번에 흘러나오면서 탯줄도 함께 나와 임신부와 태아 모두 위험하다. 반대로 양수가 너무 적어도 태아의 신장이나 방광에 문제가 생겨 조산할 수 있다.

쌍둥이나 거대아 임신

쌍둥이나 거대아를 임신했다면 양막이 터지기 쉽다. 임신 후기에 양막이 터지지 않도록 신경 쓰고, 절대 안정을 취한다.

자궁의 이상

자궁경관무력증에 걸리면 자궁경관이 태아와 태반 무게를 지탱하지 못해 파수가 일어나 조산할 수 있다. 자궁경관이 약한 경우 임신 4개월경에 자궁경관 주위를 묶는 수술을 하면 조산을 막을 수 있다.

> ❗ 자궁경관 주위를 묶는 수술은 20~30분이면 끝나는 비교적 간단한 시술이다. 임신 37주부터는 정상 출산이 가능하므로 이 무렵 수술한 실을 뽑으면 자연스럽게 출산이 진행된다.

자궁 내 감염

산모가 인플루엔자 바이러스나 애완동물의 몸에 기생하는 기생충에 감염되면 자궁경관이나 태반을 통해 태아도 감염될 수 있으며, 이로 인해 양막 파수나 자궁 수축이 일어날 수 있다. 이 경우 조산의 위험이 높으므로 임신 중에는 독감에 걸리지 않도록 조심하고, 길에서 애완동물을 보더라도 직접 접촉하지 않는다.

피로와 스트레스

오랫동안 서 있거나 무거운 물건을 드는 경우 등 몸에 피로가 쌓여 조산 위험이 높아진다. 수면 시간을 1시간 더 늘려 피로가 쌓이지 않도록 하고, 스트레스를 받을 수 있는 상황을 최소화하도록 노력한다.

임신중독증

임신중독증이 심한 경우에는 출산 예정일과 상관없이 적당한 시기에 인위적으로 조산을 유도하기도 한다. 만삭이 되면 혈압이 높아져 태반이 제 기능을 하지 못할 수 있고, 이로 인해 태아나 임신부의 생명이 위태로울 수 있기 때문이다.

임신부 나이

20세 미만의 임신부는 자궁이 덜 성숙해서, 35세 이상의 임신부는 자궁의 노화가 진행된 상태여서 조산할 위험이 높다.

조산의 5대 징후

배 뭉침과 복통이 주기적으로 나타난다

조산은 시기만 빠를 뿐 정상 분만과 똑같이 진행된다. 임신 8개월 이후에 아랫배가 단단해지다가 다시 부드러워지는 상태가 계속되거나, 반복적이고 규칙적인 통증이 있을 때는 조산 가능성이 있다고 본다.

출혈이 있다

출혈은 양이나 시기에 관계없이 임신부에게는 늘 위험한 신호이다. 특히 임신 후기의 출혈은 조산으로 이어질 위험이 크다. 출혈이 있으면 질 부위를 씻지 말고 패드만 착용한 채 빨리 병원으로 간다.

정상 분만과 조산의 시기

19주 6일	유산
만 20주	
20주 0일~36주 6일	조산
만 37주	
37주 0일~41주 6일	정상 분만
만 42주	
42주 0일	만산

양수가 나온다

자신도 모르게 소변처럼 따뜻한 물이 속옷을 적시거나 다리로 흘러내리면 양수가 터진 것이다. 대부분 양수가 터지면서 진통이 시작되므로 패드를 착용하고 바로 병원으로 가야 한다. 병원에 갈 때는 가까운 거리라도 차를 타고 간다. 누운 자세에서 허리를 높게 하고 되도록 배를 움직이지 않는다.

생리통 같은 통증이 있다

자궁구가 벌어지는 느낌이 들거나 배의 팽창이 평소와는 다르다고 느낄 경우에도 조산을 의심한다. 배 뭉침 등 다른 분만 신호가 이어지거나 배의 통증이나 팽창감이 줄어들지 않으면 병원에 간다.

태동이 줄거나 느껴지지 않는다

갑자기 태동이 줄거나 오랫동안 느껴지지 않으면 위험하다. 심한 복부 통증과 함께 태동이 준 경우, 태아가 격렬하게 움직이다가 갑자기 멈춘 경우, 24시간 이상 태동이 없는 경우에는 곧장 병원에 간다.

조산을 예방하는 생활법

몸을 따뜻하게 유지한다

몸이 차면 혈액순환이 잘되지 않아 자궁에 압력이 가해질 수 있다. 에어컨이 작동하는 실내에선 체온이 갑자기 내려가지 않도록 긴소매 옷을 입고, 하반신이 냉하지 않도록 양말을 신는다. 부엌에서는 싱크대 밑에 매트를 깔고 슬리퍼를 신는다.

성관계에 주의한다

정액 안에 있는 프로스타글란딘이라는 물질이 자궁을 수축시켜 진통을 유도할 수 있다. 조산기가 있는 임신부라면 임신 후기에는 성관계를 피하는 게 안전하다. 성관계를 하더라도 반드시 콘돔을 사용하고, 정상위 등 배를 압박하는 체위는 피하며 유두를 자극하거나 깊은 삽입, 격렬한 행위 등은 삼간다.

체중이 갑자기 늘지 않도록 한다

체중이 갑자기 늘면 임신중독증에 걸리기 쉽고, 태반 기능도 나빠진다. 이 같은 상황이 조기 파수나 조산으로 이어질 수 있으므로 막달에는 체중 관리에 더욱 신경 쓴다.

변비와 설사를 주의한다

웅크린 자세로 힘을 주면 자궁이 수축되어 조산할 수 있다. 설사가 심해도 자궁 수축이 일어나므로 주의한다.

8개월 이후엔 복대를 하지 않는다

혈액순환을 방해해 몸이 차가우며 이로 인해 자궁이 수축될 수 있으므로 임신 후기부터는 복대나 꽉 끼는 속옷도 입지 않는다. 배를 부딪치거나 넘어지는 것도 조산의 원인이 되므로 사람이 붐비는 곳은 피하고, 걸음걸이에도 신경 쓴다.

조산 경험자는 종합병원을 선택한다

조산 경험이 있는 임신부는 다음 임신에서도 조산할 확률이 높다. 따라서 임신 후기에는 조산아 치료가 가능한 종합병원에서 진료를 받는 것이 안전하다. 임신중독증, 임신성 당뇨 병력이 있거나 고위험 임신부 역시 조산 가능성이 크므로 종합병원에서 산전 검사를 받는 것이 좋다.

조산 이후, 아기의 병원 생활

Q1 조산한 신생아, 괜찮을까?

임신 22주 이전에 조산하면 아기의 생존 가능성은 거의 없다고 본다. 간혹 22주 이전에 태어난 아기를 살렸다는 외신 기사가 나오지만 아주 드문 경우이다. 임신 22~26주에 태어난 경우 생존 가능성은 25%, 27~29주는 80%이다. 32~34주에 태어나면 임신 기간을 거의 채운 셈이지만, 스스로 호흡하는 기능이 약해 인큐베이터에 들어가야 한다. 조산으로 태어난 아기의 체중이 1.9kg 이상이라면 조산의 부작용은 최소가 된다. 보통 조산아는 저항력이 약한 편이지만, 1년 뒤에는 대부분 다른 아이와 비슷한 수준으로 회복된다.

Q2 인큐베이터란?

조산으로 태어난 신생아를 보호하는 인공 환경이다. 엄마의 자궁 같은 일정한 온도와 습도, 영양을 제공하고 세균의 침입을 막고 산소를 공급해준다. 신생아는 인큐베이터 안에서 지내며 자궁에서 완료하지 못한 성장을 계속한다. 산부인과 병원에서 볼 수 있는 신생아용 인큐베이터는 이동이 가능하며 온도 유지 장치와 호흡기, 혈압 등 생체 신호를 체크하는 모니터, 영양 공급 장치가 내부에 연결되어 있고, 투명한 플라스틱 재질이라 신생아를 관찰할 수 있다.

Q3 인큐베이터 비용은 얼마나 들까?

미숙아 의료비 지원에 인큐베이터 비용이 포함된다. 2024년부터는 소득기준 상관없이 1인당 최대 1천 만 원까지 지원받을 수 있다. 단, 출생 시 체중에 따라 지원 금액이 다른데, 출생 시 체중이 2.0~2.5kg 미만 또는 재태기간 37주 미만이면 300만 원, 1.5~2.0kg 미만은 400만 원, 1~1.5kg 미만은 700만 원, 1kg 미만은 1천 만 원까지 지급된다.

Q4 기타 비용도 지원받을 수 있을까?

출생 후 24시간 이내에 신생아중환자실에 입원한 미숙아는 소득기준 상관없이 요양기관에서 발급한 진료비 영수증(약제비 포함)에 기재된 급여 중 전액 본인 부담금과 비급여 진료비를 지원해준다. 재입원, 외래 및 재활치료, 이송비, 병실 입원료, 치료와 상관없는 소모품 등은 지원에서 제외한다. 선천성이상 질환을 가지고 미숙아로 태어난 경우에는 미숙아 출생 체중별 지원과 선천성이상아 지원 혜택을 모두 받을 수 있다. 최소 800만 원에서 최대 1천500만 원까지 지급된다. 퇴원일로부터 6개월 이내에 제출서류를 구비해서 영아의 주민등록 주소지 관할 보건소로 신청한다.

임신 후기 숙면법

불룩해진 배는 이쪽으로 누워도 저쪽으로 누워도 편치 않다. 막달이 다가올수록 잠들기는 어렵고
잠을 못 자면 신체 트러블은 가중되기 쉽다. 잠 못 이루는 후기 임신부를 위한 잠 잘 자는 법.

잠이 하는 일

태아의 성장을 좌우한다

임신부가 잠을 잘 자야 태아도 좋은 잠을
자고, 편안한 잠을 잔 태아는 그러지 않은
태아보다 잘 자란다. 질 좋은 수면을 취하
는 임신부의 태내는 안정돼 있어 태아도
푹 자고 편안히 쉴 수 있다.

임신 트러블을 예방한다

잠이 부족하면 부종과 허리 통증, 두통 등
각종 임신 트러블이 심해질 수 있다. 특히
태아가 급속히 성장하는 임신 후기에는
초기와 마찬가지로 충분한 수면을 취해
야 몸에 무리가 가지 않는다.

잘 자는 노하우

심즈 체위로 누워서 잔다

옆으로 누워 한쪽 다리를 구부린 후 다리
사이에 쿠션을 놓아 발의 위치를 높인다.
이렇게 하면 종아리와 발의 혈액순환이
원활해져 피로가 금세 풀리고 잠이 잘 온
다. 이때 머리가 어깨와 일직선이 되도록
베개는 약간 높이면 좋다.

저녁에는 물을 많이 마시지 않는다

그러잖아도 소변량이 늘어나는 임신 후
기에 물을 많이 마시고 바로 잠자리에 들
면 자다 깨서 빈번하게 화장실에 가야 한
다. 따라서 물은 아침과 낮에 충분히 마시
고 잠들기 1~2시간 전에는 최소한만 마
신다. 또 커피, 홍차, 녹차, 사이다 등에는
카페인 성분이 많으므로 저녁 시간에는
아예 마시지 않는다. 차가운 음료 역시 숙
면을 방해하므로 자제한다.

독서와 스트레칭을 꾸준히 한다

충분한 휴식이 필요한 시기이지만 집 안
에만 있거나, 집에서도 집안일을 전혀 하
지 않고 누워만 있으면 밤에 잠을 잘 이루
지 못한다. 가벼운 산책과 운동은 긴장을
풀어주고 기분 전환에 도움이 될 뿐 아니
라 혈액순환을 원활하게 하고 적당한 피
로감을 주어 잠이 잘 오게 만든다.

잠들기 전 따뜻한 물에 샤워한다

근육이 풀리면서 혈액순환이 원활해지므
로 숙면에 도움이 된다. 10~20분 정도 욕
조에 몸을 담그는 것도 좋은 방법. 그러나
너무 뜨거운 물로 목욕하면 자궁 수축이
일어날 수 있으므로 주의하고, 30분 이상
욕조에 몸을 담그는 것도 피한다. 샤워 후
에는 체온이 떨어지지 않도록 재빨리 물
기를 닦는다.

잠자는 시간을 규칙적으로 지킨다

취침 시간을 일정하게 정해놓아야 규칙
적인 생활이 이루어져 잠을 잘 잘 수 있
다. 저녁 식사 이후 독서나 목욕 등 시간
순서를 정해놓고 규칙적으로 생활한다.

낮잠은 1시간 이상 자지 않는다

성인의 적정 수면 시간은 하루 7~8시간
이다. 임신부는 이보다 많은 8~9시간 자
는 것이 좋다. 하지만 시간만 채우면 되는
것은 아니다. 수면은 양보다 질, 즉 얼마
나 깊은 숙면을 취하느냐가 중요하다. 낮
에도 충분한 휴식을 취해야 하지만, 낮잠
을 너무 오래 자면 밤에 숙면을 하지 못할
수 있다. 낮잠 시간은 하루 1시간을 넘기
지 말고, 한 번에 15~30분씩 짧게 여러
번 자야 숙면에 방해가 되지 않는다.

잠자기 좋은 환경으로 만든다

소음이나 밝은 빛을 차단해 잠을 푹 잘 수
있는 환경을 만든다. 되도록 간접조명을
이용하고 춥거나 덥지 않도록 적당한 두
께의 이불과 옷을 갖춘다. 또 침실에서는
되도록 잠만 자는 습관을 들인다. 잠자리
에서 다른 일에 집중하다 보면 수면 습관
이 불규칙해져 불면증이 생길 수 있다.

억지로 잠을 청하지 않는다

임신 기간 중 생기는 불면증은 자연스러
운 현상이다. 잠자리에 들어 20~30분이
지나도 잠이 오지 않으면 억지로 잠을 청
하기보다 차라리 불을 켜고 편안한 음악
을 듣거나 책을 읽으며 졸릴 때까지 기다
리는 것이 낫다.

숙면 차 마시는 법

- **대추차** 대추 1kg에 물을 넉넉히 붓고 끓인다.
  대추가 무르면 체에 받쳐 껍질과 씨를 골라낸
  후 설탕 300g을 넣어 다시 불에 올린 다음,
  부르르 끓어오르면 중불에서 설탕이 녹을
  때까지 끓여 식힌다. 약간 걸쭉한 상태가
  되는데 처음 물 분량의 3분의 1 정도면
  적당하다. 마실 때는 대추 달인 물 1큰술에
  3배 정도의 뜨거운 물을 부어 마신다.

- **캐머마일차** 유럽에서 전통적으로 불면증
  치료에 사용한 캐머마일차를 마시면 잠을
  자는 데 도움이 된다. 흰국화의 꽃송이를
  말린 캐머마일차는 긴장 완화, 수면 유도,
  정신 안정 등의 효과가 있고 향기도
  은은하다. 저녁 시간에 1잔 정도가 적당하다.

- **둥굴레차** 둥굴레 한 움큼에 물을 2L정도 부어
  푹 끓인다. 둥굴레는 건져내고 보리차 대신
  마신다. 숙면을 돕고 혈압을 내리며 심장과
  폐를 튼튼하게 한다.

건강한 임신 생활

임신 초기부터 막달까지 실천할 수 있는 임신부 요가 레슨을 주목하세요.
요가는 임신 중 나타날 수 있는 각종 트러블을 줄여주고 순산에도 도움이 됩니다.
배 속 아기와의 교감을 통해 좋은 엄마가 되는 태교 방법도 알려드립니다.
사소하지만 건강과 직결되는 임신 중 바른 자세도 놓치지 마세요.

임신부를 위한 운동

혈액순환이 잘돼야 임신중독증, 부종 등의 트러블을 덜 겪고 태아도 잘 자란다.
원활한 혈액순환을 위해 그리고 체중 관리와 순산을 위해 임신부도 운동을 해야 한다.

임신부도 운동을 해야 하는 이유

체중 조절과 신경 안정에 도움이 된다

미국산부인과학회는 "임신부의 운동은 체중 증가를 막고, 산후 회복을 빠르게 하며, 정신적으로 안정되게 한다"라고 규정하고 있다. 임신 합병증과 유산이나 조산 징후가 없다면 1회에 최소 20분 이상, 주 3회 정도 운동하는 것이 좋다. 적당한 운동은 생활에 활력을 불어넣고, 체중을 조절해 출산할 때까지 건강한 임신 생활을 유지하는 데 도움이 된다.

❗ 무리하면 태아와 산모에게 위험할 수 있으므로 1시간 이상 하지 않는다. 또, 운동 시작 전에 운동 종류와 강도에 대해 담당의와 상의하는 것이 좋다.

임신 트러블을 줄여준다

꾸준한 운동으로 근육량이 늘고 근육의 질이 좋아지면 임신으로 나타나는 여러 통증을 잘 견딜 수 있다. 또 심장혈관계가 튼튼해져 쉽게 지치지 않고 혈액순환도 원활해진다. 이렇듯 임신 중 혈액순환이 잘되면 요통 등의 통증이 한결 줄고 부종도 덜하다. 운동 중 복식호흡을 해서 복근을 자극하면 대장의 연동운동이 활발해져 변비가 해소되는 것은 물론, 장기 기능도 강화돼 소화불량이 생길 위험도 줄어든다.

분만이 수월해진다

임신부 수영을 하면 자궁에 눌려 골반 안에 뭉쳐 있던 울혈이 사라지고 요통이나 어깨 결림, 손발 저림 증상이 줄어든다. 특히 고관절이 유연해지는데, 고관절이 잘 열려야 한결 수월하게 분만할 수 있다.

태아의 뇌 발달에 도움을 준다

특히 유산소운동을 하면 모체 내 산소량이 늘어 태아에게도 많은 양의 산소를 공급할 수 있다. 충분한 산소를 공급받은 태아는 노폐물을 잘 배설해 트러블 없이 자라게 된다.

숙면을 취할 수 있다

임신 중기가 되면 임신 전보다 7~8kg 정도 체중이 증가해 편안한 자세로 잠들기 어렵다. 배가 불러오는 5개월부터 운동을 꾸준히 하면 에너지 소비율이 높아져 힘들지 않고 체중을 관리할 수 있으며, 적당한 피로감 덕분에 숙면을 취할 수 있다.

출산 후 몸매 회복에 도움이 된다

출산을 하면서 자연스럽게 빠지는 체중은 아기, 태반, 양수의 무게인 4~6kg 정도이다. 나머지 체중은 산욕기를 거치는 동안 자궁이 수축하면서 빠진다. 임신 중 적당한 운동으로 근육을 단련한 사람은 출산 후 자궁 수축이 보다 잘될 뿐 아니라 몸매도 임신 전 상태로 빠르게 회복된다.

임신부에게 좋은 운동

체중 유지를 돕는 걷기

허리와 다리에 무리가 적게 가므로 임신부도 부담 없이 시작할 수 있다. 걸을 때는 평소보다 2~3배에 달하는 산소를 폐에 공급해주기 때문에 태아 성장과 두뇌 발달을 도울 수 있다. 또 임신부의 심폐 기능을 강화해 임신으로 인한 급격한 체중 변화를 조절하고, 뇌세포를 활성화해 기분 전환에도 도움이 된다. 평소 운동량이 부족하던 임신부라면 하루 5분이라도 가볍게 걷기 시작해 점차 시간과 거리를 늘려나간다.

• 배를 들어 올리는 기분으로 골반과 허벅지 근육을 조이며 걷는다. 허리를 꼿꼿이 펴고 배를 등 쪽으로 잡아당기는 것은 기본. 계단이나 언덕이 많은 곳, 사람이 많은 곳은 피하고 배가 땅기거나 통증이 나타나면 중단한다.

순산에 도움을 주는 수영

수영의 가장 좋은 점은 배의 무게를 거의 느끼지 않으면서 몸을 자유자재로 움직일 수 있는 것이다. 전신운동이라서 평소 사용하지 않는 모세혈관에 산소가 운반되어 신진대사가 원활해진다. 임신 16주 이후부터 일주일에 2~3회, 1회에 30분~1시간 정도가 적당하다. 단, 접영은 자궁에 무리가 갈 수 있으니 자제한다. 또 찬물보다는 약간 미지근한 온수풀이 좋으며, 수영을 못하는 사람은 물속에서 걷는 것만으로도 운동 효과를 볼 수 있다.

• 갑작스러운 온도 변화에 노출되지 않도록 물속에 들어가기 전 준비운동을 철저히 한다.

마음의 안정을 위한 요가

임신부 요가는 일반 요가와 달리 눕거나 앉아서 할 수 있는 동작이 많아 따라 하기 쉽다. 근육을 이완시켜 임신 중 피로도를 낮춰줄 뿐 아니라, 골반을 부드럽게 만드는 동작이 많아 순산을 돕는다. 호흡을 통해 마음이 안정되고, 명상을 함으로써 기분이 전환된다. 또 진통을 줄이는 분만 호흡법을 익히는 데도 도움이 된다. 단, 임신 중에는 통증을 덜 느끼는 호르몬이 분비되고 인대가 이완된 상태라서 몸에 무리가 가는 것도 모르고 운동할 수 있으니 주의한다. 조금이라도 통증이 느껴지면 동작을 바꾸거나 바로 휴식을 취한다.

• 아침에 일어나서, 식후 1시간 또는 잠들기 직전 공복에 하는 것이 효과적이다. 잘 안 되는 동작은 억지로 하지 말고 쉬운 동작부터 서서히 시작한다.

체력을 기르는 실내용 자전거

실내에서 타는 고정식 자전거는 날씨에 구애받지 않고 언제든 할 수 있을 뿐 아니라, 바닥에 고정되어 있어 임신부에게 안전한 운동이다. 자전거는 걷기와 마찬가지로 심폐 능력을 향상시키고 체력을 길러준다.

• 실외에서 타는 자전거는 내리막길이나 오르막길에서 배에 강한 압력이 가해지고 넘어질 수 있으니 피한다.

임신 중 피해야 하는 운동

등산

임신을 하면 황체호르몬의 영향으로 인대가 부드럽게 이완된다. 등산은 인대에 힘을 줘야 하는 운동이므로 피한다.

조깅

유선이 발달하면서 커진 가슴에 충격을 줄 수 있다. 또 척추와 등, 골반, 엉덩이, 무릎 등에도 큰 부담을 준다. 단, 평소 조깅을 하던 사람이라면 가볍게 즐겨도 좋다.

윗몸일으키기

복부의 세로근은 임신으로 자궁이 커지면서 가운데에서 갈라진다. 이때 누운 자세에서 몸을 자주 일으키다 보면 갈라진 근육의 폭이 벌어지는데, 일단 벌어진 근육은 출산 후에도 쉽게 원상태로 돌아가지 않는다. 무엇보다 태아에게 압박을 줄 수 있으므로 임신 초기라 해도 윗몸일으키기는 자제한다.

자전거 타기

평평한 길이나 짧은 거리는 문제 되지 않지만, 내리막길이나 오르막길에서 페달을 밟으면 배에 강한 압력을 주므로 될 수 있는 한 자전거는 타지 않는다.

NG 처음 하는 운동은 하지 않는다

임신 중 운동의 기본은 익숙한 종목만 하는 것이다. 낯선 동작을 배우느라 무리하게 몸을 움직이다 자칫 유산이나 조산으로 이어질 수 있기 때문이다. 특히 임신 초기에는 배가 부르지 않아 임신 전과 같은 강도로 몸을 움직이기 쉬우므로 더욱 주의해야 한다. 평소 하던 운동을 하는 것이 가장 좋으며, 즐겨 하던 운동이 없으면 걷기나 가벼운 체조 등 누구나 쉽게 할 수 있는 운동을 한다. 운동 때문에 체온이 급격하게 상승하지 않도록 운동 중이나 전후에 물을 많이 마신다. 갈증이 심할 때 갑자기 물을 마시면 구토가 날 수 있으니 주의한다.

임신부 요가 레슨

요가는 임신부의 통증과 각종 임신 트러블을 줄여주며, 분만 시 필요한 호흡법을 미리 연습하고 근육을 단련시켜
순산하도록 돕는다. 임신 초기부터 막달까지 실천할 수 있는 임신부 요가를 소개한다.

어떤 점이 좋을까?

몸이 많이 붓지 않도록 돕는다

혈액순환과 호르몬 분비가 원활하지 않
아 나타나는 부종과 각종 임신 트러블을
예방하는 데 도움이 된다. 또 뭉친 근육을
풀어주고, 자궁이 커지면서 생기는 위와
심장의 압박을 완화해준다.

마음을 안정시킨다

안정된 호흡과 명상을 통해 출산에 대한
두려움, 육아에 대한 불안감에서 벗어나
마음의 평안을 찾고 휴식을 취하는 데 도
움이 된다. 임신이 진행될수록 불안감 또
한 커지므로 늦어도 임신 중기에는 요가
를 시작하는 것이 좋다.

자궁 환경을 좋게 만든다

임신 초기부터 매일 꾸준히 하면 자궁이
안정되어 태아가 편안히 자리를 잡을 수
있다. 또 발육하기 좋은 태내 환경이 만들
어지므로 태아도 건강하게 자란다.

분만이 수월해진다

몸에 부담을 주지 않으면서 회음부를 늘
여주고, 골반의 유연성을 길러준다. 척추
를 바로잡는 동작들이라 매일 꾸준히 하
면 순산에 결정적 역할을 하는 골반과 복
근이 제대로 자리를 잡는다.

출산 후 몸이 빨리 회복된다

흔히 요가 하면 유연성을 떠올리지만, 요
가는 근육 단련에도 매우 효과적인 운동
이다. 근육량이 늘면 출산 후 자궁 수축이
더 잘될 뿐 아니라, 골반도 빨리 조여져
산후 회복이 빠르다.

임신부 요가 잘하는 법

준비운동과 정리운동을 한다

요가를 하기 전에는 호흡을 가다듬고 몸을 이완하는 준비운동을 한다. 요가가 끝나도 금방 일어서지 말고 가만히 앉아 호흡을 가다듬으며 정리운동을 한다. 잘되지 않는 동작은 억지로 하지 말고 할 수 있는 동작을 우선으로 하되, 꾸준히 반복해서 몸에 익숙해지도록 하는 게 좋다.

일주일에 3회 이상, 30분 정도 꾸준히 한다

적어도 일주일에 3회 이상 꾸준히 해야 효과를 볼 수 있다. 하루 15~20분, 같은 시간대를 정해서 매일 하는 습관을 들인다. 동작이 익숙해져 몸에 무리가 가지 않는다면 30~40분으로 시간을 늘린다.

➡ 무릎 운동

1 바닥에 똑바로 누워 두 손은 몸 옆에 두고 두 다리는 구부린다.

2 숨을 들이마시면서 두 다리를 가슴 쪽으로 끌어당겼다가 숨을 내쉬면서 다리를 뻗으며 천천히 내린다. 3~4회 반복한다.

효과 무릎 관절이 강화되어 체중이 늘어도 무릎에 무리를 주지 않는다.

➡ 다리 늘이기

1 바닥에 똑바로 누워 왼쪽 다리를 구부려 두 손으로 무릎을 잡고 배 위로 끌어당긴다. 이때 오른쪽 다리는 쭉 펴고 발끝은 바짝 세운다.

2 반대편도 같은 방법으로 반복한다.

효과 위장을 단련하고 소화 작용을 돕는다. 설사와 변비 증상이 없어진다.

임신 초기 • 관절을 단련시켜 몸을 편안하게 한다

➡ 옆구리 늘이기

1 무릎을 꿇고 앉아 두 손을 몸에서 약간 떨어뜨린 후 주먹을 살짝 쥔다.

2 두 팔을 위로 천천히 올리면서 숨을 내쉰다. 5~6회 반복한다.

효과 양 옆구리의 긴장이 풀어지고 처진 갈비뼈가 제자리를 잡는다.

NG 임신부 요가할 때 주의할 점

1 공복에 하고 목욕 직후는 피한다

아침에 일어나서, 식사를 마치고 2시간 후, 잠자기 전이 요가하기 가장 적합하다. 목욕 직후는 심장에 무리를 줄 수 있으므로 피하고, 요가 후 바로 목욕하는 것도 좋지 않다. 딱딱하고 차가운 바닥에서는 잠깐이라도 하지 말고, 안전한 요가 매트 위에서만 한다.

2 땀이 나고 숨이 차도록 하지 않는다

요가를 하는 중간이라도 아픈 데가 있으면 동작을 멈추고 쉬어야 하며, 땀이 나고 숨이 찰 정도로 하지 않는다. 임신부 요가는 운동보다 스트레칭 수준이 알맞다.

3 요가를 시작해도 되는지 물어본다

과격한 동작이 없더라도 의사와 상의해서 운동을 해도 되는지 확인한다. 특히 유산 위험이 높은 임신 초기에는 절대 의사 동의 없이 임의로 시작해서는 안 된다.

4 동작을 무리하게 따라 하지 않는다

요가는 임신 초기에 시작해 이상이 없다면 출산 예정일 직전까지 할 수 있다. 단, 모든 동작을 정확하게 하려고 애쓰지 말고 자신이 할 수 있는 동작 위주로 꾸준히 한다. 도중에 배가 뭉치거나 통증이 오거나 태동이 있을 때는 잠시 동작을 멈추고 호흡을 정리한다.

➡ 발끝 당기기

1 똑바로 누워서 두 다리와 발끝은 가지런히 모으고 양 팔꿈치를 구부려 세운다.

2 발가락에 힘을 주며 발끝을 바깥으로 뻗었다가 몸 쪽으로 당기기를 5~10회 반복한다.

효과 온몸의 긴장감을 풀고, 다리 근육을 이완시킨다.

임신 중기 · 허리는 튼튼하게, 골반은 유연하게 한다

⏺ 어깨 높낮이 수정하기

1 무릎을 꿇고 엉덩이를 들고 앉는다. 두 손은 깍지 끼어 머리 뒤에 둔다.

2 숨을 내쉬면서 상체를 오른쪽으로 기울이고 숨을 들이마시면서 제자리로 돌아온다. 반대편도 같은 방법으로 반복한다.

효과 혈액순환을 돕고 심장을 튼튼하게 한다.

↩ 다리 강화 자세

1 바로 서서 두 다리는 어깨 너비로 벌리고 손은 허리에 얹는다.

2 두 다리를 약간 구부리고 10초 동안 천천히 내려앉았다가 숨을 들이마시면서 천천히 일어선다. 10회 반복한다.

효과 하체의 힘을 강화하고 질병에 대한 저항력을 길러준다.

↑ 상체 돌리기

1 무릎을 꿇고 엉덩이를 들고 앉아 두 팔은 어깨와 수평이 되게 올리고 팔꿈치를 구부린다.

2 숨을 들이마셨다가 내쉬면서 상체를 오른쪽, 왼쪽으로 빠르게 돌린다.

효과 척추 위치를 바로잡아 요통이 줄어든다.

↩ 태양 예배 자세

1 오른쪽 다리는 구부려 세우고 왼쪽 다리는 뒤로 뻗어 발등이 바닥에 닿게 한다.

2 두 팔을 오른발 양옆에 놓고 상체를 뒤로 젖힌다.

효과 요추와 천추를 자극하고 치질을 예방한다.

⏺ 허리 이완 자세

1 바닥에 앉아 두 다리는 앞으로 뻗어 넓게 벌리고 두 손은 등 뒤에서 바닥을 짚는다.

2 숨을 내쉬면서 엉덩이를 높이 들어 올린다. 3~5회 반복한다.

효과 골반과 다리 근육을 스트레칭해 혈액순환이 원활해진다.

ⓃⒼ 이럴 땐 바로 중단한다

임신 중에는 아픔을 덜 느끼게 하는 호르몬이 분비되기 때문에 무리하기 쉽다. 운동을 하다가 통증이 약간이라도 느껴지면 바로 중단한다. 또 다리 벌리기를 하다가 질 안으로 공기가 들어오는 느낌이 들면 동작을 멈추고 자세를 편안하게 취해 공기가 빠져나가게 한다.

임신 후기 ·
호흡을 익히고 골반을 열어준다

↻ 합장 자세

1 무릎을 꿇고 앉아 가슴 앞에서 합장한다.

2 10초 동안 오른쪽으로 힘차게 밀면서 항문을 강하게 조인다. 이때 두 팔은 일자가 되도록 한다. 왼쪽과 오른쪽 5회씩 교대로 반복한다.

효과 심폐 기능이 강화되고 혈액순환이 원활해진다.

↻ 고양이 자세

1 무릎을 바닥에 대고 엎드린 후 숨을 내쉬면서 등을 둥글게 높이 올리고, 고개는 몸 쪽으로 끌어당긴다.

2 숨을 들이마시면서 머리를 위로 치켜들고 엉덩이는 높이 들어 올린다. 이때 허리는 낮춘다.

효과 몸이 유연해지고 혈액순환이 원활해진다.

↻ 다리 늘이기

1 앉아서 오른손으로 오른쪽 다리의 발목을 잡고 왼손은 무릎 위에 얹는다.

2 숨을 들이마셨다가 내쉬면서 오른쪽 다리를 위로 올리고 왼손으로 무릎을 누른다. 반대편도 같은 방법으로 실시한다.

효과 고관절이 늘어나고 허리 좌우의 힘이 균형을 이룬다.

↻ 완전 호흡

1 반가부좌 자세로 앉아 코로 숨을 들이마셔 먼저 아랫배에 숨을 채우고, 다음에 가슴을 채우고 끝으로 어깨를 채운다.

2 숨을 내쉴 때는 먼저 배를 수축해서 배에 있는 숨을 내쉬고 그다음 가슴, 어깨 순으로 숨을 깊고 길게 내쉰다.

효과 복식·흉식·견식 호흡을 동시에 하는 완전 호흡으로 분만 시 호흡을 익히기 좋다.

↻ 박쥐 자세

1 바닥에 앉아 두 다리를 최대한 넓게 벌리고 두 손은 앞을 향해 바닥을 짚는다.

2 허리와 골반을 늘이는 기분으로 상체를 점점 앞으로 숙인다.

효과 아랫배를 자극해 배설물의 분비를 촉진하고 하체 힘을 길러준다.

태아를 위한 식단

좋은 음식을 먹는 것으로는 2% 부족하다.
임신 시기에 맞는 식재료를 제대로 조리해 먹어야 엄마의 건강을 지키고, 태아의 성장도 도울 수 있다.

음식이 미치는 영향

아기의 두뇌를 결정한다

사람의 뇌는 160억 개의 뇌세포로 이루어지며, 이 중 140억 개의 뇌세포가 엄마 배 속에 있는 동안 만들어진다. 태아의 뇌 구조는 임신 4주 정도에 어느 정도 완성되고, 3개월이 지나면 뇌가 제 형태를 갖추면서 4~6개월에 본격적으로 발달한다. 따라서 이 시기에 섭취하는 식품은 태아의 두뇌 발달에 결정적 영향을 미친다. EPA와 DHA가 풍부한 오메가-3는 등 푸른 생선이나 견과류에 많은데, 태아의 뇌세포 형성을 돕는다. 비타민 B의 일종인 엽산은 뇌 신경조직을 활성화하고, 신경관 결손을 예방한다. 단백질은 두뇌를 만드는 직접적인 영양 성분이고, 탄수화물은 뇌세포가 활동하는 데 에너지원으로 작용한다. 그리고 지방은 뇌세포막과 소기관 형성에 중요한 역할을 하므로 다양한 영양 성분을 골고루 섭취해야 한다.

평생 건강의 밑거름이 된다

엄마 배 속에서 발육이 정상적으로 이루어지지 않으면, 출생 후에 잔병치레가 잦고 몸이 약한 아기가 될 수 있다. 태아는 엄마가 섭취하는 음식을 통해 생명을 유지하고, 신체의 각 기관을 형성하며 성장한다. 임신부가 임신 기간 중 어떤 음식을 어떻게 섭취하느냐는 아기의 평생 건강과 직결된다. 임신 기간에 적합한 음식을 골라 먹고, 뇌 건강을 관장하는 음식부터 뼈 발달을 돕는 음식까지 고르게 섭취하는 것이 좋다. 특히 임신 4~5개월부터는 초유가 만들어지므로 맵거나 짠 음식, 기름진 음식의 양을 줄인다.

개월별 건강 식단

임신 2개월

이때부터 태아의 피와 살이 생기고, 뇌가 발달하기 시작한다. 따라서 이 시기에 단백질을 충분히 섭취하지 않으면 태아의 발육과 뇌세포 형성이 지연될 수 있다. 두부, 우유, 흰 살 생선, 육류의 살코기 등 담백하면서도 양질의 단백질을 듬뿍 함유한 식품을 많이 먹어야 한다. 또 입덧이 심해지는 시기이므로 입덧을 완화해줄 현미, 달걀, 레몬 등 새콤한 과일, 녹황색 채소를 신경 써서 챙겨 먹는다.

임신 3개월

엽산이 부족하면 태아에게 신경 기관의 이상이나 다운증후군, 구순염, 구개열 등의 기형이 발생할 수 있다. 또 쇠고기우엉볶음이나 버섯볶음, 뱅어포구이처럼 단백질과 칼슘이 풍부한 음식을 섭취해 태아의 두뇌 형성에 도움을 주어야 한다.

임신 4개월

입덧이 끝나고 식욕이 왕성해져 자칫 비만이 될 수 있다. 고단백·저지방 식품인 생선류, 콩류를 많이 먹고 지나치게 기름진 음식, 단 음식, 간식 등은 피한다.

임신 5개월

태아가 왕성하게 자라는 시기로 뼈가 단단해지고 살도 올라 체중이 부쩍 늘어난다. 뼈를 튼튼하게 해주는 칼슘은 흡수율이 20% 정도로 낮기 때문에 생각보다 많은 양을 먹어야 한다. 우유, 유제품, 뼈째 먹는 생선, 녹황색 채소를 많이 먹되 쇠고기, 돼지고기 등 칼슘의 흡수를 돕는 동물성 단백질과 함께 섭취해 흡수율을 높인다. 단, 체중 조절을 위해 동물성 단백질의 양을 조절할 것.

임신 6개월

태아 조직이 거의 완성되는 시기이므로 각종 영양소를 충분히 공급해주어야 한다.

그중 적혈구를 만드는 철분은 가장 중요한 영양소. 굴·바지락·대합 등의 어패류, 달걀노른자, 우유, 녹황색 채소, 해조류, 고등어·정어리 등의 등 푸른 생선을 먹어 철분을 섭취한다. 철분은 음식에 함유된 양의 10~15% 정도만 인체에 흡수되는데, 비타민 C와 함께 먹으면 흡수율을 높일 수 있다.

임신 7개월

조산이나 임신중독증의 위험이 있으므로 염분을 줄인 식사를 한다. 염분을 지나치게 섭취하면 체내의 전해질 밸런스가 깨져 부종이나 고혈압 증세가 나타날 수 있기 때문. 대신 다른 식품을 통해 미네랄을 보충해 전해질 밸런스를 유지한다. 소금을 줄여 음식이 맛없을 때는 식초, 레몬 등 신맛을 더하면 도움이 된다.

임신 8개월

태아의 골격과 근육을 더욱 다져주고 튼튼하게 해줄 영양소가 필요하다. 골격 구조를 만들고 유지하는 데 필수 요소인 망간은 녹색 채소와 호밀빵에 많으며, 성장을 촉진하는 크롬은 현미, 쇠간, 모시조개, 대합, 닭고기에 많이 함유되었다.

임신 9개월

모유가 잘 나오도록 비타민 K가 함유된 녹황색 채소와 살코기, 단백질과 무기질이 풍부한 생선, 콩, 우유, 현미, 해조류를 고루 섭취한다. 비타민 B군은 임신 후기의 요통이나 어깨 결림 등 통증을 완화하는 데도 효과가 있다.

임신 10개월

쇠간, 토마토, 김 등 비타민 A가 풍부한 음식을 먹는다. 비타민 A는 임신부의 물질대사 기능을 높이고, 태아의 발육과 성장에 관여하며, 세균 감염에 대한 저항력을 높이므로 충분히 섭취하되 과잉 섭취하지 않는다. 적정량은 하루 $720\mu g$이며, 하루 $5,000\mu g$를 넘어서는 안 된다.

임신 시기별 추천 식품

임신 초기

쇠고기 육류를 적당히 섭취하면 태아의 뇌와 조직을 형성하는 데 도움이 된다. 사태나 안심을 먹는다.

닭 가슴살 철분의 흡수를 도와주는 고단백 식품. 두뇌 발달에 좋고, 태아의 몸도 튼튼해진다.

달걀 태아의 근육과 신체 기관을 형성하는 데 기본이 되는 단백질의 대표 식품이자 완전식품.

멸치 임신 초기에 제대로 챙겨 먹지 않으면 태아가 엄마 뼈에서 칼슘을 빼앗아가 출산 후 골다공증에 걸릴 수 있다.

두부 대표적 고단백 식품으로, 칼슘도 풍부해 임신 초기에 태아의 근육과 뼈 형성에 도움을 준다.

임신 중기

양배추 태아의 골격과 치아를 형성하는 칼슘과 인이 풍부해 세포 조직의 형성을 촉진한다.

시금치 엄마와 태아의 뼈를 튼튼하게 하고, 살 트임이 심한 임신부의 피부를 탄력 있게 만들어준다.

완두콩 단백질과 비타민 A가 태아의 조직과 뼈를 만들므로 성장 속도가 빠른 중기에 꼭 필요하다.

부추 뼈와 치아의 형성을 돕는다. 칼로리가 낮아 체중 조절에도 도움이 된다.

우유 칼슘, 인, 비타민이 많아 임신 중 필수 식품이지만, 중기에는 되도록 저지방 우유를 먹는다.

임신 후기

양파 아연이 풍부한 양파는 태아의 면역력을 키워주므로 출산이 임박한 후기에 먹으면 좋다.

아몬드 체내에 축적된 노폐물을 제거해 임신 후기의 부종을 가라앉히는 데 효과적이다.

콜리플라워 철분 흡수와 뼈 형성을 돕는다. 식이섬유가 풍부해 변비가 심해지는 임신 후기에 먹으면 좋다.

고구마 섬유질이 풍부해서 소화불량과 변비를 예방한다. 맛이 달콤하고 포만감이 있어 간식으로 좋다.

쇠고기 막달이 되어 체중이 불면 난산으로 고생하므로 영양은 높고 지방은 적은 안심을 먹는다.

태교 실천하기

태교의 목적은 태아에게 무언가를 가르치는 것이 아니라, 아기와 엄마가 교감하고 이상적 태내 환경을 만드는 데 있다.
다양한 태교 방법에 앞서 태교의 기본을 알아본다.

태교를 위한 마음가짐

태아는 엄마와 공존하는 독립된 인격체이다

태아심리학에 따르면 태아는 수정되는 순간부터 의식이 생긴다고 한다. 많은 아이가 배 속 생활에 대한 기억을 갖고 있으며, 그 안에서 마음의 상처를 받기도 한다. 잉태의 뜻은 '아이를 품다'로, 배 속 아기를 독립된 생명체로 보는 시선이 담겨 있다. 따라서 수정되는 순간부터 배 속 아기를 또 하나의 인격체로 대우하고 아기와 공존하는 생활법을 배우는 것이 태교의 기본이다.

중요한 것은 태아와의 교감이다

좋은 태교를 실천하려면 아기와 엄마의 마음이 통해야 한다. 엄마의 감정을 이해시키고 어떤 일을 하더라도 '아기와 함께'라는 생각을 한다. 배 속 아기와 유대감을 형성하기 위한 가장 좋은 방법은 이야기를 많이 나누는 것. 자신의 상태와 생각을 배 속 아기에게 말해주고 태아의 언어인 태동에 귀 기울인다.

아기 마음의 바탕을 만든다

임신부의 기분이나 상황이 태아에게 영향을 미친다는 것은 과학적으로도 입증된 사실이다. 부부가 싸우는 소리를 듣고 태어난 아기는 정신적·육체적 장애에 시달릴 확률이 높고, 임신부가 좋은 소리를 들으면 뇌에 나쁜 영향을 주는 스트레스 호르몬의 분비가 줄어 태아의 뇌가 활발하게 움직인다. 예쁜 것을 보고, 좋은 소리를 듣고, 기분 좋은 언어를 사용하는 것은 아기 마음의 바탕이 된다.

배 속 아기와의 유대감을 높인다

임신 8개월이 넘으면 태아는 인체의 모든 기능이 거의 완성되고 탄생을 위한 준비에 들어간다. 이때부터 아기에게 좋은 기억을 만들어주기 위해 노력한다. 기분 좋은 이미지를 떠올리고 그 이미지를 태아에게 전달하는 것을 '이미지 연상법'이라고 하는데, 엄마와 태아의 상호작용 효과가 매우 크다. 기분 좋은 일을 연상하면 그 과정에서 엔도르핀의 분비가 증가돼 태아와 엄마 모두 유쾌한 기분이 된다. 이를 습관화하면 분만할 때도 서로 협력해 큰 통증 없이 순산할 수 있다.

태교를 실천하는 생활법

규칙적 생활 습관을 형성한다

태아는 모체를 통해 명암을 느끼고 밤과 낮을 구별할 수 있는데, 임신부가 규칙적으로 생활하지 않으면 태아 역시 생활 리듬이 깨지게 된다. 태아에게 큰 소리로 태담을 하거나 오랜 시간 음악을 들려주는 것은 아기에게 스트레스가 된다. 태교보다 중요한 건 태아가 태교를 즐길 수 있을 만큼 안정된 환경을 만들어주는 것.

마인드 컨트롤로 불안과 스트레스를 날린다

임신 중에 나타나는 만성 불안은 사산 증가, 태아 발육 지연, 태반의 형태학적 변화 등을 초래한다. 장시간 스트레스에 노출된 태아는 정서뿐 아니라 뇌의 구조에도 나쁜 영향을 받는 것으로 알려져 있다. 배 속 아기가 스트레스 호르몬의 영향을 받지 않도록 마음을 항상 밝고 따뜻하며 안정적인 상태로 유지한다.

배를 자주 쓰다듬고 산책을 즐긴다

엄마가 배를 부드럽게 쓰다듬어주는 감촉은 태아의 뇌와 정서 발달에 좋은 영향을 미친다. 사랑하는 마음으로 쓰다듬고 있다는 걸 태아도 느낀다. 엄마의 감정이 뇌로 전달되어 만족 호르몬이 많이 분비되기 때문이다. 이 호르몬은 탯줄을 타고 태아의 뇌로 전달되어 신경세포를 발달시키고, 태아에게 정서적 안정과 만족감을 준다. 또 가벼운 운동이나 산책을 하면 양수가 적당히 출렁거려 태아가 좋아하는 태내 환경이 만들어진다. 태아의 피부도 기분 좋은 자극을 받게 된다.

수다쟁이 엄마 아빠가 된다

오감 중 가장 빠르게 발달하는 것은 청각으로, 임신 5개월 이후부터 태아는 외부 소리를 들을 수 있다. 클래식 음악을 들려주는 것도 좋지만, 사고와 감정이 녹아든 언어야말로 아기와 교감하는 가장 좋은 방법. 특히 태아는 부모의 목소리를 더 잘 알아듣기 때문에 태아의 애칭을 미리 정해놓고 이름을 부르며 정다운 대화를 나누는 것도 좋은 방법이다.

다양한 태교법을 섭렵한다

음악 태교, 미술 태교, 바느질 DIY 태교 등 다양한 태교법을 조금씩 실천하는 것이 좋다. 태교는 배 속 아기의 뇌세포망을 촘촘하게 만들어주기 때문에 다양한 자극을 경험하게 하는 것이 한 가지를 꾸준히 하는 것보다 효과적이다. 뇌의 시냅스 연결망이 촘촘하고 세밀할수록 뇌 발달이 더욱 활발히 진행되는데, 태교를 통해 풍부한 자극을 받은 아기는 태어날 때 시냅스 구조가 좀 더 촘촘하다.

발달 단계에 맞는 방법을 찾는다

오감이 발달하는 시기는 태아마다 조금씩 다르므로 각각의 발달 단계에 맞는 자극을 찾아 태교법을 선택하는 것이 효과적이다. 특히 뇌 발달 시기에 맞추어 태교를 하면 태아의 뇌 발달은 더욱 촉진된다. 정서를 담당하는 뇌가 발달할 시기에는 스트레스를 주지 않도록 노력해야 하며, 기억력이 발달할 때는 태담을 통해 엄마 아빠의 목소리를 자주 들려준다.

밝고 예쁜 것을 보도록 노력한다

엄마가 좋은 그림을 보거나 아름다운 풍경을 접하면 태아의 시각이 자극을 받는다. 긍정적인 시각 자극은 뇌 발달에 효과적인 것은 물론, 감수성을 기르고 감각기관의 발달도 촉진할 수 있다.

태교에 도움 되는 용품

1 〈베어밸리팩 55ml〉
건조해진 피부에 수분을 채워주는 비건 인증 복부 태교 마사지 팩. 귀여운 곰돌이 모양이며, 식물유래 성분으로 민감한 피부를 촉촉하고 끈적임 없이 진정시킨다. 만삭까지 사용 가능한 사이즈. 튼튼맘스.

2 〈하루 5분 아빠 목소리〉
아빠가 들려주는 지혜로운 이야기 10편으로 구성된 태교 동화책. 예담프렌드.

3 〈리틀 명화 갤러리〉
220점의 명화 작품과 미술 전문가의 작품 해설이 수록되어 있어 명화를 보면서 그림에 대한 설명과 감상을 아이에게 이야기하듯 들려줄 수 있다. My Little Tiger.

태아의 오감 발달 과정

2개월

시각	•	눈의 망막 부분이 생긴다.

3개월

청각	•	외이 · 중이 · 내이가 차례차례 생긴다.
촉각	•	외부 자극을 감지할 수 있는 피부감각이 발달한다.
미각	•	혀의 표면에 있는 돌기에 맛을 감지하는 맛봉오리가 생기기 시작한다.

4개월

청각	•	소리에 대한 자극을 느끼고 소리를 듣기 시작한다.
촉각	•	손가락과 입술 감각이 발달하고 손가락을 활발하게 빠는 모습을 보인다.
후각	•	후각 섬모로부터 신호를 받아낼 뇌의 부분이 만들어진다.
시각	•	빛에 반응하기 시작한다.

5개월

청각	•	소리를 전달하기 위한 기관이 완성되고 엄마 목소리를 인식한다.
촉각	•	성기의 감각이 발달하고, 남자아기는 반사적으로 발기가 일어나기도 한다.
후각	•	냄새를 맡는 후각 섬모가 만들어진다.

6개월

청각	•	엄마 목소리와 다른 소리를 구분할 수 있다.
촉각	•	태동이 활발해지고 양수의 움직임을 피부로 느낀다.
후각	•	코안의 후각 섬모가 냄새를 감지하고 뇌로 전달한다.
시각	•	눈을 감거나 뜰 수 있다.

7개월

청각	•	하나하나의 소리를 분별할 수 있다.
시각	•	빛의 밝음과 어둠을 구분할 수 있다.
미각	•	맛봉오리가 발달해 단맛이나 쓴맛 등을 감지할 수 있다.

8개월

청각	•	뇌의 발달로 소리의 강약이나 고저를 파악한다.
촉각	•	리드미컬한 자궁의 수축 운동은 태아에게 기분 좋은 피부 자극을 전달한다.
후각	•	엄마의 냄새를 기억한다.

9개월

촉각	•	직접적 외부 자극에 반응을 보이기도 한다.
시각	•	물체를 보기 시작한다.
미각	•	맛에 대해 좋고 싫은 감정을 나타낼 수 있다.

10개월

청각	•	소리에 대해 좋고 싫은 감정을 나타낸다.

임신부 편의용품

임신 생활은 아는 만큼 편해진다. 무작정 참지 말고 임신 중 불편을 덜어줄 편의용품의 도움을 받아보자.
실용성과 편리함을 겸비한 임신부 편의용품 리스트.

선택이 아닌 필수, 임신부 속옷

혈액순환과 몸매 교정에 효과적이다

임신부의 몸은 출산할 때까지 가슴은 2컵 이상, 허리둘레는 23cm 이상, 또 몸무게는 10kg 이상 증가한다. 이러한 변화는 임신 4~5개월부터 본격적으로 나타나므로 이때부터 임신부용 속옷을 입는 것이 좋다. 속옷이 너무 꽉 끼면 혈액순환을 방해해 살이 붓거나 틀 수 있고, 너무 헐렁하게 입으면 임신 중 불어난 살이 그대로 늘어져 출산 후에도 회복되지 않는다. 반드시 구입해야 할 임신부용 속옷으로는 브래지어, 팬티, 복대, 거들 등이 있다. 몸 사이즈가 계속 커질 것을 감안해 사이즈를 조절할 수 있는 제품을 선택한다.

1 브래지어

수유할 때에도 입을 수 있도록 앞이 트인 디자인을 선택한다. 호크 부분의 폭이 넓고 호크가 3단계로 된 것, 어깨끈의 폭이 넓고 탄력성이 좋아서 어깨 살을 파고들지 않는 것, 가슴 전체를 충분히 감싸는 풀업 제품을 고른다.

2 팬티

배꼽 위까지 올라오는 제품이 배를 따뜻하게 감쌀 수 있다. 고무줄이 배를 압박하지 않을 정도로 여유 있고, 분비물의 이상을 쉽게 알도록 패드 부분이 흰색 면 소재로 된 것을 고른다.

3 복대

거들 대신 배를 받쳐주는 데 효과적이다. 답답하지 않게 배를 받칠 수 있도록 탄력성이 좋은 폴리우레탄 소재를 고르고, 연결 부위를 쉽게 붙였다 뗄 수 있는지 살펴본다.

4 거들

늘어나는 배 무게로 인한 요통을 덜어주고, 배 주위를 감싸 자궁 수축을 예방한다. 신축성이 좋고 입고 벗기 편해야 한다.

편안함을 더해주는 임신부 전용 용품

1 임신부 오일

불러오는 배를 중심으로 가슴, 엉덩이, 허벅지 부위가 건조해지면서 가려울 수 있다. 임신 초기부터 신경 쓰이는 부위에 고보습 오일을 바르고 부드럽게 마사지하면 임신 중에도 촉촉한 피부를 유지하는 데 도움이 된다.

2 부기 방지 크림

임신 중에는 다리가 잘 붓고 혈액순환이 원활하게 되지 않는데, 출산 예정일이 다가올수록 더욱 심해진다. 이때 진정 작용을 하는 부기 방지 크림을 사용하면 효과를 볼 수 있다. 적당량을 덜어 부드럽게 마사지하듯 바른다.

3 임신부 안전벨트

차량 탑승 시 안전벨트 하단이 복부 밑에 위치하도록 잡아주는 벨트. 충돌이 발생하더라도 복부가 아닌 양쪽 어깨와 허벅지로 충격을 분산시킨다.

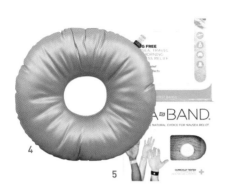

4 회음부 방석

가운데가 오목하게 파여 회음부에 자극을 주지 않고 앉을 수 있다. 막달이 다가오거나 출산 후 산후조리 기간에는 일반 소파나 바닥에 앉으면 회음부와 엉덩이가 아플 수 있는데, 전용 방석을 사용하면 통증을 줄여주어 앉기가 훨씬 편하다.

5 입덧 완화 밴드

입덧은 물론 멀미, 메스꺼움 등을 완화해주는 의료 기기. 밴드 안쪽 돌출된 플라스틱 지압기가 손목 경혈 위에 위치하도록 착용하면 경혈을 자극해 입덧을 완화해준다.

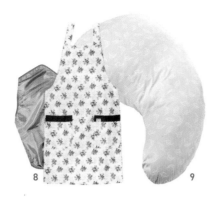

8 전자파 차단 앞치마

생활 속 유해 전자파를 차단해주는 제품. 핸드폰이나 노트북 사용 시 태아의 전자파 노출을 줄여준다. 금속성 원단은 떼었다 붙였다 할 수 있어 세탁할 때 편리하다.

9 수면 보조 쿠션

부른 배 때문에 숙면을 취하기 힘든 중기 이후 임신부의 필수품이다. 배는 물론 등과 엉덩이, 다리까지 포근하게 받쳐주어 골반과 허리, 어깨 통증을 줄여준다.

12 손목 보호대

임신 중기에는 호르몬의 영향으로 근육과 관절이 약해지면서 손목 통증을 느낄 수 있다. 임신부용 손목 보호대는 손목을 강한 압박 없이 편안하게 지지해 통증을 완화해준다.

13 무릎 보호대

무릎과 허벅지를 조여주어 무릎 통증을 개선하고, 허벅지 부기를 완화해준다. 탄성이 좋아야 오랜 시간 착용해도 흘러내리지 않는다. 밴드 부분이 너무 조이는 것은 좋지 않다.

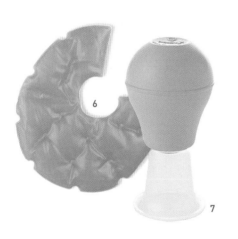

6 가슴 전용 팩

인체 공학적으로 디자인해 커진 가슴을 편안하게 감싸주고 가슴 통증을 완화해준다. 출산 후 젖몸살을 앓을 때도 사용한다. 전자레인지에 데우면 온찜질을, 냉장고에 20~30분 넣었다 사용하면 냉찜질을 할 수 있다.

7 함몰유두 교정기

진공 압력의 원리로 함몰된 유두를 빼내 수술 하지 않고 함몰유두와 편평유두를 교정할 수 있다. 브래지어에 부착해 일상생활 중 사용하는 제품과 마사지를 하면서 유두 형태를 교정하는 제품, 두 종류가 있다.

10 임신부 전용 칫솔

임신 기간에는 잇몸이 약해 치주염이나 치아 트러블이 생기기 쉽지만, 초기와 후기에는 치과 치료를 받기 힘들다. 따라서 임신 기간에는 구강 관리에 특히 신경 써야 한다. 임신부 전용 칫솔은 부드러운 극세모로 만들어 세균 방지와 치태 제거에 효과적이다. 또 잇몸을 부드럽게 마사지해 치아와 잇몸을 건강하게 유지해준다.

11 임신부 전용 치약

치약은 불소가 함유된 제품은 피하는 것이 좋다. 유해 의심 성분을 배제했는지, 임신부에게 필요한 비타민이 들어 있는지도 따져본다.

14 부기 예방 양말

양말을 신고 자면 발이 적정 체온을 유지할 수 있어 혈액순환이 잘된다. 발과 다리가 저리거나 붓는 증상이 줄어들 뿐 아니라 자고 일어났을 때 몸이 한결 가볍다. 발가락 양말과 수면 양말을 겹쳐 신고 자면 더욱 효과적이다.

15 임신부용 스타킹

허리부터 밑위까지의 길이가 일반 스타킹보다 2배 정도 길어 편안하다. 배 크기에 따라 늘어나는데, 앞면에 보호대가 부착된 것을 고른다. 다리 전체를 감싸는 타입으로 지나치게 조이면 부종을 유발하므로 탄성이 적당한지 확인한다.

임신 중 성관계

태아에게 좋지 않은 영향을 미칠까 무조건 피하는 것도, 임신 전과 같이 격렬하게 즐기는 것도 모두 문제이다.
임신 시기별 안전하고 즐거운 섹스의 기술.

임신 초기의 성생활

성욕이 감퇴하거나 증가한다

질 벽이 부드러워지기 때문에 임신 전에는 느끼지 못한 쾌감을 느끼는 사람도 있다. 그러나 대부분의 임신부는 신경이 예민해지고 조산·유산 등에 대한 걱정으로 성욕이 감퇴한다.

깊은 삽입은 위험하다

아직 태반이 완성되지 않아 태아의 상태가 불안정하기 때문에 주의를 기울여야 한다. 부드러운 섹스는 해도 괜찮지만, 격렬한 동작이나 지나친 흥분은 자궁 수축과 출혈을 일으켜 유산이나 사산의 원인이 될 수 있다. 특히 너무 깊게 삽입하면 자궁이 자극을 받아 좋지 않다.

삽입은 얕게, 시간은 짧게 한다

아직 배가 나오지 않았기 때문에 과도한 체위를 시도하기 쉬운데, 움직임이 적고 배를 압박하지 않는 체위를 선택한다. 또 한 가지 체위를 장시간 유지하면 몸에 무리가 갈 수 있으므로 안전한 체위를 골라 변화를 주는 것이 좋다. 통증, 출혈, 배 땅김이 나타나면 즉시 중단하고 쉰다.

임신 중기의 성생활

성생활을 즐겨도 좋다

입덧이 사라지고 태반이 완성되는 시기로, 유산의 위험으로부터 어느 정도 안심할 수 있으며 성욕 또한 왕성해진다. 피임의 부담이 없는 데다 임신부의 몸이 임신에 적응했기 때문. 이 시기에는 체위나 횟수에 구애받지 않고 성생활을 즐겨도 좋다. 단, 전치태반이거나 조산 경험, 또는 조산 가능성이 있는 경우는 성관계를 피하는 것이 바람직하다. 조산으로부터 안전하더라도 너무 자주 하지는 않는다.

삽입의 깊이를 조절할 수 있는 임신 중 안전 체위

임신 초기

정상위 아내의 배를 압박하지 않고 삽입도 얕다. 아내가 다리를 너무 벌리지 않아야 삽입이 얕게 된다.

교차위 남편이 몸을 약간 비틀어 삽입한다. 깊게 삽입되지 않으며 배에 가해지는 압박감을 줄일 수 있다.

정상위 변형 남편이 무릎과 팔로 바닥을 짚고 허리를 들어 몸을 지탱하므로 삽입이 얕고 아내의 배를 압박하지 않는다.

임신 중기

전측위 남편이 아내로부터 가슴을 떼고 비스듬히 누워야 삽입하기 편하다. 아내의 배를 압박하지 않으며 삽입도 얕다.

후측위 남편이 아내의 가슴을 애무할 때 아내가 상체를 살짝 들고 한 팔로 바닥을 짚어 몸을 지탱한다. 전측위와 마찬가지로 아내의 배를 압박하지 않으며 삽입도 얕다.

임신 후기

후좌위 아내의 등이 남편 가슴에 닿도록 허벅지 위에 아내를 앉히고 삽입한다. 아내는 가능한 한 다리를 오므리고 남편은 아내 가슴을 감싸 애무한다.

후측위 아내는 상체를 들지 않고 베개를 베고 옆으로 편안하게 눕는다. 아내의 배에 전혀 무리가 없고 질이나 자궁구 손상을 최소한으로 줄여주는 체위이다.

태동에 주의를 기울인다

오르가슴을 느끼면 자궁이 수축하고 태동이 감소한다. 대부분 섹스가 끝나면 좋아지지만, 심한 태동은 태아가 힘들다는 신호이므로 가벼운 체위로 바꾼다. 그래도 나아지지 않으면 곧바로 중단하고 태동이 정상으로 돌아오는지 확인한다.

배를 압박하지 않는 자세가 기본이다

태아가 꽤 자랐기 때문에 배를 압박하는 체위로 장시간 하는 것은 좋지 않다. 옆으로 누워 남편이 뒤에서 아내를 안는 후측위, 둘이 마주 보고 껴안는 전측위가 적당하다. 삽입의 깊이를 조절하기가 수월하기 때문. 이때 남편이 팔꿈치나 손바닥으로 자신의 체중을 받쳐 아내의 허리에 부담을 주지 않도록 한다.

임신 후기의 성생활

자궁구나 질에 상처를 입기 쉽다

몸이 분만을 준비하는 시기라 가슴이 커지는 등 신체 변화가 빨라져 자연히 성욕이 떨어진다. 그렇지 않더라도 임신 8개월 이후에는 출산을 앞두고 자궁 입구나 질이 약해지고 충혈된 상태라 상처를 입기 쉬우므로 격렬한 행위는 금물이다.

배가 닿지 않는 체위가 적당하다

커진 자궁이 혈관을 압박할 수 있으므로 정상위는 피한다. 후측위가 적당하며 아내는 움직임이 적은 편안한 자세를 취하고 남편이 체위를 바꾼다.

조산할 수 있으므로 막달엔 자제한다

유산이나 조산의 위험이 있는 경우, 전치태반의 경우는 성관계를 피하는 것이 안전하다. 임신 후기는 질 내의 산성도가 낮고 세균이 침투하기 쉬운 상태. 성관계를 하는 도중 세균 감염, 양막 파열을 초래할 수 있으며 조산의 위험도 높다. 출혈이 있거나 하복통 등의 이상 증세가 있는 경우, 질에서 불쾌감을 느낄 때도 자제한다.

주의할 점

횟수는 줄이고 스킨십은 늘린다

호르몬의 영향으로 신경이 예민해진 때이므로 대화와 스킨십으로 서로 친밀감을 높인다. 남편의 요구에 억지로 응하기보다 자신의 상태를 이해시키고 스킨십을 늘려 서로 만족하는 방법을 찾는다.

전희를 충분히, 길게 한다

임신 중에는 질이나 자궁 점막이 충혈되어 상처를 입기 쉬우므로 삽입은 질이 충분히 촉촉해진 상태에서 한다. 감염의 위험이 있으므로 전희 과정에서 남편이 아내의 질 안에 손가락을 넣어 애무하는 것은 삼간다.

콘돔을 사용하는 것이 안전하다

임신 중 여성의 질 벽은 상당히 예민하고 분비물의 양도 많다. 즉, 세균에 감염되기 쉬운 상태. 따라서 콘돔을 사용해 질 내로 세균이 침입하는 것을 최대한 막아야 한다. 특히 임신 후기에는 반드시 콘돔을 사용해야 한다. 정액에는 자궁 수축을 유발하는 프로스타글란딘이라는 호르몬이 들어 있을 뿐 아니라, 정액 자체가 강한 산성이라 질 내에 퍼질 경우 자궁을 급격히 수축시킬 수 있기 때문이다.

유두를 심하게 자극하지 않는다

유두를 자극하면 반사적으로 옥시토신이라는 호르몬이 분비되는데, 이 호르몬은 자궁 수축을 촉진한다. 조산이나 유산의 가능성이 있는 고위험 임신부는 유두를 지나치게 자극하는 애무는 피한다.

성관계 전후 깨끗이 씻는다

임신 중 질은 점막이 민감해져 잡균이 발생하기 쉬운데 섹스가 원인이 되어 감염을 일으키는 경우도 있다. 특히 남성의 경우 성기에 이물질이 끼기 쉽고, 이것이 감염의 원인이 될 수 있으므로 성관계 전후에는 반드시 깨끗이 씻는다.

NG 임신 중 피해야 할 체위

굴곡위 다리를 들수록 삽입은 깊어지고 자극이 강해서 자궁 수축이 일어날 수 있다. 임신 초기와 후기에는 자제한다.

후배위 아내가 두 팔로 몸을 지탱하므로 체력 소모가 크고 배가 밑으로 처져 허리가 휜다. 또 삽입이 깊어져 자궁을 강하게 자극할 수 있다.

승마위 삽입이 깊어서 자궁을 자극할 수 있으며, 자칫 질 내부에 상처가 날 수도 있다. 임신 중에는 금지해야 할 체위이다.

임신 중 성관계를 피해야 하는 경우

1 어떠한 원인으로든 질 출혈이 있을 때.

2 태반이 자궁구에 위치하거나 아래로 내려온 경우 등 태반 이상이 있을 때.

3 습관성 유산이나 조산아를 분만한 경험, 조산 가능성이 있을 때.

4 조기 파수의 경험이 있을 때.

5 성병에 감염된 경우.

6 쌍둥이를 임신한 경우 출산 예정일 2~3개월 전부터 성관계를 금한다.

임신 중 운전하기

출산 예정일 두 달 전까지는 운전하는 데 큰 무리가 없다. 다만 몇 가지 안전 수칙을 지켜야 한다.
주행부터 주차까지, 임신부를 위한 안전 운전의 법칙.

임신 중 운전 원칙

32주 이후에는 운전하지 않는다

운전에 익숙한 임신부라면 포장이 잘된 도로에서 1~2시간 운전하는 것은 괜찮다. 하지만 임신 32주가 넘으면 배가 많이 불러 핸들을 조작하는 것은 물론, 운전석에 앉는 것 자체가 힘들 수 있으니 운전을 자제하자. 절박유산이나 조산 가능성을 진단받은 사람 또한 운전을 피하고, 동승만 하더라도 장거리 여행은 하지 않는다.

컨디션이 나쁜 날에는 하지 않는다

운전은 정신을 집중해야 하는 피곤한 활동이다. 게다가 임신 중에는 일반적으로 반사 신경이 둔해져 갑작스러운 상황에서 대처 능력이 평소보다 떨어진다. 수면이 부족한 날, 입덧이 심할 때, 컨디션이 좋지 않을 때는 운전하지 않는다.

바른 자세로 운전한다

좌석과 등받이 각도는 110도가 적당하고, 등받이와 등 사이에 빈틈이 생기지 않도록 엉덩이를 최대한 좌석 깊숙이 붙이고 앉아 바른 자세로 운전한다. 가벼운 충돌에도 배에 충격이 갈 수 있으므로 몸을 핸들 가까이에 두는 것도 피한다.

안전벨트는 반드시 착용한다

배를 압박하는 것 같아 안전벨트를 매지 않는 경우가 있는데, 절대 하지 말아야 할 행동이다. 안전벨트는 나온 배를 피해 착용하고, 허리 받침용 쿠션으로 등을 받친다. 또 소변이 자주 마려우므로 운전하기 전 화장실에 다녀오는 습관을 들인다.

운전 시간은 2시간을 넘기지 않는다

차 안에 오래 있으면 어지러울 수 있으니 창문을 수시로 열어 환기시키고, 장시간 운전하지 말자. 피로를 느끼거나 배 땅김 등의 트러블이 나타날 수 있으므로 운전 시간은 최대 2시간을 넘기지 않는다. 적어도 2시간마다 차에서 내려 10~15분 정도 쉬면서 조금 걷는 것이 좋다.

 흔들림이 심한 차 안에 오래 있으면 피로를 느끼고 배가 땅길 수 있다.

초행길 운전은 피한다

잘 모르는 곳이나 처음 가는 길을 운전할 때는 자신도 모르게 긴장감이 높아지고 스트레스도 많이 받는다. 이러한 불안감은 그대로 태아에게 전해지므로 초행길이라면 동행자에게 운전을 맡기는 것이 좋다. 비포장도로처럼 노면이 고르지 않은 곳은 피하고, 비가 오거나 눈이 오는 날의 운전, 야간 운전도 하지 않는다.

가벼운 사고라도 진찰을 받는다

가벼운 접촉 사고가 났을 때 외상이 없더라도 배에 가해진 충격으로 자궁 환경과 태아에게 영향을 미칠 수 있다. 특히 교통사고로 인한 조산이나 유산 증상은 사고 당일에는 나타나지 않다가 최대 7일 후에 나타나기도 하므로 사고 후 일주일 동안은 몸의 변화를 주의 깊게 살펴야 한다. 에어백이 작동했다면 태반조기박리나 조산으로 이어질 가능성이 높다. 충격이 컸다고 판단되면 정밀 검사를 꼭 받는다.

운전할 때 주의할 점

1 안전벨트의 올바른 착용 벨트가 쇄골, 늑골, 흉골, 골반 위를 차례로 통과하도록 하고, 무릎 벨트는 반드시 배 아랫부분을 지나가도록 착용한다.
2 머리 받침대 조절 머리를 받침대에 붙여 눈과 귀 연장선상에 받침대의 중심이 오도록 높이를 맞춘다.
3 등받이 각도 조절 두 팔을 뻗어 핸들을 잡았을 때 등받이가 어깨에 밀착되도록 좌석 각도를 조절한다.
4 운전석 조절 좌석에 깊숙이 앉아 힘껏 페달을 밟았을 때 무릎 뒤쪽과 좌석 사이에 손가락 하나가 들어갈 정도의 공간이 남도록 좌석 위치를 조절한다.
5 차간 거리 확보 지나치게 속도를 내지 말고 차간 거리를 충분히 확보한다. 차선을 변경할 때에는 미리 방향 지시등을 켜서 주위 운전자들이 빨리 자신의 차를 발견하게 하는 것이 중요하다. 차 뒤쪽 창문에 운전자가 임신부임을 알리는 스티커를 붙이는 것도 좋다.
6 넓은 주차 공간 확보 문을 활짝 열어 승하차를 해야 한다는 점을 잊지 말자. 임신부 전용 주차 공간처럼 여유 있는 공간에 주차하고, 상황이 여의치 않을 때는 운전석 쪽 공간을 최대한 확보하면서 주차한다.

임신 중 여행

몇 년 전부터 임신부의 기분 전환과 휴식에 도움이 되는 태교 여행이 인기이다.
안전한 여행을 위한 수칙과 가져가면 유용한 물품을 소개한다.

안전한 여행을 위한 수칙

임신 중기가 적당하다

임신 기간 중 건강에 이상이 없고 의사와 상담한 후 여행에 무리가 없다고 판단되면 여행 계획을 세워도 좋다. 대부분의 전문가는 임신 12주 이전과 임신 32주 이후에는 여행을 자제할 것을 권한다. 태반이 완전하게 형성되지 않은 임신 초기는 건강해도 별다른 이유 없이 유산할 수 있고, 후기는 조산의 위험이 높기 때문이다. 유산한 경험이 있다면 임신 기간 중 가장 안정기인 16~28주에 다녀오는 것이 안전하다.

❗ 해외여행을 떠난다면 임신부의 건강 상태를 잘 살펴야 한다. 빈혈이나 심장·호흡기 질환이 있거나, 최근 출혈이나 골절이 있었다면 해외여행을 자제하자.

비행기는 임신 36주까지 탑승할 수 있다

보통 출산 4주 전인 임신 36주까지는 비행기를 타도 임신부와 태아의 건강에 무리가 없다. 하지만 항공사에 따라 32주 이상 임신부에게는 진단서나 서약서 등을 요구하기도 하고, 동승자가 있어야 탑승을 허락하기도 하므로 항공권 구매 전에 꼭 확인한다. 일반석 발권 시 비교적 여유 공간이 넓은 첫 줄에 배정해줄 수 있는지도 확인한다. 임신 중에는 화장실에 자주 가고, 수시로 스트레칭해야 하므로 창문 쪽보다는 복도 쪽 좌석이 편하다.

❗ 비행기 탑승 시 발생하는 소음과 우주 방사선은 산모와 태아에 유해한 영향을 끼치지 않는다고 알려져 있다. 높은 고도에서는 기압이 낮아져 저산소증이 생길 수도 있는데, 건강한 산모의 경우 대부분 문제 되지 않는다.

장거리 여행은 피한다

임신을 하면 정맥류나 정맥 혈전증이 생길 가능성이 높다. 특히 장시간 비행으로 오랫동안 움직이지 않고 앉아 있으면 위험성은 더욱 커진다. 따라서 수시로 다리를 스트레칭하거나 기내를 걸어 다니며 혈액순환을 촉진한다. 편안하고 넉넉한 옷을 입는 것도 도움이 된다.

❗ 총 비행 시간은 5시간 이내가 바람직하다. 자동차로 이동한다면 비포장도로처럼 험한 길은 피하고, 속이 울렁거리거나 현기증이 나면 바로 내려서 휴식을 취한다.

필요한 예방접종을 한다

질병관리본부 홈페이지(cdc.go.kr)에 들어가 국가별 유행 질병 정보를 확인하고 필요한 예방접종을 한다. 항체 생성에 걸리는 시간은 백신마다 다르므로 미리 체크하고, 적어도 여행 2주 전에는 접종을 마치는 것이 좋다. 지카 바이러스처럼 백신이 없거나 일본뇌염처럼 임신부가 예방접종할 수 없는 질병이 유행한다면 여행지 후보에서 제외한다.

생과일이나 조리하지 않은 음식은 먹지 않는다

음식은 반드시 익혀서 먹고, 껍질째 먹는 과일이나 조리하지 않은 날음식은 먹지 않는다. 물도 끓인 뒤 식혀 마시는 것이 가장 안전하다. 여의치 않다면 호텔이나 대형 마트처럼 믿을 수 있는 매장에서 판매하는 생수를 사서 마신다.

관광 중심의 여행은 피한다

건강한 임신부라도 장시간 이동하면 무리할 수 있다. 관광보다는 휴양 위주로 일정을 짜고, 임신부가 1시간 이내로 걸을 수 있도록 계획한다.

응급 상황에 대비한다

해외여행 중 생길 수 있는 응급 상황에 대비해 구급약품을 챙기고 출산 예정일, 주치의 연락처, 혈액형 등이 포함된 영문 소견서를 지참한다. 숙소 주변에 있는 병원 위치와 현지 응급 의료 서비스 번호와 영사관 연락처도 미리 알아두면 응급 시 빨리 대처할 수 있다.

여행 가방에 꼭 챙겨야 할 물품

1 팬티라이너 임신 중에는 분비물이 많아진다. 여행 중에는 속옷을 수시로 갈아입기 어려우므로 팬티라이너를 넉넉히 챙긴다.

2 구급용품, 영문 소견서 임신부는 아무 약이나 복용할 수 없으므로 만일의 경우를 대비해 의사의 처방 아래 소화제, 두통약, 멀미약 등을 챙긴다. 밴드와 연고 등 간단한 구급용품, 응급 상황에 대비한 영문 소견서도 준비한다.

3 튼살 크림, 마사지 오일 임신 중에는 부종이 쉽게 생긴다. 특히 장시간 앉아 이동하거나 평소보다 많이 걸었을 때는 순환을 돕는 마사지가 도움이 된다. 튼살 크림이나 마사지 오일을 바르고 가볍게 지압한다.

4 손 세정제, 물티슈 사람이 많이 드나드는 여행지나 공공장소에서는 전염병을 옮기는 세균이 많으므로 알코올성 손 세정제나 항균 기능이 있는 물티슈를 휴대해 수시로 손을 깨끗하게 닦는다.

5 기타 편의용품 배를 안전하고 편안하게 감싸주는 임신부용 안전벨트나 복대를 따로 준비한다. 허리를 받쳐줄 쿠션이나 목 베개, 담요 등을 챙기면 한결 편안하게 여행을 즐길 수 있다.

스트레스 극복하기

임신 기간에는 신체 변화 못지않게 감정 기복이 심하다.
불안과 초조, 신경질, 다가올 출산과 육아에 대한 스트레스로부터 임신부 자신을 지키는 법.

마음가짐과 생활법

태동을 느끼며 마사지한다

샤워 후 보습제를 바르며 온몸을 마사지한다. 손바닥에 살짝 힘을 주고 동그랗게 원을 그리면서 다리부터 시작해 배, 가슴, 팔 순으로 위로 올라간다. 태아의 움직임을 하나하나 느끼면서 배를 쓰다듬으면 엄마의 사랑이 피부를 통해 아기에게 전달되고 모성애도 커진다.

수다로 스트레스를 푼다

스트레스를 혼자서 풀려고 하면 자제력을 잃고 흥분하거나, 기분 전환하는 데 시간이 오래 걸린다. 가까운 사람과의 만남과 대화를 통해 해소하는 것이 좋은데, 태아와 대화를 나누는 것도 좋다. 무슨 일 때문에 화가 났는지, 그래서 지금 엄마 마음이 어떤지 등을 소곤소곤 들려주는 사이 감정이 자연스럽게 정리되고 마음이 한결 편안해진다.

태아와 함께 잠에서 깬다

잠에서 깨면 곧바로 일어나지 말고 몇 분 동안 그대로 누워 있는다. 기지개를 켜고 몸을 쭉쭉 뻗으면서 숨을 여러 번 깊게 내쉬는 것도 좋다. 머리끝부터 발끝까지 온몸 구석구석을 의식하며 천천히 움직여본다. 임신 6개월부터는 태동을 통해 태아가 잠에서 깼는지 알 수 있으므로 아기에게 아침 인사를 하면서 배를 쓰다듬는다. 이렇게 해도 여전히 잠자리에서 일어나기 싫다면 자리에 누운 상태에서 다리를 들고 2분 정도 자전거 페달을 돌리는 운동을 해서 혈액순환을 원활하게 한다.

마사지와 체조로 숙면을 취한다

임신부 몸은 24시간 긴장 상태에 있다. 따라서 충분히 쉬지 않으면 임신 기간 내내 피로와 스트레스, 각종 트러블에서 벗어날 수 없다. 무엇보다 중요한 것은 숙면이다. 잠의 양만큼이나 질이 중요하며, 질 좋은 잠을 잘 수 있도록 가벼운 마사지와 체조로 몸과 마음의 긴장을 푼 다음 잠자리에 든다.

간단한 워밍업으로 집중력을 높인다

임신 중에는 머릿속이 아기 생각으로 가득 차서 다른 일에 집중하기가 어렵다. 따라서 일에 집중하기 위해서는 간단한 워밍업이 필요하다. 우선 자세를 똑바로 하고 지금 해야 할 일들에 정신을 집중한다. 지금 당장 해야 할 일이 무엇인지 일의 순서를 정한 다음 맨손체조 등으로 팔과 손, 다리를 가볍게 풀고 일을 시작한다. 당장 해야 할 일을 못 하거나 일의 순서를 놓치면 스트레스를 받을 수 있으므로 메모하는 습관도 들인다.

임신부 족욕법

임신 후기에 접어들면 퉁퉁 부은 다리가 저리고 땅겨서 자다가도 벌떡벌떡 일어나는 경우가 흔하다.
혈액순환을 도와 부기를 완화하고 숙면을 도와줄 효과 만점 족욕 8단계.

1단계 · 면 소재 옷을 입는다
10분 이상 땀을 흘리며 같은 자세로 있어야
하므로 품이 넉넉한 면 소재 옷을 입는다.

2단계 · 깊은 대야를 준비한다
발목까지 담가야 하고, 물이 넘치지 않아야
하므로 발목보다 5cm 높은 대야를 준비한다.

3단계 · 발을 담그고 물을 채운다
대야에 두 발을 넣고 40~42℃의 물을 붓는다.
발목까지만 부어야 답답하지 않다.

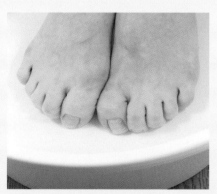

4단계 · 발가락을 움직인다
발가락을 오므렸다 폈다를 반복한다.
발가락으로 반대쪽 발바닥을 꾹꾹 눌러도 좋다.

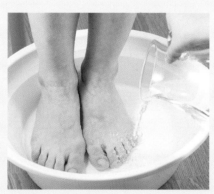

5단계 · 물 온도를 40℃로 맞춘다
1~2회 더 쓸 수 있는 뜨거운 물을
준비해놓았다가 물이 식으면 갈아준다.

6단계 · 1회 15분을 넘기지 않는다
일주일에 3~4회, 잠자기 전 10~15분 하는 것이
가장 좋다. 15분을 넘기지 않는다.

7단계 · 수건으로 닦고 발을 감싼다
물기를 닦은 다음 수건으로 발을 감싸고 5분
정도 그대로 두어 더운 기운을 유지한다.

8단계 · 따뜻한 물을 한 잔 마신다
땀을 많이 흘렸으므로 물을 마신다. 이때 따뜻한
물을 마셔야 몸의 더운 기운이 식지 않는다.

NG 임신 중 족욕할 때 이것만은 조심하세요!

1 열이 많은 임신 초기에는 하지 않는다.

2 식후 1시간이 지나서 한다.

3 족욕을 하는 동안에는 발을 물 밖으로 빼지
않는다. 발을 담갔다 뺐다 하면 따뜻한 열이
온몸에 골고루 전달되지 않아 효과를 볼 수
없다.

4 족욕을 한 뒤 30분 이내에는 식사를 하지
않는다. 밑에서부터 올라온 열이 온몸에 퍼져
효과를 발휘하도록 기다린다.

임신 중 바른 자세

바르지 않은 자세는 요통이나 어깨 결림을 유발하고, 혈액순환에 지장을 주어 태아의 성장을 방해한다.
순산을 돕고 태아와 임신부의 건강을 지켜주는 앉기, 눕기, 일어나기의 기초.

7개월 이후 임신부의 몸 상태

어깨
커진 배를 지탱하기 위해
어깨나 상체를 뒤로 젖히는
일이 잦아지면서 어깨
근육에 피로가 쌓인다.
점점 커지는 유방을
지탱하다 보면 어깨 결림이
나타나기도 한다.

손목
호르몬의 변화로 손목뼈와
뼈를 연결하는 관절 결합이
느슨해진다. 특히 앉았다
일어날 때 손바닥으로
바닥을 짚으면 약해진
손목에 무리가 가서 출산
후에도 손목이 저릴 수
있다.

무릎
커진 배와 늘어난 몸무게를
지탱하기 위해 하체에
무리가 간다. 특히 앉고
일어서는 자세가 바르지
않으면 무릎이 걸리거나
통증이 생긴다.

등뼈
튀어나온 배를 지탱하기
위해 등 근육이 긴장한다.
이 때문에 등뼈가 휘어
통증을 유발한다.

허리
출산을 앞두고 자궁과
골반이 벌어지면서 허리와
엉덩이 부분의 인대가
느슨해진다. 게다가 배가
커져 복부 근육이
늘어나면서 요통이 생긴다.

발
몸무게를 지탱하는 발에
무리가 가서 쉽게 피곤하며,
쥐가 나거나 부종이
생기기도 한다.

안전하게
앉기·눕기·일어나기

NG 손으로 바닥을 짚으면 손목에 체중이 실려 손목 관절에 무리가 가고, 저리는 증상이 나타나거나 근육이 늘어날 수 있다.
➜

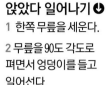

앉았다 일어나기 ↻
1 한쪽 무릎을 세운다.

2 무릎을 90도 각도로 펴면서 엉덩이를 들고 일어선다.

1 세수할 때 허리를 구부리고 세수를 하면 복부를 압박하므로 되도록 허리를 심하게 구부리지 않는다.

2 걸레질할 때 바닥에 엎드리거나 쪼그려 앉는 자세는 위험하다. 막대가 달린 긴 자루 형태의 물걸레를 활용한다. 이때도 무리해서 힘주지 않도록 주의한다.

3 설거지할 때 두 발의 폭을 어깨너비보다 약간 좁게 벌린다. 욕실용 낮은 의자를 바닥에 놓아 5분 간격으로 한 발씩 올려놓으면 좋다. 20분 이상 서 있지 않는다.

바닥에 앉기 ↻
1 엉덩이를 바닥에 대고 앉은 다음 허리와 어깨를 꼿꼿하게 편다.

2 양 무릎을 한 방향으로 구부려 다리를 튼다. 등과 목을 펴고 시선은 정면을 향한다.

의자에 앉기 ➜
1 다리는 약간 벌리고 손은 배를 만지는 등 편한 상태로 둔다.

2 엉덩이를 의자 깊숙이 밀어 넣고 허리를 최대한 등받이에 밀착한다.

NG 등받이에 허리를 대지 ➜ 않고 어깨를 구부리고 앉으면 허리와 어깨에 무리가 가고 배가 압박된다.

바닥에 눕기 ↻
1 바닥에 앉은 뒤 몸을 옆으로 기울이며 천천히 눕는다. 이때 왼쪽으로 누우면 심장의 부담이 줄어 좀 더 편안함을 느낄 수 있다.

2 다리와 팔은 편한 상태로 펴거나 구부린다. 다리 사이에 쿠션을 끼우는 것도 좋다.

NG 똑바로 누우면 자궁이 혈맥을 눌러 혈액순환을 방해하고, 허리 근육에 무리가 간다.

임신 중 체중 관리

임신성 고혈압이나 난산의 원인 중 하나는 입덧이 끝나는 5개월 이후 체중이 급격하게 증가하는 것이다.
태아의 건강과 순산을 위해 체중 관리에 세심하게 주의를 기울인다.

임신부 체중 재기 원칙

● 입덧이 끝난 후 임신 5개월부터 출산 예정일까지 꾸준히 체중을 측정한다.

● 일주일에 한 번, 정해진 요일, 정해진 시간에 측정해야 관리하는 데 도움이 된다.

● 매번 같은 시간대에 측정한다. 체중 재기에 가장 좋은 시간대는 아침에 일어나자마자 화장실에 다녀온 후이다.

● 체중을 측정한 후에는 임신 기간 중의 체중 변화를 한눈에 알아볼 수 있도록 그래프를 그려 기록해둔다.

체중이 너무 늘면 안 되는 이유

출산 후에도 살이 빠지지 않는다

임신 중 평균 체중 증가량인 12.5kg 중에서 3.5kg은 출산 후에도 남을 확률이 높다. 특히 임신 중 비만이던 임신부는 출산 후에도 살이 쉽게 빠지지 않아 비만 체질이 되기 쉬우므로 임신 중 체중 관리를 해야 한다. 체중이 갑자기 늘었다 싶으면 탄수화물 섭취부터 줄일 것. 밥과 빵, 국수류는 적게 먹고 섬유질이 풍부한 채소로 공복을 채운다. 짠 음식은 체중 감량을 방해하므로 싱겁게 먹는 습관을 들인다.

임신중독증이 생기기 쉽다

임신중독증은 비만 임신부를 위협하는 최대의 적이다. 체중이 지나치게 늘면 심장에 부담을 주어 고혈압이 되고, 임신중독증에 걸릴 가능성이 높아진다. 심한 경우 분만 전에 태반이 벗겨지는 태반조기박리나 출산 시 경련을 일으킬 수 있다.

임신성 당뇨가 생긴다

살이 찌면 당질의 대사를 조절하는 호르몬인 인슐린의 효과가 떨어진다. 비만 임신부일수록 임신성 당뇨에 걸릴 확률이 높다. 임신성 당뇨는 태아를 거대아로 만들고, 태아의 폐 성숙을 방해하며, 양수과다증을 일으키고, 조산의 원인이 된다. 산후 당뇨로 이행될 가능성 또한 높으며 각종 합병증을 유발하기도 한다.

거대아가 태어날 수 있다

임신 중 비만도가 높을수록 거대아(출생 시 체중이 4kg 이상인 경우)를 낳을 확률이 높다. 아기가 지나치게 크게 자라면 폐 등의 장기가 미숙한 상태로 태어나거나 난산할 수 있고, 분만 시 산도가 크게 파열되어 심각한 출혈이 일어날 수 있다. 갑작스러운 사산 가능성과 태변 과다로 인한 과숙아를 낳을 가능성 역시 높다.

임신 트러블이 심해진다

부종과 요통, 임신선과 정맥류는 임신 중 흔히 나타날 수 있는 트러블이다. 하지만 체중이 급격히 증가하면 그 증상이 더욱 심해져서 남은 임신 기간 내내 트러블과 씨름해야 한다.

산도가 좁아진다

과다하게 섭취한 열량은 체지방으로 체내에 축적돼 아기가 태어날 산도 주변에도 쌓인다. 이렇게 되면 산도가 좁아져 진통이 시작되어도 아기가 좀처럼 내려오지 못할 확률이 높다. 또 내장에도 지방이 끼어 자궁의 수축력이 약해지고, 이는 미약 진통으로 이어질 수 있다. 진통이 미약하면 분만 시간이 길어진다.

> ❗ 아기가 커져 체중이 늘어난다고 생각하기 쉬운데, 태아의 체중은 임신 12주에는 30g 전후, 임신 20주에도 300g 정도밖에 나가지 않는다.

너무 적게 늘어도 안 되는 이유

아기가 크지 않는다

태아는 엄마로부터 모든 영양을 공급받는다. 체중이 적당히 늘지 않으면 태아에게 충분한 영양을 공급할 수 없다. 엄마가 지나치게 마른 경우 태어난 아기도 작을 수밖에 없다.

빈혈이 되기 쉽다

비만을 걱정한 나머지 저칼로리 음식만 먹거나 편식을 하면 영양을 고루 섭취하지 못해 자신도 모르는 사이에 영양 상태가 나빠지고 빈혈이 생길 수 있다.

산통을 오래 겪는다

체중은 체력을 뒷받침하는 힘이기도 하다. 체중이 너무 적게 나가면 출산 시 진통을 견뎌낼 만한 체력이 되지 않아 미약한 진통이 오래 지속될 가능성이 크다.

아기를 밀어내지 못한다

피하지방은 비상시 필요한 체력을 저장하는 예비 탱크이다. 몸에 저장된 피하지방이 너무 적으면 아기를 낳을 때 마지막 힘을 줄 수 없어 난산이 된다.

산후에 심한 피로를 느낀다

임신 중 체중은 11~16kg 정도 증가하는데, 대부분의 임신부는 다이어트를 하지 않아도 출산 후 4개월 정도가 지나면 원래의 체중으로 돌아간다. 아기를 키우는 일에 많은 체력이 필요하기 때문이다. 따라서 축적된 피하지방이 없으면 출산 후 몹시 피곤하고 육아가 힘들어진다.

임신 중 체중 관리 원칙

출산 직전까지 체중 증가 폭을 체크한다

임신 초기와 중기에는 한 달 평균 1.2kg 이상 체중이 불지 않도록 주의하고, 임신 중기부터 후기에는 한 달 평균 1.8kg 이상 체중이 늘지 않도록 관리한다. 특히 체중이 쉽게 늘어나는 때가 바로 임신 후기. 이제껏 이상적으로 늘다가도 마지막 2개월 동안 5~6kg 이상 늘어나는 경우가 흔하다. 이제 곧 출산한다고 마음이 느슨해지거나 커진 배로 인한 운동 부족 등이 이유이다. 급격한 체중 증가는 임신 시기와 상관 없이 위험하므로 출산할 때까지는 체중 조절에 신경 쓴다.

한꺼번에 증가하지 않도록 주의한다

체중이 쉽게 늘어나는 때는 입덧이 끝나는 임신 4~5개월 무렵과 출산을 앞둔 8~9개월 즈음이다. 입덧이 끝나면 그동안 못 먹은 음식을 통해 영양을 섭취하겠다는 생각으로 체중이 늘어나는 걸 무시하기 쉽다. 임신 후기에는 출산이 얼마 안 남았다는 생각에 마음이 느슨해지는 데다 운동 부족이 겹쳐 체중이 급격히 증가하므로 주의한다.

영양 ≠ 칼로리, 영양 식품 리스트를 만든다

임신부 몸에 필요한 건 칼로리를 필요 이상 섭취하는 것도, 좋아하는 음식을 편식하는 것도 아니다. 임신 중 먹으면 도움이 될 단백질, 칼슘, 철분 같은 영양분이 어떤 식품에 풍부한지 체크해 영양 식품 리스트를 만들어 냉장고에 붙여두고 참고한다.

BMI 수치로 적정 체중 계산하기

BMI(체질량 지수)는 몸의 지방량을 나타내는 체격 지수를 말한다. 임신 전의 체중으로 계산하면 임신 중 몇 킬로그램이 늘어나 출산을 앞둔 임신 막달에는 어느 정도여야 하는지, 목표 체중의 기준을 알 수 있다. 단, 이 수치는 어디까지나 외국 기준이라는 것을 명심하자.

$$BMI = \frac{임신\ 전\ 체중(kg)}{신장 \times 신장(m)}$$

BMI	~19.8	19.8~26	26~29	29
판정	마름	보통	약간 통통	비만
목표치	12~18kg	11.5~16kg	7~11.5kg	7kg 미만

※ 키 160cm에 임신 전 체중이 55kg이라면 BMI는 55÷(1.6×1.6)＝약 21.480이다. 위의 표에 대입하면 임신 중 11.5~16kg의 체중이 증가하는 것은 괜찮다고 나온다. 임신하지 않은 경우 BMI 수치는 22 전후가 이상적이다.

출산

___

엄마로 사는 인생이 시작됩니다

완벽한 출산 준비

아기를 맞이할 준비는 잘되고 있나요? 출산 당일, 분만에 몰입하려면
입원 생활을 미리미리 준비해야 합니다. 현장 사진으로 구성한 분만의 전 과정,
꼭 필요한 입원 준비물 목록, 입원 수속 가이드 등 출산이 코앞으로 다가온
예비 엄마 아빠가 알아야 할 정보를 수록했습니다. 초보 엄마를 위해
출산 신호 읽는 법도 세심하게 준비했고요.

생명 탄생의 과정

기나긴 진통 시간을 보내고 드디어 출산의 한가운데 선 엄마와 아기.
두 사람이 함께 헤쳐나갈 분만의 전 과정을 실시간 현장 사진으로 만나본다.

아기의 머리가 보인다

분만대에 올라 도뇨(오줌을 빼내 방광을 비움)를 하고 음모를
깎는다. 처치가 끝나고 그동안 연습한 대로 힘을 주면 제일 먼저
아기 머리가 보인다.

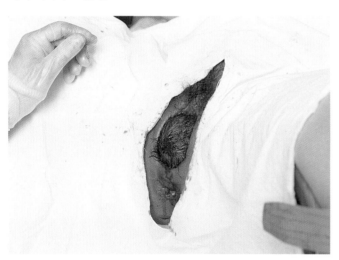

회음을 절개한다

기나긴 산도를 지나 밖으로 나오던 아기의 머리가 회음을 누르며
나오지 못하고 있다. 이때 가위로 회음을 절개해 아기가 쉽게
빠져나올 수 있도록 도와준다.

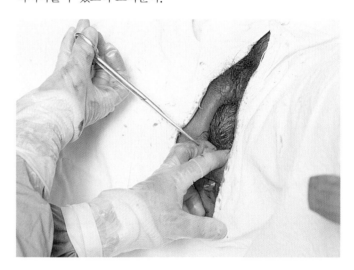

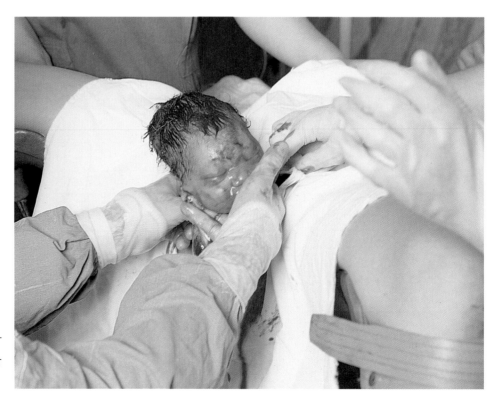

머리가 빠져나온다

아기 머리가 쑥 빠져나온다. 가장 큰 머리가
나오고 나면, 아기의 몸은 늘어난 산도를
통해 비교적 쉽게 빠져나온다.

아기 얼굴에 묻은 이물질을 닦아낸다

산도를 통과하면서 묻은 이물질이 아기의 코와 입, 눈에 들어가 숨통을 막고 감염을 일으키지 않도록 재빨리 닦아낸다.

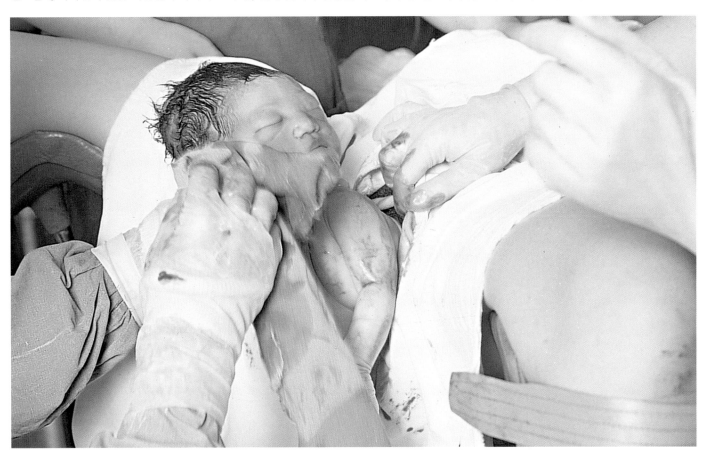

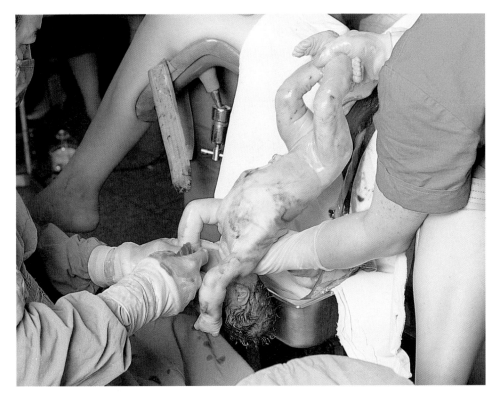

입과 기도 속 양수를 빼낸다

산도를 빠져나오면 스포이트로 아기의 입과 기도에 든 양수를 제거한다. 아기가 폐로 숨을 쉴 수 있도록 하는 조치이다.

탯줄을 자른다

양수와 이물질 등을 제거하면 아기의 탯줄을 자른다. 아기가 엄마에게서 독립하는 의미 있는 순간이다.

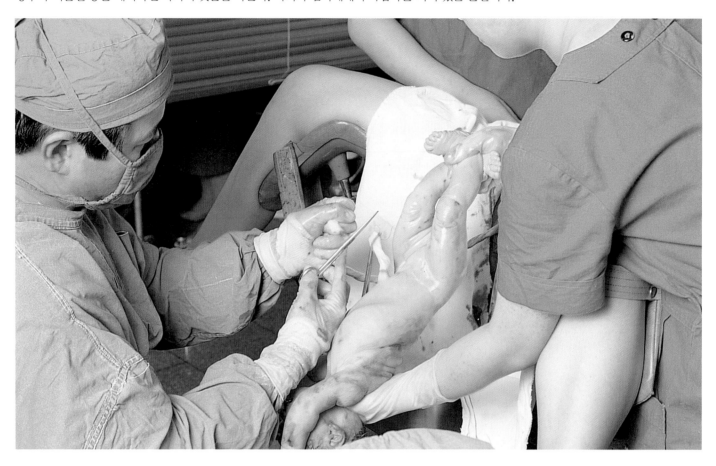

엉덩이를 때려 기도를 틔워준다

산모가 태반을 반출하는 동안 아기가 산소를 스스로 받아들이도록 기도를 틔워주면 드디어 첫울음을 터뜨린다.

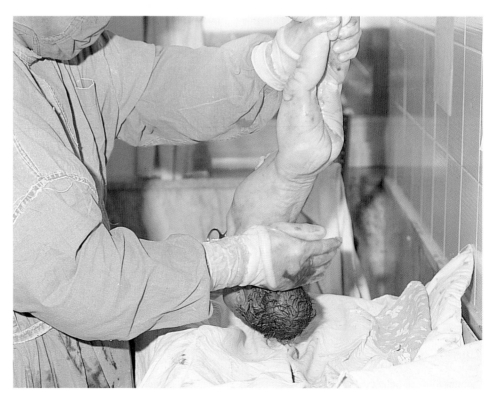

한 번 더 이물질을 제거한다

울음과 함께 숨(폐호흡)을 쉬기 시작하면 콧속과 귓속의 이물질을 한 번 더 깨끗이 제거한다.

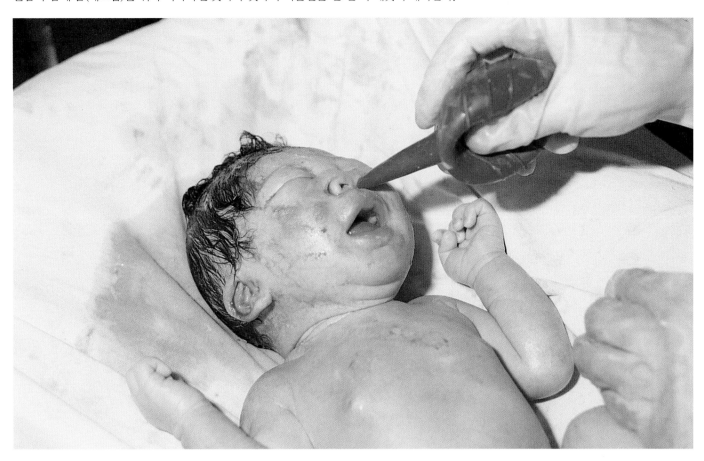

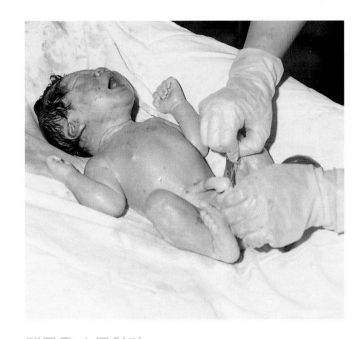

탯줄을 소독한다

숨을 원활하게 쉬도록 처치한 후 탯줄을 소독하고 정리한다.

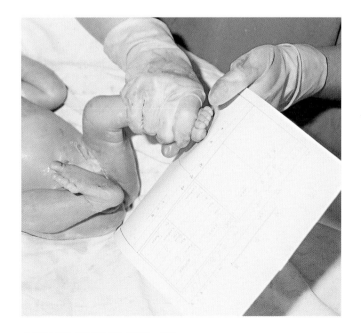

아기의 족인을 찍는다

신분을 증명하는 맨 처음 기록. 아기가 세상에 첫발을 내디딘다.

자궁에 대해 궁금한 것

하나의 생명을 잉태하고 그 생명이 독립적 존재로 살아갈 수 있도록 길러내는 공간, 자궁.
이 신비로운 공간을 살펴보고 태반, 양수, 탯줄의 역할을 알아본다.

태아의 영양 창고, 태반

태반의 형태

유전적으로 태반은 태아에게 속한 기관
이다. 수정란이 자궁내막에 착상하면 마
치 나무가 땅에 뿌리를 내리듯 수정란의
세포 중 태반이 될 세포층이 뻗어나와 자
궁벽을 파고 들어가 자궁의 혈관과 만나
게 되는데, 이것이 태반이 된다. 건강한
임신부의 태반은 대체로 암갈색을 띠며,
둥근 주머니 모양으로 크기는 지름
15~18cm, 두께 1.5~2cm 정도이다. 임신
이 진행될수록 커져서 임신 후기가 되면
태아 무게의 7분의 1 정도가 되고, 출산할
즈음에는 500g 정도 나간다.

태반의 성장

자궁내막에 착상할 무렵이면 수정란은 이
미 태아와 태반 세포로 분리된다. 중앙에
있는 세포들은 태아가, 외부 세포들은 태
반이 된다. 태반이 완성되기 전까지는 수
정란과 자궁의 결합력이 약해 유산되기
쉬우나, 어느 정도 완성되는 임신 4개월
이면 태반이 자궁벽에 잘 고정되기 때문
에 유산 위험이 적다. 아기가 태어나면 태
반의 역할도 끝난다. 분만한 지 5~10분
지나면 태반이 자궁벽에서 떨어져 엄마
몸 밖으로 배출된다.

태반의 역할

• **임신을 유지해준다** 아직은 불안정한 임
신 초기 착상 상태를 유지해 유산을 막는
다. 자궁내막을 보호하고 자궁 수축을 막
는 호르몬인 에스트로겐과 프로게스테론
도 태반에서 분비된다.
• **폐와 신장 역할을 한다** 탯줄을 통해 영

자궁 구조

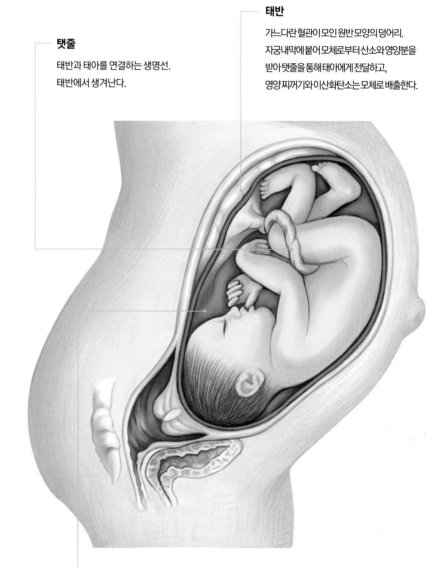

탯줄
태반과 태아를 연결하는 생명선.
태반에서 생겨난다.

태반
가느다란 혈관이 모인 원반 모양의 덩어리.
자궁내막에 붙어 모체로부터 산소와 영양분을
받아 탯줄을 통해 태아에게 전달하고,
영양 찌꺼기와 이산화탄소는 모체로 배출한다.

양수
생리식염수와 비슷한 성분의 물.
외부의 충격으로부터 태아를 보호한다.

양과 산소를 공급하고, 태아가 산소를 사용한 후 생기는 찌꺼기와 이산화탄소를 엄마 몸으로 내보내는 역할을 한다.

• **세균 감염을 막는다** 태아에게 필요한 항체는 통과시키고, 감염을 일으킬 수 있는 요소나 약물 등 해로운 물질은 차단한다. 임신 초기에 약물 복용이나 감염에 더 주의를 기울여야 하는 이유도 이 시기에는 태반이 아직 완성되지 않았기 때문이다.

• **면역체를 전달한다** 아직 면역 체계가 제대로 형성되지 않은 태아의 몸은 모체의 면역체를 전달받아 면역 체계를 형성한다. 배 속에 있는 동안 전달받은 면역체는 생후 6개월까지 유지된다.

태아의 쿠션, 양수

양수의 성분

모체의 혈액 성분인 혈장의 일부가 양수가 되며, 태아의 체액이 피부를 통해 배어나와 양수가 되기도 한다. 양수에는 태아 성장에 관여하는 알부민과 레시틴, 빌리루빈 등이 녹아 있으며 그 성분은 생리식염수와 비슷하다. 연한 살색을 띠는 투명한 액체로 약간 비릿한 냄새 말고는 별다른 특징이 없다.

양수의 변화

임신 초기에는 무색으로 투명한데, 후기가 되면 태아의 피부에서 떨어져 나온 상피세포, 태지, 솜털, 소변 등이 섞이면서 흰색 또는 노르스름한 색이 된다. 양수의 양은 임신 중기부터 하루 10ml 정도씩 증가해 임신 24주가 되면 평균 800ml에 이른다. 임신 34~36주에 700~1000ml가 될 정도로 최고치를 보이다가 출산이 가까워지면 800ml 정도로 감소한다.

양수의 역할

• **태아를 안전하게 보호한다** 자궁 내 태아를 감싸준다. 엄마 배가 세게 눌리거나 부딪치는 등 충격을 받아도 양수가 충격을 흡수하기 때문에 태아는 대부분 직접

영향을 받지 않는다.

• **태아의 성장을 돕는다** 태아는 양수에 떠 있기 때문에 자유롭게 몸을 움직일 수 있다. 이런 움직임을 통해 태아의 근육과 골격이 발달한다.

• **탯줄로 인한 사고를 방지한다** 태아가 움직일 때 탯줄이 몸에 감기지 않도록 태아의 몸에서 탯줄을 떼어놓는 역할을 한다. 탯줄이 태아의 몸을 조이면 산소 공급이 제대로 이루어지지 않아 신체 발달이 더디거나, 심한 경우 태아가 위험한 상황에 처할 수 있다.

• **태아에 대한 정보를 알려준다** 양수에는 태아에게서 떨어져 나온 세포가 섞여 있다. 따라서 양수를 뽑아 검사하면 발육 상태, 선천성 이상이나 기형 여부, 염색체 이상 등의 정보를 알 수 있다.

• **분만 시 윤활유 역할을 한다** 태아가 나오기 전 먼저 터져 자궁 입구를 열고 산도를 촉촉이 적셔준다. 또 태아가 엄마 몸 밖으로 완전히 빠져나갈 때까지 태반이 떨어지지 않도록 고정해주는 역할도 한다. 태반이 미리 떨어져 나가는 것을 태반조기박리라고 하는데, 이는 조산과 난산의 원인이며 태아가 위험할 수 있다.

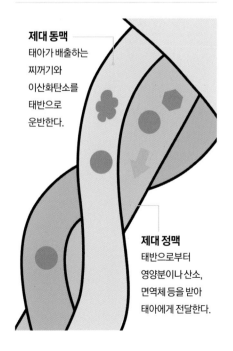

제대 동맥
태아가 배출하는 찌꺼기와 이산화탄소를 태반으로 운반한다.

제대 정맥
태반으로부터 영양분이나 산소, 면역체 등을 받아 태아에게 전달한다.

태아의 생명줄, 탯줄

탯줄의 형태

1개의 제대 정맥과 2개의 제대 동맥으로 이루어져 있다. 제대 동맥보다 발육이 빠른 제대 정맥이 제대 동맥 주위를 감으며 발달해 구불구불한 형태를 띤다.

탯줄의 성장

탯줄은 수정 후 4주쯤 지나 태아가 자궁벽에서 떨어져 나올 때 영양분과 산소를 운반하기 위해 태반에서 생겨난다. 굵기는 보통 1~2.5cm 정도, 길이는 태아가 성장함에 따라 길어지는데 임신 개월 수마다 5cm 정도씩 늘어나 임신 후기가 되면 50cm 정도가 된다. 탯줄은 5~6kg의 무게를 지탱할 수 있을 정도로 튼튼하다.

탯줄의 역할

엄마가 태아에게 보내는 영양은 혈액을 통해 탯줄을 타고 태아에게 운반된다. 혈액 안에는 태아의 생존과 성장에 꼭 필요한 영양분과 산소, 면역체 등이 들어 있다. 태아의 배설물 또한 탯줄을 통해 오간다.

분만 시 탯줄 트러블

• **탯줄이 감긴 경우** 분만이 지연되기도 하고, 탯줄이 눌려 산소 공급이 잘 안 되어 태아가 저산소증에 걸릴 수 있다. 전체 임신의 20~25% 정도로 나타나며, 대부분은 탯줄이 태아의 목에 감긴다. 탯줄이 너무 길거나 태동이 활발할 때 흔히 나타난다.

• **탯줄이 먼저 나오는 경우** 양수과다증, 좁은 골반, 역아일 때 양수가 터진 후 탯줄이 태아보다 먼저 나오는 경우가 있다. 자궁이 수축하면서 태아를 압박해 응급 사태가 발생할 수 있는데, 이때는 제왕절개를 한다.

• **탯줄이 너무 짧거나 긴 경우** 탯줄이 너무 짧으면(25cm 이하) 태아가 밑으로 내려오지 못해 분만이 지연된다. 반대로 70cm이면 탯줄이 태아보다 먼저 나오거나 태아의 손발에 감겨 혈행 장애가 일어날 수 있다. 심한 경우 저산소증으로 이어진다.

출산의 신호

출산이 임박했다는 신호일까, 단순한 배 뭉침일까?
출산의 대표 신호 그리고 출산 신호처럼 보이는 이상 증세.

언제 병원에 가야 할까

초산부의 경우 이슬이 비친다고 바로 병원에 가야 하는 것은 아니다. 이슬이 비친 뒤 진통이 오기까지 걸리는 시간은 개인차가 있지만, 일반적으로 24~72시간이라고 알려져 있다. 상대적으로 분만 진행 속도가 빠른 경산부는 이슬이 비치면 병원에 갈 준비를 하고, 진통이 시작되면 바로 병원에 간다. 병원에 가면 분만을 진행하거나 응급수술을 할 수 있으므로 병원에 가기 전에는 금식을 한다.

이슬과 비슷한 이상 증세에는 어떤 게 있을까

출산 예정일을 앞두고 피가 덩어리째 나오거나 출혈이 멈추지 않고 지속적으로 출혈량이 증가하면 즉시 병원으로 가야 한다. 원인은 여러 가지이지만 전치태반일 가능성이 가장 높다. 전치태반은 태반이 자궁구를 막아 태아가 밖으로 나오는 것을 방해하는 상태로, 태아가 나오기 전에 태반이 벗겨지면서 출혈이 생긴다.

진통이 시작된다

왜 진통을 하는 걸까

진통은 태아를 밖으로 내보내기 위해 자궁이 수축을 반복하는 과정에서 느끼는 통증으로 자궁 자체에서 일어나는 통증은 아니다. 자궁 근육은 내장을 구성하는 근육과 마찬가지로 자신의 의지로 움직일 수 없기 때문에 그 자체에 통증이 생기는 일은 없다. 정확히 말하면 진통은 자궁경관(자궁문)이 열리면서 골반 안쪽과 등에 있는 무수한 근육에 부담을 주고 산도를 압박해서 생기는 통증이다.

이슬이 비친다

왜 이슬이 비칠까

출산 예정일이 다가오면 모체는 태아가 나오는 길을 만들 준비에 들어간다. 우선 자궁구가 부드러워지고 벌어지면서 뒤이어 자궁경관이 열린다. 이때 자궁 입구에 있던 약간의 점액과 혈액이 나오는데, 이것을 이슬이라고 한다. 자연스러운 출산 과정이므로 이슬이 비치면 마음의 준비를 한다.

어떤 게 이슬일까

자궁구가 열리기 시작하면 점액 상태의 분비물이 흘러나온다. 대부분 혈액이 섞여 있는데, 이슬이 비친다고 할 만큼 소량이라 알아채지 못하는 사람이 있는가 하면, 생리처럼 많은 양이 나오는 사람도 있다. 이슬이 나타난 뒤에는 대개 진통이 시작된다. 드물지만 진통이 시작된 뒤 이슬이 비치거나 분만할 때까지 전혀 이슬이 비치지 않는 사람도 있다. 이런 경우 분만 도중 양수막이 터질 때 이슬도 같이 나온다.

어떤 게 진통일까

임신 막달이 되면 태아를 밀어내기 위해 자궁이 수축을 시작한다. 하루에도 몇 번씩 배가 돌처럼 단단해지고 태아가 배 속에서 몸을 돌돌 말고 있는 듯 느껴지는 불규칙한 통증이 찾아온다. 이를 가진통이라고 하며 출산을 앞둔 자궁이 수축을 연습하는 과정이다. 조금 아프다가도 금세 증상이 사라지는 것이 특징이다. 이와 달리 진진통은 미약하면서 불규칙하게 시작하지만 시간이 지남에 따라 배가 뭉치는 것 같은 통증이 점차 강해지고, 규칙적으로 바뀌며, 간격도 점점 짧아진다. 통증이 배와 허리에 나타나면 진진통으로 보아도 무방하다. 등과 무릎이 아프고 변비 때와 비슷한 통증이 느껴지기도 한다.

언제 병원에 가야 할까

초산부는 5~10분, 경산부는 15~20분 간격으로 규칙적 진통이 오면 병원에 간다.

진통과 비슷한 이상 증세에는 어떤 게 있을까

연속적으로 이어지는 극심한 진통도 진진통과 구별된다. 어느 한 곳이 집중적으로 아프고, 배가 딱딱할 정도로 뭉치고, 뭉친 배가 풀리지 않고 지속적이면서 심한 통증이 오면 태반조기박리를 의심해야 한다. 이때는 빨리 구급차를 불러 병원으로 간다. 출혈을 동반하는 통증이 나타나는 경우에도 지체하지 말고 병원에 가야 한다.

양막이 파수된다

어떤 게 양막 파수일까

미지근한 물이 다리를 타고 흐르는 것이 느껴질 만큼 제법 많은 양이 나오기도 하고, 자신도 모르게 속옷이 젖을 정도로 적은 양이 나오기도 한다. 심한 경우에는 뭔가 툭 터지는 느낌이 들며 맑은 물이 콸콸 흐르기도 한다. 끈적한 점액 성분의 질 분비물과는 구분이 되며 약간 비릿한 냄새가

나는 맑은 물이라 소변과도 다르다. 조금 흘러내릴 정도로 양이 극히 적은 경우에는 고유의 독특한 냄새가 나기도 하지만 금세 말라버려 분간하기 어렵다. 양수인지 아닌지 스스로 판단할 수 없을 때는 병원에 전화를 걸어 증상을 설명하고 이후의 행동 방침을 안내 받는다.

왜 양막 파수가 되는 걸까

양막 파수는 출산이 임박했다는 신호이다. 대부분의 경우 태아가 질 입구 쪽으로 내려와 양막에 압박을 주면서 양막이 터진다. 어느 부분이 찢어졌는가에 따라 흘러나오는 양수의 양이 다른데, 질 입구와 가까운 쪽의 양막이 터지면 흘러나오는 양수량이 많다. 반대로 위쪽이나 뒤쪽의 양막이 터지면 그 양이 적다. 간혹 출산 예정일을 한참 앞두고 갑자기 파수가 되는 경우도 있는데, 이는 태아를 감싸고 있는 양막이 점점 팽창하다가 압력을 견디기 못하고 터진 것이다.

언제 병원에 가야 할까

파수 후 48시간이 지나면 태아와 나머지 양수가 세균에 감염될 위험이 매우 크다. 따라서 파수가 되면 바로 병원으로 가야 한다. 양수가 지속적으로 흘러나올 수 있으므로 속옷에 패드를 대야 하며, 짧은 거리라도 걸어서 가는 것은 금물이다. 목욕이나 질 세척을 해서도 안 된다. 차 안에서는 옆으로 비스듬히 누운 자세를 유지하는 게 좋다. 대부분 파수 후 24시간 이내에 진통이 시작되지만, 그렇지 않은 경우에는 촉진제 등을 사용해 인공적으로 진통을 유발해야 한다.

이상 증세에는 어떤 게 있을까

출산 예정일을 한참 앞두고 양수가 터지는 것을 조기 파수라고 한다. 문제는 엄마와 태아 모두 분만 준비가 덜 되었다는 것. 갑자기 빠져나가는 양수를 따라 탯줄이 딸려 나갈 수 있는데, 아직 산도가 열리지 않았기 때문에 태아는 밖으로 나갈

수가 없다. 매우 위험한 상황으로, 심하면 태아가 사망할 수 있다. 임신부 10명 중 2~3명이 조기 파수를 경험한다.

⚠ 양수가 터진 후에는 24시간 이내에 분만을 해야 안전하다. 질 주변이나 항문 근처의 세균이 터진 양막을 통해 자궁 속으로 들어갈 수 있기 때문이다.

✔ **CHECK**

이슬을 알아보는 법

- ☐ 끈적이는 분비물에 혈액이 섞여 나온다.
- ☐ 분비물이 갈색이나 딸기색 젤리처럼 보인다.
- ☐ 적은 양의 출혈이 있다가 이내 곧 멈춘다.
- ☐ 진통이 있은 후 약간의 출혈이 있다.

진진통 구별법

- ☐ 자궁 수축을 규칙적으로 느낀다.
- ☐ 진통 간격이 짧아지면서 강해진다.
- ☐ 휴식을 취해도 진통이 사라지지 않는다.
- ☐ 진통이 배와 허리에서 느껴진다.

양수가 터졌을 때 증상

- ☐ 미지근한 물이 다리를 타고 흐른다.
- ☐ 뭔가 터진 듯 맑은 물이 콸콸 쏟아진다.
- ☐ 비릿한 냄새가 나면서 속옷이 흠뻑 젖는다.
- ☐ 소변처럼 맑은 물이 흐르는 느낌이 든다.

NG 막달, 태아가 위험하다는 신호

출산을 앞두고 활발하게 움직이던 태아가 24시간 동안 아무 움직임이 없으면 위험하다. 갑자기 배가 딱딱해지면서 어느 순간 태동이 멈추면 매우 심각한 상태라고 볼 수 있다. 잘 자라던 태아라도 임신 후기에 알 수 없는 이유로 사망하는 경우가 있으므로 배와 태동 상태가 평소와 다르면 즉시 병원으로 가서 검사를 받는다. 태아에게 문제가 생겼을 경우 조기 분만하거나 제왕절개 수술을 해야 한다.

입원 준비물 챙기기

출산 예정일이 다가오면 입원 수속에 필요한 것과 병원에서 사용할 물건을 미리 챙겨 눈에 잘 띄는 곳에 둔다.
특히 입원 수속에 필요한 것들은 작은 가방에 따로 담아 외출할 때도 항상 가지고 다닌다.

입원할 때 필요한 것

산모수첩, 진찰권, 신분증

임신 기간 동안의 기록을 적은 산모수첩과 진찰권 그리고 신분증은 기본 준비물이다. 작은 가방에 따로 챙겨두고 임신 후기에는 갑자기 병원에 가야 하는 돌발 상황에 대비해 항상 가지고 다닌다. 외래 환자가 많은 대형 병원에서 빨리 접수하려면 진찰권이 필요하다.

현금, 신용카드, 휴대전화

대부분의 경우 신용카드로 결제가 가능하지만 예상치 못한 상황이 있을 수 있으므로 10만 원 정도의 현금을 지참하면 좋다. 가족과 연락을 취할 수 있도록 휴대전화와 충전기도 꼭 챙기자.

! 응급 상황에서는 병원에 빨리 가는 것이 무엇보다 우선이다. 주민등록번호만 있으면 환자의 인적 사항이나 진료 내용 조회가 가능하다. 따라서 응급 시에 준비물이 없다는 이유로 병원에 가는 시간을 늦추지 말자.

액세서리는 두고 가자

목걸이, 반지 등 평소 착용하던 것이라도 병원에 갈 때는 집에 두고 가자. 도난 분실의 위험도 있고 병원 처치 시 방해가 될 수 있다. 콘택트렌즈도 빼고 갈 것.

출산 후, 입원 중 필요한 것

팬티, 산모용 패드

출산 직후에는 땀과 오로가 많이 나오므로 넉넉히 챙겨 가자. 출산을 한다고 복부 사이즈가 바로 줄어드는 것은 아니므로 팬티는 임신 후기에 입던 것을 가져간다. 자연분만 시 3장, 제왕절개의 경우는 5장 정도 준비하면 입원 기간을 불편 없이 보낼 수 있다. 산모용 패드는 병원에서도 제공하지만 자주 교체해야 감염을 예방할 수 있으니 따로 준비한다.

수유용 브래지어, 수유 패드
앞으로 여미는 형태의 수유용 브래지어는 2개, 모유가 새는 것을 막아주는 수유 패드는 넉넉히 준비한다. 수유 패드는 세탁해서 쓸 수 있는 다회용과 일회용이 있는데, 출산 직후에는 일회용을 사용한다.

유축기, 모유 저장팩
특히 제왕절개 산모는 출산 직후에 초유를 먹이기 어려워 젖을 짜서 보관했다가 먹여야 하므로 반드시 필요하다.

> ⓘ 유축기, 모유 저장팩, 타월, 회음부 방석 등은 입원 기간 동안 제공하는 병원이 많다. 입원 전 미리 확인해두면 입원 가방을 가볍게 꾸릴 수 있다.

면 내의, 카디건, 양말
여름이라도 직접 찬 바람을 쐬면 안 되고 면 소재의 긴소매 옷을 입는 것이 좋은데, 카디건이 유용하다. 환자복 위에 입고 벗기 편하도록 품이 넉넉하고 소매통이 넓은 것으로 가져갈 것. 호르몬의 영향으로 갑자기 열이 올랐다가 내릴 수 있으니 발목까지 오는 양말도 3~4켤레 준비한다.

천 소재 머리띠, 머리끈, 머리빗, 양치용 가글
출산 직후에는 기력이 쇠진해 머리를 감기가 힘들다. 폭이 넓은 천 소재 머리띠를 하면 예민해진 피부에 자극을 주지 않고 머리를 간단하게 정리할 수 있다. 잇몸이 약해져 칫솔질하기 힘든 경우도 많다. 이를 대비해 양치용 가글을 준비하자.

물티슈, 기초 화장품
출산 직후 며칠 동안은 자주 씻기 힘들므로 물티슈가 유용하다. 아기를 만지기 전에는 항균 처리한 물티슈로 손을 닦는다. 수분과 유분이 함유된 로션과 세안제, 립밤 등 기본 화장품도 잊지 말 것. 출산 후에는 피부가 무척 예민하고 쉽게 건조해지기 때문에 꼭 필요하다.

회음부 방석
가운데가 오목하게 파인 형태의 방석으로, 출산 직후 상처 난 회음부에 자극을 주지 않고 앉을 수 있도록 돕는다.

타월, 가제 손수건
타월은 샤워나 세수할 때뿐 아니라 가슴을 마사지할 때 스팀타월로도 유용하다. 가제 손수건은 5장 이상 준비할 것. 아기를 안거나 구토물을 닦아줄 때, 수유 후 가슴을 닦을 때 등 쓸모가 많다.

퇴원할 때 필요한 것

배냇저고리, 속싸개
퇴원할 때 필요하므로 각각 1벌씩 준비한다. 미리 삶아 빨아 섬유에 묻은 이물질, 섬유 유연제 성분을 제거한다.

겉싸개, 보낭
퇴원은 아기의 첫 외출. 아기가 외부의 기온 변화에 놀라지 않도록 속싸개로 한 번, 겉싸개로 또 한 번 감싸준다. 겨울이라면 겉싸개 대신 두꺼운 보낭을 준비한다.

기저귀
병원에서는 보통 일회용 기저귀를 제공한다. 천 기저귀를 채우고 싶으면 기저귀 커버도 같이 준비해야 한다.

퇴원복
아직 배가 나와 있고 옷을 갈아입기 힘들므로 상하가 분리되고 사이즈가 넉넉한 옷을 준비하자. 긴 스커트 또는 품이 넉넉한 바지, 앞트임 단추가 있는 긴소매 티셔츠, 카디건이 갈아입기 편하고 모유수유할 때도 유용하다.

출산 준비 가방 선택법

• **기저귀 가방** 바깥쪽과 안쪽에 주머니가 많고 공간이 구분된 것이 편리하다. 짐이 많지 않은 자연분만 산모인 경우에 적합하다.

• **트렁크** 준비할 짐이 많은 제왕절개 산모에게는 여행용 트렁크가 좋다. 병실에 따로 수납공간이 없을 경우에도 트렁크를 가져가면 짐을 필요한 것만 꺼내 쓸 수 있다.

남편이 해야 할 일

진통이 시작되면 산모는 정신이 없다. 우왕좌왕하지 않으려면 남편도 미리 자신의 역할을 점검해야 한다.
분만 당일, 남편으로서 아빠로서 해야 할 일 17가지.

집에서 진통이 시작되었을 때 할 일

가진통인지 진진통인지 구별한다

진통이 왔다고 무턱대고 병원으로 달려 가지 말고 1시간 정도는 진통 간격과 강도를 체크하며 기다린다. 진진통이 10분 간격으로 오면 병원으로 데려간다. 진통 간격이나 강도를 꼼꼼하게 적어두었다가 병원에 가져가면 도움이 된다.

감이 잡히지 않으면 분만실로 전화한다

피가 섞인 분비물이 비치거나 진통 간격 만으로는 언제 병원에 가야 할지 알 수 없 다면 분만실에 전화를 걸어 문의한다. 산 부인과 분만실은 24시간 근무하기 때문 에 심야에도 통화가 가능하다.

산모수첩과 진찰권만 챙긴다

진통이 시작되어 병원에 갈 때는 출산 준 비물이 가득 든 가방은 가져가지 않는다. 분만을 기다리는 내내 들고 다니려면 무 겁고 번거롭기 때문이다. 입원에 필요한 진찰권과 그간의 기록을 적은 산모수첩 만 챙겨 가고, 나머지는 출산 후에 가져간 다. 아기용품 역시 산모가 퇴원하는 날에 필요하므로 미리 챙겨 가지 않는다.

초산일 땐 직접 운전, 경산이면 콜택시를 타고 간다

산모의 상태를 살펴본 다음 운전을 해야 할지 택시를 불러야 할지 결정한다. 초산 이면서 진통 간격이 5분 이상이라면 남편 이 운전해도 상관없지만, 둘째 이상 아기 라면 출산의 진행 속도가 빠르기 때문에 운전보다 산모를 돌보는 게 우선이다. 되

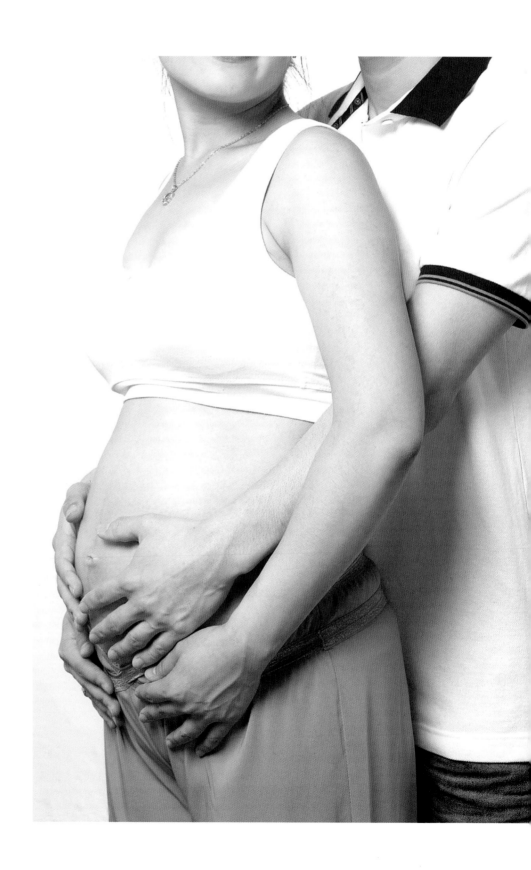

도록 콜택시를 불러 타고 간다. 출퇴근 시간처럼 차가 막힐 때나 병원까지의 거리가 1시간 이상이라면 지체하지 말고 구급차를 부르는 것이 안전하다.

산모를 차에 태울 때는 눕히지 말고 쿠션을 준비한다

안전하게 태운다고 눕히는 경우가 있는데, 시트가 좁아 불편하고 자동차의 흔들림이 임신부 몸에 그대로 전달되어 오히려 어지러움을 느끼기 쉽다. 게다가 급정거하다가 시트에서 떨어질 위험도 있다. 반드시 뒷좌석에 앉히되 쿠션을 무릎 위에 올려 껴안는 듯한 자세로 엎드려 있게 하는 것이 좋다.

병원에 도착한 후 해야 할 일

원무과에 접수한다

접수를 해야 진료 차트를 찾아 의사의 진찰을 받을 수 있다. 접수를 마치면 산모 전용 응급실로 데려간다. 진찰 결과에 따라 입원을 하고 분만 대기실로 가야 할지, 집으로 다시 돌아가야 할지 결정을 내릴 수 있다. 급한 경우 산모는 먼저 분만실이나 응급실로 들어가고, 나중에 접수해도 된다.

NG 분만실에서 하지 말아야 할 3가지

1 진통으로 고통스러워하는 산모 모습에 당황해 의료진을 향해 어떤 조치든 취하라며 소리치는 것. 의사를 신뢰하고 지시에 따라야만 원만한 분만이 이뤄진다.

2 분만실에 들어왔다가 산모의 고통을 볼 수 없다며 중간에 나가겠다고 하는 것. 아내의 불안함을 가중시킬 수 있다.

3 출혈이 낭자한 산모 모습을 보고 얼굴이 하얗게 질려 비명을 지르는 행동. 또는 산모의 분만을 도우며 호흡을 같이 하다가 지레 탈진해 쓰러지는 경우도 있다. 사전에 분만에 대한 교육을 받아 충분한 지식을 갖고 들어가면 이런 일을 예방할 수 있다.

입원 수속을 신속하게 한다

환자가 많은 병원이라면 분만실이나 입원실이 부족할 수도 있다. 입원결정서를 받으면 작성한 입원신청서와 진찰권을 원무과에 제출하고 병실을 배정받는다.

> **!** 가족 분만은 진통부터 분만, 회복까지 가족과 함께할 수 있다. 보통 미리 신청해야 하지만, 분만 당일 신청이 아예 불가능한 것은 아니므로 가능한 한 빨리 대기자 명단에 이름을 올린다.

보호자 대기실에서 인터폰으로 산모의 상황을 확인한다

병원에 따라 산모가 보호자를 급하게 필요로 할 때나 분만 직전에만 분만 대기실에 들어갈 수 있는 곳이 있고 아예 들어갈 수 없는 곳도 있다. 이때는 보호자 대기실에서 기다리며 인터폰으로 산모의 상태를 확인한다. 환자 현황판을 통해 분만진행과정을 알려주기도 한다. 자리를 비운 사이 출산을 하면 낭패이므로 외출 시에는 간호사에게 휴대전화 번호를 남긴다.

면회 시간이 언제인지 확인한다

분만 대기실과 분만실에 보호자 출입 제한이 있는 병원에서는 면회 시간을 꼼꼼히 체크하자. 하루 2~4회 정도 면회 시간을 정해놓기도 하고, 경우에 따라 야간에 면회를 금지하는 경우도 있다.

기다리는 동안 필요한 연락을 취한다

산모를 볼 수 있는 시간에 맞춰서 오도록 가족에게 면회 시간과 병원 위치를 알려준다. 아직 회사에 알리지 못했다면 출산 사실을 알리면서 출산휴가도 신청한다. 남편(배우자)도 아내의 출산을 이유로 10일의 휴가를 받을 수 있다.

산모의 통증을 완화해준다

분만 대기실에서는 힘들어하는 산모를 위해 통증이 심한 부위를 마사지해주고, 종아리의 혈액순환이 잘되도록 주물러준다. 복식호흡을 하면 통증을 줄일 수 있으므로 산모 옆에서 도와준다. 고마움이 담

긴 응원의 말도 큰 힘이 된다.

먹을 것을 주지 않는다

분만 대기실에 들어가면 관장을 하고 금식을 한다. 제왕절개 수술을 할 경우 적어도 8시간은 금식한 상태여야 마취가 가능하다. 의료진의 허락 없이는 물 한 모금도 주지 말아야 한다.

출산 순간을 대비한다

직접 탯줄을 자르기 원한다면 의사에게 미리 알린다. 출산 순간 감정이 격해질 수 있으므로 당황하지 않도록 주의하고, 손에 땀이 나므로 손수건을 미리 준비하면 도움이 된다.

아기가 태어난 후 잊지 말아야 할 것

산모와 의료진에게 감사 인사를 한다

"고생했어"라는 남편의 말 한마디가 힘겹게 출산을 마친 산모에게 큰 위안이 될 수 있다. 의료진에게도 진심을 담아 감사의 인사를 전한다.

아기의 첫 모습을 찍어둔다

병원마다 분만실 환경이 다르므로 의사와 상의한 후 촬영을 시작한다. 가족 분만실에서 분만할 경우 남편이 아기를 촬영할 수 있고, 제왕절개수술을 하는 경우 대부분의 병원에서 첫 울음 동영상을 촬영해준다.

신생아 정보와 주의 사항을 기록한다

아기가 신생아실로 옮겨가기 전 태어난 시간과 성별, 몸무게 등을 담당 간호사가 알려준다. 확인이 끝나면 신생아실 출입과 아기에 대한 주의 사항을 듣는데, 메모했다가 산모에게 전한다.

나머지 짐을 챙겨 온다

병원에서 신을 슬리퍼, 간단한 침구류, 갈아입을 옷, 칫솔과 디오더런트 등 입원 기간 동안 필요한 물건을 챙긴다.

제대혈 이해하기

제대혈은 태아의 성장에 필요한 모든 세포와 영양분을 공급해온 탯줄 혈액이다.
보관해두면 나중에 암이나 유전성 질환 등 치명적 질병을 치료하는 데 유용하게 쓸 수 있다.

아기는 물론 가족을 위한 생명보험

제대혈은 왜 필요한가

갓 태어난 아기의 탯줄에서 뽑아낸 혈액을 제대혈이라고 한다. 제대혈에는 혈액과 면역 체계를 만들어내는 줄기세포인 조혈모세포를 비롯해 각종 장기로 분화할 수 있는 줄기세포가 풍부하게 들어 있다. 골수가 정상 기능을 하지 못할 경우, 골수 이식(골수에서 채취한 조혈모세포를 이식) 대신 제대혈 이식(제대혈에서 채취한 조혈모세포를 이식)을 해서 백혈병이나 폐암, 소아암, 재생불량성 빈혈 등 각종 암과 혈액 질환, 유전·대사 질환 등을 치료할 수 있다. 암이나 유전 질환의 가족력이 있다면 태어나는 아기의 제대혈을 보관하는 것이 안전하다. 아기는 물론 가족 구성원의 치명적 질병에도 대비할 수 있다.

골수 이식보다 좋은 점

제대혈에 포함된 조혈모세포는 혈액이 백혈구·적혈구·혈소판 등으로 나뉘기 이전의 원시세포로 보통 사람의 골수 속에 들어 있는데, 일생에 단 한 번 태어날 때 탯줄과 태반에서 채취가 가능하다. 골수를 채취하려면 큰 고통을 겪어야 하지만, 제대혈은 분만 순간 산모나 아기에게 아무런 고통도 주지 않고 채취할 수 있으며, 바이러스 감염 위험과 이식 후 거부반응이 적다는 장점이 있다. 골수 조혈모세포는 6개의 조직 적합성 항원(HLA)이 모두 일치해야 이식이 가능하지만, 제대혈 조혈모세포는 골수 조혈모세포보다 미성숙해 조직 적합성 항원이 3개 이상만 일

치해도 이식이 가능하다. 심지어 혈액형이 맞지 않아도 수술이 가능할 수 있다. 또 적합한 골수를 찾지 못해 치료 시기를 놓치기도 하는 골수 이식과 달리, 제대혈은 원하는 기간까지 냉동 보관해두고 필요할 때 해동해서 바로 사용할 수 있기 때문에 적기에 질병을 치료할 수 있다.

어떤 질병에 사용하나?

치료받을 수 있는 질병

현재 제대혈의 조혈모세포 이식으로 치료가 가능한 질병에는 악성종양(백혈병, 골수이형성증후군, 뇌종양, 고환암, 신경아세포종, 다발성 골수종 등), 혈액 질환과 혈색소 질환(재생불량성 빈혈, 겸상적 혈구빈혈, 선천성 혈구감소증 등), 선천적 대사 장애(헌터증후군, 선천성 면역결핍증, 고셔병), 자가 면역 질환(류머티즘, 루푸스) 등이 있다.

이식이 가능한 횟수

1회 사용이 일반적이다. 채취 후 냉동 보관한 제대혈의 양이 한정되어 있어 이식 시 한 번에 전량을 사용하기 때문이다. 만약 보관한 제대혈의 조혈모세포 수가 적거나 조직 적합성 항원이 맞지 않을 경우

기증한 제대혈을 보관하는 공여 은행에서 적합한 것을 찾아 치료한다.

쌍둥이의 경우에는 각각 채취

이란성쌍둥이의 경우는 조직 적합성 항원이 다를 수 있으므로 각각 보관해야 한다. 일란성쌍둥이라 할지라도 1난자+1정자 수정란이 2개로 갈라진 경우가 아니라면 유전자가 100% 같지 않을 수 있으므로 각각 보관한다. 쌍둥이가 제대혈을 보관할 경우 업체마다 할인 혜택이 있다.

보관 비용은 얼마나 되나

가족 은행의 제대혈 보관 기간은 15~100년까지 가능하다. 일반적으로 15년, 30년을 선택하고, 기간 연장을 한다. 비용은 15년 130만~170만 원 선, 30년 200만~250만 원 선, 50년 300만~350만 원 선, 100년 400만 원 선이다(2024년 기준). 기증 은행의 경우 소유권이 기증 은행에 있기 때문에 보관 비용도 기증 은행에서 부담한다.

가족 은행 vs. 기증 은행

제대혈은 가족 은행에 보관하거나 기증 은행에 기증하는 방법이 있다. 가족 은행은 아기와 가족을 위해 비용을 내고 제

국내 제대혈 은행 7곳

은행명	전화번호	홈페이지
메디포스트 셀트리(가족/기증)	1899-0037	www.celltree.co.kr
셀론텍 베이비셀(가족)	080-012-3579	www.babycell.com
보령제대혈은행(가족/기증)	080-0202-015	www.brcell.co.kr
GC 녹십자랩셀 제대혈은행(가족/기증)	080-578-0131	www.lifeline.co.kr
차병원 아이코드(가족)	080-561-3579	www.icord.com
서울시 올코드(기증)	02-870-2910~2	www.allcord.or.kr
가톨릭조혈모세포은행(기증)	02-3147-8867	www.chscb.com

대혈을 보관하는 곳으로, 제대혈 소유권은 해당 가족에게 있으며, 추후 제대혈을 사용할 때 추가 비용을 내지 않아도 된다. 기증 은행은 기증한 제대혈을 보관하는 곳으로, 채취 및 보관 비용을 기증 은행이 부담한다. 기증한 제대혈은 불특정 난치병 환자를 위해 사용하며, 치료용으로 적합하지 않다고 판단되면 연구용으로 사용하기도 한다. 기증자와 가족도 추후 기증 제대혈을 사용하려면 비용을 지불해야 한다.

> ⚠ 최근 제대혈 보관업체가 제대혈을 제대로 보관·관리하지 않거나, 기증용 제대혈을 적법한 절차나 승인 없이 연구용으로 공급해 문제가 되고 있다. 업체 정보와 관련 기사, 후기 등을 꼼꼼히 찾아보고 선택하자.

채취와 보관 과정

보관 신청을 하고 보관료를 입금한다
업체를 선정한 후 상담을 통해 등록한다. 보관료는 일시납을 하면 할인해주는 경우가 많다. 장기 할부 또는 사은품을 주는 경우도 있다.

채취 세트와 안내서를 받는다
입금이 확인되면 업체에서 계약서와 함께 탯줄 혈액 채취 세트와 안내서를 보내준다. 채취 세트를 받으면 내용물(탯줄 혈액 채취백, 스티커, 채취 설명서, 탯줄 혈액 채취 기록지 등)을 확인한다.

궁금한 줄기세포와 골수 은행

최근 들어 태아의 줄기세포를 보관하는 경우가 늘고 있다. 줄기세포는 생물을 구성하는 세포의 기원이 되는 세포. 특정한 세포로 분화되지 않은 채 있다가 필요할 경우 신경, 혈액, 연골 등 신체를 구성하는 모든 조직으로 발달할 수 있는 세포이다. 배아줄기세포와 성체줄기세포가 있는데 배아줄기세포는 수정란을, 성체줄기세포는 조직을 구성하는 세포이다. 질병 치료 목적으로 연구를 계속하는 중이며, 혈액이나 골수에 비해 치료할 수 있는 질병의 범위가 넓어 기대치가 높다.
골수 은행은 골수 이식으로 질병을 치료하기 위한 환자와 기증자를 연결해주는 비영리 기관으로, 우리나라에는 1993년에 설립되었다. 골수 이식은 혈액 질환을 앓는 환자의 골수에 건강한 사람의 골수세포를 주입하는 방법으로 이루어진다.

제대혈 채취 과정

제대혈 채취 방법은 두 가지. 하나는 분만 후 태반이 반출되면 채취하는 방법으로 탯줄을 소독하고 바늘을 찔러 넣은 다음 태반을 눌러 채취백에 제대혈이 흘러가게 한다. 또 하나는 분만 후 태반이 반출되기 전에 탯줄에서만 채취하는 방법이다. 태반이나 탯줄에는 신경세포가 없으므로 산모가 통증을 전혀 느끼지 않고 2분 정도면 채취가 끝난다.

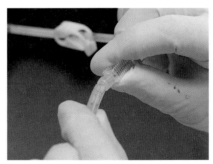

제대혈 채취를 주치의에게 맡긴다
현재 다니고 있는 산부인과 담당 의사에게 미리 제대혈 채취 결정을 전달한다. 이때 '탯줄 혈액 채취'라고 쓴 스티커를 주치의에게 전달해주어야 비상시 다른 의사가 분만을 담당하더라도 혼선이 없다.

분만 시 탯줄 혈액을 채취한다
분만을 하러 병원에 갈 때는 제대혈 채취 세트를 반드시 챙겨 가고, 미리 제대혈 보관업체에 연락한다. 채취는 분만 후 5분 이내에 이루어진다. 아기가 태어난 뒤 탯줄을 자르고 탯줄에서 주사기로 제대혈을 뽑아낸다. 담당 의사는 채취백에 산모의 이름과 병원명, 채혈 일시 등을 기록한다. 채취한 혈액과 채취 기록지를 채취 세트에 넣어 봉인한 다음 운송 직원이 도착하기 전까지 반드시 실온에서 보관한다.

분만 후 업체에 연락한다
병원에서 신생아 정보와 산모 감염 질환 검사 결과, 동의서 등을 기재한 기록지를 받아두었다가 운송 직원에게 채취 세트와 함께 건네준다. 제대혈은 채취 세트에 담겨 24시간 이내에 지정된 은행으로 운반된다.

조혈모세포를 분리한다
제대혈 은행으로 운반해온 제대혈은 처리 과정에 따라 냉동 보관의 적합성 여부를 판단하고 각종 임상 병리 검사, 조혈모세포 분리, 정제 등의 분리 과정을 거친다. 이 과정에서 보관하기 어려운 사유가 발견되면 비용을 환불받을 수 있다.

냉동 보관한다
보관 적합 판정을 받은 제대혈은 고유번호를 부여받은 뒤, 영하 196℃의 액체 질소 탱크에 보관한다.

보관증서를 받는다
보관이 확정되면 4주 이내에 보관증서를 받는다. 전화나 각 업체의 홈페이지를 통해서도 보관 상태를 확인할 수 있다.

태아보험 알아보기

태아보험은 저체중아 · 조산아를 위한 인큐베이터 이용료부터
선천적 장애와 출산에 동반되는 각종 질환의 치료 · 수술비, 교육비까지 보장한다.

보험 가입 요령

어떤 경우에 필요한가

태아보험에 가입하는 이유는 아기가 태어나는 순간부터 보험 혜택을 받기 위해서이다. 즉 조산이나 선천적 장애, 인큐베이터 이용, 출산과 함께 동반되는 각종 질환과 질병 등에 미리 대비하는 것. 신생아 시기에 병치레를 하는 경우 보험 가입에 제한이 생길 수 있으므로 태아 때 가입하는 것이 여러모로 유리하다.

태아보험을 선택하는 방법

태아보험을 가입할 때는 임신부의 현재 건강 상태를 기준으로 정확한 보장 범위와 내용을 확인하는 것이 중요하다. 기본 보장 범위에서 추가하고 싶은 부분이 있거나 가족력이 있다면 특별약관(특약)을 고려한다. 보험사별로 태아 특약, 산모 특약이 있으니 필요한 항목을 꼼꼼히 따져보고 가입한다. 또 납입 기간과 만기 선택에 따라 보험료와 보장기간이 달라지므로 상황에 맞춰 선택한다. 최근에는 태아보험뿐 아니라 실손의료비보험을 같이 가입하는 경우가 많은데, 출산 후 아이가 아프면 실손의료비보험 가입이 어려울 수 있기 때문이다.

손해보험사 vs. 생명보험사

태아보험은 손해보험사와 생명보험사에서 판매하는데 각각의 회사마다 차이점이 있다. 생명보험사는 고액 보장과 보장 범위가 넓은 정액형 보험이므로 소아암 등 치료비가 많이 드는 질병의 경우는 생명보험사의 태아보험으로 보장받는 것이 유리하다. 손해보험사는 실제 청구되는 치료비만큼 보장해주는 의료 손실 보장형으로 생명보험사에 비해 보장 가능한 항목이 다양한 편이다. 우려되는 점을 고려해 가입하면 되지만, 선택하기 어렵다면 손해보험사와 생명보험사의 장점을 묶은 패키지 보험 상품에 가입하는 것도 방법이다.

언제 가입하는 게 좋은가

태아보험은 임신 주 수에 따른 보험 가입 제한이 엄격하다. 생명보험사는 보통 임신 16주부터 가입할 수 있고, 손해보험사는 임신 직후부터 가입할 수 있다. 암에 대한 보장은 생후 90일이 지나야 보장받을 수 있지만, 저체중이나 선천성 이상의 경우는 가입과 동시에 보장받을 수 있기 때문이다. 또 보험사마다 임신 주기에 따라 특약 가입에 제한이 있으므로 원하는 특약의 가입 주 수를 넘기지 않도록 주의한다. 태아 보장 특약의 경우 임신 22~23주까지만 추가할 수 있다. 보통 1차 기형아 검사는 11~14주에 실시하는데, 검사를 받기 전 가입하면 결과에 상관없이 보험 혜택을 받을 수 있다.

> ❗ 기형아 검사를 받기 전 가입할 수 있는 태아보험에는 후천성 장애는 물론 선천성 장애까지 보장하는 상품도 있다.

임신부에게 지병이 있어도 보험 가입이 가능한가

임신부의 질병이 태아에게 유전되기 쉬운 경우(당뇨병, 고혈압)와 고령 임신, 부인과 질환, 유산 이력 등이 있다면 태아보험 가입에 제한을 받을 수 있다. 하지만 점점 태아보험 가입 심사 기준이 완화되는 추세이다. 가입 가능 여부에 큰 영향을 미친 자궁근종은 치료 여부보다 현재 상태를 기준으로 평가하고, 가입 거절 사유였던 3회 이상 유산 경력은 개별 사례에 따라 가입이 가능하게 되었다. 고령 임신부에 대한 심사도 이전에 비해 간단해졌다. 그러나 보험사마다 심사 기준이 다르므로 직접 문의해서 가입 가능 여부를 확인하자.

> ❗ 아이뿐 아니라 임신부의 임신 질환도 보장받고 싶다면 임신 질환 실손 입원 의료비 담보가 있는 상품에 가입한다. 임신중독증, 입덧, 가진통, 조기 진통 등 다양한 임신 질환을 보장받을 수 있다.

쌍둥이 임신인 경우는 어떻게 가입하나

조산 위험이 높으므로 신생아 중환자실 입원비를 많이 지급하는 상품을 선택하는 것이 유리하다. 아이 수대로 태아 보험에 가입하는 경우, 다태아를 위한 전용 보험에 가입하는 경우 등 선택 가능하다. 2024년부터 서울시에서 태어난 다태아는 출생신고를 하면 '다태아 안심 자녀보험'에 무료 가입되어 최대3천 만 원까지 보장받을 수 있다.

보험금을 효율적으로 청구하는 법

정작 보험금을 수령할 때는 이것저것 따지는 것이 많고, 보험 항목도 잘 몰라 제대로 보상받지 못하는 경우가 많다. 보험금을 지급받았다 해도 정확한 금액이 입금되었는지 확인하기 어렵다. 최근에는 보험사에서 운영하는 모바일 고객센터 애플리케이션에서 보험의 보장 범위는 물론 보험금 청구도 손쉽게 할 수 있다.

> ❗ 태아보험비교전문(insulab.co.kr), 태아보험다모아(tea.bohumclick.com), 태아/어린이보험 가입센터(bobby.childinsu.kr) 등 보험 비교 사이트를 통해 태아보험에 대한 더욱 자세한 정보를 얻을 수 있다.

안전한 분만 정보

순조로운 출산은 모든 엄마의 소망입니다.
자연분만의 힘을 알고 나면 분만할 때 더욱 힘을 낼 수 있겠지요.
제왕절개로 아기를 낳은 엄마를 위한 분만 정보도 꼼꼼하게 담았습니다.
너무 사소해서 누구에게도 묻지 못한 분만 궁금증과 해답은
초보 엄마를 위한 스페셜 페이지입니다.

자연분만의 힘

자연분만은 수술하지 않고 엄마의 질을 통해 아기를 낳는 것을 말한다.
태어날 아기와 엄마 모두에게 가장 좋은 분만법, 자연분만에 대해 미리 알아두어야 할 것들.

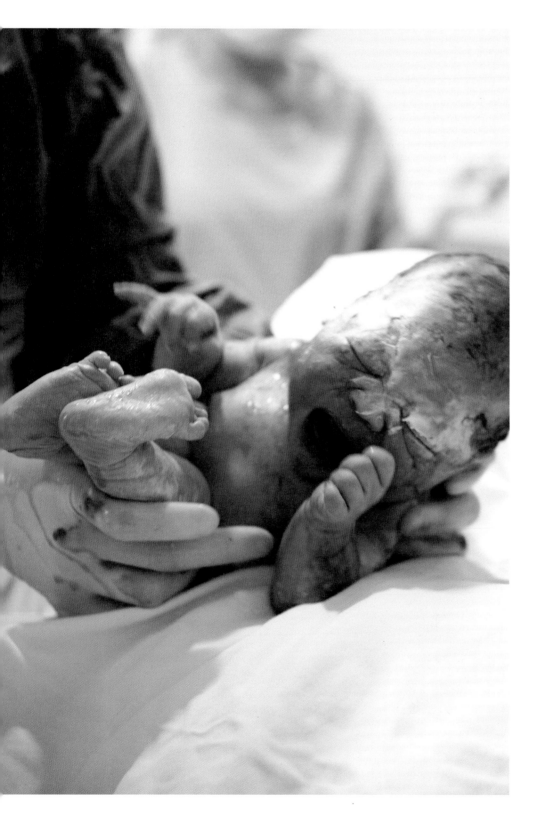

자연분만이 좋은 이유

감염 위험이 적다

제왕절개는 전신마취를 해야 하는 대수술이다. 과다 출혈과 장 협착증, 마취에 따른 합병증, 배변 기능 약화, 요로 감염 등의 가능성이 자연분만보다 평균 2배 이상 높다. 복강과 자궁이 모두 공기 중에 노출되고 의사가 손으로 복강 내부를 여러 번 만지기 때문이다. 출산 후 재입원하는 비율도 자연분만의 2배에 이른다. 산모의 사망률은 자연분만 0.01%, 제왕절개 분만 0.04%이다.

회복이 빠르다

자연분만한 산모는 분만 후 6~8시간 정도 지나면 평소처럼 걸을 수 있을 만큼 몸이 회복된다. 3일 후면 퇴원할 수 있고, 제왕절개로 아기를 낳은 산모에 비해 자궁 수축도 잘되고, 산후 출혈도 빨리 멈춘다. 이에 반해 제왕절개한 산모는 전반적으로 회복이 더디며 분만 후 진통제를 주기적으로 맞아야 하고, 후유증의 위험 때문에 의료진의 보살핌을 받아야 하므로 수술 후 5~7일 동안 병원에 입원해야 한다.

모유수유를 안정적으로 할 수 있다

모유수유 성공률을 높이기 위해서는 분만 후 30분~1시간에는 젖을 물리는 것이 좋다. 이후 지속적으로 젖을 물리면 젖의 양이 잘 늘어 모유수유가 순조롭게 이루어진다. 자연분만한 산모는 이 시간 내에 젖을 물릴 수 있을 정도로 몸이 회복되지만, 제왕절개한 산모는 움직임이 불편해 옆으로 누워 젖을 물리거나 유축기로 젖을 짜두었다가 먹여야 한다.

아기가 더 건강하다

자연분만한 아기는 제왕절개로 태어난 아기에 비해 생후 24시간 동안 훨씬 덜 자고 움직임이 활발하다는 연구 결과가 있다. 힘겹게 산도를 빠져나오면서 세상에 적응하는 법을 배웠기 때문이다. 면역력 또한 더 강해서 제왕절개로 분만한 아기에 비해 알레르기 비염, 아토피피부염에 걸리는 확률도 적다.

아기의 지능을 높여준다

피부 자극과 뇌 발달의 관련성은 많은 학자가 이미 증명한 바 있다. 자연분만 과정은 아기 피부에 좋은 자극이 된다. 엄마의 산도를 빠져나오면서 전신 피부가 자극을 받고, 이 자극이 아기의 뇌 중추에 활력을 주어 뇌 기능을 활발하게 하는 것. 또 자연분만한 아기는 제왕절개로 태어난 아기에 비해 호흡곤란증도 적은데, 원활한 산소 공급 역시 뇌 발달에 매우 중요한 역할을 한다.

산후우울증에 걸릴 확률이 낮다

연구 결과에 따르면 자연분만한 산모는 제왕절개한 산모보다 출산 후 우울증으로 고생할 확률도 낮다고 한다. 분만 후 바로 아기에게 젖을 물리고 아기와 함께 시간을 보내면서 분만의 고통을 금세 잊기 때문이다.

다음 출산이 안전하다

제왕절개를 하면 자연분만했을 때보다 마취, 출혈 등의 위험이 높아 주산기 사망 위험 또한 높아진다. 주산기 사망이란 임신 28주부터 생후 일주일 사이에 태아가 사망하는 것을 말한다. 이 외에도 다음번 출산 시 전치태반, 태반 유착 등 태반 관련 문제가 생길 가능성도 높다. 또 한번 제왕절개를 한 산모는 다음번 출산에도 제왕절개할 가능성이 높은데, 제왕절개 부위가 파열될 위험이 있기 때문. 여러모로 자연분만 산모가 제왕절개 산모보다 다음번 출산에 유리하다.

여전히 자연분만을 망설이는 이유

분만 시간이 오래 걸린다

분만 과정에서 닥칠 고통이 두려워서, 분만 시간을 줄이기 위해 제왕절개를 선택하기도 한다. 하지만 출산 후 통증은 자연분만한 경우가 훨씬 덜하고 회복도 빠르다는 점을 기억하자. 일반적으로 자연분만 시 2박 3일 입원하고, 제왕절개 시 5박 6일 입원한다.

요실금 후유증이 걱정된다

자연분만은 태아가 산도를 통해 나오기 때문에 제왕절개에 비해 요실금이 생길 가능성이 높다고 알려져 있다. 하지만 분만 후 요실금을 경험했더라도 1년 정도 지나면 대부분 증상이 사라지며, 5년 후 요실금 발병률은 제왕절개와 자연분만 사이에 큰 차이가 없다. 또 출산 전후 골반 근육 운동인 케겔 운동을 꾸준히 하면 질 근육 이완을 상당 부분 예방할 수 있다. 따라서 질 근육 이완 때문에 제왕절개 수술을 택하는 것은 추천하지 않는다.

자연분만 시도 중 응급 제왕절개하는 경우

태아에게 이상이 발견되었을 때

임신 기간 마지막 정기검진에서 태아의 심음과 심장박동 수, 태동의 상태를 보아 태아가 자연분만을 견딜 만큼 강하지 않다고 판단하면 제왕절개나 유도분만을 결정한다. 자연분만 시도 중에도 태아 심음 상태가 안 좋거나 태아가 산도를 빠져나오지 못해 산도에 너무 오래 머물러 있으면 응급 제왕절개를 해야 한다. 태아가 가사 상태에 빠져 생명이 위험할 수 있고,

산모 또한 과다 출혈 등의 원인으로 위험할 수 있기 때문이다.

파수된 지 48시간이 지난 경우

파수 후에 분만이 진행되지 않을 경우 유도분만을 하는데, 그래도 진행이 잘되지 않거나 양막염 등이 의심되면 제왕절개를 한다. 탯줄이 태아보다 아래로 내려오거나 산소를 제대로 공급하지 못해 태아의 생명이 위험해질 수 있기 때문이다.

태반조기박리일 때

태아가 나오기 전 태반이 자궁벽에서 떨어지면 그 자리에서 심한 출혈이 생기며 산모가 참기 힘든 고통을 느낀다. 태아는 산소 공급이 끊겨 태내에서 사망할 수도 있다. 분만 도중 태반조기박리 징후가 있으면 신속히 제왕절개를 해야 한다.

자궁 파열의 위험이 있을 때

분만 시 자궁이 수축을 견디지 못하면 파열될 수 있다. 자궁 파열의 원인은 아직 확실하게 밝혀지지 않았으나 제왕절개나 그 밖의 자궁 수술을 받은 적이 있는 산모에게 일어날 확률이 높은 것으로 알려져 있다. 자궁이 파열되면 산모가 쇼크 상태에 빠지기 쉬우므로 응급 제왕절개를 결정하게 된다.

분만 시간이 지연될 때

진통이 계속 약하거나, 진통은 잘 오는데도 자궁문이 열리지 않는 경우, 태아가 산도를 통해 순조롭게 내려오지 않는 경우 등 분만의 진행이 원활하지 않아도 제왕절개를 한다. 산모의 골반이 좁거나 태아의 머리 위치가 좋지 않을 때에도 분만이 진행되지 않을 수 있다.

NG 제왕절개가 자연분만보다 통증이 심하다

제왕절개가 통증이 적다고 생각할 수 있지만 절대 그렇지 않다. 물론 분만하는 순간에는 전신마취를 하기 때문에 아무 고통도 느낄 수 없지만, 마취에서 깨어난 이후 통증이 시작된다. 자연분만을 하면 아기를 낳은 그날부터 식사도 할 수 있고 움직일 수 있지만, 제왕절개를 한 산모는 수술이 끝난 후 의식이 돌아오면서 수술 부위에 통증을 심하게 느껴 정기적으로 진통제를 맞아야 한다.

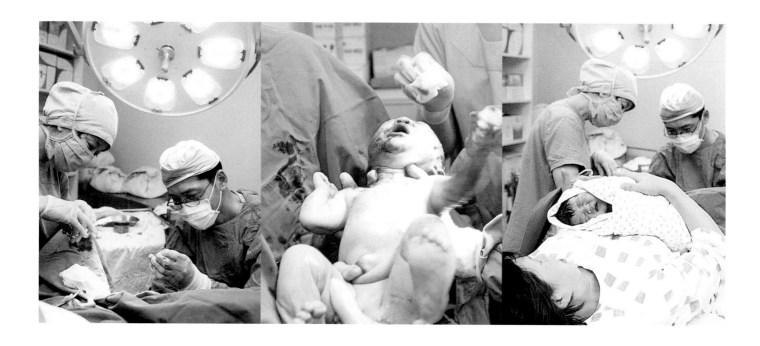

자연분만 과정

자궁구가 열리면 응급실이나 분만실로 옮긴다

자궁구가 열린 정도를 확인하고 최종적으로 입원을 결정한다. 진통이나 출혈 등 응급 상황에서는 응급실 또는 응급실이 딸린 분만실에서 내진을 받는다.

정맥 주사를 맞는다

분만 중 수액을 공급하고 유도분만 약제 투여나 출혈이 있을 때 신속하게 수혈하는 등 적절한 처치를 할 수 있도록 정맥 주사를 미리 확보한다. 진통이 미약해서 분만이 순조롭지 않을 때는 진통 촉진제를 투여해 진통을 유도하고, 분만 도중에는 물이나 음식을 섭취할 수 없으므로 산모가 탈진 상태에 빠지지 않도록 수액을 주사하기도 한다. 출산 후 자궁수축이 잘 안 되는 경우에는 자궁수축제를 투여한다.

분만 감시 장치를 배에 부착한다

정맥 주사를 맞은 후 태아 심음 감시 장치를 배에 부착한다. 진통의 정도와 태아의 심장박동 수를 그래프로 기록해서 태아가 건강한지, 진통은 순조로운지 등을 알려주는 장치로 경우에 따라 입원 후 바로, 또는 진통이 어느 정도 진행됐을 때 부착한다. 분만 과정에 문제가 있으면 출산 직전까지 부착하고 있기도 한다.

> ❗ 수중 분만의 경우에는 분만 감시 장치를 부착하지 못하기 때문에 태아 감시가 어렵다.

관장을 한다

장 속에 대변이 차 있으면 산도가 충분히 넓어지는 데 방해가 되고, 분만 과정에서 대변이 나와 아기와 산모가 감염될 수 있다. 따라서 분만 대기실에 들어가기 전에는 반드시 관장을 해야 한다. 단, 병원에 도착하자마자 분만실로 들어가야 하는 응급 상황일 경우에는 관장을 하지 못한 채 분만을 하게 된다.

자궁구가 10cm 열리면 분만실로 들어간다

분만 대기실에서 진통을 하다가 자궁구가 10cm 정도 열리면 분만실로 옮긴다. 가족 분만실에 입원한 경우에는 의료진이 분만실로 와 분만 준비를 시작한다. 보통 진통부터 분만까지 걸리는 시간은 초산부의 경우 8~12시간, 경산부는 6~8시간 정도. 진통 시간이 길어지면 자궁이 탯줄을 압박해 태아가 산소 결핍 상태가 될 수 있다. 시간이 지나도 산모의 자궁구가 더 이상 열리지 않아 분만이 지연되면 응급 제왕절개를 하기도 한다.

회복실로 옮겨 안정을 취한다

분만이 끝나면 회복실로 옮겨 2시간 정도 안정을 취하고 이상 출혈은 없는지 확인한 뒤, 산모 상태가 괜찮으면 입원실로 옮긴다. 분만 과정에서 많은 에너지가 소모되었으므로 충분한 수면을 취하고, 식사를 통해 영양을 보충해야 한다. 자연분만 산모는 분만 직후부터 미역국과 밥, 반찬으로 구성된 식사를 할 수 있다. 아직은 다리와 회음부에 강한 통증을 느끼지만 점차 나아진다.

30분~1시간 이내에 젖을 물린다

아기가 젖을 빨지 않더라도 물리는 것이 좋다. 처음에는 아기가 빠는 힘이 약해 젖이 잘 나오지 않지만, 젖은 빨릴수록 잘 나오므로 인내심을 갖고 젖을 물린다. 모유수유는 아기의 건강에 좋을 뿐 아니라 산모의 자궁 수축과 건강 회복에도 큰 도움이 된다. 특히 분만 후 30분~1시간 이내에 젖을 물리면 이후 모유수유 과정이 훨씬 순조롭다.

분만 후 6시간 이내에 소변을 본다

분만 시 방광 조직이 많이 눌리기 때문에 산후 신경이 정상으로 돌아오기까지 시간이 걸린다. 적당한 때에 소변을 보아야 방광에 무리가 가지 않고 염증을 예방할 수 있으므로, 화장실에 가고 싶지 않더라도 자주 소변을 봐서 방광 기능을 되찾도록 노력한다. 분만 후 6시간 이내에 소변을 보지 못하면 방광이 과도하게 팽창해 방광 기능 장애가 생길 수 있다. 소변 배출을 위해 요도관을 끼우기도 한다.

분만 다음 날부터 가볍게 운동한다

누워만 있으면 오히려 회복이 늦어질 수 있다. 하루가 지나면 몸이 어느 정도 회복되므로 몸을 뒤척이는 가벼운 움직임부터 시작해 앉거나 걷는 등 쉬운 운동을 한다. 누워서 다리를 올렸다 내렸기, 팔을 위로 들어 올리기 등 스트레칭으로 회복을 앞당긴다. 분만 직후에는 출혈이 많아 혈압이 떨어지고 어지러움을 느낄 수 있으니 운동은 반드시 보호자가 있을 때 한다.

2~3일째에 퇴원한다

분만 후 다음 날 아침부터 산모식이 제공되는데, 일반식에 비해 간을 적게 해서 산모의 위를 자극하지 않는 고단백 식단이다. 간혹 변을 보지 못하는 산모에게는 병원에서 변비약을 제공하기도 한다. 이렇게 하루를 보내고 다음 날 아침, 주의 사항을 전달받은 뒤 아기와 함께 퇴원한다.

자연분만과 제왕절개의 차이점 2024년 산부인과 전문병원 1인실 기준

자연분만과 제왕절개는 분만 시간과 비용, 출산 후 치료 항목에 이르기까지 모든 면에서 차이가 난다. 분만 시간은 자연분만이 길고, 분만 비용과 입원 기간은 제왕절개가 2배가량 많고 길다. 이후 산후조리 과정과 출산 직후 모유수유 형태에도 분만 방법이 영향을 미친다.

	자연분만 정보	제왕절개 정보
분만 시간	초산부 8~12시간, 경산부 6~8시간	마취 후 10분 이내에 아기를 꺼내고 봉합한다. 수술 시간은 40분~1시간
입원 기간	출산 당일부터 2박 3일	출산 당일부터 5박 6일
병원 비용	주사 포함한 분만비 + 입원비와 식비(대부분 분만 비용에 포함) + 기타 비용(초음파, 영양제, 신생아 검사비 등) = 보험 적용 후 실비용 70~120만 원 선	주사 포함한 분만비와 수술비 + 입원비와 식비(대부분 분만 비용에 포함) + 기타 비용(초음파, 무통 주사, 영양제, 신생아 검사비 등) = 보험 적용 후 실비용 100~200만 원 선
병원 치료	좌욕, 적외선 치료, 유방 마사지 교육	상처 부위 소독, 수액제·항생제 투여, 적외선 치료, 유방 마사지 교육
모유수유	첫날부터 모유수유실에서 수유한다. 모자병동의 경우 아기를 병실로 데려와 수유할 수 있다.	분만 후 1~2일 동안은 모유수유가 힘들다. 모자병동에 입원한 경우 분만 2~3째부터는 아기를 데려와 누워서 수유를 시작한다.

자연분만 후 식단	제왕절개 후 식단

● **국과 밥** 분만 직후 병실로 옮겨 와 먹는 식사로 미역국과 밥, 1~2가지 반찬으로 구성된다. 하루 동안 속이 비어 힘들어하는 산모를 위해 영양을 보충해준다.

● **미음** 수술 후 가스가 나오면 미음을 먼저 먹는다. 비어 있던 장기의 활동이 원활하지 못하므로 미음으로 장기 기능을 회복시킨다.

● **산모식** 두 번째 식사부터 양념을 적게 사용한 산모식을 먹는다. 미역국과 밥을 기본으로 한 고단백 음식과 딱딱하지 않은 반찬으로 구성되어 있다.

● **흰죽** 장기가 완전히 회복되지 않아 기능이 약하므로 3일째는 흰죽을 먹는다. 자극이 적은 반찬을 먹어 영양을 보충한다.

회음부를 절개하는 이유와 절개 부위

자연분만 시 아기가 나올 통로를 넓혀주기 위해 질과 항문 사이에 있는 회음부 내의 근육과 피부를 절개하는 것이 회음 절개이다. 갑자기 아기가 나오면 회음이 여러 방향으로 찢어질 수 있는데 이를 막아주며, 골반저 근육이 지나치게 늘어나거나 자궁탈출증과 요실금, 배변 장애 등이 생기는 것을 예방할 수 있다. 아기 머리가 3~4cm 크기로 보일 때 시술하며, 회음 중앙부에서 절개하거나 회음 중앙부에서 사선 아래 방향으로 3~5cm 정도 절개한다. 요즘은 자연스러운 출산법을 선호해 회음부를 절개하지 않고 진행하기도 한다. 회음부 절개를 원하지 않는다면 담당의와 상의한다

분만을 진행하는 3요소

아기가 순조롭게 태어나기 위해서는 임신부와 태아 모두 이상이 없어야 하고,
분만에 필요한 3요소(산도의 변화, 태아와 모체의 힘주기, 자궁의 수축력)가 조화를 이루어야 한다.

태아가 지나가는 길, 산도

산도는 아기가 폐호흡을 할 수 있도록 도와준다

태아가 엄마 몸 밖으로 나오는 길을 산도라고 한다. 산도에서 태아의 가슴은 꽉 죄어 있는 상태. 그러다 바깥으로 나오면 단숨에 좁은 공간에서 해방돼 아기의 폐는 크게 부풀고, 코나 입을 통해 갑자기 공기가 들어간다. 처음으로 폐에 공기가 들어온 것에 놀란 아기는 무심코 그것을 뱉어내려고 하는데, 이때 나오는 것이 바로 첫울음이다. 첫울음을 계기로 아기는 폐호흡을 시작한다. 산도가 좁은 것은 태아가 폐호흡을 할 수 있도록 자극을 주기 위해서이다.

태아가 지나갈 수 있도록 늘어난다

산도는 골반뼈로 된 골산도, 자궁구, 외음부, 질과 그 주변을 둘러싼 근육 그리고 연조직으로 이루어져 있다. 출산이 가까워짐에 따라 에스트로겐의 활동으로 골반 근육과 치골 결합의 이음매가 조금 느슨해지고, 산도 주변의 근육이나 인대가 부드러워져 늘어나기 쉬운 상태가 된다. 분만이 시작되면 태아 머리가 누르는 힘과 자궁이 수축하는 힘 때문에 산도가 점점 넓어진다. 골산도가 원래 좁거나 임신 중 살이 많이 쪄서 산도에 지방이 쌓인 경우, 진통이 미약한 경우에는 분만 진행이 늦어지기 쉽다.

자궁구가 열리고 태아가 머리를 내민다

단단히 닫혀 있던 자궁구가 출산이 다가오면 조금씩 열리기 시작한다. 자궁에 가까운 쪽을 내자궁구, 질에 가까운 쪽을

분만할 때의 자궁과 태아

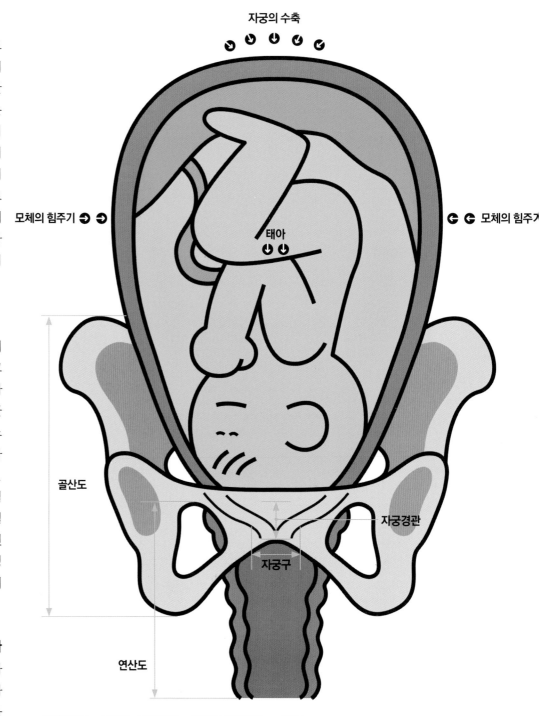

자궁의 수축

모체의 힘주기

모체의 힘주기

태아

골산도

자궁경관

자궁구

연산도

외자궁구라 하는데 두 자궁구 사이에 있는 원통형 부분이 자궁경관이다. 자궁경관은 진통이 시작되면 조금씩 열리면서 얇아지는데, 이 현상을 "자궁경관이 소실되었다"라고 말한다. 내자궁구는 진통 초기부터 열리기 시작하며, 외자궁구는 자궁경관이 소실되면 열리기 시작해 분만 제1기가 끝날 무렵에는 약 10cm 너비로 완전히 열린다. 바로 이때부터 본격적인 분만이 시작된다.

세상에 나오는 태아의 힘

최대한 오므린 자세로 나온다

출산이 가까워지면 태아는 턱을 몸 쪽으로 잡아당기고 어깨를 움츠려 최대한 오므린 자세를 취하다가 머리부터 산도로 들어가 길을 넓히면서 내려온다. 골반저를 통과할 때는 몸을 회전시키며 내려오는데, 단단하고 굴곡 많은 골반저를 잘 빠져나오기 위해서이다. 이때까지만 해도 태아는 엄마 몸의 측면을 향한 상태이다.

턱을 들면서 머리가 빠져나온다

산도의 굴곡에 따라 몸을 회전하던 태아는 머리가 골반 출구에 도달하면 몸 쪽으로 끌어당긴 턱을 위로 들어 올린다. 그러면서 머리의 앞부분(이마)이 출구를 향하게 된다. 이때 태아는 엄마 등을 바라보는 상태이다. 출구에 머리를 내민 태아는 조금씩 몸을 틀어 엄마의 허벅지 안쪽을 바라보면서 나머지 몸을 빼낸다.

머리 모양이 변한다

아기 머리는 5개의 뼈로 되어 있는데, 성인의 머리와 달라서 아직 굳지 않고 뼈와 뼈의 연결 고리도 고정되어 있지 않다. 이 때문에 엄마 배속에서는 동그랗던 머리가 산도를 빠져나오는 동안 뼈와 뼈가 엇갈리면서 모양이 변한다. 이것을 아기 머리의 '응형'이라고 하는데, 자라면서 정상적인 머리 모양으로 돌아온다.

> ❗ 갓 태어난 아기 머리는 좁고 긴 경우가 많다. 진통이 오래 지속되었거나 아기 머리가 큰 경우 정도가 더 심하다.

태아를 밀어내는 힘, 만출력

자궁이 수축해 진통이 시작된다

태아가 충분히 자라면 호르몬 작용으로 자궁이 규칙적으로 수축한다. 이때 동반되는 통증이 진통이다. 진통으로 자궁 내 압력이 높아져 태아와 양수를 둘러싼 양막이 자궁구 쪽으로 밀리다가 결국 자궁벽에서 떨어지고, 자궁구가 벌어진다. 자궁구가 열리면 양막이 파열되어 양수가 나오기 시작한다. 양수는 산도를 깨끗이 세척할 뿐 아니라 태아가 산도를 부드럽게 빠져나올 수 있도록 윤활유 역할도 한다. 자궁구가 10cm 정도 열리면 진통과 함께 양막이 완전히 찢어지면서 양수가 쏟아진다.

산모는 반사적으로 힘을 준다

계속되는 자궁 수축과 진통으로 태아가 자궁구까지 내려오면 산모는 힘주고 싶은 느낌이 든다. 이때 반사적으로 아래쪽에 힘을 주게 되고, 그 힘에 의해 태아가 밖으로 나온다.

태아가 골반저를 회전하며 나오는 모습

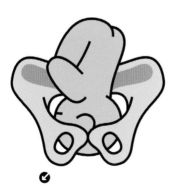

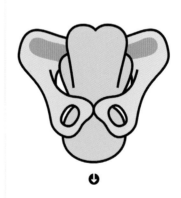

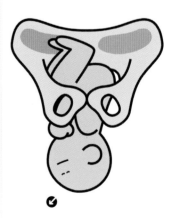

1 골반에 들어가기 전 머리를 밑으로 하고 턱을 몸 쪽으로 잡아당기고 어깨를 움츠려 최대한 오므린 자세가 된다. 머리 뒤부터 골반 안으로 들어간다.

2 머리의 옆면이 골반 입구와 맞닿은 상태로 내려와 세로로 긴 모양을 한 골반 출구에 도달할 때까지 엄마 몸의 측면을 보면서 방향을 조금씩 바꿔나간다.

3 머리가 골반 출구에 도달하면 몸 쪽으로 끌어당긴 턱을 들어 올리는데, 그러면서 머리 앞부분이 출구 쪽을 향하게 된다. 얼굴은 엄마의 등을 향하고 있다.

4 머리가 산도에서 완전히 빠져나오면 태아는 엄마 허벅지를 보게 된다. 아기가 산도를 따라 나가기 위해 몸을 회전하기 때문이다.

분만의 진행 과정

열 달 동안 준비해온 시간, 진통은 규칙적이고 점점 더 강하게 배를 압박한다.
가쁜 호흡과 힘주기가 계속되고 드디어 아기 머리가 보인다. 기나긴 탄생의 여정도 이제 끝나가고 있다.

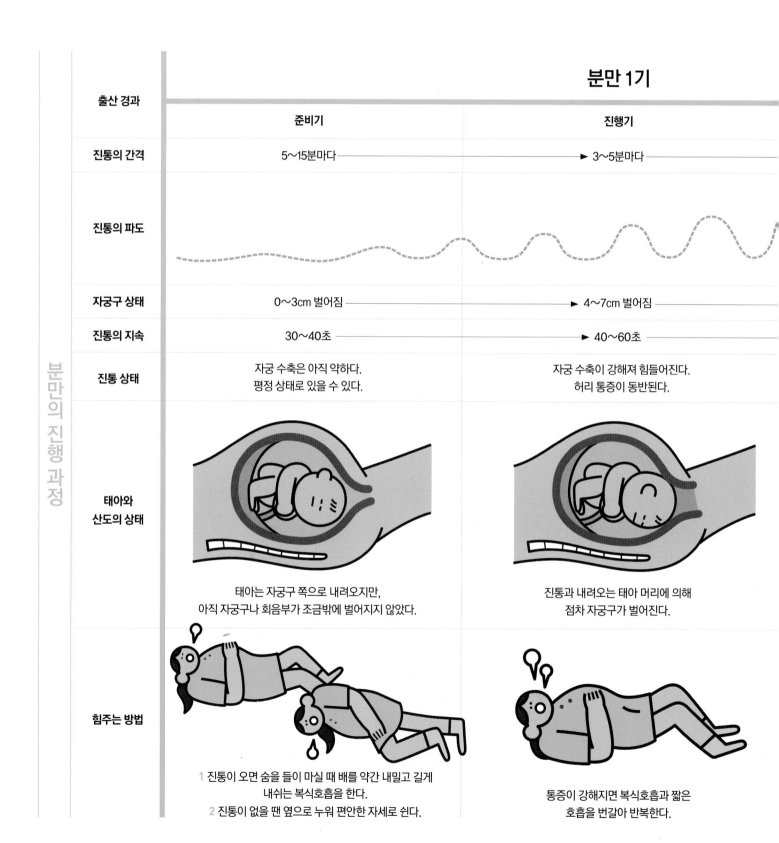

		분만 1기	
출산 경과	준비기		진행기
진통의 간격	5~15분마다 ────────		► 3~5분마다 ────
진통의 파도			
자궁구 상태	0~3cm 벌어짐 ────────		► 4~7cm 벌어짐 ────
진통의 지속	30~40초 ────────		► 40~60초 ────
진통 상태	자궁 수축은 아직 약하다. 평정 상태로 있을 수 있다.		자궁 수축이 강해져 힘들어진다. 허리 통증이 동반된다.
태아와 산도의 상태	태아는 자궁구 쪽으로 내려오지만, 아직 자궁구나 회음부가 조금밖에 벌어지지 않았다.		진통과 내려오는 태아 머리에 의해 점차 자궁구가 벌어진다.
힘주는 방법	1 진통이 오면 숨을 들이 마실 때 배를 약간 내밀고 길게 　내쉬는 복식호흡을 한다. 2 진통이 없을 땐 옆으로 누워 편안한 자세로 쉰다.		통증이 강해지면 복식호흡과 짧은 호흡을 번갈아 반복한다.

분만의 진행 과정

극기

➤ 1~2분마다

➤ 8cm 이상 벌어짐

➤ 60~80초

통증이 매우 심해 괴롭다.
힘주고 싶어진다.

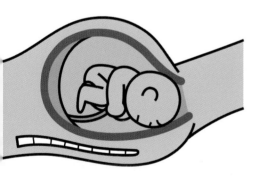

태아는 엄마의 항문 방향(등 쪽)을 향해
회전하면서 내려온다.

통증이 강하게 오면 아픈 부위를 마사지한다.
힘주고 싶다고 해서 아무 때나 힘을 주면 안 된다.
의사의 지시가 있을 때 힘을 준다.

분만 1기 대처법

진통이 10분 간격이면 병원에 간다

초산부는 규칙적 진통이 10분 간격으로
오면 병원에 간다. 경산부는 진행이 빠르
므로 진통이 20~30분 간격일 때 병원에
가야 위험한 상황에 처하지 않는다.

분만 대기실에서 진통을 견딘다

다리를 주무르거나 자세를 다양하게 해
보아 가장 편한 자세를 취한다. 진통이 온
다고 소리를 심하게 지르거나 몸부림을
치면 에너지가 일찍 소진되어 정작 힘을
주어야 할 때 탈진해버리는 경우가 있다.
진통이 오면 배를 마사지하거나 허리를
압박하면서 견디고, 진통이 없는 사이에
는 편안한 자세로 몸을 이완시킨다. 진통
도중 졸음이 온다면 편안한 마음으로 잠
을 자도 좋다.

자궁구가 10cm 열리면 분만실로 간다

자궁경관이 자궁 수축에 의해 벌어져 얇아
지다가 완전히 사라지면 자궁구가 10cm
정도 벌어진다. 본격적인 분만 과정이 시
작됐다는 의미로, 분만 대기실에서 분만
실로 이동한다.

병원에서 하는 처치

• **내진** 자궁구가 어느 정도 열렸는지, 산도는
얼마나 부드러워졌는지, 파수가 됐는지 등을
알아보기 위해 한다. 분만 직전까지 주기적으로
하면서 분만의 진행 상황을 체크한다.

• **태아 감시 장치를 배에 붙인다** 진통의 정도와
태아의 심장박동 수를 그래프로 나타내주는
장치로, 진통이 순조로운지 알 수 있다.

• **관장을 한다** 장에 변이 차 있으면 산도가
넓어지지 않아 분만이 지연되고, 아기와 함께
변이 나오면 감염의 위험이 있으므로 관장을
한다. 단 자궁구가 이미 많이 열려 분만이
촉박할 때는 관장을 생략할 수도 있다.

• **정맥 주사를 놓는다** 분만 중 출혈이 있을 때
신속하게 수혈하거나 지혈제를 투여하기 위해
미리 혈관을 확보하는 것. 대출혈이 일어나면
혈관이 가늘어져 혈관을 찾기 어렵기 때문이다.
진통이 미약해서 분만의 진행이 순조롭지 않을
때는 촉진제를 투여해 진통을 유도하기도 한다.
긴 시간 진통을 겪으면서 산모는 아무것도 먹지
못하므로 탈진을 막기 위해 영양제도 주사한다.

• **음모를 제거한다** 털이나 모공에 붙어 있는
세균으로 인한 감염을 막고, 회음부 절개와
봉합을 쉽게 하기 위함이다. 음모를 제거하지
않고 소독만 꼼꼼히 하기도 한다.

> ⚠ 자연분만의 경우 회음 부위만 제모하고,
> 제왕절개는 치골 부위까지 한다.

• **소변을 빼낸다** 소변이 든 채 방광이 자궁에
눌리면 분만 후 방광 기능 장애가 생길 수 있다.
산도가 좁아 분만에도 방해가 된다.

분만 2기 대처법

아기를 밀어낸다

자궁구가 완전히 열리면 아랫배에 힘주고 싶은 느낌이 드는데, 이 시기를 만출기라고 한다. 힘을 주면 아기 머리가 보이다가 주지 않으면 보이지 않는다. 더 진행되면 계속 아기 머리가 보이는데, 이때 무리하게 힘을 주면 회음부가 찢어진다.

마지막까지 힘을 준다

진통은 더 이상 참을 수 없을 정도로 심해져 힘을 주지 않고는 견딜 수 없는 상태가 된다. 그러나 아직 결정적 힘을 주어서는 안 된다. 몸의 힘을 빼고 온몸을 이완시킨다. 의사가 힘을 주라고 지시하면 최대한 숨을 참았다가 길게 힘을 준다. 소리를 지르면 힘이 빠지므로 숨을 참고, 아래쪽에

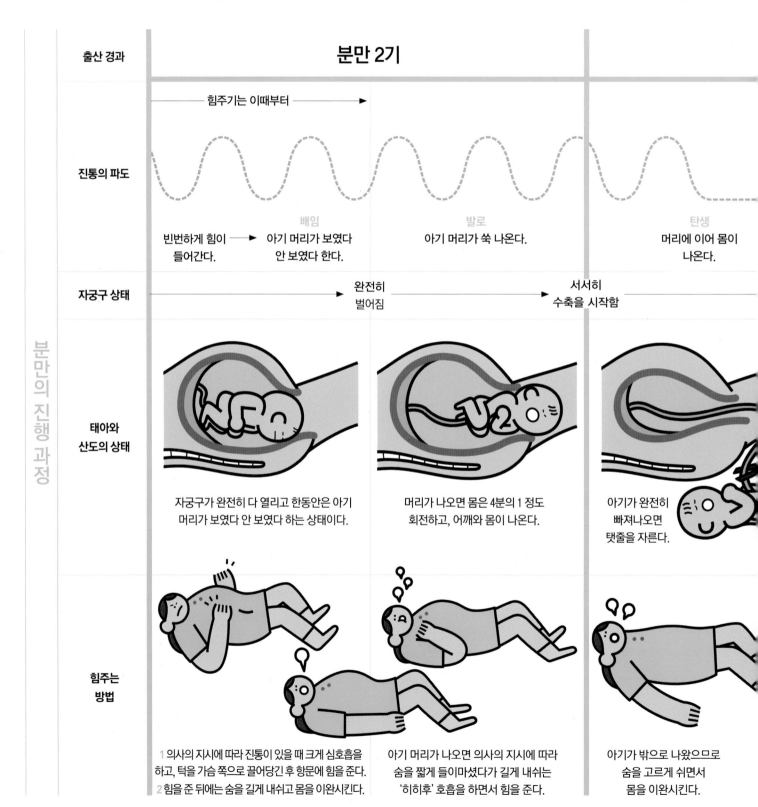

	분만 2기		
출산 경과			
진통의 파도	힘주기는 이때부터 →	배임	발로	탄생
	빈번하게 힘이 들어간다. → 아기 머리가 보였다 안 보였다 한다.	아기 머리가 쑥 나온다.	머리에 이어 몸이 나온다.
자궁구 상태	완전히 벌어짐	서서히 수축을 시작함	
태아와 산도의 상태	자궁구가 완전히 다 열리고 한동안은 아기 머리가 보였다 안 보였다 하는 상태이다.	머리가 나오면 몸은 4분의 1 정도 회전하고, 어깨와 몸이 나온다.	아기가 완전히 빠져나오면 탯줄을 자른다.
힘주는 방법	1 의사의 지시에 따라 진통이 있을 때 크게 심호흡을 하고, 턱을 가슴 쪽으로 끌어당긴 후 항문에 힘을 준다. 2 힘을 준 뒤에는 숨을 길게 내쉬고 몸을 이완시킨다.	아기 머리가 나오면 의사의 지시에 따라 숨을 짧게 들이마셨다가 길게 내쉬는 '히히후' 호흡을 하면서 힘을 준다.	아기가 밖으로 나왔으므로 숨을 고르게 쉬면서 몸을 이완시킨다.

분만의 진행 과정

힘을 준다. 배가 아닌 엉덩이에 힘을 줘야 하는데, 배변할 때처럼 항문에 힘을 주면 아기 머리가 나온다. 일단 아기 머리가 나오면 이후에는 힘을 주지 않아도 많은 양의 양수가 쏟아지면서 아기 몸이 쑥 미끄러지며 빠져나온다.

분만 3기

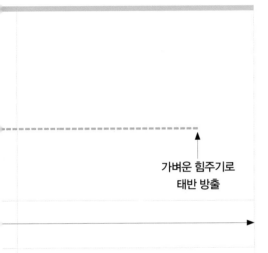

가벼운 힘주기로
태반 방출

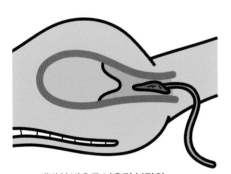

태반이 밖으로 나오면 분만의
모든 과정이 끝난다.

후진통이 오면 태반을
밀어내기 위해
가볍게 힘을 준다.

병원에서 하는 처치

● **회음부를 절개한다** 아기 머리가 보이기 시작하면 회음부가 최대로 늘어난다. 이때 무리하게 힘을 주면 회음부가 불규칙하게 찢어질 수 있으므로 회음부를 절개한다. 회음부를 절개하지 않고 진행하는 경우도 있으므로 회음부 절개를 원하지 않는다면 담당의와 상의한다.

분만 3기 대처법

후진통이 오면 한 번 더 힘을 준다

아기가 자궁에서 모두 빠져나온 후 10분 정도 지나면 배 속이 비게 되어 자궁 내의 압력이 급격히 낮아진다. 이때 자궁이 수축하면서 태반이 자궁벽에서 떨어져 나간다. 태반이 몸 밖으로 나오는 것을 후출산, 이때 느끼는 진통을 후진통이라고 한다. 태반은 산모가 가볍게 힘을 주고 의사가 밖에서 탯줄을 살짝 잡아당기면 쉽게 빠져나온다. 태반이 나오면 자궁 수축 주사를 맞는다. 간혹 태반이 자연적으로 배출되지 않는 경우도 있다.

회음을 봉합하고 회복실로 옮긴다

태반까지 나오고 별다른 이상이 없는 것을 확인하면 회음을 봉합한다. 봉합하는

데 걸리는 시간은 약 10분이며, 이때의 통증은 약간 따끔거리는 정도로, 자궁 수축이 올 때의 강한 통증에 비하면 참을 만하다. 회음 봉합이 끝나면 산모는 회복실로 옮겨 휴식을 취한다. 2시간 정도 자궁 수축이나 출혈 양상 등 경과를 지켜본 뒤 이상이 없다고 판단하면 입원실로 옮긴다. 이로써 길고 힘겨웠던 분만 과정이 끝난다.

병원에서 하는 처치

● **양수를 제거하고 탯줄을 자른다** 아기가 나오자마자 아기 코나 입에 든 양수 등을 제거해 폐로 숨을 쉴 수 있게 하고, 탯줄을 자른다. 아기의 호흡이나 심장박동, 외형 기형 유무 등을 살펴본 뒤 목욕을 시킨다.

● **태반을 체크한다** 태반이 나오면 깨끗한지 살펴본다. 상처가 있으면 자궁 내에 태반 조각이나 난막의 일부가 남아 있을 가능성이 있으므로 반드시 확인해야 한다. 그리고 산도나 경관에 열상은 없는지 살펴보고 아무 이상이 없으면 절개한 회음부를 봉합한 후 산모를 회복실로 옮겨 휴식을 취하게 한다.

● **응급 사태에 대비한다** 태반이 나오면 모든 분만 과정은 끝난다. 그러나 태반이 자궁에 유착되어 떨어지지 않거나 자궁 수축이 이루어지지 않으면 대량 출혈이 일어날 수 있다. 보통 태반이 나온 후 자궁을 수축시키는 주사를 놓는다. 자연적으로 태반이 나오지 않으면 수술해서 꺼내는 경우도 있다.

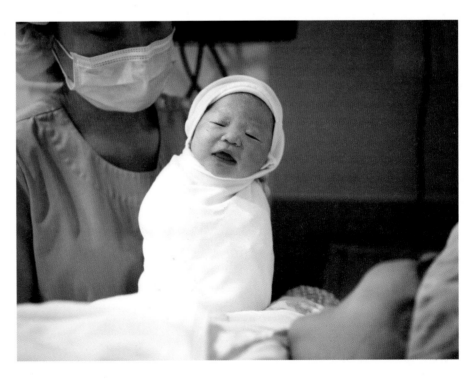

분만 방법 선택하기

자연분만이 가능한 산모라면 여러 가지 특수 분만을 고려해볼 수 있다.
출산의 고통을 줄여주는 무통분만부터 요즘 각광받는 자연주의 출산법까지 다양한 분만법을 알아본다.

출산의 고통을 덜어주는 무통분만

무통분만이란

자연분만 과정에서 척추의 일부분을 마취해 진통을 줄이는 분만법이다. 자궁구가 5cm 정도 열렸을 때 마취를 진행하는데, 하반신만 마취하므로 산모의 정신과 감각은 그대로 살아 있다.

통증이 비교적 적다

경막외마취를 함으로써 분만 시 통증을 5~20%까지 줄일 수 있다. 신체 일부만 마취하므로 산모의 의식과 감각은 살아 있어 힘주기가 수월하고, 진통 시간도 줄어든다. 추가 비용만 내면 시술을 받을 수 있으며, 경산부보다는 초산부가 무통분만을 많이 선택한다.

전신마취에 비해 부작용이 적다

허리 뒤쪽에 마취를 하고, 척추를 싸고 있는 경막외강에 가는 관을 삽입해 마취제를 주입한다. 분만 시 가장 통증이 심한 하반신만 마취하기 때문에 태아나 산모에게 나타나는 부작용이 적다. 삽입관을 찔러 넣을 때 약간의 통증이 있다.

자연분만을 수월하게 할 수 있다

초산부는 자궁구가 5~6cm, 경산부는 3~4cm 정도 열렸을 때 1~2시간 간격으로 경막외마취를 한다. 너무 빨리 마취하면 자궁 수축이 억제돼 자궁구가 제대로 열리지 않기 때문이다. 마취를 하면 통증을 덜 느끼므로 통증에 따른 근육 긴장이 줄어들고, 힘주기 등 분만 과정이 수월해진다. 과도한 통증으로 인한 자궁 혈류 감소나 자궁 수축 이상, 산모의 과호흡으로 인한 태아의 저산소증도 막을 수 있다. 조산아, 임신중독증이나 당뇨병을 앓는 산모에게도 도움이 된다.

자궁에 분포하는 신경만 억제한다

마취한 하반신을 제외하고 다른 부위의 감각이나 신경은 그대로 살아 있다. 따라서

무통분만 과정

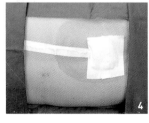

1 부분 마취하기.
2 경막외강에 주삿바늘 찌르기.
3 바늘 속으로 관 삽입하기.
4 주삿바늘을 빼고 반창고로 관 고정하기.
5 관을 통해 마취약 주입하기.

무통분만을 못 하는 경우

- 디스크나 교통사고 등으로 허리에 손상을 입었거나 척추에 이상이 있는 경우
- 혈액응고에 지장이 있는 경우
- 마취제에 과민 반응을 보이는 경우
- 주사 맞을 부위에 피부 질환이 있는 경우
- 신경계에 이상이 있는 경우
- 저혈압이 심한 경우

※ 산모에 따라 약 3% 정도는 마취 효과가 나타나지 않을 수 있다.

자연분만과 마찬가지로 산모는 의사의 지시에 따라 힘주기를 해 분만한다.

출산 후 과민증이나 통증이 있을 수 있으므로 주의한다

산모에 따라 마취를 한 뒤 힘주기를 제대로 하지 못해 의료진이 옆에서 전 과정을 코치해야 하는 경우가 있다. 또 드물긴 하지만 마취제에 대한 과민증, 두통, 출산 후 경련, 구토, 아랫배나 등의 경미한 통증, 불쾌감 등이 나타날 수 있다. 약물 주입 시 허벅지나 아랫배 부위에 저린 느낌이 들기도 한다. 몸에 이러한 변화가 있으면 미약하더라도 의료진에게 신속히 알려 적절한 치료를 받아야 한다.

마취과 의사가 상주하는 병원에서 한다

마취과 의사가 분만의 처음부터 끝까지 산모를 지켜보고 상황을 주시해야 한다. 따라서 병원을 선택할 때 마취과 의사가 상주하는지 꼭 체크한다. 출장 의사의 경우 산후에 마취로 인한 문제가 생겼을 때 즉시 조치를 취하기 어렵다.

진통·분만·회복을 한곳에서, 가족 분만

가족 분만이란

LDR(Labor-Delivery-Recovery)라고도 한다. 진통과 분만, 회복을 한곳에서 한다는 의미로 독립된 분만실에서 가족이 지켜보는 가운데 진통을 시작하고 분만할 수 있다. 출산에 대한 두려움을 줄일 수 있고, 오붓한 분위기에서 생명의 탄생을 축복할 수 있다.

분만 대기실을 통하지 않는다

산전 치료(내진, 관장, 제모 등)부터 가족 분만실에서 진행한다. 진통과 분만은 물론 첫 모유수유, 산후 회복에 이르기까지 한 침대(LDR Bed)에서 이루어지기 때문에 옮겨 다니는 불편이 없다. 예약할 때부터 편안한 분만대가 있고 분만실이 넓은 곳을 선택한다.

특수 침대를 이용한다

진통부터 분만까지 모든 과정을 한자리에서 해결할 수 있는 특수 침대에 누워 가족이 지켜보는 가운데 분만한다. 특수 침대는 다양한 각도로 조절할 수 있어 산모가 가장 편안하고 힘주기 쉬운 각도를 찾아 분만을 시작한다.

추가 비용 부담이 있다

특수 침대와 화장실을 갖춘 독립적인 병실을 이용하기 때문에 분만비와 입원비 외에 가족 분만실 이용료로 10만 원 정도가 추가되지만, 요즘은 무료인 곳도 많다. 보호자가 참여하는 만큼 세균 감염 위험 또한 크므로 보호자도 의료진과 같은 위생 복장을 갖춘다.

통증을 줄이는 라마즈 분만

라마즈 분만이란

마인드 컨트롤과 호흡을 통해 통증을 줄이는 분만법이다. 분만 시 통증은 조건반사에 의해 나타나는 것이므로 훈련을 통해 조건반사의 연결 통로를 차단하면 진통을 최소화할 수 있다. 통증 완화법은 크게 연상·호흡·이완의 3가지로 제왕절개가 아닌 모든 분만법과 병행할 수 있다.

임신 중기부터 연습한다

종합병원, 산부인과 전문병원, 보건소 등에서도 라마즈 교실을 많이 운영한다. 임신 7~8개월부터 교육하며, 가장 먼저 호흡법을 익힌다. 4~5주 과정으로 매주 2시간씩 남편과 함께 호흡과 신체 이완 운동을 배우며 연습한다.

분만 전 과정을 남편과 함께한다

산모의 근육을 이완시키거나 호흡수를 체크하는 일은 남편(보호자)의 역할이다. 남편이 연습 과정부터 분만까지 참여한다. 라마즈 분만의 전 과정을 남편이 알고 있어야 적절한 시점에 아내를 도울 수 있다.

라마즈 분만 실전 1·연상법

기분 좋은 상황을 연상해 통증을 줄인다. 즐거운 생각을 함으로써 신체의 엔도르핀 수치를 높여 진통제를 맞은 듯한 효과를 보는 원리이다. 나에게 긍정적 기운을 불어넣는 상황을 찾아 꾸준히 훈련한다.

라마즈 분만 실전 2·호흡법

가슴을 부풀려 숨을 쉬는 흉식호흡이 기본이다. 분만을 앞두면 호흡이 가빠지고 온몸이 긴장되는데, 이때 흉식호흡을 하면 태아와 산모에게 충분한 산소가 공급되고 근육도 이완된다. 진통에 집중된 신경을 호흡으로 분산시켜 통증을 잠시 잊게 하는 효과도 있다.

- **자궁구가 3cm 정도 열렸을 때** 심호흡을 한 번 하고 준비기 호흡을 실시한다. 들이마시고 내쉬는 숨의 길이를 같게 해 1분에 12회 정도로 천천히 완만하게 호흡한다.

- **자궁구가 3~8cm 정도 열렸을 때** 빠른 흉식호흡을 한다. 코로 호흡하되 준비기 호흡보다 빠르고 얕게 하며, 들이마시고 내쉬는 숨의 길이를 같게 한다. 호흡수가 정상 호흡보다 1.5~2배가량 많아야 한다.

- **자궁구가 10cm 정도 열렸을 때** 세 번에 한 번씩 한숨 쉬는 듯한 호흡을 한다. 두 번은 짧게, 한 번은 조금 길게 쉬고, 세 번째 호흡은 입 모양을 '히, 히, 후' 하면서 깊이 내쉰다.

- **자궁구가 완전히 열렸을 때** 진통이 심해지면 심호흡을 크게 해 숨을 들이마신 후 입을 다물고 배 아래쪽에 힘을 준다. 숨을 참을 수 없을 때까지 참았다가 내쉬고, 다시 크게 들이마시면서 숨을 참는다. 한 번의 진통에 3~5회 반복하면 힘주기도 수월하고 통증도 덜 느낀다.

라마즈 분만 실전 3·이완법

진통이 본격적으로 시작되면 통증 때문에 온몸이 경직되기 쉽다. 이는 자궁구가 열리는 데 방해가 되므로 이완법을 알아두면 도움이 된다. 자궁경부가 부드러워져야 자궁구가 열려서 진통 시간이 줄기 때문이다. 근육의 긴장을 풀기가 쉽지 않으므로 매일 꾸준히 연습해야 한다.

- **온몸의 힘을 빼 근육을 이완시킨다** 손목과 발목의 관절부터 시작해 팔꿈치, 어깨 관절, 무릎 관절, 고관절 그리고 목 관절의 힘을 뺀다. 남편이 힘을 뺀 부위를 움직여보며 이완이 잘되고 있는 지 확인한다.

새롭게 떠오르는 자연주의 분만

자연주의 분만이란

인권 분만이라고도 하는 자연주의 분만은 분만 과정에 의료진이 최소한으로 개입해 최대한 자연스럽게, 순리대로 진행하는 분만법이다. 자연주의 분만을 선택한 임신부는 수액을 맞지 않고, 꼭 필요하지 않으면 내진이나 회음부 절개도 하지 않는다. 유도분만을 위한 촉진제나 무통분만을 위한 무통 주사 사용도 위급한 상황이 아니면 하지 않는 것이 원칙이다.

자연주의 분만의 방법

자연주의 분만 병실은 집이나 호텔 같은 분위기이다. 산모 개인 화장실과 샤워실이 있고, 가족이 함께할 수 있는 공간을 충분히 확보하는 것이 자연주의 분만실의 기본. 산모는 침대에 누워 있거나 집에서처럼 병실 안을 돌아다닐 수 있으며, 가족과 대화를 나누고, 분만실 안에 있는 기구(스윙체어, 에어볼 등)를 사용하기도 하면서 진통을 견뎌낸다. 가족 분만을 기본으로 호흡, 음악, 명상, 수중 분만 등이 자연주의 분만 안에서 가능하다.

자연주의 분만의 장점
산모의 스트레스가 줄어든다. 많은 산모가 분만 과정 못지않게 수액을 맞거나 관장과 면도를 하는 등의 처치를 부담스러워하는데, 자연주의 분만은 그런 과정들을 생략하고 집처럼 편안한 환경에서 가족과 함께 있을 수 있기에 분만에 대한 두려움을 상당히 줄일 수 있다. 또 엄마와 아이의 애착 형성에도 도움이 된다. 일반 자연분만의 경우 분만 직후 아기를 잠깐 안아보게 한 뒤 바로 신생아실로 데려가는 반면, 자연주의 분만은 분만 후 아기와 엄마가 함께 있는 시간을 최대 2~3시간까지 보장한다. 탯줄도 바로 자르지 않고 탯줄과 태반 사이의 혈행이 멈추기를 기다렸다 천천히 자르며, 태반을 강제로 배출시키지도 않는다.

자연주의 분만에서 의료진의 역할
자연주의 분만 과정에서 의료진은 산모와 태아의 상태를 체크하면서 만약의 사

자연주의 분만을 못 하는 경우

자연분만이 힘든 산모, 태아에게 탯줄이 감겨 있거나 제왕절개 경험이 있는 산모는 시행할 수 없다. 자연주의 분만은 촉진제를 투여하는 등의 의료적 개입을 줄이는 분만법인데, 제왕절개를 한 산모는 자궁 파열 등의 위험이 있어 자연주의 분만 과정을 감당하기 어렵다. 35세 이상의 고령 임신부이거나 병력이 있는 고위험 산모도 자연주의 분만을 할 수 없다. 자연주의 분만은 임신부와 태아 둘 다 건강한 경우에만 시행할 수 있다.

태에 대비하고, 분만의 마무리 과정을 돕는 역할을 한다. 자연주의 분만을 시행하는 병원이 많지 않으므로 분만할 병원을 미리 알아봐야 한다.

그 외의 특수 분만

소프롤로지 분만
서양의 근육 이완법과 동양의 요가를 결합한 분만법이다. 소프롤로지 음악(대개 명상 음악)을 계속 들으며 '출산은 고통이 아니라 기쁨'이라는 이미지 트레이닝을 반복해 분만의 고통을 줄인다. 임신 7개월부터 꾸준히 연습한다. 명상·호흡·이완 훈련을 통해 임신과 출산을 긍정적으로 받아들이게 되므로 태교 효과까지 볼 수 있다. 복식호흡을 통해 태아에게 산소를 원활하게 공급해줄 수 있다.

르봐이예 분만
르봐이예 분만은 태아의 인권을 존중해 아기에게 가장 편하고 자연스러운 상태로 분만하는 것에 집중한다. 분만실 환경이 자궁과 유사하도록 조명을 최대한 낮

추고 소음을 최소화한다. 분만 후에는 곧바로 아기를 엄마 가슴 위에 올려 젖을 물리고, 5~10분 동안 탯줄의 혈액순환이 저절로 멈추기를 기다렸다가 탯줄을 자른다. 이후에는 분만실에 미리 준비해둔 따뜻한 물에서 아기를 15분 정도 놀게 하는데, 엄마의 자궁과 비슷한 환경이므로 아기가 긴장한 몸을 자유롭게 움직이며 바깥 환경에 적응할 수 있다.

수중 분만
따뜻한 물이 채워진 욕조에 들어가 분만하는 방법으로, 물속에서 산모의 근육이 이완되어 분만이 순조롭고 태아에게는 자궁 속에 있는 것 같은 환경을 만들어 안정감을 주는 분만법이다. 자궁구가 5cm 정도 열리면 욕조로 들어가는데, 이때 물은 체온과 가까운 35~37℃로 유지하고 인공조명 없이 자연 채광을 이용한다. 분만 직후 아기를 엄마가 안은 채로 아빠가 탯줄을 자른다. 산모가 감염성 질환이 있거나 역아, 임신중독증일 때는 수중 분만을 할 수 없다.

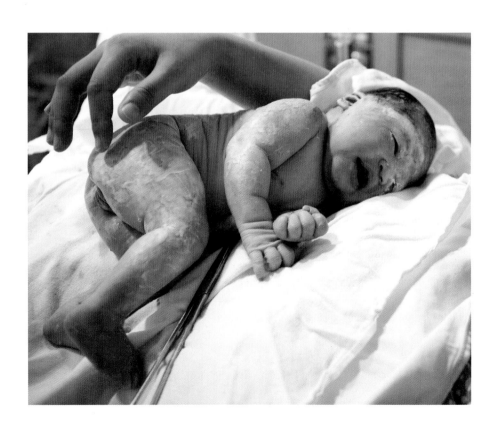

유도분만

출산 예정일이 지났는데도 진통이 없고 태아가 너무 클 경우, 양수가 터져 빨리 분만해야 할 때
촉진제를 투여해 유도분만을 한다. 촉진제는 안전한지, 분만은 어떻게 진행되는지 알아본다.

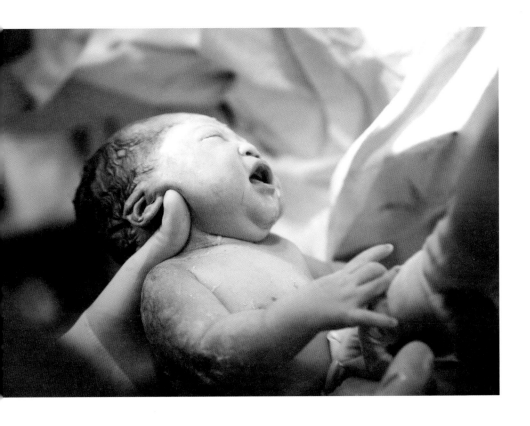

유도분만을 하는 이유

예정일이 지나도 진통이 없다

출산 예정일이 1~2주 이상 지났는데도
진통이 없으면 태아가 너무 커져 분만할
때 위험이 따른다. 또 태반이 점점 퇴화해
제 기능을 발휘하지 못해 태아에게 좋지
않은 영향을 줄 수 있다. 이럴 때는 자궁
수축을 유도하는 옥시토신이라는 촉진제
를 투여한다. 진통이 오기 전에 이미 양수
가 터진 경우, 산모가 임신중독증이나 고
혈압·신장 질환이 있어 조속히 분만해야
하는 경우에도 유도분만을 권유한다.

분만 과정이 자연분만과 같다

자궁경부가 열리려면 먼저 자궁구가 부
드러워져야 한다. 진통이 없고 자궁구가
열리지 않은 경우에는 우선 경구약이나
질정제를 투여해 인위적으로 자궁구를
부드럽게 만든 다음 촉진제를 투여한다.
머지않아 진통이 시작되며, 이후의 과정
은 자연분만과 차이가 없다.

> ⓘ 촉진제를 투여한 뒤에도 자궁구가
> 열리지 않으면 산모와 태아 상태를
> 확인한 뒤 다시 촉진제를 투여해야 하므로 분만
> 시간이 오래 걸린다.

유도분만을 못 하는 경우

자궁 수술을 한 적이 있으면 유도분만을
할 수 없다. 촉진제를 투여하면 자궁이 무
리하게 수축해 자칫 자궁 파열이 일어날
수 있기 때문이다. 태아 머리가 산모의 골
반보다 크거나 회음부에 전염성 질병이
있을 경우에도 유도분만을 할 수 없다.

주의할 점

혈압이 떨어질 수 있다

촉진제가 산모 몸에 들어가면 자궁 수축
이 강하게 일어난다. 태아에게 자극을 줄
수 있지만 걱정할 정도는 아니다. 진통 유
도 전에 자궁경관과 산모의 몸 상태를 잘
살펴서 태아 머리와 산도 크기 등에 무리
가 없는지 판단한 다음 촉진제를 투여하
기 때문이다. 간혹 촉진제 투여 후 혈압이
떨어지거나 소변이 밖으로 빠져나가지
않고 몸에 쌓여 위험한 상황이 발생하기
도 하는데, 이런 일은 극히 드물다. 산모
와 태아에게 이상 증세가 나타날 때에는
신속하게 촉진제 투여를 중단한다.

심한 진통으로 위험에 빠질 수 있다

좋은 날에 출산하려고 유도분만을 하는
경우도 있는데, 자궁 수축이 과도하게 진
행되면 태아가 위험할 수 있다. 산소 공급
이 원활하지 못해 태아의 심장박동 수가
떨어지고, 태아가 나오기도 전에 태반이
자궁에서 떨어져 과다 출혈이 일어날 수
있다. 산모가 산후 이완성 출혈을 일으킬
수도 있다. 자궁 수축이 일어날 때 자궁의
혈관도 같이 수축되며 출혈이 멈춰야 하
는데, 자궁 수축이 미약해 태반이 분리된
자궁 부위의 혈관이 수축하지 않아서 과
다 출혈을 일으키는 것이다.

질정제는 추가 비용이 든다

자연분만 비용에 촉진제 가격이 추가되
는데, 촉진제는 건강보험이 적용되기 때
문에 개인이 비용을 내지는 않는다. 자궁
벽을 부드럽게 해주는 질정제를 넣을 경
우 추가 비용을 내야 한다.

제왕절개의 모든 것

모든 산모가 자연분만을 할 수 있는 것은 아니다. 거대아, 저체중아, 다태아, 산모 또는 태아에게
이상이 있는 경우에는 제왕절개를 할 때 더 안전하고 건강하게 아기를 낳을 수 있다.

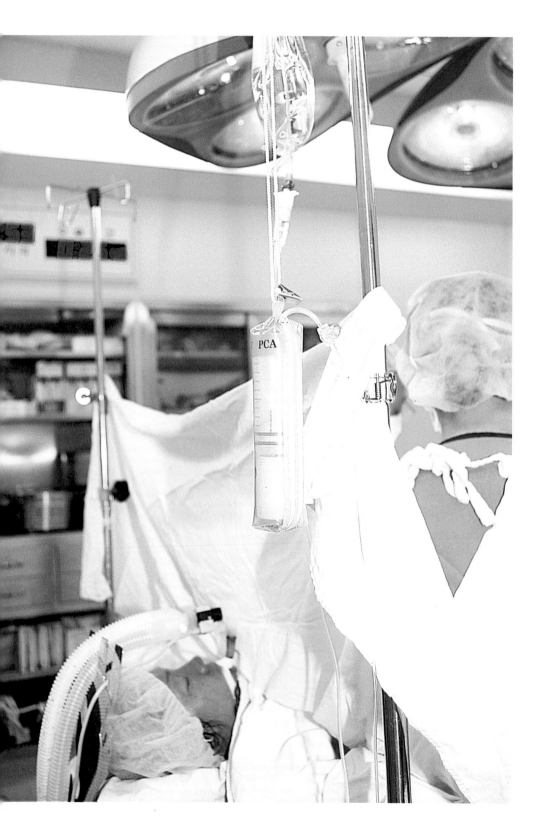

예정 제왕절개하는 경우

역아이거나 옆으로 누워 있다

임신 36~37주가 지나도 역아이거나 태아가 옆으로 누워 있다면 제왕절개로 분만해야 한다. 엉덩이나 발이 머리보다 먼저 나올 경우 태아가 머리나 목을 다칠 수 있고, 머리가 산도를 통과할 때 탯줄이 머리와 골반 사이에 끼어 일시적으로 산소 공급이 중단될 수 있기 때문이다. 태아 머리가 산도에 끼어 뇌 손상을 입을 수도 있으며, 뇌성마비나 신경마비 등의 후유증을 겪을 수 있고, 심한 경우 태아가 사망에 이르기도 한다.

태반이 자궁 입구를 막고 있다

임신 30주 이후가 되어도 태반이 밑에 있는 상태를 전치태반이라고 한다. 완전 전치태반은 태아가 나갈 자궁 입구를 태반이 막고 있어 출혈이 많아 자연분만이 불가능하다. 또한 전치태반은 태반이 자궁의 약한 부분에 붙어 있어 태반이 떨어진 후에 자궁수축이 잘 안 되어 출혈이 심할 수 있다.

제왕절개를 했거나 자궁이 파열된 경험이 있다

이전에 제왕절개를 할 때 종절개를 했거나 자궁 파열 경험이 있는 경우, 자궁 염증으로 심한 고열을 경험한 적이 있다면 자연분만이 어렵다. 무리하게 자연분만을 시도하다 자궁이 수축을 이겨내지 못해 파열되면 심한 출혈이 일어나 산모와 태아 모두 위험할 수 있다. 심한 경우 태아가 사망에 이르기도 한다.

성병이나 헤르페스 등에 감염되었다

헤르페스 등 산도에 감염 질환이 있는 경우, 출산 전까지 완치하면 문제없지만 출산 예정일이 되어도 진행 중이면 자궁경부나 질에 있는 균이 태아에게 옮을 수 있다.

자궁근종 수술 경험이 있다
이 경우 자연분만을 하면 분만 도중 자궁이 파열돼 태아와 산모의 생명이 위험할 수 있다. 수술한 의사에게 근종 위치와 자궁을 얼마나 절개했는지 등의 정보를 담은 소견서를 받아 분만을 맡은 의사에게 미리 보여주고 분만법을 결정해야 한다.

내과 질환이 심하다
산모가 평소 선천성 심장병이나 천식 같은 내과 질환을 앓고 있는 경우라면 자연분만의 산고를 견디기 힘들다. 담당 의사가 자연분만을 권유한다면 먼저 시도해보고, 진통을 못 견딜 정도이거나 힘을 주지 못해 분만이 어려운 상황이면 즉시 제왕절개를 한다. 갑상샘 질환이나 당뇨를 앓고 있는 경우에는 담당 의사와 충분히 상의하고 분만법을 결정한다.

심각한 임신중독증이다
산모가 임신중독증을 앓는 경우, 태아에게 혈액이 제대로 공급되지 못해 다른 태아에 비해 작고 분만 중 위험에 빠질 확률이 높다. 그렇기 때문에 임신중독증이 심한 경우는 빠르게 분만을 진행하며 대부분의 경우 예정일보다 앞당겨 유도분만을 진행한다. 그러나 촉진제를 투여하고도 자궁 입구가 열리지 않거나 혈압이 잘 조절되지 않거나 태아 심음 상태가 좋지 않은 경우 제왕절개를 시행한다.

거대아 혹은 저체중아이다
태아가 4kg 이상의 거대아인 경우 분만 시 자궁이 파열될 위험이 높고, 진통이 잘 이루어지지 않아 난산이 예상돼 제왕절개를 한다. 반대로 2.5kg 이하의 저체중아인 경우 자연분만을 견뎌낼 만큼 건강하지 않다고 판단하면 제왕절개를 한다.

허리 디스크가 있다
임신 전 허리 질환을 앓았거나 임신 기간 중 걷는 데 장애를 줄 정도의 허리 통증이 있다면, 자연분만 과정에서 허리를 구부리고 힘을 주면서 척추에 무리가 갈 수 있다. 정도에 따라 제왕절개 여부를 결정한다.

응급 제왕절개하는 경우

태아가 산도를 빠져나오지 못한다
태아가 산도에 오래 머물러 있으면 탯줄이 눌려 태아에게 충분한 양의 산소가 공급되기 어렵다. 자궁구가 10cm 이상 열리고도 2시간 이내에 태아가 산도를 빠져나오지 못하면 긴급 제왕절개 등의 조속한 처치로 태아를 산도에서 빼내야 한다.

태반이 먼저 떨어졌다
태아가 나오기 전에 태반이 자궁벽에서 떨어져 나가는 태반조기박리가 일어나면 모체와의 연결이 끊겨 태아가 산소를 공급받지 못해 아주 위험한 상황에 처한다. 이 경우 10분 안에 태아를 밖으로 꺼내지 않으면 생존할 확률이 거의 없다. 신속히 응급 제왕절개를 해야 한다.

산모의 골반에 비해 태아 머리가 크다
산모의 골반이 작거나 태아의 머리가 산모 골반보다 큰 경우에는 자궁 수축이 시작되어도 오랫동안 분만이 진행되지 않는다. 특히 태아 머리가 산모의 골반보다 큰 아두골반불균형은 내진으로 예측하기 어렵고 진통이 시작되어야만 알 수 있어 자연분만을 시도하다가 발견하게 된다. 이 경우 발견 즉시 제왕절개를 한다.

탯줄이 태아보다 먼저 나온다
파수 전에 탯줄이 자궁구 가까이 내려오거나 파수 후 탯줄이 태아보다 먼저 나오면 태아에게 산소 공급이 되지 않는다. 자궁구가 완전히 벌어져 수 분 내에 태아가 밖으로 나올 수 있는 상태가 아니라면, 제왕절개로 태아를 꺼내야 한다. 탯줄이 너무 길거나 양수가 지나치게 많은 경우에 주로 나타난다.

제왕절개 시 복부의 절개 부위

- **횡절개법** 치골 바로 위에서 절개하므로 상처가 눈에 잘 띄지 않아 산모들이 선호한다. 요즘은 대부분 횡절개로 시행한다.
- **종절개법** 수술 흔적이 눈에 띄게 남지만 출혈이 적고, 경우에 따라 수술 시야를 확보해야 하는 경우 시행한다.

태아의 맥박이 떨어진다

갑자기 태아의 심장박동 수가 줄어들면 태아가 위험하다는 신호이다. 산모가 빈혈이 심하거나 고열이 있는 경우, 태아가 탯줄을 몸에 감고 있거나 태변을 본 경우, 태반 조기박리 같은 경우에 나타난다. 자연분만을 진행하는 도중이라도 태아 심음 상 태아 상태에 이상 소견이 보이면 바로 제왕절개를 해야 한다. 장시간 태동이 없어도 태아에게 이상이 생겼을 수 있으니 즉시 병원에 가야 한다.

진통이 약하다

진통은 태아를 밖으로 밀어내는 원동력이다. 진통이 약하거나 도중에 약해지면 보통 촉진제를 주사해 유도분만을 시도하지만, 진통이 아주 미약하거나 촉진제를 맞고도 진통이 시작되지 않는 경우에는 제왕절개로 분만을 해야 한다. 진통이 약하면 자연분만에 성공했더라도 자궁이 잘 수축하지 않아 많은 양의 하혈을 하게 된다.

조기 파수되었는데 분만 진행이 더디다

양수가 미리 터진 경우라 하더라도 18시간을 넘기지 않고 진통이 오면 자연분만을 할 수 있다. 원칙상으로는 조기 파수 후 48시간까지 진통을 기다릴 수 있지만, 일단 파수가 되면 질을 통해 태아가 세균에 감염될 위험이 높으므로 서둘러 유도분만을 하게 된다. 유도분만을 하기 위해 촉진제를 투여한 후에도 진통이 전혀 진행되지 않으면 제왕절개를 해야 하는데, 보통 양수가 터지고 18~24시간이 지나면 수술을 시행한다.

제왕절개 과정

보호자가 수술 동의서를 작성한다

제왕절개는 전신마취를 하기도 하는 큰 수술이므로 과다 출혈과 마취에 따른 합병증 등의 위험이 있다. 따라서 수술 전 남편이나 가족이 수술 동의서와 무통 주사 동의서에 사인을 해야 한다.

수술 전날 미리 입원한다

수술이 예정된 경우 출산 예정일 일주일 전으로 수술 날짜를 잡는다. 보통 수술 전날 입원해서 심전도 검사와 혈액 검사, 소변 검사, 간 기능 검사, 초음파 검사 등 수술에 필요한 검사를 받아 태아와 산모의 상태를 점검한다. 또 수술 중 위에 있던 음식물이 폐로 들어갈 경우 폐렴에 걸릴 수 있으므로 수술 8~10시간 전부터 철저히 금식을 해야 한다.

마취와 수술 준비를 한다

수술 전날이나 당일에 산모의 음모를 깨끗이 제거한다. 제왕절개 수술의 경우 지골 부위의 음모까지 모두 제거해야 수술하기 쉽고, 세균 감염의 위험도 적다. 척추마취나 경막외마취의 경우 마취를 먼저 한 후 수술 부위를 소독하고 수술을 진행하며, 전신마취의 경우 소독과 수술 준비를 마친 뒤 수술 직전에 삽관을 통해 마취제를 투여한다. 보통 마취과 전문의가 산모의 상태를 확인하고 산모의 의사를 물어본 뒤 마취 방법을 결정한다. 수술 뒤 약 이틀 정도는 환자가 움직일 수 없기 때문에 도뇨관을 미리 끼워둔다.

복부를 10cm 정도 절개한다

소독이 끝나면 치골 위 3cm 정도 되는 지점을 약 10cm 정도 길이로 절개한다. 피부와 근육층 등 복부의 여러 층을 절개하며, 절개 방향에 따라 횡절개(가로) 와 종절개(세로)로 나뉜다. 요즘은 수술 부위 상처가 눈에 띄지 않도록 가로로 절개하는 경우가 대부분이다.

자궁벽을 절개한다

복부를 절개한 뒤 복벽을 양쪽으로 벌린 다음, 태아가 들어 있는 자궁벽을 절개한다. 다음 임신 시 자궁이 힘을 받았을 때 파열되는 위험을 방지하기 위해서라도 자궁 아랫부분은 가로로 절개한다.

태아를 자궁에서 꺼낸다

태아를 감싸고 있는 양막을 자른 다음 손을 집어넣어 태아 머리를 잡고 자궁 밖으로 천천히 끌어낸다. 머리가 나오면 먼저 입과 기도에 있는 이물질을 제거하고, 몸이 완전히 빠져나오면 탯줄을 자른다. 태반을 꺼내는 동안 신생아 응급처치를 한다.

수술은 40분~1시간 걸린다

자궁벽을 절개한 후에는 마취제가 태아에게 전달되지 않도록 빨리 꺼낸다. 전신마취를 한 경우 10분을 넘지 않도록 한다.

자궁벽과 복부를 꿰맨다

태반을 꺼내고 양수나 양막 찌꺼기를 제거한다. 자궁 수축을 확인하고 문제가 없으면 봉합한다. 자궁 절개부를 봉합해 자궁을 제자리에 넣고 복벽을 층층이 꿰맨다. 근육과 지방층은 체내에 흡수되는 실로, 피부는 나중에 뽑는 실로 꿰매는데 봉합이 끝나면 철저히 소독해 감염을 막는다.

2시간 뒤 마취에서 깨어난다

산모에 따라 차이가 있으나 보통은 수술 후 2시간 정도면 마취에서 깨어난다. 깨어나도 몽롱한 경우가 많은데, 수술 후 안정을 취하도록 수면제를 투여하기 때문이다. 회복실에 있으면서 마취에서 깨어나면 다리를 움직여보고 기침을 해서 가래를 뱉어낸다. 이때 수술 부위가 몹시 땅기고 아프므로 두 손으로 배를 지그시 누르면서 기침을 하는 것이 요령이다. 통증이 심하면 진통제를 요청해 복용한다. 수술 후 4시간 정도 배에 모래주머니를 얹어놓는데, 배를 압박해서 상처 부위의 지혈을 돕기 위해서이다.

제왕절개 분만 미리 보기

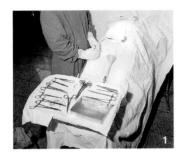
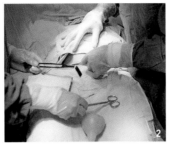
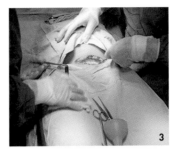
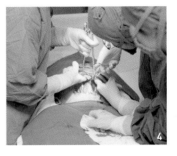
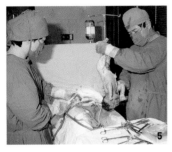

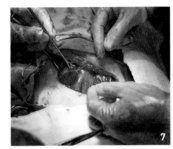

1 마취를 한다.
2 복부를 절개한다.
3 자궁벽을 절개한다.
4 양막을 자른다.
5 태아를 자궁에서 꺼낸다.
6 태반을 꺼낸다.
7 자궁벽과 복벽을 꿰맨다.

입원실로 옮겨 휴식을 취한다

혈압이 정상으로 돌아오면 입원실로 옮겨 수액과 항생제를 맞으며 휴식을 취한다. 가스가 나오기 전에는 물도 마실 수 없는 게 기본이지만, 요즘은 가스가 나오기 전이라도 의사의 판단에 따라 일찍 음식 섭취를 권장하는 추세이다. 물처럼 묽은 미음을 먹으며, 움직이기 힘들므로 1~2일 간은 도뇨관을 빼지 않는다.

힘들어도 모유수유를 할 수 있다

첫날은 수술 부위의 통증이 심해 몸을 뒤척이는 것도 힘들어 대부분의 시간을 누워서 보낸다. 하지만 통증이 심하더라도 침대에 누워 허리를 세우는 등의 간단한 운동을 해야 회복이 빠르다. 제왕절개를 했더라도 첫날부터 모유수유를 할 수 있다. 단, 아기를 병실로 데려와 옆으로 누워 수유한다. 보통 젖이 잘 나오지 않는데(수술 후 3일이 지나야 초유가 나온다), 그래도 젖을 물려야 이후 모유수유가 원활해진다.

! 배에 힘이 들어가면 수술 부위가 터질 수 있으므로 항상 비스듬한 자세로 일어나고, 움직일 때도 주의한다.

수술한 다음 날, 수술 부위를 소독한다

출혈량이 많은 데다 염증이 생길 수 있으므로 수술 후 수액을 맞으면서 항생제와 진통제 치료를 받고, 빈혈과 감염은 없는지 혈액 검사도 받는다. 보통 하루 정도 지나면 도뇨관을 제거하므로 자궁의 회복과 장운동을 촉진하기 위해 가벼운 상체 운동을 하는 것이 좋은데, 조금이라도 움직여야 가스가 빨리 배출되어 식사를 할 수 있다. 수술 부위가 깨끗하게 유지되도록 잘 소독하고 통풍을 시키며, 수술 부위에 물이 들어가지 않도록 주의한다.

수술 후 24~48시간 내에 가스가 배출된다

보통 가스가 배출되어야 물과 미음을 먹을 수 있다. 먼저 물부터 조금 마셔 갈증을 해소하고 미음, 죽, 밥 순으로 차츰 단계를 높인다. 산후식을 제대로 먹을 때까지 변비로 고생하는 경우가 종종 있는데, 일단 가스가 나오면 수분 섭취를 충분히 해서 변비를 예방한다. 미음으로는 산모에게 충분한 영양을 공급할 수 없으므로 수술 후 3일 동안은 수액을 계속 맞는다.

3일째부터 본격적으로 모유수유를 할 수 있다

몸 움직임이 어느 정도 자유로워지고 도뇨관을 빼는 출산 후 3일째부터는 본격적으로 모유수유를 할 수 있다. 신생아는 2시간 30분 간격으로 수유하므로 이때마다 아기를 데려와도 되고, 유축기로 젖을 짜놓았다가 신생아실에 가져다주어도 된다.

4일이 지나면 가벼운 운동을 할 수 있다

회복을 빨리하기 위해 걷는 운동을 한다. 병실에서 왔다 갔다 하거나 가벼운 운동을 한다. 수술 부위가 약간 땅길 수 있으나 걱정하지 않아도 된다. 모유수유를 위한 유방 마사지도 열심히 한다.

5~7일째 퇴원을 한다

수술한 지 5일째가 되면 몸이 어느 정도 회복해 정해진 시간에 아기에게 젖을 물리고 기저귀를 갈아주는 등 아기를 돌보는 데 참여할 수 있다. 개인차가 있지만 대개 수술 후 5일째 퇴원을 한다. 회복이 더딘 경우라도 산모의 몸에 특별한 이상이 없다면 7일째에는 퇴원을 하게 된다.

5일이 지나면 수술 부위가 아물고 통증이 사라진다

수술 뒤 3일째부터 식사를 했기 때문에 배변감이 생기는데, 첫 배변은 통증이 심하고 힘들지만 한번 성공하면 다음번에는 한결 수월하다. 5~6일째가 되면 수술 부위가 아물고 통증이 사라져 몸이 편안해진다. 회복이 순조로운 경우 수술 후 5~7일째 수술 부위 실밥을 뽑는다. 보통 퇴원 당일, 또는 퇴원 1~2일 후 실밥을 뽑고 회복 상태를 점검받는다. 퇴원 날짜가 가까워지면 산후조리 기간에 특별히 주의해야 할 점이나 모유수유 방법 등을 간호사나 의사에게 물어본다. 병원에 있는 동안 가능한 한 많은 정보를 얻는 것이 좋다.

제왕절개의 문제점

모유수유가 불안정하다

수술 후 3일째부터 초유가 나오기 시작하는데, 수술 부위의 통증이 심해 젖을 물리기가 쉽지 않다. 초유가 제대로 돌지 않아 유방에도 통증이 나타난다. 그렇더라도 마사지로 유방의 울혈을 풀어가며 꾸준히 젖을 물려야 모유수유에 성공할 수 있다. 진통제 성분이 모유를 통해 아기에게 전달되지만 극히 미량이며 그다지 큰 해는 없다.

산후 회복이 더디다

항생제와 진통제를 계속 맞아야 하고, 수술 후유증이 없는지 주의 깊게 살펴야 한다. 자연분만한 산모는 움직임이 수월하고 분만 직후부터 아기에게 젖을 물려 자궁 또한 빠르게 수축되지만, 제왕절개로 분만한 산모는 자궁 수축이 느리게 진행되고 이에 따라 산후 출혈도 오래 지속되는 등 몸 회복이 더디다. 산후 부기도 오래가며, 산모식을 늦게 시작하는 만큼 체력이 회복되는 시점도 늦다.

염증이 생길 수 있다

특별한 염증 반응, 즉 열이 나거나 상처 부위가 아프거나 고름이 나오는 등의 이상이 없고 상처 부위가 단순히 가렵기만 한 것은 별로 문제가 안 된다. 자궁 안쪽이나 자궁 근육층, 복부 피부 등 수술 부위에 염증이 생겨 치료를 받아야 하는 경우가 더러 있으며, 때로는 복막염으로 발전할 수도 있다. 복막염은 대부분 수술 후 1~2주일 안에 발병한다.

대량 출혈이 있을 수 있다

제왕절개를 하면 출혈량이 많다. 드물지만 자궁 수축이 잘 안 되어 대량의 출혈이 일어날 수 있으며, 피부와 복벽에서 출혈이 나타나는 사람도 있다. 출혈이 있는 경우 대부분 자궁 수축제를 투여하면 지혈이 되며, 마사지를 하면 좋아진다.

> **!** 수술 후 지혈이 안 되고 출혈이 계속되어 산모의 생명이 위험하다고 판단하면 자궁을 적출하는 수술을 하기도 한다.

수술 후유증이 있을 수 있다

제왕절개 수술을 받은 산모의 약 1~2%는 자궁에 상처가 생겨 자궁이 다른 장기와 들러붙어 유착이 생기는 후유증이 있을 수 있다. 이런 경우 제왕절개를 두 번째 받을 때나 자궁근종 수술을 받을 때 문제를 일으킬 확률이 높다. 복막염이 생긴 경우, 양수나 지방 덩어리가 폐혈관을 막아 폐색전증을 일으키는 경우, 감염에 의한 패혈증이 심한 경우 산모가 사망할 수도 있다. 수술로 인한 임신부 사망률은 자연분만의 4배이며, 합병증 등으로 재입원하는 빈도도 2배에 달한다.

아기가 호흡 장애를 일으킬 수 있다

분만 직후 아기가 호흡 장애를 일으키는 비율이 자연분만에 비해 훨씬 높다. 태아의 폐는 산도를 통과하면서 적절한 자극을 받아 태어나자마자 호흡할 수 있는 상태가 된다. 하지만 제왕절개의 경우 산도를 통과하는 과정을 거치지 않으므로 아기의 폐가 적절한 자극을 받을 기회가 없다. 따라서 태어난 직후 호흡을 잘하지 못할 가능성이 상대적으로 높다.

출산 횟수에 제한이 있다

자연분만을 하면 원하는 만큼 아기를 낳을 수 있지만, 제왕절개를 하면 출산 횟수가 제한된다. 수술을 반복할수록 자궁 절개 부위가 약해져 파열할 위험이 높으며, 복강 내 유착 등으로 수술하기 힘들 수 있기 때문이다. 제왕절개 횟수가 늘어날수록 수술 시간이나 마취 시간이 길어지고 출혈량도 많아져 산모나 태아에게 뒤따르는 위험 또한 커진다. 제왕절개는 3회 이상 하지 않는 게 바람직하다.

수혈에 의한 부작용이 우려된다

제왕절개는 복부를 가르는 수술이므로 출혈량이 많아 수술 중 수혈을 받기도 한다. 이때 수혈로 인해 또는 수술 과정에서 감염될 우려가 있다. 따라서 미리 철분제를 잘 복용해 빈혈이 생기지 않도록 하고, 수술 후에는 부작용이나 후유증을 세심하게 관찰해야 한다. 제왕절개를 미리 계획했다면 가족 중 수혈이 가능한 사람이 있는지 알아두거나, 수술 전 본인 혈액을 채취해 두었다가 필요할 때 수혈하는 자가 수혈을 할 수 있는지 담당의와 상의한다.

전신마취와 경막외마취 (무통분만)의 차이점

• **전신마취** 중추신경 기능을 억제해 의식이 사라진다. 산모가 분만 중 의식이 없으므로 아기가 태어나는 과정을 알 수 없지만, 수술 중에 고통을 전혀 느끼지 않는다. 정량의 마취제를 투여하기 때문에 태아에게 영향을 미치지 않는다. 그러나 분만 후 마취가 깰 때까지 아기를 볼 수 없고, 마취에서 깨어난 후 수술 부위에 느끼는 통증이 심하며, 몸이 회복되는 데 시간이 많이 걸린다.

• **경막외마취** 척추의 경막외강에 국소마취제를 주사해 통증이 심한 하반신만 마취한다. 산모의 의식이 깨어 있으므로 아기를 바로 볼 수 있다. 아기를 본 후 산모의 안정을 위해 약간의 수면제를 주사해 휴식을 취하게 한다. 간편하고 저렴한 전신마취에 비해 별도의 마취 기구가 필요하고, 수술하는 동안 마취과 전문의가 산모 옆을 지키면서 마취약의 농도를 조절해야 하는 고난도의 마취이다.

브이백 성공하기

첫째 아기를 제왕절개로 낳으면 둘째도 무조건 제왕절개해야 한다는 상식은 이제 틀린 말이 됐다.
나날이 성공 사례가 늘고 있는 브이백 바로 알기.

브이백의 모든 것

브이백(VBAC)이란 무엇인가

'제왕절개 수술 후의 자연분만(Vaginal Birth After Cesarean)'을 줄여서 브이백이라고 한다. 예전에는 제왕절개 경험이 있는 산모가 자연분만할 경우 자궁이 파열되는 경우가 많았지만, 세로로 절개하는 이전의 종절개 대신 가로로 절개하는 횡절개를 도입한 이후 첫째를 제왕절개로 낳았더라도 둘째를 자연분만하는 경우가 늘고 있다.

제왕절개 수술 후 어느 정도 기간이 지나야 가능한가

1년 이상의 간격을 두는 것이 자궁 파열 위험이 적다는 주장도 있지만, 기간에 대해서는 의견이 분분한 실정이다. 일부 병원에서는 제왕절개로 분만한 지 1년 이내의 임신부도 브이백에 성공한 사례가 적지 않다. 처음 시도한 브이백의 경과가 좋으면 다시 브이백을 시도할 수 있다. 단, 출혈량이 많았다면 재고해봐야 한다.

어떤 검사를 받아야 하나

병원에 따라 출산에 임박해 X선 골반 계측과 태아의 머리 크기 검사를 하는 곳도 있고, 자궁의 두께를 재는 곳도 있다. 그러나 브이백은 자궁 파열의 위험을 피하는 것이 무엇보다 중요하기 때문에 과거 수술에 대한 정황을 아는 것이 먼저. 과거의 수술 기록을 가지고 제왕절개를 선택한 이유, 수술 과정 등에 대해 상담한 뒤 브이백을 시도할지 결정한다. 브이백 산모는 일반 자연분만과 같은 산전 관리 검사를 받되, 진통과 분만 과정에서 더 많은

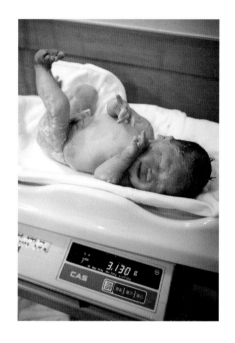

주의와 관찰이 필요하다. 자연분만 형식이기는 하지만 르봐이예 분만을 비롯한 기타 특수 분만법과 병행할 수는 없다.

> ❗ 자궁 하부의 두께가 2mm 이상이어야 한다는 말이 있는데, 봉합만 잘되어 있다면 자궁 두께는 문제가 되지 않는다.

어떤 병원을 선택해야 하나

브이백을 시행하는 병원은 많지 않다. 가능하다고 해도 위험성이 높으므로 병원을 선택할 때 신중해야 한다. 브이백을 적극적으로 시도하는 병원인지, 의료진의 견해나 설명이 충실한지 살펴본다. 실제 브이백 성공률이 얼마나 되는지 알아보고, 응급 상황 발생 시 대처할 능력이 있는지도 꼼꼼하게 체크한다.

브이백 성공률

여의도성모병원이 2000년부터 2015년까지 2712명의 산모를 대상으로 조사한 통계에 따르면 브이백 성공률은 85.5%이다. 일반적으로 태아가 4kg 미만으로 너무 크지 않고, 자연분만한 경험이 있거나, 제왕절개를 했더라도 자궁경부가 7cm 이상 열렸던 경우 유리하다. 1% 미만의 낮은 확률이지만 자궁 파열 등 산모와 태아에게 위험한 상황도 일어나므로 담당의와 충분히 상의해서 결정해야 한다.

브이백이 수월한 경우와 해서는 안 되는 경우

브이백이 수월한 경우

1 자궁 하부 횡절개로 제왕절개를 했으며 합병증이 없다.
2 제왕절개 수술 외에 다른 자궁 상흔, 기형 또는 과거 자궁 파열이 없었다.
3 현재 태아가 역아 상태가 아니다.
4 과거에 제왕절개를 한 사유가 현재에는 나타나지 않았다.
5 제왕절개 외에 자연분만의 경험이 있다.
6 현재 쌍둥이를 임신하지 않았다.
7 태아의 몸무게가 4kg를 넘지 않는다.

브이백을 해서는 안 되는 경우

1 과거에 자궁 파열을 경험했다.
2 제왕절개 직후 자궁 염증으로 고열이 났다.
3 이전에 자궁을 종절개했다.
4 진통이나 분만 중 자연분만을 하는 데 방해가 되는 합병증이 나타났다.
5 이전에 횡절개를 했지만 출혈이 심했다.
6 진통 중 자궁구가 열리는 정도와 아기가 나오는 정도를 보고 진행 실패 진단을 받았다.
※ 단 한 항목이라도 해당하면 브이백을 하지 못한다.

대표 분만 트러블

분만 중 나타날 수 있는 이상 증세는 생각보다 다양하고 위험하다.
때론 심각한 상황에 이를 수 있는 이상 증세와 그 원인, 예방책을 미리 알아두고 충분히 대비하자.

분만 전 이상 증세

지연 임신

출산 예정일에서 2주가 지나도 진통이 없으면 지연 임신이다. 임신 만 40주부터는 태반의 기능이 현저하게 떨어지기 때문에 분만이 늦어질 경우 태아는 모체로부터 영양을 충분히 공급받지 못한다. 따라서 태아곤란증, 자궁 안 태변 빈도 증가, 저혈당증, 저체온증 등을 일으킬 수 있다. 대개의 경우 42주 전에 유도분만을 실시하며, 태아의 상태가 좋지 않다면 제왕절개로 분만을 해야 한다.

조기 파수

진통이 오기 전 양수가 터지는 것. 임신부 5명 중 1명이 겪을 만큼 흔하다. 터진 양막을 통해 세균에 감염될 수 있으므로 질을 씻지 말고 패드만 댄 채 빨리 병원에 간다. 파수가 되면 항생제 투여하면서 최대한 빨리 분만을 진행하는데, 진통이 없으면 유도분만을 한다. 파수된 지 24시간 안에 분만이 어려우면 대부분 제왕절개를 한다.

분만 중 이상 증세

미약 진통

진통이 미약하거나 처음에는 잘 진행되다가 도중에 진통이 약해져 분만이 정상적으로 이루어지기 힘든 경우를 말한다. 다태아 임신이나 양수과다증 또는 거대아 등으로 자궁이 지나치게 커져 자궁 근육이 늘어난 경우, 자궁 기형이나 발육 부전, 고령 출산 등이 원인이다. 태아의 위치가 정상이 아니거나, 자궁경부가 너무 딱딱한 경우에도 분만 시간이 길어지면서 나타날 수 있다. 임신부가 지나치게 긴장하거나 수면 부족일 경우에도 진통이 미약할 수 있는데, 이때는 진정제 등을 투여해 안정을 취하게 한 뒤 다시 시도한다. 이렇게 조치했는데도 계속해서 진통이 진행되지 않으면 촉진제를 주사해 유도분만을 시도하거나 제왕절개를 한다.

태반조기박리

태반은 분만 후 자궁으로부터 분리되어 떨어져 나오는 게 정상이지만, 임신 7개월 이후나 분만 도중 갑자기 자궁에서 분리되는 경우가 있다. 이를 태반조기박리라고 하며 매우 응급 상황이다. 태아가 나오기 전에 태반이 자궁벽에서 먼저 떨어지면 그 자리에서 출혈이 일어나며, 자궁이 수축돼 격심한 통증이 나타나고, 맥박이나 호흡이 빨라진다. 또 태아는 모체로부터 공급받던 산소가 끊겨 심하면 자궁 내에서 사망할 수도 있다. 임신중독증이 심하거나 고령 임신인 경우, 출산을 앞두고 하복부에 강한 충격을 받았을 때도 일어날 수 있는데, 임신부 150명 중 1명꼴로 발생하는 것으로 알려져 있다.

분만 후 심한 출혈의 원인

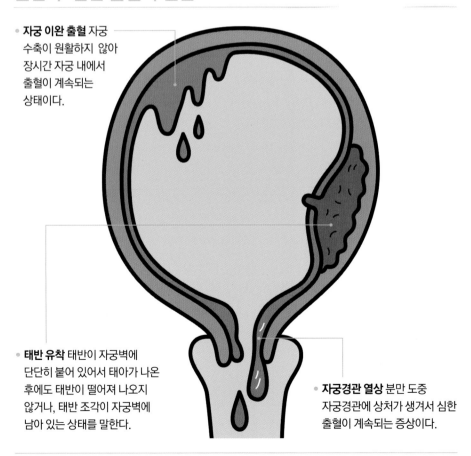

자궁 이완 출혈 자궁 수축이 원활하지 않아 장시간 자궁 내에서 출혈이 계속되는 상태이다.

태반 유착 태반이 자궁벽에 단단히 붙어 있어서 태아가 나온 후에도 태반이 떨어져 나오지 않거나, 태반 조각이 자궁벽에 남아 있는 상태를 말한다.

자궁경관 열상 분만 도중 자궁경관에 상처가 생겨서 심한 출혈이 계속되는 증상이다.

자궁 파열

분만 중 수축하는 압력을 견디지 못하고 자궁이 찢어지는 것을 말한다. 자궁이 찢어지면 태아가 자궁 밖으로 튀어나가는데, 이 경우 대부분 사망한다. 산모도 심한 내출혈로 쇼크 상태에 빠져 생명이 위험할 수 있다. 정확한 원인은 밝혀지지 않았지만, 제왕절개나 자궁 수술을 한 임신부가 무리하게 자연분만을 시도할 때 나타난다. 자궁 수술 경험이 있는 임신부는 진통이 오기 전에 자궁이 파열될 수 있으므로 임신 후기에도 주의를 기울인다.

태아 절박가사

갑자기 태아의 심음이 급격히 떨어지는 증상이다. 태아의 혈액에 산소가 충분히 공급되지 않을 때 발생하는데, 심하면 태아가 사망할 수 있고 출산 후에도 뇌나 장기에 장애가 나타나기 쉽다. 과숙아, 임신중독증, 태아의 위치 이상, 탯줄의 압박 등이 원인이다. 분만 시간이 지연되어 태아 머리가 골반 내에서 장시간 있을 경우에도 일어난다. 이 경우 산모에게 산소를 흡입시켜 인위적으로 태아에게 산소를 공급한다. 겸자분만이나 흡입분만를 시도해보고 심하면 제왕절개를 한다.

양수색전증

분만 중 양수가 산모의 혈관 속으로 들어가 혈관이 막히는 증세로 예측할 수도, 예방할 수도 없어 더욱 위험하다. 임신부 8000~3만 명당 1명에게 발생할 정도로 드문 증세이지만, 사망률이 60~70%로 매우 높다. 진통 중에는 물론이고 제왕절개 도중이나 분만 직후에도 생길 수 있다. 혈관 속으로 들어간 양수에 태변이 섞여 있으면 더욱 위험하다.

분만 후 이상 증세

자궁 이완 출혈

태아와 태반이 모두 나온 후에도 자궁 수축이 이루어지지 않고 출혈이 멈추지 않는

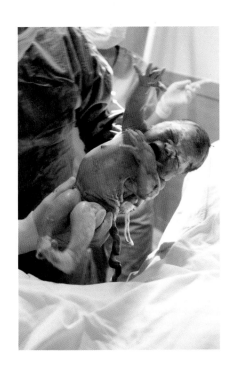

상태. 태반이 밖으로 나오면서 분만이 완료되면 자궁이 급속도로 수축해 혈관을 압박하기 때문에 저절로 지혈되지만, 자궁 수축이 정상으로 이뤄지지 않으면 자궁벽에서 1000cc 이상 출혈이 계속된다. 거대아나 쌍둥이 출산, 양수과다증 등으로 자궁벽이 지나치게 늘어났을 때 주로 발생한다. 한꺼번에 많은 양의 피가 쏟아져 나오는 경우가 대부분이지만, 간혹 적은 양의 출혈이 끊이지 않고 계속되는 경우도 있다. 고령 임신부나 분만 횟수가 많은 경산부에게 일어나기 쉬우므로 이에 해당한다면 더욱 세심하게 주의를 기울인다.

> ⚠ 분만 후 2시간은 자궁 이완 출혈을 비롯한 분만 트러블이 나타날 가능성이 가장 높은 때이다. 적어도 그때까지는 긴장의 끈을 놓지 말고 몸 상태를 세심하게 살핀다.

태반 유착

아기가 나오고 5~10분 정도 지나면 태반이 나오면서 분만 과정이 끝난다. 이때 태반이 나오지 않으며 출혈이 계속되는 경우 태반 유착 가능성이 높다. 태반 유착은 태반의 융모가 자궁의 근육층에 침입해 태반의 일부나 태반 전체가 자궁벽에서 떨어지지 않는 것이다. 임신 중절, 자궁

내 유착 또는 제왕절개의 경험이 있거나 6회 이상 아기를 출산한 경우, 선천적으로 자궁내막에 문제가 있거나 자궁이 기형인 경우에 발생한다. 태반 유착으로 판단되면 의사가 자궁에 직접 손을 집어넣어 강제로 태반을 끄집어내는데, 남아 있는 태반이 자궁 속 깊숙이 있을 때는 수술을 해서 태반을 꺼내야 한다. 유착 정도가 심하고 출혈이 많은 경우에는 자궁 적출 수술을 해야 한다.

자궁경관 열상

태아가 나오면서 자궁경관에 큰 상처를 내어 출혈이 멈추지 않는 증상을 말한다. 보통 분만 과정에서 자궁경관에 많은 상처가 나는데, 작은 상처는 저절로 출혈이 멎고 아문다. 문제는 크고 출혈이 많은 상처다. 안 그래도 피를 많이 흘린 산모가 추가로 출혈을 하기 때문. 갑자기 많은 출혈이 있을 때는 더욱 위험하다. 이때는 지혈을 하면서 상처 부위를 봉합한다. 자궁 근육의 탄력이 나쁘거나 아기의 출산 자세에 문제가 있는 경우, 출산이 급격하게 진전된 경우, 거대아인 경우, 자궁경관과 회음부의 탄력이 좋지 않은 경우에 발생하기 쉽다. 인공 중절 수술 시에도 생길 수 있다.

분만에 관한 궁금증

진통 중 자세를 자주 바꿔도 되는지, 힘을 너무 세게 주면 안 되는 건지…….
너무나 시시콜콜하고 창피해서 물어보지 못한 분만 궁금증을 모았다.

진통이 시작되었을 때

혼자 어떻게 해야 할지 모르겠다, 구급차를 불러도 될까

진통이 시작되었다 해도 구급차를 불러야 할 만큼 조급하게 아기가 태어나는 경우는 드물다. 대량으로 출혈이 일어나거나, 몸을 움직이지 못할 만큼 강한 진통이 이어지는 등 긴급 상황에서만 구급차를 부른다.

배가 아픈데 진통인지 아닌지 모르겠다, 어떻게 해야 할까

초산인 경우 지금 느끼는 배 땅김이나 통증이 진통인지 아닌지 몰라서 불안하고 초조한 경우가 많다. 이럴 때는 병원에 연락해 현재 증싱을 자세히 설녕하고 지시에 따른다.

콘택트렌즈를 끼고 병원에 가도 될까

진통이나 분만 도중 잠이 들거나 분만이 지연되는 경우가 많다. 그럴 경우 장시간 렌즈를 끼고 있어야 하므로 눈의 트러블을 예방하기 위해 안경을 끼는 편이 좋다.

메이크업을 해도 될까

병원에 갈 때는 메이크업을 하지 않는다. 안색과 손톱 색깔은 산모의 몸 상태를 판단하는 데 매우 중요한 정보이기 때문이다. 특히 출산 예정일을 앞두고는 매니큐어를 바르지 말아야 한다.

파수가 일어났다, 걸어서 병원에 가도 될까

양막 파수가 일어난 뒤에는 되도록 몸을 많이 움직이지 않는 게 좋다. 몸을 움직이면 점점 더 많은 양수가 흘러나오기 때문이다. 더 이상 양수가 흘러나오지 않도록 허리 위치를 높인 자세로 쿠션을 등과 옆구리에 대고 비스듬히 눕는다. 병원이 가까운 거리에 있더라도 자동차로 이동하는 것이 안전하다.

진통이 있지만 허기가 느껴진다면 음식을 먹어도 될까

분만실에 들어가면 아무것도 먹지 못한다는 생각이 들어 미리 허기를 채우려 음식을 먹는 임신부가 간혹 있다. 이 경우 진통이 오면 구토할 위험이 있으므로 병원에 가기 전에는 일단 금식하는 게 좋다.

병원에 가는데 산모수첩이 없다, 집에 가서 가져와야 할까

산모와 아기의 모든 기록이 담긴 산모수첩은 의료진이 산모의 상태를 빨리 확인하는

데 도움이 된다. 그러나 진통이 시작되어 병원으로 향하고 있는 상태라면 산모수첩에 연연할 필요는 없다. 가족에게 부탁해 가져다 달라고 해도 늦지 않고, 전자 시스템을 통해 기록을 확인할 수 있는 경우도 많다.

진통이 와서 병원에 갔는데, 아직 멀었다며 돌아가라고 한다면

분만까지 아직 많은 시간이 남아 있다는 뜻이다. 그러나 임신부가 친숙하고 편안한 장소에서 기다리는 편이 좋다고 판단한 것일 뿐 반드시 집으로 가야 하는 것은 아니다. 병원에 있는 편이 오히려 안심이 된다면 미리 입원해도 괜찮다.

분만 대기실에서

옆자리 임신부 때문에 신경이 쓰일 때 옮겨달라고 부탁해도 될까

진통 중에는 산모가 편안한 마음으로 있을 곳이 필요하다. 병원에 따라서 분만 대기실이 하나뿐인 곳도 있고 여러 개인 곳도 있으므로, 확인한 뒤 담당 간호사에게 방을 옮겨줄 것을 부탁한다. 방을 바꾸기 어렵다면 침대 위치라도 바꿔달라고 부탁한다.

남편과 같이 있으면 좋겠다, 가족 분만이 가능할까

평상시에는 가족 분만을 원하지 않았으나 출산 당일에 불안한 마음이 생겨 남편과 함께 있고 싶은 경우가 종종 있다. 남편과 함께 있어 출산에 조금이라도 힘이 된다면 담당 의사와 상의한다. 산부인과 병원에는 대부분 가족 분만실이 있다.

진통 중 내진은 몇 분 간격으로 하는 것이 원칙일까

내진은 자궁구가 어느 정도 열렸는지, 태아가 어느 정도 내려왔는지 등을 체크하기 위해 반드시 필요하다. 횟수나 간격은 정해져 있지 않다. 진행 상황이 산모마다 다르기 때문이다. 진행이 많이 된 경우 자궁구가 열린 정도를 시시각각 체크해야 제때 조치를 취할 수 있으므로 자주 하게 된다. 담당 의사를 믿고 맡긴다.

내진할 때 통증이 느껴지면 아프다고 말해도 될까

진통과는 다른 느낌의 통증은 분만 이상 증세일 수 있다. 내진할 때 심한 통증을 느낀다면 담당 의사에게 자신의 상태를 최대한 구체적으로 알린다.

진통 중 졸음이 오는데 잠을 자도 될까

물론 자도 된다. 특히 미약 진통일 경우 자는 동안에는 진통을 느끼지 못하기도 하므로 잠이 큰 도움이 될 수 있다. 분만이 임박하면 자연스럽게 잠에서 깨게 되니 졸음이 몰려오면 편안한 마음으로 잠을 청한다.

분만 대기실에서 화장실에 가도 될까

몸을 제대로 가눌 수만 있다면 자유롭게 움직여도 괜찮다. 진통과 진통 사이를 이용해 화장실에 가는 것도 가능하다. 단, 진통 상황에 따라 예외가 있을 수 있으므로 화장실 가기 전 의료진과 상의하자.

진통 중에 갈증이 심한데 물을 마셔도 될까

진통 중에는 땀을 많이 흘려 목이 마르다. 하지만 관장한 후에는 물도 마셔서는 안 된다. 출산 전까지 철저히 금식해야 하며, 목이 말라도 입술을 가볍게 적시는 정도로 참는다. 당분이 많은 음료수, 특히 이온 음료는 절대 마셔서는 안 된다.

> **!** 우유나 유제품은 관장을 하기 전에도 마시지 않는다. 조금만 마셔도 구토를 유발하기 때문이다.

진통 중 사탕을 먹거나 껌을 씹어도 될까

응급 수술을 해야 하는 상황에 대비해야 하므로 평상시 사탕을 먹거나 껌을 씹으면 긴장이 풀렸다 해도 진통 중에는 삼가는 게 좋다.

진통 중 가만히 누워 있어도 될까

통증이 심해지면서 걷거나 움직이는 것 자체가 싫어지는 사람도 있다. 꼼짝하기 싫을 만큼 움직이고 싶지 않다면 가만히 누워 있어도 상관없다. 하지만 가만히 누워 있는 것보다 조금이라도 몸을 움직이는 게 분만도 빨리 진행되며, 통증도 잊을 수 있으므로 일어나 걷는 등 몸을 조금씩 움직인다.

너무 더울 땐 찬 수건으로 얼굴을 닦아도 될까

분만 후에는 찬 것을 멀리해야 하지만 진통 중 차가운 수건으로 얼굴이나 몸을 식히는 것은 괜찮다. 진통 중에는 더위를 심하게 느끼고 땀도 많이 흘리는데, 찬 수건으로 몸을 닦으면 더위가 덜할 뿐 아니라 컨디션 유지에도 도움이 된다. 남편이나 보호자에게 수건을 미리 챙겨 오도록 부탁한다. 단, 지나치게 찬 수건으로 배를 닦는 것은 금물이다.

진통 중 대변을 봐도 될까

대부분 입원 직후 관장을 하므로 화장실에 갈 일은 거의 없다. 대변을 봐야 할 것 같은 강박을 느끼는 산모가 더러 있는데, 이는 아기 머리가 직장을 눌러서 그렇게 느끼는 것일 뿐 실질적으로 대변을 봐야 하는 상황은 아니다. 그럼에도 참기 힘들 정도로 변의가 느껴지면 내진 시 의사에게 묻고 화장실에 간다. 단, 너무 세게 힘을 주면 분만으로 이어지는 등 위험한 상황이 발생할 수 있다.

분만실에서

소리를 크게 지르고 싶은데 괜찮을까

진통이 심할 땐 소리를 질러도 무방하다. 단, 소리를 너무 크게 오래 지르면 태아에게 공급되는 산소량이 적어지고, 태아가 스트레스를 많이 받으므로 가급적 자제한다. 또 소리를 지르면서 체력이 소모돼 마지막 힘주기를 못 할 수도 있다.

힘주기를 하면 대변이 나올 것 같은데 괜찮을까

관장을 했더라도 실제 분만 중 대변이 나오는 경우가 종종 있다. 분만을 위한 힘주기가 배변 시 힘을 주는 원리와 똑같기 때문이다. 대변이 나와도 큰 문제는 없으므로 힘주기를 참지 않는다.

너무 힘을 주면 오히려 난산이 되기 쉽다는데 사실일까

자궁구가 완전히 열리지 않은 상태에서 너무 힘을 주면 태아 머리가 갑자기 내려오면서 자궁경관이 파열될 수 있다. 자궁경관이 파열되면 대량 출혈이 일어나 수술을 해서 태아를 꺼내야 하는 상황이 벌어지므로 주의한다. 초반부터 너무 힘을 주면 정작 힘주어야 할 때 오히려 기운이

빠져 힘을 주지 못하는 것도 문제다. 이렇게 되면 태아가 산도에 걸린 상태로 오래 버텨야 해서 난산이 될 수 있다.

무통분만은 자연분만에 비해 어느 정도 안 아플까

무통분만은 강한 통증이 오는 분만 제1기에 마취를 해서 자궁 수축으로 인한 여러 통증을 줄이는 분만법이다. 통증을 최대한 줄이기 위한 조치이기 때문에 자연분만과 비교했을 때 고통이 덜한 것은 확실하지만 정도의 차이를 설명하기는 어렵다. 임신부 체질에 따라 마취 효과가 큰 사람이 있는가 하면 적은 사람도 있고, 통증에 민감한 사람이 있는가 하면 통증에 노출되어도 아픔을 덜 느끼는 사람이 있는 등 개인차가 크기 때문이다. 자연분만

이 가장 좋은 분만법이지만, 임신부가 겁이 많아 출산 자체를 고통으로 받아들인다면 무통분만을 하는 게 낫다.

분만 후에

샤워를 해도 될까

분만 후 불쾌하고 끈적끈적한 기분이 든다면 샤워로 기분 전환을 하는 것도 괜찮은 방법이다. 자연분만은 분만 직후, 제왕절개는 실밥을 뽑은 후 샤워를 할 수 있다. 단, 산후풍을 예방하려면 따뜻한 물을 미리 틀어놓아 욕실 공기를 높인 뒤 들어가야 한다. 욕조에 몸을 담그는 것은 세균 감염의 위험이 있으므로 산후 6주 이후에 하는 것이 안전하다. 그 전에는 따뜻한 물로 5~10분 정도 가볍게 샤워한다.

분만 직후에 젖을 물려야 할까

대부분의 경우 분만 후 2~3일 정도 지나야 젖이 돌기 시작한다. 젖은 아기가 빨수록 분비가 촉진되므로 당장 젖이 돌지 않는다고 해서 물리지 않으면 모유가 늘지 않아 시간이 지날수록 모유수유가 힘들어진다. 힘들더라도 분만 직후부터 젖을 물린다.

분만 당일 보양식을 먹어도 될까

자연분만한 경우 특별한 사항이 없으면 분만 2시간 후에 식사를 할 수 있다. 하지만 제왕절개를 했을 경우 수술 후 1~2일이 지나야 식사할 수 있다. 자연분만을 했고, 산모가 원한다면 보양식을 먹어도 되지만 먼저 의사와 상의한다. 호박즙 등 가벼운 보양식도 마찬가지이다.

분만 직후 화장실에 가도 될까

분만실에서 나오면 언제든지 화장실에 가도 된다. 통증 때문에 화장실 가는 것을 참으면 오히려 좋지 않다. 방광 기능에 장애를 초래하거나 변비가 생길 수 있다. 앉아 있다가 갑자기 일어서면서 현기증이 날 수 있으므로 화장실에 갈 때도 혼자 다니지 않는다.

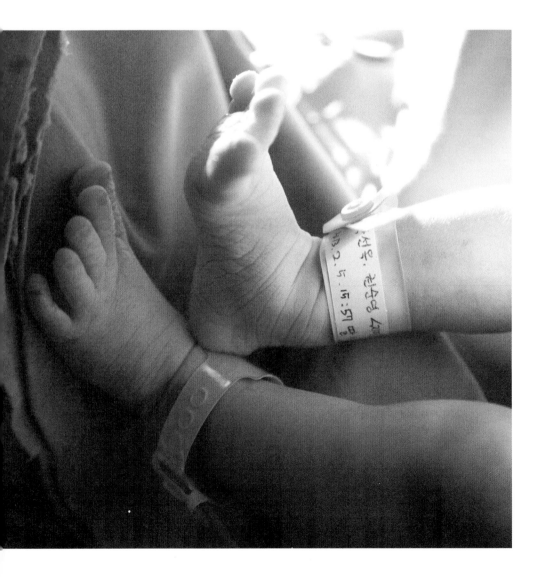

산후조리 가이드

아기를 낳았다고 몸이 금방 임신 전 상태로 돌아가는 것은 아닙니다.
배가 들어가는 데도 시간이 걸리고, 오로와 산후통도 만만치 않지요.
젖 먹이는 일조차 힘들지만 그럴수록 산후조리에 만전을 기해야 합니다.
산후조리는 엄마의 평생 건강을 결정짓는 중요한 일이니까요.
산후풍 걱정 없는 생활법부터 산후 부기 빼는 법까지,
구석구석 알아야 건강을 지킬 수 있답니다.

출산 후 몸의 변화

여자의 몸은 임신과 출산을 겪으면서 제2의 탄생이라 할 만큼 크나큰 변화를 겪는다.
출산 후 자궁과 유방을 비롯해 몸 곳곳에서 일어나는 변화 중 주의 깊게 살펴야 하는 것.

자궁과 질의 변화

자궁이 줄면서 가볍게 느껴진다

출산 후 2일간은 자궁 크기에 변화가 없다가 6주가 되면 임신 전 크기로 돌아온다. 크기가 작아짐과 동시에 위치도 내려가는데 출산 직후에는 배꼽 아래 3~5cm 위치로, 시간이 갈수록 조금씩 더 내려가 산후 2주일이 지나면 골반 안쪽으로 들어간다. 소실된 자궁경부도 1~2주 정도 지나면 회복되어 굳게 닫힌다.

혈액이 섞인 오로가 분비된다

출산 후에는 자궁 내부와 질에서 혈액이 섞인 분비물이 계속 배출되는데 이를 오로라고 한다. 오로는 분만으로 생긴 산도의 상처나 분비물, 자궁이나 질에서 나온 혈액·점액·떨어진 세포 등이 질을 통해 몸 밖으로 나오는 것으로 출산 후 4~6주 동안 배출된다. 산후 3일까지는 적색이다가 점차 갈색, 황색으로 변한다. 3주째가 되면 흰색으로 엷어지면서 양도 줄어든다. 오로 색의 변화가 순조롭지 않고, 6주가 지나도 혈액이 섞여 나오거나 냄새가 나고 양이 줄지 않으면 이상이 있는 것이므로 병원 진료를 받는다.

늘어난 질이 원래대로 돌아온다

질은 출산을 겪으면서 늘어지고 부어올라 충혈되어 있지만, 일주일 정도 지나면 어느 정도 회복된다. 2주가 지나면 임신 전과 거의 같은 느낌이 되는데, 오히려 질 근육이 임신 전보다 단단해지면서 수축력이 강해지는 경우도 있다. 질이 늘어나고 탄력이 줄어든 듯하면 케겔 운동을 꾸준히 해서 탄력을 되찾는다.

한눈에 보는 몸의 변화

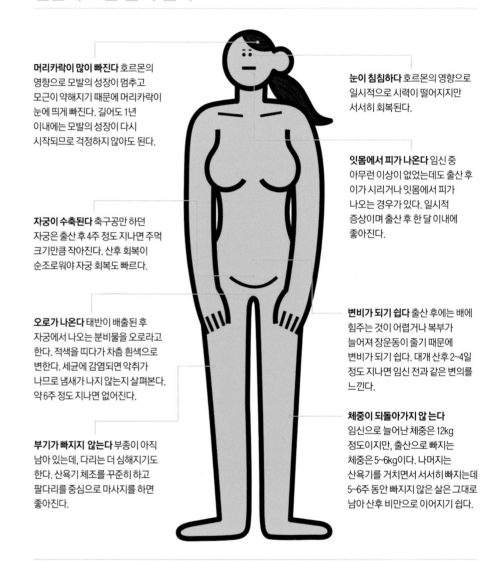

머리카락이 많이 빠진다 호르몬의 영향으로 모발의 성장이 멈추고 모근이 약해지기 때문에 머리카락이 눈에 띄게 빠진다. 길어도 1년 이내에는 모발의 성장이 다시 시작되므로 걱정하지 않아도 된다.

자궁이 수축된다 축구공만 하던 자궁은 출산 후 4주 정도 지나면 주먹 크기만큼 작아진다. 산후 회복이 순조로워야 자궁 회복도 빠르다.

오로가 나온다 태반이 배출된 후 자궁에서 나오는 분비물을 오로라고 한다. 적색을 띠다가 차츰 흰색으로 변한다. 세균에 감염되면 악취가 나므로 냄새가 나지 않는지 살펴본다. 약 6주 정도 지나면 없어진다.

부기가 빠지지 않는다 부종이 아직 남아 있는데, 다리는 더 심해지기도 한다. 산욕기 체조를 꾸준히 하고 팔다리를 중심으로 마사지를 하면 좋아진다.

눈이 침침하다 호르몬의 영향으로 일시적으로 시력이 떨어지지만 서서히 회복된다.

잇몸에서 피가 나온다 임신 중 아무런 이상이 없었는데도 출산 후 이가 시리거나 잇몸에서 피가 나오는 경우가 있다. 일시적 증상이며 출산 후 한 달 이내에 좋아진다.

변비가 되기 쉽다 출산 후에는 배에 힘주는 것이 어렵거나 복부가 늘어져 장운동이 줄기 때문에 변비가 되기 쉽다. 대개 산후 2~4일 정도 지나면 임신 전과 같은 변의를 느낀다.

체중이 되돌아가지 않는다 임신으로 늘어난 체중은 12kg 정도이지만, 출산으로 빠지는 체중은 5~6kg이다. 나머지는 산욕기를 거치면서 서서히 빠지는데 5~6주 동안 빠지지 않은 살은 그대로 남아 산후 비만으로 이어지기 쉽다.

임신과 출산으로 변화하는 자궁

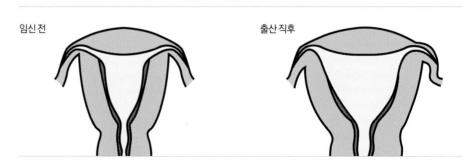

임신 전

출산 직후

오로 처치법

세균에 감염되기 쉬우므로 패드를 자주 갈아준다. 출산 직후에는 2시간 간격으로 교체한다. 하루 2~3회 좌욕을 하면 살균·해독 효과가 더욱 높다. 용변을 본 뒤에는 비데를 사용하거나 따뜻한 물로 가볍게 닦아낸다.

유방의 변화

크고 단단해지며 처진다

유방은 커지는 동시에 아래로 처지면서 젖몸살이 동반된다. 젖몸살은 정맥과 림프샘의 울혈 때문에 생기는데, 젖이 돌기 시작할 때 따뜻한 물수건으로 찜질하고 마사지를 해 울혈을 풀어주면 도움이 된다. 처진 유방을 받쳐주는 수유용 브래지어를 착용하는 것도 좋은 방법이다. 아기가 젖을 뗄 무렵이 되면 유방이 임신 전 크기로 돌아가는데, 그때 유방이 더 이상 처지지 않고 모양을 잡아가도록 하는 데도 유용하다.

노란 초유가 2~3일 동안 나온다

출산으로 태반이 배출되면 프로락틴이라는 호르몬이 생성되면서 산후 2~3일째 초유가 나오기 시작한다. 그 후 아기가 젖을 빨면 산모의 뇌하수체가 자극을 받고, 이는 프로락틴 분비로 이어져 젖이 잘 나오게 된다. 프로락틴에는 자궁 수축을 촉진하는 기능이 있으므로 모유수유를 하면 자궁 수축도 빨라진다. 초유는 산후 2~3일 정도 나오다가 이후에는 뽀얀 우윳빛 모유가 나온다.

기타 신체의 변화

소변이 잦고 땀이 많아진다

산후 며칠간은 임신 기간 중에 쌓여 있던 체내 수분이 몸 밖으로 배설되기 때문에 소변과 땀이 많아진다. 특히 분만 중 방광에 고여 있던 수분이 배설되면서 소변량이 갑자기 증가하는 경우도 있다. 땀을 많

이 흘려 속옷이 젖으면 체온이 내려가 감기에 걸릴 수 있으므로 바로 갈아입는다. 이와 달리 산후 1~2일 동안 소변을 잘 보지 못하는 경우도 있다. 분만 시 요도나 방광이 압박을 받았기 때문. 심한 경우 방광염으로 이어진다.

식욕이 왕성해진다

출산 후 2~3일이 지나면 식욕이 왕성해지는데, 호르몬 변화와 분만하면서 에너지를 많이 소비했기 때문이다. 이때는 영양의 균형이 잡힌 식사를 하되 소화가 잘되고 자극이 적은 음식을 섭취하고, 수분을 충분히 보충해야 한다. 시간이 지나서 식욕이 떨어질 수 있지만 입맛이 없어도 매끼 챙겨 먹는 것이 산후 회복을 앞당기는 방법이다.

기미가 심해지고 각질이 생긴다

임신 중 깨끗하던 피부라도 출산 후 기미가 생길 수 있으며, 임신 때 생긴 기미가 더 심해지기도 한다. 이는 출산으로 신장 기능이 저하되었거나 간 기능에 이상이 생겼을 때 받은 스트레스, 무엇보다 임신 중 여성호르몬과 임신호르몬의 분비가 많아진 것이 가장 큰 원인이다. 출산 후 1년 정도 지나면 옅어지지만, 완전히 사라지지는 않는다. 기미를 제거하기 위해 출산 후 당장 할 수 있는 일은 호르몬의 균형을 찾는 것뿐이다. 쉽지 않겠지만 스트레스를 덜 받도록 노력하고 키위, 사과, 오렌지 등 과일로 비타민 C를 충분히 섭취해야 한다.

뱃살이 늘어진다

임신 중 생긴 임신선은 출산 후 자연히 없어지지만, 튼살은 출산 후에도 사라지지 않는다. 특히 뱃살은 체중이 줄더라도 빠지지 않고 탄력을 잃은 상태라 처지기 쉽다. 출산 직후의 배는 마치 임신 5~6개월 때의 모습과 비슷하다. 배의 크기와 뱃살이 원래 상태로 돌아가는 데는 보통 6개월 정도 걸리는데, 복부 근육을 단련시키는 체조와 스트레칭을 꾸준히 하면 탄력

을 되찾을 수 있다. 튼살 전용 제품으로 마사지를 하는 것도 도움이 된다.

머리카락이 한 움큼씩 빠진다

임신 중에는 머리카락이 평소보다 적게 빠지고 잘 자란다. 임신으로 한층 농도가 높아진 여성호르몬과 임신호르몬(프로게스테론) 때문에 머리카락의 성장기가 길어졌기 때문이다. 그러다 출산 후 100일경 호르몬 양이 줄기 시작하면서 한꺼번에 머리카락이 빠진다. 이는 출산이라는 특수한 상황이 가장 큰 원인이므로 출산 후 6개월 정도 지나면 탈모량이 서서히 줄면서 1년 정도 후에는 예전 모발로 회복되는 경우가 대부분이다. 파마와 염색은 피하고 샴푸를 꼼꼼하게 해 두피와 모발을 청결하게 유지하는 것이 최선의 예방책이며, 두피 마사지와 헤어 팩도 도움이 된다. 알로에를 두피에 바르거나 시금치 우려낸 물로 머리를 헹구면 탈모를 막을 수 있을 뿐 아니라 머릿결도 매끄러워진다. 검은콩 등 식물성 호르몬을 듬뿍 함유한 식품을 꾸준히 먹는 것도 좋다.

기미와 잡티 완화에 효과적인 천연 팩

살구씨 팩 피부를 환하게 가꿔주는 효과가 뛰어나다. 살구씨를 곱게 가루 내어 달걀노른자와 1:1 비율로 섞어 바른다.

오렌지 팩 이미 생긴 잡티를 말끔히 제거해주지는 않지만 차츰 증상을 완화해준다. 햇빛과 반응하면 피부에 자극이 될 수 있으므로 반드시 자기 전에 팩을 한다. 오렌지즙과 플레인 요구르트를 1:1로 섞고 밀가루를 약간 넣어 농도를 맞춰 바른다.

감자 팩 피부 진정과 재생 효과가 있으며, 비타민 C가 풍부해 미백에도 좋다. 감자를 갈아 건더기를 건진 다음, 얼굴에 거즈를 덮고 그 위에 감자즙을 바른다.

다시마 팩 비타민 C가 미백 효과를, 비타민 E가 피부에 윤기와 탄력을 준다. 얼굴에 거즈를 덮은 다음 찬물에 1시간 정도 불려 소금기를 제거한 다시마를 그 위에 올린다.

아기 낳고 생기는 병

출산 후 산모의 몸은 세균에 대한 저항력이 매우 약한 상태.
대수롭지 않은 증상이라고 방치했다간 큰 병으로 발전할 수 있다. 산후에 잘 나타나는 이상증세를 알아보자.

예방할 수 있는 산후 트러블

산욕열·오한과 발열이 이틀 이상 계속된다

출산 후 2~3일부터 갑자기 오한이 나고, 38~39℃ 이상의 고열이 이틀 이상 계속된다. 증상이 가벼우면 이틀 정도 지나 열이 내리지만, 심하면 7~10일까지도 계속된다. 열이 나면서 아랫배가 심하게 아프며 악취 나는 오로가 나오기도 한다. 이는 분만 시 태아가 밖으로 나오면서 산도나 질, 외음부에 상처가 나고 난막이나 태반이 벗겨지면서 자궁벽에도 크고 작은 상처가 생기는데, 이 상처에 세균이 들어가 염증이 생긴 것. 고열이 계속될 때는 항생제·소염제·해열제 등을 처방받는다. 입원 치료가 필요한 경우도 있다.

❗ 출산 후 피로가 쌓여 신체 면역력이 떨어졌을 때, 오로에 이상이 있을 때도 산욕열이 심해질 수 있다.

● 외음부를 청결히 관리한다. 열이 나면 영양가 높은 음식이나 영양제를 섭취하고 충분한 휴식을 취해 질병에 대한 저항력을 키운다. 산욕열을 앓으면 땀이 많이 나므로 수분도 충분히 보충한다.

유선염(젖몸살)·유방이 딱딱해지고 열이 나며 아프다

38℃ 이상의 열이 나면서 온몸이 쑤시고 아프며 유방이 빨갛게 부어오르고 딱딱해진다. 심하면 겨드랑이의 림프샘이 붓고 유두에서 고름이 나오기도 한다. 유선염은 대부분 잘못된 수유 방법으로 유두에 상처가 나 이를 통해 균이 침입해 염증이 생긴 것. 브래지어가 지나치게 가슴을 조여 유선이 막혔을 때나 수유 시 유방을 완전히 비우지 않아 유방 울혈이 생겼을

때, 산모가 피곤해 신체 면역력이 떨어졌을 때도 생길 수 있다. 열이 하루 종일 지속되면 산부인과 전문의의 진찰을 받고 처방받은 항생제와 해열제를 복용한다.

● 수유를 규칙적으로 하고 수유가 끝나면 유방을 완전히 비워야 젖몸살을 앓지 않는다. 따뜻한 물로 샤워하거나 수유 전후에 따뜻한 물주머니로 유방을 찜질하면 통증을 줄일 수 있다.

요실금 • 소변이 샌다

몸에 힘을 줄 때 자신도 모르게 오줌이 찔끔찔끔 나온다. 출산으로 질 근육이 늘어나면서 요도 근육이 약해졌기 때문. 자연분만을 한 경우 초산부보다 경산부에게서 많이 나타난다. 항문이나 요도 주위의 괄약근이 원래 약한 경우, 아기가 지나치게 컸을 때, 난산을 한 경우에도 증상이 나타나기 쉽다. 대부분은 시간이 지나면서 회복되지만, 장기간 지속되면 스트레스를 받을 수 있으므로 반드시 산부인과에서 치료를 받는다.

● 케겔 운동을 한다. 소변을 참듯 질을 3초간 수축했다가 긴장을 풀어주는 식. 한 차례 10회씩 하루 다섯 차례 반복한다. 다리와 엉덩이 근육은 움직이지 않는 게 요령이다. 하루 50회로 시작해 400회 정도로 늘려나간다. 3개월 정도 지속하면 효과를 볼 수 있다.

방광염 • 소변볼 때 뻐근하다

출산 직후에는 방광의 감각이 둔하고 요도가 부어서 소변이 잘 나오지 않고 뻐근한 증상이 나타난다. 보통 2주가 지나면 나아지는데, 증상이 오래가고 소변 색깔이 흰색이나 탁한 황색을 띠면 산부인과 진료를 받는다. 산후 방광염은 분만 과정에서 방광이 태아 머리와 골반 사이에 끼어 심하게 압박받으면서 상처를 입거나 늘어나서 생긴다. 손상된 방광이 소변을 원활하게 배출하지 못해 방광 내에 소변이 고이면서 세균, 특히 대장균이 번식해 염증이 발생하는 것이다.

● 외음부 청결에 신경 쓰고 요의를 느끼면 참지 않는다. 따뜻한 물수건으로 아랫배를 찜질하고 엎드려 있으면 좋아진다. 좌욕을 꾸준히 하고 물을 많이 마셔 몸속 세균이 소변과 함께 씻겨 나가게 한다.

손목 통증 • 주먹이 쥐어지지 않는다

손목, 발목처럼 평소에 많이 쓰는 관절은 출산 후 산욕기 동안 무리하게 사용하면 인대에 염증이 생기면서 통증이 나타난다. 산욕기에 아기를 안느라 손목을 많이 사용하는 경우 증세가 더욱 심해진다. 손목이 걸리기도 하고, 심하면 손가락까지 아프다. 시간이 지나면 자연스럽게 낫지만, 한 달이 지나도 증상이 나아지지 않고 주먹을 쥘 수 없을 정도로 통증이 심하면 물리치료를 받아야 한다.

● 무거운 물건을 들거나 손목에 무리하게 힘을 주지 않도록 신경 쓴다. 작은 빨래라도 힘주어 비틀어 짜거나 아기를 한쪽으로만 자주 안는 것도 피해야 한다. 통증이 심할 때는 핫팩으로 손목을 찜질한다.

병원 치료가 필요한 산후 트러블

자궁복고부전 • 복통과 빈혈이 심하다

분만 직후부터 수축을 시작한 자궁은 아기를 낳은 지 10일 정도 지나면 밖에서 만져지지 않을 정도로 크기가 줄어들어, 산욕기인 6~8주가 지나면 원래 크기로 돌아간다. 이러한 자궁 수축이 원활하지 않은 증세가 자궁복고부전이다. 배가 지나치게 말캉말캉하면서 좀처럼 자궁이 작아지는 것이 느껴지지 않고, 피나 핏덩어리가 섞인 오로가 계속되는 증상과 심한 복통이 동반되면 병원 진료를 받아야 한다. 특히 난막이나 태반의 일부가 자궁 내에 남아 있는 경우, 양수가 미리 터졌거나 쌍둥이를 출산한 경우, 분만 중에 진통이 약했던 경우에는 자궁 수축이 제대로 이루어지지 않을 수 있다.

❗ 배를 손으로 만져보아도 어느 정도 알 수 있다. 배가 단단한 부분이 없고 전체적으로 부드러운 상태가 지속되면 자궁복고부전을 의심하고 병원 진료를 받는다.

● 병원에서는 수축제를 사용해 자궁 수축을 유도하거나 지혈제로 치료한다. 출혈이 심하면 항생제도 처방한다. 병원에서 치료를 받았는데도 회복되지 않을 때는 자궁적출 수술을 해야 한다. 치료받는 동안은 목욕이나 성관계를 하지 않는다.

태반 잔류 • 적색 오로와 출혈이 계속된다

분만 시 태반이 전부 빠져나오지 못하고 태반의 일부가 자궁 안에 남아 있으면 그 부위의 자궁벽에서 출혈이 일어나거나 염증이 생길 수 있다. 산후 10일 정도 지나도 적색 오로가 계속되거나 출혈이 심하면 태반 잔류를 의심하고 치료를 받는다. 발견하기 어려운 아주 미세한 태반 조각들이 남아 있는 경우도 있는데, 유산이나 임신중절 수술을 많이 한 산모는 자궁벽이 약해져 태반이 들러붙어 잘 떨어지지 않을 수 있다.

● 빠른 시간 안에 태반을 배출하기 위해 수축제를 투여하거나 기구를 이용해 잔류물을 끄집어낸다.

신우염 • 심한 오한과 고열이 나타난다

산욕열 증세와 비슷하다. 오한이 나면서 40℃ 이상 열이 오르고 허리나 옆구리가 아프다. 신장에 염증이 생긴 것으로 특히 옆구리가 아프고, 심한 압박감을 느끼기도 하며 소변을 볼 때 묵직한 느낌이 든다. 흔히 방광에 있던 대장균이 신우로 올라가서 생기는데, 출산 전후에 도뇨를 하는 과정에서 세균이 플라스틱 튜브를 통해 요도를 통과하면서 감염되기도 한다. 치료받지 않고 방치할 경우 만성 신장염으로 발전하는데, 다음 임신에 영향을 미치므로 반드시 치료한다.

● 수분을 많이 섭취하면 세균이 소변과 함께 배출되기 때문에 도움이 된다. 병원 치료를 받으면서 집에서 냉찜질을 병행한다.

임신중독증 후유증 • 고혈압, 단백뇨, 부종 등이 나타난다

고혈압이거나 몸이 붓고 소변에서 단백질이 나오는 것 등이 임신중독증의 주요 증상이다. 이러한 증상이 출산 후까지 이어질 수 있다. 임신 초기부터 임신중독증 증세가 나타났거나 심했던 경우에는 그 확률이 더욱 높다. 임신중독증 후유증은 자각 증상이 미미해 그냥 지나치기 쉽지만, 치료하지 않고 방치하면 만성 고혈압과 만성 신우염을 유발하기도 한다. 임신 때처럼 다리를 눌러보아 부종 정도를 가늠하고 심하면 치료를 받는다. 종아리를 눌렀을 때 움푹 들어갈 정도면 심한 부종이다.

● 산후 검진에서 부종을 검사하지만, 그 이전이라도 다리가 붓는 증상이 심할 때는 병원 진료를 받는다. 식이요법을 병행하면서 안정을 취하면 나아진다.

산후풍 • 가만히 있어도 식은땀이 나고 으슬으슬 춥다

이유 없이 땀이 흐르면서 무기력해지고 심리적으로 불안하거나 가슴이 두근거리고 식욕이 떨어지면 산후풍을 의심한다. 출산으로 약해진 몸에 찬 바람이 들어가면 냉기가 아랫배에 나타날 수 있다. 출산 후 관절을 지나치게 사용해도 산후풍에 걸릴 수 있는데, 자궁의 혈액순환이 잘 되지 않고 어혈이 생겨 비뇨기 계통의 기능이 떨어지기 때문이다. 초기에 치료하지 않으면 시간이 지날수록 악화되므로 곧바로 치료하되 완치할 때까지 한다.

● 산후풍은 얼마든지 예방할 수 있다. 몸조리 중이라도 적절한 운동을 해서 혈액순환을 촉진하고, 좌욕을 꾸준히 해 오로를 잘 배출한다. 단, 찬 바람을 몸에 직접 쐬거나 찬물을 마시는 것은 절대 삼간다. 과로나 정신적 충격을 받지 않도록 각별히 조심한다.

누구나 한 번쯤 겪는 대표 트러블

산후통(배앓이) • 아랫배가 살살 아프다

출산 후 자궁이 수축되는 과정에서 생리통처럼 배가 아픈데, 이를 산후통(배앓이)이라 한다. 자궁을 원래 크기로 줄어들게 하고 자궁 속에 남아 있는 노폐물을 빨리 몸 밖으로 내보내기 위한 진통으로, 규칙적인 간격을 두고 통증이 오기 때문에 마치 진통처럼 느껴진다. 초산인 경우 자궁 회복력이 뛰어나 증상이 심하지 않지만, 경산인 경우에는 자궁 회복력이 더뎌 통증이 심하고 오래가는 편이다.

❗ 모유수유를 하면 자궁 수축이 빨라지기 때문에 통증이 더욱 심하게 느껴지기도 한다. 이 통증은 늦어도 출산한 지 2~3주 후면 서서히 줄어들기 시작한다.

● 따뜻한 물수건이나 핫팩을 배에 올리고 문질러주면 통증을 줄일 수 있다. 통증이 너무 심하면 수유 중에 먹어도 안전한 진통제를 복용해 통증을 가라앉힌다.

치골 통증 • 엉치뼈가 벌어진 것처럼 아프다

치골이란 음부 위에 돌출한 뼈로, 임신을 하면 조금씩 느슨해지다가 분만 시 많이 벌어진다. 출산 후 치골이 서서히 회복되는 과정에서 통증이 생길 수 있다. 누웠다 일어나는 등 자세를 바꿀 때 더욱 아프며, 심한 경우 빨리 걷는 것조차 쉽지 않다. 체격이 큰 아이를 낳은 산모일수록 치골통을 호소하는 경우가 많고, 간혹 천골(꼬리뼈)까지 통증을 느끼는 산모도 있다. 산후 2~3개월 정도 지속되지만, 적절한 산후조리와 일상생활을 하다 보면 대부분 저절로 좋아진다.

● 복대나 거들을 착용하면 통증을 어느 정도 완화할 수 있다. 격한 동작이나 무리한 움직임을 피하고 다리를 벌리거나 꼬고 앉지 않도록 주의한다. 출산 후 3개월이 지나도 통증이 줄어들지 않으면 정형외과나 척추 전문병원에서 적절한 치료를 받아야 한다.

회음통 • 회음 절개 부위가 아프다

출산 후 2~3일 동안 걷거나 앉는 것이 거북할 정도로 회음 부위가 아프고 땅기는 듯한 통증이 계속된다. 분만 시 절개하고 봉합한 회음과 질 입구 주변에 나타나는 통증으로, 산후 3~4일이 지나면 부기가 빠지고 통증도 완화된다. 염증이 생기지 않았다면 봉합한 실이 자연스레 몸으로 흡수되면서 상처가 아문다. 그러나 일주일 이상 통증이 계속되고 붓거나 출혈이 있으면, 봉합 부분에 염증이 생겼거나 피가 뭉친 것일 수 있으므로 병원 진료를 받는다.

● 회음부를 청결하게 관리한다. 따뜻한 물로 하루에 2~3회 좌욕하고, 패드도 자주 간다. 앉을 때 쿠션이나 베개를 엉덩이 밑에 받치면 통증을 덜 수 있다.

부종 • 몸이 부어 가라앉지 않는다

임신 당시의 부종 여부와 상관없이 출산 후 3~4일부터 몸이 붓기 시작한다. 대개 제왕절개로 아기를 낳은 산모가 자연분만한 산모보다 심하게 붓는데, 발목에 생기는 부종이 가장 심하다. 정상 부종이라면 3개월에 걸쳐 서서히 빠진다. 그러나 한 달이 지나도록 가라앉지 않거나 하루 종일 붓는 증상이 계속되면 병원 진료를 받아야 한다. 출산한 다음 날부터 가벼운 체조나 스트레칭을 하면 부종을 어느 정도 예방할 수 있다.

● 찬 음식, 짠 음식, 탄수화물 위주의 고열량 음식, 인스턴트식품 등을 먹으면 부기가 더 심해지므로 자제한다. 모든 음식은 따뜻하고 싱겁게 먹는 것이 원칙이다.

ⓃⒼ 산후 검진 전이라도 병원에 가야 하는 증세

1 이유 없이 구역질과 구토가 난다.
2 갈색 출혈이 있다가 핏덩어리가 나오거나 선홍색 출혈이 있다.
3 체온이 37.7°C가 넘는다.
4 출혈이 심하다.
5 배뇨 시 통증과 발열감이 있다.
6 질과 항문 부위가 지속적으로 아프다.
7 유방 통증이 심하고 열이 난다.
8 하복부에 심한 통증이 있다.

산후 건강검진

산후 6주, 산욕기가 끝나면 자궁이나 산도, 방광, 유방 등의 상태가 임신 전으로 돌아간다.
산후 건강검진은 이 과정이 순조롭게 진행되었는지, 임신 중 생긴 질병은 없는지 확인하기 위해 꼭 필요하다.

왜 받아야 하나?

몸의 건강한 회복을 확인할 수 있고 건강관리에 도움이 된다

몸이 제대로 회복되었는지, 자궁 크기는 원래 상태로 돌아갔는지, 세균 감염의 위험은 없는지 확인한다. 자궁암, 유방암 등 여성 관련 질환을 조기에 발견할 수 있기 때문에 향후 건강관리에도 큰 도움이 된다. 특히 임신중독증에 걸렸던 산모라면 반드시 검진을 받아 몸 상태를 점검해야 한다. 산후 건강검진은 출산 후 1~2개월 내에 하는 것이 바람직하다.

> ❗ 한꺼번에 검사하기도 하고 1~4주에 걸쳐 나눠서 하기도 한다. 보통 7개 항목을 검사하는데, 산모의 상태에 따라 검사 항목이 다르다.

산후 성관계와 피임 등 다양한 정보를 얻을 수 있다

배란일과 생리 시작일, 출산 후 피임법 등에 대한 정보를 얻을 수 있다. 지속적인 피로나 우울증, 성관계 시 통증, 요실금 같은 문제가 있거나 임신 전과 비교해 조금이라도 달라진 점이 있다면 상담한다. 산욕기 동안 궁금한 점을 메모해두면 검진 시 빼놓지 않고 물어볼 수 있다.

어떤 검사를 받나?

내진

자연분만의 경우에는 회음 절개 부위가 제대로 아물었는지 확인한다. 회음 절개 부위에 염증이 생겼을 수 있고, 아물기 전에 성관계를 해 상처가 났을 수 있기 때문이다. 제왕절개를 한 경우에는 수술 부위

가 자연스럽게 아물었는지 확인한다. 간혹 수술 부위가 울퉁불퉁 튀어나온 채 아문 경우가 있는데, 튀어나온 부위가 속옷과 마찰해서 염증이 생길 수 있으므로 반드시 치료해야 한다. 오로나 분비물에 이상이 없는지도 확인하며, 성관계를 해도 좋은지 상담할 수 있다.

빈혈 검사

임신 중 철분 부족 상태가 지속되거나 분만 시 출혈이 지나치게 많았다면 출산 후 빈혈에 걸릴 수 있다. 혈액을 채취해 검사하며, 이상이 있을 때는 철분제를 처방받아 빈혈을 치료한다.

소변 검사

분만 시 질이 찢어져 회음부와 이어지거나 출산 후 회음부 주변 근육이 약해지면 요도염이나 방광염에 걸릴 수 있다. 제왕절개로 아이를 낳은 산모보다 자연분만을 한 경우에 더 많이 나타난다. 임신 전에 비해 소변보는 횟수가 잦고 통증이 있으면 검진 전에 의사에게 미리 증상을 알린다. 소변을 잘 보지 못하거나 소변을 볼 때마다 통증이 있는 경우에도 반드시 미리 알려 정밀 검사를 받는다.

관절염 검사

임신 중에는 몸무게가 많이 늘어나 관절이 약해지고, 분만 과정에서 관절 사이의 결합이 느슨해지면서 관절염이 생기기 쉽다. 임신 중이나 출산 후 무릎 통증이 있었다면 검진 전에 미리 의사에게 증상을 알리고, 약해진 관절 상태를 점검하는 검사를 받는다. 별다른 증상이 없으면 검사받지 않아도 된다.

골반 초음파 검사

자궁이 임신 전 상태로 잘 회복되었는지, 자궁 안에 태반 찌꺼기나 혈종이 남아 있지 않은지, 양쪽 난소는 정상인지 등을 알아본다. 자궁근종과 자궁암도 확인할 수 있다. 특히 임신 전이나 임신 초기에 자궁근종을 발견했으나 임신으로 치료를 미룬 경우라면 반드시 검사를 받는다. 임신 중에는 자궁 겉면만 확인할 수 있는 데다 태아에 가려져 근종이 잘 보이지 않는다. 또 호르몬의 변화 때문에 몸에 있던 근종이 커졌을 수도 있다.

자궁경부암 검사

우리나라 여성에게서 특히 발병률이 높고, 조기에 발견해 치료하는 것이 중요한 병이므로 반드시 검사해야 한다. 별다른 증상이 없어도 6개월이나 1년에 한 번 정도 검사를 받아야 하며, 대개 임신 초기에 검사하기 때문에 출산 후 1~2개월 후가 검사의 적기다. 검사 방법은 세포 채취 브러시로 냉을 소량 채취해서 암세포나 비정상 세포가 있는지 현미경으로 확인하는 것으로 매우 간단하다.

갑상샘 검사

임신 전 갑상샘에 이상이 있던 사람의 경우 출산 후 갑상샘 질환의 발병 빈도가 높아진다. 출산하고 4주 후에 혈액 검사를 통해 갑상샘의 이상 여부를 알아보는 것이 좋다. 이상 소견이 있으면 별도로 초음파 검사를 통해 결절 여부를 알아본다. 검사는 복식 초음파처럼 피부 위에서 진행하므로 걱정할 필요 없다. 단, 초음파로 양성인지 악성인지 구별하기 어려울 때는 별도의 검사를 진행한다.

산후조리의 기초

출산으로 변화한 몸이 임신 전 상태로 돌아가는 시기를 산욕기(출산 후 6주까지)라고 한다.
이제 막 출산을 마치고 산욕기 생활에 들어간 산모를 위한 산후조리 원칙.

안전한 환경 만들기

더운 게 아니라 따뜻한 환경을 만든다

너무 더우면 땀 때문에 불쾌할 뿐 아니라 감염과 탈진의 위험까지 있다. 적당한 실내 온도는 21~22℃, 습도는 40~60% 정도. 건조할 때는 가습기를 틀거나 젖은 기저귀를 널어놓아 실내 습도를 조절한다. 또 실내 공기가 탁하지 않도록 자주 환기를 시키되, 이때 산모와 아기는 다른 방에 있는다. 산모의 요는 이틀에 한 번 햇볕에 말려 살균하고, 먼지가 나지 않도록 진공청소기로 깔끔하게 청소한다.

지나치게 푹신한 침대는 좋지 않다

출산 후 산모의 모든 관절은 최대한 이완된 상태이다. 이때 너무 푹신한 침대에 누워 지내면 관절에 이상이 생기거나 요통, 허리 디스크, 척추 변형 등이 생길 수 있다. 따라서 산모의 잠자리는 적당히 단단해야 한다. 예전에는 무조건 온돌에서 지낼 것을 권했지만, 적당한 탄성을 갖췄다면 침대에서 산후조리를 해도 크게 무리는 없다. 또 산모는 누웠다 일어났다 하는 자세를 반복하게 되는데, 이때도 온돌 바닥보다는 침대가 손목과 허리에 충격을 덜 준다. 바닥에 이불을 깔고 생활하는 편이 더 편하다면 두툼한 요를 사용한다.

아기를 만지기 전에는 반드시 손을 씻는다

신생아 감염의 원인은 대부분 손을 깨끗이 씻지 않고 아기를 만지기 때문이다. 아기를 만지기 전에는 반드시 손을 씻고, 외부인이 방문할 때도 먼저 손을 씻도록 주의를 준다.

쾌적한 생활 습관

옷은 헐렁하게 여러 벌 겹쳐 입는다

너무 덥게 입으면 통풍이 안 되어 산욕열이 악화될 수 있고, 때로는 회음부나 제왕절개 부위에 염증이 일어날 수도 있다. 땀을 잘 흡수하는 면 소재의 옷을 입되 두꺼운 것을 한 벌 입는 것보다 넉넉한 사이즈의 얇은 옷을 여러 벌 겹쳐 입는 것이 효과적이다. 산후풍을 예방하기 위해서는 관절 부위가 드러나지 않도록 실내에서도 긴소매 옷을 입으며, 윗도리보다는 아랫도리를 따뜻하게 입어 몸이 골고루 따뜻해지도록 한다. 발이 차가우면 혈액순환에 지장을 줄 수 있으므로 실내에서도 꼭 양말을 신는 것이 좋다.

찬 바람을 직접 쐬지 않는다

산욕기 산모의 몸은 임신 중 축적된 체내 수분을 발산하기 위해 땀구멍이 한껏 열려 있는 상태. 산모가 몸을 회복하기도 전에 찬 바람을 쐬면 혈액순환이 순조롭게 이루어지지 않아 관절에 통증이 생기고, 팔다리가 저리거나 시린 증상이 나타난다. 특히 관절 부위가 노출되지 않도록 주의하고 체온을 유지하는 데 신경 쓴다.

잠을 충분히 잔다

하루 10~12시간 정도 잔다. 자면서 수시로 자세를 바꾸는 것이 회복에 도움이 되는데, 똑바로 누워 잘 때는 무릎을 세우고 잔다. 제왕절개를 한 경우에는 옆으로 누워 자야 통증이 덜하다. 요는 몸이 배기지 않도록 두툼한 것을 깔고, 이불은 이마에 땀이 밸 정도의 보온성만 갖추면 된다. 베개는 높지 않으면서 경추 모양이 유지되는 것을 택한다.

땀을 흘려 노폐물을 배출한다

몸에 쌓인 노폐물이 빨리 빠져나가야 신장의 부담을 줄일 수 있고 산후 비만과 부기를 치유하는 데도 도움이 된다. 단, 지나치게 땀을 많이 흘리면 기가 허해지고

탈진할 우려가 있다. 땀은 머리부터 발끝까지 골고루 조금씩 흘리는 게 좋다. 땀을 내기에는 체력 소모가 적은 오전 10~12시가 적당하다. 외부 온도를 높여서 억지로 땀을 내면 몸이 지치고 체력이 떨어지므로, 따뜻한 음식을 먹고 잠을 자면서 자연스레 땀이 나도록 한다.

따뜻한 물로 10분 정도 샤워한다

땀이나 오로 같은 분비물이 많이 배출되기 때문에 피부가 더러워지고, 염증이 생기기 쉽다. 간단한 샤워는 출산 당일에도 할 수 있지만, 제왕절개를 한 경우에는 출산 후 5일 정도 지나 실밥을 뽑아야 샤워가 가능하다. 샤워를 할 수 없을 때는 따뜻한 물수건으로 몸을 닦는 것이 좋은데, 수술 부위에 물기가 닿지 않도록 주의한다. 샤워할 때는 몸이 냉기에 노출되지 않도록 따뜻한 물을 틀어 욕실 온도를 데운 뒤 들어가고, 샤워 시간은 10분을 넘기지 않는다. 씻은 후에는 재빨리 물기를 닦는다. 또 머리를 감을 때는 쪼그려 앉지 말고 서서 감는다. 욕조 목욕은 빨라도 산후 6주가 지나서 하고, 대중목욕탕은 3개월 정도 지난 후에 가는 것이 안전하다.

오로가 끝날 때까지 좌욕을 한다

좌욕은 회음 절개 부위의 염증을 방지하고, 상처 부위가 따끔거리는 증상을 완화하며, 치질 예방에도 좋다. 하루 2~3회, 10분씩 한다. 잠자기 전이나 배변 직후에 하면 좋다. 오로를 처리하기 전에는 손을 씻어 감염을 예방하고, 배변과 배뇨 후에는 앞쪽에서 뒤쪽으로 조심스레 닦은 후 물로 씻어낸다. 따뜻한 물로 하루 두세 차례 회음 부위를 씻되, 세정제를 사용하면 지나치게 자극이 되므로 사용하지 않는 것이 좋다. 차라리 샤워기나 비데를 이용해 가볍게 씻는 게 낫다. 좌욕이 끝나면 물기가 남지 않게 헤어드라이어를 이용해 말린다.

> ❗ 비데를 사용해도 도움이 된다. 노즐은 오염물에 노출되거나 물때가 끼기 쉬우므로 사용 전에 깨끗이 관리하고, 공공장소에 설치된 비데는 사용하지 않는다.

관절을 무리하게 쓰지 않는다

특히 손목이나 발목, 무릎처럼 자주 사용하는 관절은 매 순간 주의해서 움직여야 한다. 늘어나 있는 상태의 관절은 작은 충격에도 손상을 입어 시큰시큰하고 결리는 통증으로 이어진다. 이를 방치하면 심해지고 만성 질환이 되기도 쉽다. 아기 안기, 모유수유는 건강한 사람의 관절에도 무리가 되는 동작이다. 하지 않을 수 없지만 관절에 통증이 심할 때는 가족의 도움을 받아 가능한 한 무리하지 않는다. 무거운 물건 들기, 빨래 짜기도 무심코 했다가 관절을 다치는 대표 동작이다.

이틀째부터 가벼운 운동을 한다

출산 후 가볍게 걷는 운동은 빨리 시작할수록 좋다. 자연분만의 경우 입원실로 옮기면 산후 2~3시간 후부터 병실 안을 걷기 시작한다. 제왕절개를 했더라도 수술 다음 날부터 부축을 받아 걷는 연습을 한다. 걷기는 방광 기능을 회복시키고 장 기능을 원활하게 해주어 배뇨 곤란이나 변비를 막는 데 도움이 된다. 혈액순환을 촉진해 다리 부종 같은 합병증을 예방하는 데도 효과적이다.

성관계는 산욕기가 끝난 이후에 시작한다

빠르면 산후 3주부터 가능하지만, 회음 절개 부위가 아물고 질과 자궁이 회복되는 6주 이후에 시작하는 것이 안전하다. 첫 생리가 나오면 자궁이 어느 정도 회복되었다는 신호. 그러나 완전히 회복된 것은 아니므로 과격한 체위나 같은 체위를 오랫동안 지속하는 것은 삼간다. 산모에게 무리가 가지 않는 정상위로 시작하고, 모유수유를 하지 않는 경우 생리가 없더라도 자궁내막의 복구와 배란은 이미 일어나고 있으므로 반드시 피임을 한다.

> ❗ 모유수유 중이라도 산후 2개월부터는 콘돔을 사용하는 것이 안전하다. 경구 피임약은 모유 성분에 영향을 미치고 모유량을 줄일 수 있으므로 수유 시작 후 6주까지는 복용하지 않는다.

NG 출산 후 첫 성관계는 의사 지시에 따른다

오로기 멈추지 않은 상황에서 서둘러 성관계를 하다가 감염되거나 회음부 봉합 부위가 찢어져 병원에 가는 일이 종종 있다. 산후 검진을 통해 자궁이 제대로 회복되었는지 확인한 후 의사의 지시에 따라 성관계를 시작한다.

수유 시 손가락 관절에 주의한다

출산 직후 관절이 약해진 상태에서 모유수유를 하다가 손가락 관절을 다치는 경우가 종종 있다. 이 시기에 관절을 다치면 쉽게 낫지 않으므로 조심한다. 보관할 젖을 짤 때나 남은 젖을 짤 때는 되도록 손으로 짜지 말고 유축기를 적극 활용한다.

책이나 신문을 오래 보지 않는다

집에서 누워 산후조리만 하느라 무료하다고 신문이나 책을 읽는 산모가 많은데, 잠깐씩 보는 것은 괜찮지만 오랜 시간 집중해서 보는 것은 좋지 않다. 호르몬의 영향으로 눈의 면역력이 떨어지고 시력이 약해진 상태인데, 이때 눈이 피로하면 시력이 저하되는 것은 물론 각종 안과 질환에 걸릴 수 있다. TV 시청이나 컴퓨터 사용도 오래 하지 않는다.

첫 외출은 3주 후에나 시도한다

빠르면 2주, 보통은 3주가 지나 외출하는 것이 적당하다. 완연한 봄이나 여름, 날씨가 따뜻한 날에는 산후 1~2주라도 잠깐 산책하는 정도는 괜찮다. 찬 바람에 피부가 직접 노출되지 않도록 주의하고, 면역력이 떨어진 상태라 사람이 많은 공공장소는 감염의 위험이 있으므로 가급적 출입을 삼간다.

차고, 짜고, 딱딱한 음식은 피한다

임신과 출산을 거치면서 가장 약해진 신체 기관 중 하나가 치아다. 딱딱한 음식과 찬 음식은 풍치를 유발할 수 있으므로 피한다. 위 기능도 많이 저하된 상태인데,

찬 음식은 혈액순환에 방해가 되고 소화력을 떨어뜨리므로 먹지 않는다. 과일이나 채소도 상온에 두었다가 먹는 것이 좋다. 음식은 한 번에 많이 먹기보다 조금씩 자주 먹고, 짜게 먹으면 체내 칼슘의 흡수가 방해되므로 싱겁게 먹도록 노력한다.

모자라는 철분을 섭취한다

출산 시 빠져나간 철분을 보충하기 위해 출산 후에도 철분제를 복용하는 것이 좋다. 임신 중 빈혈이 심했다면 출산 후 3개월 정도까지 복용해야 한다.

임신 때보다 더 잘 먹어야 한다

산후조리 기간에 필요한 열량은 하루 2700kcal로 임신 기간보다 많은 양이다. 질 좋은 단백질과 철분, 칼슘, 비타민류를 충분히 섭취할 수 있도록 식단을 짠다. 단, 과일을 많이 먹는 것은 좋지 않다.

영양을 골고루 섭취한다

모유수유를 위해서는 무엇보다 균형 잡힌 영양 섭취가 중요하다. 매끼 다양한 식단으로 골고루 챙겨 먹는 게 가장 좋은 방법이지만, 그렇게 하기 힘들다면 임신 중 먹은 엽산, 철분, 비타민, 미네랄을 한 번에 섭취할 수 있는 임산부 전용 비타민제를 계속 복용하는 것도 도움이 된다.

미지근한 물을 자주 마신다

산후조리 기간 동안 땀을 많이 흘리고 기가 허해져 기운이 없는 경우가 많다. 이럴 땐 물을 자주 마시면 도움이 된다. 찬 물을 마셔서는 안 되고, 뜨거운 물은 체내 수분을 빼앗을 수 있으므로 끓인 물을 미지근하게 식혀 마신다. 물은 공복 또는 식후 1시간이 지나 마시는 게 좋다. 식사 도중이나 직후에 물을 많이 마시면 소화액이 묽어져 소화가 잘 되지 않는다.

그 밖에 산후조리에 관해 궁금한 것

Q1 **둘째 아기 낳고 산후조리를 잘하면 첫아기 낳고 잘못된 부위가 좋아진다던데?** 자궁후굴로 허리에 통증이 있었던 경우 둘째 아기 출산 후 자궁이 정상적으로 복구되어 요통이 사라질 수 있다.

Q2 **초유는 나오자마자 먹여나 하나?** 젖이 돌지 않아도 출산 후 1시간 안에 젖을 물리는 것이 좋다. 먹이지 않고 방치하면 전신에 열이 심하게 나며 유방이 퉁퉁 붓고 젖몸살이 시작될 수 있다. 출산 후 3~4일 동안은 유방을 청결히 관리하면서 초유가 나오는 대로 먹이고, 아기가 먹고 남은 젖은 유축기로 모두 짜내서 유방을 완전히 비워야 울혈이 생기지 않는다.

Q3 **아랫배를 자주 만져주면 산후통(배앓이)이 없어지나?** 산후통은 늘어난 자궁이 수축하면서 나타나는 증상이므로 배를 따뜻하게 하고, 시계 방향으로 부드럽게 문질러주면 통증이 완화된다.

Q4 **지방이 많은 식품을 섭취하면 젖이 적게 나오나?** 수유할 때는 고지방 음식을 피한다. 지방을 많이 섭취하면 젖이 끈적해질 수 있으므로 수유 중 육류를 섭취할 때는 지방 부위를 제거하고 먹는다.

Q5 **출산 직후에는 늙은 호박을 먹지 말라는데?** 이뇨 작용을 하는 늙은 호박은 신장 기능이 나빠서 생기는 부종에는 효과가 있다. 그러나 출산 직후 바로 먹으면 심리적으로 우울하고 땀을 많이 흘리는 산모에게 수분과 열을 발생시켜 산후 회복이 더딜 수 있다.

Q6 **산욕기에는 양치질도 미지근한 물로 해야 하나?** 출산 직후 산모는 이와 잇몸이 약해져 치아가 들떠 있다. 찬물로 양치하면 산후풍으로 발전할 수 있으므로 반드시 미지근한 물로 한다.

Q7 **땀을 많이 흘릴 땐 마른 수건으로 닦는 게 좋은가?** 땀을 많이 흘린다고 해서 찬 물수건으로 몸을 닦으면 체온이 갑자기 내려갈 수 있다. 되도록 마른 수건을 이용해 땀을 수시로 닦는다.

Q8 **분만 후 삼칠일은 누워 있어야 한다?** 분만 시 늘어난 근골계가 제대로 회복될 때까지 무리한 동작을 피해야 하지만, 지나치게 안정만 취하는 것도 좋지 않다. 적당히 운동을 해야 회복도 빠르다. 누워만 있으면 다리나 골반 내 정맥의 피가 응고돼 혈관을 막는 혈전색전증이 생길 위험이 있다.

Q9 **집안일은 언제부터 할 수 있나?** 산후 3주째부터 서서히 시작한다. 몸에 무리가 가지 않는 범위에서 가벼운 식사 준비와 설거지, 세탁기를 이용한 빨래 등을 할 수 있다. 그러나 걸레질이나 손빨래 등 몸을 구부리거나 앉아서 하는 집안일은 산후 5~7주 정도 지나 시작한다.

제왕절개 후 산후조리

퇴원 후에는 별 차이 없지만, 출산 후 일주일 동안의 산후조리는 자연분만 산모와 다르다.
제왕절개를 한 산모라면 꼭 알아두어야 할 산후 일주일간의 생활 수칙.

산후 일주일 동안
주의해야 할 일

마취 종류에 따라 다르게 관리한다

전신마취를 하는 경우에는 보통 수술 후 2시간 정도 뒤에 깨어난다. 이때 가래가 기도를 막을 수 있으므로 마취에서 깨어난 후부터 다음 날까지 수시로 기침을 해서 가래를 뱉어내야 한다. 수술 후 4시간 정도 묵직한 모래주머니를 배 위에 얹고 있어야 하며, 마취가 깨면서 통증이 심해지는 데다 소변줄을 꽂고 있기 때문에 기침을 하기가 쉽지 않지만, 이때 제대로 가래를 뱉어내지 않으면 폐에 염증이 생길 수 있다. 척추마취, 경막외마취 등 국소마취를 하면 전신마취에 비해 회복 시간이 빠르고 금식 기간도 짧다. 하지만 국소마취가 모든 면에서 회복이 빠른 것은 아니다. 척추마취를 한 경우에는 심한 두통이 나타날 수 있으므로 하루 정도는 반듯하게 누워 있어야 하며, 하반신의 감각이 일시적으로 떨어지거나, 배뇨 곤란이 올 수 있다. 또 의식이 깨어 있는 상태에서 수술을 받으면서 보고 듣고 느낀 것 때문에 공포심이 생기기도 하므로 이에 따른 보호자의 배려가 필요하다.

> ❗ 제왕절개 후 1~2일 동안은 수술 부위에 힘이 들어가지 않도록 주의해서 움직여야 한다. 따라서 오로를 닦아내거나 패드를 가는 일은 직접 하려고 애쓰지 말고 보호자에게 맡긴다.

여름에는 복대 착용을 자제한다

병원에 입원해 있는 동안은 하루나 이틀에 한 번씩 수술 부위를 소독해주지만, 퇴원 후에는 스스로 관리해야 한다. 특히 염증이 잘 생기는 여름에 아기를 낳았다면 상처 부위를 늘 건조하게 유지하도록 각별히 신경 쓴다. 무엇보다 상처 부위를 잠깐씩 내놓아 통풍이 잘되게 하는 게 중요하다. 복대는 몸을 움직일 때만 사용한다. 하루 종일 복대를 차고 있으면 땀이 차 상처 부위에 염증이 생길 수 있다.

물은 24시간 이후에 마신다

출산 후 24시간 전에는 가제 손수건에 물을 묻혀 입술을 적시면서 갈증을 달랜다. 24시간 후 따뜻한 보리차를 조금 마시고, 이후에는 평소보다 많은 물을 마신다.

24시간 이내에 활동한다

출산 후 24시간쯤 지나면 간호사나 보호자의 도움을 받아 몸을 움직이는 것이 산후 회복에 좋다. 이때 배에 무리가 가면 수술 부위가 벌어질 수 있으므로 배에 힘이 들어가지 않도록 주의를 기울인다.

소변 배출을 체크한다

첫 소변은 출산 후 6시간 이내에 봐야 하고, 자연 배뇨를 못 하면 요도관으로 소변을 빼내야 한다. 제왕절개를 한 산모는 수술 당일에 움직일 수 없으므로 대부분 요도에 관을 삽입해 소변이 나오게 한다. 수술 다음 날 요도관을 빼는데, 이후 소변을 잘 보는지 체크해야 한다.

2~3일 후 미음부터 먹는다

과거에는 가스가 배출된 이후에 음식을 먹게 했지만, 요즘엔 24시간이 지나 물을 마신 후 다음 끼니부터 미음을 먹게 하는 병원이 많다. 미음 → 죽 → 밥 순으로 먹어야 하며, 가스가 나온 당일은 쌀과 물을 1:10으로 끓인 쌀미음을 먹고 다음 끼니부터 죽과 함께 몇 가지 반찬을 먹는다.

> 병원에 따라 출산 당일부터 다음 날까지 수액제를 투여하기도 한다.

모유수유 시 자세를 주의한다

자연분만과 마찬가지로 출산 후 2~3일째 초유가 나오고 정상적으로 모유수유를 할 수 있다. 단, 아기를 안을 때 배 위에 쿠션을 올려서 수술 부위가 자극받지 않도록 각별히 신경 쓴다. 자세가 편안해야 모유수유를 수월하게 진행할 수 있다.

5~7일째 실밥을 뽑는다

자연분만은 회음 절개 부위에 녹는 실을 사용하지만, 제왕절개 수술 부위에는 나일론 실을 사용하기 때문에 상처가 아물면 실밥을 뽑아야 한다. 보통 입원한 지 5일째 실밥을 뽑고 퇴원한다. 회복이 더딘 경우 일주일 정도 걸리기도 한다.

샤워는 일주일 뒤에 한다

수술 부위의 실을 뽑고 1~2일 뒤에야 씻을 수 있다. 샤워는 하루에 한 번 10분 이내로 하되 쪼그려 앉아서 씻지 않는다. 고개를 숙이고 머리를 감으면 수술 부위가 아프므로 서서 감는 것이 좋다. 때를 밀거나 탕 속에 들어가는 목욕은 6주간의 산욕기가 끝난 후에 하는 것이 안전하다. 산욕기가 끝난 뒤에도 오로가 계속 나오면 멈출 때까지 기다렸다가 탕욕을 한다.

수술 후 4주째 병원을 방문한다

출산 후 4주째 되는 날 병원을 찾아 건강검진을 받는다. 수술 부위와 자궁이 제대로 회복하고 있는지 점검한다.

42일 산후조리 스케줄

첫날과 둘째 날, 첫 주와 둘째 주의 몸조리 포인트는 확연히 다르다.
아기 낳고 6주간의 산후조리 방법과 주의사항을 일정에 따라 정리했다.

출산 당일

이불을 덮고 안정을 취한다

자궁 수축으로 인해 산후통이 생기고, 출산 후 3시간 정도 지나면 적색 오로가 나오기 시작한다. 체중은 5~6kg 줄어들지만 몸이 붓고 체온이 급격히 떨어지면서 으슬으슬 오한을 느끼기도 한다. 자연분만한 경우 출산으로 체력이 바닥나고 몹시 허기진 상태이기 때문에 식욕이 없더라도 식사를 하는 것이 여러모로 좋다. 식사를 할 때는 똑바로 앉기가 불편하므로 눕거나 비스듬히 기대어 앉는다.

! 산후통은 분만 후 자궁이 수축하면서 생기는 통증으로, 대부분의 산모가 겪는다. 출산 당일에는 통증이 심할 수 있지만, 2~3일 지나면 자연스레 증상이 없어지므로 걱정하지 않는다.

- 많이 지친 상태이므로 잠을 충분히 잔다.
- 체력이 떨어져 오한을 느끼기 쉬우므로 실내 온도를 올린 뒤 이불을 덮고 안정을 취한다.
- 소화가 잘되는 부드러운 음식을 먹는다.
- 방광이 제 기능을 하도록 출산 후 6시간 이내에 소변을 본다. 아기가 산도를 통과하면서 비정상적으로 눌린 방광이 기능을 회복하는 데 도움이 된다.
- 타월을 따뜻한 물에 적셔 2시간 간격으로 오로를 꼼꼼히 닦아낸다. 이때 비데를 사용하거나 보호자의 도움을 받는 것이 좋다. 닦은 후에는 패드를 댄다.
- 산후 2~3시간 안에 아기에게 젖을 먹인다.
- 입원실로 옮긴 후 자궁 수축을 위해 24시간 안에 똑바로 걷기를 시작한다.

산후 2일째

초유가 나오면 아기에게 먹인다

첫날보다는 덜하지만 후진통이 남아 있으며, 적색 오로의 양도 많아진다. 신생아실이나 화장실을 혼자서 갔다 올 수 있지만, 회음부나 수술 부위에 통증이 계속되므로 무리하게 움직이지 않는다. 젖이 돌기 시작하면서 유방이 크고 단단해지며 통증이 나타난다. 이때는 유두를 깨끗이 하고 초유가 나오면 아기에게 먹인다. 젖이 돌 때 마사지를 해 울혈을 풀어주어야 젖몸살을 예방할 수 있다. 또 땀이 많아져 찬 바람을 쐬거나 샤워를 하고 싶어진다. 그러나 찬 바람을 쐬면 산후풍이 올 수 있고, 샤워를 하다가 찬 기운에 노출될 수 있으므로 실내 온도를 조절하기 여의치 않은 병원이라면 샤워도 자제한다.

- 소변을 정기적으로 봐야 노폐물이 빨리 배출된다.
- 자연분만한 경우, 산모가 직접 오로를 처치할 수 있다.
- 모유수유를 위해 유방 마사지를 시작한다. 유두를 깨끗이 닦은 뒤 스팀타월로 부드럽게 마사지한다.
- 간단한 산욕기 체조를 해서 근육을 풀어주면 혈액순환이 원활해져 오로가 잘 나온다.
- 입맛이 없더라도 영양가 높은 식단으로 정해진 시간에 식사한다. 그래야 몸도 빨리 회복되고 생체리듬도 규칙적이 된다.
- 제왕절개한 산모는 이때쯤 가스가 나온다. 가스가 나오면 미음으로 식사를 시작한다.

산후 3일째

젖이 돌면 마시지로 울혈을 푼다

자궁 내 점막이 새로 생기기 시작하면서 산후통(배앓이)이 가라앉고, 회음통 역시 줄어든다. 맥박과 호흡이 정상으로 돌아오고 움직이는 것도 자연스러워진다. 자연분만한 산모는 퇴원을 하는데, 이때 여름이라도 옷을 갖춰 입어 몸을 따뜻하게 하고, 집으로 돌아와서는 편안히 쉰다. 단, 오로 처리와 좌욕은 집에서도 부지런히 하는 것이 좋다. 피로가 몰려오고 식은 땀을 흘려 몸이 불쾌해지므로 가볍게 샤워한 뒤 잠을 잔다. 호르몬의 변화로 갑자기 우울해지는 경우도 있다. 이때는 빠른 회복과 기분 전환을 위해 스트레칭을 한다. 또 젖이 본격적으로 돌면서 유방통이 생기는데, 그렇더라도 모유수유를 중단하지 말고 스팀타월로 꾸준히 마사지하면서 울혈을 풀어준다.

- 퇴원을 준비할 땐 손목과 발목은 물론 관절이 드러나지 않도록 긴소매 옷을 입는다.
- 젖이 많지 않아도 하루 8회 이상 수유를 해야 젖몸살(유선염)을 예방하고, 자궁 수축을 앞당길 수 있다.
- 따뜻한 물에 타월을 적셔 수시로 몸을 닦아야 땀과 분비물로 인한 불쾌감을 예방할 수 있다.
- 산후 변비와 치질을 예방하려면 수분을 많이 섭취하고, 출산 후 3일 안에 배변을 시작한다.
- 오로 처리를 청결히 하고 좌욕을 부지런히 해 세균에 감염되지 않도록 신경 쓴다.
- 산후 회복을 위해 조금씩 자주 걷는다.

산후 4일째

산후 5일째

산후 6일째

실내 온도를 적정하게 유지한다

모유 분비가 활발해지고 식욕이 왕성해진다. 이때부터는 수유를 위한 영양 섭취에 더욱 신경 쓴다. 음식 섭취량이 늘면서 배변이 시작되는데, 산후 4일이 지나도록 배변이 안 되면 병원에 전화해 담당 의사와 상담한다. 오로의 색이 점차 갈색으로 옅어지고 양도 줄면서 약간 시큼한 냄새가 난다. 아직은 오로 배출에 신경 써야하는 때로, 항상 깨끗하게 처리하고 좌욕을 꾸준히 해 세균 감염과 합병증을 예방한다. 자궁이 수축되면서 훗배앓이를 할수 있다. 이때 온찜질을 하거나 배를 가볍게 문질러 통증을 가라앉힌다. 실내 온도가 너무 덥거나 춥지 않게 유지하는 데 주의를 기울인다.

> ! 실내 온도가 너무 낮으면 신생아의 성장이 둔화될 수 있다. 체온 유지에 에너지를 소모하느라 성장에 쓸 에너지가 부족하기 때문이다.

- 움직임이 수월해졌다고 해서 무리하게 집안일을 하거나 아기를 오랫동안 안지 않는다. 빨래를 비틀어 짜는 등 관절에 무리가 가는 동작도 피한다.
- 회음 봉합 부위가 아직 회복되지 않았으므로 배변할 때 힘을 많이 주지 않도록 주의한다.
- 식은땀을 자주 흘리므로 젖은 옷은 바로 갈아입고, 실내에서도 양말을 신어 체온을 유지한다.
- 찬 바람이 들어오지 않도록 문을 장시간 열어놓지 않으며, 온도계와 습도계로 적정한 실내 온도를 맞춘다.
- 아기의 수면 시간에 맞춰 낮잠을 잔다.
- 모유수유 후에는 유축기를 이용해 남은 젖을 모두 짜내야 유선염을 예방할 수 있다.

단백질이 풍부한 음식을 섭취한다

초유 분비가 끝나고 뽀얀 모유가 나오기 시작하므로 항상 유두를 청결히 하고 부지런히 유방 마사지를 한다. 원활한 모유 분비를 위해 단백질이 풍부한 음식을 먹는다. 자궁이 주먹만 한 크기로 줄어들어 소변량도 원래대로 돌아오며, 갈색 오로의 양도 눈에 띄게 줄어든다. 산후우울증 초기 증세가 나타날 수 있으므로 주의한다.

- 단백질과 철분이 풍부한 음식을 먹는다.
- 오로를 체크하고 하루 2회 이상 좌욕을 한다.
- 젖을 물리고 유방 마사지를 꾸준히 한다.
- 가족과 대화를 많이 해야 산후우울증을 예방할 수 있다.

수유량이 적당한지 체크한다

출산 시 출혈 때문에 빈혈이 나타나기 쉽다. 출산 후 5주 정도 되어야 빈혈 증상이 진정되므로 그때까지 임신 중 복용해온 철분제를 계속 먹는다. 샤워할 때는 감염의 우려가 있고 회음부의 실밥이 터질 위험이 있으므로 10분 이상 목욕탕에 있지 않는다. 부지런히 좌욕을 하면서 서서히 산욕기 체조를 시작하되 무리하지 말고 틈틈이 휴식을 취한다. 우윳빛 진한 모유가 나오면서 모유수유에도 익숙해지는 때이다. 수유량과 수유 리듬이 적당한지 체크한다.

- 몸 상태가 좋아졌다고 당장 집안일을 시작하는 것은 위험하다. 찬물에 손을 담그지 않도록 주의한다.
- 머리를 감을 때에도 허리를 구부리지 않아야 하므로 아직까지는 보호자의 도움을 받는다.
- 임신 중 먹은 철분제를 산후에도 복용한다.
- 아기 돌보는 요령을 책이나 선배 엄마 등을 통해 익히도록 노력한다.

산욕기 생활 수칙

- 출산 후 24시간 이내에 걷는다.
- 찬 바람을 오래 쐬지 않는다.
- 오전에 땀을 내는 것이 좋다.
- 방 안 온도는 21~22℃, 습도는 40~60%로 유지해 쾌적하게 지낸다.
- 지나치게 푹신한 침대는 좋지 않다.
- 피로하지 않도록 충분한 수면을 취한다.
- 따끈한 물로 좌욕한다.
- 탕욕은 산후 6주 지나서 가능하다.
- 겨울철에는 외출 시 마스크를 쓰고 머플러로 목을 감싼다.
- 출산 후 일주일부터 산욕기 체조를 한다.

- 가족의 도움을 충분히 받는다.
- 영양가 높은 음식을 많이 먹는다.
- 오로 처리는 청결하게 한다.
- 정기검진을 받으러 병원에 간다.
- 출산 후 2주째부터 기분 전환삼아 가까운 곳으로 외출할 수 있다.
- 힘든 집안일은 하지 않는다.
- 성관계는 오로가 멈추고 몸이 어느 정도 회복된 산후 6주 이후부터 시작한다.
- 성관계를 할 때는 처음부터 피임한다.
- 몸이 가벼울수록 조심한다.
- 긍정적 마음으로 생활한다.

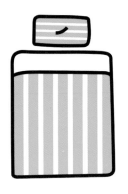

산후 7일째

산후 2주째

산후 3주째

무리하지 않고 안정을 취한다

자연분만한 산모는 이때쯤 몸이 거의 회복 단계에 접어든다. 부기도 어느 정도 가라앉고 임신선이 옅어지며 오로의 양도 한결 줄어든다. 그렇다고 완전히 회복된 것은 아니므로 무리하지 말고 안정을 취하며 잠을 충분히 자도록 노력한다. 기저귀를 갈아주거나 수유를 하는 정도만 움직이고, 아기를 오랜 시간 안고 있지 않는다. 밤중 수유를 해야 하므로 낮 동안 짬짬이 잠을 자둔다. 제왕절개를 한 경우는 5~7일째 퇴원한다.

- 아기의 기저귀를 갈아주는 등 간단한 돌보기를 시작한다. 아기를 오래 안고 있지 않도록 주의한다.
- 이때부터 산욕기 체조를 시작한다.
- 아기의 수유량과 수유 리듬을 파악한다. 밤중 수유를 위해 유축기로 젖을 짜두면 편리하다.
- 몸이 편안해졌다고 해서 방심하지 말고 무리하게 움직이지 않도록 주의한다.
- 밤중 수유 때문에 잠이 부족할 수 있으므로 낮 동안 짬짬이 잠을 자도록 노력한다.
- 오로의 양과 색깔의 변화가 제대로 진행되고 있는지 체크하고, 외음부를 청결히 관리한다.
- 제왕절개로 출산한 산모의 경우 5~7일째 퇴원한다.

보양식이나 보약을 먹을 수 있다

몸이 한결 편해지고 자유롭게 움직여도 피곤하거나 아프지 않다. 피부 건조가 심해지면서 유두 역시 건조할 수 있으므로 샤워 후 빼먹지 말고 유두에 보습 로션을 바른다. 또 이 시기부터 본격적으로 영양을 골고루 갖춘 식사를 하도록 노력한다. 모유수유를 하면 자칫 영양 결핍이 될 수 있기 때문이다. 단백질과 무기질이 풍부한 음식과 유즙 분비에 도움 되는 생선, 닭고기, 달걀 등 동물성 단백질을 충분히 섭취한다. 출산 당일부터 미역국은 물론 토란국, 곰국 같은 국물을 많이 먹는 게 모유 분비에 좋은데, 미역국은 4주째까지 거르지 말고 꾸준히 먹는다. 사골이나 홍합, 새우 등 다양한 재료로 끓이면 물리지 않아 먹기가 수월하다.

- 목욕 후 튼살 부위는 물론 유두에도 크림이나 보습 로션을 발라야 튼살과 건조해지는 것을 막을 수 있다.
- 밥과 미역국 외에 산후 보양식을 먹어도 된다. 이때부터는 보약을 먹어도 좋다.
- 몸의 회복이 빠르게 진행되므로 이때부터 본격적으로 산욕기 체조를 시작한다. 산욕기 체조를 꾸준히 해야 산후 회복이 빠르고 산후 비만을 예방할 수 있다.
- 이때까지는 산모가 지내는 방에 항상 이부자리를 펴놓아 언제든 쉴 수 있도록 한다.
- 젖이 잘 나오지 않으면 우선 수면 부족이 아닌지 체크한다. 잠이 부족해도 모유량이 적을 수 있다.
- 회음부가 아물고 오로의 양도 줄어들므로 두꺼운 패드 대신 팬티라이너를 사용한다.
- 가벼운 외출을 할 수 있다.

집안일을 슬슬 시작한다

겉보기에는 완전히 회복된 것처럼 보인다. 자궁을 겉에서 만져보면 임신 전으로 돌아간 것 같고, 오로도 확실히 줄었다. 그래서 힘든 집안일이나 아기 돌보기를 본격적으로 시작하는 경우가 많은데, 겉보기와는 달리 완전히 회복된 것이 아니므로 적당히 움직이되 무리하지 않는다. 장시간 몸을 굽히거나 쪼그리고 앉는 등의 행동은 삼간다. 샤워는 괜찮지만 아직 욕조에 들어가서는 안 되고, 아기 돌보기도 기저귀를 갈아주는 정도는 괜찮지만 목욕을 시키는 등 체력 소모가 많은 일은 아직 하지 않는다. 복부를 지탱하던 근육들이 늘어나 아랫배가 축 처질 수 있다. 임산부 거들을 착용하거나 가볍게 걷는 운동으로 뱃살 처짐을 예방한다.

> ❗ 집안일은 누구에게 맡길 것이며, 육아에는 어느 정도 참여할 것인지 미리 계획을 세워야 무리하지 않을 수 있다.

- 서서히 앉아 있는 시간을 늘린다.
- 오랫동안 서 있어야 하는 일은 피한다.
- 모공을 통한 분비물의 배출이 활발한 때이므로 색조 화장은 하지 않는다.
- 모유의 원활한 분비와 빈혈을 예방하기 위해 고단백 음식을 섭취하도록 노력한다.
- 요리와 설거지 등 간단한 집안일을 시작한다.
- 오로의 양이 줄지만 무리하면 양이 다시 늘어날 수 있으므로 주의한다.
- 아기의 수면 리듬에 맞춰 생활하고 낮잠도 함께 자야 충분한 휴식을 취할 수 있다.
- 제왕절개로 분만한 경우 자궁내막염에 걸리기 쉬우므로 회음부 청결에 신경 쓴다.
- 늘어난 복부 근육이 처지기 쉽다. 거들을 착용하거나 가볍게 걷는 운동으로 예방한다.

산후 4주째

산후 5주째

산후 6주째

산후 첫 생리가 시작된다

모유수유를 하지 않으면 첫 생리가 시작되는 시기이다. 그리고 임신 중 태아로 인해 무게중심이 앞으로 옮겨져 추간판탈출증이 발생하는데, 출산 후 대부분 증세가 완화되지만 그대로 남아 고생하는 경우도 있다. 분만 시 겪은 통증이나 아기 돌보는 일로 지쳐서 근육통이 생기기도 하므로 조심해야 한다. 몸이 완전히 회복되지 않았는데 무리하게 움직이면 육아 스트레스를 받을 수 있고, 피로가 쌓여 산후 회복이 더딜 수 있다. 다이어트를 하기는 아직 이르므로 간단한 스트레칭이나 산욕기 체조를 꾸준히 한다.

❗ 무리하게 움직이기보다 누워서 할 수 있는 몸풀기 동작을 생활화한다. 반듯하게 누워 숨을 내쉬며 발을 벌리고 발가락과 발목을 구부렸다 폈다 반복한다. 그 상태에서 머리를 살짝 들었다 내리고 두 다리를 번갈아가며 들어 올린다.

- 청소기나 세탁기를 돌리는 등의 집안일을 시작해도 되지만, 주방 일을 전담하는 것은 아직 무리이므로 삼간다.
- 아기와 함께 병원을 방문해 산후 첫 건강검진을 받는다.
- 운동량을 늘리되 무리하지 않도록 주의한다.
- 수유 중이 아니라면 첫 생리가 시작된다.
- 회복이 순조롭다면 탕욕이 가능하지만, 감염의 위험이 있으므로 대중목욕탕에는 가지 않는 것이 좋다.
- 오로 처리와 회음부 소독을 철저히 한다.

빠르면 성생활을 시작한다

흰색 오로가 나오고 몸 상태도 임신 전과 거의 비슷하다. 산후 검진 때 별다른 이상이 발견되지 않으면 임신 전 생활로 복귀한다. 자궁과 성기도 회복되어 빠르면 이때부터 성생활을 시작할 수 있다. 그러나 회음부 절개에 문제가 있거나 분만 중 과도하게 찢어진 부위가 있으면 파열과 감염에 주의해야 한다. 심한 통증을 느낄 수도 있다. 간단한 쇼핑은 물론 집안일을 본격적으로 할 수 있으며, 아기 돌보기로 대부분의 시간을 보내게 된다. 육아 관련 서적을 보고 선배 엄마의 조언을 들으며 육아에 대해 공부한다.

- 검진받을 때가 아니어도 몸에 이상을 느끼면 바로 병원에 간다.
- 건조하고 탄력 없는 피부를 위해 마사지와 팩 등으로 관리한다.
- 육아는 물론 집안일을 혼자서도 할 수 있다.
- 음식 조절과 산후 체조로 체중을 관리한다.

다이어트를 시작한다

오로가 없어지고 자궁이 완전히 회복된다. 임신 전과 같은 몸 상태가 되고 성생활도 안정적으로 할 수 있다. 생리가 없어도 임신 가능성이 있으므로 피임을 한다. 아기 돌보는 데 적극성을 보이면서 엄마로서 할 일을 해야 한다. 아기를 데리고 가까운 공원에 나가 산책하는 것도 좋은 방법. 일하는 엄마라면 직장에 복귀할 준비를 서서히 시작한다.

- 생리를 하지 않아도 배란은 이미 시작되었을 수 있으므로 성관계 시 피임을 하는 것이 안전하다.
- 빠르게 걷기, 스트레칭 등 가벼운 운동으로 스트레스를 해소한다.
- 운전은 물론 짧은 여행이 가능하다.
- 건조한 피부를 위해 보습에 신경 쓴다.
- 하루 한 번, 아기와 함께 외기욕을 한다. 월령에 따른 외기욕 방법을 참고한다.

월령별 아기 외기욕시키기

생후 3주 전 실내에서 창문을 통해 간접적으로 외기욕하는 것에 만족한다. 햇볕이 따뜻한 오전 10시~오후 1시에 5~10분 정도가 좋다.

생후 1개월 아기가 있는 방의 문을 열고, 거실에서 외부와 통하는 창문을 열어 간접적으로 바깥 공기를 쐬게 한다. 오전 10시~오후 3시에 15분 정도가 적당하다.

생후 2개월 실내에서 하루 30분 하되, 2~3회로 나눠서 실시한다. 햇볕이 너무 강하다 싶으면 모자를 꼭 씌워서 머리를 보호하고, 타월로 아기 몸을 가리고 한다.

생후 3개월 안거나 유아차에 태워 집 근처의 공원, 놀이터 등을 산책한다. 처음 2~3일은 5분, 그다음 2~3일은 10분으로 시간을 늘린다. 아기가 바깥 공기에 익숙해지면 주 2~3회 정도 데리고 나간다.

외기욕 효과

태어나 방 안에서만 지낸 아기에게 바깥 공기를 쐬어주면 아기의 피부와 점막, 호흡기를 자극해 외부 환경에 대한 저항력이 높아지고 피부가 건강해진다. 외기욕에 익숙해지면 일광욕을 시작한다.

한여름 산후조리

여름에 아기를 낳아도 내복을 입어야 할까? 에어컨은커녕 보일러를 틀어놓고 땀을 뻘뻘 흘려야 할까?
여름에 아기 낳고 해도 되는 일과 안 되는 일에 대한 조언.

산후조리의 기본 원칙

너무 더우면 산후 회복이 더디다

한여름에 뜨거운 방바닥에서 두꺼운 이불을 덮고 땀을 너무 많이 내면 산모가 탈진할 위험이 있다. 탈진하면 그만큼 몸에 무리가 가서 산후 회복이 더디다. 땀띠가 나거나 염증이 심해질 수 있으므로 적정한 실내 온도만 유지하고 흡습성이 좋은 옷을 입어 상쾌하게 지낸다. 여름철 산후조리의 적정 실내 온도는 24~26℃, 습도는 40~60% 정도이다.

약간 더울 정도로 이불을 덮는다

출산 후에는 땀구멍에 힘이 없어서 식은 땀이 많이 나는데, 이불을 뒤집어쓰고 일부러 땀을 빼면 수분이 과도하게 몸 밖으로 빠져나가 어지럽고 숨이 차거나 얼굴이 창백해지기 쉽다. 약간 덥다고 느낄 정도로 이불을 덮는 게 적당한데, 두께가 다른 이불 2개를 겹쳐 덮어 산모 스스로 조절하는 게 가장 좋다. 또 이틀에 한 번씩은 이불을 햇볕에 널어 말리고, 땀을 많이 흘리므로 요 위에 얇은 패드를 깔고 수시로 교체해 청결을 유지한다.

선풍기·에어컨 바람은 간접적으로 쐰다

산모는 찬 바람을 쐬지 않는 게 원칙이지만, 푹푹 찌는 무더위가 지속될 때는 냉방 기구를 틀어 집 안 온도를 내려주는 것이 현명하다. 단, 직접적으로 바람을 쐬는 것은 피한다. 에어컨은 산모가 머물지 않는 방 또는 거실에 틀고 선풍기는 벽이나 천장으로 방향을 돌려 가동한다. 냉방 기구를 틀 때는 반드시 긴소매 옷을 입고, 오

래 가동했다면 덥더라도 잠시 창문을 열어 환기시킨다. 하지만 출산 후 체력이 급격히 약해진 산모라면 출산 후 2주까지는 자연 바람만 쐬는 것이 안전하다.

> ❗ 자동차에 탈 때는 산모가 타기 전에 미리 에어컨을 틀어서 내부 공기를 식히고, 에어컨을 끈 뒤에 타는 것이 좋다.

꼭 내복을 입어야 하는 것은 아니다

보통 사람도 견디기 어려운 여름 더위에 갓 출산한 산모가 내복까지 입으면 오히려 건강을 해칠 수 있다. 몸에 찬 기운을 느끼지 않도록 얇은 긴소매 티셔츠와 긴 바지를 입어 팔다리를 감싸주기만 해도 무리가 없다. 양말은 산욕기(출산 후 6주) 동안 내내 챙겨 신는 것이 좋다. 난방을 하지 않는 여름철이야말로 에어컨이나 방바닥의 냉기가 몸으로 파고들기 쉬운 계절이기 때문. 특히 통이 넓은 바지나 치마를 입을 때는 목이 긴 양말을 신어 발과 발목을 보호한다.

좌욕은 더욱 철저히 한다

여름철엔 상처 부위에 염증이 생기기 쉬우므로 회음 절개 부위를 더욱 꼼꼼하게 소독해야 한다. 따라서 한여름에 아기를 낳았더라도 하루 2~3회, 5~10분씩 빼먹지 말고 좌욕을 한다. 좌욕할 때는 손을 깨끗이 씻은 뒤, 팔팔 끓여 40℃ 정도로 식힌 물에 둔부를 담근다. 대변을 본 뒤에 하면 좋고, 병원에서 준 좌욕액 외에는 비누나 세정제 등을 사용하지 않으며, 좌욕 후에는 헤어드라이어를 이용해 회음부를 충분히 말려야 한다. 비데는 사용 전 노즐을 교체해 감염 위험을 줄인다.

온수로 씻고 마른 수건으로 닦는다

한여름에도 반드시 따뜻한 물로 샤워를 해야 한다. 차가운 욕실 공기도 문제가 될 수 있으므로 욕실에 미리 뜨거운 물을 틀어놓아 욕실 안이 따뜻해진 상태에서 샤워하는 습관을 들인다. 물기는 욕실에서 나오기 전에 닦아 몸에 차가운 기운이 들어가지 않도록 주의한다. 샤워를 할 수 없을 땐 젖은 수건이 아니라 마른 수건으로 땀을 닦아내야 산후풍으로부터 안전하다. 젖은 수건을 몸에 직접 갖다 대면 피부의 수분이 증발하면서 체온이 갑자기 떨어질 수 있기 때문이다. 물티슈도 되도록 사용하지 않는다.

> ❗ 머리를 감을 때도 따뜻한 물을 사용하고, 헤어드라이어의 따뜻한 바람으로 말려 젖은 상태가 오래 지속되지 않도록 한다. 물의 온도는 40℃가 적당하다.

과일도 상온에 두었다가 먹는다

출산 후에는 치아와 관절이 약하기 때문에 찬 음식을 먹으면 풍치에 걸릴 수 있다. 몸의 기운이 차가워지면 소화 기능이 떨어지고 혈액순환을 방해해 회복이 더디므로 찬 음식은 피한다. 냉장고에 있던 음식은 먹기 전에 미리 꺼내두었다가 찬기가 가신 다음 먹는다. 땀을 많이 흘리기 때문에 수분을 충분히 섭취해야 하는데, 물이나 보리차도 상온에 두어 미지근한 상태로 먹는다. 과일 또한 차가운 기운을 없앤 후 먹는데, 과일은 기본적으로 냉한 성질이 있으므로 너무 많이 먹지 않는 것이 좋다.

> ❗ 아이스크림, 팥빙수 등은 출산한 해에는 아예 먹지 않는 것이 바람직하다. 정 먹고 싶으면 출산 후 100일이 지나 아주 적은 양만 먹는다. 산후 100일 전까지는 음료에 얼음을 넣어 먹는 것도 삼간다.

산후 영양 플랜

힘든 출산을 치른 산모는 몸과 마음이 상당히 지친 상태이다. 몸의 회복을 위해 도움이 되는 음식과
피해야 할 음식을 알아보자. 대표적인 산후 영양식 미역국의 다양한 요리법도 소개한다.

영양 섭취 원칙

소화가 잘되는 죽을 쑤어 먹는다

산후에는 위장 기능이 저하돼 있고, 모든
관절과 근육이 벌어져 있다. 질 좋은 음식
으로 기력을 보충하는 것이 우선. 그러나
너무 지친 상태여서 입맛이 없으므로 영
양은 충분하면서 먹기에 부담스럽지 않
은 죽을 먹는다. 산모에게 좋은 전복, 깨,
잣, 아욱, 콩 등을 넣어 만든다.

미역국을 먹으면 도움이 된다

미역국은 우리나라의 대표적인 산후조리
음식으로, 혈액순환과 오로 배출을 원활
하게 하고, 젖이 잘 돌도록 돕는다. 미역
은 산모에게 부족하기 쉬운 칼슘이 많고,
나트륨 배출을 돕는 칼륨 성분도 있어 산
후 부기를 빼는 데 도움이 된다. 일반적인
쇠고기 외에 돼지고기나 오리고기, 홍합,
굴 등 다양한 재료로 끓이면 질리지 않고
먹을 수 있다.

Q 미역국을 많이 먹으면
갑상샘에 무리가 간다는데?

A 최근 호주 뉴사우스웨일즈주
보건부는 미역국이 요오드를 다량
함유해 과도하게 섭취하면 산모에게
해로울 수 있다고 발표했다. 요오드가
과다하면 갑상샘 질환의 가능성이
커지기 때문이다. 산후조리를 위해
미역국을 먹는 정도로 문제가 생길
가능성은 적지만, 한국영양학회가
정한 1일 상한 섭취량 3000㎍을 넘지
않도록 하루 한 끼 정도만 미역국을
먹는 것이 안전하다. 갑상샘 질환을
앓는 산모라면 의사와 상의한 후
식단을 조절해야 한다.

열량을 300kcal 더 섭취한다

산모는 임신 전보다 하루 300kcal의 열량을 더 섭취해야 한다. 쇠고기미역국 1그릇과 잡곡밥 1그릇의 열량이 300kcal, 우유 200ml가 120kcal이다. 모유수유를 할 때 소모되는 열량은 하루 평균 500~600kcal라고 한다. 따라서 모유수유할 경우에는 권장량보다 조금 더 먹더라도 비만 걱정을 하지 않아도 된다. 분유수유를 한다면 하루 세끼 식사를 하되 열량에 신경 쓰면서 음식 조절을 한다.

고단백 식품으로 체력을 보강한다

바닥난 산모의 체력을 북돋우기에 가장 좋은 영양소는 단백질이다. 비만 걱정 없는 에너지원이자 근육과 체액 형성의 일등 공신이며, 모유의 질을 높이는 데도 단백질만 한 것이 없다. 원기를 회복하는 데 도움이 되면서 단백질 함량이 높고 소화도 잘돼 위가 약해진 산모가 섭취하기 적합한 식품으로는 전복, 닭고기, 두부, 달걀, 흰살 생선 등이 있다. 더불어 몸 전체의 컨디션에 영향을 미치는 비타민과 무기질도 잊지 말고 챙겨 먹는다.

> ⚠️ 예전에는 잉어, 흑염소 등 고열량 보양식을 최고의 산후조리 음식으로 꼽았다. 하지만 요즘은 영양 섭취가 부족한 경우가 거의 없고, 오히려 산후 비만으로 이어질 수 있으므로 조절해서 먹는다.

딱딱하고 찬 음식은 피한다

차고 딱딱한 것, 질긴 것, 기름기가 많은 음식은 몸 안에 나쁜 열을 만들어 산후 회복을 더디게 한다. 특히 찬 음식은 몸을 차갑게 해 혈액순환과 소화를 방해하며 생리

🚫 **산욕기에는 카페인 음료를 마시지 않는다**

홍차나 커피 등은 카페인이 들어 있어 철분 흡수를 방해하므로 산욕기에는 마시지 않는다. 특히 카페인은 모유를 통해 아기에게도 전해지므로 모유수유 중이라면 반드시 금해야 한다. 아기는 카페인을 배설하기까지 오래 걸리고 흥분 상태 역시 오래 지속되기 때문에 잠을 자지 못하고 보채게 된다.

기능 회복에도 좋지 않은 영향을 미친다. 딱딱한 음식은 헐거워진 치아를 상하게 해서 풍치나 잇몸 질환을 유발하므로 절대 먹지 않는다. 성질 자체가 차가운 음식도 피한다. 돼지고기, 밀가루, 메밀, 오이 등이 대표적 음식이다. 기름진 음식은 산후 비만을 부를 뿐 아니라, 모유의 질을 떨어뜨리고 유선을 막아 젖몸살이나 유선염을 일으킬 수 있으므로 먹지 않는다.

과일은 상온에 두었다가 먹는다

과일은 비타민 C와 섬유질 섭취에 도움이 되지만, 차갑고 단단한 과일은 치아를 망치는 주범이다. 냉장고에 보관한 과일은 상온에 두어 찬 기운이 가신 후에 먹고, 산모가 먹을 과일은 처음부터 냉장고에 넣지 않는다. 한방에서는 과일을 많이 먹지 말라고 권한다. 대체로 성질이 차기 때문. 또 단맛이 강한 과일은 칼로리가 높아 산후 비만의 원인이 되기도 한다.

제왕절개 후에는 감자, 고구마 등을 먹으면 좋다

제왕절개 후에는 변비가 많이 나타나며 배에 가스가 찬 것처럼 더부룩하다. 기름진 음식은 피하고, 단백질과 비타민 C의 섭취를 늘린다. 대장 운동을 활발하게 하려면 물을 많이 마시고 섬유소가 풍부한 미역, 다시마, 감자, 고구마를 먹는다.

고단백·고칼슘 식단을 짠다

아기가 꾸준히 자라고 있으므로 모유의 질을 높이는 데도 신경 써야 한다. 단백질은 아기의 뇌와 몸 세포를 만드는 중요한 영양소이며, 칼슘은 뼈를 구성하므로 꼬박꼬박 챙겨 먹는다. 산모의 건강을 위해서도 칼슘 섭취는 필수. 섭취량이 부족하면 모체는 질 좋은 모유를 만들기 위해 자신의 뼈에서 칼슘을 빼서 사용한다.

철분 섭취로 빈혈을 예방한다

자연분만의 경우 분만하면서 약 500cc의 출혈을 하게 된다. 따라서 출산 후 충분한

양의 철분을 먹어야 한다. 철분이 부족하면 산후 빈혈을 일으킬 수 있고, 모유수유하는 아기의 발육에도 좋지 않은 영향을 미친다. 철분은 곡류와 동물 간, 달걀, 육류, 시금치 등에 많이 들어 있으며 식품으로 모자라는 양은 철분제로 보충한다. 체내 흡수율이 낮으므로 흡수율을 높이는 비타민 C를 함께 섭취한다.

짠 음식은 유즙 분비를 방해한다

염분은 부종이나 고혈압의 원인이 될 뿐 아니라, 혈액순환을 방해해 유즙 분비를 막는다. 모유수유 중에는 짠 음식을 자제하고, 평소의 절반 정도만 간을 한다.

수분을 자주, 충분히 섭취한다

수유 중에는 갈증을 자주 느끼는데, 이때 찬물이나 당분이 많은 청량음료를 마시면 모유의 농도가 묽어진다. 가급적 따뜻한 물이나 모유 촉진 차를 마시는 것이 모유 분비에 도움이 된다.

임신중독증이었다면 수분과 염분을 제한한다

출산을 무사히 마쳤다 해도 고혈압, 단백뇨, 부종 등은 그대로 남아 있다. 산후에도 정기적으로 진찰을 받아야 하며, 식사할 때 염분과 수분을 제한해야 한다.

인스턴트식품은 산후 비만의 원인이다

라면이나 통조림 같은 인스턴트식품은 산모에게 필요한 영양분은 부족하면서 당도가 높아 비만의 원인이 된다. 시중에서 판매하는 주스나 청량음료도 피한다. 모유의 질을 떨어뜨릴 수 있기 때문.

🚫 **제왕절개 산모에게는 가물치가 좋지 않다**

가물치는 단백질이 풍부할 뿐 아니라 소화되기 쉬운 상태의 지방이 들어 있다. 하지만 성질이 차가워 몸에 상처가 있거나 기력이 약한 산모에게는 해가 될 수 있다. 수술 부위가 어느 정도 아무는 출산 2주 후부터 먹는다.

산후 보약 알고 먹기

산후 보약이 필요한 산모도 있다

산후조리를 잘하고 있는데도 여전히 기력이 떨어지고 입맛 또한 없다면 한 번쯤 보약을 고려하게 된다. 특히 분만 과정에서 출혈이 많았거나 난산을 겪은 산모, 수유 후 쉽게 지치는 산모, 어지럼증이 심한 산모에게는 산후 보약이 도움이 된다.

산후 2~3주 이후에 먹는다

어혈을 제거하지 않고 한약을 먹으면 약 성분이 어혈의 배출을 방해해 후유증이 생길 수 있다. 따라서 한의사에게 진료받은 후 약을 짓는다. 대개 오로가 줄어든 산후 2~3주부터 먹을 수 있다. 출산 직후 어혈 제거와 자궁 수축에 도움 되는 보약을 먹은 후, 기력을 보하고 모유량을 늘려주는 보약을 추가로 먹기도 한다.

산후에 도움 되는 영양제

철분제

흔히 임신 기간에만 철분제를 복용하는 경우가 많은데, 출산 후에도 챙겨 먹는 것이 좋다. 출산 과정에서 큰 출혈이 있어 산후 빈혈의 위험이 있기 때문. 짧게는 한 달, 길게는 수유기 내내 복용해도 좋다.

칼슘제

출산 후에는 칼슘의 체내 흡수를 돕는 여성호르몬 에스트로겐이 출산 전에 비해 적게 분비되므로 칼슘 흡수가 어려워진다. 칼슘은 질 좋은 모유를 만드는 데도 필수적이므로 고칼슘 식사를 할 자신이 없다면 칼슘제를 복용하는 것이 좋다.

비타민 C · D

철분제와 칼슘제를 먹을 땐 각각 체내 흡수율을 높이는 비타민 C · D를 함께 섭취하자. 특히 산욕기에는 외출이 자유롭지 않아 햇빛을 통해 합성되는 비타민 D가 부족할 수 있으므로 신경 써서 섭취한다.

질리지 않는 미역국 요리법 2인분 기준

된장미역국

된장에 들어 있는 유익균이 장까지 전달돼 장운동을 촉진하고 변비를 예방한다. 항암 효과와 해독 효과가 뛰어나다.

재료 된장 1큰술, 마른미역 10g, 바지락 200g, 다시마 3조각, 물 6컵, 참기름 · 소금 약간씩

1 미역은 찬물에 1시간 정도 담가 불린 후 헹궈 먹기 좋은 크기로 썬다. 물기를 꼭 짠 뒤 참기름을 두른 팬에 푸른색이 나도록 볶는다.
2 바지락은 해감하고, 다시마는 면포로 닦은 후 냄비에 분량의 물과 함께 넣어 끓인다. 국물이 우러나면 체에 밭쳐 국물만 걸러낸다.
3 ②의 국물에 된장을 풀고 ①의 미역을 넣어 끓인 후 한소끔 끓어오르면 건져둔 바지락과 소금을 넣는다.

홍합미역국

홍합은 단백질과 칼슘, 철분이 풍부해서 뼈와 치아 건강에 좋다. 특히 철분이 전복의 3배, 굴의 2배일 정도로 풍부해 식은땀을 흘리거나 빈혈이 있어 현기증을 느끼는 산모가 먹으면 효과적이다.

재료 홍합 200g, 마른미역 10g, 물 적당량, 무 1/2개, 다진 마늘 1/2작은술, 국간장 약간

1 미역은 찬물에 1시간 정도 담가 불린 후 깨끗이 헹궈 먹기 좋은 크기로 썬다.
2 홍합은 껍질째 손질한 뒤 냄비에 넣고 홍합이 잠길 만큼 물을 부어 끓인다. 입을 벌리면 체에 밭쳐 국물과 건더기를 분리한다.
3 ②의 홍합 국물 6~7컵을 냄비에 붓고 끓인다.
4 홍합 국물이 끓으면 무를 채 썰어 ①의 미역과 함께 넣어 끓인다.
5 ④가 한소끔 끓어오르면 ②에서 건진 홍합과 다진 마늘, 국간장을 넣고 한소끔 끓인다.

표고버섯미역국

표고버섯은 뼈와 이를 튼튼하게 하고 혈압을 내리는 효과가 있는 건강 식재료다. 또 혈액이 응고되는 것을 막는 효능이 있어 산후 노폐물을 배출하는 데도 도움이 된다. 칼로리가 낮아 체중 관리를 하는 산모에게 좋다.

재료 마른 표고버섯 4~5개, 마른미역 10g, 물 5컵, 참기름 2작은술, 국간장 1작은술

1 미역은 찬물에 1시간 정도 담가 불린 후 깨끗이 헹궈 먹기 좋은 크기로 썬다.
2 표고버섯은 미지근한 물에 20~30분 정도 담가 불린 뒤 기둥을 떼고 적당한 크기로 썬다.
3 참기름을 두른 냄비에 ①의 미역과 물기를 꼭 짠 ②의 표고버섯을 함께 넣어 미역이 푸른색이 나도록 볶는다.
4 ③에 분량의 물을 넣어 끓인 후 한소끔 끓어오르면 국간장으로 간한다.

된장미역국

홍합미역국

표고버섯미역국

산후조리, 어디서 할까?

산후조리원에서, 친정이나 시댁에서, 산후도우미의 도움을 받아 내 집에서 하는 산후조리 중 내게 맞는 방법은 무엇일까?
각각의 장단점과 유의해야 할 사항을 알아본다.

산후조리원에서

장점 1 · 산후조리에 전념할 수 있다

집을 떠나 전문 기관에 들어가므로 전적으로 자신의 몸만 돌보며 생활할 수 있다. 전문가가 아기를 돌봐주기 때문에 아기에 대한 신경을 덜 쓰고 안정을 취하면서 시기에 맞게 몸조리를 할 수 있다. 대체로 산모의 몸 회복이 빠르고 염증과 통증 등 출산으로 인한 후유증도 적다.

> ⚠ 신생아는 밤낮이 따로 없기 때문에 밤에도 안아주고 돌봐주어야 한다. 산후조리원에서는 전문 간호사가 돌봐주므로 밤에도 마음 놓고 쉴 수 있다.

장점 2 · 프로그램과 편의 시설이 잘 갖춰져 있다

산후 체조나 체형 관리를 도와주는 요가, 유방 마사지를 비롯해 아기 돌보기 강좌, 모빌·장난감 만들기 등 다양한 프로그램을 운영하므로 산후 회복에 도움이 될 뿐 아니라 이것저것 배울 것도 많다. 좌욕기, 전동 유축기를 비롯한 편의 시설을 갖추고 있어 편하게 산후조리를 할 수 있다.

장점 3 · 영양을 고려한 다양한 식단을 제공한다

전문 영양사가 영양 권장량에 맞추어 다양한 메뉴로 식단을 짜기 때문에 산모에게 필요한 영양을 충분히 섭취할 수 있다. 과일, 우유, 영양죽 등 영양 간식을 매일 같은 시간에 제공하고, 빠른 회복을 위해 호박탕, 잉어탕, 가물치 등 산후 보양식을 챙겨주는 경우도 많다.

장점 4 · 다른 산모들과 육아 정보를 나눌 수 있다

아기를 안는 방법부터 모유수유하기, 기저귀 갈기, 트림시키기 등 아기 돌보기를 배울 수 있다. 각종 프로그램에 참여하면서 다른 산모들과 만나게 되는데 이때 육아 정보도 교환할 수 있고, 또래 아기를 키우는 친구도 사귀게 된다. 함께 있는 산모들과 분만 경험과 현재 상태에 대해 이야기를 나누다 보면 서로 위안이 돼 산후 우울증도 예방할 수 있다.

장점 5 · 전문 인력이 상주해 필요하면 도움을 받을 수 있다

규모가 큰 산후조리원에는 전문 인력이 상주한다. 신생아실에 산모를 도와줄 조산사가 있는 곳도 있다. 또 위급한 상황에 대비해 산부인과, 소아청소년과와 연계 시스템을 갖춘 곳도 많다. 대부분 간호사가 아기를 돌보며 전문 영양사가 산모의 식단 등 영양 상태를 관리한다.

단점 1 • 위생 상태와 신생아의 감염 질환 등이 걱정된다

화장실이나 세면실을 다른 산모와 같이 사용하기 때문에 위생에 문제가 생기기 쉽다. 또 아기들을 한곳에 모아놓고 돌보기 때문에 한 아기가 질병에 감염되면 다른 아기한테 전염될 우려가 있다. 한 명의 간호사가 돌봐야 하는 아기의 수가 너무 많아 아기를 안지 않고 우유병만 물린 채 수유하는 곳도 있다. 산후조리원을 선택하기 전 한 명의 간호사가 몇 명의 아기를 돌보는지 미리 알아본다.

단점 2 • 아기와의 교감이 적다

산후조리원에서 산후조리를 하는 경우 다른 산후조리에 비해 아기와 교감을 나누는 시간이 적다. 아기가 신생아실에 있어 낮 시간을 제외하고는 엄마와 떨어져 있기 때문이다. 집에 돌아오면 아기와 보내는 시간이 갑자기 늘어나므로 적응하는 데 어려움이 있다.

단점 3 • 비용이 많이 든다

숙박 및 식사 이용료, 마사지, 기저귀, 아기 사진 촬영 비용 등 포함한 2주간 전국 평균 이용 가격이 326만 원(2023년 6월 기준)으로 비용이 만만치 않다. 등록하기 전 기본 비용에 포함된 프로그램을 꼼꼼히 확인해 원하는 서비스를 제공하는 곳을 택한다.

> ❗ 지방자치단체가 위탁해 운영하는 공공산후조리원은 일반 산후조리원의 절반도 안되는 비용으로 이용할 수 있다. 현재 전국 20곳 지역(2024년 4월 기준)에서 공공산후조리원을 운영하고 있으니 지자체에 문의해보자.

산후조리원 비용

보건복지부에서 발표한 2021년 산후조리 실태조사 결과에 따르면 산모의 81.2%가 산후조리원을 이용하고 있다. 산후조리원 이용 비용은 적게는 130만 원부터 많게는 3천800만 원까지 가격이 천차만별이다(2023년 기준). 일반실과 특실 이용 비용도 차이가 많이 난다. 한편, 산후조리원 비용도 연말정산으로 세액공제를 받을 수 있다.

산후조리원, 이런 곳이 좋다

1 아기와 산모 모두에게 안정감을 줄 수 있도록 주변 환경이 조용한지 확인한다.

2 자체 의료 처치가 불가능하므로 산부인과, 소아청소년과와 연계되어 있는지 알아본다.

3 갑작스러운 응급 상황에 대처할 능력이 있는 전문 간호사가 상주하는지 알아본다.

4 햇볕은 잘 드는지, 살균과 소독은 철저한지 등 신생아실의 환경을 살펴본다.

5 산모 방의 환경을 확인하고 체조실, 샤워실, 마사지실 등 편의 시설도 둘러본다.

6 화장실, 샤워실, 식당 등 내부 시설의 위생 상태를 살펴본다.

7 산모에게는 특별한 영양 관리가 필요하므로 전문 영양사가 있는지 확인한다.

8 계약하기 전에 이용 규정과 약관을 반드시 확인한다. 특히 환불 규정은 반드시 살필 것.

9 안전시설은 잘 갖추었는지, 화재보험에 가입했는지 등을 확인한다.

단점 4 • 단체 생활이라 불편하다

많은 산모와 함께 생활하므로 개인 생활이 침해받을 수 있다. 체조 시간, 강좌 시간, 식사 시간 등이 모두 짜인 스케줄대로 진행되기 때문에 시간에 얽매여 쉬고 싶을 때 쉬지 못하는 경우가 있다. 특히 회복이 늦거나 신경이 예민한 경우에는 단체 생활이 스트레스가 될 수 있다.

단점 5 • 면회 시간이 정해져 있다

산후조리원에서는 감염을 예방하고 산모의 안정을 위해 면회 시간을 정해놓은 경우가 많다. 할머니, 할아버지가 찾아와도 면회 시간이 아니면 아기를 볼 수 없다. 까다로운 조리원의 경우에는 방문객이 아기를 안아보지 못하게 하기도 한다.

친정 • 시댁에서

장점 1 • 경험이 풍부한 어른이 곁에 있어 마음이 든든하다

출산과 육아 경험이 풍부한 어른이 있어 심리적으로 든든하다. 첫아기를 낳은 산모는 아기를 안는 것조차 서툰 경우가 많은데, 친정어머니나 시어머니가 아이를 돌보는 모습을 지켜보면서 육아의 기초를 배울 수 있다.

장점 2 • 다른 조리법에 비해 상대적으로 비용이 적게 든다

산후조리원이나 산후도우미를 이용할 경우 만만치 않은 비용을 지불해야 한다. 그러나 친정이나 시댁에서 산후조리를 하면 부모님이 자식과 손주를 사랑하는 마음으로 아낌없이 베풀어주기 때문에 상대적으로 비용이 적게 드는 편이다. 그렇다 해도 산후조리 기간은 3주를 넘기지 않는 것이 좋으며, 산후조리가 끝난 후에는 감사하다는 말을 하는 등 고마움을 표현하는 걸 잊지 않는다.

장점 3 • 안심하고 산후 보양식을 먹을 수 있다

먹을거리의 오염이 심각한 시대에 친정어머니나 시어머니가 좋은 재료로 정성껏 만든 음식을 먹을 수 있으니 안심이다. 미역국부터 모유가 잘 나오게 하는 음식 등 각종 보양식을 확실하게 챙겨 먹을 수 있다. 그러나 식단이 단조로울 수 있다는 단점도 있다.

장점 4 • 사람의 출입이 적어 감염의 위험으로부터 안전하다

산후조리원의 경우 많은 아기를 한곳에서 돌보기 때문에 감염의 위험이 있지만, 집에 있으면 출입하는 외부인이 적어 감염의 위험이 적다. 경산부는 다른 자녀를 돌봐줄 사람이 있어 아기에게 전념할 수 있는 것도 큰 힘이 된다. 아기 입장에서도 엄마가 항상 곁에 있고 할머니, 할아버지, 고모, 이모 등 가족들의 애정을 듬뿍 받을 수 있어 정서적 안정감을 느끼게 된다.

단점 1 • 마음이 불편하다

부모님이 이것저것 도와줄 때 가만히 누워서 도움을 받기만 하는 것이 부담스럽고 마음이 불편하다. 산후조리를 해주는 것이 쉬운 일도 아니고, 더군다나 연세가 많은 부모님에게는 산모 간호와 신생아 육아를 병행하는 것이 힘에 부칠 수 있기 때문이다. 따라서 정기적으로 쉴 수 있도록 휴식 시간을 만들어드려야 한다.

단점 2・옛날 산후조리 방식을 고집할 때 난감하다

부모님이 알고 있는 육아 노하우와 경험만 최선으로 여기고 고집할 때 조율하기가 힘들다. 옛것이 무조건 좋기만 한 것이 아니고, 시대와 환경이 바뀌면서 산후조리 방식도 변한 부분이 있는데 받아들이려 하지 않아 충돌이 생길 수 있다. 이때는 견해 차이가 있더라도 일단은 부모의 방식을 따르는 것이 현명하다. 정 받아들이기 힘든 부분이 있을 때는 직접적으로 말하기보다 책이나 전문가의 말을 인용해 부드럽게 설득한다.

단점 3・다른 식구들이 불편할 수 있다

신생아는 밤낮이 없기 때문에 밤에도 수시로 깨서 운다. 이때 다른 가족도 아기 울음소리와 젖을 먹이는 부산한 움직임에 잠을 설치게 된다. 식단도 산모 위주로 구성해 식구들이 먹기 힘들 수 있다. 한여름이라면 산모 때문에 에어컨이나 선풍기를 틀지 못해 눈치가 보인다.

미리 준비해야 할 것

- 부모가 있어도 신생아 돌보기 요령을 미리 익혀둬야 눈치가 보이지 않는다.
- 가족의 출입을 막을 수 없으므로 질병에 감염된 사람이 있는지 확인하고 주의한다.
- 아기를 조용하고 쾌적하게 보살필 수 있는 독립된 공간을 확보한다. 그래야 외부인의 잦은 출입에도 안심할 수 있다.
- 신생아는 저항력이 약하므로 산모와 가족은 손을 자주 씻고, 아기용품을 청결하게 관리하는 등 주의를 기울인다.
- 응급 상황에 대비해 집에서 가까운 의료 기관의 위치와 연락처를 알아둔다.

단점 4・남편의 육아 참여가 어렵다

아내와 단둘이 있을 때는 육아와 산후조리를 적극적으로 도와주던 남편도 친정이나 시댁 식구들 앞에서는 뒷짐 지고 있기 쉬워서 자칫 아내가 남편에게 서운한 마음이 들 수 있다. 또 산모 혼자 시댁이나 친정에 와서 산후조리하는 경우 남편이 밥은 잘 먹고 있는지, 집에 너무 늦게 들어가는 것은 아닌지 신경이 쓰인다. 전화로 자주 안부를 전하고 퇴근 이후 시간이나 주말에는 되도록 시간을 함께 보내는 것이 좋다.

내 집에서 산후도우미 부르기

장점 1・전문 산후조리를 받을 수 있다

편안한 내 집에서 전문 산후조리 교육을 받은 사람에게 보살핌을 받을 수 있다. 산후 체조와 좌욕, 유방 마사지 등 산후조리와 목욕시키기, 기저귀 갈기 등 아기 돌보기를 능숙하게 해낼 뿐 아니라 가족의 식사까지 챙겨준다. 별도의 비용을 지불하면 큰아이까지 돌봐주기 때문에 산모는 육아와 살림 걱정에서 벗어나 마음놓고 쉴 수 있다. 산후도우미는 입주형와 출퇴근형 중 선택할 수 있으며, 근무시간에 따라 비용이 다르다.

장점 2・남편의 도움을 받을 수 있다

시댁이나 친정에서 산후조리하는 때와는 달리 남편의 적극적 육아 참여가 가능하다. 출퇴근형 도우미라면 산후도우미가 하는 걸 옆에서 지켜보면서 산후조리나 신생아 돌보기 요령을 터득하고, 산후도우미가 없는 한밤중이나 휴일에는 남편의 도움을 받게 된다. 덕분에 밤중 수유, 아기 목욕시키기, 유방 마사지 등 육아와 산후조리 과정에 남편을 적극 동참시킬 수 있다. 산후조리 기간 동안 가족이 함께 지낼 수 있으므로 산모의 마음이 편안할 뿐 아니라 외로움을 덜 수 있어 산후우울증에 걸릴 염려도 적다.

장점 3・일대일로 아기를 돌봐준다

산후조리원처럼 아기와 떨어져 있지 않고 산모가 있는 방에서 아기를 돌봐주기 때문에 안심이 된다. 게다가 아기가 울면 바로 안아주고 수유할 수 있으며, 젖 물리는 자세를 교정해주기도 하는 등 전문 산후도우미가 일대일로 돌봐주므로 세심한 보살핌을 받을 수 있다. 또 아기를 잘 돌보는 모습을 옆에서 지켜보면서 몸조리를 하기 때문에 마음이 한결 편하다.

장점 4・육아 정보를 얻을 수 있다

산후도우미는 간병인이 아니라 산후조리와 육아 전문가. 아기 목욕시키는 법, 목욕 후 마사지법, 수유 자세, 손톱 깎아주는 법 등 사소한 것까지 친절하게 가르쳐준다. 이때 배운 육아의 기초는 몸 조리가 끝난 후에도 큰 도움이 된다.

장점 5・모유수유를 적극 도와준다

모유량이 적을 경우 유방 마사지를 해주며, 수유를 잘할 수 있는 다양한 방법을 알려준다. 젖이 적거나 유방통으로 고생하느라 초기에 모유수유를 포기하는 경우가 많은데, 전문가가 옆에서 방법을 알려주고 격려해주므로 도움이 된다.

장점 6・도우미와 안 맞으면 바꿀 수 있다

산후조리는 물론 신생아 돌보기, 집안일까지 맡겨야 하므로 도우미와 산모 간의 의사소통은 매우 중요하다. 마음이 맞지 않는 사람을 만나 스트레스를 받을 수 있는데, 신청을 하면 바로 다른 도우미로 교체해준다.

단점 1・비용이 만만치 않다

출퇴근 산후도우미의 일당은 14만~17만 원 선, 입주 산후도우미는 하루 18만~24만 원 선으로 기간에 따라 비용이 달라진다. 식비나 마사지 비용 등 산모에게 들어가는 비용과 신생아를 위한 분유나 기저귀값, 난방비 등은 산모 부담이다.

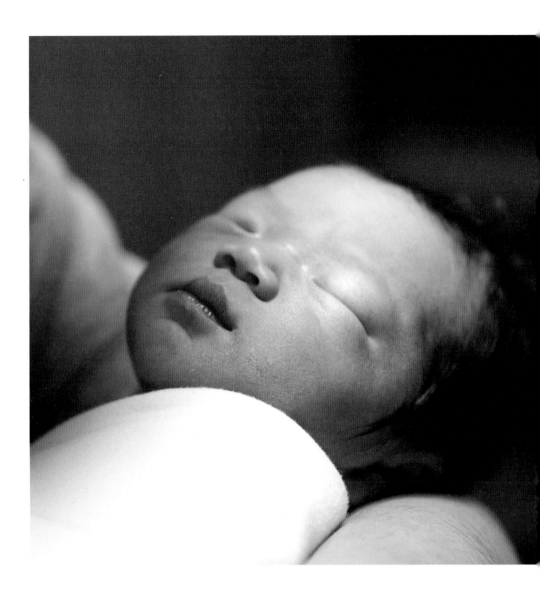

단점 2 • 살림을 맡기기 때문에 의견 충돌이 생길 수 있다

남의 손에 살림을 맡기는 것이 미덥지 않을 수 있다. 특히 산후도우미와 성격이 맞지 않을 경우 스트레스를 받을 수 있으므로 미리 만나 마음이 잘 맞는지, 육아와 가사를 어느 선까지 분담할 것인지, 장을 볼 때 어느 선에서 비용을 맞출 것인지, 비상시에는 어떻게 할 것인지 등을 미리 합의해두는 것이 바람직하다.

단점 3 • 어쩔 수 없이 가사와 육아에 참여하게 된다

쉬고 싶어도 집안일에 대해 완전히 무관심하기가 어렵다. 게다가 산후도우미에게 집안일은 보조 업무일 뿐 주된 업무는 육아와 산후조리이다. 출퇴근형 도우미의 경우, 밤이나 휴일에는 도움을 받을 수 없으므로 스스로 아기를 돌보고 식사를 챙겨야 한다. 아무래도 산모가 어느 정도는 육아와 가사에 참여하게 된다.

단점 4 • 가족이 불편할 수 있다

가족은 달라진 음식 맛에도 익숙해져야 하고, 집 안에서도 옷을 갖춰 입는 등 행동을 조심해야 하는 것도 불편할 수 있다. 가족이 많이 불편해하면 출퇴근 산후도우미를 부르거나 출산 직후에는 입주형, 이후에는 출퇴근형으로 전환하는 혼합형 서비스를 이용하는 것도 좋은 방법이다.

단점 5 • 집에 있다 보면 산후 체조는 귀찮아서 안 하게 된다

산후 골반 체조나 요가 등 산후도우미가 해줄 수 있는 프로그램이 다양하지만, 집 안에서 둘이서만 하려니 제대로 하기가 쉽지 않다. 귀찮아서 자꾸 미루다 보면 서비스를 충실히 받지 못한다.

산후도우미 비용 (2주는10일 기준)

출퇴근 도우미는 평일에는 주5일제로 오전 9시부터 오후 6시까지이며, 토요일(오후 1~4시까지)은 주말 추가 비용이 추가된다. 입주 도우미는 주5일제, 주 6일제로 나뉜다. 요즘은 출산 직후에는 입주, 이후에는 출퇴근하는 혼합형 산후도우미와 하루 4시간 이용하는 알뜰형 산후도우미 서비스도 있다.

산후도우미 선택하기(2024년 기준)	출퇴근형	입주형
초산일 경우	2주 130만~150만 원 선	2주 220만~240만 원 선
큰아이를 추가할 경우	1일 8000원~1만 원 추가	1일 1만~1만2000원 추가
일요일 근무를 신청할 경우	1일 11만~17만 원 선	1일 22만~30만 원 선

1 출산 예정일 한 달 전에 예약해야 원하는 산후도우미를 배정받을 수 있다.
2 믿을 만한 파견업체를 선정하고, 교육과정이 잘 짜여 있는지 확인한다.
3 미리 면접을 봐서 성실한지, 경험은 많은지 등을 살펴본다. 먼저 이용해본 산모의 평가도 도움이 된다.
4 30~40대의 출산 경험이 있는 사람으로 선택하고, 신원이 확실한지 확인한다.
5 마음에 들지 않을 경우 도우미를 교체할 수 있는지, 환불이 가능한지도 미리 알아둔다.
6 산후도우미가 할 수 있는 일과 하지 않는 일을 분명하게 인지하고 그 내용을 서로 확인한다.

출산 후 좌욕 요령

오로가 완전히 멈출 때까지 좌욕을 하면 자궁이나 상처 부위가 보다 빨리 깨끗하게 아문다.
귀찮지만 꼭 필요한 좌욕, 제대로 하는 방법을 알아본다.

좌욕의 효과

좌욕이란

좌욕은 뜨거운 물을 담은 대야에 대퇴부, 둔부, 하복부를 담그는 것. 항문이나 그 주위 피부, 둔부를 청결하게 유지해 피부의 혈행을 촉진하는 것을 목적으로 한다. 엉덩이만 담그기 때문에 물의 따뜻한 온열이 골반에 집중적으로 침투되어 뭉친 근육을 이완시키고 어혈을 풀어준다. 또 부종을 빼주고 상처를 치유해 통증을 완화해준다. 하복부를 따뜻하게 만들면 내장 비만이 줄고 변비가 개선되어 뱃살이 빠지면서 체중이 감소하는 효과도 있다.

염증을 막아준다

아문 듯 보여도 회음 절개 부위는 아직 상처를 입은 상태이다. 뜨거운 물에 회음부를 담그면 대소변이나 출혈 등으로 더러워진 회음 부위가 깨끗해져 세균 감염의 위험을 줄일 수 있다. 손상된 산도를 빨리 아물게 하는 데도 효과가 있으며, 오로의 일부가 남아 혈종이 생겼을 때, 또는 가벼운 염증이 생겼을 때 좌욕을 하면 치료 효과를 볼 수 있다.

통증과 가려움이 완화된다

따뜻한 물에 담그고 있는 동안 회음부 근육이 이완되면서 통증이 한결 덜하다. 가려움을 유발하는 물질이 제거되므로 가려움증 또한 진정된다. 소변을 볼 때 쓰라린 증상도 가라앉는다.

부종이 가라앉고 오로가 잘 배출된다

뜨거운 기운이 회음부와 항문 주변의 혈관을 확장시켜 혈액순환이 좋아지면서 출산으로 인한 각종 부종이 완화된다. 부기가 빠지면서 자궁 수축이 잘 이루어져 오로 또한 순조롭게 배출된다.

피부가 맑고 고와진다

자궁이나 난소에 이상이 생기면 얼굴에 기미 등 색소침착이 나타나고 피부 트러블이 생기기 쉽다. 좌욕을 하면 하복부의 기 순환이 원활해져서 자궁과 난소가 건강해지고 피부 트러블이 진정되는 효과를 볼 수 있다.

산후통, 요통, 관절통에 좋다

좌욕을 하면 하복부에 온열이 전달돼 혈액순환과 림프액 순환이 원활해진다. 이에 따라 뭉쳐 있던 어혈이 풀리면서 산후통(배앓이)과 생리통도 완화된다. 지속적으로 하면 복통과 요통을 줄이는 데 효과가 있고, 관절통에도 좋다고 알려져 있다. 특히 치질에는 양방에서도 인정할 만큼 탁월한 효과를 발휘한다.

제대로 하는 법

하루 2~3회, 10분씩 한다

대개 출산 후 4~6주 정도가 되면 오로가 더 이상 나오지 않는데, 좌욕은 오로가 끝날 때까지 해야 한다. 산후조리 시기별로 차이는 있지만 하루에 2~3회, 1회 10분 정도가 적당하다. 잠자기 전이나 배변 직후에 하는 것이 좋다.

제왕절개를 해도 좌욕은 꼭 한다

제왕절개를 한 경우 자연분만을 했을 때와 다름 없이 오로가 나오기 때문에 회음부 청결은 필수다. 특히 예정 제왕절개의 경우 진통을 겪지 않아 자궁구가 벌어지지 않았기 때문에 오로가 오랫동안 지속될 수 있다. 제왕절개 수술 부위의 상처가 아무는 출산 일주일 후부터 따뜻한 물에 하루 2~3회, 5~10분씩 좌욕을 하면 변비에도 효과를 볼 수 있다.

팔팔 끓인 뒤 식힌 물을 사용한다

좌욕 물의 온도는 손으로 만졌을 때 따뜻하게 느껴질 정도인 40~42℃가 적당하다. 물은 팔팔 끓여서 적당히 식힌 뒤에 사용해야 하며, 도중에 물 온도가 내려갈 수 있으므로 여분의 뜨거운 물을 준비했다가 지속적으로 보충해준다. 둔부만 잠길 수 있도록 넓고 오목한 대야의 3분의 2 정도만 물을 채운다.

좌욕하기 좋은 약재

애엽 약쑥의 한약 이름. 강력한 살균 작용과 온열 효과로 혈액 순환을 돕는다.

익모초 여성 질환에 좋다. 하복부를 따뜻하게 해서 어혈을 없애고 혈액순환을 돕는다.

포공영 살균 효과는 물론 혈액순환을 좋게 한다. 복부 비만 해소에도 효과적이다.

사상자 하복부 냉증, 자궁 냉증, 불임 등에 효과적이다. 음부를 씻는 데도 쓴다.

좌욕기나 오목한 대야를 사용한다

좌욕기를 이용하면 좋지만 구하지 못했다면 허리 이하 둔부가 충분히 잠길 수 있는 넓고 오목한 대야를 준비한다. 대야는 항상 깨끗하게 소독해야 하므로 물을 필요한 양보다 2~3배 이상 넉넉하게 끓인 후, 식기 전에 좌욕할 용기에 부어 소독한 후 사용한다.

괄약근을 오므렸다 폈다 반복한다

둔부만 대야에 담그고 괄약근을 오므렸다 폈다 반복한다. 이때 쪼그려 앉으면 항문에 부담을 줄 수 있으므로 변기에 대야를 끼운 다음 그 위에 앉아 둔부를 담근다. 목과 등에 작은 담요를 두르면 전신에 땀이 나면서 온몸의 기와 혈액순환이 원활해지는 효과까지 볼 수 있다.

수건이나 헤어드라이어로 말린다

좌욕 후에는 빨리 말려야 짓무름을 예방할 수 있다. 회음 절개 부위는 녹는 봉합사를 사용하기 때문에 물기가 남지 않게 부드러운 수건으로 두드리듯 닦거나 헤어드라이어로 말려야 상처가 터지지 않는다. 헤어드라이어로 말릴 때는 30cm 정도 떨어져 제일 약한 바람으로 말린다.

약재 달인 물을 섞어서 사용한다

애엽, 익모초, 포공영, 사상자 등 약재를 달여 회음부에 김을 쐬면 자궁 회복에 효과를 볼 수 있다. 좌욕을 할 때도 약재를 달여 찌꺼기를 걸러낸 뒤 그 물을 좌욕할 물에 섞어 사용하면 더욱 좋다.

이것만 주의하자!

물에 소금이나 소독약 등을 섞지 않는다

민감한 부위를 자극해 오히려 더 심한 통증을 유발할 수 있다. 단, 퇴원할 때 병원에서 주는 소독약은 사용해도 좋다.

출혈이 심한 사람은 자제한다

좌욕을 하면 혈관이 확장되어 혈액순환이 원활해진다. 이 때문에 출혈이 일어날 수 있는데, 심한 경우에는 출혈이 멈춘 후에 좌욕을 한다.

10분 이상 하지 않는다

너무 자주, 오래 해도 항문이 짓무르거나 부어오르는 등 부작용이 일어날 수 있다. 보통 10분 정도가 적당하며, 피부가 매우 민감하고 짓무름이 있는 경우에는 한 번에 2~3분 정도만 한다.

좌욕이 쉬워지는 편의용품

어느 양변기에나 얹어서 사용할 수 있고,
이동하기 편리하다.
소프트 좌욕기, 1만 원 선.

스테인리스 소재로 환경호르몬이 나오지 않으며,
양변기에 올려 사용할 수 있다.
스테인리스 좌욕기, 2만 원 선.

물 온도를 선택할 수 있고,
이중 절연 장치가 있어 안전하다.
뷰티스파 좌욕기, 24만 원 선.

2개의 구멍에서 나오는 공기 버블이
환부를 부드럽게 자극한다.
버블식 온욕 좌욕기, 3만 원 선.

좌훈 찜질과 원적외선 찜질이 동시에 가능한 제품으로,
인체 공학적으로 설계해 사용하기 편리하다.
유닉스 비너스 쑥한방 좌훈기, 15만 원 선.

산욕기 체조

출산으로 틀어진 골반과 몸매를 바로잡는 산욕기 체조는 산후 일주일부터 시작할 수 있다.
앞으로의 몸매가 산후 두 달 안에 결정된다 생각하고 부지런히 꾸준하게 한다.

왜 해야 할까?

탄력 있는 몸매를 만들어준다

출산 후 부기를 방치하면 임신 중 10~
20kg씩 늘어난 살이 그대로 몸에 남는다.
산후 5주째부터는 본격적인 운동으로 늘
어진 살을 탄력 있게 만들어야 한다.

산후 트러블을 막아준다

출산할 때 틀어진 골반을 그대로 방치하
면 보디라인이 엉망이 될 뿐 아니라, 다리
통증·생리통·요실금 등 산후 트러블의
원인이 된다. 출산 직후부터 누워서 할 수
있는 산욕기 체조를 시작한다.

어떻게 하면 좋을까?

체조와 휴식을 번갈아 한다

한 가지 동작을 2~3분 정도 한 후에는 반
드시 휴식을 취해 몸의 긴장을 풀어줘야
한다. 조금이라도 피곤함이 느껴지면 바
로 멈추고 쉬도록 한다. 체조를 마친 후에
도 스트레칭으로 근육을 풀어준다.

모유수유를 한 뒤, 식후 1~2시간 지나서 한다

아기에게 젖을 먹여 몸을 가볍게 한 다음
체조를 하면 효과가 더욱 좋다. 식사 직후
에 하면 음식이 역류할 수 있으므로 식후
1~2시간이 지나 시작한다.

서서히 운동량을 늘려나간다

처음에는 움직임이 적은 동작으로 20분
정도만 하다가 서서히 운동량을 늘린다.
산후에는 복부 근육이 약해 무리할 경우
탈장이나 장 파열이 될 수 있다.

산후 1~2주
골반을 모아주고 자궁을 수축시킨다

⬆ 복식호흡

1 코끝이 배꼽과 일직선이 되도록 허리를 곧게 펴고 앉는다.

2 배가 불룩하게 나오도록 5초 동안 숨을 들이마시고, 10초 동안 입으로 길게 내쉰다.

효과 심신이 안정되고 머리가 맑아진다.

⬆ 골반 조이기

1 앉아서 왼쪽 무릎을 구부려 오른쪽 다리 밑에 넣고, 오른쪽 무릎을 왼쪽 무릎 위에 포갠다.

2 두 손은 각각 발목 뒤에 놓고 숨을 내쉬면서 상체를 숙였다가, 숨을 들이마시면서 상체를 든다. 8회 반복한 후 다리를 바꿔 실시한다.

효과 골반을 바로잡아주고 방광 · 요도 · 질의 탄력을 회복한다.

⬇ 발목 돌리기

1 두 다리를 어깨너비로 벌리고 선다. 오른쪽 발가락을 꺾듯이 발꿈치를 들어 올려 힘을 준 상태에서 발목을 바깥쪽으로 돌린다.

2 발 모양을 유지한 상태에서 발목을 안쪽으로 10회 돌린다. 발을 바꿔 실시한다.

효과 발목이 유연해진다.

⬇ 다리 털기

1 똑바로 누워서 무릎을 세운다. 두 팔은 자연스럽게 바닥을 짚는다.

2 오른쪽 다리를 높이 들어 다리를 좌우로 흔들 듯이 턴다. 반대쪽도 같은 방법으로 실시한다.

효과 혈액순환과 신진대사를 원활하게 한다.

➡ 가슴 탄력 회복 운동

1 허리를 세우고 똑바로 서서 두 손을 가슴 앞에 모아 양 팔꿈치를 붙이고 합장한다.

2 약 10초 동안 최대한 팔꿈치를 올렸다가 내리기를 10회 반복한다.

효과 가슴이 처지지 않도록 모양을 잡아준다.

⬇ 허리 비틀기

1 똑바로 누워 무릎을 세우고 시선은 위로 향한 채 두 팔을 위로 뻗는다.

2 양 무릎을 오른쪽으로 천천히 돌려 바닥에 닿게 한다. 이때 목은 왼쪽으로 돌려 무릎과 시선을 교차시킨다. 반대쪽도 같은 방법으로 실시한다.

효과 허리 · 골반 · 고관절의 위치를 바로잡는다.

⤵ 반활 자세

1 똑바로 누워 양 무릎을 세운다. 두 손은 골반 옆에 편하게 놓는다.

2 숨을 내쉬며 엉덩이, 배, 가슴을 들어올린다. 숨을 고르며 5초간 멈추었다가 숨을 내쉬면서 들어 올린 순서와 반대로 몸을 바닥에 내린다.

효과 허벅지와 아랫배의 군살을 빼준다.

⤵ 가슴 모으기

1 똑바로 서서 양 손바닥을 가슴 앞에서 마주 붙이고 팔이 일직선이 되도록 한다.

2 숨을 내쉬면서 양 손바닥을 밀어내듯이 천천히 힘을 주고, 숨을 들이마실 때 힘을 뺀다.

효과 젖의 분비를 촉진하고 가슴 모양을 예쁘게 만들어준다.

⤵ 쇠뿔 자세

1 앉아서 왼쪽 무릎을 구부려 오른쪽 다리 밑에 넣고, 오른쪽 무릎은 구부려 왼쪽 무릎 위에 포갠다.

2 두 팔을 위로 올려 왼손으로 오른쪽 팔꿈치를 잡는다. 숨을 들이마시면서 천천히 왼쪽으로 가볍게 기울인다. 반대쪽도 같은 방법으로 실시한다.

효과 처진 가슴을 탄력 있게 만들고 젖의 분비를 돕는다.

⤴ 방아 자세

1 앉아서 두 다리는 오른쪽으로 접고, 두 손은 머리 뒤에서 깍지 낀다.

2 팔꿈치가 바닥에 닿을 정도로 상체를 오른쪽으로 굽혔다가 바로 한다. 이때 시선은 반대편 팔꿈치를 본다. 반대쪽도 같은 방법으로 실시한다.

효과 골반과 자세를 교정해준다.

⤴ 고양이 자세

1 바닥에 무릎을 대고 앉아 무릎을 어깨너비만큼 벌린다. 두 손은 깍지 끼어 턱 아래에 놓고 천천히 상체를 숙인다.

2 엉덩이를 들면서 가슴이 바닥에 닿도록 깊숙이 엎드린다.

효과 자궁의 위치를 바로잡아주고 장의 가스를 제거하는 데 효과적이다.

⤵ 상체 숙이기

1 앉아서 두 다리를 오른쪽으로 접는다. 오른손으로 오른쪽 발목을 잡는다.

2 왼손을 앞으로 뻗으면서 상체를 천천히 앞으로 숙인다. 반대쪽도 같은 방법으로 실시한다.

효과 비틀어진 골반을 교정하고 몸을 유연하게 한다.

⤴ 팔 돌리기

1 똑바로 서서 두 다리를 어깨너비로 벌린다.

2 두 팔은 일직선이 되도록 옆으로 벌리고 손목을 몸 쪽으로 꺾어서 원을 그리듯이 팔을 돌린다.

효과 팔 근육을 풀어주며 군살 제거에 좋다.

🕐 누운 자세에서 뒤로 늘이기

1 똑바로 누워 두 팔을 위로 올린다.

2 오른쪽 무릎을 직각으로 구부려 왼쪽 바닥에 놓는다. 반대쪽으로도 실시한다.

효과 허리의 유연성을 길러준다.

⬆ 다리 옆으로 들기

1 왼팔로 팔베개를 하고 옆으로 편하게 눕는다. 오른팔은 수직으로 바닥을 짚어 몸을 지탱한다.

2 숨을 들이마시면서 오른쪽 다리를 45도 올렸다가 숨을 내쉬면서 내린다. 8회 반복한 후 반대쪽도 실시한다.

효과 하체 힘을 길러주며 혈액순환을 돕는다.

🕐 상체 뒤로 돌리기

1 앉아서 왼쪽 무릎을 구부려 오른쪽 다리 밑에 넣고, 오른쪽 무릎은 구부려 왼쪽 무릎 위에 포갠다.

2 오른손은 등에 대고, 왼팔은 오른쪽으로 뻗으며 상체를 같은 방향으로 돌린다. 반대쪽도 같은 방법으로 실시한다.

효과 골반을 모아준다.

➡ 트위스트 체조

1 똑바로 서서 양 무릎을 살짝 구부리고, 두 팔은 위로 쭉 뻗는다.

2 트위스트를 추듯이 골반을 좌우로 돌린다.

효과 허리의 유연성을 길러준다.

산후 7~8주
신진대사를 원활하게 해서
군살을 제거한다

⬆ 팔 모았다 펴기

1 똑바로 서서 두 다리는 어깨너비로 벌리고, 두 팔은 주먹을 쥐고 어깨와 일직선이 되도록 들어 올린다.

2 두 팔을 가슴 쪽으로 모았다가 폈다를 15회 반복한다. 이때 두 팔은 수평을 유지한다.

효과 비틀어진 어깨를 바로잡는다.

🕐 악어 자세

1 똑바로 누워 두 다리를 모으고 두 팔은 수평이 되도록 벌린다.

2 숨을 들이마시면서 왼쪽 다리를 들어 올린 후, 숨을 내쉬면서 오른쪽으로 내린다. 이때 시선은 반대쪽을 향하고 15초간 정지한다. 5회 반복한 후 반대쪽도 실시한다.

효과 변비와 설사가 없어진다.

⬅ 다리 스트레칭

1 왼쪽 다리를 구부려 무릎을 바닥에 대고 오른쪽 다리는 쭉 뻗고 앉는다.

2 왼쪽 무릎과 왼팔로 몸을 지탱한 상태에서 오른팔을 왼쪽으로 쭉 뻗고, 오른발은 밀어내듯이 뻗는다. 반대쪽도 똑같이 실시한다.

효과 신진대사가 좋아지고 몸이 유연해진다.

산후 부기 빼는 법

산후 부기는 대부분의 산모가 겪는 증상이지만, 심하면 일상생활에 지장을 줄 수 있다.
산후 부기의 원인과 부기 빼는 데 도움 되는 실전 지침을 소개한다.

산후 부기는 왜 생길까?

병적인 부종과는 다르다

산후 부기는 임신 중 쌓인 수분과 지방이 출산 후에도 빠져나가지 못하면서 생기는 것으로, 신장 기능의 이상으로 생기는 부종과는 구분된다. 출산으로 인한 피로와 스트레스가 주원인이며, 과도하게 운동을 자제하는 것도 산후 부기를 악화시킨다. 대개 출산 후 3~4일째부터 수분이 소변이나 땀으로 빠져나가기 시작해 대부분 1개월 이내에 배출된다.

> ! 산후 부기는 신장 기능에 이상이 생겨서 생기는 부종이 아니므로 이뇨 작용을 돕는 늙은 호박 등의 음식을 먹는 것은 산후 부기를 빼는 데 크게 도움이 되지 않는다

산후 1개월 실전 지침

팔다리를 중심으로 마사지한다

많이 붓는 팔다리를 중심으로 목뼈부터 꼬리뼈까지 몸 전체를 손가락으로 꼭꼭 누르고 두드린다. 손으로 주무르고 만지다 보면 아픈 곳도 없어지고 부기도 덜하다. 마사지를 하면 막힌 기가 뚫려 체액의 순환이 원활해지고, 몸속에 생긴 담이 풀리는 효과도 볼 수 있다. 산후 2주까지는 산모의 몸이 회복되지 않아 관절을 많이 사용하면 손목과 손가락 관절이 아플 수 있으므로 직접 마사지하는 것은 무리다. 남편이나 다른 사람의 도움을 받는다.

아기가 잘 때 함께 잔다

잠을 충분히 자는 것만으로도 부기를 뺄 수 있다. 휴식을 취하면 출산으로 깨진 호르몬의 균형이 제자리를 찾기 때문. 최소 출산 후 2~3주까지는 수유 시간을 제외한 시간에는 아기와 함께 잠을 잔다. 잠이 부족하면 몸 회복이 더디다.

땀을 골고루 잘 내야 한다

출산 후 2~3일은 몸에 열이 나는 것 같으면서 옷과 이불이 젖을 정도로 땀이 난다. 임신 중 체내에 쌓인 수분이 빠져나오는 것으로, 땀을 많이 내면 부기가 저절로 빠진다. 따라서 출산 직후부터 3주까지는 이불을 덮고 충분히 땀을 내는 것이 중요하다. 이때 상의는 얇게, 바지는 두껍게 입는다. 땀을 내는 시간은 체력 소모가 적은 오전 10시~정오가 좋다. 출산 후 3주까지는 이런 방법으로 땀을 내 부기를 빼고, 2개월이 지난 뒤부터는 운동으로 땀을 낸다.

스트레칭을 한다

산후 부기를 빼는 데 가장 좋은 방법은 온몸의 근육과 관절을 풀어주는 스트레칭이다. 몸이 붓는 데는 여러 가지 이유가 있지만, 몸 안의 기와 혈이 막힌 경우가 대부분. 스트레칭은 혈액과 기의 순환을 도와주는 최고 운동이다. 산후에 스트레칭을 하면 자궁 회복이 잘 되고, 혈액순환이 좋아져 부기가 빨리 빠진다. 아침에 일어나면 팔다리를 쭉 뻗어서 기지개를 켜고, 서 있는 상태에서 손바닥이 바닥에 닿도록 상체를 숙였다가 다시 편다. 몸 상태를 체크하며 운동량을 늘려나간다.

30분~1시간 정도 걷는다

몸을 적당히 움직이고 땀을 내면 부작용 없이 부기가 빠진다. 걷기나 가벼운 산책은 몸의 회복을 돕고 신진대사를 활발하게 한다. 출산 직후에는 다른 사람의 도움을 받아 조심스럽게 걷다가 몸 상태에 따라 걷는 거리를 늘리고 속도를 서서히 높여나간다. 산욕기가 지나면 집 밖으로 나가 30분~1시간 걷는 것이 부기를 빼는 데 도움이 된다. 가벼운 운동화를 신고 처음에는 천천히 걷다가 약간 숨이 찰 만큼 빠른 걸음으로 걷는다.

따뜻하고 싱겁게 먹는다

담백하고 영양소가 골고루 들어 있는 균형 잡힌 식사를 하는 것도 산후 부기를 빼는 데 도움이 된다. 잡곡밥과 싱거운 나물, 해조류 반찬을 기본으로 단백질이 함유된 살코기, 철분과 칼슘 등이 풍부한 채소류를 적당량 먹는다. 부기가 더 심해지는 찬 음식, 짠 음식, 기름지거나 탄수화물 위주의 고열량 음식, 인스턴트식품, 카페인 고함량 음료 등은 자제한다. 특히 차가운 음식은 산모의 기운을 약하게 만들고 혈액순환을 방해하므로 모든 음식은 따뜻하게 데워 먹고, 과일 등 성질이 찬 음식은 많이 먹지 않는다.

> **Q** 산후 부기가 정말 살이 될까?
>
> **A** 산후 부기는 임신 중 쌓인 수분 때문에 생기는 증상으로, 살과는 직접적 관련이 없다. 하지만 출산 후 늘어난 살을 부기라고 착각해 제때 체중 조절을 하지 않으면 산후 비만 가능성이 높아진다. 우리 몸이 생리적으로 유지하려는 체중 조절점 자체가 임신 중 늘어난 몸무게에 맞춰 높아지기 때문, 따라서 산후 6주부터는 체중 조절을 시작하는 것이 좋다.

산후 비만 예방하기

산후 3개월, 늦어도 6개월이 되기 전에 빼지 않으면 임신 중 늘어난 체중이 고정되고 만다.
비만으로 고생하지 않으려면 산욕기가 끝날 무렵부터 체중 조절에 들어간다.

출산 후 살찌는 이유

호르몬의 영향으로 피하지방이 늘어난다

출산 후에는 자궁과 허약해진 몸을 보호하기 위해 여성호르몬이 증가하고 피하지방이 많아진다. 출산 때 자궁경부가 찢어지면서 생기는 염증으로 몸이 붓기도 한다. 비만 위험성이 높은 산모 105명 중 약 80%가 출산 후 비만이 됐으며, 평균 체중이 임신 전보다 무려 13.6kg이나 증가했다는 연구 결과가 있다.

체중 조절점이 이동한다

체중 조절점이란 몸이 기억하는 최고의 체중을 말하는데, 우리 몸은 체중 조절점을 유지하려는 특성이 있다. 임신 중 늘어난 체중에 맞추어 체중 조절점이 바뀌었기 때문에 임신 전 날씬했더라도 몸은 임신 중 몸무게를 유지하려고 한다. 따라서 체중 조절점을 다시 낮추지 않으면 임신 전 몸매로 돌아가기 힘들다.

산후조리 기간에 체중 관리를 하지 않았다

산후 비만을 예방하기 위해서는 임신 기간부터 관리를 해야 한다. 임신 중 체중 증가치는 11~13kg가 적정선. 그 이상 넘어가면 산후 비만 가능성이 5.4배나 높아진다. 그러나 임신 중에는 적정 체중 증가를 보였더라도 산후 체중 관리를 제대로 못하면 비만이 될 수 있다.

❗ 산후 3개월 동안 체중 관리를 꾸준히 한 사람은 평균 11.2kg 정도 체중이 빠지는 데 반해, 그냥 몸조리만 하면 평균 5.2kg 정도 빠진다고 한다. 나머지 7~8kg의 살은 그대로 몸에 남는다.

고열량 산후 보양식을 먹는다

곰국이나 가물치, 잉어 등 고열량 보양식을 장기간 복용하면 비만으로 이어지기 쉽다. 보양식 효과를 제대로 알고 적당량을 필요한 만큼 먹어야 한다. 몸에 좋다고 이것저것 가리지 않고 먹을 경우 과잉 섭취 분량만큼 그대로 살이 될 수 있다.

산후 다이어트의 기초

산욕기부터 워밍업을 한다

쉬어야 한다며 배불리 먹고 자리에 누워 꼼짝도 안 하면 이후의 체중 관리가 힘들어진다. 산후 6주 이후에 시작할 본격적인 다이어트를 위해 산욕기부터 가벼운 산책이나 체조 등으로 워밍업을 하면 좀 더 수월하게 체중 관리를 할 수 있다.

산후 6주부터 시작한다

하루빨리 살을 빼겠다는 욕심에 산후 1개월이 되기도 전에 다이어트를 시작하면 몸의 회복이 더딜 뿐 아니라 산후 트러블이 나타나기 쉽고 모유수유에도 방해가 된다. 모유수유를 하지 않으면 산후 6주부터 체중 관리를 시작하고 모유수유를 한다면 운동은 산후 5~6주부터, 음식량 조절은 아기가 이유기에 접어드는 산후 6개월 이후에 들어간다. 수유를 하면 많은 열량이 소모되는데, 이때 지나치게 음식을 적게 먹으면 아기의 영양 섭취에 문제가 생길 수 있기 때문이다.

다이어트 수첩을 작성한다

자신이 먹는 음식의 종류와 양, 칼로리 등을 꾸준히 적기만 해도 다이어트 효과를 볼 수 있다. 먹는 양과 음식 종류를 스스로 조절하는 데 도움이 되기 때문이다. 이렇게 하면 단시간에 체중을 감량할 수는 없지만, 장기적으로 체중 조절에 성공할 가능성이 높다. 맨 뒷장에는 체중 변화표를 만들어 다이어트 진행 정도를 체크한다. 과식의 원인을 알아내고 과식을 피하는 방법을 찾는다. 식사 일지를 꾸준히 쓰면서 먹는 양을 조절하면 1~2kg의 체중 감량 효과를 볼 수 있다.

꼭 지켜야 할 규칙을 정한다

다이어트를 위해 꼭 지켜야 할 수칙을 몇 가지 정한 다음 메모지에 적어 눈에 잘 띄는 곳에 붙여둔다. 너무 많은 규칙은 부담을 주어 오히려 더욱 지키지 않으므로 항목은 5가지를 넘기지 않는다. 규칙은 다이어트 목표, 기간, 운동, 식생활과 관련한 것으로 정한다.

일주일에 0.5kg씩 서서히 뺀다

목표 체중은 신장에 비례한 표준 체중(⟨키(cm)−100⟩×0.9)으로 삼는다. 무엇보다 도달 가능한 체중을 목표로 삼는 것이 중요하다. 목표를 무리하게 잡으면 건강을 해칠 수 있고, 중도에 포기하기 쉽다. 일주일에 감량해야 하는 체중도 0.5~1kg 정도로 잡아 차근차근 살을 빼는 것이 건강을 유지하는 비결.

식이요법에 치중하지 않는다

출산 후 산모의 몸은 근육이 많이 약해진 상태. 건강을 회복하려면 미네랄을 충분히 보충해야 하는데, 이때 무리하게 식사

조절을 하면 지방이 아니라 근육이 빠지게 된다. 근육이 줄어들면 산후 회복이 안 되는 것은 물론, 각종 산후 트러블이 나타날 가능성이 높다. 산후 비만을 예방, 치료하기 위해서는 식이요법과 운동요법을 적절하게 병행하는 것이 효과적이다.

식사량을 줄이기보다 칼로리를 제한한다

식사량을 갑자기 줄이면 허전한 기분이 들고 이 때문에 스트레스를 받는다. 그 결과 위산 분비가 활발해져 위장 장애나 위궤양을 일으킬 수 있다. 포만감을 주면서 칼로리가 적은 식단을 찾는다. 밥이나 빵 등 탄수화물을 적게 먹고, 미역이나 다시마, 버섯, 채소 등 섬유질이 많은 음식의 섭취량을 늘리는 것이 좋다.

밥은 천천히 꼭꼭 씹어 먹는다

밥을 빨리 먹으면 포만감을 느끼기도 전에 적정량을 다 먹게 되고, 배가 부르다고 느낄 때까지 먹다가 결국 과식하게 된다. 천천히 꼭꼭 씹어 먹으면 식사 도중 포만감이 느껴져 소식하게 된다.

출출할 땐 채소 간식을 먹는다

과자나 빵, 초콜릿 등 고열량·고지방 간식은 철저히 피하는 것이 좋다. 다이어트를 위해 식사량을 줄이면 허전한 배를 간식으로 채우게 되는데, 이것이 다이어트에 실패하는 가장 큰 원인이다. 특히 기름지고 단 음식은 젖의 분비를 방해하므로 수유 기간에는 되도록 피한다. 식욕을 참을 수 없다면 식이 섬유가 많이 함유된 오이, 양상추 등 채소로 간식을 준비한다. 저녁 7시 이후에는 간식은 물론 물 이외에 어떤 음식도 먹지 않는다.

모유수유를 3개월 이상 한다

임신 중에 몸에 저장된 체지방, 특히 복부 체지방은 모유수유를 하면서 대부분 빠져나간다. 모유수유로 소모되는 열량은 하루 500kcal 내외로, 빠르게 걷기 운동

을 40~50분간 한 효과와 맞먹는다. 단, 다이어트 효과를 보려면 모유수유를 3개월 이상 해야 한다.

⚠ 운동을 하면 젖산이 분비되므로 운동 후 일정 시간이 지난 다음 젖을 먹이라는 속설이 있는데, 의학적 근거는 없다.

매일 체중을 재고 기록한다

하루 과식한 정도라면 다음 날 식사를 잘 조절하기만 해도 체중이 늘지는 않는다. 하지만 계속 과식하거나 방심하면 곧바로 비만으로 이어지므로 매일 체중을 체크하고 관리해야 한다.

규칙적 생활을 한다

낮잠을 지나치게 많이 자거나, 잠자기 직전에 식사를 하는 것은 삼간다. 살을 빼겠다고 낮 동안 식사를 하지 않으면 밤에 배가 고파 과식하기 쉽다. 식사 시간이 불규칙한 것도 살이 찌는 원인이 된다. 음식량을 조절하기 어렵기 때문. 식사 시간과 수면 시간을 규칙적으로 하고, 식사 후 일정 시간이 지나야 지방이 분해되므로 식사 간격은 3~5시간으로 정하고 실천한다.

걷기 운동은 살 빼는 지름길이다

다이어트에는 유산소운동인 걷기, 조깅, 수영 등이 좋다. 따로 시간을 내어 운동을 하기 힘들다면 걷는 것을 생활화한다. 등을 꼿꼿이 세우고 어깨를 펴며 배를 긴장시킨 상태에서 땀이 날 정도의 빠른 걸음으로 하루 20~30분 꾸준히 걷는다.

집에서도 타이트한 옷을 입는다

헐렁한 티셔츠나 트레이닝 바지를 즐겨 입으면 살이 찌기 쉽다. 출산 후 4~5개월이 지나도 살이 빠지지 않는다면 집 안에서도 몸에 붙는 옷을 입고 생활한다. 옷이 몸을 조이면 군살과 불어난 체중을 의식해 체중 조절에 신경을 쓰게 된다.

스트레스는 바로바로 푼다

스트레스가 쌓이면 단것을 찾는다. 약간의 당분은 기분을 좋게 해주지만, 많이 먹으면 체중은 늘게 마련이다. 따라서 스트레스가 쌓이면 원인을 찾아 바로바로 풀도록 한다. 욕조에 몸을 담그고 휴식을 취하면 기분도 상쾌해지고, 순간순간 일어나는 식욕을 절제하는 데 도움이 된다.

체중을 줄이는 식습관

육류 대신 흰 살 생선을 먹는다

다이어트를 하는 동안에는 칼로리가 낮고 단백질이 풍부한 식품을 섭취해야 한다. 육류는 생선에 비해 지방량이 많아 칼로리가 높은 편. 따라서 육류보다는 생선을 많이 먹는 것이 좋다. 같은 생선이라도 등 푸른 생선보다 흰 살 생선이 지방이 적다. 콜레스테롤도 없고 칼로리도 낮은 흰 살 생선으로는 조기, 연어, 대구, 민어, 가

자미 등이 있다. 육류를 먹고 싶을 때는 돼지고기에 비해 칼로리가 낮고 영양은 풍부한 닭고기를 먹는다. 단, 껍질에 지방질이 몰려 있으므로 껍질을 벗겨내고 살코기만 먹는 것이 좋다.

간식으로는 메밀묵과 딸기가 좋다

과일은 살이 안 찐다고 알고 있는 경우가 많은데 이는 명백한 오해다. 과일의 단맛을 내는 성분은 모두 탄수화물. 많이 먹으면 당연히 비만으로 이어진다. 과일을 실컷 먹고 싶다면 GI지수가 낮은 것으로 선택한다. 혈당지수, 즉 탄수화물이 우리 몸속에서 당으로 변해 혈당을 높이는 정도를 수치화한 GI가 낮을수록 먹은 것이 지방으로 축적되는 양도 적다. 과일 중에는 딸기, 오렌지, 감이 GI지수가 낮다. 토마토와 오이도 포만감을 주면서 GI지수는 낮아 간식으로 적당하다. 곡류로 공복감을 달래고 싶을 때는 메밀묵을 활용한다. 칼로리 자체가 낮아 살찔 위험이 적다. 해조류가 주원료인 곤약은 0kcal에 섬유질도 풍부해 변비 해소에도 좋다.

하루 1.5L 이상의 물을 마신다

식사량을 줄이다 보면 변비가 생기게 마련이다. 하루에 물을 1.5~2L 정도 마신다. 수분을 충분히 섭취하면 식사량을 줄여도 변비가 생기지 않는다.

물은 끼니 사이에 마신다

부기가 있으면 체중 감량에 속도가 붙지 않는다. 가벼운 체조와 쉬운 식이요법으로 부기를 빼 체중 감량을 촉진한다. 가장 좋은 식이요법은 물을 많이 마시는 것. 틈틈이 부기를 빼주는 차를 마시는 것도 좋다. 옥수수수염차는 신장에 무리를 주지 않으면서 이뇨 작용을 돕기 때문에 산후 부기 빼는 데 도움이 될 뿐 아니라 안전하다.

⚠ 옥수수수염 한 줌(200mg)에 700ml의 물을 붓고 3분의 1로 줄어들 때까지 끓여 하루 1잔씩 마신다. 끼니 사이에 물이나 차를 마시는 습관을 들이면, 간식을 덜 먹게 되고 신진대사가 빨라져 지방 분해가 잘 된다.

처진 가슴 관리하기

젖을 떼자마자 힘없이 늘어지는 가슴과 마주하고 싶지 않다면 시선을 고정하자.
성형 수술을 하지 않고 '셰이프 업' 하는 법.

> ❗ 특히 산욕기에는 답답하더라도 브래지어를 꼭 착용하는 것이 가슴 처짐을 예방하는 데 효과적이다. 젖 뗄 때는 약을 너무 많이 먹으면 가슴이 납작해지므로 반드시 의사의 처방을 받아 복용한다.

망가진 가슴 끌어 올리는 7가지 비법

올바른 브래지어를 착용해 가슴 모양을 바로잡는다

출산 후 1개월 동안은 가슴 모양이 틀어지기 가장 쉬운 시기이다. 갑자기 모유량이 늘면서 가슴 크기가 3배가량 커지고, 수유하면서 가슴이 커졌다 줄어들었다를 반복하기 때문에 튼살이 생길 위험도 있다. 이때 몸에 맞지 않는 브래지어를 착용하면 가슴은 더 빨리, 더 심하게 망가지는데, 특히 탄력을 잃고 아래로 처지기 쉽다. 예쁜 가슴을 되찾는 첫 번째 비법은 브래지어를 올바로 착용하는 것이다. 불어난 가슴 사이즈에 맞는 수유 브라를 찾되, 끈의 폭이 2cm로 넓고 컵과 끈이 수직으로 연결된 제품을 고른다. 옆부분에 세로로 와이어가 들어간 제품도 가슴을 효과적으로 모아준다. 호크 부분이 3~4단은 되어야 가슴을 올려줄 수 있다.

가슴이 좋아하는 운동을 한다

처진 가슴을 올리려면 가슴이 붙어 있는 대흉근을 발달시켜야 한다. 그러면 가슴이 더 이상 처지지 않고 탄력 있게 올라붙는다. 대흉근 발달에 좋은 운동으로는 수영과 자전거 타기가 대표적이다. 적어도 일주일에 3회 이상, 1회에 30분 정도 자전거를 타거나 수영을 해야 한다. 조깅과 같은 운동은 중력의 영향으로 가슴이 아래로 처지므로 탄력 있는 가슴을 원한다면 삼가는 것이 좋다.

사우나는 가슴을 망치는 지름길이다

사우나에서 장시간 땀을 빼면 피부가 탄력을 잃고, 늘어진 가슴은 더욱 처지게 된다. 37℃ 이상의 뜨거운 물로 샤워하는 것 역시 가슴의 지방조직을 늘어뜨리는 요인이다. 사우나와 찜질방을 피하고, 샤워를 할 때는 미지근한 물로 씻되 마지막에는 찬물로 가슴 부위를 마사지한다. 샤워기 를 이용해 가슴 아래에서 위쪽으로 물을 뿜으면 가슴 탄력이 증진되는 데 도움이 된다. 단, 출산 직후에는 몸에 무리가 갈 수 있으니 산욕기가 지나 시작한다.

가슴 업 스트레칭

1 손바닥 맞대고 힘주기
양 손바닥을 가슴 앞에서 마주 댄 후 서로 힘주어 10초간 밀어주고 서서히 푼다. 10회 반복한다.

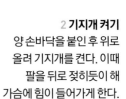

2 기지개 켜기
양 손바닥을 붙인 후 위로 올려 기지개를 켠다. 이때 팔을 뒤로 젖히듯이 해 가슴에 힘이 들어가게 한다.

3 두 팔 모아 올리기
두 팔을 팔꿈치까지 마주 대고 팔꿈치가 어깨와 수평이 되도록 한다. 올렸다 내렸다 10회 반복한다.

고단백 식품 섭취로 가슴 조직을 균형 있게 만든다

가슴에는 유선이 있고, 유선에는 많은 지방조직이 쌓여 있다. 이 지방조직의 크기에 따라 가슴 크기와 유선이 나타나는 모양이 달라진다. 지방조직이 너무 많으면 가슴이 커지면서 늘어지고, 반대로 너무 없으면 아래로 처지면서 작아진다. 따라서 지방조직을 적당한 크기로 만들어주는 음식을 섭취해야 예쁜 가슴이 된다. 단백질은 여성호르몬을 촉진해 탄력 있는 가슴을 만들어주고 비타민 B₁, B₂는 근육이 늘어지는 것을 방지한다. 비타민 E는 여성호르몬을 원활하게 한다. 매 끼니 단백질과 비타민 $B_1 \cdot B_2 \cdot E$가 풍부한 음식을 먹는다.

> 식물성 에스트로겐이라고 불리는 이소플라본을 함유한 콩, 에스트로겐과 비타민 C를 듬뿍 함유한 석류가 가슴의 볼륨감과 탄력을 되찾아주는 대표 식품이다. 그 밖에 닭가슴살, 게, 굴, 참깨, 현미, 견과류도 가슴 탄력을 높이는 데 도움이 된다.

바른 자세가 예쁜 가슴 라인을 만든다

수유할 때 보통 가슴을 구부리는 새우 등 자세를 취하는데, 이는 유방을 지탱하는 대흉근의 긴장을 느슨하게 만들어 가슴이 더욱 아래로 처지게 한다. 앉을 때는 등과 엉덩이가 직각이 되도록 자세를 잡고, 흉곽을 벌려 가슴을 쫙 펴주어야 한다. 걸을 때는 상체를 약간 뒤로 젖히고 엉덩이를 내미는 자세를 유지한다. 상체를 숙이고 걸으면 가슴의 중심이 내려간다. 아기를 안을 때는 아기 엉덩이가 가슴에 걸치지 않도록 아래에서 위로 받치듯이 안는다. 이때 아기와 가슴 사이를 약간 떨어뜨리는 것이 좋다.

가슴 전문 제품을 사용한다

스트레칭과 셀프 마사지만으로는 효과가 충분하지 않다면 가슴 마사지기를 활용해보자. 마사지 동작에 진동을 더해 가슴 근육의 탄력을 효과적으로 높여주고, 양 가슴을 모아준다. 매일 2~3회, 1회 10~15분 정도 1개월간 꾸준히 하면 효과를 볼 수 있다. 또 예쁜 가슴 라인을 만들고 싶다면 마사지 크림으로 마사지한다. 리프팅 기능이 있는 가슴 전용 크림은 가슴의 탄력을 높이고 가슴 피부를 촉촉이 가꾸는 데도 도움이 되므로 꾸준히 사용한다. 모유수유 중이라면 유두와 유륜에는 바르지 않도록 하고, 만약을 대비해 FDA 승인을 받은 제품인지 확인한다.

Q 아기 낳고 가슴이 처지는 이유가 뭘까?

A 가슴을 구성하는 것은 유선과 지방조직이다. 임신을 하면 모유를 만들기 위해 여성호르몬이 분비되면서 유선 조직이 비대해져 가슴이 커진다. 그러다 출산을 하거나 모유수유가 끝나면 가슴이 원래 상태로 작아진다. 그런데 가슴을 감싸고 있는 피부는 매우 섬세해서 한번 부풀어 오르면 그 상태로 늘어난다. 때문에 가슴 크기는 원래대로 돌아가더라도 모양은 오므라들고 탄력 없이 처지는 것이다.

하루 한 번, 가슴 체조를 한다

체조를 통해 대흉근을 단련시키면 늘어진 가슴이 올라간다. 무릎을 꿇고 앉아 두 팔을 어깨너비보다 조금 넓게 벌리고 손바닥을 펴서 바닥에 대고 손끝이 안쪽을 향한 상태에서 팔굽혀펴기를 한다. 이때 무릎은 벌어지지 않게 모으고 등은 평평하게 유지한다. 10회씩 3세트 반복한다. 두 손을 깍지 껴서 두 팔을 머리 위로 들어 올리는 운동도 효과적이다. 단, 6개월 이상 지속해야 효과가 있다.

매일매일 실천하는 셀프 가슴 마사지

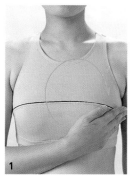 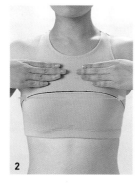   

1 손바닥으로 가슴을 자극한다
오른쪽 손바닥으로 왼쪽 가슴을 천천히 마사지한다. 반대쪽도 같은 방법으로 한다. 10회씩 실시.

2 가슴 근육을 밀어낸다
두 손을 가슴 위에 올리고 엄지손가락을 제외한 4개의 손가락으로 안쪽에서 바깥쪽을 향해 밀어낸다. 10회 실시.

3 늑골 아래를 눌러 자극한다
손가락을 가지런히 모으고 늑골 아래부터 가슴 아래까지 손끝에 힘을 모아 꾹꾹 누른다. 10회 실시.

4 어깨를 풀어준다
오른손으로 왼쪽 어깨를 쥐고 가슴 골을 향해 사선으로 마사지한다. 반대쪽도 한다. 10회씩 실시한다.

5 가슴을 부드럽게 자극한다
손가락을 가지런히 모아 옆가슴에 대고 바깥쪽에서 안쪽으로 힘을 주어 천천히 마사지한다. 10회 실시.

탈모 예방하기

출산 후 머리카락이 푸석푸석하고 한 움큼씩 빠지기 일쑤이다. 산후 탈모는 대개 6개월 후면 좋아지지만
신경 써서 관리하면 심하게 빠지는 것을 막을 수 있다. 매일 실천하는 탈모 예방 7단계.

1단계 · 브러시로 머리를 두드린다

마른 상태일 때 쿠션 브러시로 두피 전체를 톡톡
두드린다. 두피에 쌓인 노폐물을 없애주고
비듬을 방지하며 혈액순환을 활발하게 한다.

 젖은 상태에서 빗으면 머리카락을
감싸고 있는 큐티클층이 손상된다.

2단계 · 손가락으로 머리를 누른다

지압하듯이 관자놀이와 정수리 부위, 목뒤 등
머리 전체를 골고루 누르고, 손가락을 부채
모양으로 쫙 펴서 머리 전체를 빗어 내린다.
평소에 꾸준히 하면 머리에 쌓인 피로가 풀려
탈모 현상이 줄어든다.

3단계 · 순한 샴푸를 사용한다

세정력이 지나치게 강한 샴푸는 두피에 자극을
줄 수 있다. 일주일에 3~4회 천연 계면활성제를
사용한 순한 샴푸나 탈모 예방 샴푸를 사용해
두피까지 꼼꼼히 씻어낸다.

4단계 · 손끝으로 마사지한다

모발을 미지근한 물에 적신 뒤 샴푸를 풀어
손바닥에서 충분히 거품을 낸다. 모발에 샴푸
거품을 묻힌 후 손가락으로 원을 그리듯 두피를
마사지한다.

5단계 · 린스는 모발 끝에 바른다

두피에 남은 린스는 탈모의 원인이 된다.
미끈거리는 거품이 남지 않도록 최대한 깨끗이
헹궈낸다. 린스를 물에 타서 모발만 헹구는
것도 방법이다.

6단계 · 트리트먼트를 사용한다

샴푸 후 모발의 물기를 제거하고 손상된 모발을
중심으로 두피와 머리카락에 골고루 바른다.
단, 지성 피부는 비듬의 원인이 될 수 있으므로
두피에 닿지 않게 주의한다.

7단계 · 스팀타월을 두른다

머리에 랩을 씌우고 그 위에 스팀타월을 두른 뒤
5분 정도 그대로 둔다. 두피에 따라 영양분과
수분 공급 효과를 볼 수 있다. 일주일에 1회
정도가 적당하다.

건강한 두피를 위한 머리 마사지

- 양 손가락 끝으로 지압하듯 좌우 관자놀이를 꾹꾹 누른 다음 원을 그리듯 부드럽게 마사지한다.
- 손가락 끝으로 두피 전체를 골고루 누른다. 두피에 상처가 나지 않도록 주의한다.
- 손가락 끝으로 옆머리 부분을 가볍게 누르고 톡톡 두드리듯 두피를 자극한다.
- 정수리 부위를 손가락으로 꾹꾹 누른다.
- 뒤 중심부를 누른 다음, 머리 아래에서 위로 올라오면서 원을 그리듯 누른다.

출산 후 하고 싶은 일

임신 기간 동안 하고 싶던 파마나 염색, 매니큐어 바르기 등은 출산 후 언제쯤 시작해야 몸에 무리가 가지 않을까?
할까 말까 망설여지는 일들의 적정 시기.

언제부터 할 수 있을까?

사우나 · 출산 6주 후

사우나나 욕조에 들어가는 것은 오로가 완전히 끝나는 출산 6주 후부터 할 수 있다. 그 이전에는 오로가 계속 배출되는 데다 회음부 절개와 제왕절개로 인한 상처 부위가 감염될 수 있기 때문이다.

ⓘ 대중목욕탕의 공동 욕조는 여러 사람이 사용하기 때문에 감염의 위험이 높다. 출산한 지 3개월이 지나 이용해야 안전하다.

메이크업 · 출산 6주 후

출산 직후에 해도 큰 무리는 없다. 하지만 얼굴에 부기가 있는 데다 분비물이 많이 배출되는 때이므로 화장을 해도 들뜨거나 뾰루지 등의 트러블이 생기기 쉽다.

마스크 팩 · 출산 1주 후

출산 직후에는 피부 역시 많이 지쳐 있으므로 몸이 회복되는 1주 후부터 일주일에 1~2회 피부에 영양을 공급한다. 바르고 자도 되는 수면 팩과 붙이고 떼어내기 수월한 시트 마스크가 간편하다.

매니큐어 · 출산 4주 후

많은 산모가 분만 시 출혈과 임신성 빈혈 등으로 빈혈 증세가 나타난다. 손톱 끝이 갈라지거나 윤기가 없어지는 등 손톱의 건강 상태도 좋지 않다. 따라서 이르면 출산 후 4주부터 바르고, 빈혈이 심한 산모의 경우 3개월 후부터 바르는 것이 안전하다.

헬스와 에어로빅 · 출산 6주 후

산후 6주부터 꾸준히 운동하면 늘어진 복부의 탄력을 회복하는 데 도움이 된다.

6주 이전에 하면 임신으로 이완된 관절에 무리를 줄 수 있으므로 산욕기가 끝나면 시작한다. 일주일에 3~4회, 1회 30~40분 정도가 적당하다.

운전 · 출산 6주 후

회음부 상처가 완전히 아물지 않은 상태에서 오랜 시간 앉아서 운전하는 것은 피한다. 갑자기 찾아온 통증이 사고를 유발할 수 있다. 또 산욕기 동안에는 쉽게 피로해지고 응급 상황에 대처하는 능력이 떨어지므로 장시간 운전은 하지 않는다.

수영 · 출산 4주 후

오로가 끝나면 시작할 수 있다. 수영은 임신으로 흐트러진 몸매를 잡아주고 요통을 방지하며, 약해진 관절에 무리가 가지 않아 산후 회복에 가장 효과적 운동이다. 산욕기 동안 일주일에 3~4일, 하루 40분 정도 하는 것이 적당하다.

조깅 · 출산 6주 후

출산 후 4주부터는 하루 1회 15분씩 걷기 운동을 해도 무리가 없다. 조금씩 횟수와 시간을 늘려 6주 이후부터는 달리기를 시작한다. 가벼운 조깅은 회음부 상처가 아무는 대로 시작할 수 있다.

쇼핑 · 출산 4주 후

가벼운 외출이나 쇼핑은 기분 전환에 도움이 된다. 단, 출산 후 8주까지는 오래 걷거나 장시간 차를 타는 것은 무리이다. 집 가까운 곳으로 외출하는 정도가 좋다.

요가와 필라테스 · 출산 6주 후

산후 6주부터는 산욕기 체조보다 조금 강도가 높은 운동을 할 수 있다. 요가는 무리한 동작만 하지 않는다면 괜찮고, 특히 핫요가는 부기를 빼는 데 도움이 된다. 몸의 탄력을 되찾고 싶다면 필라테스에 도전한다. 필라테스는 연속 동작을 반복하는 운동으로 근육을 이완하면서 출산으로 늘어진 복부와 벌어진 골반을 제자리로 돌리는 데 효과적이다. 아직은 몸이 완전히 회복되지 않았으므로 가벼운 동작 중심으로 시작한다. 운동량은 일주일에 3~4회, 1회 30~40분 정도가 적당하다.

다이어트 · 출산 6주 후

건강하게 다이어트를 시작할 수 있는 시기는 산후 6주부터. 산욕기 체조 등 간단한 스트레칭으로 시작해 몸 상태를 살펴가면서 6개월까지 꾸준히 한다. 그래도 안 빠지는 살은 산후 6개월 이후 운동과 식이요법을 병행해 빼야 한다.

파마와 염색 · 출산 6개월 후

호르몬의 변화로 출산 후 6개월까지 대부분의 산모가 탈모 증상을 경험하는데, 이 시기에 파마나 염색을 하면 파마액과 염색액에 포함된 암모니아 성분이 두피를 자극해 탈모 증상이 심해지고 각종 트러블이 생기기 쉽다. 파마와 염색은 출산 6~12개월 이후에 시작한다.

출산 후 성생활

산후 6주, 아기 낳고 첫 잠자리를 시작하는 무렵 부부의 성생활에는 큰 변화가 일어난다.
제2의 성생활을 아름답게 시작하기 위해 알아야 할 섹스 정보.

산후 성관계에서 꼭 알아야 할 것

첫 관계는 출산 6주 후가 적당하다

출산 후 산모의 몸은 매우 민감한 상태로, 출산에 의해 질 점막도 얇아지고 약해져 있다. 또 회음 절개 부위에 상처가 남아 있어 무리한 성관계는 세균 감염이나 출혈을 일으키기 쉽다. 따라서 출산 후 성관계는 빠르면 4주, 보통은 6주 정도 지나 시작하는 것이 안전하다. 산후 첫 정기검진을 받는 4주째에 성관계가 가능하다는 진단을 받으면 시작하거나, 오로가 멈춘 뒤에 시작한다.

산모 몸에 무리가 가는 체위는 금물

몸이 어느 정도 회복되었다 해도 모든 체위를 시도할 수 있는 것은 아니다. 결합이 얕고 산모 몸에 무리를 주지 않는 정상위가 가장 좋다. 오랜만의 성관계에 대한 심리적 부담감으로 통증이 있을 수 있으므로 충분한 전희를 거친다. 삽입은 전희에서 자연스럽게 이어져야 통증이 적다. 질벽에 상처가 나는 것을 막기 위해서는 동작을 천천히, 부드럽게 한다. 아직은 감염되기 쉬운 상태이므로 성관계 전후 청결에 유의해야 하는 것은 물론이다.

첫 관계부터 피임을 한다

출산 후 첫 생리를 시작하기 전에는 자연 피임이 된다고 알고 있지만, 생리가 시작되기 전에도 난소의 기능이 회복되어 배란이 일어나기도 하므로 임신이 될 수 있다. 모유수유를 한다면 젖 분비 호르몬의 영향으로 배란이 출산 1년 후까지 없는 경우도 있지만, 언제 배란이 시작될지 모르며, 10~20%의 산모는 모유를 먹이는 동안에도 12주 내에 배란이 시작되므로 출산 후 첫 성관계부터 피임을 하는 것이 안전하다.

관계의 시작은 대화로 한다

산모는 몸의 변화로 출산 후 첫 성관계를 부담스러워할 수 있고, 임신과 출산을 거치면서 몸매가 변하고 질이 느슨해져 여자로서 자신감을 잃는 경우도 많다. 반면 남편은 임신 기간과 산욕기에 걸친 금욕 생활에서 빨리 벗어나고 싶은 마음이 크다. 이러한 상황에서 아무런 대화 없이 성관계를 시작한다면 자칫 일방적인 관계가 될 수 있다. 두 사람이 함께 오르가슴을 느끼기 위해선 자신의 흥분 상태를 상대에게 알려주는 것이 좋다. 간단한 몇 마디로 느낌을 솔직하게 표현한다.

원만한 산후 성생활을 위한 생활법

산후조리만 잘해도 성생활이 안정된다

몸의 회복이 더디면 심리적으로도 위축되어 자연히 성관계에 흥미가 떨어지고 기피하게 된다. 따라서 산후조리에 신경 써서 보다 빨리 건강을 회복하는 것이 성생활에도 도움 된다.

성욕이 없어도 스킨십은 계속한다

출산 후 체력이 약해지고 생활의 변화로 스트레스를 많이 받으면 성관계 횟수가 줄어들 수 있다. 모유수유를 하는 동안에는 일시적으로 성욕이 떨어지기도 한다. 그렇다고 해서 성관계 횟수만큼 부부간의 관계까지 소원해져서는 안 된다. 부부간의 사랑을 확인하는 데에는 성관계도 중요하지만, 서로의 존재를 재확인할 수 있는 스킨십이 더욱 중요하다. 텔레비전을 볼 때 팔짱을 끼거나, 아침 출근길 남편과 서로 애정을 확인한다. 성욕이 없더라도 스킨십을 계속하면 성생활을 정상적으로 회복하는 데 큰 도움이 된다.

피곤하다면 대화를 늘린다

미루고 피할수록 악화되는 것이 부부의 성관계이다. 피곤하다고 지레 포기하면 결혼 생활의 중요한 부분을 버리는 것과 같다. 성생활을 위해 따로 시간을 내기 어려울 때는 서로의 생각을 솔직하게 얘기할 수 있는 분위기라도 만들자. 변화한 새로운 환경에 어울리는 친밀감이 형성된다면 부부 관계도 새로워질 수 있다.

케겔 훈련으로 성감을 좋게 한다

분만 후에는 질 근육이 늘어나고 얇아지기 때문에 성감이 예전 같지 않은 경우가 있다. 1~2개월 동안 케겔 운동을 꾸준히 하면 여성의 성감을 높이는 데 탁월한 효과를 볼 수 있다. 케겔 운동은 질을 3초간 수축했다가 이완하는 것이 기본인데, 다리와 엉덩이 근육은 사용하지 않는다. 소변을 보다가도 질 근육에 힘을 주어 3초간 소변을 멈추었다가 다시 3초간 힘을 뺀다. 소변을 세 차례에 나누어 보는 것도 도움이 된다. 케겔 운동은 하루 50회로 시작해 서서히 횟수를 늘려나간다.

성감대를 파악해 전희에 신경 쓴다

출산 직후에는 질에서 애액이 제대로 분비되지 않는 데다 변화한 몸에 적응하지 못해 관계 시 긴장을 하게 된다. 이런 상태에서 성관계를 하면 질 벽에 상처가 날 수 있고, 관계 후 질 주변 근육도 뻐근하다. 실제로 많은 산모가 성교통을 경험한다. 통증이 심하다면 삽입 성교만 고집할 필요는 없다. 서로의 애무만으로도 성적 만족을 느낄 수 있다. 성감이 충분히 좋아지기 전까지는 남편에게 성급하게 삽입하지 말라고 요청하고, 입맞춤 등 심리적 부담이 적은 스킨십을 자주 하면서 서서히 신체 접촉을 늘려가면 도움이 된다. 성교통이 심하다면 로션이나 젤 타입의 윤활제를 사용하는 것도 방법. 처음에는 생소하고 쑥스러워 윤활제를 사용하길 꺼리지만, 성관계를 회복하는 데 큰 도움이 된다.

아기의 수면 타이밍을 체크한다

한밤중에 자다 깨서 우는 아기 때문에 집중할 수 없다는 경우도 많다. 아기를 너무 의식하면 성생활이 힘들어지는 것은 물론, 긴장 상태가 장시간 계속될 경우 성기의 혈관과 근육이 수축되고 발기 장애나 흥분 장애가 생길 수 있다. 아기의 수면 타이밍을 알면 성생활을 보다 자유롭게 즐길 수 있다. 아기를 유심히 관찰해 깊이 잠드는 시간을 알아두고 그 시간을 활용해보자. 가끔은 아기를 친정이나 시댁에 맡기고 부부만의 시간을 보내는 것도 좋은 방법이다.

스스로 당당해지도록 자기 관리를 시작한다

많은 산모가 출산 후에도 하루 종일 육아에 지쳐 자신을 꾸미지 못한다. 또 출산 후 불어난 체중과 변해버린 체형도 자신감을 떨어뜨리는 요인이 된다. 자신감을 회복하고 건강을 챙기기 위해 산후 6주 후부터는 다이어트를 시작하자. 집에만 있지 말고 자신을 꾸미고 짧은 외출이라도 해야 생활에 활력이 생길 수 있다. 자기 관리를 해 스스로 당당해지면 성생활도 당당하게 즐길 수 있다.

마음을 편안하게 갖는다

피임에 대한 걱정과 첫아기를 기르는 데 대한 부담감과 책임감, 지나친 피로감 등도 성생활을 방해하는 요소들이다. 임신 진행이 순조롭지 못했거나, 분만 시 고통이 심했을 때에도 정상적인 성생활을 시작하는 데 시간이 걸린다. 남편과 미리 대화를 나눠 알맞은 피임법을 정하고, 긴장을 풀 수 있는 시간을 갖는다.

산후우울증 극복하기

산모의 85%가 경험한다고 해서 정신과에서는 산후우울증을 '감기'라고도 부른다.
그러나 적절한 해소법을 찾지 않을 경우 1년 이상 지속될 수 있으므로 주의한다.

아기 낳고 우울해지는 이유

호르몬과 환경이 변화한다

여성호르몬은 임신 기간 동안 계속 증가하다가 출산 후 48시간 이내에 90~95%가 감소한다. 이러한 호르몬 변화가 뇌신경 전달 물질 체계를 교란시키면서 우울한 감정에 빠져들게 하는 것이다. 갑상샘 호르몬 감소도 영향을 미친다. 신진대사가 원활하지 않아 기분이 침체되는 것.

스트레스가 많고 잠도 부족하다

익숙하지 않은 육아에 대한 스트레스와 수면 부족이 계속되면 우울해지기 쉽다. 출산을 겪은 산모의 몸은 정상이 아닌 데다 2시간에 한 번씩 엄마 젖을 찾는 아기 때문에 숙면을 취할 수 없어 만사가 귀찮게 느껴진다. 젖이 잘 나오지 않아 받는 스트레스, 육아나 집안일이 생각한 대로 잘되지 않을 때의 짜증과 절망감 등이 산모를 우울하게 만든다.

모든 관심이 아기에게만 쏠린다

아기를 낳기 전에는 모든 사람의 관심이 임신부에게 있었는데, 아기를 낳고 나니 남편과 시부모님 모두 아기에게만 관심을 가지므로 소외감을 느낄 수 있다. 모든 이가 기뻐하고 축복해주는 상황에서 엄마가 우울한 기분을 드러내놓고 표현하기도 어렵다.

엄마 노릇을 제대로 못할까 두렵다

돌봐줘야 할 아기가 생겼다는 것, 엄마가 됐다는 사실에 적응하기가 쉽지 않다. 산후우울증은 성격이 꼼꼼하고 착실해 무엇이든 깔끔하게 하지 않으면 만족하지 못하는 완벽주의 여성이 걸리기 쉽다.

현실적 해소 방법이 없다

우울한 기분이 들어도 그것을 풀 수 있는 방법이 없다. 산후 회복이 되지 않아 몸이 불편한 데다 아기가 어려서 24시간 집 안에서 함께 있어야 한다는 게 부담스럽다.

산후우울증은 왜 위험한가?

전체 산모의 85%가 겪는다

산후우울증은 출산 후 2~4일 이내에 공연히 눈물이 나고, 기분 변화의 폭이 커지거나 사소한 일에도 예민해지는 증세이다. '베이비블루스'라고도 하는데, 불안과 공포에 시달리고 불면증 혹은 잠만 자고 싶은 증상이 2주 이상 지속된다. 사람에 따라 기억력이 쇠퇴하고 집중력이 저하되기도 하는데, 대부분 2주 이내에 사라진다. 증상이 출산 직후보다 4주 후에 더 심해지면 산후우울증이 본격화된 것이므로 치료법을 찾는다.

증세가 심하면 치료받아야 한다

산모의 10~20% 정도는 출산 후 4주 전후로 우울증이 더 심해져 짧게는 3개월, 길게는 1년 이상 심한 우울증을 경험한다. 이 경우 반드시 치료가 필요하다. 임신 전 월경기전증후군을 경험했거나 임신 중 우울증을 겪은 경우, 우울증 가족력이나 과거력이 있는 경우에 산후우울증이 나타나기 쉽다. 매우 드물게는 출산 후 며칠 후부터 2주 이내에 심리적 흥분을 느끼는 것으로 시작해 2주가 지나면 극도의 정서 불안, 분노, 수면 장애, 피해망상, 과대망상 등의 증상을 보이는 산후 정신병이 나타나기도 한다.

아기의 정서를 해칠 수 있다

엄마가 산후우울증을 겪을 경우 신생아도 스트레스를 나타내는 혈중 코르티솔 수치가 정상치보다 훨씬 높아진다. 따라서 성장 후에도 스트레스에 민감한 체질이 된다. 또 우울감이 지속되면 그 원인이 아기 때문이라는 생각에 스킨십에도 소홀해지고, 모자간의 애착 관계가 제대로 형성되지 못할 위험도 있다.

산후우울증 극복하는 9단계 생활법

1단계 · 자신을 냉정하게 관찰한다

하루 중 우울한 시간이 몇 시간 정도이고, 언제부터 우울했는지 생각해본다. 거의 하루 종일 우울하고, 그런 날이 일주일 이상 지속된다면 혼자 극복하기 어려운 단계라고 할 수 있다. 더 이상 미루지 말고 다른 사람에게 자신의 상태를 말해서 해결법을 찾는다.

2단계 · 가까운 사람에게 자신이 우울하다고 솔직하게 말한다

자신의 기분을 다른 사람에게 솔직하게 털어놓는 것이 우울증 극복의 첫 단계이다. 자신을 이해할 만한 사람에게 지금 느끼는 기분을 솔직하게 털어놓는다.

3단계 · 초콜릿이나 사탕 등 단맛이 나는 간식을 조금씩 먹는다

단맛이 나는 음식을 먹으면 뇌하수체에서 엔도르핀이 생성되어 기분이 좋아진다. 간식을 준비해두었다가 기분이 가라앉을 때마다 조금씩 챙겨 먹는다.

4단계 · 모든 사람에게 착한 사람이 되기는 당분간 포기한다

시부모님이 아기 낳고 우울해하는 며느리를 못마땅한 눈으로 쳐다본다면 더욱 우울해진다. 이럴 때는 남편에게 솔직한 기분을 말하고, 기분이 나아질 때까지 마주치지 않게 해달라고 부탁한다.

5단계 · 아기를 생각한다면 잠시 다른 곳에 맡기는 것도 좋다

하루 종일 갓난아기를 돌보면서 우울한 마음을 추스르기는 어렵다. 아기를 위해서라도 친정 부모나 시부모에게 아기를 돌봐달라고 부탁한다.

6단계 · 하루쯤 집을 벗어나 기분 전환을 한다

아기를 맡기고 혼자 외출하는 것만으로도 기분이 한결 가벼워진다. 친구를 만나 수다를 떨거나 영화를 보고 쇼핑을 하는 등 우울한 생각을 잊을 수 있는 것은 뭐든지 한다.

7단계 · 아기는 금방 큰다고 생각하며 마음의 여유를 갖는다

생후 3개월이 지나 목을 가누기 시작하고, 밤에 깨지 않으면 돌보기가 지금처럼 힘들지 않다. '금방'이라고 생각하며 힘을 내보자.

8단계 · 정신과 상담을 받는다

앞선 여러 가지 노력이 소용없었다면 심리 상담을 받아본다. 대부분의 정신과에서 산후우울증 상담을 받을 수 있지만, 여성 우울증 전문병원을 찾으면 더 좋다. 비용은 상담 시간에 따라 다른데, 2만~3만원 선부터 시작한다.

9단계 · 자신과 아기를 위해 치료를 받는 것이 좋다

증상이 심하다면 아기를 다른 사람에게 맡기고 치료를 받는다. 죄책감을 느낄 수 있지만 우울증 치료는 엄마 자신뿐 아니라 아기를 위해서도 꼭 필요하다. 정신과 치료도 건강보험 적용을 받을 수 있다.

✔ CHECK
산후우울증 자가 테스트

- ☐ 눈물이 많아진다.
- ☐ 만사가 귀찮고 늘 무기력하다.
- ☐ 우울한 기분이 계속된다.
- ☐ 신경과민 상태가 지속된다.
- ☐ 자신과 아기의 건강에 대한 두려움이 앞선다.
- ☐ 집중하지 못하고 산만하다.
- ☐ 간혹 죽고 싶은 마음이 든다.
- ☐ 시간 개념이 불명확해진다.
- ☐ 갑자기 기분이 몹시 나빠진다.
- ☐ 장래에 대한 비관에 빠져 있다.
- ☐ 성적인 관심이 없어진다.
- ☐ 잠이 오지 않아 밤을 꼬박 새우는 경우가 잦다.
- ☐ 아기에게 전혀 관심이 없거나 갑자기 아기가 미워진다.
- ☐ 만나는 사람마다 나를 무시한다는 기분이 든다.
- ☐ 과거를 후회한다.
- ☐ 평소 좋아하는 음식인데도 입맛이 당기지 않는다.
- ☐ 남편이 하는 일에 사사건건 참견하거나 시비를 건다.
- ☐ 갑자기 기분이 너무 좋아져서 감정을 주체할 수 없다.
- ☐ 가끔 숨쉬기가 곤란하다.
- ☐ 자주 변덕을 부린다.

● 2~4개 우울해져도 몇 시간 만에 감정을 추스를 수 있는 상태. 이 정도 증상은 대부분의 산모가 경험하므로 걱정할 필요는 없다.
● 5~10개 경미한 우울감을 느끼는 상태. 음악을 듣거나 책을 읽는 등 자신만의 시간을 갖고 적극적으로 기분 전환을 시도한다.
● 11~16개 비관적 심리 상태. 주위 사람에게 증상을 털어놓고 남편과 지내는 시간을 늘린다.
● 17~20개 산후우울증 위험이 있는 상태. 몸과 마음이 더 지치기 전에 병원 치료를 받는다.

육아

아기의 성장을 응원해주세요

신생아 키우기

갓 태어난 아기의 몸과 발달 특징, 돌보기 포인트를 집중 분석합니다.
엄마를 당황하게 만드는 신생아 대표 트러블, 황달이나 눈곱·사시 증상 등에 대한
불안감을 떨칠 수 있을 거예요. 매일 해야 하지만 초보 엄마에게는 어렵기만 한
신생아 돌보기의 기본 과정은 동영상 형식으로 정리했습니다.

아기의 생애 첫 24시간

엄마가 분만을 마치고 휴식을 취하는 동안 엄마와 떨어져 있는 아기는 무엇을 하며 시간을 보낼까?
아기가 태어나 제일 먼저 겪는 하루 동안의 병원 생활 총정리.

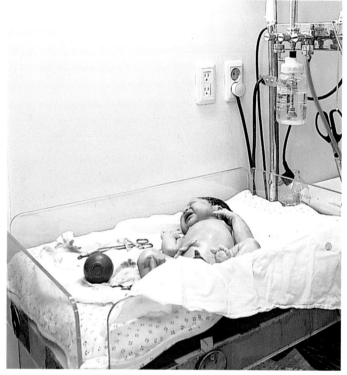

출생 당일 분만실

아기가 엄마 배 속에서 나오자마자 의사와 간호사의 손놀림이 분주
해진다. 탯줄을 자른 다음, 머리부터 발끝까지 검사해서 보호자의 품
에 안겨주기까지 걸리는 시간은 고작 10여 분 정도이다.

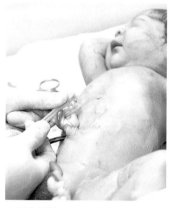

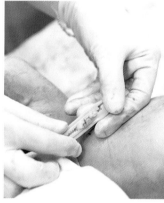

1 복사온열기에 옮기기
아기가 태어나면 의사는 탯줄을 자르고, 간호사는 태어난 시간을 확인한다.
아직 실온에 스스로 적응할 수 없으며, 체온이 급격히 떨어지면 위험하므로
속싸개로 감싸서 복사온열기로 옮겨 체온을 높여준다.

2 탯줄 정리
탯줄은 지혈이 되도록 묶은 뒤 배꼽
집게로 집은 상태에서 집게 위쪽의
탯줄을 3cm 정도만 남기고 자른다.

3 혈관 확인
배꼽 집게 사이로 보이는 탯줄 혈관을
통해 제대 동맥 2개, 제대 정맥 1개가
있는지 확인한다.

4 성기 확인
남자아기의 경우 고환이 양쪽으로
내려와 있어야 한다. 음낭을 만져
고환이 자리 잡았는지 확인한다.

5 대천문·소천문 검사
정수리 숨구멍이 뚫려 있는지
확인한다. 대천문은 다이아몬드형,
소천문은 삼각형이 정상이다.

6 머리 검사
머리 크기는 정상인지, 귀 모양은
찌그러지지 않았는지, 두 눈의 상태는
괜찮은지 등을 확인한다.

7 손가락·발가락 확인
손가락·발가락의 수가 5개인지, 혹시
등이 휘거나 굽은 기형은 아닌지
살펴본다.

8 파악반사 검사

손바닥에 손을 갖다 대면 주먹을
쥐는지, 발바닥을 만지면 움츠리는지
등을 체크한다.

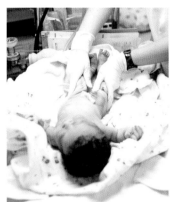

9 다리 길이 확인

다리를 쭉 뻗게 해 양쪽 다리 길이가
같은지 확인한다. 탈구 증상이 있는지,
엉덩이 주름이 대칭인지도 살펴본다.

10 어깨뼈 · 척추뼈 확인

어깨뼈가 바르게 자리 잡았는지, 몸을
좌우로 돌려 척추뼈가 돌출되거나
척수액이 나오지 않는지 확인한다.

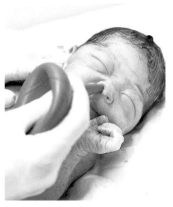

11 이물질 제거

흡입기를 이용해 기도와 콧속이
막히지 않도록 양수 등의 분비물을
제거한다.

12 체중 재기

신생아의 체중은 평균 3.0~3.7kg으로
3회 이상 측정해 오차의 범위를
최소화한다.

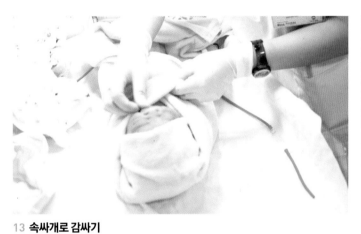

13 속싸개로 감싸기

간단한 검사가 끝나면 아기의 체온이 떨어지지 않도록 속싸개로 감싼다.
분만이라는 힘겨운 과정을 거치자마자 온갖 검사를 받느라 피곤한 아기에게
잠깐 동안의 휴식을 주는 시간이다.

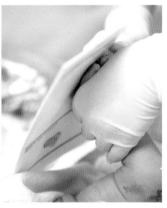

14 발도장 찍기

아기 발에 스탬프 액을 묻혀 발도장을
찍는다. 엄마의 오른손 엄지손가락
지장도 함께 찍어 남긴다.

15 구개 파열 검사

입안에 구멍이 뚫린 구개 파열이 있는
경우가 있으므로 입안이 정상인지,
손가락을 넣어 확인한다.

16 차트 정리

아기가 태어난 시간과 성별, 엄마의
이름과 체중, 분만의 진행 과정, 아기
상태 등을 차트에 기입한다.

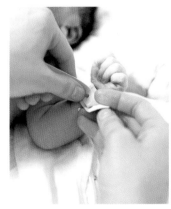

17 팔찌 · 발찌 채우기

태어난 날짜와 엄마의 이름, 성별,
분만 형태가 적힌 신분 증명용 팔찌와
발찌를 채운다.

18 신생아실로 인계하기

보호자에게 분만 과정을 알리고,
분만실 카드와 출생 기록지가 같은지
확인한 뒤 신생아실로 이동한다.

출생 당일 신생아실

분만실에서의 처치가 끝나자마자 아기는 신생아실로 이동한다. 신생아실에서는 대천문·소천문 검사, 구개 파열 검사 등 기초 검사를 다시 한다. 키와 몸무게, 가슴둘레 등을 재는 신체 측정까지 마치면 아기는 태어나 첫 수유를 하게 된다.

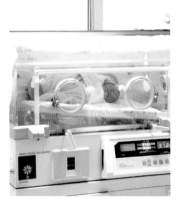

1 워밍하기
신생아실에 오자마자 인큐베이터 안으로 옮겨 이동 중 떨어진 아기의 체온을 회복시킨다.

2 항문 체온 측정
아기의 상태가 괜찮아지면 항문에 체온계를 넣어 체온을 잰다.

3 이물질 제거
분만실에서 완전히 제거하지 못한 이물질을 제거하고, 흡입기로 위액을 채취해 감염 여부를 체크한다.

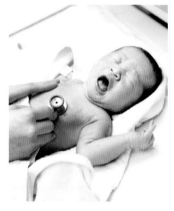

4 맥박 수 측정
청진기를 1분 동안 아기 심장에 대고 호흡이 제대로 이루어지고 있는지 확인하기 위해 맥박 수를 측정한다.

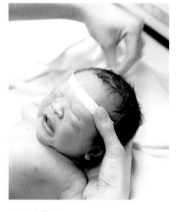

5 신체 측정
머리부터 시작해서 가슴둘레, 키, 체중 등 아기의 기본 신체 사이즈를 측정한다.

6 기초 검사
대천문·소천문 검사, 구개 파열 검사, 항문 검사 등 분만실에서 진행한 기초 검사를 한 번 더 한다.

7 진료 카드 작성
몸무게, 머리둘레 등 신체 측정 결과와 여러 가지 기초 검사 결과를 진료 카드에 꼼꼼히 기입한다.

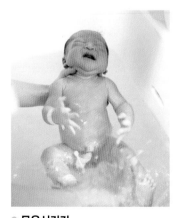

8 목욕시키기
38~40℃의 물을 머리부터 묻히면서 피부에 묻은 피와 이물질 등을 제거하며 몸 전체를 닦아준다.

9 눈 소독
엄마에게 받은 임균에 의해 눈에 염증이 생기지 않도록 거즈로 닦은 후, 결막염을 예방하는 안약을 넣는다.

10 탯줄 소독
염증이 생기지 않도록 탯줄 끝부분을 소독한다. 제대 동맥 2개와 제대 정맥 1개가 정상으로 있는지 다시 확인한다.

11 예방접종
오른쪽 허벅지에는 B형간염 1차 접종을 실시하고, 왼쪽 허벅지에는 비타민 K를 주사해 출혈을 예방한다.

12 항문 소독
손에 비닐장갑을 끼고 소독액을 묻힌 다음, 항문 부위를 닦는다.

13 기저귀 채우기
물기를 깨끗이 닦고 통풍이 잘되게 바람을 쐬어준 다음, 기저귀를 채운다.

14 팔찌·발찌 확인
팔찌와 발찌를 채우고, 보호자 이름이 정확히 적혀 있는지 확인한다.

15 속싸개로 싸기
모든 검사 과정이 끝나면 배냇저고리를 입힌 다음, 속싸개로 한 번 더 감싼다.

16 워밍하기
목욕 후 신체 검진 과정을 거치는 동안 떨어진 체온을 높이기 위해 1시간 정도 인큐베이터 안에 눕힌다.

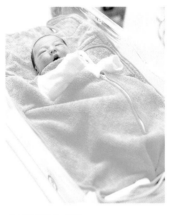

17 침대에 눕히기
체온이 37℃로 돌아온 것을 확인하면 침대에 눕힌다. 입속 분비물이 배출되도록 고개를 옆으로 돌려놓는다.

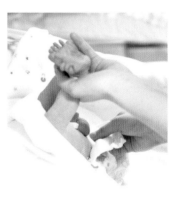

18 기저귀 교체
수유하기 30분 전에 기저귀를 간다. 처음 보는 용변은 전반적인 장 기능과 신장 기능을 확인하는 기준이 된다.

19 첫 수유하기
출생 후 6시간 이후 수유를 한다. 모유 수유를 계획하고 있다면 1시간 이내에 젖을 물린다.

20 소아청소년과 검진
담당 소아청소년과 의사가 하루 한 번 회진한다. 호흡과 심장 등을 체크하고, 기본적인 신체 이상 검사를 한다.

선천성 대사이상 검사

선천적으로 효소가 부족해 모유나 분유를 소화시키지 못하는 경우에는 노폐물이 뇌에 쌓여 건강상의 문제가 발생할 수 있다. 따라서 모든 신생아는 선천성 대사이상 검사를 받아야 한다. 아기 발뒤꿈치에서 약간의 피를 채취해 검사하는데, 자연분만인 경우는 퇴원 당일 아침에, 제왕절개인 경우는 입원 3일째 아침에 한다.

갓 태어난 아기의 몸

태어나 4주까지의 아기를 신생아라고 한다. 짧은 팔다리에 머리가 큰 사등신,
꼭 주먹 쥔 손, 웅크린 팔다리, 볼록한 배 등 신생아기를 보내고 있는 아기 몸의 특징.

대표적 신체 특징

하루 30g씩 체중이 는다

갓 태어난 아기는 하루를 거의 잠으로 보낸다. 먹고 자는 일밖에 하지 않지만, 이것이 아기에게는 성장 발달의 가장 큰 힘이 된다. 신생아는 생후 일주일간 체중이 170~280g 정도 감소하는데, 태어날 때 가지고 있던 수분과 태변이 빠져나가기 때문이다. 그러나 이후에는 성장 속도가 빨라져 하루 30g 이상씩 증가한다.

1년 안에 사등신에서 벗어난다

갓 태어난 아기의 체중은 보통 3.0~3.7kg이다. 평균적으로 남자아기가 여자아기보다 무거우며, 평균 신장은 대략 50cm 전후. 머리둘레가 가슴둘레보다 클 정도로 머리가 큰 사등신이다. 몸통과 팔다리가 자라면서 신체는 차츰 균형을 잡아 생후 1년 동안 키가 28cm 정도 성장하고, 성인의 신체 비율에 가까워진다.

키 성장 곡선

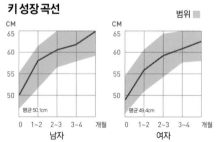

몸무게 성장 곡선

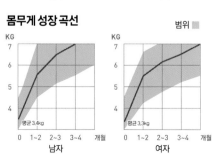

귀

생후 일주일까지는 귓구멍에 태지가 가득 들어 있다. 고막도 미성숙한 데다 고막 안쪽 소리를 전달하는 청소골도 흔들림에 약해 아주 큰 소리에만 미세한 반응을 보인다. 생후 일주일이 지나면 좀 더 작은 소리에도 반응하기 시작한다.

머리

머리 모양이 좁고 길게 찌그러진 경우가 많다. 출산 시 엄마의 산도를 빠져나오면서 머리 모양이 약간 변형된 것. 머리카락이 헝클어져 있으며 머리의 중앙 부분은 말랑말랑하다.

얼굴

이목구비가 또렷하지 않다. 코는 납작하고 볼은 통통하며, 눈은 부어 있는 것처럼 보인다. 이마와 눈꺼풀에 붉은 반점 같은 게 보이며, 피부가 울긋불긋하다.

팔

팔에 힘을 준 상태에서 주먹을 쥐고 있는데, 손바닥을 만지면 주먹을 더욱 세게 쥔다. 그러나 깊은 잠에 들면 주먹을 편다.

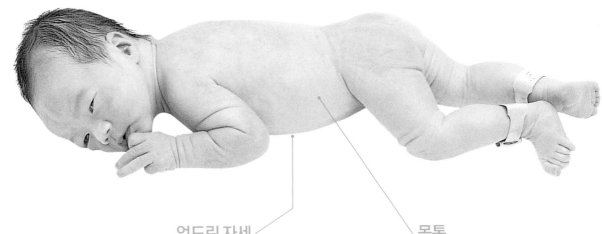

배꼽

탯줄을 자르고 배꼽 집게(겸자)로 묶어놓았다. 탯줄은 복부에서 4~5cm 부근에서 자르고, 2~3cm에서 겸자로 묶는다. 생후 일주일 정도 지나면 탯줄이 떨어진다.

엎드린 자세

아기를 바닥에 엎어놓으면 팔다리를 구부린 채 개구리 같은 자세를 취한다. 어깨에서 등까지 잔털이 나 있다.

몸통

배가 약간 볼록 부풀어 있고 복식호흡을 한다. 갓 태어난 아기의 가슴둘레는 머리둘레에 비해 1cm 정도 작지만 돌이 지나면 가슴둘레가 더 커진다.

피부

하얀 막 같은 태지로 덮여 있다. 전체적으로 불그스름한 빛을 띠지만, 손과 발은 체온 변화가 심해서 푸르스름하다.

생식기

고환과 외음부는 약간 부은 것처럼 부풀어 있는 상태. 출산 시 다량의 호르몬이 분비되어 크기가 커지지만, 일주일 내에 부기가 가라앉는다.

발

발바닥에는 주름이 많고 다리를 구부리고 있어 발이 안쪽을 향하고 있다. 신생아는 모두 평발인데, 어른처럼 아치형으로 약간 오목하다면 신경이나 근육조직에 문제가 있는 것이다.

신생아 반사 반응

손바닥을 가볍게 자극하면 무의식적으로 손가락을 꼭 쥔다. 입술 가장자리를 손가락으로 가볍게 자극하면 빨려는 듯 입술을 내밀기도 한다. 이런 반응을 '원시반사'라고 하는데, 아기 뇌가 발달해 스스로 몸을 움직일 수 있는 생후 5~8개월 무렵이 되면 사라진다.

다리

무릎을 구부린 채 두 다리를 벌리고 있어 다리 모양이 개구리처럼 보인다. 잠들었을 때를 제외하면 다리를 곧게 잡아당겨도 금세 구부린 자세로 돌아간다.

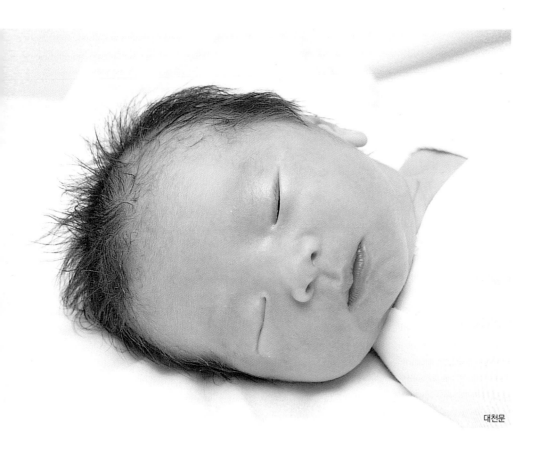
대천문

신체의 각 부위별 특징

대천문

이마와 정수리 사이에 있는 마름모꼴의 물렁물렁한 부위이다. 신생아는 어른과 달리 머리뼈 조각들이 꼭 맞추어져 있지 않기 때문에 정수리 부분에 뼈가 없는 물렁물렁한 부위가 있는 것이다. 마치 숨을 쉬듯이 움직이기도 하며, 아기가 울거나 긴장하면 약간 불룩해진다. 이처럼 머리의 두개골이 닫히지 않고 부드럽게 열려 있는 또 다른 이유는 생후 18개월 정도 될 때까지 아주 빨리 커지는 뇌의 용량이 들

어갈 공간을 만들어주기 위해서이다. 생후 12~18개월에 완전히 닫힌다.

> ⓘ 대천문이 저절로 닫힐 때까지는 그 부위를 심하게 누르거나 압박을 주는 일이 없도록 주의한다. 머리는 서늘하게 유지하는 것이 좋다.

머리카락

머리숱이 거의 없는 아기가 있는가 하면, 까만 머리카락이 텁수룩한 아기도 있다. 머리숱은 개인차가 크고 검은 머리, 갈색 머리 등 색깔도 다양하다. 백일이 가까워지면 배냇머리가 빠지기 시작해 돌 무렵이

면 제대로 된 머리카락이 자라난다. 간혹 비듬 같은 것이 보이는데, 태지가 낀 것으로 곧 없어지므로 걱정하지 않아도 된다.

눈

빛에 민감해 실눈을 뜰 때가 많고, 대부분의 시간을 잠으로 보내기 때문에 눈동자를 제대로 보기가 어렵다. 눈을 제대로 뜨지 않고 항상 졸린 듯이 무겁게 깜빡거리거나 한쪽 눈밖에 뜨지 못하는 아기도 있다. 대개 며칠 지나면 괜찮아지지만 2주 정도 지속되기도 한다. 눈동자는 검은색이나 갈색을 띠며 일시적으로 충혈되는 경우도 있다. 신생아는 파란 계통의 색은 아직 볼 수 없고, 원색 계통의 붉은색이나 노란색만 볼 수 있다. 아기가 사물을 가장 잘 볼 수 있는 위치는 안았을 때 엄마 얼굴까지의 거리인 25cm 정도이다. 생후 2~4주 정도면 눈의 초점이 맞기 시작하고 6개월이 돼야 사물을 제대로 볼 수 있다.

> ⓘ 출생 직후 아기 눈에 붉은 핏줄이 서 있는 것을 볼 수 있는데, 이는 출산 때 압박에 의해 결막 모세혈관이 터진 것. '결막 출혈'이라고 하는데, 눈 건강이나 시력에는 영향을 미치지 않는다.

코

대부분의 경우 납작하지만 자라면서 콧대가 오뚝해지며 제 모양을 찾는다. 콧구멍은 매우 작아서 담요나 옷의 먼지·털·담배 연기 등에도 쉽게 막히며, 조금만 막혀도 숨소리가 거칠어지므로 주의 깊게 살펴야 한다. 아기가 재채기를 한다면 콧구멍이 막혀서 그런 것. 신생아는 코

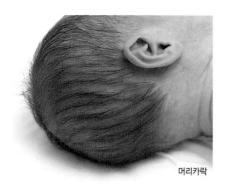
머리카락

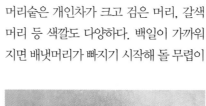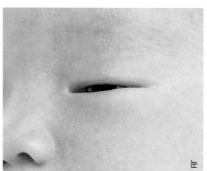
눈

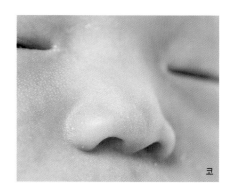
코

호흡밖에 할 수 없기 때문에 코가 막히면 숨을 쉬기 어렵다. 실내 먼지가 일지 않도록 주의하고 콧구멍을 뚫어준다. 냄새에 민감해 엄마의 젖 냄새를 잘 맡고, 혼자 젖을 찾아 입에 물 수 있다. 엄마 냄새가 나는 쪽으로 고개를 돌리기도 한다.

귀

모양이 이상하거나 좌우 대칭이 맞지 않는 경우가 있는데, 이는 좁은 자궁 안에서 귀가 눌려 있었기 때문이다. 곧 제 모양을 찾는다. 또 아기 귀에 귀지 같은 것이 보인다고 해서 함부로 면봉으로 제거해서는 안 된다. 목욕 후 귀에 남은 물기는 가제 손수건을 이용해 닦아준다. 생후 일주일이 지나면 작은 소리에도 반응해 소리가 나면 놀라거나 눈을 깜박거리는 등 미세한 움직임을 보인다.

입

입술 주변과 혀의 감각이 잘 발달해 있다. 입 근처에 손가락을 갖다 대면 손가락 쪽으로 입을 돌리며 빨려고 하는 반사 반응이 나타난다. 미각은 생후 2주간 급속도로 발달하는데, 신생아도 단맛·쓴맛·신맛 등을 모두 느낄 수 있다. 분유나 엄마 젖의 달착지근한 맛을 좋아하며 신맛이나 쓴맛은 싫어한다. 간혹 입술에 물집이 생기기도 하는데, 특별한 조치를 하지 않아도 자연스레 없어진다.

가슴

손을 대보면 심장박동이 매우 빠른 것을 느낄 수 있다. 호흡이 불규칙한 편이며 보통 분당 30~40회 정도 호흡한다. 남아든 여아든 가슴이 약간 부풀어 있는데, 엄마의 호르몬이 태반을 통해 아기의 유방에 영향을 미쳐서 나타나는 현상이다. 딱딱하거나 모유 같은 분비물이 나오기도 하는데 걱정할 필요 없다. 이 시기에 아기 젖을 짜주지 않으면 함몰유두가 된다는 말이 있는데, 전혀 근거가 없다.

손톱

엄마 배 속에서도 손톱이 자라기 때문에 손톱이 제법 긴 경우가 있다. 종이처럼 얇고 연약하지만 매우 날카로워 자기 얼굴에 상처를 낼 수 있다. 따라서 제때 잘 라주어야 한다. 자를 때는 신생아용 손톱가위를 이용한다.

피부

하얀 막 같은 매끈한 태지로 덮여 있다. 출산 예정일에 맞춰 태어난 아기는 피부도 매끄럽고 살집도 좋지만, 그렇지 못한 경우나 체중이 적게 나가는 아기는 주름이 많고 탄력도 떨어지는 편이다. 간혹 혈관이 들여다보이기도 한다. 혈액순환 기능이 미숙해서 적당히 붉은빛을 띠는 부위가 있는가 하면, 손발처럼 심장에서 먼 부위는 푸르스름하다. 울음을 터뜨리면 피부가 갑자기 빨갛게 변하면서 붉은 반점들이 도드라지기도 하지만, 금세 원래 피부색으로 되돌아오므로 걱정할 필요 없다.

❗ 등과 귓불, 볼이 보드라운 솜털로 덮여 있어 만지면 보송보송한 느낌이 난다. 솜털은 생후 1년 안에 배냇머리처럼 빠진다.

몽고점

주로 엉덩이에 많이 나타나며, 색깔은 진하기도 하고 옅은 흔적만 보이기도 한다. 크기도 2~10cm 정도로 개인차가 크고, 간혹 엉덩이부터 등까지 퍼져 있는 경우도 있다. 대부분 생후 몇 개월 내에 없어지지만, 경우에 따라서는 4~5년 이상 남아 있기도 한다.

귀

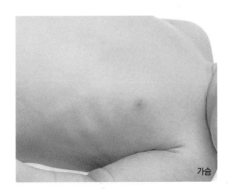

가슴

피부

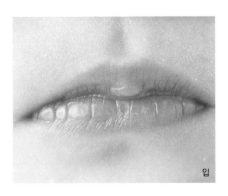

입

손톱

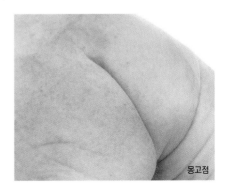

몽고점

신생아의 비밀

아기에게서 나타나는 반응들은 초보 엄마에게 무한한 궁금증을 불러일으킨다.
아기 몸에서 일어나는 갖가지 증상에 대한 명쾌한 설명.

아기 몸의 비밀

아기는 늘 목이 마르다

신진대사 속도가 어른보다 2~3배나 빠른 데다 많은 양의 수분을 배설하기 때문에 늘 물이 부족하고 목이 마르다. 어른의 몸은 52~65%가 물로 구성된 반면, 아기 몸은 75~80%가 물이다. 하지만 이것도 배설하는 양에 비하면 턱없이 적어 탈수 증상이 나타나기 쉽다. 게다가 아직 신장 기관이 미숙해 어른처럼 몸 안의 수분을 조절하기가 어렵다. 따라서 아기에게 수분 공급은 매우 중요하다. 아기가 수분이 부족한 것처럼 보이면 새끼손가락을 가만히 입에 물려본다. 손가락이 촉촉하게 젖으면 괜찮은 것. 마른 것 같으면 젖이나 물을 먹여야 한다.

엉덩이뼈가 연약하다

아기의 엉덩이 살이 포동포동하고 말랑말랑해서 엉덩이뼈를 충분히 보호한다고 생각하지만, 뼈(대퇴골)가 연골 형태로 되어 있기 때문에 휘어지기 쉽다. 따라서 아기가 엉덩방아를 찧지 않도록 주의해서 돌본다. 시간이 지나면서 뼈에 칼슘과 무기질 등이 쌓이면 점점 단단해지고 뼈 주변을 고관절이 둘러싸지만, 신생아 시기에 자칫 엉덩이뼈의 위치가 잘못되기라도 하면 고관절이 잘 자라지 못하고, 심하면 다리를 절 수도 있다.

코로 숨 쉬고 입으로는 먹기만 한다

신생아 후두는 어른에 비해 높이 위치해 있다. 엄마 젖을 먹는 동안에도 숨을 쉬기 위해서이다. 이러한 후두 위치 때문에 신생아기에는 입으로 숨을 쉴 수가 없다. 호흡은 온전히 코가 담당한다. 따라서 신생아 코가 막히는 일은 중대사이다. 아기가 숨을 헐떡이거나 재채기를 하면 즉시 콧속을 청소해준다. 생후 몇 개월이 지나면 후두 위치가 내려와 입으로도 숨을 쉴 수 있는데, 그때까지는 아기 코가 마르거나 막히지 않도록 주의를 기울여야 한다.

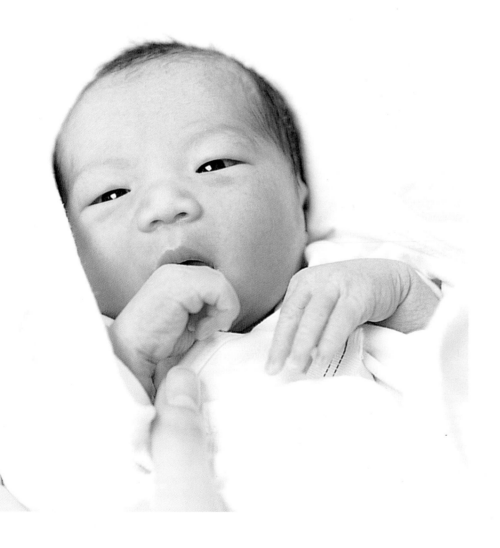

NG 아기를 안고 심하게 흔들면 뇌에 무리가 갈 수 있다

아기를 격렬하게 흔들면 머리뼈 속의 뇌가 앞뒤로 이리저리 움직이면서 뇌출혈을 일으킬 수 있고, 심하면 사망할 수도 있다. 아기 뇌에는 아직까지 충분한 수초(축삭돌기 주위를 둘러싼 지방막)가 없기 때문이다. 수초는 태어나서부터 생후 6개월까지 통제 감각과 운동 기능을 담당하는 신경 주변에서 빠르게 자라 축삭돌기들을 뒤덮게 된다. 이 상태가 되기 전에 심하게 아기 몸을 흔들면 뇌에 무리가 갈 수 있다.

시력이 나쁘다

망막이 아직 성숙하지 않기 때문에 시력이 나쁘다. 아기가 엄마 얼굴을 똑바로 보고 있으면 엄마는 종종 아기가 엄마 눈을 응시한다고 생각하는데 사실 아기는 엄마의 피부와 머리, 입술과 치아 사이의 경계를 바라보고 있을 뿐이다. 생후 6개월까지 아기의 시력은 0.1~0.25밖에 되지 않으며, 생후 18~24개월 무렵이 되어야 1.0 정도로 발달한다.

추위도 잘 타고 더위도 잘 탄다

체지방이 부족해 체온 조절 능력이 미숙할 뿐 아니라 체중에 비해 신체 표면적이 넓어 주변 환경이나 온도 변화, 작은 움직임에도 체온 변화가 심하다. 체내 자동 온도 조절 장치를 작동하는 갑상샘이 덜 자랐기 때문이다. 더울 때도 땀샘이 제대로 작용하지 않아 스스로 체온을 낮출 수 없다. 땀샘은 생후 8주는 되어야 제 역할을 하기 시작한다. 따라서 생후 2개월까지는 너무 덥거나 춥지 않도록 실내 환경을 신경 써서 관리한다.

> ❗ 신생아의 체지방은 목뒤 등 몇몇 특수한 부위에 집중되어 있다. 아기가 추워할 땐 이불을 덮어주고 체지방이 있는 곳을 살살 문질러준다. 그러면 체지방 세포가 활발하게 움직이면서 몸이 식는 것을 막아준다.

통통한 뺨은 턱을 보호한다

아기 볼이 통통한 이유는 연약한 턱뼈를 보호하기 위해서이다. 통통한 볼은 아기가 무언가를 빨거나 삼킬 때 턱을 안전하게 받쳐준다. 턱과 입, 뺨과 혀가 제대로 움직일 정도로 성장할 때까지는 버컬 패드(buccal pad)라 불리는 피부 밑 지방조직이 두꺼워지는데, 이것이 바로 아기의 볼살이 통통한 이유이다.

소화를 잘 못 시켜서 거품 변을 보기도 한다

소화기관이 미성숙해서 먹은 것을 탄수화물로 전환하고 몸에 흡수하는 과정을 제대로 해내지 못한다. 탄수화물로 전환되지 못한 모유나 분유는 소화기에 그대로 남아 있다가 발효되면서 가스를 생성시키는데, 이것이 아기가 거품 변을 보는 이유이다. 거품 변을 볼 때는 물을 자주 먹여 소화를 도와야 한다. 또 변을 본 즉시 기저귀를 갈아주어야 기저귀 발진 등 2차 트러블을 예방할 수 있다.

아기 행동의 비밀

늘 숨이 빠르고 가쁘다

폐가 작은 데다 신경 체계가 약간 꼬여 있기 때문이다. 어른이 1분에 12~20회 정도 규칙적으로 천천히 숨을 쉰다면 아기는 60회 정도 숨을 쉬고 그것도 아주 불규칙하다. 가끔 10초 정도 숨을 멈추기도 해서 엄마를 놀라게 하지만, 크게 걱정하지 않아도 된다. 생후 6개월 정도 지나면 어른이 숨 쉬는 것과 같이 규칙적인 패턴을 보이기 시작한다.

딸꾹질을 자주 한다

심장박동에 중요한 역할을 하는 횡격막이 덜 자랐기 때문이다. 생후 3~4개월 정도 되면 횡격막 기능이 완성되어 제 기능을 하므로 딸꾹질하는 횟수가 줄어든다.

자주 울어도 오래 울지는 않는다

눈물관은 막혀 있고 눈의 바깥쪽에 있는 눈물샘은 눈동자를 촉촉하게 만드는 정도의 수분만 갖고 있어 한참을 울어도 눈에는 한두 방울의 눈물만 맺힌다. 생후 6개월 정도 지나야 눈물관이 열려 눈물을 흘리며 운다. 하지만 눈물이 아예 없는 것은 아니어서 눈에 염증이 생기기 쉽다. 눈과 코 사이를 집게손가락으로 자주 마사지해주면 염증이 생기는 것을 어느 정도 막을 수 있다. 울지 않는데도 눈이 빨간 경우가 있는데, 이는 울음의 전조가 아니라 출산 도중 압박을 받아 결막 모세혈관이 터졌을 확률이 높다.

가끔 사시가 된다

콧날(콧등)이 아직 자리를 잡지 못하고 주저앉아 있어서 양 미간이 멀리 떨어져 있기 때문에 사시처럼 보일 수 있다. 이를 가성 사시라고 한다. 생후 3개월 정도 되면 나아지는데, 3개월이 지나도 계속 사시 증상이 나타나면 병원에 가서 진찰을 받아야 한다.

항상 배가 고프다

위가 너무 작아 많이 먹지 못하므로 배가 자주 고프다. 움직임은 적어도 온몸으로 많은 열량을 소비하기 때문이다. 특히 신진대사를 하는 데 많은 양의 에너지가 필요한데, 그에 비해 위장 크기는 작아 자주 먹어야 허기를 달랠 수 있다. 그래서 2~3시간에 한 번씩 젖을 먹는 것. 신생아의 위장은 어른의 15분의 1 크기인데, 돌이 지나면 3분의 1 정도 수준으로 자란다.

움직임을 스스로 통제하지 못한다

다른 신체 기관과 비교하면 아기의 뇌는 태어날 때부터 제법 발달한 상태이다. 그러나 움직임을 관장하는 소뇌만큼은 발달이 더디다. 그래서 생각대로 몸을 움직이지 못하고, 가끔 움찔거리며, 의지와는 상관없이 몸을 바둥거린다. 이러한 모습은 오래지 않아 사라지므로 걱정할 필요는 없다. 수개월만 지나면 소뇌가 충분히 성숙해져 아기 스스로 행동까지 통제할 수 있다. 아기가 버둥거리거나 움찔거리면 두 팔을 내리고 꼭 안아준다.

똥 눌 때 얼굴이 빨개진다

아직 복부 근육을 사용하지 못하기 때문에 대변볼 때 얼굴이 빨개진다. 자궁 안에서는 복부 근육을 쓸 일이 없던 아기가 태어나 비로소 '변보기'라는 힘든 과제를 맞이한 것이다. 난생처음 경험하는 일인 데다 늘 누워서 생활하느라 복부 근육을 키울 틈이 없기 때문에 한동안은 변을 볼 때마다 얼굴이 빨갛게 달아오를 정도로 힘들어한다.

신생아 트러블

신생아기를 보내는 동안 나타날 수 있는 트러블에는 어떤 것이 있을까?
생후 한 달, 신생아에게 일어날 수 있는 모든 트러블. 안심해도 되는 증상과 당장 치료해야 하는 증상도 구별했다.

모든 아기에게 나타나는 흔한 증상

구토

젖먹이의 구토는 아주 흔한 일이다. 식도와 위를 연결하는 곳을 '분문'이라고 하는데, 이 부위가 곧잘 열리는 것이 구토의 원인이다. 음식을 섭취하면 음식물이 식도를 통과한 다음 분문에 이르고, 이때 분문이 자연스럽게 열려 음식물이 위 속으로 쏟아지는 것이 정상이다. 돌 이전 아기는 분문 괄약근이 덜 발달해 분문이 쉽게 열리곤 한다. 신생아는 보통 하루 2~3회 구토를 하는데, 아기가 잘 자라고 체중도 정상적으로 늘고 있다면 별문제가 되지 않는다. 단, 아기가 젖을 먹지 않고 구토를 계속하거나 구토와 함께 설사를 한다면 병원 진료를 받아야 한다.

암녹색의 태변

아기가 끈끈한 암녹색 변을 보면 엄마들은 아기가 아픈 것인 지 걱정한다. 그러나 놀랄 필요가 없다. 이것이 바로 태변이다. 아기는 태어나서 24시간 이내에 첫 태변을 본다. 생후 4~5일간은 검은빛을 띠는 녹색 태변을 보는데, 엄마 배 속에 있을 때 양수와 함께 태아의 입속으로 들어간 세포나 태지, 솜털 등이 장에 쌓여 있다가 나오는 것이다. 젖을 먹기 시작하면 흑녹색에서 점액이 섞인 녹변으로 바뀐다. 녹변 역시 정상적인 변 상태로, 변에 섞인 담즙색소가 아기가 들이마신 공기와 접촉하면서 녹색으로 변색한 것이다.

젖을 토할 때는 이렇게

- 수유한 후에는 반드시 트림을 시킨다. 신생아는 세워서 안은 상태로 5분 이상 트림을 시키는 것이 좋다.
- 토한 뒤에는 수분이 부족할 수 있으므로 끓여서 식힌 따뜻한 물을 먹인다.
- 토한 뒤에는 토사물이 기도로 들어가지 않도록 아기 얼굴을 옆으로 돌린다.
- 토사물 찌꺼기가 입안에 남아 있으면 역한 냄새 때문에 다시 토할 수 있으므로, 가제 손수건으로 입안을 말끔히 닦아준다.

몸무게 감소

생후 2~4일간은 체중이 약간 줄어드는데, 자연스러운 일이므로 걱정할 필요 없다. 먹는 양은 적은데 태변과 많은 양의 소변을 배출하고 피부와 폐의 수분이 증발하기 때문에 나타나는 현상이다. 저체중아는 체중 감소가 더 심한 편이다. 제대로 젖을 빨게 되면 몸무게가 늘기 시작하고, 일주일쯤 지나면 처음 태어났을 때의 체중을 회복한다. 이후에는 하루 30g 이상 체중이 증가한다.

피부 각질

생후 2~3일이 지나면 피부에 하얀 각질이 일어난다. 살이 오르면 점차 사라지는데, 각질이 지저분해 보인다고 일부러 벗겨내면 피부에 자극을 줄 수 있으므로 떨어져 나갈 때까지 그냥 둔다.

성기의 출혈

여자아기의 경우 생후 3~4일 정도는 성기에서 출혈이 나타날 수 있다. 이는 배 속에 있을 때 엄마에게서 공급받은 여성 호르몬 때문으로, 마치 생리를 하듯 혈흔이나 하얀 질 분비물이 보인다. 피를 보면 겁부터 나기 마련이지만 지극히 정상적인 현상이므로 걱정하지 않아도 된다. 대개 일주일 이내에 없어지며 양은 몇 방울 정도이다. 출혈량이 이보다 많거나 기간이 길어지면 병원 진료를 받는다.

몇몇 아기에게만 나타나는 드문 증상

배꼽 염증

분만 시 자른 탯줄은 시간이 지나면서 딱딱하게 마른다. 검게 마르다가 보통 생후 7~10일 정도에 저절로 떨어지는데, 10일 이상 붙어 있으면 탯줄 밑에 염증이 생길 수 있다. 배꼽 밑에 군살이 생기고 배꼽이 끈적끈적해지며 고름이 나오기도 한다. 심한 경우 피가 나거나 2차 감염에 의한 염증이 생기기도 한다. 그대로 방치하면 세균이 몸 전체에 퍼져 패혈증을 일으킬 우려가 있으므로 주의한다. 대개의 경우 목욕 후 배꼽 소독을 잘하고 환경을 청결하게 유지하면 수일 내에 치료된다. 탯줄에서 진물이 날 때 배를 압박하면 상처가 심해지므로, 기저귀를 배꼽 아래로 채운다.

신생아 황달

갓 태어난 아기의 간은 아직 제 기능을 발휘하지 못한다. 신생아 황달은 성숙한 간이라면 충분히 제거할 수 있는 색소인 빌리루빈을 제거하지 못해 생기는 증상이다. 간에 그대로 남은 빌리루빈이 피부에 축적되고, 이것이 황달로 나타나는 것. 신생아의 4분의 3 정도가 출생 후 첫 며칠 동안 황달 증세를 보이는데, 대개 생후 일주일 후 간 기능이 원활해지면서 증세가 사라진다. 그러나 황달이 심하면 병원 치료를 받아야 한다. 빌리루빈이 뇌까지 침투해 뇌 손상을 일으킬 수도 있기 때문이다.

> ! 황달이 생후 첫날부터 나타나거나 일주일 이상 지속될 때, 대변 색이 두부와 같은 흰색일 때는 진찰을 받아야 한다. 병적 황달이 심해지면 자칫 뇌성마비 등의 장애가 올 수도 있다.

녹변

아기의 변은 장의 상태에 따라 달라진다. 변이 황색인 이유는 담즙색소 때문. 이 색소는 공기와 접촉하면 녹색이 되는데, 아기가 들이마신 공기나 가스가 배 속에서 담즙색소를 함유한 변과 만나 변색을 일으킨 것이다. 아기의 황색 변이 묻은 기저귀를 공기 중에 두면 녹색이 되는 것도 같은 이유이다. 예전에는 녹변을 보면 소화불량이라고 했지만, 다른 증상이 나타나지 않을 경우 걱정할 필요 없다. 보통 모유를 먹는 아기의 변은 황갈색을 띠고, 냄새도 덜하며, 설사라고 오인할 정도로 묽다. 반면 분유를 먹는 아기는 연한 황색 변을 보고 냄새가 심한 편이다.

적색뇨

신생아 시기에는 벽돌색 소변을 보기도 하는데, 이는 체내의 요산염 성분이 빠져나오는 것으로 걱정할 필요 없다. 여자아기보다 남자아기에게서 많이 나타난다.

영아 산통

숨이 넘어갈 듯 우는 것이 특징으로, 생후 1~2개월 아기에게 자주 나타난다. 아무리 달래도 울음을 멈추지 않고 심한 경우 3시간 내리 울기도 한다. 얼굴에 인상을 쓰고 복부 팽만이 있으며, 두 손으로 배를 움켜쥐고 배와 다리에 잔뜩 힘을 준다. 영아 산통은 소화 기능이 미숙한 상태에서 분유나 모유를 먹다 보니 복부에 가스가 차고, 이로 인한 팽만감 때문에 나타난다. 생후 6주경에 가장 심하고, 4개월 정도 되면 자연스레 사라진다.

신생아 눈곱

눈곱이 자주 끼는 것은 신생아에게 흔한 증상으로 눈물샘이 충분히 발달하지 못한 것이 이유이다. 그래서 생후 며칠 동안 아래위 눈꺼풀이 달라붙어 있는 아기가 많다. 일반적으로 나타날 수 있는 증상이지만, 생후 2주가 넘어도 눈곱이 끼거나 눈의 흰자위가 충혈되면 자칫 결막염(안구염증)으로 발전할 수 있으므로 진찰을 받는다. 눈곱이 자주 낄 때는 생리식염수로 눈을 깨끗하게 닦아준다.

> ! 가제 손수건을 물에 적셔서 꼭 짠 뒤 집게손가락에 감고 눈꼬리부터 닦는다. 닦을 때마다 수건의 면을 바꾼다.

NG 고열은 가장 흔하면서 위험한 증상이다

열이 있다면 옷을 많이 입힌 것은 아닌지, 실내 온도가 높지는 않은지 살핀다. 옷을 벗기고 20~30분 뒤에 체온이 정상으로 돌아오면 둘 중 하나가 원인이다. 그러나 열이 나면서 아기가 몹시 아픈 것처럼 보일 때는 병원 진료를 받아야 한다. 옷을 너무 적게 입히면 체온이 정상 이하로 떨어질 수 있는데, 이 경우는 지나친 보온보다 더 위험하다.

태열

피부가 건조해져 까칠하고 붉게 부어오르거나 좁쌀처럼 발진이 돋기도 한다. 몹시 가려운 것이 특징인데, 심하면 물집이 생겨 긁으면 터지면서 딱지가 앉는다. 온도와 습도에 민감해 건조한 겨울철이나 습한 여름에 증상이 더 심하며, 아기가 정서적으로 불안하고 스트레스를 받으면 악화된다. 지나치게 목욕을 자주 시키거나 너무 시키지 않아도 악화될 수 있으므로 하루에 한 번 더러움을 씻어내는 정도로 부드럽게 목욕시킨다.

두혈종

태아의 머리가 좁은 산도를 통과하면서 자극받아 두개골과 그것을 싸고 있는 골막 사이에 출혈이 일어나고, 그로 인해 혹이 생기는 것이다. 대부분은 생후 2주일에서 2~3개월 사이에 없어지지만, 생후 1개월경에 혹 주변이나 혹 전체가 단단해지면서 증상이 나타나기도 한다. 두혈종 표면에 상처가 있으면 염증을 일으킬 수 있으므로 항생제 연고를 바른다.

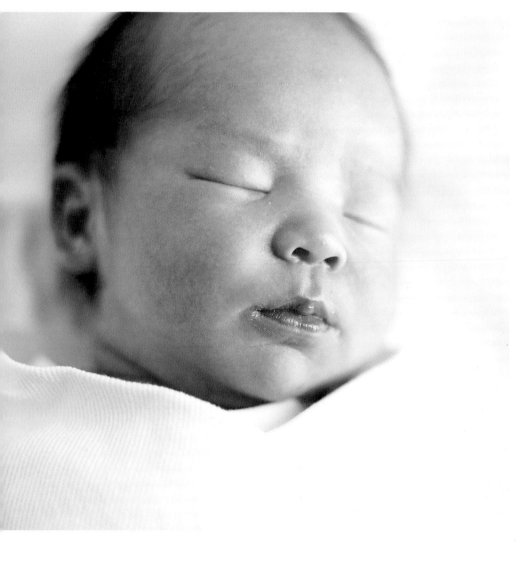

설사

묽은 변을 본다고 다 설사는 아니다. 묽은 정도, 변의 횟수, 혈액이나 점액이 섞여 있는지 등을 체크해야 한다. 변이 약간 묽거나 하루 2~3회 변을 보더라도 컨디션이 좋고 식욕도 있다면 걱정할 필요 없다. 그러나 물 같은 설사와 함께 고열이 나거나 기운이 없으며, 변에 점액 또는 피가 섞여 있으면 병원 진료를 받는다.

변비

변을 보는 횟수보다 어떤 변을 보는지가 중요하다. 모유를 먹는 아기는 젖을 먹을 때마다 변을 보기도 하고, 며칠씩 보지 않기도 한다. 모두 정상이지만, 아기가 변을 볼 때 몹시 힘들어하고 변이 아주 딱딱하면 변비라 할 수 있다. 충분히 먹지 않았거나 구토로 인해 영양분과 수분을 섭취하지 못했을 때 나타나는데, 분유 먹는 아기에게서 흔히 볼 수 있다.

신생아 여드름

신생아에게 흔한 피부 질환으로 코와 뺨 부위에 집중적으로 나타나며, 두피에도 잘 생긴다. 노란색 기름기가 있는 피지 여드름으로, 배 속에 있을 때 엄마에게 전달받은 성호르몬이 원인이다. 일시적이므로 누르거나 짜지 말고, 증세가 비슷한 다른 피부병일 수 있으므로 반드시 의사의 처방을 받은 뒤 연고를 발라준다.

기저귀 발진

계속 기저귀를 차기 때문에 아기 엉덩이는 늘 소변이나 기타 배설물에 젖어 있다. 소변은 암모니아라는 주성분 때문에 암모니아 피부병을 유발하며, 기저귀를 세탁할 때 잘 헹구지 않아 세제 성분이 피부를 자극한 경우에도 나타날 수 있다. 기저귀 발진을 예방하기 위해서는 기저귀를 자주 갈아주어야 한다. 발진이 났다면 가끔 기저귀를 벗기고 시원한 공기를 쏘여 피부를 건조시킨다. 발진 크림을 발라주면 나아진다.

드물게 나타나며 치료해야 하는 증상

아구창

혀나 입천장, 뺨의 안쪽에 하얀 반점이 단단하게 달라붙어 그 밑의 피부 점막이 짓무르는 것. 아기가 아파서 보채고, 반점이 떨어져 나갈 때 피가 난다. 입안의 곰팡이가 장으로 넘어가 설사를 일으키기도 한다. 칸디다 알비칸스라는 곰팡이에 의해 감염되는데 미숙아나 몸이 허약한 아기, 면역 기능이 저하된 아기에게 주로 생긴다. 입안이 깨끗하지 않아도 생긴다.

> ❗ 아기를 목욕시킬 때 가제 손수건에 물을 적셔서 입안을 잘 닦아주고 젖병과 젖꼭지를 철저히 소독하는 것이 예방법이다. 모유수유하는 경우라면 엄마도 함께 치료받는다.

> **Q 가제 손수건 안전할까?**
>
> **A** 가제 손수건으로 신체 부위를 닦는 것은 물티슈를 사용하는 것보다 안전하다. 물티슈는 알코올 성분이 있기 때문이다. 다만, 가제 손수건은 자주 삶아야 하며, 아구창처럼 감염된 부위를 닦았다면 사용 즉시 삶아서 써야 안전하다.

선천성 담도폐쇄증

회백색 변과 갈색 오줌을 누며, 눈 흰자위와 피부에 황달 증세가 나타난다. 담도는 간에서 십이지장으로 연결되는 관으로, 선천성 담도폐쇄증은 이 담도가 형성되지 않아서 생긴다. 담도가 막혀 있기 때문에 간에서 만들어진 담즙이 장으로 배출되지 못하고 다시 간으로 흡수되는데, 이 때문에 간이 손상을 입어 황달 증세가 지속되는 것이다. 이 병을 앓는 아기는 하얀 변을 본다. 빨리 치료하지 않으면 간경화로 진행되다가 결국 사망에 이른다. 신속하게 수술하는 것만이 최선이다.

비후성 유문협착증

젖이나 분유를 먹고 5~10분 뒤 뿜어내듯 구토를 한다. 보통 생후 2~3주부터 여자 아기보다 남자아기에게 더 많이 발병한다. 십이지장으로 이어지는 위의 출구를 유문이라고 하는데, 이 근육이 선천적으로 두껍고 단단해 젖을 통과시키지 못하고 토하는 것이다. 심하면 탈수증과 영양 부족 등이 나타날 수 있다. 유문의 근육을 절개하는 수술을 해야 재발되지 않는다.

선천성 거대결장

장의 신경층 한 부분이 결손되어 대변이 장을 통과하지 못하고 장의 일부에 고여 장이 확대되는 질환이다. 자율신경 장애 때문에 스스로 배변을 하지 못해 생기기도 한다. 변비 증세를 보이고 배가 점점 불러오며 변을 아주 조금씩 보는 게 특징으로, 일반 변비와 달리 장 자체에 문제가 있기 때문에 수분을 공급해도 해결되지 않는다. 증상이 가벼운 경우 관장한 후 치료받으면 나아지지만, 신경층 결손인 경우에는 수술을 해야 한다. 그대로 두면 아기가 영양을 흡수하지 못해 쇠약해질 수 있다.

배꼽탈장

배꼽 부위의 피부에 동전만 한 크기의 돌출이 생기는데, 보통 6개월~1년 정도 증상이 지속되다가 나아진다. 신생아는 배꼽 부위의 근육이 약해서 배꼽이 완전히 닫히지 않고 피부밑의 근육에 작은 구멍이 남는데, 이 구멍을 통해 장이 튀어나오는 것. 대부분 자라면서 막이 형성되지만, 그렇지 않은 경우 수술을 해야 한다.

> ❗ 탯줄 속에 아기의 장이나 간장 등의 일부가 들어간 채로 태어나는 경우도 있는데, 발견 즉시 튀어나온 부분을 덮는 수술을 해야 한다.

저칼슘혈증

피부가 파랗게 되고 숨을 잘 못 쉬면서 경련을 일으키며, 손발이 떨리는 증상도 함께 나타난다. 젖을 잘 먹지 않고 먹어도 금방 토하거나 몸이 축 늘어진다. 분유를 먹였을 때 체내 칼슘과 인산의 균형이 맞지 않아 생기는 증상으로, 생후 5~10일경에 많이 발생한다. 일찍 치료하지 않으면 영양 부족 등으로 지능 발달이 늦어지는 등 성장에 치명적 영향을 미친다.

신생아 폐렴

호흡이 곤란하거나 배가 불러오면서 구토를 유발한다. 발열, 가래, 호흡곤란, 황달, 피부 반점 등의 증상이 나타나 마치 심한 감기나 기관지염처럼 보인다. 기침을 하지 않는 것이 특징이며, 미숙아인 경우 열도 나지 않아 진단하기 어렵다. 신생아 사망의 20~30%를 차지하는 위험한 질병으로, 선천성과 후천성으로 나뉜다. 선천성 폐렴은 양수가 터진 뒤 분만까지 오랜 시간이 경과되었거나, 아기가 세균에 감염된 양수를 마셨을 때 걸린다. 후천성 폐렴은 공기를 통해 감염되거나 젖 또는 이물질이 기도로 흘러 들어가 발병한다. 의사가 처방하는 기간 동안 꾸준히 항생제 치료를 해야 한다.

신생아 패혈증

38~40℃ 이상의 고열이 올랐다가 다시 미열이 되는 등 발열 증상이 반복되며, 경련이 나타나기도 한다. 심할 때는 오히려 저체온 증상을 보이기도 하는데, 숨구멍이라고 하는 대천문이 팽창되어 있거나 불쑥 튀어나온 경우도 있다. 신생아의 혈액 속에 세균이 침범해 생기는 감염성 질환으로, 혈액에서 세균이나 진균이 발견된다. 임신 또는 분만 중에 모체가 감염되었거나 조기 파수된 경우 걸릴 확률이 높다. 치료를 늦게 시작하거나 치료하기 어려운 균에 감염됐을 경우, 균에 대한 면역력이 약할 경우에는 사망하거나 후유증이 발생할 수 있다.

출생신고서 작성하기

출생신고는 아기가 태어났음을 법적으로 인정받는 첫 번째 절차이다.
출생신고서 작성법과 출생신고하는 방법을 자세히 알아본다.

출생신고하는 방법

주민센터에 가서 출생신고서를 작성하거나, 다운로드한 신고서를 작성해 우편으로 접수할 수 있다. 이때 의사나 조산사가 작성한 출생증명서를 함께 제출해야 한다. 의사나 조산사 없이 출산했다면 이를 증명할 수 있는 자료(가정법원 출생확인서)를 대신 제출한다. 부모가 출생신고를 하는 경우에는 신분증명서도 함께 제출해야 한다. 부모가 신고할 수 없다면 동거하는 친족, 혹은 의사나 조산사가 대리 신청할 수 있다. 이 경우에는 제출인과 부모의 신분증 사본이 모두 필요하다. 자녀가 복수 국적자라면 취득한 국적을 입증할 수 있는 여권이나 국적증명서가 필요하다. 온라인 출생신고 서비스에 참여하는 의료기관 260곳(2024년 4월 기준)에서 태어난 아이는 대법원 전자가족관계등록시스템(efamily.scourt.go.kr)을 통해 출생신고를 할 수 있다. 자세한 정보는 대법원 사용자지원센터(1899-2732)에 문의한다.

출생신고서 작성법

①난 출생자의 이름에 사용하는 한자는 인명용 한자로, 이름은 다섯 글자를 초과하지 않는다. 출생 일시는 24시간제를 기준으로 하는데, 예를 들어 오후 2시 30분에 태어났다면 14시 30분으로 적는다. 자녀가 복수 국적자라면 취득한 외국 국적을 기재한다.

②난 혼인 외 출생자를 엄마가 신고하는 경우에는 아빠 성명란을 기재하지 않는다. 이혼 후 100일 이내에 재혼해서 200일이 지났고, 재혼 전 이혼 날짜가 300일이 지나지 않았다면 아빠 성명란에 '부미정'으로 기재한다.

③난 친생자관계 부존재확인판결, 친생부인판결 등으로 가족관계등록부 폐쇄 후 다시 출생신고하는 경우에만 기재한다.

④난 부모가 출생신고를 할 수 없는 경우에는 그 이유를 적고, 외국에서 출생한 경우 그 현지 출생 시각을 적는다. 가족관계등록부의 기록을 명확히 하기 위해 필요한 사항을 적는다.

⑤난 신고인의 인적사항을 적는다.

⑥난 신고인이 작성한 신고서를 다른 사람이 제출할 경우에만 제출인의 성명 및 주민등록번호를 기재한다.

㉑난 정규 교육기관을 기준으로 기재하되, 각급 학교의 재학 또는 중퇴자는 최종 졸업한 학교의 해당 번호에 ○로 표시한다.

[양식 제1호]

| 출 생 신 고 서 (2020년 6월 1일) | | | | ※ 신고서 작성 시 뒷면의 작성 방법을 참고하고, 선택항목에는 '영표(○)'로 표시하기 바랍니다. |

① 출생자

| 성명 | *한글 | (성) 김 / (명) 민정 | 본(한자) | 金海 | *성별 | ①남 ②여 | ①혼인중의 출생자 ②혼인외의 출생자 |
| | 한자 | (성) 金 / (명) 敏情 | | | | | |

*출생일시 2020년 5월 27일 15시 23분 (출생지 시각: 24시각제)

*출생장소 ①자택 ②병원 ③기타 : 서울특별시 서초구 서초동 1516번지

부모가 정한 등록기준지

*주소 서울특별시 강남구 역삼동 987-34호 2층 / 세대주 및 관계 김명상의 자

자녀가 복수국적인 경우 그 사실 및 취득한 외국 국적

② 부모

| 부 | 성명 | 김명상 | (한자) 金明三 | 본(한자) 金海 | *주민등록번호 850919-1234567 |
| 모 | 성명 | 윤세희 | (한자) 尹世喜 | 본(한자) 坡平 | *주민등록번호 830311-2345678 |

*부의 등록기준지

*모의 등록기준지

혼인신고시 자녀의 성·본을 모의 성·본으로 하는 협의서를 제출하였습니까? 예□ 아니요⑤

③ 친생자관계 부존재확인판결 등에 따른 가족관계등록부 폐쇄 후 다시 출생신고하는 경우

| 폐쇄등록부상 특정사항 | 성명 | | 주민등록번호 - |
| | 등록기준지 | | |

④ 기타사항

⑤ 신고인

*성명	김명상	㉑ 또는 金	주민등록번호 850919 - 1234567
*자격	①부 ②모 ③동거친족 ④기타(자격:)
주소	서울특별시 강남구 역삼동 987-34호 2층
*전화	02-548-6621	이메일

⑥ 제출인 성명 | 주민등록번호 -

※ 타인의 서명 또는 인장을 도용하여 허위의 신고서를 제출하거나, 허위신고를 하여 가족관계등록부에 실제와 다른 사실을 기록하게 하는 경우에는 형법에 의하여 처벌받을 수 있습니다. 눈표(•)로 표시한 자료는 국가통계작성을 위해 통계청에서도 수집하고 있는 자료입니다.

※ 아래 사항은 「통계법」 제24조의2에 의하여 통계청에서 실시하는 인구동향조사입니다. 「통계법」 제32조 및 제33조에 의하여 성실응답의무사항이며 개인의 비밀사항이 철저히 보호되므로 사실대로 기입하여 주시기 바랍니다.
※ 첨부서류 및 출생자 부모의 국적은 국가통계작성을 위해 통계청에서도 수집하고 있는 자료입니다.

인구동향조사

| ㉑ 최종 졸업학교 | 부 | ①학력 없음 ②초등학교 ③중학교 ④고등학교 ⑤대학(교) ⑥대학원 이상 |
| | 모 | ①학력 없음 ②초등학교 ③중학교 ④고등학교 ⑤대학(교) ⑥대학원 이상 |

※ 아래 사항은 신고인이 기재하지 않습니다.

읍면동접수	가족관계등록관서 송부	가족관계등록관서 접수 및 처리
	*주민등록번호	
	년 월 일(인)	

※ 출생신고서는 대법원 전자민원센터(help.scourt.go.kr)에서 다운로드가 가능하다.

아기 목욕시키기

초보 엄마에게는 마냥 조심스러운 신생아 목욕시키기. 그러나 기본 요령만 알면 누구나 잘할 수 있다.
신생아 목욕의 전 과정을 동영상식으로 재구성했다.

목욕 시 주의 사항

매일 씻긴다

신생아는 몸에서 분비물이 많이 나오고, 태지를 벗겨내기 위해 하루 1회 목욕을 시키는 것이 좋다. 겨울에는 피부가 건조해지므로 일주일에 3~4회 정도만 한다. 생후 일주일까지는 배꼽이 감염될 위험이 있으므로 부분 목욕을 시키고, 배꼽이 떨어진 뒤에는 전신 목욕을 시작한다.

 아기 체온이 38℃ 이상일 때는 가급적 목욕을 시키지 않는다.

갓 태어난 아기는 방에서 씻긴다

체온 조절 기능이 미숙한 신생아의 경우, 아기가 생활하는 방에서 씻긴다. 욕실은 방에 비해 온도가 낮아 목욕하는 동안 체온이 떨어지기 쉽고 딱딱한 타일 바닥 등 위험 요소가 많다. 특히 환절기나 겨울철에는 반드시 방에서 씻긴다.

실내 온도를 2℃ 정도 높인다

여름이라면 상관없지만 다른 계절에는 목욕시키기 전 방 안 온도를 미리 높여두어야 한다. 실내 온도는 24~26℃ 정도로 훈훈하게 하고, 목욕물 온도는 팔꿈치를 담가보아 따끈할 정도인 38~40℃가 적당하다.

목욕물은 미리 준비한다

목욕 시에 아기 체온이 떨어지지 않게 하는 것이 가장 중요하다. 옷을 벗기기 전 목욕물과 헹굼물, 비누와 타월, 가제 손수건 등을 미리 준비해둔다. 또 목욕하는 동안 식을 수 있으므로 헹굼물은 40℃ 정도로 준비해두었다가 사용한다.

목욕 시간은 10분 이내가 좋다

오랜 시간 목욕시키면 감기에 걸리거나 지치기 쉬우므로 목욕 시간은 10분 이내로 한다. 실내 온도가 안정되는 오전 10시~오후 2시가 적당하다.

수건으로 감싼 채 머리를 감긴다

신생아 목욕은 얼굴 닦기, 머리 감기기, 몸 씻기 순으로 진행하는 것이 보통이다. 앞선 두 단계를 하는 동안 맨몸을 공기에 그대로 노출시키지 않도록 한다. 얼굴을 닦고 머리를 감길 때는 속싸개 등 얇은 이불 또는 부드러운 수건으로 아기 몸을 감싼 상태에서 진행한다. 목욕 후에도 커다란 수건으로 재빨리 아기 몸을 감싼다.

배꼽 관리는 옷을 입힌 상태에서 한다

배꼽이 떨어지기 전에는 부분 목욕을 시키는 것이 좋으며, 목욕 후 반드시 배꼽 소독을 해야 한다. 이때 체온이 떨어지지 않도록 옷을 입힌 다음에 하는 게 좋다. 소독이 끝나면 배꼽을 내놓아 잠시 말린다.

얼굴에는 비누를 사용하지 않는다

눈·코·입 등에 비눗물이 들어갈 수 있으므로 얼굴은 물로만 씻긴다. 특히 겨울에 비누로 씻기면 피부가 더 건조해진다. 단, 머리는 순한 아기용 비누로 감겨도 된다.

목욕 후 따뜻한 젖이나 물을 먹인다

속이 따뜻하면 한기를 덜 느끼므로 아기를 목욕시킨 뒤, 바로 따뜻한 물을 먹이거나 젖을 물려 체온을 관리해준다.

목욕할 때 필요한 용품

- **체온계** 목욕 전 아기 체온을 체크한다.
- **유아용 비누** 무자극성, 무향의 비누가 좋다. 생후 2개월 이후부터 사용할 수 있다.
- **가제 손수건** 목욕 타월 대신 순면으로 된 가제 손수건을 사용한다.
- **욕조** 신생아기 이후까지 사용하므로 크고 넓은 것이 좋다. 등받이가 있으면 편리하다.

힘들게 허리를 구부려 아기를 씻길 필요가 없는 스탠딩형 아기욕조. 각도 조절 기능이 있어 신생아부터 사용가능하다. 미끄럼방지 고무가 부착되어 안심하고 사용 가능하며 접어서 보관할 수 있다. 19만3500원, 치코.

- **목욕 그네** 욕조에 걸어서 사용하는 제품으로 초보 엄마에게 유용하다.
- **면봉** 눈·코·귀에 묻은 물기를 닦아낸다.
- **유아용 샴푸** 저자극, 무독성의 유아 전용 샴푸를 사용한다.
- **보습제** 목욕 후 오일이나 로션을 발라주어 외부 자극으로부터 보호한다.
- **손톱 가위** 끝이 둥글어 안전하게 잘라줄 수 있다. 2~3일에 한 번 정도 잘라준다.

전신 목욕시키기

목욕 준비하기

1 목욕물 온도 재기
욕조에는 씻길 물, 세숫대야에는 헹굼물을 준비한다. 욕조에 앉혔을 때 아기의 가슴까지 오는 정도로 물을 붓고 팔꿈치로 물 온도를 잰다.

2 아기 받쳐 안기
발가벗겨 물에 담그면 놀랄 수 있으므로 타월로 아기 몸을 감싸고 한 손으로는 목을, 팔로는 엉덩이를 받친 자세로 아기를 안는다.

3 귀 막기
귀에 물이 들어가면 중이염 등 염증이 생길 수 있다. 목을 받친 손의 엄지손가락으로 귀 뒤를 눌러 귓구멍에 물이 들어가는 것을 막는다.

얼굴 닦기 & 머리 감기기

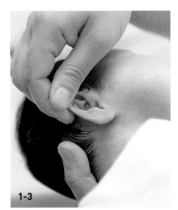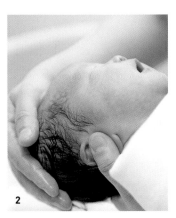

1-1 1-2 1-3 2

1 얼굴 닦기 눈·코·입·귀 순서로 얼굴을 닦는다. 눈은 감은 상태에서 안쪽에서 바깥쪽으로 눈곱만 뗄 정도로 닦고, 귀는 외이도 부분만 살살 닦는다.
2 머리 감기기 머리를 적신 뒤 손에서 비누 거품을 만들어 머리카락을 뒤로 쓰다듬듯이 하며 감긴다. 손가락으로 부드럽게 두피를 마사지한다.

몸 씻기기

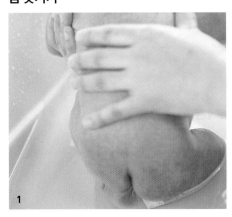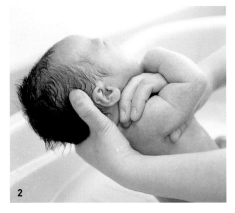

1 2

1 욕조에 앉히기
아기 몸을 감싼 타월을 벗기고 발부터 천천히 물속에 담근다. 욕조 한 면에 아기를 앉혀 세운다.

2 몸 씻기기
오른손잡이면 왼팔로, 왼손잡이라면 오른팔로 아기의 등과 목을 받친다. 목 → 겨드랑이 → 배 → 팔·손 → 다리·발 → 등 순으로 씻는다.

헹구고 말리기

1 **헹구기** 목욕이 끝나면 헹굼물을 아기 배 쪽으로 조심스럽게 부어가며 헹군다. 마지막으로 깨끗한 물에 온몸을 담갔다가 꺼낸다.

2 **물기 닦기** 타월 위에 아기를 눕히고 타월로 온몸을 감싼 후 톡톡 두드려 물기를 닦는다. 팔다리는 주무르듯, 손가락은 하나씩 닦는다.

- 엄지와 집게손가락 끝을 아기의 목 주름 사이에 질러 넣듯이 집어넣어 씻는다.
- 겨드랑이는 모은 상태로 있을 때가 많아 때가 끼기 쉽다. 목과 마찬가지로 엄지와 집게손가락을 질러 넣어 깨끗이 씻는다.
- 손바닥을 가슴에 대고 배 방향으로 빙글빙글 돌리며 내려오면서 부드럽게 문지른다.
- 팔과 손은 접힌 부위가 많아 때가 끼기 쉽다. 팔과 손바닥을 쫙 벌려 사이사이를 문질러 씻는다. 손가락도 하나씩 벌려가며 씻는다.
- 다리 살이 접힌 부위에 엄마 손가락을 질러 넣어 쓸어주듯이 노폐물을 닦아낸다. 물속에서 다리를 쭉쭉 잡아당겨 펴듯이 마사지한다.
- 아기를 뒤집어 한 팔로 가슴을 받친 뒤, 반대편 손으로 등과 엉덩이를 손바닥으로 씻는다.

쉽고 간단하게 부분 목욕시키기

1 가제 손수건에 따뜻한 물을 적신다. 한 손으로 귀를 접어 쥐고 얼굴을 닦은 뒤, 턱 밑을 닦는다.

2 손에 살짝 힘을 주어 팔을 위로 들어 올린 후 겨드랑이 사이의 피부가 겹친 부위를 닦아낸다.

3 가슴과 배를 위에서 아래로 살살 쓸어내듯이 닦아준다.

4 아기 팔을 쭉 펴고 위에서 아래로 닦는다. 가제 손수건은 수시로 따뜻한 물에 헹궈서 사용한다.

5 손등을 닦은 후 손바닥을 쫙 펴서 손가락 사이와 접힌 부위도 꼼꼼하게 닦는다.

6 다리를 쭉 펴서 무릎과 무릎 뒤의 피부가 접힌 부위를 말끔하게 닦는다.

7 발가락 밑의 피부가 겹치는 부위와 발바닥도 꼼꼼하게 닦아낸다.

8 아기 몸을 뒤집어 등을 위에서 아래로 재빠르게 닦아낸다.

9 엉덩이는 톡톡 두드리듯 닦고, 엉덩이 사이를 벌려 항문 쪽을 꼼꼼하게 닦는다.

성기 씻기기

궁금했지만 마땅히 물어볼 곳이 없었던 성기 관리법.
남자아기와 여자아기 각각의 성기 구조와 관리 요령, 목욕법을 꼼꼼히 정리했다.

남자아기 씻기기

씻기는 순서

1 위에서 아래 방향으로 음경을 닦아낸다.

2 고환을 들어 아래쪽도 꼼꼼하게 닦아낸다.

3 허벅지와 다리 사이의 접힌 부위는 분비물이나 각질 등 이물질이 끼기 쉬우므로 손가락을 집어넣어 조심스레 닦는다.

4 위에서 아래 방향으로 물을 끼얹어 헹군다.

5 음경을 들어올려 물티슈로 고환과 그 밑을 닦은 다음 음경을 닦는다. 허벅지를 벌린 후 사타구니의 접힌 부위도 손가락으로 잘 펴서 닦는다.

성기의 구조

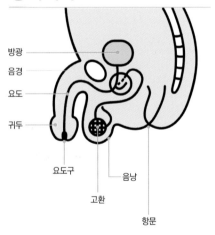

방광
음경
요도
귀두
요도구
음낭
고환
항문

귀두 보이게 하는 방법

1 가볍게 쥐고 포피를 살짝 위로 당겨 올린다.
2 천천히 아래로 잡아당긴다. 2~3회 반복한다.
3 귀두 반대(뿌리)쪽을 쥐고 위로 올려 되돌린다.

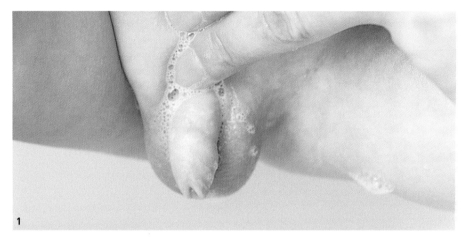

1

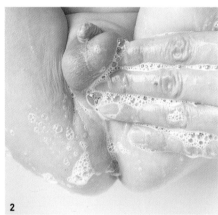

2

3

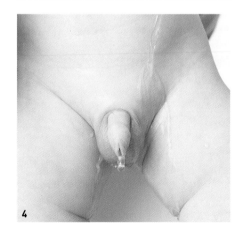

4

5

관리 요령

음경은 포피라는 부드러운 피부로 덮여 있는데, 이것을 아래로 잡아당기면 귀두가 드러난다. 포피와 귀두 사이에도 치구(소변이나 귀두에서 나오는 분비물로 곰팡이나 치즈처럼 생겼다)라고 하는 더러움이 쉽게 쌓이므로 포피를 살짝 벗긴 후 귀두에 미지근한 물을 여러 번 끼얹는다. 염증을 일으킬 수 있으므로 음낭의 주름도 손가락으로 가볍게 잡아당겨 주름을 펴고 사이사이 꼼꼼하게 물로 씻어준다.

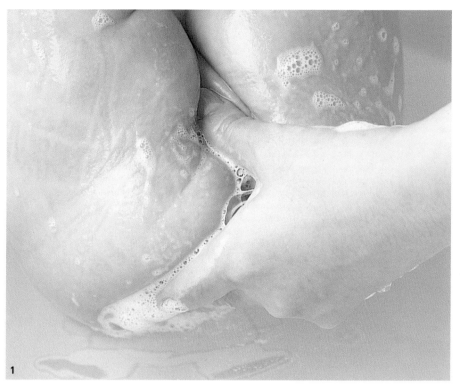

1

2

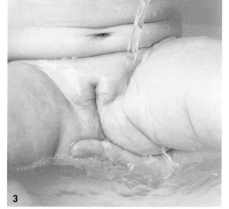

3

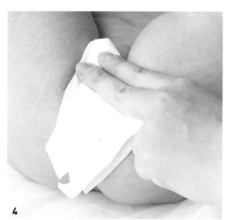

4

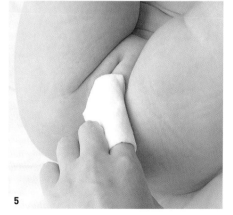

5

여자아기 씻기기

씻기는 순서

1 오른손으로 아기 엉덩이를 받치고 왼손의 엄지를 이용해 외음부를 위에서 아래로 부드럽게 닦는다. 갈라진 부위를 무리하게 벌리거나 외음부 안쪽까지 씻지 않는다.

2 엉덩이와 허벅지 사이의 피부가 접힌 부위와 엉덩이까지 닦아줘야 피부 트러블이 생기지 않는다. 비누는 되도록 저자극 유아용 비누를 사용해 피부 자극을 줄인다.

3 비누 거품이 남지 않도록 위에서 아래 방향으로 물을 끼얹어 여러 번 헹궈낸다. 외음부에 물이 고여 있을 수 있으므로 목욕 후에는 충분히 물기를 닦아준다.

4 물티슈를 삼각형 모양으로 접어서 외음부에 대고 두 손가락을 이용해 위에서 아래로 쓸어내리듯 닦는다.

5 가제 손수건을 손가락에 감아 외음부에 대고 부드럽게 쓸어내린다. 남아 있는 물기까지 말끔히 닦을 수 있다. 성기와 허벅지 사이도 꼼꼼하게 닦는다.

성기의 구조

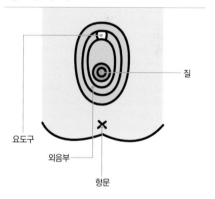

질
요도구
외음부
항문

Q 성기의 속 부분이 보이는데 괜찮을까?

A 만 2세가 되기 전까지는 성기의 속 부분인 내성기가 얼핏 보이기도 한다. 하지만 자라면서 성기와 그 주위에 살과 피하지방이 붙어 머지않아 보이지 않게 된다. 내성기가 보이더라도 손으로 만지지 않는다. 관리가 필요한 것은 외음부이다.

관리 요령

외음부는 항문과 가까워 대장균 등의 세균에 감염되기 쉬우므로 늘 청결하게 관리해야 한다. 씻을 때는 성기의 갈라진 부위를 살짝 벌리고 부드럽게 물로 헹궈낸다. 아기가 목욕에 익숙해진 다음에는 샤워기를 위에서 아래로 향하게 해 헹궈줘도 좋다. 단, 무리하게 외음부를 벌리거나 안쪽까지 씻어주려고 하지 않는다. 대변 찌꺼기나 항문 주변의 세균이 외음부에 묻지 않도록 반드시 앞에서 뒤로 닦는다.

목욕 후 손질 요령

목욕을 시키고 옷을 입힌 뒤 세균에 감염되지 않도록 배꼽과 귀, 코를 소독하고 닦아준다.
자칫하면 아기에게 상처를 입힐 수 있어 조심스러운 목욕 후 케어, 안전하게 해내는 요령을 알아본다.

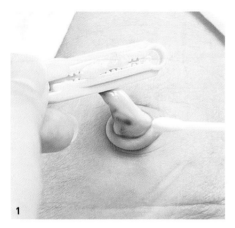
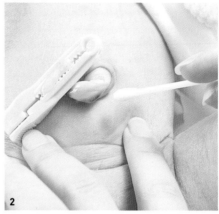
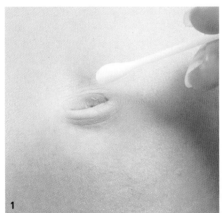
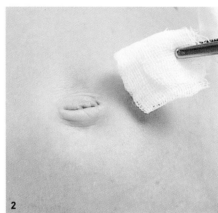

배꼽 소독하기

배꼽 떨어지기 전 소독법

1 면봉에 소독용 알코올을 묻혀서 탯줄을 겸자째 들어 올린 후 탯줄 아랫부분을 조심스럽게 닦아낸다.

2 검지와 중지를 벌려 아기의 아랫배를 누르면 탯줄을 들어 올리지 않고도 탯줄 밑의 피부를 닦아줄 수 있다. 소독한 후에는 바로 배를 덮지 않고 잠시 둔다. 알코올이 완전히 말라 피부가 보송해지면 기저귀를 채운다.

배꼽 떨어진 뒤 소독법

1 면봉에 소독약을 묻혀서 배꼽 안까지 닦는다. 이때 분비물 찌꺼기가 잘 떨어지지 않아도 무리해서 떼어내지 않는다.

2 알코올을 묻힌 거즈로 배꼽 주위를 고루 닦는다. 피부에 묻은 알코올이 마를 때까지 덮지 말고 잠시 그대로 둔다.

! 거즈를 덧대면 바람이 통하지 않아 배꼽이 떨어지는 데 시간이 오래 걸린다. 염증 때문에 병원에서 거즈를 덮어준 게 아니라면 임의로 덧대지 않는다.

신생아 케어 기본 준비물

면봉, 가제 손수건, 물티슈, 거즈, 소독용 알코올, 식염수, 유아 전용 손톱깎이

면봉
연필 잡듯이 엄지와 검지, 중지 세 손가락으로 가볍게 쥔다.

가제 손수건
검지에 감은 후 흘러내리지 않도록 손가락으로 감싸 쥔다.

Q 배꼽은 얼마나 자주 소독해야 할까?

A 하루 두 번, 오전과 오후에 소독하고 탯줄이 떨어진 후에도 3~4일은 하루 두 번씩 소독한다. 소독은 70% 농도의 알코올로 한다. 소독 효과가 좋을 뿐 아니라 빨리 건조되기 때문에 편리하다. 약국에서 구입한다.

귀 닦아주기

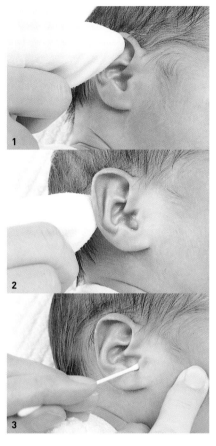

1 미지근한 물에 적신 가제 손수건을 손가락에 감아 귓바퀴부터 외이도까지 원을 그리며 닦는다. 이때 힘을 세게 주거나 마른 수건으로 닦으면 피부에 상처가 날 수 있다.

2 젖이나 분유를 먹다가 흘려서 귓바퀴의 뒤쪽이 더러워지기 쉽다. 위에서 아래 방향으로 반원을 그리며 닦는다.

3 아기 얼굴을 옆으로 돌리고 뺨을 눌러 귓구멍이 보이는지 확인한 후 면봉으로 귀의 입구만 닦아낸다. 다른 쪽 귀도 같은 방법으로 닦는다. 물기가 남아 있거나 많이 지저분하지 않으면 귓속은 닦지 않는 것이 좋다.

코딱지 빼주기

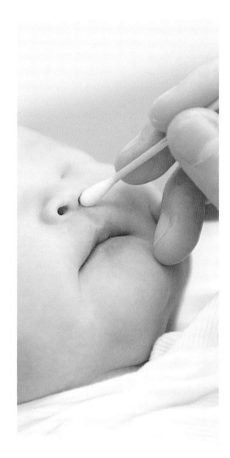

1 면봉에 식염수를 묻힌뒤 콧구멍 입구를 살살 닦으면 코딱지가 녹아 나온다. 코점막에 상처를 입힐 수 있으므로 콧구멍 입구만 살짝 닦아낸다. 코 주변 피부에 상처가 나지 않게 주의한다.

2 가제 손수건에 미지근한 물을 적셔 코 밖으로 나온 코딱지를 닦아낸다. 이때 마른 수건이나 휴지로 닦으면 코끝이 헐 수 있으므로 반드시 젖은 수건을 사용한다.

! 저자극 성분의 콧물 전용 물티슈도 사용하기 편리하다. 재질이 부드러운지, 깨끗한 정제수로 만들었는지, 로션 등 다른 성분이 들어 있지는 않은지 확인한 후 구입한다.

손발톱 깎아주기

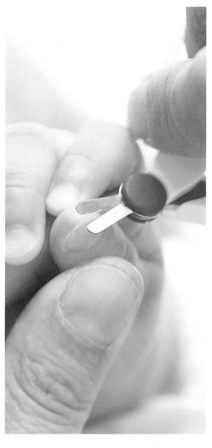

1 거즈에 소독약을 묻혀 손톱깎이의 날을 닦고, 아기의 손발톱도 깎기 전에 미리 닦아 깨끗하게 소독한다.

2 바닥에 수건을 깐 다음 깎을 손가락이나 발가락 끝을 엄지와 검지로 잡고 모서리부터 조금씩 잘라나간다. 일자로 자른 후 양끝을 살짝 다듬는다. 손톱 모서리를 깊이 깎으면 염증이 생길 수 있으므로 각별히 조심한다.

! 손톱은 일주일에 1~2회, 발톱은 한 달에 1~2회 깎는다. 목욕 후 손발톱이 부드러워졌을 때나 아기가 잠든 동안 깎아주면 엄마도 아기도 편하다.

Q 귀는 언제, 어떻게 닦아주면 될까?

A 신생아는 자주 토할 뿐 아니라 한쪽으로만 누워 자는 버릇이 있어 귓바퀴와 귀 뒤쪽이 더러워지기 쉽다. 하루 한 번, 목욕 후 가제 손수건으로 귀 입구만 닦아준다. 귀지는 저절로 밖으로 나오므로 일부러 파지 않는다.

아기 전용 손톱 관리 제품

신생아 손톱은 얇고 약해서 관리하기가 만만치 않다. 반드시 아기 전용 손톱 관리 제품을 사용해보자.

아가드 네일트리머
전동 네일트리머가 손톱을 안전하고 둥글게 다듬어준다. 2만 원 선, 아가드.

마더케이 손톱 가위 세트
손톱가위, 손톱깎이, 핀셋, 네일파일이 모두 들어 있다. 2만4000원, 마더케이.

기저귀 갈아주기

아기는 태어난 지 24시간 후부터 소변을 보기 시작해 일주일까지는 하루 10회, 생후 2주가 지나면 하루 15~20회 소변을 본다.
하루에도 여러 차례 해야 하는 기저귀 갈기, 빈틈없이 해내는 법.

종이 기저귀 갈기

1 아기의 엉덩이 밑으로 손을 넣어 손바닥으로
허리를 받치면서 엉덩이를 살짝 들어 올린 후 새
기저귀를 펴서 엉덩이 밑으로 깔아 넣는다.
엉덩이가 기저귀 중앙보다 약간 앞쪽으로 오는
정도가 적당한 위치이다.

❗ 다리를 무리하게 잡아 올리면 관절이
빠질 수 있으므로 주의한다. 기저귀를
갈아줄 땐 다리를 들어 올리기보다 엉덩이를
받치는 편이 안전하고 안정감도 더 있다.

2 기저귀 끝부분이 배꼽을 가리지 않도록
높이를 조절한다. 그런 다음 약간 여유를 두어
좌우 대칭이 되게 위치를 잡고 접착테이프를
붙인다. 남자아기는 음낭 밑이 쉽게 습해지므로
음낭을 밀어 올리며 기저귀를 채운다.

3 배에는 약간 여유를 두고 등은 딱 맞게 채우면
너무 조이거나 헐렁하지 않고 아기가 편안하게
느끼는 강도로 채울 수 있다.

4 허벅지의 기저귀 주름이 벙벙하거나 날개가
반듯하게 펴지지 않으면 소변이나 대변이 새기
쉽다. 기저귀가 헐렁하거나 조이지 않는지
마지막으로 체크한다.

기저귀 갈아줄 때
성기 닦는 법

남자아기
물티슈를 손가락에
말아 음경 위쪽을 살살
닦는다. 그런 다음 음경
뒤, 음경과 음낭 사이,
귀두 순으로 닦는다.

여자아기
젖은 가제 손수건이나
물티슈로 앞쪽에서
뒤쪽으로 닦아낸다.
요도에 균이 들어가지
않도록 주의한다.

1

2

3

4

천 기저귀 갈기

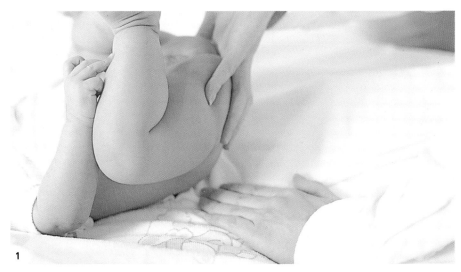

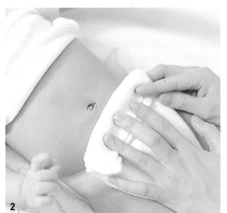

1 기저귀 커버를 깔고 그 위에 아기를 눕힌 다음 기저귀를 아기 엉덩이 밑으로 넣는다.

2 기저귀의 중심선이 아기 배꼽에 오도록 맞추고 기저귀 끝이 배꼽을 덮지 않도록 한 번 접는다.

3 기저귀 커버의 벨크로 테이프를 한쪽씩 느슨하게 붙인다. 기저귀 커버와 기저귀 사이에 손가락 2개가 들어갈 정도의 여유를 두는 것이 적당하다. 기저귀가 조이면 아기가 답답해한다.

4 커버 밖으로 기저귀가 빠져나온 부분을 커버 안쪽으로 깔끔하게 집어넣는다. 특히 엉덩이와 허벅지 사이로 빠져나오는 경우가 많다.

천 기저귀 접는 법

신생아

기저귀의 폭을 넓게 잡으면 다리가 불편하므로 10~12cm 폭이 적당하다. 먼저 길이대로 반 접고 다시 3등분해 차곡차곡 접는다.

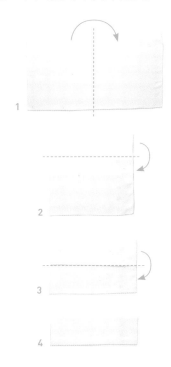

남자아기

길이대로 반 접고 앞쪽을 10cm 정도 접은 다음, 가로로 3등분해 접는다.

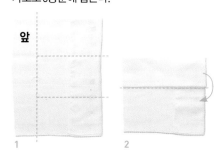

여자아기

길이대로 반 접고 뒤쪽을 10cm 정도 접은 다음, 가로로 3등분해 접는다.

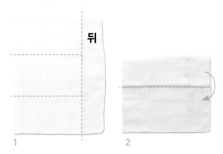

옷 입히기

아기 옷은 빨리 입히고 벗기는 게 무엇보다 중요하다. 옷을 갈아입힐 때는 항상 목과 엉덩이를 받쳐
아기가 편하게 느끼도록 자세를 잡아주어야 한다.

옷을 입히기 전에

새 옷의 태그를 잘라낸다
신생아 옷은 대부분 태그가 밖으로 붙어
있지만, 안쪽에 붙은 경우에는 태그나 세
탁 표시 등 아기 피부에 직접 닿는 것들을
모두 잘라낸다. 면 소재 태그도 아기 피부
에는 자극이 될 수 있다. 직접 닿으면 빨
갛게 부어오를 수 있으므로 바느질 선을
따라 깨끗하게 잘라낸다.

새 옷은 세탁 후 입힌다
특히 속옷은 구입한 즉시 입히지 말고 반
드시 빨아 입혀야 한다. 먼지나 이물질 등
이 묻어 있을 수 있고, 섬유 유연제나 풀
등이 스며들어 있을 수 있기 때문이다. 세
제는 사용하지 않아도 되지만 삶아 빨아
서 입히는 것이 좋고, 삶을 때 베이킹 소
다 등 천연 세제를 약간 넣어도 괜찮다.
상황이 여의치 않으면 맹물로만 헹궈서
잘 건조시킨 후 입힌다.

실내 온도를 높인 뒤 옷을 벗긴다
옷을 갈아입힐 때는 먼저 실내 온도가 적
당한지 확인하고 갈아입힐 옷을 미리 준
비한 후, 옷을 벗기고 준비한 옷이나 타
월로 아기 몸을 재빨리 감싸주어야 한다.
이때 엄마가 손바닥으로 부드럽게 아기
피부를 문질러주면 좋다. 옷을 벗길 때
아기가 깜짝 놀라는 경우가 있는데, 이는
생후 4개월 정도까지 나타나는 신생아의
반사 반응이므로 걱정할 일은 아니다. 아
기의 손이나 팔을 잠깐 동안 잡아주어 안
심시킨 다음 마저 벗긴다. 옷을 갈아입히
기에 적합한 실내 온도는 목욕 시 온도와
같은 24~26℃ 정도이다.

옷 입히는 요령

목둘레가 큰 것이 좋다
아기는 몸에 비해 머리가 크기 때문에 앞
이 트이지 않은 티셔츠형 상의는 입히고
벗기기가 불편하다. 상의는 머리에 씌우
는 것이 아닌 앞가슴이나 어깨 쪽이 트여
있어 끈으로 여미거나 단추를 채우는 형
태가 입히기 수월하다.

앞트임 옷은 뒤집어서 입힌다
앞트임 옷을 입힐 땐 옷을 미리 뒤집어둔
다. 뒤집은 소매에 아기 손을 끼우고 소매
를 엄마 팔에서 아기 팔로 이동시키며 옷
을 뒤집으면 손쉽게 입힐 수 있다.

엄마 손을 단추 밑에 대고 잠근다
아기 옷에는 잠그고 풀기 쉬운 똑딱단추
가 달린 경우가 많다. 옷을 입힌 채 단추
를 채우면 자칫 단추가 아기의 피부를 압
박할 수 있으므로 단추 밑부분에 손가락
을 대고 잠그거나 몸에서 옷을 살짝 띄워
서 잠그는 것이 안전하다.

100% 천연 유래 향료와 얼룩
제거에 특화 된 자연 유래 성분
으로 100% 생분해 되는 제형의
친환경 세탁세제. 유해성분0%,
알러지 FREE 제품의 안심성분은
물론 민감성 피부 테스트도 완료.
연약한 피부의 아기들도 안심하고
사용 가능하다. 메이드 인 프랑스
1L, 3만5000원, 버블비 라레씨브
세탁세제.

개월별 옷 입히기
• 생후 0~3개월 아기는 하루 종일 따뜻한
방 안에 펴둔 이불 속에서 지내므로 배냇

저고리와 배내 가운만 있으면 충분하다.
여름철에는 배냇저고리만 입히고 부드러
운 소재의 속싸개로 감싸주어도 된다.
• 생후 4~6개월 한시도 쉬지 않고 온몸을
움직이며, 자면서도 몸을 자주 뒤척인다.
따라서 아무리 움직여도 배가 드러나지 않
는 옷을 입힌다. 올인원 형태가 적당하다.
• 생후 7~12개월 기거나 걷는 등 움직임
이 눈에 띄게 활발해져 이 시기 아기는 땀
을 많이 흘린다. 옷을 자주 갈아입혀주어
야 하는 것은 물론이다. 이 무렵에는 올인
원보다 상의와 하의를 각각 입히는 게 좋
다. 윗도리와 아랫도리를 따로 갈아입힐
수 있기 때문이다.

천연 세탁 세제 활용법

기본 빨래는 유아 전용 세제를 사용해 세탁하고,
표백제와 섬유 유연제는 사용하지 않는다.
대신 베이킹 소다, 식초, 구연산 등 천연 세제를
사용할 것. 천연 성분이라 안심할 수 있고
표백 · 살균, 유연제 효과도 얻을 수 있다.

1 베이킹 소다
베이킹 소다는 표백과 살균 효과가 뛰어나다.
빨래를 할 때 일반 세제와 베이킹 소다를 1:10의
비율로 섞어 사용한다.

2 식초
과즙이나 김치 국물, 이유식을 흘려서 생긴
얼룩을 지우는 데 효과적이다. 주방 세제에 식초
1작은술을 섞어 얼룩에 바르고 10분 지난 뒤
따뜻한 물로 헹궈낸다. 냄새가 남을 수 있으므로
충분히 헹궈야 한다.

3 구연산
구연산 40g을 물 1L에 섞어 구연산수를 만들면
천연 섬유 유연제로 사용할 수 있다. 가제
손수건 등을 빨 때 마지막 헹굼물로 사용해도
좋다. 살균 효과도 있어 여러모로 유용하다.

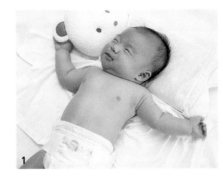

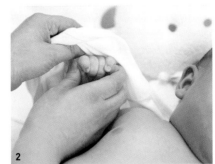

↑ 앞트임(배냇저고리)

1 옷을 바닥에 펼쳐놓고 아기를 옷 위에 눕힌다. 이때 아기 목과 옷의 목 부분이 일치하도록 위치를 잡는 것이 중요하다.

2 소매를 뒤집어 엄마 손에 끼운 뒤 아기 손을 잡고 옷을 다시 뒤집으며 소매를 끼운다.

3 살이 눌리지 않게 옷을 잘 편 후 여유분을 두고 끈을 묶는다. 리본 묶기를 하면 풀기 쉽다.

↑ 올인원

1 앞여밈이나 등, 사타구니 부분에 있는 똑딱 단추를 모두 푼 다음, 옷자락을 둥글게 말아 쥐어 목 부분을 넓게 벌려 입힌다.

2 옷자락을 잡아당겨 엉덩이 부분까지 접힌 곳 없이 내린 후, 가랑이까지 단추를 채운다.

3 아기를 무릎에 세워 안고 등과 목을 받쳐서 나머지 단추를 모두 채운다.

↻ 내의

1 두 손으로 옷자락을 둥글게 말아 쥐고 목 부분을 최대한 벌려 아기 머리에 끼우고 목까지 내린다.

2 엄마 손을 소매 속에 넣어 넓게 벌리고, 아기 팔을 소매 속으로 넣어 당기면서 소매를 끼운다.

3 등 부분이 배기지 않도록 손을 등 쪽에 넣어 쓸어내리면서 옷을 정리한다.

4 엄마 손에 바지를 뒤집어 끼운 뒤 아기 발을 잡고 바지를 올리면서 옷을 다시 뒤집어 입힌다.

5 바지 앞부분을 배꼽 위까지 올리고 허리 부분을 잡고 살살 당겨서 조이거나 눌리지 않도록 매만진다.

❗ 손으로 목과 엉덩이를 받쳐 아기가 편안하게 느끼도록 자세를 잡아주고, 옷을 다 입힌 후에는 살이 조이거나 눌리지 않도록 매만진다. 체온이 떨어지지 않게 하는 것도 중요하지만, 지나치게 꽁꽁 싸매지 않는다. 체온 조절 능력이 미숙해 너무 여러 겹 입히면 체온이 갑자기 오를 수 있다.

신생아 키우기 궁금증

궁금하고 걱정되는 것투성이인 초보 엄마를 위해 대표 궁금증을 풀이했다.
뒤지고 또 뒤져도 좀처럼 답이 나오지 않는 신생아 위생 관리의 모든 것.

성기 관리법

소변만 봐도 엉덩이까지 닦아야 하나

기저귀를 차고 있기 때문에 소변만 봐도 엉덩이까지 전체적으로 젖는다. 특히 여자아기의 경우 뒤쪽이 많이 젖으므로 소변을 볼 때마다 닦아주어야 하는데, 매번 물로 씻어주기 어려우니 물티슈나 가제 손수건을 이용해 닦아준다. 기저귀는 물기가 보송하게 마른 뒤에 채운다. 여자아기의 경우 외음부를 벌려 안쪽까지 깔끔하게 닦아주어야 한다.

물티슈를 사용한 후에도 물로 씻어줘야 하나

물티슈에는 방부제나 피부 보호제가 들어 있기 때문에 사용 후 거품이 나거나 끈적거릴 수 있다. 소변만 보았을 때는 물티슈로 가볍게 닦아내도 좋지만, 대변을 본 뒤라면 물티슈로 용변 덩어리를 제거한 뒤 물로 가볍게 씻어주는 것이 좋다. 이때 비누는 사용하지 않는다.

구강과 젖병 관리법

수유 후 입안까지 닦아줘야 하나

모유를 먹는 아기는 입안을 닦아주는 것보다 수유 후 끓여서 식힌 물을 몇 모금 먹이는 것이 낫다. 분유를 먹는 아기는 혀에 하얗게 백태가 끼므로 입안과 혀를 잘 닦아주어야 하는데, 이때 입안 점막이 다치지 않도록 조심한다. 모유를 먹이는데도 백태 등 트러블이 있다면 삶아서 소독한 가제 손수건을 엄마 손가락에 감아 혀 안쪽에서 바깥쪽으로 닦아준다. 횟수는 하루 한 차례 하면 충분하다.

모유수유할 때마다 젖꼭지를 닦나

모유에는 항균 성분이 들어 있으므로 젖꼭지는 자주 닦지 않는 것이 좋다. 모유를 먹인 후 하루에 2~3회 미지근한 물을 손으로 받아 살살 닦는다. 이때 비누는 사용하지 않는다. 유두의 유륜 부분에 있는 검은색 돌기에서 아기에게 좋은 오일 성분이 묻어 나오는데, 비누를 사용하면 이 오일까지 닦아내기 때문.

젖병 세정제로만 씻으면 안 되나

신생아는 면역력이 약하기 때문에 적은 양의 세균에도 감염되기 쉽다. 젖병 세정제는 대부분의 세균을 없애는 효과가 있지만, 신생아에게는 약간의 세균도 위험할 수 있으므로 젖병 세정제를 사용한 후 반드시 열탕 소독한다. 생후 3개월 이후엔 젖병 세정제로만 소독해도 된다. 전자레인지 소독 또한 완전 멸균이 되지 않으므로 신생아 시기에는 삼간다.

소독 후 말리면서 젖병에 세균이 들어가지 않나

젖병 건조기가 아닌 쟁반에 엎어놓거나 빨래 건조대에 걸어 젖병을 말릴 경우 세균에 노출될 수 있다. 열탕 소독한 젖병은 자체가 뜨겁기 때문에 물방울만 털어내도 금방 건조된다. 건조 후에는 엎어놓지 말고 뚜껑을 닫아서 실온에 보관하는 것이 좋다. 젖병 소독은 오전과 오후에 한 번씩 하고 오전에 소독한 젖병을 반나절 이내에 사용하지 않았으면 오후에 다시 한 번 소독한다.

피부와 환경 관리법

눈곱을 손으로 떼도 되나

신생아의 눈 주위는 민감하기 때문에 눈곱을 손으로 떼면 절대 안 된다. 소독한 탈지면이나 가제 손수건에 생리식염수를 듬뿍 묻혀 눈물 구멍이 있는 앞쪽에서 바깥쪽으로 닦는다. 자극이 되지 않도록 비비지 말고 한 번만 쓱 닦아내면 된다.

얼굴과 머리에 묻어 있는 태지도 씻어내야 하나

태어난 지 일주일 정도 되면 태지의 일부는 피부 속으로 스며들고, 나머지는 목욕하면서 서서히 떨어져 나간다. 비누칠을 해서 벗겨내면 오히려 좋지 않다. 피부가 벌겋게 되고 세균 감염 위험도가 높아질 수 있기 때문. 그래도 한 번은 엄마 손길이 필요하다. 배꼽이 떨어진 뒤 손에 오일을 듬뿍 묻혀 몸 전체를 부드럽게 마사지한다. 30분 정도 지나면 태지가 퉁퉁 붇는데, 이때 목욕을 시키면서 닦아주면 자연스럽게 떨어져 나간다.

아기를 안을 때마다 손을 씻어야 하나

신생아는 안을 때마다 손을 씻는 것이 원칙이다. 산모는 모유수유를 하기 전이나 분유를 타기 전에 손을 씻고, 설거지 등을 한 뒤에도 손을 씻고 아기를 안는다. 외부에서 들어온 사람은 반드시 손을 씻고 아기를 만져야 한다.

배꼽 소독법

빨간약으로 배꼽을 소독해도 되나

빨간약(머큐로크롬)은 신생아 배꼽을 소독할 때에는 사용하지 않는다. 노르스름한 빨간약인 요오드팅크제도 있는데, 휘발성이 아니어서 잘 건조되지 않는다. 반면 알코올은 휘발성이라 소독과 건조가 잘되어 신생아 배꼽 소독에 적당하다. 단, 염증이 있을 경우 아기가 아플 수 있으므로 먼저 요오드팅크제인 포비돈을 발라준 뒤 알코올로 소독한다.

배꼽 소독 후 말릴 때는 옷을 벗겨놓아야 하나

옷을 모두 벗겨놓는 것이 아니라 배냇저고리를 접어 올려 배꼽이 보이게 하고, 기저귀도 배꼽 아래로 채운다. 피부에 묻은 정도의 알코올은 손으로 한두 번 부채질해주면 금방 마른다. 이때 입으로 불어 말리면 세균이 옮을 수 있으므로 삼간다.

의류 관리법

얼마나 자주 옷을 갈아입혀야 하나

신생아는 소변을 자주 보고 땀을 많이 흘리기 때문에 옷을 자주 갈아입혀야 한다. 땀에 젖거나 이물질이 묻었다면 하루에 두세 번 갈아입히고, 깨끗하다면 한 번만 갈아입혀도 된다. 토하는 경우에는 그때마다 갈아입히고, 목욕 후에는 꼭 갈아입힌다. 신생아와 매일 살을 맞대는 엄마의 옷도 항상 청결하게 관리한다.

가제 손수건은 매번 삶아야 하나

가제 손수건은 자주 삶아 맑은 날 햇볕에 말려서 쓴다. 그리고 엉덩이 부위에 쓰는 것과 입 등을 닦는 것을 구별해 사용하는 것이 좋다. 눈, 코, 입같이 감염되기 쉬운 부위는 닦을 때마다 삶아 빤 것을 사용한다. 이불과 베갯잇은 열흘에 한 번씩 뜨거운 물로 세탁한 뒤 맑은 날 햇볕에 말린다.

옷을 살균 표백제로 삶아도 되나

아기 옷을 세탁할 때는 유아 전용 연성 세제를 사용하는 것이 좋다. 비눗기가 남을 경우 아기 피부에 자극을 주기 때문이다. 삶으면 멸균되기 때문에 굳이 살균 표백제를 사용할 필요는 없다. 어른 옷과 분리해서 애벌빨래한 다음 삶아 빤다.

민감한 부위를 위한 유아용 스킨케어 제품

우유 단백질의 아미노산 핵심성분과 고함량 징크옥사이드가 아기 엉덩이를 피부 자극 및 습기로부터 보호하고, 보호막을 형성하여 보송하게 유지시켜 준다. 환경을 생각하는 생분해성 제형. 150ml, 2만2350원, 사노산.

안전하게 안는 법

만지면 다칠까 겁부터 나는 신생아. 초보 엄마에겐 아기를 안는 일이 어렵게만 느껴진다.
그러나 기본을 익히면 그다음부터는 일사천리. 신생아 안기의 기본을 알아본다.

바닥에서 들어 올릴 때

1 목과 엉덩이 받치기 한 손은 목 아래에
집어넣어 손바닥 전체로 아기 목을 받치고, 다른
한 손은 엉덩이 아래에 끼워 넣는다.

2 허리 둥글게 구부리며 안기 아기를 엄마 쪽으로
끌어당기며 안아 올린다. 엄마는 허리를 구부린
상태로 자세를 안정시킨다.

모유수유할 때

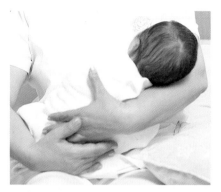

1 요람 안기 수유의 기본자세. 넓적다리에
아기를 앉히듯 안고, 팔꿈치 안쪽으로 머리를
받치고 옆으로 눕힌 뒤 끌어당겨 안는다.

2 옆구리에 끼고 안기 젖이 많은 엄마에게
적당한 자세. 젖 먹이는 팔로 아기 엉덩이를
받치고 다른 쪽 팔은 머리를 받친다.

잠든 아기 내려놓을 때

1   2

3   4

1 안고 자리에 앉기 잠이 깨지 않도록 아기를
안은 채 그대로 양 무릎을 굽혀 자리에 앉는다.

2, 3 아기 눕히기 몸을 앞으로 숙이면서
엉덩이부터 바닥에 내려놓으며 머리를 베개에
사뿐히 얹는다.

4 잠자리 정돈하기 아기를 내려놓은 뒤 등이
배기지 않도록 쓸어주면서 옷을 정리한다.

아기를 건넬 때

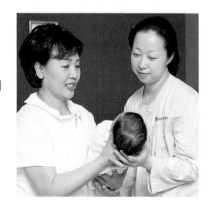

아기의 다리 사이에 한손을
끼워 넣고, 다른 손으로 아기의
목과 어깨를 받친다.
아기의 머리부터 조심스럽게
상대방 손 위에 올려놓으며
건넨다. 상대가 안정적으로
아기를 안은 다음에 아기
몸에서 손을 뗀다.

달래거나 재울 때

한 손으로는 아기 목과 등을,
다른 한 손으로는 엉덩이를
받치며 세워서 안는다. 아기와
눈을 마주한 채 엉덩이를
가볍게 토닥이고, 아기 몸을
좌우로 살살 흔들어준다.
너무 심하게 흔들면 젖을 토할
수 있으니 조심한다.

모유수유 교과서

자신이 모유수유에 실패할 수 있다고 생각하는 엄마는 드물지요.
하지만 잘못된 정보 때문에 섣불리 모유수유를 포기하거나
젖 먹이는 기간 내내 트러블을 겪는 엄마는 생각보다 많습니다.
잘 알려지지 않은 모유수유의 장점을 소개하고,
개월별 모유수유 원칙과 수유 중 문제 대처법을 꼼꼼하게 제시합니다.

모유수유의 좋은 점

모유는 아이에게 완전식품이고 엄마에게는 산후 회복제가 된다. 출산 후 일주일 동안 먹이는 초유의 힘부터
두뇌 발달과 모유의 상관관계까지, 모유수유의 장점을 구석구석 알아본다.

아이에게 모유는

초유를 먹이면 태변의 배설을 촉진한다

엄마 배 속에 있을 때 양수와 함께 입속으로 들어간 세포나 태지, 솜털 등이 장에 쌓여 있다가 나오는 것이 태변이다. 출산 후 일주일 동안 나오는 초유(끈끈하고 진하며 짙은 노란색을 띤다)에는 면역글로불린G와 락토페린 같은 면역 성분과 단백질, 미네랄, 비타민 A가 성숙유보다 풍부해서 장운동을 촉진해 태변이 잘 배출되도록 도와준다. 아미노산과 항체를 포함한 단백질은 보통 젖보다 4배나 많다. 초유를 먹이면 아이가 황달에 걸리는 것도 예방할 수 있다. 모유수유를 할 수 없는 상황이라도 초유만큼은 꼭 먹인다.

면역력을 높여 질병을 예방한다

우리 몸의 세포는 그동안 만난 균을 기억했다가 방어 체계를 갖춘다. 아이는 모유를 통해 엄마 몸의 방어 체계, 즉 면역력을 고스란히 전달받는다. 이 때문에 모유를 꾸준히 먹는 아이는 위장 장애, 호흡기 감염에 덜 걸리고 잔병치레 또한 적다.

풍부한 영양 성분이 소화하기 쉬운 형태로 녹아 있다

모유에는 아이에게 꼭 필요한 수분과 지방, 단백질, 유당, 비타민, 무기질 등이 소화하기 쉬운 형태로 잘 혼합되어 있다. 또 모체는 아이의 요구에 맞게 너무 묽지도, 진하지도 않게 모유 농도를 자동 조절한다. 그래서 모유를 먹는 아이는 분유를 먹는 아이에 비해 트림도 적게 하고, 소화도 잘 시키며, 변의 냄새가 적고, 안정된 배변 형태를 보인다.

부모의 알레르기 질환이 아이에게 유전되는 것을 막는다

모유를 먹은 아이는 천식이나 아토피피부염 같은 알레르기 질환, 호흡기 질환, 중이염, 위장관 질환, 요로 감염에도 잘 안 걸린다는 연구 결과가 있다. 부모 중 누군가 음식 알레르기로 천식이나 습진 등을 앓은 경험이 있다면 아이에게도 같은 증상이 나타나기 쉬운데, 모유를 먹이면 그 확률이 현저히 줄어든다.

이를 닦지 않아도 치아가 튼튼하다

분유를 먹다 잠든 아이는 치아우식증이 생기기 쉽다. 분유에 들어 있는 유당이 치아를 공격하기 때문이다. 모유에도 유당이 들어 있기는 하지만 젖을 물고 잔 아이는 치아우식증으로부터 훨씬 안전하다. 모유에는 치아우식증을 유발하는 뮤탄스 연쇄구균의 활동을 방해하는 효소가 들어 있기 때문이다.

당뇨병에 걸릴 확률이 낮다

당뇨병의 약 90%는 인슐린의 저항성이 약해 나타나는 비인슐린 의존성 당뇨병이다. 한 연구 결과에 따르면 태어나 2개월 동안 모유를 먹이면 비인슐린 의존성 당뇨병의 발병률이 50% 이상 감소한다고 한다. 30~39세의 성인 중 태어나서 2개월 이상 모유를 먹은 사람 중 15%만 당뇨병에 걸렸지만, 분유를 먹은 경우 발병률이 30%로 나타났다.

비만을 예방하고 건강한 식습관을 형성한다

모유에 들어 있는 단백질인 아디포넥틴은 지방 분해에 긍정적 영향을 미친다. 덕분에 모유를 먹고 자란 아이는 성인이 되어서도 비만이 될 확률이 낮다. 모유를 먹고 자라면 먹는 양을 잘 조절한다는 연구 결과도 있다. 엄마 젖을 빠는 일은 힘겨운 노동이기 때문에 적당히 배가 부르면 더 이상 젖을 빨지 않는데, 이 습관이 성인기에도 이어지기 때문. 반면 젖병은 상대적으로 빠는 힘이 적게 들기 때문에 분유를 먹는 아기는 배가 불러도 젖병이 빌 때까지 빠는 습관이 있다.

! 모유의 질병·비만 예방 효과는 100%가 아니다. 예를 들어 모유수유를 하면 분유만 먹은 아이에 비해 과체중과 비만이 적다는 것이지, 절대 비만이 되지 않는다는 것이 아니다. 또 모든 엄마가 모유만 먹여서 아기를 키울 수 없기에 모유가 심각하게 부족할 경우에는 분유로 보충하는 문제를 의사와 상담해본다.

신경과 두뇌 발달에 탁월하다

3개월 이상 모유 이외에 아무것도 먹지 않은 아이는 분유를 먹은 아이보다 IQ가 높은 것으로 나타났다. 모유에는 DHA와 아라키돈산(AA)이 풍부하게 함유되어 두뇌, 망막, 신경조직의 발달을 촉진한다. 또 엄마 젖을 빨 때는 젖병을 빨 때보다 60배의 힘이 더 들어가는데, 이때 아이는 안면 근육과 턱을 부지런히 움직이기 때문에 턱과 치아가 발달하고, 뇌의 혈류량도 늘어 두뇌 발달에 유리하다.

! 분유에도 이런 성분이 들어 있지만 인위적 성분을 첨가한 것으로, 자연스럽게 흡수되지 않고 효능이 다르다.

의료비가 적게 든다

모유를 먹고 자란 아이는 면역력이 강해 감기, 장염에도 잘 걸리지 않고 치아도 튼튼하다. 병원 갈 일이 적은 만큼 의료비도 적게 드는데, 통계에 의하면 1년간 모유수유를 할 경우 분유값과 진료비를 합쳐 약 200만~500만 원을 절약할 수 있다.

아이의 정서 발달에 좋다

엄마 품에 안겨서 모유를 먹는 동안 아이는 태내에 있을 때와 같은 편안함을 느낀다. 엄마 역시 아이에게 누구도 대신할 수 없는 일을 하고 있다는 만족감을 느낀다. 이 감정을 서로 주고받으며 엄마와 아이 모두 정서적으로 안정되고, 둘 사이에는 두 사람만 아는 유대감이 형성된다.

엄마에게 모유는

산후 회복이 빠르고 우울증에 걸릴 확률이 낮다

젖을 먹일 때 엄마의 체내에서는 프로락틴이라는 호르몬이 분비된다. 이 호르몬은 자궁 수축을 촉진하는데, 자궁이 빨리 수축되면 전반적으로 산후 회복도 빨라진다. 출혈도 빨리 멎고, 오로도 원활하게 배출되며, 하복부도 빨리 탄력을 되찾는 것. 수유 중 분비되는 또 다른 호르몬인 옥시토신은 아이에 대한 친근감과 모성애를 유발하고 분만 과정에서 받은 스트레스를 해소하는 역할을 한다. 따라서 모유수유만 잘해도 산후우울증으로 고생할 확률이 훨씬 줄어든다.

산후 다이어트에 효과적이다

1L의 젖을 만드는 데에는 940kcal가 소모되고, 젖을 먹이는 데에도 꽤 많은 에너지가 필요하다. 따라서 모유수유를 하기만 해도 다이어트 효과를 볼 수 있다.

유방암, 난소암 등 여성 질환을 예방한다

2년 이상 모유를 먹이면 유방암에 걸릴 확률이 50% 정도 낮아진다. 수유는 생리 주기 조절 호르몬의 이상 분비를 막고, 유방 내 독소를 제거하는 효과가 있기 때문. 난소암은 배란을 많이 할수록 발병률이 높아지는데, 수유를 하면 배란이 억제돼 난소암에 걸릴 확률이 낮아진다.

위생적이며 편리하고 빠르다

분유수유를 하면 물을 끓이고 분유를 타고 온도가 적당한지 확인하며, 젖병을 씻고 소독해야 한다. 그러면서도 늘 위생과 소화불량, 치아우식증 등을 걱정해야 한다. 모유는 그런 면에서 자유롭다.

모유, 얼마나 먹일까

모유는 분유와 달리 양을 가늠하기 어렵기 때문에 하루에 몇 회, 한 번에 몇 분간 먹여야 하는지 헷갈리기 일쑤다.
개월별 모유수유 적정량과 주의할 점을 정리했다.

개월별 모유수유 원칙

생후 0~2개월	생후 3~6개월	생후 7~15개월
첫날 젖을 물리는 것은 아이의 배고픔을 해결하기 위해서가 아니라, 엄마의 유두 모양을 아이에게 각인시키기 위해서이다. 젖양도 많지 않으므로 처음 며칠은 젖을 문다는 자체에 의의를 두고 젖이 나오지 않더라도 유두를 자주 입에 대준다. 신생아가 위에 담을 수 있는 양은 고작 몇 그램에 불과하므로 아이가 배고파한다면 수유 간격에 상관없이 젖을 물려야 한다. 신생아는 보통 하루 8~12회 정도 젖을 빨지만 아이에 따라 횟수는 천차만별. 태어나서 처음 2주 정도는 하루 15회까지 젖을 먹기도 한다. 한 번 젖을 먹이는 시간은 10분 정도. 그러나 20분이 지나도 아이가 젖을 물고 있으며 젖이 여전히 딱딱하다면 제대로 빨지 못한다는 신호이다. 수유 자세가 잘못되지는 않았는지, 엄마 가슴에 문제가 있지는 않은지 등을 점검해본다. 한쪽 젖만 물리면 다른 쪽 젖의 분비량이 줄어들므로 번갈아 물린다.	생후 3개월이 되면 수유 간격을 조금 늘리고 시간을 정해 규칙적으로 먹인다. 아이마다 차이가 있지만 적정 수유량은 한쪽 젖에서 10~15분씩 총 20~30분 정도이다. 수유 간격은 3시간마다 한 번꼴이 적당하다. 한 번 먹일 때 아이가 만족할 정도로 충분히 먹이면 수유 간격도 자연스럽게 넓어진다. 밤중 수유는 아이의 숙면을 방해할 수 있으므로 분유수유아는 생후 6개월까지, 모유수유아는 생후 9개월까지 끊는 것이 좋다. 생후 4~6개월이 되면 수유 간격은 4시간마다 한 번으로 조정하고, 초기 이유식을 통해 서서히 고형식에도 익숙하게 만든다. 이유식으로 배를 채우는 시기는 아니므로 한두 숟갈만 먹인다. ⚠️ 분유를 먹으면 치아우식증에 걸릴 수 있지만, 모유를 먹으면 이가 상하지 않기 때문에 굳이 이를 닦아줄 필요는 없다. 걱정된다면 수유한 후 컵을 이용해 끓여서 식힌 물을 몇 모금 먹인다.	생후 6개월이 되면 이가 나고, 빠는 본능이 약해지면서 수유 시 빠는 데 집중하기보다 혀나 입술, 잇몸으로 엄마 젖을 잘근잘근 씹거나 장난을 친다. 젖꼭지에 상처가 나면 모유수유가 힘들어지므로 이때는 즉시 아이 입에 손가락을 집어넣어 젖꼭지를 빼내서 수유를 중단해야 한다. 수유 사이에 이유식을 조금씩 먹이기 시작하는데, 초기에는 젖을 먹이기 전에 이유식을 먹이면 배가 불러 젖을 충분히 먹지 못하므로 수유 후 2시간 정두 지난 뒤에 이유식을 먹인다. 생후 8개월이 넘어가면서부터는 이유식 위주로 영양 섭취가 이루어져야 하며, 이유식과 수유는 별도로 진행한다. 죽이나 밥을 먹기 시작하면 수유 횟수가 줄어들면서 엄마 젖의 양도 같이 줄어든다. 생후 10개월경엔 하루 세 끼를 이유식으로 해결하게 되는데, 이때는 낮 시간 동안 아이가 먹고 싶을 때 한두 번 정도 젖을 먹인다.

모유의 성분과 단계별 특징

- 모유의 성분은 혈액과 비슷하지만 적혈구가 없다. 대신 아이를 질병으로부터 보호하는 백혈구가 들어 있다. 그 외에 면역 보호 성분, 효소, 호르몬과 아이의 건강한 발달을 촉진하는 기타 활성 물질이 함유되었다. 모유 성분은 항상 일정한 것이 아니라, 아이 성장 발달에 따라 조금씩 달라진다.

1 **처음 며칠 동안 나오는 초유** 크림처럼 걸쭉하고 연한 노란색을 띤다. 나중에 나오는 모유보다 단백질과 항체가 풍부하고 비타민 A·B·E와 아연 같은 무기질이 훨씬 많이 들어 있으며, 지방과 유당의 양은 적다. 설사제 효과가 있어 아이가 태변을 빨리 배출하게 하므로 소화기를 깨끗하게 해준다. 처음에 먹일 수 있는 양은 1작은술밖에 되지 않지만 아이의 내장을 채우고 유해한 박테리아로부터 아이를 보호한다. 점차 양이 줄어들면서 3~5일 후에는 본격적으로 모유가 나온다.

2 **이행 단계 모유** 모유가 계속 생성되면서 초유가 희석되어 이행 단계의 모유가 된다. 이 시기의 모유는 덜 걸쭉하며, 단백질과 항체의 함유량도 약간 낮아진다.

3 **아이를 키우는 성숙유** 출산 후 약 2주일 지나면 생산된다. 수분량이 많으며 지방, 단백질, 유당, 비타민, 무기질이 혼합되어 있다. 성숙유는 전유와 후유로 나뉘는데, 젖을 입에 물자마자 나오는 것이 전유. 열량이 적고 수분이 풍부해 목마름을 달래준다. 몇 분 지나면 열량이 2배로 높은 후유가 나오는데 배고픔을 채워준다.

모유수유 성공 요령

모든 엄마가 행복한 모유수유를 꿈꾸지만 누구나 아무런 문제 없이 먹일 수 있는 것은 아니다.
끝까지 '완모'하기 위해 알아야 할 모유수유 원칙과 노하우.

꼭 알아야 할 원칙

출산 후 되도록 빨리 젖을 물린다

아이가 태어난 지 30분~1시간 이내에 젖을 물려야 한다. 이때는 아이가 자지 않고 정신이 말똥말똥하기 때문에 젖을 먹이기가 쉽다. 이 짧은 시간이 지나면 아이가 곧 잠들 수 있으므로 이때를 놓치지 말고 젖을 물린다. 아이가 젖을 빨면 젖 분비량이 서서히 증가하고 자궁이 수축돼 출산 후 출혈이나 여러 가지 산후합병증, 유방통도 줄어든다. 바로 젖을 물릴 수 없는 상황이라면 젖을 짜두었다가 아이가 먹을 수 있을 때 먹인다.

아이가 배고파할 때마다 먹인다

신생아 시기엔 배고파할 때마다 젖을 물린다. 잠자던 아이가 깨거나 팔다리를 활발히 움직이고 고개를 돌리면서 손이나 입술을 빨려고 하면 배가 고프다는 신호. 아이가 울기 시작하면 이미 늦다. 아이가 배고파하는 것을 엄마가 빨리 알아차리기 위해서는 하루 24시간 내내 엄마와 아이가 같이 지내는 모자동실이 좋다.

모유 외엔 아무것도 먹이지 않는다

젖은 먹이는 만큼 나온다. 처음에는 하루 종일 먹여도 30~40ml도 안 되는 소량의 초유만 나오기 때문에 젖이 안 나온다고 생각하기 쉽지만, 이 시기의 아이가 먹기에 충분한 양이다. 열심히 먹이면 첫날엔 50ml도 채 나오지 않던 모유량이 10배 이상 늘어나 일주일 후에는 500~750ml 정도 나온다. 그렇다고 모유가 저절로 늘어나는 것은 아니다. 젖 양은 아이가 엄마 젖을 빠는 시간에 비례해서 늘어난다. 아

이가 빨면서 필요한 만큼 계속 만들어지므로 모유량이 부족하다고 생각해 분유를 함께 먹이면 모유는 점점 안 나오고 결국 젖 먹이기가 힘들어진다. 엄마나 아이 모두 건강상 아무 문제가 없다면 모유 외에는 아무것도 먹이지 않는다. 분유뿐 아니라 물도 젖병에 담아서 먹이지 않아야 한다.

❗ 젖이 적다고 분유를 조금씩이라도 먹이면 아이의 위가 커질 수밖에 없다. 위를 키워두면 모유량으로는 배가 차지 않는다.

적어도 하루 8~12회 젖을 먹인다

이보다 적게 먹이면 젖 분비량이 줄어서 모유만으로 수유하기가 어렵다. 아이가 자면 깨워서라도 먹이는 것이 좋다. 특히 신생아는 1~3시간 간격으로 젖을 먹어야 하므로 곤하게 자더라도 깨워야 한다.

❗ 잠자는 아이를 깨울 때는 기저귀를 갈아주거나 찬 수건으로 얼굴 마사지를 한다. 등과 다리를 아래에서 위로 마사지해주고, 볼이나 입술을 만져주는 것도 아이의 잠을 깨워 수유하는 데 도움이 된다.

한 번에 10~15분씩 양쪽을 물린다

한쪽 젖을 10~15분 정도 충분히 빨리고 반대쪽 젖을 10~15분 정도 물린다. 다음 번 수유할 때는 바로 전에 두 번째로 물린 젖을 먼저 물린다. 이렇게 양쪽 젖을 동시에 먹여야 모유량이 증가한다. 한쪽 젖을 먹다가 아이가 잠들면 어르고 놀아주면서 잠을 깨운 뒤 다른 쪽 젖을 먹인다. 양쪽 젖 먹이는 시간 간격이 짧아야 수유하기 편하므로 잠을 깨운다고 너무 오랜 시간 놀아주지 않도록 주의한다.

힘들어도 첫 한 달간은 엄마가 직접 수유한다

산후조리하는 기간에도 엄마와 아이는 한 방에서 먹고 자야 한다. 산후조리원에서 조리하는 엄마라면 다른 것은 조리원에 맡기더라도 수유만은 직접 하는 것이 바람직하다. 아이가 배고프다고 보내는 신호를 제일 잘 알아챌 수 있는 사람은 바로 엄마이기 때문이다. 특히 산후조리원에서는 한 명의 간호사가 여러 아이를 돌보기 때문에 자칫 아이의 신호를 놓칠 수 있다. 첫 한 달은 모유수유 자체가 힘들게 느껴지는데, 이 시기만 잘 넘기면 모유수유가 한결 쉬워져 오히려 분유 먹이는 게 더 힘들고 귀찮게 느껴진다. 물을 끓이고 적정 온도로 식혀서 분유를 타고, 알맞은 온도를 확인해야 하며, 젖병을 씻고 삶아서 소독하고 말리는 뒤처리 또한 번거롭기 때문이다.

젖병이나 노리개젖꼭지를 사용하지 않는다

의학적 이유로 피치 못하게 젖을 물릴 수 없는 상황이거나 분유 등으로 보충식을 먹여야 하는 경우라도 젖병 대신 컵이나 약 먹이는 컵, 숟가락, 주사기 등을 사용한다. 신생아 시기에 젖병의 젖꼭지를 빨아본 아이는 좀처럼 엄마 젖을 빨지 않으려 하기 때문. 이것을 '유두 혼란'이라고 하는데, 젖병의 젖꼭지와 엄마 젖꼭지의 구조가 달라서 정작 엄마 젖꼭지를 물 때 힘들어하는 것이다. 따라서 생후 4주 이내에는 젖병이나 노리개젖꼭지는 되도록 사용하지 않아야 모유수유에 성공한다.

유방을 항상 청결하게 유지한다

아이에게 젖을 먹이기 전에는 엄마의 손과 가슴을 깨끗이 하고, 먹인 후에는 젖꼭지를 물로 헹궈낸다. 브래지어는 항상 청결한 것을 사용하고, 흘러넘치는 젖을 흡수하는 수유 패드도 자주 갈아주어야 한다. 젖꼭지에 상처나 물집이 생기지 않았는지도 유심히 살펴본다. 유두에 생긴 상처에 세균이 침입하면 유선염으로 이어질 수 있고, 통증으로 인해 모유수유를 포기할 확률이 높기 때문이다.

혼합 수유를 했거나 약물을 복용했어도 모유수유가 가능하다

출산 후 병원에서 아이에게 임의로 분유를 먹였거나, 모유수유 중 엄마가 약물을 복용한 경우, 엄마에게 질병이 있는 경우에도 대부분 모유수유가 가능하다. 흡연을 하는 산모라도 분유를 먹이는 것보다는 모유를 먹이는 것이 아이에게 좋다. 모유수유를 해도 되는 상황인지 잘 모를 때는 산모가 임의로 판단하지 말고 병원 진료를 받은 다음 결정한다. 약물이나 질병 때문이 아니라면 수유 상담사가 있는 병원, 또는 전문 상담 기관에서 상담을 받아 해결책을 찾는다.

젖이 잘 나오는 식단

모유수유에 도움 되는 음식

미역국과 사골 국물을 출산 이후 꾸준히 먹으면 모유수유에 도움이 된다. 모유의 맛과 질을 높이기 위해서는 비타민·미네랄·칼슘 등이 많이 들어 있는 녹황색 채소와 뿌리채소를 많이 먹는다. 특히 시금치는 철분을 많이 함유하고, 흡수율도 높은 편이라 모유수유를 하는 산모에게 좋다. 흰 살 생선 역시 모유를 잘 나오게 하는 음식으로 알려져 있다. 단백질이 풍부한 조기와 대구가 제격이다. 참치·꽁치 등 등 푸른 생선이나 닭고기·돼지고기·쇠고기 등 육류, 고단백·저지방 식품인 간·달걀·콩 등을 충분히 섭취하면서 미역 등 해조류와 새우·홍합 등의 어패류를 국이나 찜, 샐러드 등 다양한 방식으로 조리해 먹는다. 해조류에는 칼슘이 풍부해 모유 분비와 산후 회복에 좋다.

모유 보관법과 해동법

1 날짜 기입하기
짜놓은 모유는 진한 색 펜으로 눈에 잘 띄게 날짜와 시간을 쓴 모유 저장팩에 담는다. 몇 시간 안에 먹일 거라면 실온에 보관해도 괜찮다. 모유는 분유와 달리 세균을 억제하는 효소가 있어 실내 온도가 25℃ 이하일 경우 4시간까지 보관할 수 있다.

2 냉장 보관하기
2~3일 안에 먹일 모유는 냉장 보관하는 것이 좋다. 냉장고에 보관하면 냉동실에 보관하는 것보다 면역 성분이 덜 파괴되며, 냉장고에서 72시간까지도 신선하게 저장할 수 있다. 3일 이후에 먹일 모유라면 냉동 보관하고 3개월 안에 먹인다.

3 모유 중탕하기
냉동 보관한 모유는 수유 전날 밤 한번 먹일 양만 냉장실에 넣어둔다. 냉동 보관한 모유가 냉장실에서 녹는 데 걸리는 시간은 대략 12시간 정도. 녹인 모유는 55℃ 이하의 따뜻한 물에서 중탕한 뒤 먹이는 것이 좋으며 전자레인지 해동은 피한다.

4 젖병에 따르기
중탕한 모유는 젖병에 따른다. 하지만 생후 4주 이전 아이에게 젖병으로 먹이면 유두 혼란이 올 수 있으므로 젖병 대신 작은 컵으로 조금씩 먹인다.

Q 쌍둥이에게 모유수유를 할 경우 모유가 부족하지 않을까?

A 모유의 양은 개인차가 있긴 하지만 기본적으로 아이의 필요량에 따라 만들어진다. 모유를 먹어야 할 아이의 수가 많다면 모유의 양 또한 자연스레 많아진다. 그래서 쌍둥이뿐 아니라 세쌍둥이, 네쌍둥이도 모유수유만으로 키울 수 있다. 쌍둥이 엄마는 모유 생성이 잘되도록 영양분을 충분히 섭취하는 것이 중요하다.

수유 중 음식 섭취량

모유수유를 위해 추가로 섭취해야 하는 음식의 양은 하루 300kcal 정도. 식사할 때마다 밥 3분의 1공기, 쇠고기미역국 3분의 1그릇 정도 더 먹으면 채워지는 양이다. 그러나 중요한 것은 먹는 양이 아니라 균형 잡힌 식단에 따라 골고루 먹는 것이다. 모유수유를 하면 갈증을 더 느끼는데, 수유 전 물이나 주스를 마시면 도움이 된다. 신진대사를 원활하게 해서 모유 분비를 촉진한다. 단, 지나치게 많은 수분을 섭취하면 오히려 젖양이 줄어들 수 있고, 다리가 붓거나 몸이 처질 수 있으므로 주의한다. 커피나 탄산음료는 이뇨 작용을 하므로 되도록 마시지 않는다.

실패하지 않는 수유 노하우

초유는 냉동 보관했다가 먹인다

초유는 출산 후 길게는 일주일까지 나오며, 단백질이 많고 지방과 당분은 적어 신생아가 소화하기 쉬울 뿐 아니라 풍부한 영양소와 면역 물질을 함유해 질병 예방에 도움이 된다. 출생 직후 아이에게 초유를 먹이는 것이 좋지만 그러지 못했다면 유축기로 초유를 짜서 항균 모유 저장팩에 담아 냉장 혹은 냉동 보관한다. 먹이는 방법은 모유를 짜서 보관했다가 먹이는 방법과 같다. 초유는 나중에라도 꼭 먹이는 것이 여러모로 좋다.

마음이 편해야 모유량도 늘어난다

수유 중에는 느긋하고 편안한 마음을 갖는다. 마음을 편안히 가져야 긴장이 풀려 유방의 혈액순환이 활발해지고, 모유도 잘 나온다. 마음이 불편하고 긴장한 상태에서는 몸도 위축돼 모유 분비가 줄어들 수 있으니 주의한다.

자세를 바꾸면 모유가 잘 나온다

아이를 안고 젖을 먹이는 것이 어느 정도 익숙해지면 다양한 자세로 젖을 먹이는 방법을 연습해본다. 이렇게 여러 각도로 젖을 먹이면 유선이 골고루 자극받아 젖이 더욱 잘 나오고 모유수유 중 나타날 수 있는 유방의 갖가지 트러블도 예방할 수 있기 때문이다.

산후 일주일, 병원에 가서 모유수유 상태를 점검받는다

모유수유가 잘되지 않아 포기하는 시기는 대개 출산 후 한 달 이내이다. 이렇다 보니 첫 검진을 위해 출산 4주 후에 병원에 가면 모유수유를 포기한 뒤인 경우가 많고, 그 중 대다수는 해결할 수 있는 문제가 원인이다. 모유수유 계획을 세웠다면 출산 후 일주일 내에 모유수유에 대해 전문 지식을 가진 소아청소년과나 산부인과 전문의에게 검진을 받는다. 특히 생후 일주일 이내에 아이가 제대로 엄마 젖을 먹고 있는지 확인하는 것이 중요하다. 이때는 출생 당일부터 지금까지 하루 종일 아이가 젖 먹은 시간과 횟수, 대소변 횟수와 상태 등을 기록해서 가져간다.

! 생후 5~7일이면 너무 진하지 않은 소변을 하루 6회, 대소변은 3~4회 이상 봐야 엄마 젖을 충분히 먹고 있다고 볼 수 있다.

수유 전에 미리 젖을 조금 짜둔다

가슴이 딱딱하면 아이가 빨기 힘들어한다. 모유량이 너무 많아도 아이가 사레에 걸릴 수 있으므로 수유하기 전 작은 잔 하나 정도 양의 모유를 짜내면 분비가 한결 원활해진다. 수유 후에는 남은 모유를 확

전유 vs. 후유

수유를 시작할 때 나오는 묽은 젖은 전유, 젖 먹이기가 진행됨에 따라 뽀얗게 나오는 젖은 후유라 한다. 전유는 단백질, 비타민, 유당, 미네랄, 수분이 풍부하고 지방 함량이 적은 것이 특징이며, 후유는 전유에 비해 지방이 50% 정도 많이 함유되어 아이에게 포만감을 주고 체중을 안정적으로 늘게 한다. 전유와 후유 중 어느 쪽이 더 좋다고 말할 수는 없다. 성장 발달을 위해서는 둘 다 필요하기 때문이다. 전유와 후유를 균형 있게 먹이기 위해서는 아이가 후유까지 충분히 먹을 수 있도록 한쪽 젖을 적어도 10분 이상 물려야 한다. 흔히 아이가 푸르스름하고 묽은 변을 보면 전유를 많이 먹었다고 생각하는데, 이는 의학적 근거가 전혀 없는 잘못 알려진 사실이다.

실하게 짜내 젖을 완전히 비운다. 모유가 더 잘 나올 뿐 아니라, 모유수유로 인한 가슴 트러블도 줄일 수 있다.

젖이 부족할 땐 유방 마사지를 한다

모유량이 부족하다 싶을 때는 손을 깨끗이 씻고 따뜻한 물을 적신 타월로 유방을 닦은 후 마사지한다. 뜨거운 수건으로 5분 정도 유방 찜질을 하는 것도 좋다. 혈액순환이 원활해지고 유선이 확장돼 젖이 잘 돈다. 그러나 젖이 불었을 때 마사지를 하면 오히려 역효과가 날 수 있다. 이때는 찬물을 적신 타월로 냉찜질을 한다. 통증을 줄이고 모유 분비를 억제할 수 있다.

집안일을 잠시 미루더라도 잠을 충분히 자야 모유가 잘 나온다

출산 후 2~3개월 동안 산모는 피로감을 매우 심하게 느끼는데, 산모가 피로하거나 반대로 긴장해 있으면 젖을 생성하는 호르몬인 프로락틴의 분비가 억제되어 젖이 잘 나오지 않으므로 느긋하게 낮잠을 자거나 쉬는 것이 좋다. 집안일을 어느 정도 미루더라도 피곤하면 언제든지 쉰다. 지나친 흡연과 음주 역시 프로락틴의 분비를 막는다.

모유 먹이는 바른 자세

엄마 젖을 찾아 빠는 것은 신생아가 가진 놀라운 능력이다. 그러나 엄마의 자세가 바르지 않으면
아이는 젖 먹는 내내 힘이 든다. 젖이 잘 나오고 아이가 빨기 쉬운 수유 자세를 알아본다.

젖 먹이는 올바른 순서

1 팔에 수건을 두른다
아이 머리가 닿는 부위에 가제 손수건이나 얇은
타월을 두른다. 아이 머리와 엄마 팔에서
생기는 복사열을 방지할 수 있다.

2 젖을 한 방울 떨어뜨린다
젖꼭지를 아이 입에 대면 반사적으로 아이가
입을 벌리는데, 이때 아이 입술에 젖을 한 방울
떨어뜨려 젖 냄새를 맡게 한다.

3 젖을 물린다
아이 혀가 유륜을 충분히 감싸도록 유두를
밀어넣는다. 젖을 물었을 때 아이 코가 엄마
가슴에 살짝 닿는 정도가 적당하다. 한쪽 젖을
각각 10~15분 정도 먹여야 젖이 잘 돈다.

4 유두를 빼낸다
젖을 빨고 있는 아이의 입안은 진공상태에
가깝기 때문에 유두가 잘 빠지지 않는다.
손가락을 아이 입 가장자리에 밀어넣고 고개를
살짝 옆으로 돌리면 쉽게 뺄 수 있다.

❗ 아이가 젖을 물고 있는 상태에서 억지로
빼내면 반사적으로 입을 꽉 다물어서
유두에 상처가 날 수 있으므로 조심한다. 상처가
났을 때는 다음번 수유 시 아프지 않은 쪽부터
먹인다. 수유 후 유두에 모유를 발라 자연
건조시키면 상처가 빨리 아문다.

5 트림을 시킨다
아이를 똑바로 세워 안은 뒤 등을 가볍게 톡톡
쓸어내린다. 모유를 먹는 아이는 분유를 먹는
아이에 비해 트림을 적게 하는 편인데, 특히
밤중에 모유수유를 했다면 트림을 시키지
않아도 된다. 대신 옆으로 몸을 돌려 눕힌다.

6 먹고 남은 젖을 짜낸다
아이가 젖을 충분히 먹은 다음에도 남은 젖은
완전히 짜내야 한다. 젖이 유방에 남아 있으면
젖양이 적어질 뿐 아니라, 남은 젖이 유방에
고여 유선염에 걸릴 수 있다.

7 가슴을 말린다
젖을 다 먹이면 가슴을 내놓고 그대로 잠시
가슴을 말린다. 미지근한 물로 가볍게 헹군
뒤에도 물기가 남지 않도록 말린다. 말린
뒤에는 수유 패드를 대야 브래지어나 옷 위로
젖이 새어 나와 더러워지는 것을 막을 수 있다.

젖 먹이는 바른 자세

⬆ 교차 요람식 자세

목을 잘 가누지 못하는 아이에게 수유할 때 적합한 자세.

1 엄마는 편안하게 앉은 상태에서 수유 쿠션을 엄마 배꼽 선까지 오도록 고정한다.

2 수유 쿠션 위에 아이 몸이 일자가 되도록 눕힌 뒤, 오른팔로 아이를 감싸 안으며 아이 머리가 엄마 가슴에 닿도록 밀착시킨다.

3 오른손으로 아이 머리 아래쪽과 목, 어깨를 받친 뒤 왼손으로 허리를 감싼다.

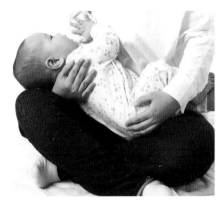

⬆ 요람식 자세

엄마들이 가장 선호하는 수유 자세. 장시간 안정적인 자세를 취할 수 있다.

1 엄마는 앉은 상태에서 아이를 안는다.

2 아이 머리가 엄마의 오른쪽 가슴을 향해 있다면 오른팔로 아이 머리를 받치고 오른손으로 아이 어깨를 끌어당긴다.

3 왼손으로 아이 엉덩이를 잡아 아이 배가 엄마의 배에 닿도록 끌어당긴 후, 아이 머리와 엄마의 오른쪽 가슴을 완전히 밀착시킨다.

⬆ 옆으로 눕기 자세

산후 회복이 덜 됐거나 수유하는 동안 엄마도 쉬고 싶을 때, 밤중에 자면서 수유할 때 좋은 자세.

1 엄마가 베개를 베고 편안하게 옆으로 눕는다. 엄마의 머리 밑과 어깨 뒤 그리고 허벅지 사이에 베개를 받치면 수유하기에 보다 편한 자세가 된다.

2 엄마가 오른쪽으로 누웠을 경우 오른쪽 가슴을 물리고, 이때 아이는 왼쪽으로 눕힌다.

3 아이 머리가 엄마 가슴에 닿도록 완전히 밀착시킨 뒤, 오른팔을 편안하게 구부려 아이의 등을 받치고 왼손으로는 아이 엉덩이를 끌어당긴다.

⬆ 럭비공 자세

제왕절개를 해서 아이를 안기 힘들 때, 유방이 크거나 편평유두인 경우 전문가들이 추천하는 수유 자세.

1 엄마는 등을 기대고 앉은 뒤 수유 쿠션 위, 또는 엄마 팔 아래 아이를 옆으로 눕혀 안는다.

2 아이 머리가 엄마의 왼손에 가 있다면 오른쪽 젖부터 물리는데, 이때 엄마는 왼팔로 아이의 엉덩이, 등, 목덜미를 받쳐 엄마의 가슴을 향하도록 끌어당긴다.

3 최대한 힘을 빼고 아이 몸을 받치고 오른팔은 편안하게 둔다. 이때 아이 몸이 일자가 되게 해야 엄마와 아이 모두 편하다.

쌍둥이 모유수유 자세

1 요람식과 럭비공의 결합 자세

쌍둥이 수유 시 가장 좋은 자세는 요람 안기 자세와 옆구리에 끼는 럭비공 자세를 결합한 자세가 좋다. 한 아이는 요람식으로 안고, 다른 아이는 머리가 쌍둥이 형제의 배 위에 오게 해서 옆구리에 끼는 럭비공 자세로 안는다. 이 자세는 집 밖에서 수유할 때, 아이가 젖을 잘 물지 못할 때 취하기에 좋다.

2 열십자 안기 자세

두 아이를 요람식 자세로 안고 엄마의 허벅지 위에서 아이를 열십자 모양으로 서로 엇갈리게 한다. 한 아이는 왼쪽 젖을, 다른 아이는 오른쪽 젖을 물린다. 자세를 잡은 다음 아이에게 베개를 받쳐주면 한결 편안하게 수유할 수 있다.

3 양쪽 옆구리 끼기 자세

두 아이를 옆구리에 끼는 럭비공 자세로 안고, 엄마의 양옆을 베개로 받친다. 발 받침대나 의자, 낮은 탁자에 발을 올려놓으면 엄마가 더 편안함을 느낄 수 있다. 이 자세는 수술 부위에 아이 체중이 가해지지 않기 때문에 제왕절개를 한 엄마에게 특히 좋다.

남은 젖 짜는 법

1 엄지손가락을 유두에서 3cm 정도 위쪽에 대고 나머지 손가락은 유두 아래쪽에 놓아 손 모양을 C자로 만든다.

2 가슴 안쪽으로 유방을 당긴다.

3 동그라미를 그리면서 가슴을 조심스럽게 돌리면서 젖을 짜낸다.

4 반복하다 보면 몇 분 후 방울방울 젖이 나오기 시작하다가 곧 샘솟듯이 나온다.

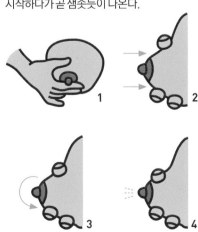

일하는 엄마의 모유수유

엄마의 산후 회복을 돕고 아이에게는 영양을 공급하는 모유수유, 워킹맘이라고 포기해선 안 된다.
직장에 복귀하기 한 달 전부터 시작하는 모유수유 성공 프로젝트.

모유수유 계획 짜기

직장 내 여건이 좋지 않다면 미리 대안을 마련한다

젖을 짤 수 있는 공간에 유축기, 세면대나 싱크대, 전기 콘센트, 의자, 유축기를 올려놓을 탁자, 개인용품을 보관할 수 있는 수납장, 문을 잠그는 장치 등을 갖추면 좋다. 짜낸 모유를 보관할 모유 보관 용기와 소형 아이스박스를 미리 구입한다.

> ❗ 하지만 모유를 짜고 보관할 여건이 안 된다면 필요 이상으로 죄책감을 느낄 필요는 없다. 이런 경우 의사와 상의해서 분유를 먹일 수 있다.

젖을 짤 시간도 미리 계획을 세운다

수유 중인 경우에는 3~4시간마다 15~20분가량 젖을 짜야 하는데, 직장에 복귀한 초기에는 조금 더 여유를 가지고 시간 계획을 세우는 것이 좋다.

모유수유 실천하기

출산 후 4주 동안은 모유만 먹인다

직장에 복귀하기 전 아이를 엄마 젖에 완전히 적응시켜야 낮 동안 떨어져 있더라도 아침저녁으로 엄마 젖을 찾아 먹는다. 산후 4주 동안은 하루 24시간 내내 엄마와 아이가 같이 지내고, 엄마 젖 이외의 다른 것은 먹이지 말아야 하며, 젖병이나 노리개젖꼭지도 물리지 않는다.

유축기로 젖을 짜본다

적어도 출근 2주 전부터는 서서히 횟수를 늘려가면서 유축기로 젖 짜는 연습을 하는 동시에 출근 후 첫 몇 주간 먹일 모유를 비축해놓는다. 출근 며칠 전부터는 직장에서 젖 짤 시간에 맞추어 젖을 짜고, 출근 직전과 퇴근 후 시간에 젖 먹이는 연습을 해본다. 유축기 사용 시 유두에 통증을 느낀다면 유축기의 성능이 좋지 않거나, 압력이 너무 높지 않은지 확인한다. 또 수유 깔때기의 크기가 유방과 맞지 않을 때, 한 번에 너무 오래 젖을 짰을 경우에도 통증을 느낄 수 있다. 피곤할 때도 유두 통증이 생기는데, 대개 2~3주가 지나면 서서히 사라진다.

모유수유를 지지하는 도우미를 구한다

모유수유를 도와줄 수 있는 육아 도우미를 구한다. 출근하기 10여 일 전부터 도우미와 함께 아이 돌보는 시간을 마련해 짜둔 젖을 도우미가 먹이고 아이 달래는 모습을 살펴본다. 또 복직하기 전 적어도 한 번은 도우미 혼자서 아이를 돌보는 기회를 줘야 한다.

짜놓은 젖을 먹이는 연습을 한다

출근 2주 전부터 충분한 시간적 여유를 갖고 젖을 젖병에 담아서 먹이는 연습을 한다. 엄마 젖만 빨던 아이는 젖병을 거부할 수 있으므로 수유 1~2시간 후, 기분이 좋은 시간에 30ml 정도만 젖병에 담아 먹여본다. 서서히 횟수와 양을 늘려가고, 엄마 근무 시간에 맞추어 먹인다.

직장 복귀 2주 전부터 젖을 모아둔다

젖을 비축해놓아야 갑자기 젖이 줄거나 출장을 가는 등의 비상사태가 발생해도 아이에게 모유를 계속 먹일 수 있다. 모은 젖은 모유 저장팩에 넣고 겉면에 날짜와 시간을 적은 후 냉동시킨다. 모유는 냉동시키면 3~4개월, 냉장실에서는 72시간, 실온에서는 4~6시간 정도 보관이 가능하다. 4℃ 정도의 아이스박스에 보관해도 세포를 제외한 면역 성분 등 중요한 성분은 24시간까지 유지된다. 냉장고에서 꺼내 먹일 때는 따뜻한 물에 담가 체온과 비슷한 온도로 맞춰야 한다. 한 번 데운 모유를 다시 냉동 보관하거나 또 한 번 데워 먹이는 건 절대 금물이다.

직장에 복귀한 뒤에는 아침저녁으로 젖을 물린다

출근하기 시작하면서 젖을 직접 물리지 않고 짜놓은 모유만 먹이는 경우가 있는데, 이는 좋은 방법이 아니다. 엄마 젖은 아이가 직접 물고 빨아야 그 양이 줄지 않는다. 출근 전과 퇴근 후에는 반드시 아이에게 직접 젖을 물린다. 직장에서는 오전과 오후 한 번씩 양쪽 유방의 젖을 다 짜야 한다. 깨끗하게 비운다는 기분으로 완전히 짜내는 것이 포인트. 이렇게 짠 젖은 젖병 또는 모유 저장팩에 담아 아이스박스에 보관한다.

모유 유축하는 법

1 손으로 직접 짜기 유두에서 약 3cm 정도 떨어진 곳에 손 모양이 C자가 되도록 잡은 후 가슴 쪽을 향해 똑바로 밀어준다. 유륜 밑의 유관동을 단단히 누르면서 동시에 가볍게 앞쪽으로 밀어낸다. 손으로 짤 때는 한쪽을 다 짠 후 다른 쪽을 짜는 게 아니라 한쪽 젖에서 3~5분 정도 젖을 짠 다음 번갈아가면서 짜는 것이 좋다. 보통 20~30분 정도 걸린다. 초유는 유축기보다 손으로 짜는 것이 낫다.

2 유축기로 짜기 전동식 유축기를 사용하는 것이 바람직하다. 세기 버튼을 중간 정도에 맞춰놓고 유두와 유축기 구멍이 일직선이 되도록 고정한 뒤 시작 버튼을 누른다. 양측 유축기는 일측 유축기보다 모유 생성 호르몬인 프로락틴 수치를 효과적으로 높여주고, 유축 시간을 반으로 줄여준다. 유축기를 사용했을 때 젖이 나오지 않는다면 유방 마사지를 한 후 다시 시도한다.

Q 젖은 얼마나 자주 짜는 것이 좋을까?

A 전일 근무(하루 8시간 이상)라면 3시간마다, 하루 2~3회 정도 유축한다. 매일 아침 아이가 먹은 후 1~2시간 지나고, 60~120ml 정도씩 나누어 냉동한다. 4시간 이하의 시간제 근무라면 짜지 않아도 된다. 고형식을 먹기 시작하면(생후 6개월) 젖이 꽉 찼다고 느낄 때 짜면 된다. 고형식이 주식이 되면 아이와 함께 있을 때 먹이고 젖을 짤 필요가 없다.

수유 트러블 대처법

수유 중에는 미처 예상하지 못한 문제들이 발생할 수 있다. 모유수유를 꼼꼼히 준비했지만 당황할 수밖에 없는 사소한 문제에는 어떤 것이 있는지, 어떻게 대처해야 하는지 알아본다.

엄마에게 나타나는 문제

모유의 양이 많다 →
수유하기 전 젖을 조금 짜낸다

모유량이 많아 한꺼번에 많은 양이 아이의 입안으로 들어가면 아이가 사레가 들리기 쉽고 오히려 배불리 먹지 못한다. 젖을 빨면서 소란스럽게 꿀떡꿀떡 삼키는 소리를 내고, 사레가 자주 들리며, 숨이 막혀 헐떡거리다가 결국 젖에서 입을 뗀다면 모유량이 너무 많은 것. 이럴 때는 수유하기 전에 젖을 조금 짜내고, 수유할 때는 한쪽 젖만 집중적으로 물리는 게 좋다. 아이가 빨지 않는 나머지 한쪽 젖에서 서서히 모유량이 줄어 먹이기 적당한 수준이 되면 젖을 바꿔 먹인다.

모유의 양이 적다 →
수유 자세를 먼저 점검한다

산부인과 전문의들은 아이가 배를 채우지 못할 정도로 모유량이 적은 엄마는 거의 없다고 말한다. 손으로 짰을 때 모유가 적게 나오는 것만 보고 모유량이 적다고 판단해서는 곤란하다. 젖은 아이가 입에 물고 빨아야 더 많이 나온다. 모유를 먹는 데 30분 이상 걸리고, 충분히 젖을 물렸는데도 배고픈 듯 젖꼭지를 계속 빨면서 물고 있을 때, 모유를 먹은 후에도 잠을 잘 안 자고 자더라도 자주 깨서 보챌 때, 몸무게가 순조롭게 늘지 않을 때, 별다른 이상이 없는데도 소변량이 적다면 실제로 아이가 섭취하는 모유의 양이 적은 것일 수 있다. 이때는 엄마의 수유 자세가 잘못되어 아이가 젖은 먹지 못하고 유두만 빠는 것은 아닌지 확인해봐야 한다. 젖 먹이는 간격이 길어도 아이는 제대로 영양을 섭취하지 못한다. 수유 자세가 원인이 아니라면 모유량을 늘리는 데 도움이 되는 유방 마사지를 해본다.

> ⓘ 아이가 젖을 빨 때 아랫입술을 당겨서 아이 입술과 엄마 유두 사이에 아이 혀가 보이는지 살펴본다. 만일 혀가 보이지 않으면 엄마 젖 대신 자기 혀를 빨고 있는 것이므로 유륜을 아이 입에 더 깊숙이 밀어넣는다.

편평유두라 아이가 빨지 못한다 →
수유 자세를 바꾼다

편평유두는 아이가 정확하게 물었는데도 튀어나오지 않고 편평해지면서 다시 들어간다. 그뿐 아니라 물어도 입에 잘 걸리지 않아 유두가 쉽게 빠지므로 아이가 젖을 빨기가 매우 어렵다. 이 때문에 아이는 몇 차례 시도하다 젖을 거부한다. 그렇더라도 섣불리 포기해서는 안 된다. 꾸준히 물리면 유두 모양이 변하기 때문. 더욱 정확한 수유 자세로 꾸준히 젖을 물린다.

> **Q 젖몸살이 심할 땐 어떻게 해야 할까?**
>
> **A** 스팀타월로 유방을 감싸서 찜질하면 아프고 부은 유방이 가라앉는다. 뜨거운 물에 타월을 담갔다가 물기를 짜고 따뜻한 상태에서 유방을 감싸 찜질한 후 유방 마사지를 하면 효과가 더 좋다. 그냥 딱딱한 상태에서 마사지하면 무척 아프고, 잘못하면 젖몸살 증세가 심해진다. 출산한 이튿날부터 일주일 동안 매일 하는 게 좋으며 하루 1회, 30분 정도 한다. 그러나 젖이 너무 많이 고여 열이 날 때나 심하게 지쳐 있을 때는 하지 않는다.

젖이 단단해졌다 →
평소보다 더 자주 물린다

모유량이 늘 때 제대로 먹이지 않으면 유방에 젖이 고여 꽉 찬 느낌이 들다가 점차 단단해지면서 극심한 통증이 찾아온다. 이것을 유방 울혈이라고 한다. 심하면 유륜까지 팽팽해지기 때문에 통증이 더할 뿐 아니라, 아이가 젖을 물기 어렵고 젖을 짜도 잘 나오지 않는다. 하지만 아파도 참아가며 모유수유를 계속해야 한다. 그래야 젖몸살도 없어지고 모유량도 서서히 늘어나며 아이도 엄마 젖 빨기에 익숙해진다. 남은 젖을 손으로 짜내는 것도 유방 울혈 치료에 도움이 되지만, 아이에게 젖을 자주 물리고 충분히 빨리는 것이 가장 좋은 치료법이다.

젖꼭지에 상처가 났다 →
유두 보호기를 사용한다

유두의 피부가 약해서 상처가 생길 수도 있지만, 대부분은 수유 자세가 잘못된 것이 원인이다. 수유 중 아이 몸을 안정감 있게 받쳐주지 못해 아이가 무리하게 힘을 주면서 상처를 내는 것. 따라서 상처가 자주 난다면 수유 자세를 점검해볼 필요가 있다. 유두에 상처가 나서 피가 나오는 경우 아이가 피를 삼켜도 아무런 지장이 없으므로, 이 때문에 모유수유를 중단하지 않는다. 유두에 상처가 났을 때는 유두 보호기를 끼울 것. 속옷에 쓸리지 않아 통증이 덜하고 상처도 빨리 아문다. 비누와 연고를 쓰면 오히려 상처가 덧날 수 있다. 되도록 사용하지 않는 게 좋으며, 모유 자체에 피부 트러블 치료 성분이 있으므로 수유 후 젖을 짜서 아픈 부위에 바르고 그대로 가슴을 내놓고 말리는 편이 낫다.

젖몸살이 심하다 →
타이레놀이나 부루펜을 먹는다

유방 울혈이 있을 때는 통증 때문에 젖 물리기를 꺼릴 수 있다. 이럴 때는 모유수유를 꾸준히 하되, 전문의와 상담해서 타이레놀이나 부루펜 등 안전한 진통제를 먹어 통증을 완화하는 것도 방법. 젖몸살이 심할 때는 직접 아이에게 젖을 물리는 것이 가장 좋고, 그러고 나서 필요하면 유축기로 남은 젖을 짜낸다. 유두에서 피가 나도 젖은 먹일 수 있으므로 겁먹지 말고 그대로 빨린다.

병원에서 분유를 먹였다 →
혼합 수유로 시작한다

병원에서 산모에게 모유수유 의사를 묻지 않고 분유수유를 했더라도 생후 3개월 이전이면 교정이 가능하다. 우선 혼합 수유로 시작해 완전 모유수유로 전환한다. 무엇보다 좋은 건 산전 진찰을 받을 때부터 담당 의사에게 출산 후 모유수유를 하겠다는 의지를 명확히 밝히는 것. 그래야 병원에서도 아이를 낳고 30분~1시간 이내에 첫 젖을 물리도록 도와주고, 섣불리 젖병을 물리지 않는 등 모유수유를 성공적으로 할 수 있게 배려한다.

간염 보균자라 젖을 먹이지 못했다 →
적절한 치료로 감염을 막는다

엄마가 B형간염 항원 보균자인 경우라도 출생 직후 적절한 조치를 취하면 모유수유를 할 수 있으며, 모유수유를 한다고 해서 아이가 B형간염에 걸릴 확률이 더 높아지는 것은 아니다. 엄마가 B형간염 보균자이고 유두 상처로 인해 피가 섞인 모유를 아이에게 먹이더라도, B형간염 바이러스가 아이에게 전염되지는 않는다. 단, B형간염 항원 보균자인 산모에게서 태어난 아이는 출생 후 12시간 이내에 헤파빅(B형간염 면역글로불린)과 B형간염 예방접종을 하고 만 1개월에 2차, 만 6개월에 3차를 접종한 후 생후 9~15개월에 항체 검사를 해야 한다.

아이에게 나타나는 문제

아이 몸무게가 늘지 않는다 →
엄마의 생활 습관을 점검한다

생후 2~3주가 지나도록 아이가 평균 체중 증가 속도를 따라가지 못하거나, 체중이 잘 늘다가 갑자기 늘지 않으면 엄마는 모유의 질이나 양에 문제가 있는 것은 아닌지 의심한다. 그렇더라도 성급하게 모유를 끊거나 혼합 수유를 결정해서는 안 된다. 일단 소아청소년과 전문의의 진찰을 받는 것이 순서다. 아이가 몸이 아파도 젖을 잘 빨지 못해 몸무게가 늘지 않기 때문이다. 진찰 결과 아이 건강에 아무런 문제가 없다면 모유수유를 할 수 있을 정도로 휴식을 취하는지, 영양 섭취를 제대로 하는지 등 엄마의 생활 습관과 식사 습관을 점검해봐야 한다.

잘 빨지 못하고 칭얼댄다 →
실제 먹는 양을 체크한다

수유 첫날부터 젖을 잘 빨지 못하는 듯 보이면 아이가 실제로 먹는 양을 체크해봐야 한다. 대소변 보는 횟수와 양으로 아이가 먹는 양을 가늠할 수 있는데, 생후 1개월 전후엔 하루 100~300ml 정도가 적정량이다. 최대 20회까지 소변을 본

다는 점을 감안해 1회 소변량과 동량의 물을 기저귀에 부어서 손으로 들어 무게를 느껴보고 기저귀를 갈아줄 때마다 무게를 측정한다. 무게가 적당하면 소변을 잘 본다는 신호이므로 걱정할 필요 없다.

영양이 부족할 것 같다 →
모유는 시간이 지날수록 좋아진다

분유는 아이가 돌이 지나 어른과 같은 종류의 식사를 하게 되면 차차 끊어야 한다. 고칼로리인 분유를 돌 이후에도 계속 먹이면 밥을 거부하거나 소아 비만에 걸릴 위험이 높기 때문이다. 그러나 모유라면 이런 걱정을 할 필요가 없다. 돌이 지나면 아이의 주식은 밥이 되어야 하지만, 간식처럼 모유를 계속 먹이는 게 바람직하다. 아이 상태에 따라 모유도 성분이 변화해 칼로리가 낮아지기 때문이다. 세계보건기구에서는 생후 2년까지 모유를 먹이라고 권장한다. 심지어 엄마가 모유 끊을 시기를 결정하는 게 아니라 아이가 모유를 거부할 때까지 계속 먹여야 한다는 게 요즘의 추세이다. 일본에서는 아이가 모유를 원하는 한 계속 먹인다는 인식이 널리 퍼져 만 3세가 될 때까지도 모유를 먹이는 엄마가 많다. 모유의 좋은 성분은 생후 2년이 지나도 줄지 않으며, 오히려 생후 1년이 지나면 면역 성분이 더욱 강화된다는 연구 결과도 있다.

모유수유 상담을 받을 수 있는 곳

가까운 구청이나 시청의 보건소를 비롯해 종합병원, 대학병원, 산부인과에서도 모유수유 교육을 실시한다. 유니세프에서도 임산부와 가족을 위한 모유수유 교육을 실시하는데, 자세한 사항은 유니세프 홈페이지 (unicef.or.kr)에서 확인할 수 있다. 아이사랑(childcare.go.kr), 대한모유수유의사회(bfmed.co.kr), 모유사랑(moyu.co.kr) 홈페이지에서는 온라인 모유수유 상담을 받을 수 있다.

유방 마사지하는 법

모유량을 늘려주는 유방 마사지는 출산 직후부터 바로 시작하는 것이 가장 좋다.
아이에게 젖을 물릴 때마다 하고, 마사지 시간은 수유 전 10분 정도가 적당하다.

유방 마사지 1

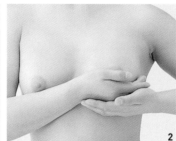
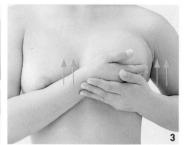

1 손바닥으로 유방을 받치는 듯한 느낌으로 유방 밑에 한 손을 댄다.

2 다른 손을 ①번 손 밑에 받치듯이 댄다. 새끼손가락을 유방의 아래쪽에 끼우는 느낌이 들 정도로 바싹 댄다.

3 팔꿈치부터 힘을 주어 유방 전체를 위로 들어 올린다.

유방 마사지 2

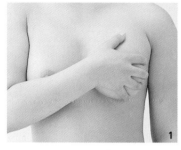

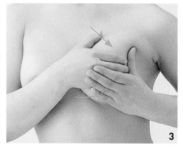

1 마사지할 유방의 반대쪽 손의 손가락을 크게 펴서 유방을 감싼다.

2 마사지할 유방 쪽 손을 ①번 손의 바깥에 댄다. 두 손의 엄지로 유방 주변을 단단히 붙잡는다.

3 유방이 옆으로 움직이도록 엄지에 힘을 주어 옆으로 밀어낸다. 반복해서 실행한다.

두 방향 마사지 1

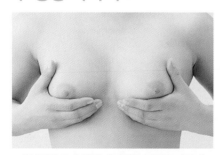

1 손바닥으로 유방의 바깥쪽을 편안히 감싼다.

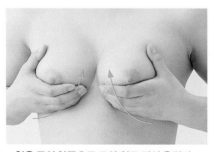

2 힘을 주어 안쪽으로 모아 위로 밀어 올린다.

두 방향 마사지 2

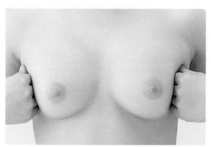

1 두 손의 손등을 가슴 바깥쪽에 나란히 댄다.

2 손등에 힘을 주어 안쪽 위를 향해 밀어 올린다.

두 방향 마사지 3

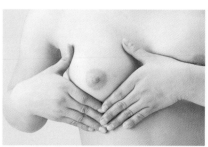

1 두 손 엄지를 펴서 마름모꼴로 가볍게 잡는다.

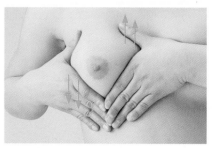

2 유방을 상하좌우로 조금씩 움직인다.

모유수유를 방해하는 것

모유수유 실패담의 절반 이상이 출산 후 3개월 이내에 일어난다.
모유수유를 포기하게 만드는 온갖 요인들과 대처 방안을 함께 알아본다.

유방 울혈

젖을 완전히 비우지 않아서 생긴다

출산 직후에는 젖의 양이 적지만 아이가 젖을 빨면서 하루 이틀 사이에 급격하게 양이 늘어난다. 이때 충분히 젖을 빨리지 않으면 유방에 젖이 고여서 꽉 찬 느낌이 들다가 더 심해지면 유방이 땡땡해지면서 심한 통증을 느낀다. 이때 유방은 공처럼 부풀면서 유두는 납작해지는데, 이를 유방 울혈(젖몸살)이라고 한다. 유방 울혈이 심해져서 젖을 제대로 먹이지 못하면 모유수유를 계속하기 힘들고, 고인 젖은 세균에 감염되기 쉽다. 오래 방치하면 유선염으로 발전할 수 있으므로 초기에 울혈을 풀어주어야 하는데, 가장 좋은 방법은 아이에게 젖을 충분히 빨리는 것이다. 대부분의 경우 통증을 참고 꾸준히 모유수유를 하기만 해도 수일 내에 좋아지므로 크게 걱정할 필요는 없다.

예방하려면 젖을 자주 먹이고 충분히 빨린다

젖이 팽팽하게 불어서 아이가 빨기 힘들어하면 손이나 유축기로 젖을 조금씩 짜서 유방의 압력을 낮춘 뒤에 젖을 물린다. 또 유륜 주변을 손가락으로 지그시 눌러서 아이가 입으로 쉽게 젖을 물 수 있게 도와준다. 이때 차가운 물수건으로 냉찜질을 하거나, 양배추 잎을 냉장고에 넣어 차갑게 한 후 유방에 붙이면 통증과 부기를 가라앉히는 데 도움이 된다.

❗ 양배추 잎은 젖을 말리는 효과도 있어 너무 오래 사용하면 모유량이 줄 수 있다. 젖양이 정상으로 돌아오고 통증이 가라앉으면 바로 그만둔다. 차가운 수건으로 찜질하는 것 역시 마찬가지.

유선염

유방이 박테리아에 감염된 것이다

유선염이란 유방이 박테리아나 곰팡이균에 감염된 상태를 말한다. 젖을 완전히 비우지 않은 것이 가장 큰 원인. 아이가 깨물거나 잘못된 수유 자세로 인해 유두에 상처가 나서 2차 세균 감염이 되기도 한다. 꽉 조이는 브래지어나 옷이 문제가 되는 경우도 있다. 유선이 압박을 받아 모유가 원활히 돌지 않으면서 유선이 막혀 염증이 생기는 것. 같은 이유로 엎드려 자는 자세도 원인이 될 수 있다. 젖을 매번 충분히 먹이거나 남으면 완전히 비우도록 짜내고, 수유 전후에는 따뜻한 물로 유방을 씻고, 사이즈가 넉넉한 옷을 입으며, 바로 눕거나 옆으로 누워 자는 등 생활 습관만 잘 들여도 충분히 예방할 수 있다. 엄마가 스트레스를 심하게 받거나 피곤할 때도 유선염에 걸릴 수 있다.

방치하면 아이가 젖을 거부한다

유선염에 걸리면 유방에 심한 통증을 느낀다. 유방 전체가 벌게지면서 화끈거리고 38.4℃ 이상의 고열이 나거나 독감이라도 걸린 듯 전신에 몸살 증세가 나타나기도 한다. 주로 출산 후 2~3주째 잘 걸리며 유방의 림프관에 염증이 생기면서 유방 피부 표면에 빨간 줄이 생긴다. 통증이 심하지 않더라도 아이가 모유수유를 거부한다면 산부인과나 소아청소년과 진료를 받아 유선염 여부를 확인한다. 유선염에 걸린 유방에서 분비되는 모유가 짠맛이 나서 아이가 거부할 수 있기 때문이다. 초기에 적절한 치료를 받지 않으면 아이가 계속 젖을 거부하게 되어 모유수유가 실패로 이어질 수 있다. 뿐만 아니라 계속 방치하면 만성 질환으로 고착될 수 있다.

> ❗ 수유를 중단하면 젖이 고여서 오히려 증상이 악화되며, 유방농양으로 진행되기 쉽다. 유방 농양은 국소적으로 고름이 생기는 병으로, 통증이 심하며 고름을 제거하는 수술을 해야 한다.

수유 중 유방 트러블

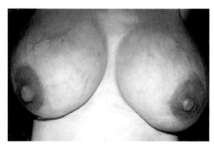

유방 울혈 젖을 빨리지 않으면 젖이 불면서 유방이 공처럼 부풀고 유두는 납작해진다.

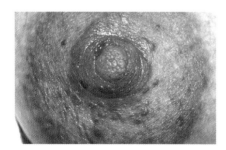

칸디다 감염 유방이 곰팡이균에 감염된 것으로, 유두 색이 벌겋게 변하고 갈라지기도 한다.

유선염에 걸리면 젖을 더 자주 빨려야 한다

유선염에 걸렸다고 해서 모유수유를 중단해선 안 된다. 오히려 더 자주 빨려서 유방의 젖을 완전히 비우는 게 좋다. 통증이 심하면 아프지 않은 쪽 유방을 먼저 비우고 그다음 아픈 쪽 유방을 빨려 유관이나 유선이 막히는 것을 방지한다. 아픈 쪽 젖이라도 아이에게 물리거나 유축기로 짜내어 젖이 남아 있지 않도록 하고, 무엇보다 엄마가 절대적으로 안정을 취하는 것이 가장 중요하다.

항생제를 먹어도 수유는 계속한다

유선염에 걸렸을 때는 반드시 항생제 치료를 받아야 하므로 의사의 처방이 꼭 필요하다. 이때 처방하는 항생제는 균을 효과적으로 치료하면서도 모유를 통해 아이에게 전달되어도 안전한 약이다. 따라서 엄마가 항생제를 복용한다고 해서 모유수유를 중단할 필요는 없다. 증세가 조금 나아졌다고 느끼더라도 임의로 항생제 복용을 중단하면 안 된다. 또다시 재발할 위험이 높기 때문이다. 반드시 의사의 지시에 따르고 적어도 10~14일간은 치료를 받아야 한다.

> ❗ 수유하기 전 따뜻한 물수건으로 찜질을 하고, 평소 따뜻한 팩과 차가운 팩으로 번갈아가면서 찜질한다.

칸디다 감염

젖을 먹인 뒤에 통증이 있다면 칸디다 감염을 의심한다

칸디다 감염은 엄마의 유방이 곰팡이균에 감염된 것으로, 겉보기에는 별로 아파 보이지 않지만 통증이 매우 심하다. 젖을 먹이기 전보다 먹인 후에 더욱 아픈데, 수유 후 몇 분에서 몇 시간 동안 유두가 타는 듯이 아프고 유두에서 등과 어깨로 뻗치는 듯한 통증이 나타나기도 한다. 이런 통증은 밤이 되면 더욱 심해진다. 칸디다 감염이 생긴 유두는 겉에서 보기에 별다른 이상이 없는 경우가 많지만, 하얗게 변하거나 갈라지기도 하고 유두가 분홍색이나 자주색으로 변하기도 하며, 피부가 벗겨지는 경우도 있다.

3~5일간 항진균제 연고를 바르면 치료할 수 있다

칸디다 감염은 최근에 항생제 치료를 받았거나, 아이에게 젖을 잘못 물려 유두에 상처가 났거나, 유축기를 잘못 사용했거나, 유방을 너무 자주 비누로 닦아 피부가 손상되었거나, 아이의 아구창을 치료하지 않고 방치한 경우에 생긴다. 항진균제 연고를 발라 치료해야 한다. 연고는 하루 4회 이상 수유한 후에 유방을 물로 헹구어 말린 뒤에 발라야 하며, 양쪽 유방 모두에 발라 번지는 것을 막는다. 다음번 수유 시에는 연고를 닦아내지 않고 젖을 먹여도 괜찮다. 약을 바르고 24~48시간 후부터 증상이 호전되지만 심한 경우 3~5일 정도 시일이 걸릴 수 있다.

아이도 함께 치료받아야 한다

엄마가 칸디다 감염에 걸리면 아이에겐 입에 바르는 물약을 처방해주는데, 수유를 한 뒤 면봉이나 거즈에 약을 적셔 입 안에 발라준다. 일상생활에서도 감염 요인을 최소화해야 한다. 아이 입과 직접 접촉하는 노리개젖꼭지, 젖병, 브래지어도 매일 세척하고 20분 이상 삶아 소독한다. 젖을 먹인 후 매번 깨끗한 물로 유방을 헹구되 문질러서 닦지 말고 공기 중에 노출시켜 말린다. 또 엄마는 치료가 끝날 때까지 우유나 단 음식은 피하고 유산균 식품을 챙겨 먹는다. 칸디다 감염은 통증이 아주 심한 데 비해 보기에는 멀쩡해 엄마 혼자서 고민하다가 젖을 끊는 것이 문제이다. 수일 내에 치료가 될 뿐 아니라 치료 중에도 모유수유를 할 수 있으므로, 감염이 의심되면 산부인과 전문의의 진료를 받고 꾸준히 치료받는다. 칸디다는 냉동해도 죽지 않으므로 감염이 의심되는 경우 젖을 짜서 보관해서는 안 된다.

아이의 빈혈

6개월 이후부터 철분이 풍부한 이유식을 먹인다

아이는 태어날 때 생후 6개월 동안 필요한 철분을 미리 엄마에게 받아서 태어난다. 또 모유에는 분유에 비해 철분의 양이 적게 함유되어 있으나, 적은 양의 철분이라도 아이에게 흡수되는 철분량은 분유보다 우수하기 때문에 실제 빈혈을 앓는 아이는 많지 않다. 하지만 시간이 지날수록 모유의 철분량이 감소하므로 철분이 많이 함유된 이유식이나 철분 강화 영양식을 먹여 철분을 보충해주어야 한다.

이유식을 먹지 않을 땐 철분제를 챙겨 먹인다

모유수유만 하는 아이는 분유수유만 하는 아이보다 생후 3개월 이후부터 키나 몸무게가 더디게 느는 경향이 있다. 이는 지극히 정상적인 현상이지만, 간혹 철 결핍성 빈혈 때문에 성장이 더딘 경우도 있으므로 주의한다. 철 결핍성 빈혈이 있는 아이는 우선 얼굴색이 창백하고, 어떤 아이는 아주 예민하게 반응한다. 증세가 심해지면 식욕이 떨어져 잘 먹으려 들지 않고, 모자라는 철분을 공급하지 않을 경우 인지능력 발달에도 영향을 미칠 수 있다는 보고가 있다. 따라서 아이의 성장이 눈에 띄게 더디다면 꼭 소아청소년과 전문의의 진찰을 받은 뒤 철분제를 복용하거나 적절한 치료를 받는다.

엄마의 약물 복용

엄마가 먹는 약은 대부분 아이에게 안전하다

엄마가 아파서 약을 처방받으면 부작용에 대한 걱정 때문에 약을 먹지 않거나 모유를 끊는 경우가 많다. 그러나 엄마가 복용한 약 용량의 1% 정도만이 모유를 통해 아이에게 전달되므로 몇 가지 성분을 제외하고는 엄마가 복용하는 약에 아이가

영향을 받는 일은 거의 없다. 단, 엄마가 약을 복용해야 할 경우에는 의사에게 모유수유 중이라는 사실을 꼭 알려 모유수유를 해도 전혀 해가 없는 약을 처방 받는다. 젖 말리는 약이나 경구 피임약도 모유수유에는 전혀 영향을 미치지 않는다. 이런 약은 대부분 호르몬제이기 때문에 모유 성분에 변화를 주지도, 아이에게 영향을 주지도 않는 것. 단, 모유량이 줄 수 있으므로 복용 중에도 꾸준하게 충분히 젖을 먹이는 것이 중요하며, 치료 기간 동안 먹일 젖을 미리 짜둘 필요는 없다. 모유수유를 하면서 절대로 먹지 말아야 하는 약도 있는데 항암제, 방사선 관련 약물, 마약, 중독이 의심되는 약, 요오드가 포함된 약물 등 심각한 질환에 사용하는 경우가 대부분이다.

흡연 중이라도 모유수유를 하는 것이 분유수유보다 낫다

모유수유를 하는 엄마가 흡연을 할 경우 젖 분비가 원활하지 않아 모유량이 줄어드는 원인이 될 수 있고, 그 모유를 먹는 아이는 심리적으로 불안정해질 수 있다. 엄마가 하루 한 갑 이하의 담배를 피운다면 모유 속의 니코틴으로 인해 아이가 위험해질 가능성은 별로 없지만, 모유수유 중에는 되도록 담배를 끊는 것이 좋다. 만약 끊을 수 없다면 줄이도록 한다. 또 담배를 피운 뒤 체내 니코틴 함량이 반으로 줄어드는 데 걸리는 시간은 96분 정도이므로 엄마가 완전 금연하기 어렵다면 차라리 수유 직후에 담배를 피우는 것이 낫다. 흡연 중이라도 모유를 먹이는 것이 분유를 먹이는 것보다는 얻는 것이 많기 때문이다. 하지만 어떤 경우에도 아이 곁에서 흡연을 해서는 절대 안 된다.

술, 커피 모두 양을 제한하면 마셔도 된다

맥주나 소주, 양주 등 어떤 종류이든 술은 수유 중 하루에 1~2잔 정도는 마실 수 있지만 마시고 2시간이 지난 후에 수유를

Q **엄마가 맵게 먹으면 모유 맛도 매울까?**

A 김치찌개를 먹고 나서 아이에게 젖을 먹였더니 아이의 변이 붉은색이라는 엄마가 종종 있다. 엄마가 먹는 음식물 중 0.1~0.2%는 그대로 아이에게 흡수된다. 그러므로 지나치게 매운 음식이나 향이 강한 향신료, 마늘같이 자극적인 음식을 많이 먹으면 아이에게도 이 성분이 들어갈 수 있으므로 주의해야 한다. 자극이 강한 음식은 아이의 연약한 위를 자극하기 때문이다.

해야 한다. 과다 섭취하면 모유가 잘 안 나오거나 아이가 모유 섭취를 거부할 수 있고, 아이의 운동 능력 발달에도 영향을 미쳐 발육이 더디게 된다. 커피나 녹차 등 카페인 음료도 양을 까다롭게 제한해야 한다. 과다 섭취하면 아이가 보채거나 잠을 잘 자지 못하는 등 카페인 과민증상을 보인다. 커피에는 60~140mg의 카페인이 들어 있으므로 수유 직후 하루에 1~2잔 정도만 마신다.

엄마의 질병

감기에 걸려도 모유수유는 한다

태반을 통해 엄마로부터 받은 면역 단백질과 모유를 통해 얻은 면역 인자는 아이 몸에서 면역학적 방어 시스템을 만든다. 따라서 엄마가 병에 걸렸더라도 모유수유는 계속한다. 감기에 걸려도 모유는 꼭 먹여야 하며, 엄마가 B형간염 보균자일 때도 출산 후 의학적으로 적절한 조치를 취했다면 모유를 먹이는 것이 좋다. 성병에 걸렸더라도 병변 부위가 유방이 아니라면 모유수유는 가능하다. 고혈압, 천식, 만성 간염, 뇌전증, 심지어 암에 걸렸더라도 항암 치료 중이 아니라면 모유를 먹일 수 있다. 당뇨병의 경우 모유를 먹이

면 오히려 엄마에게 당 조절 능력이 생긴다. 엄마의 회음부나 구강 주위에 헤르페스 병변이 있는 경우에도 모유수유가 가능하다. 그러나 유방에 이런 증상이 있을 때는 상태가 좋아질 때까지 모유수유는 중단하는 것이 안전하다.

! 엄마 손이나 입을 통해 아이에게 감기를 옮길 수 있으므로 손을 잘 씻고 아이를 만져야 하며, 수유할 때는 마스크를 착용한다. 약을 먹을 때는 반드시 병원에서 처방을 받아야 안전하다.

모유수유를 금하는 질병

엄마에게 패혈증이 있을 때, 활동성 결핵 판정을 받았을 때, 장티푸스나 유방암·말라리아 등에 걸렸을 때는 모유수유를 해서는 안 된다. 또 임신 중 에이즈 바이러스에 대한 항체가 양성인 경우 수유를 통해 아이에게 옮긴다는 확실한 보고는 아직 없지만, 모유에서 에이즈 바이러스가 발견되었기 때문에 우리나라를 포함한 미국 등 선진국에서는 이런 경우 모유수유를 금지하고 있다.

모유 부족 & 유두 혼란

체중이 늘어날 때도 아이는 젖을 자주 찾는다

태어난 이후 계속 잠만 자던 아이가 생후 2~3주가 되면 깨어 있는 시간이 서서히 늘면서 활동량도 많아지고 전보다 더욱 자주 젖을 먹으려 한다. 또 생후 2주, 6주, 3개월 무렵은 체중이 급격히 느는 성장기이므로 이 기간 동안 다른 때보다 더 자주 먹으려 하는 것은 지극히 정상적 행동으로 본다. 이처럼 아이가 갑자기 자주, 더 오래 젖을 먹는 이유는 젖의 양이 부족해서 그런 것이 아니라 아이의 신체 변화 때문이므로 안심해도 된다. 아이가 자주 보챌 때도 마찬가지. 배가 고파서라기보다 몸이 불편하거나 기저귀에 대소변을 봐서 기분이 좋지 않거나 하는 다른 이유가 있지 않은지 먼저 확인해본다.

모유는 분유보다 소화가 잘되기 때문에 자주 먹으려고 한다

이처럼 아이가 젖을 자주 먹으려 하면 흔히 젖이 부족한 것은 아닐까 고민한다. 하지만 아이가 젖을 찾는 이유는 젖을 빨려는 본능적 욕구 때문이다. 또 엄마와 접촉하고 싶어서일 수도 있다. 실제로 배가 고파 젖을 찾는 경우도 있으며, 특히 모유를 먹는 아이는 분유를 먹는 아이에 비해 훨씬 자주 먹고 싶어 한다. 이는 모유가 분유보다 소화가 잘되기 때문이다. 그러므로 아이가 먹고 싶어 할 때마다 젖을 먹이고, 먹일 때마다 충분히 빨려 아이의 욕구를 충족시킨다.

Q 모유수유하는 중에 살을 빼도 될까?

A 출산 후 6주부터 가벼운 운동을 시작할 수 있다. 6주 이전 수유 중에 다이어트를 하면 지방 안에 있는 독소가 혈관으로 나와 모유 속으로 들어갈 수 있으므로 위험하다. 6주 이후에는 수영, 산책, 자전거 타기, 에어로빅, 조깅 등의 운동을 조금씩 시작한다. 단, 방향을 갑자기 틀어야 하는 갑작스럽고 탄력적인 운동은 출산 6주 이후라도 피하는 것이 좋으며, 6개월까지는 음식 조절 등 강도 높은 다이어트는 하지 않는다.

젖병을 한 번이라도 빨면 젖의 양은 줄어든다

직접 젖을 짜보니 양이 적다며 하소연하는 엄마가 있는데, 젖을 짜는 데는 숙련된 기술이 필요하다. 엄마가 짠 젖의 양이 적다고 해서 모유량이 적다고 단정할 수는 없다. 모유의 양은 아이가 젖을 빠는 자극에 의해 젖 분비 호르몬인 프로락틴이 증가해 양이 늘어나므로 젖병을 한 번이라도 빨면 오히려 젖 분비가 줄어들어 모유량이 더욱 감소할 수 있다. 젖을 자주, 충분히 빨리는 것 이상으로 모유량을 늘리기에 좋은 방법은 없다.

혼합 수유를 하면 유두 혼란이 올 수 있다

유두 혼란이란 아이가 젖병에 익숙해져서 엄마 젖을 빨려고 하지 않는 현상이다. 아이가 태어나서 첫 4주 이내에 젖병이나 노리개젖꼭지를 사용하면 나타날 수 있다. 엄마 젖은 아이가 혀와 입천장 사이에 엄마 젖꼭지를 놓고 힘차게 빨아야 나온다. 반면 젖병의 젖꼭지는 계속 흘러나오는 모유나 분유를 아이가 입술로 조절해 먹는 구조이므로 훨씬 적은 힘이 든다. 이처럼 엄마 젖을 빠는 방법과 젖병을 빠는 방법이 완전히 다르고, 엄마 젖은 젖병을 빠는 것보다 60배 정도의 힘이 더 필요한데, 분유가 모유에 비해 맛도 자극적이다. 따라서 한번 젖병을 문 아이는 좀처럼 엄마 젖을 빨지 않으려 한다. 빨기가 힘드니 엄마 젖꼭지를 밀어내고, 빨리 배고픔이 해결되지 않아서 울면서 보채는 것이다. 이러한 유두 혼란을 막기 위해서는 처음부터 엄마 젖을 빨리고, 젖병의 젖꼭지나 노리개젖꼭지를 절대로 병용하지 않아야 한다. 혼합 수유는 모유수유를 빨리 끊게 하는 원인이다.

신생아 황달

황달에 걸렸다고 모유를 끊어야 하는 것은 아니다

아이가 태어나 일주일 안에 얼굴이나 몸이 노란색을 띠는 경우를 신생아 황달이라고 한다. 신생아 황달은 모유를 제대로 먹이지 못해 생후 일주일 내에 나타나는 증상으로 병적 황달과는 엄연히 다르다. 만삭에 정상 몸무게로 태어난 아이라면 일반적으로 생후 3~5일까지는 황달 수치가 20이더라도 모유수유를 중단할 필요가 없다. 병적 황달만 아니라면 모유가 부족해서 황달 증상이 나타나는 것이므로 오히려 모유를 더 먹일 것을 권장한다. 그리고 생후 5일 이후에 생긴 황달이 수치가 높거나 황달 증상이 있다고 해서 모유를 끊지 않는다.

잠시 중단해야 할 경우라도 모유는 짜내야 한다

모유가 황달의 원인이라고 추정될 때 일시적으로 모유수유를 중단하는 경우가 있다. 이때에도 모유를 완전히 끊는 것이 아니라 잠시 중단하는 것이며, 아주 특별한 경우가 아니라면 만 48시간 이내에 모유수유를 다시 시작해야 한다. 모유수유를 중단하는 동안에는 모유를 열심히 짜야 하는데, 짜지 않고 하루만 지나도 모유량이 확 줄어들어 더 이상 모유수유를 할 수 없기 때문이다. 하루에 6~8회, 1회 10~15분간 손이나 유축기로 짤 것을 권하며, 짠 모유는 냉동 보관했다가 나중에 먹인다. 또 모유를 잠시 끊고 분유를 먹여야 할 경우에는 젖병 대신 컵을 이용해서 먹여야 한다. 젖병을 사용하면 유두 혼란이 생겨서 다시 모유를 먹일 때 엄마 젖을 빨지 않으려 할 수 있기 때문이다.

아이의 잦은 설사

용변이 묻은 기저귀를 의사에게 보여 설사인지 체크한다

모유수유한 아이의 변이 분유를 먹이는 아이 변보다 묽은 편이다 보니 정상 변임에도 엄마는 설사라고 생각해 임의대로 모유를 끊는 경우가 있다. 설사로 보이더라도 소아청소년과 전문의에게 아이의 용변 상태를 확인할 수 있는 기저귀를 가지고 가거나 사진 찍은 것을 보여줘 점검받는 것이 우선이다. 설령 설사로 결과가 나온다 해도 모유를 끊을 필요는 없다. 설사 때문에 모유를 끊어야 하는 경우는 드물다. 단, 설사가 수주일간 지속되어 몸무게가 줄어드는 등 아주 심각할 때는 모유수유를 중단한다.

한쪽 젖을 끝까지 물리면 변이 좋아진다

젖을 자주 조금씩 먹는 아이에게서 묽은 변을 자주 싸는 전유후유 불균형이 생기는 경우가 많다. 이 경우는 한쪽 젖을 끝까지 먹이는 것이 중요하다. 모유는 1회 수유 시 처음과 나중에 나오는 젖의 성분이 다른데, 뒤에 나오는 젖일수록 지방 함량이 많다. 따라서 조금씩 자주 먹는 아이는 지방이 많은 후유를 적게 먹게 되고, 상대적으로 유당이 많은 전유를 많이 먹게 되는데, 유당이 장을 자극해 묽은 변을 자주 보는 것. 이런 증세를 전유후유 불균형이라고 하며, 엄마가 생각하는 설사와는 다르다. 이 경우는 한쪽 젖을 끝까지 물려서 후유까지 다 먹이면 설사처럼 보이던 변이 좋아진다.

❗ 전유후유 불균형을 예방하려면 젖을 성급하게 바꾸어 먹이지 말고 한쪽 젖을 10~15분 정도 충분히 먹인 뒤 다른 젖을 물린다.

모유 먹는 아이의 변

횟수가 잦고 묽어서 설사라고 오해하기 쉽지만 모두 정상 변이다.

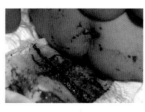
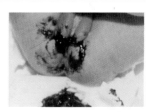
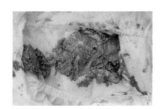
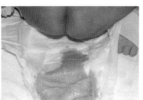
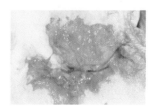

젖 떼는 요령

젖을 뗄 때도 젖을 먹일 때와 마찬가지로 요령이 필요하다. 젖을 떼는 적절한 시기는 언제이며,
아이의 정서에 해로운 영향을 주지 않으면서 엄마의 통증도 최소화하려면 어떻게 해야 하는지 알아보자.

젖떼기와 젖 말리기

두 돌까지가 기본, 빨라도
돌 이후가 좋다

세계보건기구와 유니세프에서는 적어도 두 돌까지 모유 먹이기를 권한다. 영양학적 면에서도 그렇지만, 면역학적 면만 따지더라도 모유의 장점은 두 돌이 지나서도 지속되기 때문이다. 젖을 떼기에 가장 적당한 시기는 두 돌 무렵이며, 빨라도 돌이 지난 후 아이가 스스로 원할 때 뗀다. 돌 무렵이 되면 여러 가지 음식을 접하게 되고, 신체 활동도 활발해져 젖 먹는 것보다 더 흥미를 끄는 것이 많아져 저절로 젖에 대한 집착이 줄어들게 된다. 엄마의 직

장 복귀, 둘째 계획 등 피치 못할 사정으로 젖을 떼야 하는 경우라 해도 돌 무렵까지는 먹이는 것이 좋다.

한 달 정도 시간을 두고 서서히 뗀다

젖떼기는 몇 주에 걸쳐 점진적으로 진행해야 아이가 욕구 불만과 분리 불안을 느끼지 않고, 엄마도 갑자기 젖이 부어 생기는 고통을 피할 수 있다. 젖양이 서서히 줄어들기 때문에 유방 피부도 덜 늘어진다. 젖을 떼기 시작하는 첫 주에는 모유 먹이는 횟수 중 한 번 정도를 아이 간식으로 대체하고, 둘째 주엔 하루에 2회, 셋째 주엔 하루 3회 정도 대체한다. 이렇게 수유 간격을 넓히다 보면 마지막 주에는 모유를 완전히 떼고 밥만 먹일 수 있다. 젖떼기 2개월 전까지는 밤중 수유를 완전히 중단해야 진행 과정이 수월하다.

> ⓘ 젖을 뗀 후에도 젖이 나올 수 있는데, 유방에 수개월 혹은 수년 동안 약간의 젖이 남아 있는 것은 정상이므로 걱정하지 않는다.

아이에게 스킨십을 많이 해준다

모유수유의 장점 중 하나가 수유를 하면서 아이와 자연스럽게 스킨십을 하는 것이다. 그런데 모유를 떼면 아무래도 스킨십의 기회가 줄어든다. 실제로 많은 아이가 젖 떼는 시기에 엄청난 박탈감을 느낀다고 한다. 아이가 분리 불안이나 애정 결핍을 느끼지 않도록 하려면 모유를 떼는 시기는 물론, 그 이후에도 모유를 먹일 때보다 더 많은 스킨십으로 엄마의 애정을 표현해줘야 한다. 특히 모유수유를 할 때와 같은 자세로 밀착해서 안아주는 스킨십은 아이에게 큰 위안을 준다.

컵으로 먹는 양을 늘린다

모유를 먹는 아이든 분유를 먹는 아이든 만 6개월부터는 컵을 이용해 모유나 분유를 먹는 연습을 하는 것이 좋다. 아무리 컵으로 물을 잘 먹어도 나중에 모유를 끊고 분유나 생우유를 컵에 담아주면 거부해서 엄마를 당황하게 하는 아이가 수두룩하다. 처음에는 하루에 1~2회 소량의 젖을 컵으로 먹이다가 젖을 뗄 때가 되면 서서히 컵으로 먹는 양과 횟수를 늘려간다. 분유수유를 하는 경우 돌 무렵에는 분유를 떼는 것이 좋으므로 이때부터 젖병을 완전히 끊고 물을 비롯한 모든 음료를 컵으로 먹이기 시작한다.

수유 분위기를 바꾼다

모유를 먹이다가 서서히 분유를 먹이기 시작하면서 끊는 경우에는 젖 먹던 분위기를 연상시키는 상황을 피하는 것이 좋다. 우선 수유하는 장소를 젖 먹이던 곳과는 다른 곳으로 옮긴다. 만약 젖을 소파에서 먹였다면 소파에서는 분유를 먹이지 않는 식이다. 수유 시간도 젖 먹던 시간과 조금씩 차이를 두고, 수유 시간이 되면 아이가 좋아하는 간식을 소량 주거나 장난감 또는 책 같은 다른 흥미를 보일 만한 것을 제공해 아이 관심을 모유에서 다른 것으로 돌리는 것이 좋다.

NG 젖을 동여매면 안 된다

젖을 뗄 때 젖을 동여매면 젖을 말리는 효과가 있다고 아는 경우가 많은데, 이는 오히려 유관이 막히거나 유선염이 생길 수 있으므로 피해야 한다. 엄마가 수분 섭취를 제한해야 할 필요는 없으며, 수유할 때와 마찬가지로 갈증이 나면 마시고 싶은 만큼 마신다.

분유수유의 모든 것

아이가 몸이 허약해서 젖 빠는 힘이 약하거나 언청이·구개 파열로 입에 이상이 있는 경우,
산모가 만성 질환 등의 이유로 모유수유를 할 수 없을 때는 분유수유를 한다.

분유수유 기본 상식

모유 성분과 최대한 비슷하게 만든다

분유는 주성분이 소젖이지만 다양한 영양소를 첨가해 최대한 모유 성분에 가깝게 만든다. 단백질과 미네랄 등 영양소 함량을 모유와 가장 흡사하게 맞추고, 균질화와 열처리를 통해 아이가 소화하기 쉽게 만들므로 사실상 분유만 먹여도 아이가 자라는 데는 아무 문제가 없다. 분유는 종류가 다양하며, 성분도 조금씩 다르다. 예를 들어 모유 속에 든 DHA가 뇌와 망막 기능에 중요한 역할을 한다는 것이 밝혀지면 DHA를 첨가하고, 모유 면역 물질인 락토페린과 면역글로불린 등을 조금 더 넣어 질병에 대한 저항력을 높이는 분유를 개발한다. 우리나라 조제분유의 기준은 매우 엄격한 편이라 각 기업체나 분유의 성격을 막론하고 분유를 구성하는 주된 성분은 일정하다.

몸무게 1kg당 180ml 정도로 먹인다

생후 1개월까지 신생아가 필요로 하는 하루 분유량은 몸무게 1kg당 180ml 정도이지만, 아이에 따라 먹는 양이 다르므로 아이가 원하는 만큼 먹이는 것이 좋다. 시간이 지나면서 수유 리듬이 서서히 자리 잡아 백일 무렵까지는 3~4시간에 한 번씩 하루 6~7회 먹는다. 그 후 단계별로 적정량씩 먹이다 늦어도 돌 무렵엔 떼는 것이 좋다. 칼로리가 높아 유아식과 병행할 경우 소아 비만이 될 수 있기 때문이다. 생후 6개월 이후부터 컵으로 분유를 먹이면 보다 수월하게 분유를 뗄 수 있다.

분유는 먹기 직전에 탄다

분유는 번거롭더라도 먹기 직전에 타서 먹이는 것이 원칙이다. 물에 탄 분유를 상온에서 20분 정도 둔 후 먹이는 것은 괜찮지만, 미리 타서 냉장고에 보관한 후 다시 데워서 먹이는 것은 금물. 상하거나 영양분이 파괴될 수 있기 때문이다.

❗ 먹다 남긴 분유는 시간이 지나면서 세균이 번식하기 쉬우므로 아깝더라도 다시 먹이지 말고 버려야 한다.

생후 3개월까지는 젖병을 철저히 소독한다

면역력이 아주 약한 생후 3개월 이전 아이에게는 매번 삶아서 소독한 젖병을 물리도록 한다. 젖병 세정제와 전용 솔을 이용해 젖병과 젖꼭지를 구석구석 깨끗하게 씻은 후 끓는 물에 삶는 열탕 소독을 해야 한다. 젖병은 2~3분 정도, 젖꼭지는 30초 정도 삶는 것이 적당하다. 생후 4개월부터는 젖병 세정제를 사용해 씻고, 주 2~3회 열탕 소독을 한다.

적당한 구멍의 젖꼭지로 먹인다

젖꼭지는 젖병을 거꾸로 들었을 때 분유 방울이 5~6cm 간격으로 뚝뚝 떨어지는 정도가 적당하다. 젖꼭지 구멍의 크기가 클 경우 아이가 급하게 빨기라도 하면 갑자기 많은 양이 흘러나와 호흡곤란을 경험할 수 있다. 반대로 젖꼭지 구멍이 너무 좁아도 빨기가 힘들어 아이가 수유를 거부할 수 있기 때문이다.

모유 먼저 먹이고 분유를 먹인다

모유를 먹이다가 분유수유로 바꿔야 한다면 혼합 수유 과정을 거쳐야 한다. 처음

에는 모유를 먹인 후 분유를 20~30ml 추가로 먹여본다. 아이가 분유를 잘 먹고 만족해하면 분유량을 서서히 늘려나간다.

젖병에 익숙해지도록 배고플 때 물린다

젖꼭지의 감촉을 익혀야 하므로 처음부터 무리하지 말고 하루에 한 번이라도 젖병을 물리는 것으로 시작한다. 서서히 분유수유의 횟수를 늘리는데, 낮잠을 잔 뒤나 배가 고플 때 먹이면 효과적이다. 분유 맛을 낯설어하면 우선 모유를 젖병에 담아 먹이는 것도 좋은 방법이다.

특수 분유

특수 분유란

특수 분유는 장기간 설사를 하거나 분유에 알레르기 증상을 보일 때 먹이는 분유를 말한다. 유당을 줄이고 단백질을 흡수하기 쉬운 상태로 처리하며 비타민, 미네랄 등 부족하기 쉬운 영양소를 보강해서 만든다. 마트나 인터넷 쇼핑몰에서 쉽게 구입할 수 있지만, 의사와 상의 없이 임의로 먹여서는 안 된다. 설사를 하면 '설사용 분유'를, 알레르기 증세를 보이면 '알레르기용 분유'를 먹이면 된다고 생각하겠지만, 특수 분유는 어디까지나 약이 아니라 분유이다. 반드시 소아청소년과 전문의와 상의한 후 먹여야 한다. 특수 분유를 먹이면 증상이 나아져 계속 먹이는 경우도 종종 있는데, 끊는 시기 또한 의사와 상담해 결정해야 한다.

설사 방지 특수 분유

당을 줄이거나 분해시키고 단백질을 특수 처리해서 전해질, 비타민, 미네랄 등 부족하기 쉬운 영양소를 보강한 것이 대부분이다. 설사하는 동안 장 점막이 손상되어 유당 분해 효소가 부족한 상태이므로 일반 분유에 비해 유당이 적게 들어 있다. 설사를 치료하는 효과는 없지만 증상이 더 심해지는 것을 막고 영양을 공급해준다. 설사를 한다고 해서 임의로 먹여서는 안 되며, 하루에 3회 이상 설사를 하거나 약을 먹어도 2주 이상 낫지 않을 때 등 심한 경우에만 먹인다. 설사가 멈추고 2~3일 지난 후부터 일반 분유와 섞어 먹이다가 차츰 일반 분유로 바꿔 먹인다. 단, 하루 10회 이상 설사할 정도로 긴급한 상황이라면 전해질 용액이나 미음을 먹이는 것이 더 낫다.

NG 장염으로 인한 설사는 분유를 바꾸지 않는다

아이가 급성 장염에 의한 설사 증세를 보인다면 굳이 분유를 바꾸지 않아도 된다. 간혹 장염을 앓은 후 설사가 멈추지 않는 경우가 있는데, 이는 손상을 입은 장이 분유에 있는 유당을 제대로 소화하지 못하거나, 장염이 완전히 낫지 않아서인 것이다. 대개 한 달 정도 지나면 좋아진다. 그러나 장염이 완치된 이후에도 수개월에 걸쳐 설사가 멎지 않는다면 의사와 상담한 후 설사 분유를 먹이는 것도 방법이다.

> ! 모유수유 시에는 묽은 변을 보는 경우가 많아 설사로 오인할 수 있다. 대개 정상이므로 굳이 특수 분유를 먹일 필요가 없다.

알레르기 특수 분유

우유나 콩, 기타 다른 단백질에 알레르기를 일으키는 아이를 위해 우유의 단백질을 가수분해해 조제한 분유이다. 피부 습진, 구토와 설사, 비염, 천식 등 우유 알레르기가 있는 아이에게 먹이며 소화 흡수 장애가 있는 아이에게도 사용한다. 하지만 구토와 설사의 경우 바이러스성 장염일 수도 있으므로 섣불리 알레르기라고 단정해서는 안 되며, 소아청소년과에서 알레르기로 진단받은 경우에만 의사와 상담한 후 먹인다. 대부분 먹인 지 수주 내에 증세가 없어지는데, 특수 분유를 먹이는데도 구토 등의 증상을 보이면 중단하고 병원 진료를 받아야 한다.

빠르고 쉽게 분유 타는 노하우

● 팔팔 끓인 물을 보온병에 담아두면 분유를 탈 때마다 물을 끓이지 않아도 돼 훨씬 간편해진다. 보온병의 성능에 따라 다르지만 대개 8시간 정도는 물을 70℃ 이상으로 유지해준다. 따라서 한번 끓여 담아놓으면 반나절은 편히 활용할 수 있다.

● 밤중 수유나 외출 시엔 분유 케이스나 젖병에 1회 적정 분유량을 미리 담아놓고 밀봉하면 편리하다. 분유통에서 분유를 더는 등 번거로운 과정을 줄일 수 있기 때문이다.

● 분유를 타기 10분 전에 물(250ml 정도)을 끓여놓으면 분유를 탈 때 50℃ 정도로 알맞게 식는다.

● 분유를 탔는데 물이 뜨거울 경우 찬물에 젖병째 담근다. 흐르는 물에 원을 그리듯 흔들어 식히거나 큰 볼에 얼음을 담고 젖병을 꽂아두면 빨리 식는다. 젖병 안의 온도가 젖병 겉면보다 뜨거우므로 손목에 몇 방울 떨어뜨려보아 분유 온도를 체크한다.

● 끓여서 식힌 물을 냉장고에 보관했다가 활용한다. 뜨거운 물 50ml에 미리 식혀놓은 찬물 150ml를 섞으면 적당한 온도가 된다.

분유 타서 먹이는 법

분유 타기

1 분유량 맞추기 계량스푼으로 분유를 뜬 다음 분유통 윗부분에 있는 지지대를 이용해 위를 깎아 정확하게 계량한다. 계량스푼 하나당 20ml의 물을 넣는 것이 원칙이다.

2 온도 맞추기 국내/해외 분유별 조유법에 맞는 출수량과 분유사에 따른 온도에 맞춰 1℃씩 조절하여 설정한다. 40~45℃가 적정 온도로 아이가 먹기에 알맞다.

3 물 출수하기 100℃에서 팔팔 끓였다가 설정한 40~45℃ 정도의 온도로 내려가면 출수버튼을 눌러 분유량에 맞춰 설정한 물을 출수한다. 물은 수돗물이나 생수를 팔팔 끓인 후 식혀 사용하는 것이 좋다.

4 온도 맞추기 엄마의 손등이나 손목 안쪽에 떨어뜨려 온도를 확인한다. 뜨겁다 싶으면 젖병을 잠깐 동안 찬물에 담가 적정 온도로 식힌다. 30~40℃가 먹기에 알맞다.

분유 먹이기

5 아이 안기 엄마 젖가슴에 아이를 밀착시킨다. 아이가 엄마 심장 소리를 들으면서 분유를 먹을 수 있다.

6 젖병 물리기 물리는 각도는 45도. 아이의 입술에 분유를 한 방울 떨어뜨려 아이가 입을 벌리면 혀 위에 젖꼭지를 올려놓는다.

7-1 세워서 트림시키기 아이 가슴이 엄마의 어깨에 닿을 정도로 세워서 안고 등을 토닥토닥 쓰다듬으며 트림을 시킨다.

7-2 엎드려 트림시키기 아이가 목을 가누지 못해 안기가 어려우면 엄마 무릎에 아이를 엎드려놓은 다음 등을 쓸어내린다.

젖병 닦기

8 물에 헹구기 다 먹인 젖병은 그 자리에서 곧바로 씻는 것이 원칙이다. 만약 곧바로 씻을 만한 상황이 아니라면 물에 헹궈 분유 찌꺼기라도 미리 제거해둔다.

9 젖병 세정제로 닦기 젖병 전용 솔에 세정제를 묻힌 뒤 젖병 속을 꼼꼼히 닦아 헹군다. 이때 젖병 바닥의 분유 찌꺼기를 제대로 닦아내지 않으면 세균이 번식할 수 있으므로 여러 번 신경 써서 닦는다.

10 젖꼭지 닦기 젖꼭지 전용 솔에 젖병 세정제를 묻혀 찌꺼기가 없도록 깨끗하게 세척한다. 배앓이를 방지하기 위한 젖병 전용 부품 또한 전용 솔로 꼼꼼하게 닦고 충분히 헹군다.

11 젖병 소독하기 생후 3개월까지 아이가 사용하는 젖병은 한 번 썼더라도 무조건 소독한다. 가열판에 물을 채워 팔팔 끓는 스팀의 열기를 통해 젖병과 젖꼭지를 소독, 건조한다. 냄비에 열탕하거나 스팀소독기 등을 활용할 수 있다

대두 분유

우유 단백질 대신 콩 단백질을 사용해 만든 분유이다. 아이가 유당을 분해하는 효소가 없거나, 심한 설사 후 장 점막이 손상되었을 때, 우유 알레르기가 있을 때 처방받아 먹인다. 그러나 우유 알르레기가 있는 경우에는 대부분 콩에도 알르레기 반응을 보이기 때문에 잘 관찰해야 한다.

젖병·젖꼭지 소독

열탕 소독

수유가 끝나면 바로 젖병 세정제와 솔을 이용해 젖병과 젖꼭지 구석구석을 닦는다. 냄비에 물을 충분히 부어(젖병이 냄비 바닥이나 둘레에 닿지 않고 푹 잠기도록) 팔팔 끓인 뒤 젖병을 넣고 2~3분간 끓인다. 젖꼭지는 30초만 삶아도 완전하게 살균할 수 있다. 너무 오래 삶으면 수명이 단축되고 모양이 변형될 수 있으니 주의한다. 소독이 끝나면 반드시 집게로 건져내 건조시킨다.

증기 소독

열 코일로 물을 끓여 그 물과 증기로 젖병을 소독하는 방법이다. 젖병을 물로 간단히 씻은 후 젖병 입구가 밑으로 가도록 소독기에 끼워 넣고 물을 부으면 자동으로 소독되는 방식으로, 소독 후 건조대에 옮길 필요가 없어 편리하다. 소독 시간은 5~7분 정도가 적당하다. 소독기를 깨끗이 관리하지 못하면 오히려 세균이 득실거릴 수 있으므로 항상 청결히 한다.

세정제 소독

젖병, 젖꼭지 등에 물을 약간 묻힌다. 젖병 전용 솔이나 스펀지를 물에 적시고 적당량의 세정제를 덜어 젖병과 젖꼭지를 구석구석 깔끔하게 닦는다. 깨끗한 물로 뽀드득 소리가 날 때까지 2~3회 충분히 헹궈낸다. 생후 3개월 이전 아이가 사용하는 젖병이라면 세정제 소독을 했더라도 반드시 열탕 소독을 한다.

젖병 고르기

재질은 PES, 유리, PPSU가 안전하다

PES(폴리에테르술폰) 재질 병은 불투명하고 갈색을 띠는 것이 특징. 장기간 열탕 소독을 해도 환경호르몬이 검출되지 않으며, 무게도 가벼워 사용하기 편리하다. 유리병은 플라스틱에 비해 무겁고 자칫 깨질 염려가 있지만 환경호르몬으로부터 안전하고, 깨지지만 않으면 반영구적으로 사용이 가능하다. PPSU(폴리페닐술폰) 재질 병은 내열성이 뛰어나 PES와 마찬가지로 열탕 소독 시에도 환경호르몬에 안전하며, 변형과 변색의 우려가 적다. 그 외에 녹색소비자연대에서는 PP(폴리프로필렌), 실리콘, 트라이탄 재질 등의 젖병을 추천한다.

외관을 꼼꼼하게 살펴본다

뚜껑과 중간 마개는 젖꼭지를 보호하기 위해 꼭 필요한 부분으로, 뚜껑을 여닫을 때 부드럽게 움직이는지, 마개가 홈에 잘 맞아 내용물이 새지 않는지 확인한다. 또 개월 수에 따라 먹는 양이 다르므로 양을 측정할 수 있는 눈금이 정확히 표시되어 있는지, 눈금이 잘 보이는지도 살펴본다. 분유 찌꺼기에는 세균이 잘 번식하므로 구석구석 깨끗하게 닦을 수 있는지, 병 안이 투명하게 들여다보이는지도 중요하다.

아이가 쥐기 편하고 세척하기 용이한 것이 좋다

아이가 혼자서 손에 잡기 쉬운 모양인지, 너무 크고 무겁지는 않은지 살펴보고 고른다. 대부분의 젖병이 원통형이지만, 아이가 잡기 쉽게 가운데 부분이 쏙 들어간 땅콩형, 수유할 때 자세를 본떠서 만든 굽은형 등 다양한 모양이 있다.

아이에게 필요한 기능을 찾는다

기울이지 않고 분유를 빨아 먹을 수 있는 스트로 젖병, 외출이 잦은 엄마를 위한 일회용 젖병, 배앓이를 방지하는 기능의 통

엄마들에게 인기 있는 젖병

만족도 97.5% 배앓이방지 에어벤트가 젖꼭지에 있어 세척과 조립이 간편하다. 세계 특허받은 원터치 트위스트로 열고 닫을 수 있어 밤중 수유 시 편리하다. 비중심 젖꼭지는 엄마 가슴과 유사한 모양으로 젖병 거부에 도움을 준다. 젖병에 호환가능한 다양한 액세서리가 있어 이유식용기, 빨대컵 등으로 활용할 수 있어 실용적. 150ml, 3만4000원, 헤겐.

세계특허360˚ 공기순환 시스템이 적용된 유미젖병은 어느 방향으로 기울여도 젖병 내부에 공기 순환이 가능하여 배앓이 방지에 효과적이다. 이외에도 수유시간 동안 젖병 내용물의 온도를 모유와 유사한 35~38도로 유지시키는 웜커버 등 다양한 악세서리가 있어 활용적이다. 160ml, 1만8000원(젖꼭지 포함), 유미.

젖병부터 빨대컵까지 호환되는 100% 대한민국 생산 올인원 제품이다. 선명한 눈금, 우수한 그립감, 와이드넥과 굴곡 최소화로 분유 제조 및 세척 시 용이하다. 리얼핏 젖꼭지는 한국 여성 가슴과 아기 구강 구조에 최적화된 설계로 공기순환 에어밸브가 있어 신생아도 거부감 없이 잘 문다. 170ml, 2만8000원, 모윰.

아기 성장에 따라 양 조절이 가능한 4가지의 젖꼭지로 교체 가능한 제품. 엄마 젖꼭지와 유사한 소프트한 실리콘 재질로 아기가 편안하게 빨 수 있으며, 평형막과 생리학적 시스템으로 배앓이 방지. P5, 240ml, 2만4000원(젖꼭지 미포함), 치코.

기 시스템을 갖춘 젖병 등 여러 기능의 젖병이 있으므로 필요한 기능을 따져보고 알맞은 것을 구입한다.

아이에게 알맞은 용량을 구입한다

신생아 시기에는 120~150ml의 소형 젖병을 사용하다가 생후 3개월 이후에는 240~260ml의 중형 젖병으로 바꾼다. 1회 수유량이 많은 경우 300ml 이상의 대형 젖병도 필요하지만 대개의 경우 125ml 용량 2~3개, 250ml 용량 5~6개 정도 구입하는 게 적당하다.

일회용 젖병은 세척이 필요 없다

일회용 멸균팩을 끼워서 사용하는 젖병도 있다. 사용한 팩은 버리고 새 팩으로 갈아 끼우기 때문에 젖병을 세척·소독할 필요가 없다. 직장에 다니면서 모유수유를 할 경우 모유를 짜서 멸균팩에 담아 놓았다가 젖병에 끼워 아이에게 바로 먹일 수 있어 편리하며, 외출 또는 여행 중 수유할 때도 유용하다. 단, 젖꼭지는 일회용이 아니므로 깨끗이 소독한다.

젖꼭지 고르기

단계별로 젖꼭지를 달리 사용한다

젖꼭지는 아이가 먹는 분유의 농도나 먹는 양에 따라 단계를 달리해 사용한다. 보통 0~3개월 아이는 1단계, 3~6개월은 2단계, 6~18개월은 3단계 젖꼭지가 적합하다. 간단히 신생아용, 우유용, 이유식용으로 구분한다.

전체 라인을 점검한다

젖꼭지는 엄마 젖을 대신하는 만큼 모양이 중요하다. 유두 역할을 하는 끝 부분은 입천장의 움푹 들어간 부위에 딱 맞아야 구강을 자극할 수 있다. 젖무덤 부분은 아이가 입을 벌려 밀착할 수 있을 정도의 크기여야 한다. 연결 부위는 아이의 입 운동에 따라 모양이 변하면서도 찌그러지지 않아야 분유를 먹을 때 막힘이 없다.

형태를 확인한다

둥근형은 엄마 젖꼭지 모양과 비슷하고 크기도 작아 아이에게 거부감이 적다. 누크형은 아이가 엄마 젖을 빨 때 구강 상태에 따라 젖꼭지가 변형되는 과정을 따져 개발한 치의학적 제품으로 젖꼭지 하단 부분이 부드럽게 물린다. 모유 실감형은 젖꼭지 앞부분이 빨기 우묵부(입천장의 움푹 들어간 부위)에 꼭 맞는 모양과 크기로 되어 있어 아이가 모유를 먹을 때처럼 편안함을 느낀다. 둥근형과 모유 실감형은 젖무덤 부분도 둥글어 전반적으로 엄마 젖과 비슷한 느낌을 준다. 스파우트형은 삼각뿔 모양으로 음료수 등을 담아 먹게 해 젖병과 젖꼭지를 떼는 연습을 하는 데 많은 도움이 된다.

구멍 모양을 선택한다

O자 모양은 분유만 먹일 때 주로 사용하며 아이의 월령에 따라 구멍 수와 크기를 늘려서 바꿔주어야 한다. +자 모양은 빠는 힘이 강한 아이의 이유식용으로 적당하며, −자 모양은 젖꼭지 방향이나 아이가 빠는 힘에 따라 내용물이 나오는 속도와 양이 달라져 걸쭉한 과즙을 먹이기에 좋다. Y자 모양은 분유와 이유식을 먹일 때 모두 사용할 수 있고 역시 빠는 힘이 강한 아이에게 적합하다. +자 모양과 Y자 모양은 찢어질 수 있으므로 이가 난 아이가 사용할 때는 주의 깊게 살핀다.

둥근형

O자 모양

누크형

+자 모양

스파우트형

Y자 모양

3개월에 한 번씩 교체한다

유치가 나면서 아이가 젖꼭지를 씹을 뿐 아니라 오래 사용하면 착색되기 쉬우므로 3개월에 한 번 정도는 교체한다. 플라스틱 소재의 젖병은 6개월에 한 번 정도 교체하는 것이 안전하다.

살균과 소독이 쉬운 젖병 소독기

비스포크형 유아가전으로 소비자의 취향에 따라 다채로운 컬러를 선택 할 수 있다. 단층구조로 살균력이 100% 직접 도달하며, 국내 최초 건조모드를 선택할 수 있다. 58만7000원, 폴레드.

한 번의 터치로 100℃ 열탕 스팀 소독·건조·보관을 한번에 해주는 스팀소독기. 99.9% 살균되며, 24시간 세균 걱정없이 보관 가능. 25만8000원, 베이비부스트.

살균 LED램프가 360도 회전한다. 각종 세균과 바이러스를 99.9% 살균하며 추가로 식품건조와 요거트 제조 까지 가능하다. 32만1000원, 베이비부스트.

회전하는 6개의 LED, 측면 3개의 LED 모두 독일 오스람 UV LED를 장착하여 사각지대 없이 효율적인 살균 소독이 가능하다. 38만8000원, 유팡

분유수유 궁금증

물과 분유, 젖병만 있으면 된다고 생각했는데 막상 분유를 타려니 궁금한 점이 한두 가지가 아니다.
분유수유 기본기부터 영아 산통 같은 특이 사항까지, 초보 엄마를 위한 시시콜콜 궁금증 해결.

분유 상식 궁금증

분유 물의 적정 온도는 얼마일까

분유 타는 물은 50~70℃, 아이에게 먹이는 분유 온도는 30~40℃가 적당하다. 물을 끓인 뒤 식혀서 분유를 타고 다시 적정 온도로 식혀서 먹인다. 너무 뜨거우면 아이가 입을 델 수 있고, 식으면 비린 맛이 난다. 손목에 분유를 1~2방울 떨어뜨려 약간 따뜻한 정도가 적당하다.

분유 거품을 먹여도 될까

거품이 생기는 정도는 레시틴이라는 유화제의 양에 따라 달라진다. 분유에 레시틴이 많이 들어 있으면 물에 빨리 녹아 거품이 적게 생긴다. 거품이 아이 건강에 영향을 주지는 않으나 공기를 삼킬까 걱정된다면 수유 후 트림을 확실히 시킨다.

보리차로 분유를 타주어도 괜찮을까

분유 타는 물의 정석은 '생수를 끓여서 식힌 물'이다. 보리차에는 미량의 탄수화물이 들어 있는데, 어린 아기는 아직 탄수화물을 소화하지 못하므로 보리차는 적합하지 않다. 전분 소화효소가 분비되어 탄수화물을 소화할 수 있는 시기는 생후 5~6개월 무렵. 따라서 생후 7개월부터는 보리차로 분유를 타도 된다.

너무 자주 먹는데 괜찮을까

백일 전이라면 수시로 먹여도 상관없지만, 이후에는 수유 간격을 맞추어 먹이는 것이 바람직하다. 수유 횟수와 간격은 아이의 생활 리듬에 상당한 영향을 미치기 때문이다. 소화를 위해서라도 먹는 간격을 일정하게 유지해줘야 한다.

먹다 남긴 걸 다시 먹여도 될까

다시 먹이지 않는 것이 원칙이지만 분유가 절반 정도 남았다면 20분 이내에 먹인다. 1~2시간 지나면 분유 속에 들어간 아이 침의 박테리아가 번식을 시작한다.

미리 타놓아도 될까

냉장고에 12시간 정도 보관할 수는 있지만, 날씨가 덥거나 습할 때는 상하기 쉬우므로 타놓았다가 먹이는 것은 좋지 않다. 게다가 분유 성분 중에는 시간이 지나면 손상되는 것도 있다. 타놓은 분유를 전자레인지에 데워 먹여도 안 된다. 젖병에서 환경호르몬이 나올 수 있기 때문. 분유가 적정 온도보다 차가울 경우 젖병을 뜨거운 물에 5분가량 담갔다 먹인다.

배에서 소리가 나는데 괜찮을까

분유는 물이나 주스와 같은 유동식이기 때문에 이는 자연스러운 현상이다. 아이의 장은 성숙하지 못하고 배의 지방과 근육층이 얇아 소리가 크게 들린다.

모유에서 분유로 바꿨더니 변비가 생겼는데 괜찮을까

모유와 달리 분유는 주성분이 카세인이라는 단백질이다. 카세인은 위산에 잘 녹지 않고 응고력이 강하기 때문에 분유를 먹는 아이는 변비에 걸릴 가능성이 높다. 특히 생후 6개월 이후 먹이는 성장기 분유에는 단백질 성분이 더 강화되어 있고, 철분 등 각종 영양소가 보강돼 변비의 가능성이 더 커진다. 모유를 먹이다가 분유로 바꾸면 장이 적응하느라 변비가 생길 수 있는데, 며칠 지나면 좋아진다. 변비 증상이 심하면 소아청소년과를 찾는다.

분유마다 맛이 다를까

업체마다 당도가 조금씩 다르다. 또 어떤 종류의 올리고당을 사용하느냐에 따라 맛이 달라진다. 따라서 분유를 단번에 바꿔 먹이면 당도가 달라 아이가 분유를 거부하거나 먹는 양이 줄 수 있다. 분유를 바꿀 때는 먹이던 것과 바꿀 것의 비율을 7:3이나 5:5로 조절하다가 서서히 비율을 높여나간다. 서로 다른 브랜드의 분유를 섞어 먹여도 트러블을 일으킬 수 있다.

분유도 단계별로 먹여야 할까

영양 성분 자체에 큰 차이가 있는 것은 아니다. 다만 아이가 자랄수록 더 필요한 영양분의 양을 조절한다는 의미로 생각하면 된다. 예를 들면 뼈와 근육 형성이 본격적으로 이루어지는 생후 6개월 무렵에는 칼슘이나 열량이 많은 분유를 먹이는 것이 좋다. 그렇다고 먹던 분유가 남아 있는데 단계를 맞춘다고 굳이 새 분유로 바꿀 필요는 없다.

젖병을 다 비우면 안 좋다는데 사실일까

젖병에 분유가 한 방울도 남지 않도록 먹이면 아이가 젖꼭지에 들어간 불필요한 공기까지 마시게 된다. 분유가 젖꼭지 끝부분에 조금 남았을 때 수유를 멈춘다.

영아 산통일 때는 어떻게 먹여야 할까

아이가 영아 산통이라면 분유를 바꿔 먹이는 것이 한 가지 방법이 될 수 있다. 영아 산통인 아이를 위한 맞춤형 분유는 아이의 흡수 능력에 맞춰 유당의 양을 줄임으로써 가스와 복부 팽만감을 줄여준다.

분유에 약을 타서 먹여도 될까

약을 섞으면 분유 맛이 변하기 때문에 자칫 아이가 이후에 분유를 먹지 않으려고 할 수 있다. 또 분유와 약을 섞을 경우 약 효과가 떨어질 수 있으므로 주의한다.

월령에 따른 적정 수유량과 횟수 1일 기준

월령(개월)	평균 체중(kg)	하루 수유 횟수	1회 수유량(ml)	하루 수유량(ml)
2주	3.4	7~8	80	640
2~4주	4.2	6	120	720
1~2	5.4	6	140	840
2~3	6.1	6	160	960
3~4	6.6	5~6	180~210	1000
4~5	7.1	5~6	180~210	1000
5~6	7.5	수유만 4	180~210	940
		이유식 후 1	140	
6~7	7.9	수유만 3	200~210	800
		이유식 후 2	80	

밤중 수유 떼기

육아에서도 타이밍은 중요하다. 타이밍을 놓치면 아이 발달에 지장을 주기 때문이다.
밤중 수유를 떼야 하는 이유와 잘 떼는 방법.

밤중 수유를 떼야 하는 이유

유치가 썩는다

잠을 자면 장 기능이 저하되기 마련인데, 이 상태에서 수유를 하면 소화와 흡수에 문제가 생길 수 있다. 또 입안에 당분이 남아 심한 경우, 유치가 썩을 수 있다.

돌이 되면 더 어려워진다

돌 무렵에는 젖병을 떼고 생우유를 컵에 담아 마셔야 하는데, 밤중 수유는 컵으로 하기가 어렵다. 젖병을 지속적으로 접한 아이는 컵 사용을 거부하기 때문에 젖병을 떼기가 좀처럼 쉽지 않다.

이유식 진행이 순조롭지 않다

생후 6~9개월 아이는 하루 3회 이유식을 하고 4회 정도 수유를 하는데, 밤중 수유를 하면 이런 리듬을 지키기 어려워 이유식 진행에 차질이 생긴다.

성장 발달이 늦다

성장기 아이의 경우 성장호르몬의 3분의 2가 자는 동안 나온다. 따라서 밤에 푹 자야 잘 자라고, 뇌 발달도 순조롭다. 특히 밤에 깊은 잠을 잘 때 좋은 호르몬이 많이 나오기 때문에 깨지 않고 아침까지 푹 자는 것이 무엇보다 중요하다. 또 밤중 수유 중 젖병을 문 채 잠이 들면 턱의 부정교합이 생길 수 있다.

밤중 수유 떼는 법

모유수유아는 생후 6개월부터 시작한다

모유와 분유는 소화되는 시간이 달라 밤중 수유를 떼는 시기도 다르다. 분유를 먹는 아이의 절반 정도는 생후 3개월이면 밤에 잠에서 깨지 않고 계속 잘 수 있으며, 5개월이면 대부분의 아이가 밤에 깨지 않고 잘 잔다. 모유는 분유보다 소화가 잘되어 아이가 허기를 자주 느끼므로 밤중 수유를 떼는 시기를 생후 6개월 이후로 정하는 것이 좋다. 당장은 아이가 보채고 힘들어하더라도 늦어도 생후 9개월까지는 밤중 수유를 떼야 한다.

아이가 자다 깨도 수유하지 않는다

밤중 수유를 서서히 줄여나가는 시기에는 밤중 수유를 할 때 방에 환하게 불을 켜거나 수유를 준비하느라 분주하게 잠자리 분위기를 흐트러뜨리지 않는다. 잠자기 전 마지막 수유 시 충분히 먹이고, 아이가 깨지 않도록 기저귀와 잠자리를 편안하게 정돈한다. 아이가 자다 깨더라도 불을 켜지 말고 그대로 두어 다시 잠들게 하는 것이 바람직하다. 잠을 이루지 못하면 10~20분 정도 등을 토닥거린다.

젖 대신 보리차를 먹인다

아이가 젖을 찾아도 절대 물리지 않는다. 생후 7개월부터는 울거나 보채면 끓여서 식힌 보리차를 먹인다. 그러면 아이는 '자다 먹는 것은 맛이 없다'는 인식을 하게 되어 시간이 지나면서 밤에 깨어 먹을 것을 찾는 일이 없어진다. 단, 물에 익숙해지면 물을 먹기 위해 자다 깰 수 있으므로 물 또한 많이 먹이지 않도록 신경 쓴다.

낮잠을 잘 때도 먹이지 않는다

잠자려고 할 때 습관적으로 젖을 찾는 아이가 있다. 이때 젖을 물리면 아이는 무의식적으로 젖을 빨아 먹는다. 배를 채우고 잠든 아이는 잠에서 깨어나서는 제대로 젖을 먹지 않으려 하고, 결국 잠자리에 들어서야 젖을 먹는 악순환이 계속된다. 낮 동안에도 잠자리에서 젖을 먹는 습관이 들지 않도록 주의한다.

❗ 생후 9개월에도 밤중 수유를 떼지 못하고 있다면 습관일 가능성이 높다. 이때는 서서히 떼는 것보다 울려서라도 단번에 떼는 게 더 낫다.

육아의 기초

———

개월별 돌보기 포인트, 월령별 육아법을 정리했습니다.
아이 발달 과정에 꼭 맞는 육아 노하우도 놓치지 마세요.
혹시나 우리 아이가 늦되는 게 아닐까 걱정스러운 엄마를 위해
성장 발달의 평균을 알아보고, 아이 똥의 비밀 등 사소하지만
정말 궁금했던 육아 정보를 알차게 담았습니다.

개월별 성장 발달

태어나 2년 동안 아이는 엄마와 애착을 형성하면서 세상에 대한 신뢰감을 쌓고,
놀라운 속도로 신체와 두뇌를 발달시켜 나간다. 이 경이로운 발달 과정을 일목요연하게 정리했다.

생후 0~1개월	생후 1~2개월	생후 3~4개월	생후 5~6개월	생후 7~8개월

두뇌 발달

생후 0~1개월
- 감각 운동과 관련한 뇌의 피질 발달이 두드러지며, 오감 자극을 통해 뇌의 시냅스들이 정교하게 연결망을 만들어간다.
- 신경 발달이 부분적으로 이루어지므로 파악반사, 모로반사 등 반사 행동이 많이 나타난다.

생후 1~2개월
- 후각과 촉각 등 원시적 감각과 관련한 뇌신경 발달이 활발하다. 엄마의 젖 냄새나 스킨십을 통해 후각과 촉각을 자극하면서 뇌를 발달시켜 나간다.
- 희미하게 사물을 볼 수 있을 정도로 시력이 발달해 약 15cm 앞에 있는 흑백 모빌은 볼 수 있다.

생후 3~4개월
- 청각이 발달해 소리에 더욱 민감해진다.
- 시각 능력을 주관하는 후두엽의 성장이 활발해져 엄마 아빠와 눈 맞춤을 하는 횟수가 늘어나며, 색깔을 구분한다.
- 엄마 목소리에 더 민감하게 반응하고, 엄마가 안아줬을 때 더 편안해하는 등 조금씩 엄마를 알아본다.

생후 5~6개월
- 기억력이 발달해 그림책에서 본 그림을 약 2주 후에도 기억한다.
- 생후 6개월 무렵이면 대상영속성 발달이 시작되어 눈앞에 있는 장난감을 손수건으로 가리면 당황하면서 찾으려 한다.

생후 7~8개월
- 생후 8개월 전후부터 인지능력과 정서에 가장 중요한 영향을 미치는 전두엽 발달이 두드러진다. 아이와 부모 사이의 안정된 애착은 전두엽의 활성화를 돕는다.
- 모국어에서 사용하지 않는 음을 구별할 만큼 언어에 대한 민감성이 높아진다.

신체 발달

생후 0~1개월
- 생후 일주일간 땀과 오줌, 태변 등이 배출되며 체중이 200~300g 정도 줄어든다.
- 거의 하루 종일 잠을 잔다. 특히 생후 일주일간은 16시간 이상 잠을 자는 게 보통이다.
- 머리를 주로 한쪽으로 돌린 채 누워 있다.

생후 1~2개월
- 희미하게나마 사물을 볼 수 있고, 눈동자가 움직이는 사물을 따라갈 수 있을 정도로 시력이 발달한다.
- 엎드려놓으면 얼굴을 들려고 하나 곧 고개를 숙인다. 숨을 쉬기 위해 바닥에 턱을 댄 채 고개를 돌린다.
- 잠깐 동안 딸랑이를 쥐고 있다.

생후 3~4개월
- 엎드려놓으면 머리를 드는 시간이 점점 늘어 4개월 무렵이면 20초 이상 들고 있다.
- 안아 올릴 때 뒷머리를 받쳐주지 않아도 될 만큼 목을 가눈다.
- 빠르면 백일 전에 뒤집기를 시작한다. 엎드린 자세에서 바로 누운 자세로 뒤집기 시작한다.
- 자기 손에 관심이 생겨 입으로 가져가 탐색하면서 논다.

생후 5~6개월
- 아이를 안아서 앉히면 물건을 잡기 위해 몸을 앞쪽으로 굽힌다.
- 뒤집기가 익숙해지고 배밀이를 시작한다. 점점 동작이 익숙해지면 무릎을 굽혀 기어 나가고, 방향 감각이 좋아진다.
- 눈으로 본 물건에 손을 뻗어 잡는 눈과 손의 협응이 시작된다. 초반에는 두 손을 함께 움직이다가 점차 한 손으로 잡는다.

생후 7~8개월
- 두 손으로 바닥을 짚고 몸을 지탱한 채 혼자 앉을 수 있다. 점차 손을 떼고 물건을 잡으려 하거나 손을 빨면서 노는 등 손 움직임이 활발해진다.
- 발로 몸을 밀면서 1m 정도 나아가기도 하고, 점차 기기에 익숙해지면서 다양한 자세로 기어 다닌다.

정서 발달

생후 0~1개월
- 사회적 웃음이 아니라 얼굴 근육이 자동으로 움직이는 배내웃음을 짓는다.
- 울음으로 배고픔이나 배변, 불편감을 표현한다.
- 생후 2주 즈음이면 사람 목소리와 일반 소리를 구분하면서 사람 목소리를 더 좋아한다.

생후 1~2개월
- 사람 목소리를 들으면 소리가 나는 쪽을 보며 반응한다.
- 울음 외에 목구멍에서 나는 소리와 옹알이로 소통을 시작한다.

생후 3~4개월
- 옹알이에 소리를 내거나 얼러주면서 반응하면 아이도 몸을 움직이며 호응한다.
- 울고 있을 때 다른 사람이 말을 걸면 잠시 울음을 멈추며 반응을 보인다.
- 친숙한 주변 사람이 화를 내거나 다정하게 부르는 음성을 구분한다.

생후 5~6개월
- 정서가 좀 더 분화되면서 불쾌하다는 느낌이 분노와 공포, 혐오 등의 기분으로 다양해진다.
- 화난 표정과 기쁜 표정을 구분해 반응하며, 엄마의 표정이나 말투를 읽을 수 있다.
- 기분이 좋을 때는 활짝 웃으며 감정을 확실하게 표현한다.

생후 7~8개월
- 주변 어른에게 안아달라고 손을 뻗는 친사회적 행동을 보인다.
- 엄마와 함께 노는 재미를 알아 더 놀아달라고 조르기도 한다.
- 자신이 어떤 행동을 했을 때 사람들이 웃음을 터뜨리면 그 행동을 계속하려 한다.

생후 9~10개월	생후 11~12개월	생후 13~15개월	생후 16~18개월	생후 19~24개월

두뇌 발달

• 작업 기억력(정보를 잠시 동안 뇌 속에 보관해 필요할 때 문제를 해결함)이 발달해 모방이 더욱 늘어난다. 자신의 이름을 기억해 누군가 부르면 반응하고, 행동을 따라 한다. 엄마 말투나 목소리 톤을 기억했다가 반응하는 것도 이와 관련이 있다.

두뇌 발달

• 생후 12개월 무렵 뇌 무게가 급격히 늘어 약 1kg 정도 된다(출생 시 약 350g).
• 언어능력이 발달해 의미 있는 '첫말'을 하기 시작한다. 보통은 주양육자인 "엄마"나 "아빠"를 부르는 경우가 많다.
• 점차 사물과 그 이름을 연결해 나가며 인지능력이 발달한다.

두뇌 발달

• 걷기에 점차 익숙해지면서 전신운동을 통해 대뇌피질과 소뇌의 발달이 촉진된다.
• 기억력이 꾸준히 향상되면서 어른의 억양과 새로운 단어의 모방이 활발해진다.
• '무엇'이나 '누구' 등으로 사용하는 질문에 대한 이해력이 생겨 "뭐 줄까?"라고 물으면 손가락으로 가리키거나 대답한다.

두뇌 발달

• 4개월 전에 한 놀이도 기억할 만큼 인지능력이 발달한다.
• 기억력이 발달하면서 조금씩 이야기의 연결을 이해하게 된다. 아이의 일상과 관련한 생활 그림책을 보여주면 관심을 보인다.
• 그림과 실제 사물을 짝지을 수 있다.

두뇌 발달

• 언어 영역을 관장하는 브로카 영역이 급속히 성장하며 어휘가 폭발적으로 늘어난다.
• '나'와 '너'의 차이점을 이해한다. 예를 들어 엄마가 과자를 주며 "너 먹어"라고 하면 자신이 먹는다.
• 생후 24개월 무렵이면 '~척 하기'가 가능할 정도로 인지능력이 발달해 간단한 역할놀이를 할 수 있다.

신체 발달

• 누워 있다가 혼자 앉고, 기어 다니다가 앉아서 노는 등 행동이 자연스럽게 연결되어 이루어진다.
• 기다가 방향을 바꾸어 기어다니는 등 조절 능력이 좋아진다.
• 두 손을 모으거나 손뼉을 치고 '짝짜꿍'과 '곤지곤지'를 따라 하는 등 손 놀이가 활발해진다.

신체 발달

• 손을 잡아주면 한 발씩 떼거나 물건을 잡고 몇 걸음 걷는다.
• 빠르면 걸음마를 시작해 혼자서 몇 걸음 뗀다.
• 엄지와 검지를 사용해 핀셋으로 집듯이 물건을 들어 올릴 수 있다.
• 바퀴가 달리거나 형태가 둥근 장난감을 굴리면 잡아서 다시 굴린다.

신체 발달

• 대부분의 아이가 걷기를 시작하고, 돌 무렵 걷기 시작한 아이는 이제 두 팔을 휘저으며 몸 움직임이 섬세해져 뒤뚱거림이 줄어든다.
• 돌이 지나면 크레파스나 색연필을 쥐고 그리기를 시도한다. 손에 힘을 주어 종이에 점을 찍거나 왔다 갔다 하는 게 대부분이다.

신체 발달

• 걷기에 익숙해져 몸의 균형감이 좋아지고, 빠른 아이는 18개월부터 뛰기도 한다.
• 엄마 손이나 난간을 잡고 계단을 오를 수 있다.
• 소근육 협응력이 좋아져 자신이 원할 때 물건을 집거나 내려놓는다.
• 공을 던질 수 있으나 아직 힘 조절이 미숙하다.

신체 발달

• 빨리 걷다가 뛰어다니는 시기. 활동 반경이 넓어지고 운동 능력도 더욱 발달한다.
• 생후 20개월 무렵이면 삐뚤빼뚤 엉성하긴 하지만 동그라미를 그릴 수 있다.
• 두 돌 무렵이면 손목의 조절 능력이 발달해 문고리를 잡고 돌려서 문을 열 수 있다.

정서 발달

• 엄마가 "안 돼"라고 하면 알아차리고 행동을 멈추거나 눈치를 본다.
• 음악을 들으면 흔드는 몸짓을 하거나 손동작으로 신나는 기분을 표현하기도 한다.
• 억양이나 목소리 크기를 달리하면서 감정을 표현한다.

정서 발달

• 주변에 또래나 큰 아이가 있으면 관심을 보이기 시작한다.
• 인사하기, 고개 가로젓기, 손가락으로 원하는 것 가리키기 등 몇 가지 몸짓언어를 사용해 의사소통을 한다.

정서 발달

• 걷기와 손놀림이 능숙해지면서 자신감이 높아지고 의기양양한 기분을 느낀다.
• 독립심이 생기는 한편 아직 할 수 있는 일이 적고, 분리에 대한 불안으로 엄마에게 칭얼대거나 퇴행 현상을 보이기도 한다.

정서 발달

• '나'에 대한 개념이 발달하면서 고집이 세지고, 무엇이든 혼자 해보려는 시도가 늘어난다.
• 자신의 욕구에 비해 신체 조절 능력이나 인지능력이 부족해 자주 좌절감을 느끼고, 이로 인한 떼쓰기나 짜증이 자주 나타난다.

정서 발달

• 감정이 풍부하고 표현도 확실해진다. 특히 자기주장이 강해 "안 돼"라는 말에 매우 격렬하게 반항한다.
• 아직 정서 조절 능력이 부족해 한 번 떼쓰기 시작하면 쉽게 가라앉지 않고, 간혹 폭발적 떼쓰기가 나타나기도 한다.

생후 1~2개월 돌보기

생애 가장 눈부신 성장 속도를 자랑하며 아이는 하루가 달리 쑥쑥 자란다.
살이 올라 얼굴이 제법 통통해지고, 아직 사등신이지만 키도 부쩍 크며 몸무게도 눈에 띄게 늘어간다.

발달 포인트

하루가 다르게 성장하는 시기이다

생후 1개월이 되면 태어난 때에 비해 체중은 1kg 이상 늘고 키도 평균 3~4cm 정도 자란 상태이다. 순조롭게 자라는 아이라면 하루 평균 체중이 30g 이상 증가한다. 그러나 이는 평균 수치이며, 아이의 성장에는 개인차가 있으므로 건강 상태를 체크하는 것이 더 중요하다.

시각이 발달해 모빌을 볼 수 있다

어둡고 밝은 것만 겨우 구별하던 아이가 이제는 희미하게 사물을 볼 수 있을 정도로 시력이 발달한다. 움직이는 것을 쫓아 눈동자를 따라가는 것은 그만큼 시력이 발달했다는 증거. 따라서 이때부터 모빌을 달아주면 좋다. 단, 아직 색을 구별하지 못하고 사물의 윤곽도 뚜렷하게 볼 수 없으므로 단순한 모양의 흑백 모빌이 적당하다. 아이의 시력은 약 15cm 앞에 있는 사물을 볼 수 있을 정도이기 때문에 모빌은 아이 눈 가까이에 달아준다.

옹알이를 시작한다

아이는 무엇인가 불편하거나 배가 고프면 바로 울음을 터뜨리는데, 생후 1개월이 넘으면 젖을 먹고 나서 만족해 웃는 듯한 표정을 짓기도 하고, 가끔은 '아', '우' 등 의미 없는 소리(옹알이)를 내뱉기도 한다.

배내웃음을 짓는다

생후 2개월 무렵까지 아이가 빙그레 웃는 미소를 배내웃음이라고 한다. 기분이 좋아 보이거나 엄마를 향해 웃는 것 같지만, 이 시기의 웃음은 정서적이거나 사회적인 웃음이 아니라, 얼굴 근육이 저절로 움직이는 생리적 웃음. 그러나 배내웃음은 마치 엄마에게 "나를 사랑해주세요"라는 메시지를 보내며, 초기 애착 형성에 매우 중요한 역할을 한다.

잠깐 동안 머리를 들기도 한다

아직 목을 가누지 못하지만 점점 목에 힘이 생겨 엎드려놓으면 20초 정도 머리를 들기도 한다. 약 50%의 아이는 일시적으로 45도까지 목을 들어 올린다.

돌보기 포인트

기저귀 발진과 땀띠를 예방한다

땀구멍이 발달해 더위를 느끼면 땀을 흘리기 시작한다. 이때부터 땀띠나 기저귀 발진, 습진 등의 피부염이 생기기 시작하므로 평상시 옷을 얇게 입히고 서늘하면 한 겹 더 입혀 관리한다. 소변을 본 후에는 부드러운 가제 손수건을 미지근한 물에 적셔 성기와 엉덩이를 닦아준다. 새 기저귀를 채워주기 전에 잠시 벗겨놓아 물기를 말린다. 땀이 나서 짓무르기 쉬운 목, 겨드랑이, 사타구니 등 살이 접히는 부위는 파우더를 발라 보송보송하게 유지한다.

가끔 바깥 공기를 쐬어준다

신선한 바깥 공기는 피부와 호흡기를 자극해 저항력을 길러주므로 규칙적으로 쐬어주면 좋다. 처음에는 아이가 있는 방문을 연 뒤 거실 창문을 열어 간접 환기를 시키다가 익숙해지면 베란다나 현관에서 5분씩 바깥 공기를 쐰다. 생후 2개월 무렵에는 하루 20분 정도 집 앞에 나가는 것도 괜찮다. 햇볕이 자극적이지 않은 오전 10시~오후 1시, 오후 4~6시가 적당하다. 너무 덥거나 추운 날, 미세먼지나 황사가 많은 날은 피한다.

베이비 마사지로 기분을 전환해준다

베이비 마사지는 혈액순환을 촉진해 아이 몸속에 있는 노폐물이 잘 배설되게 하고 소화 기능과 장 기능을 강화해 저항력과 면역력을 길러준다. 또 긴장감을 풀어 근육 발달을 돕고 정서 안정과 집중력 향상에도 도움이 된다. 목욕 후 보습제를 발라주면서 부드럽게 마사지한다.

이 시기의 발달 특성

엎드려놓으면 자꾸 고개를 들려고 한다.

딸랑이가 손에 닿으면 꽉 쥐고, 고리를 쥘 수 있다.

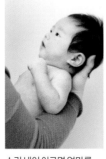

소리 내어 어르면 엄마를 쳐다보며 눈을 맞춘다.

배내웃음을 짓는다.

사항은 국민건강보험공단 페이지(nhis.or.kr)에서 확인한다.

Q 한쪽 팔다리만 쭉 펴고 있는데 괜찮을까?

A 신생아는 머리를 한쪽으로 기울인 채, 같은 쪽의 팔다리는 쭉 펴고, 반대편 팔다리는 구부리고 있는 경우가 많다. 이런 행동을 '비대칭성 긴장성 경반사'라고 하는데, 생후 1개월까지 가장 많이 보이고, 생후 6개월 무렵까지 지속되는 정상적 반사 반응이다. 목을 가누면 자연스럽게 이런 행동이 줄어든다.

때로는 아이의 시점을 바꿔준다

누워 있는 아이가 바라볼 수 있는 곳은 제한되어 있다. 아이를 눕혀놓을 때 머리 위치를 바꿔주거나 엄마 무릎 위에 앉혀 아이의 시선을 자주 바꿔준다.

칭얼거리면 눕힌 채 얼러준다

아이가 울 때 빨리 반응을 보이는 것은 중요하다. 그러나 매번 안아주기는 쉽지 않다. 때로 이유 없이 울면 가끔 그냥 울게 내버려둘 필요도 있다. 잘 우는 아이도 백일이 지나면 순해지기도 하므로 매번 안아주기보다 눕힌 상태에서 어르는 것에 아이가 익숙해지게 한다.

건강 포인트

1차 영·유아 건강검진을 받는다

영·유아 건강검진은 국민건강보험공단에서 실시하는 무료 검진으로, 생후 14일부터 35일 이내에 실시하는 1차를 시작으로 71개월까지 총 8회의 일반 검진과 4회의 구강 검진을 실시한다. 태어나자마자하는 B형간염 예방접종은 한달 후에 2차를 접종하는데, 이때 1차 영·유아 건강검진을 받는다. 이때 평소 궁금한 점을 의사에게 물어보고, 조언을 듣는다.

! 영·유아 건강검진표는 국민건강보험공단에서 직장 가입자 및 세대주 주민등록 주소지로 우편발송하며, 전국 영·유아 검진 기관에서 받을 수 있다. 자세한

머리가 한쪽으로만 향하면 사경을 의심한다

아이는 머리뼈가 굳지 않아 머리를 한쪽으로만 뉘어놓으면 머리 모양이 찌그러질 수 있으므로 생후 1~2개월 동안은 머리 방향을 가끔씩 바꿔준다. 이때 머리 방향을 바꿔놓아도 다시 방향을 돌려 계속 한쪽으로만 보려 한다면 사경을 의심해볼 필요가 있다. 사경은 목의 일부 근육이 짧아 머리가 한쪽으로만 기우는 증상으로, 즉시 전문의의 진료를 받아야 한다. 가벼운 증상은 물리치료로 고칠 수 있다.

기침이 폐렴으로 발전할 수 있다

열은 안 나는데 기침을 계속하는 경우, 열이 나지 않는다고 방치하면 기침감기가 기관지폐렴으로 발전할 수 있다. 아이가 기침을 계속하면 병원에 가서 원인을 정확히 알아보고 대처해야 한다.

		평균 몸무게 (kg)	평균 키 (cm)
1개월	남아	4.5	54.7
	여아	4.2	53.7
2개월	남아	5.6	58.4
	여아	5.1	57.1

이 시기의 결정적 발달· 후각과 촉각

- 신생아는 시각이나 청각보다 후각, 촉각, 미각 등 원시적 감각이 더욱 발달해 있다.
- 후각은 기억 및 감정과 연관된 신경망에 연결돼 있다. 이 무렵 아이는 엄마의 젖 냄새를 통해 애착을 발달시켜나간다.
- 스킨십을 통해 촉각을 자극하면 안정감을 느끼고, 자기 몸에 대한 감각도 익혀간다.

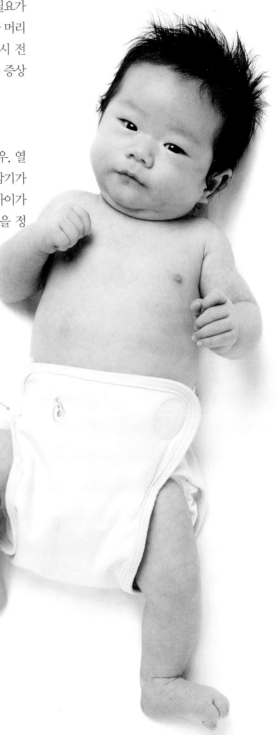

생후 3~4개월 돌보기

얼굴 생김새가 또렷해지고, 또래 아이와 체형 차이가 나기 시작한다. 이젠 제법 목도 가눌 수 있으며
엄마와 눈을 맞추고 옹알이를 하거나 교감하는 시간도 길어진다.

발달 포인트

발육의 개인차가 나타난다

체중은 태어날 때보다 약 2배, 키는 한 달
에 약 2cm씩 자라 출생 시보다 10cm 이
상 크다. 이후부터는 체중과 키의 증가가
완만한 곡선을 그리며, 같은 월령이라도
아이마다 발육 차이가 확실히 나타나기
시작한다. 그러나 발육은 개인차가 크므
로 건강하게 자라고 있다면 평균치에 지
나치게 신경 쓰지 않는다.

목을 가눌 수 있다

이제 양 팔꿈치를 완전한 대칭 형태로 지
탱하면서 수직으로 머리를 들어 올리고,
고개를 좌우로 움직여 주위를 살핀다. 또
안아 올릴 때 머리를 받쳐주지 않아도 될
만큼 목을 가눈다. 시야가 넓어지고 안길
때도 엄마와 눈을 맞출 수 있어 목욕이나
업기 등 일상적인 돌보기가 한결 편하다.
그러나 아직 목을 완전히 가누는 것은 아
니므로 오랜 시간 업지 않는다.

뒤집기를 시작한다

처음에는 엎드린 자세에서 바로 누운 자세
로 뒤집기 시작한다. 주로 목과 어깨 근육
을 사용해 몸을 뒤집는데, 고개가 돌아가
면서 몸통도 같이 돌아가 옆으로 누운 자
세가 된다. 발달이 빠르면 고개를 돌리고
한쪽 다리를 밀면서 뒤집기도 한다. 빠른
아이는 백일 전에 뒤집기를 하는데, 보통
뒤집기와 다시 엎드려 눕기를 자유자재로
하는 것은 생후 6개월 이후이다. 몸을 뒤
집기 시작하면 운동량이 늘어나 엎드려놓
으면 버둥거리고, 침대에서 떨어지거나 모
서리에 부딪칠 수 있으니 주의한다.

일으켜 세우면 다리에 힘을 준다

겨드랑이를 붙잡아 일으켜 세우면 아이
가 다리에 힘을 주고 쭉 펴는 것을 볼 수
있다. 엉덩이와 무릎 관절이 유연해지면
서 발로 차는 힘이 생기기 때문. 그러나
목을 가누는 것도 아직 완전하지 못한 상
태이므로 다리 힘을 길러준다며 자주 일
으켜 세우지 않도록 한다.

! 아이를 갑자기 번쩍 안아 올리는 것은
위험하다. 망막 이탈이 일어나 시력을
잃을 수도 있고, 아직 목을 완전히 가누지
못하기 때문에 목뼈에 충격을 받을 수 있다.

청력이 발달해 소리에 예민해진다

생후 3~4개월 무렵은 청각과 밀접한 측두
엽에서 시냅스 성장과 수초 형성이 활발해
지면서 청각이 발달한다. 소리에 더욱 민
감해지고 큰 소리가 나면 깜짝 놀라 울기
도 한다. 엄마 목소리를 알아들을 수 있으
므로 다정한 목소리를 들려주고, 딸랑이를
흔들어주면서 청각 자극 놀이를 한다.

무엇이든 입으로 가져간다

손가락을 입에 대거나 빠는 모습을 보이
기 시작한다. 이 시기의 빨기는 탐색과 놀
이가 주목적이다. 0~12개월을 구강기라
할 정도로 혀와 입술 감각, 빨기 운동을
통해 주변 사물을 탐색한다. 다만 손가락
이 더러우면 입안에 염증이 생기거나 배
탈이 날 수 있으니 청결하게 관리해준다.

돌보기 포인트

이유식을 먹이기 시작한다

아이는 보통 생후 4~6개월에 이유식을
시작한다. 생후 4개월 무렵이면 신체의
대사가 활발해지므로 에너지 보충이 필
요하다. 소화 흡수 기능이 좋아지면서 아
이 몸도 이유식을 시작할 준비를 한다. 그
러나 아직은 영양 보충보다 숟가락으로
음식을 받아먹는 연습을 하는 단계이므
로 쌀미음부터 차근차근 시작한다. 알레
르기 위험이 있는 아이는 이유식 시작 시
기를 늦추고 안전한 식재료를 선택한다.

이 시기의 발달 특성

엎드려놓으면 양 팔꿈치로
지탱하고 수직으로 머리를
들어올린다.

엎드린 자세로 두면 바로
누우려고 뒤집기를
시도한다.

딸랑이 소리를 들려주면
쳐다보고, 딸랑이를
쥐여주면 입으로 가져간다.

"아아아" 소리를 내면서
옹알이하고, 얼러주면
소리를 내며 반응한다.

침이 많아지므로 턱받이를 해준다

침의 양은 많아지는데 아직 잘 삼키지 못하고 입이 늘 벌어져 있어 침을 질질 흘리다가 피부 트러블이 생긴다. 턱받이나 손수건을 둘러주어 입 주변과 목에 흐르는 침을 흡수시킨다. 100% 면 소재로 골라 자주 갈아주고 목을 꽉 죄지 않도록 한다.

옹알이에 적극적으로 반응해준다

생후 3개월 무렵이면 옹알이가 매우 많아지고 표정도 한층 풍부해진다. 아이는 옹알이를 하면서 자기 목소리를 듣기 좋아하며, 엄마가 자신의 소리에 반응하면서 다양한 소리를 들려줄 때 더 많은 소리를 낸다. 옹알이할 때 엄마가 눈을 맞추고 다양한 톤의 소리를 들려주면 아이의 언어 발달을 촉진할 수 있다.

아이를 자주 울리지 않는다

아이의 가장 확실한 의사소통 방법은 아직 울음이다. 이 시기의 울음은 욕구 표현이자 구조 신호이기에 엄마는 울음으로 아이의 기분과 요구를 미루어 짐작해야 한다. 아이가 울면 일단 기저귀와 젖 먹을 시간 등을 확인한 다음 안아서 달래준다. 울음이 나쁜 것은 아니나 오래 방치하면 대뇌의 순조로운 발달을 방해할 수 있다. 울음을 대화 방법의 하나라 생각하고 적극적으로 반응할 때 아이는 엄마와 세상에 대한 신뢰감과 안정감을 느낀다.

> **Q** 갑자기 먹는 양이 줄어들면 어떻게 하나?
>
> **A** 이 시기에는 먹는 양이 곧잘 줄곤 한다. 장이 피로해져 아이가 수유량을 조절하기 때문이다. 또 지금까지는 배가 부르다는 것을 모르다가 배가 부른 느낌을 알게 되면서 수유량이 줄기도 한다. 먹는 양이 줄어도 기분 좋게 놀고 별다른 이상이 없으며, 몸무게가 적게 나가도 일정하게 늘고 있다면 걱정하지 않아도 된다.

밤중 수유를 서서히 줄인다

밤과 낮의 구분이 가능해지면서 밤에 한 번 잠들면 중간에 깨지 않고 계속 잠을 자는 날이 늘어간다. 새벽 무렵 약간의 먹을 것만 찾는 정도로 수면 리듬이 자리를 잡으면 일부러 아이를 깨워 밤중 수유를 할 필요가 없다. 분유수유아의 경우 6개월까지, 모유수유아의 경우 9개월까지 밤중 수유를 중단해야 하므로 이때부터 서서히 횟수를 줄여나간다. 자기 전에 충분히 먹이고, 밤에는 6시간 정도로 간격을 조절하면 아이도 엄마도 푹 잘 수 있다.

건강 포인트

선천성 고관절탈구를 확인한다

선천성 고관절탈구인 아이는 다리가 옆으로 잘 벌어지지 않으며, 왼쪽과 오른쪽 다리 길이가 다르고 넓적다리의 굵기도 다르다. 생후 3개월 이내에 발견하면 치료가 가능하므로 아이의 다리 모양과 움직임을 체크한다. 기저귀를 채우는 방법이 올바르지 않아도 탈구가 될 수 있으므로 주의한다.

폴리오와 DTaP 등을 1차 접종한다

생후 2개월이 넘으면 예방접종할 백신이 많아진다. DTaP(디프테리아, 파상풍, 백일해)와 폴리오(소아마비), b형헤모필루스인플루엔자, 폐렴구균을 1차 접종해야 한다. 최근에는 DTaP와 폴리오를 결합한 DTaP-IPV 혼합백신으로 접종 가능해 횟수가 줄었다. 이 백신들은 1차 접종 후 2개월 간격으로 3차까지 접종해야 한다. 이 4가지 백신은 보건소와 지정 의료 기관에서 무료로 접종할 수 있다.

- 청각과 밀접한 측두엽, 시각과 밀접한 후두엽의 발달이 활발해진다. 청각과 시각은 다른 사람과 관계를 맺는 데 도움이 되므로 정서 발달에 결정적 영향을 미친다.
- 아이는 생후 1년 동안 다양한 소리를 구분하는 능력을 키워나간다. 이 능력은 이후 언어 발달의 비옥한 토양이 된다.
- 생후 4개월이면 사물에 초점을 맞추고 색을 구분한다. 원색 모빌을 달아주면 좋다.

		평균 몸무게 (kg)	평균 키 (cm)
3개월	남아	6.4	61.4
	여아	5.8	59.8
4개월	남아	7.0	63.9
	여아	6.4	62.1

생후 5~6개월 돌보기

뒤집기에 능숙해지고 배밀이를 시도하는 등 움직임이 눈에 띄게 활발해진다. 좋고 싫은 감정 표현이 풍부해져
표정이나 목소리 톤도 다양해진다. 잠시 발육 속도가 늦어지기도 하는데, 자연스러운 현상이다.

발달 포인트

발육 속도가 느려진다
빠른 속도로 증가하던 체중이 주춤하는
시기이다. 체중은 한 달에 약 400g, 키는
약 3~4cm 정도 크는 것이 고작. 자연스
러운 현상이므로 한 달에 1~2회 체중과
키를 체크해서 조금씩이라도 성장하고
있다면 걱정하지 않아도 된다.

손발이 튼튼해진다
손으로 몸을 지탱해 상체를 들고 아무것
이나 잡고 휘두른다. 엎드려 노는 시간이
많아지면서 두 손을 좀 더 자유롭게 움직
인다. 사물에 관심이 많아져 가까이 있는
물건을 잡으려 하고, 장난감을 뺏으면 좀
처럼 놓지 않을 만큼 힘도 세진다.

배밀이를 시작한다
뒤집기가 수월해지면서 다음 단계인 배
밀이를 시작한다. 처음에는 배를 바닥에
대고 팔다리를 허우적거리다가 점차 팔
을 앞으로 내밀었다가 뒤로 잡아끌면서
전진한다. 엎드린 상태에서 손이나 발로
밀어 젖히며 뒤로 가는 경우도 있다. 배밀
이 속도가 빨라지고 익숙해지면 무릎을
굽혀 기어 나간다. 배밀이를 시작하면 방
향 감각이 좋아지고 시야가 넓어지며 두
뇌 활동도 활발해진다. 마음껏 기어 다니
도록 양말을 벗기고 옷을 가볍게 입힌다.

감정 표현이 풍부해진다
생후 6개월 전후가 되면 아이는 좋고 싫
음에 대한 감정을 좀 더 확실하게 느낀다.
또 표정이 다양해지고 옹알이도 늘며, 행
동도 커지기 때문에 엄마가 아이의 감정
을 보다 정확히 알 수 있다.

낮에 흥분하면 밤에 깨어 운다
오랜 시간 외출했거나 낮 동안 주위가 지
나치게 소란스러웠다면 숙면을 취하지
못할 수 있다. 반대로 낮에 너무 활동이
적거나 낮잠을 많이 잔 경우도 밤잠을 설
친다. 아이가 밤에 잘 자지 않고 칭얼거리
는 횟수가 잦다면 낮 동안의 생활 패턴을
점검해 지나친 자극을 피하고, 몸 놀이나
마사지로 운동량을 조절한다.

돌보기 포인트

걸쭉한 이유식을 먹인다
생후 4개월부터 이유식을 시작한 아이는
아주 묽은 미음 정도의 이유식보다는 어
느 정도 농도가 있는 걸쭉한 죽을 먹여야
한다. 아직 맛이 강해서는 안 되며 체온
정도의 따뜻한 음식이 좋다. 체에 거른 채
소, 두부, 흰 살 생선 등 담백한 식재료가
적당하다. 생후 5~6개월부터 이유식을
시작하는 아이는 미음부터 먹이면서 경
과를 보며 농도를 조절한다.

배냇머리가 많이 빠지면 머리를
밀어준다
생후 3~4개월에 시작해 6개월까지 배냇
머리가 빠지는 경우가 많다. 특히 베개에
많이 쓸리는 뒤통수의 머리카락이 많이
빠지는데, 6개월경에는 배냇머리가 거의
빠지고 새 머리카락이 나온다. 머리카락
이 많이 빠져 입으로 들어갈 위험이 있을
때는 머리를 밀어주는 것도 좋다.

안전사고 위험을 미리 예방한다
움직임이 부쩍 활발해지면서 전에 없던
안전사고 가능성이 생긴다. 뒤집기를 한
상태로 굴러 침대에서 떨어지거나 모서
리에 부딪치고, 기어가다가 위험한 물건
을 만지기도 한다. 침대를 사용할 경우 안
전대를 세우고 아이 주위에 사고 원인이
될 만한 물건은 모두 없앤다. 또 아이가
움직여도 위험하지 않은 곳에 눕힌다.

이 시기의 발달 특성

앉혀두면 몸은 흔들리나 머리는 흔들리지 않을 정도로 목을 가눈다.

6개월이면 손으로 쥐고 당기는 힘이 생겨 줄다리기 하듯 손수건을 잡아당긴다.

눈앞의 물건을 두 손으로 잡으려 하다가 점차 한손으로 잡는다.

어른의 재미있는 행동에 활짝 웃는 표정과 웃음소리로 반응한다.

까꿍 놀이로 인지 발달을 촉진한다

생후 6개월 전후면 어떤 대상이 눈 앞에서 잠깐 사라지더라도 영원히 없어지는 것이 아니라는 사실, 즉 대상영속성이 조금씩 발달한다. 대상영속성 발달에 가장 좋은 것이 바로 까꿍 놀이. 보고 있던 물건이 이불 밑이나 엄마 등 뒤로 사라졌다가 나타나거나, 두 손으로 가린 엄마 얼굴이 나타날 때 아이는 매우 좋아하며 크게 미소 짓는다. 까꿍 놀이를 자주 하면 인지 능력과 애착 또한 발달한다.

치아발육기를 준비한다

이가 나기 시작하면서 잇몸이 근질근질해서 잇몸을 손으로 문지르거나 눈에 보이는 것은 모두 입안에 넣어 질겅질겅 씹으려 한다. 이때 치아발육기를 씹으면 잇몸 가려움증이 덜하고 잇몸도 보다 튼튼해진다. 치아발육기는 생후 3개월부터 사용할 수 있는데 3개월에는 헝겊으로 된 것을 주고, 5~6개월에는 고무, 플라스틱, 나무 순으로 점차 딱딱한 것으로 바꾼다.

건강 포인트

눈의 초점을 확인한다

생후 4개월이 지나서도 아이가 눈을 치켜 뜨면서 노려보거나 초점이 맞지 않으면 눈 건강을 확인한다. 심한 경우 종양이나 뇌 장애일 수 있으므로 소아안과에서 검진을 받아 원인을 찾도록 한다.

변에 이상이 보여도 이유식은 월령에 맞게 진행한다

생후 6개월 이후 덩어리가 있는 죽 형태의 음식을 먹이면 낯선 식감이나 재료에 대한 거부감으로 웩웩거리기도 한다. 아직 아이의 위장이 모유 이외의 음식에는 익숙하지 않기 때문이다. 또 변비와 설사 등 배변의 변화가 나타날 수 있다. 대변이 단단해져 변비가 생길 수 있는데, 변이 대장에 머무는 시간이 길어 수분을 빼앗기기 때문이다. 아이의 식욕과 건강 상태가

좋고 배에 가스가 찬 듯 빵빵하지 않으면 걱정할 필요는 없다. 아토피피부염도 나타날 수 있는데, 그렇다고 이유식을 미루면 점점 더 적응하기 어려워진다. 가벼운 트러블인 경우 이유식을 단계에 맞게 계속 진행하면서 적응력을 키워나간다.

> ❗ 지나치게 많이 먹으면 설사를 할 수 있으므로 이유식량은 조금씩 늘려간다. 하루에 한 번 수유 후에 먹이고, 매일 같은 시간에 먹이는 습관을 들인다.

아이의 체온 변화를 자주 체크한다

엄마 배 속에서 받은 면역력 덕분에 감기 한 번 걸리지 않던 아이는 생후 6개월이 다가오면 면역력이 떨어져 갑자기 여러 질병에 노출될 수 있다. 아이가 열이 날 때 당황하지 않으려면 평소 아이의 체온 변화를 자주 체크해 평균치와 패턴을 알아두는 것이 좋다. 매일 체온을 체크하고 적어두었다가 열이 날 때 평소 체온과 비교해본다. 어느 부위의 체온을 재든 상관없지만 매번 같은 부위를 재야 변화를 정확히 알 수 있다.

이 시기의 결정적 발달 · 대상영속성

- 대상영속성은 눈앞에서 어떤 물건이나 사람이 잠깐 보이지 않더라도 영원히 사라진 게 아니라는 것을 아는 능력으로, 생후 6~8개월 무렵부터 발달하기 시작한다.

- 이전에는 물건을 숨겨도 반응이 없던 아이가 장난감을 손수건으로 가리면 어리둥절한 표정을 짓거나 손수건을 걷어내려 한다.

- 엄마가 사라지면 울음을 터뜨리는 것도 대상영속성이 발달하고 있다는 의미이다.

		평균 몸무게 (kg)	평균 키 (cm)
5개월	남아	7.5	65.9
	여아	6.9	64.0
6개월	남아	7.9	67.6
	여아	7.3	65.7

생후 7~8개월 돌보기

뒤집기와 배밀이로 자기 몸을 스스로 움직이기 시작한 아이는 이제 혼자 앉기와 기기 등 새로운 기술에 도전한다.
놀이도 한층 다양해지는 만큼 엄마 아빠와의 상호작용도 활발해져 애착이 강화된다.

발달 포인트

혼자 앉을 수 있다

두 손으로 바닥을 짚고 몸을 지탱한 채 혼자 앉아 있을 수 있는 시기. 이전에는 등을 받치고 앉아야 했던 아이가 이제 몸이 약간 기울어지더라도 두 손의 힘으로 혼자 앉을 수 있다. 앉은 채 손을 떼고 물건을 잡으려 하거나 자기 손을 빨면서 노는 등 손의 움직임도 많아진다.

조금씩 말귀를 알아듣는다

말을 할 수는 없지만 말을 이해하는 속도가 빨라지면서 간단한 지시를 알아차린다. "만세" 하며 손을 들면 아이도 손을 드는 반응을 보이고, "엄마 어디 갔나?" 하고 말하면 엄마 얼굴을 바라보며 웃기도 한다. 엄마의 목소리에서 분위기를 감지하는 시기이므로 다양한 음색과 억양으로 자주 이야기를 들려주면 좋다. 처음에 듣기만 하던 아이는 어느 순간부터 엄마 소리를 모방하기 시작한다.

목소리를 흉내 낸다

모방 능력이 부쩍 발달하면서 가까운 사람들의 목소리를 따라 하기도 한다. 생후 5개월 전에는 전 세계 아이가 비슷한 옹알이를 하지만, 이후에는 점차 그 나라 사람이 쓰는 고유한 억양으로 변한다. 특히 생후 7개월에는 가까운 사람들의 목소리 톤을 따라 할 정도로 귀가 트이고 모방 능력이 발달한다. 이런 흉내 내기를 통해 언어 발달에 가속도가 붙는다.

함께 놀자고 보채기도 한다

예쁜 짓도 많이 하고 엄마와 함께 노는 재미도 아는 시기. 함께 놀다 보면 더 놀아달라고 조르기도 한다. 그만큼 애착과 기억력이 발달했다는 증거로, 놀이 과정을 기억하고 다음을 예측할 수 있게 된다.

낯가림이 절정에 이른다

생애 최초의 낯가림은 보통 생후 6개월 전후 나타나는데, 7~8개월 무렵은 낯가림이 더욱 심해진다. 낯선 사람을 보기만 해도 울음을 터뜨리거나 엄마에게 매달린다. 이 시기의 낯가림은 자연스러운 발달 과정이며, 한편으로는 그만큼 엄마와 애착이 잘 형성되었다는 신호이기도 하다. 엄마와 애착이 안정적으로 형성되면 사람에 대한 안정감이 생기면서 점차 낯가림도 좋아진다. 까꿍 놀이로 엄마가 잠시 사라져도 다시 나타난다는 믿음을 주는 것도 효과적이다.

이가 나기 시작한다

젖니(유치)가 나는 시기도 개인차가 커서 이르면 생후 3개월부터, 늦으면 10개월 무렵에 나지만, 보통 6개월이 지나면서 이가 나기 시작한다. 젖니는 가지런한 영구치의 기본일 뿐 아니라 발음을 정확하게 하는 등 성장과 발육의 밑바탕이 되므로 소홀히 관리하지 않는다. 또 이가 날 무렵에는 잇몸이 간지럽고 욱신거려 침을 많이 흘리고 아무 물건이나 입으로 가져간다. 입 주변에 트러블이 생기지 않도록 침을 자주 닦아주고, 가제 손수건을 물에 적셔 잇몸을 마사지해준다.

이 시기의 발달 특성

몸을 붙잡고 세워주면 다리를 깡충거린다.

네발 기기, 배밀이와 네발 기기의 혼합형 등 다양한 자세로 긴다.

앉기에 익숙해지면 두 손을 자유롭게 움직이고, 두 손에 물건을 쥐고 놀이를 한다.

낯가림이 심한 시기로 엄마가 사라지면 울음을 터뜨리며 찾는다.

돌보기 포인트

이유식 중기, 혀로 으깰 수 있는 음식을 만들어준다

아이가 이유식을 열 숟가락 정도 받아먹은 다음 더 먹으려고 보채면 이유식 중기 단계로 넘어간다. 이제부터 혀와 잇몸, 유치를 이용해 으깨서 먹을 수 있는 연두부 정도의 굳기로 음식을 조리해주는 것이 적당하다. 맛은 혀의 미각세포뿐 아니라 음식을 입에 넣었을 때 느끼는 식감에도 영향을 받기 때문에, 이유식 굳기에 따라 아이의 미각도 더욱 발달한다. 곡류 중심에서 벗어나 호박·당근 등의 채소, 콩, 두부, 흰 살 생선을 부드럽게 삶아서 먹이고 사과, 배, 바나나 등 과일류도 조리해 먹인다. 이유식은 오전 10시와 오후 2시쯤에 1회씩 먹이는 것이 적당하며, 되도록 매일 같은 시간에 먹여야 식습관을 규칙적으로 들일 수 있다.

밤에는 10시간 이상 재운다

규칙적 생활 리듬을 위해 낮잠은 하루 1~2회 정도로 줄이고, 정해진 시간에 재운다. 성장을 위해 밤에는 적어도 10시간 이상 재우며, 일찍 자는 습관을 들인다. 생후 1년은 성장 발달이 가장 활발하게 이루어지는 시기로 뼈의 성장을 촉진하는 성장 호르몬은 잠을 잘 때 많이 분비된다. 또 밤에 충분히 잠을 자야 낮 동안 스트레스 호르몬이 덜 분비돼 정서적으로 안정된다. 자기 전 가볍게 목욕을 시키거나 잠자리를 어둡게 하면 숙면에 도움이 된다.

유아 비만을 주의한다

잘 먹는 것이 중요한 시기이며 아이가 잘 먹고 살이 포동포동해지는 것은 좋은 일이지만, 몸을 움직이기 싫어하거나 활동에 방해가 될 정도로 살이 쪘다면 이때부터 체중 관리를 해주어야 한다. 평소 먹는 양을 조절하고 기기와 다양한 놀이를 통해 활동량을 늘린다.

Q 이유식을 먹지 않는데 억지로라도 먹여야 할까?

A 생후 6~7개월까지는 이유식을 굳이 먹이지 않아도 영양 면에서 충분하다. 그러나 이유식을 더 늦게 시작하면 씹는 운동을 제대로 하기 어려워 턱 근육 발달이 늦는 것은 물론, 지능 발달에도 좋지 않다. 조리법이나 재료에 문제가 있을 수 있으므로 아이가 좋아하는 재료와 조리법을 찾아 꾸준히 먹는 양을 늘려가야 한다.

컵을 사용하는 연습을 한다

컵에 물이나 과즙 등을 조금만 넣고 엄마가 아이 손을 잡은 뒤 천천히 마시게 한다. 양쪽에 손잡이가 달린 컵이 편리하고, 흘릴 것에 대비해 턱받이를 해준다.

놀이로 전두엽 발달을 돕는다

생후 8개월 무렵이면 전두엽의 활동이 늘어나는데, 이때 부모 역할이 매우 중요하다. 놀이를 하면서 눈 맞춤과 스킨십을 하고, 웃음을 지으며 애착 형성을 촉진한다. 부모와 강한 애착이 형성되면 전두엽의 활동이 활성화되어 정서뿐 아니라 두뇌 발달에도 매우 효과적이다.

유치를 관리해준다

유치 관리를 소홀히 해 문제가 생기면 영구치에도 영향을 미친다. 유치가 일찍 빠지면 빠진 부분을 잇몸이 덮기 때문에 정작 영구치가 나올 때 잇몸을 제대로 뚫고 나오지 못하거나, 엉뚱한 곳에 자리 잡게 된다. 유치가 나기 시작할 때는 가제 손수건을 물에 적셔 잇몸을 꼼꼼히 골고루 마사지하며 관리해준다.

건강 포인트

돌발성 발진이 나타나기도 한다

돌발성 발진은 생후 6개월~만 2세까지 아이가 잘 걸리는 바이러스성 발진이다. 갑자기 38℃ 이상의 고열이 나며, 2~3일 간 증상이 지속된다. 열 이외의 증상은 없고 식욕도 있지만 열이 떨어지면서 온몸에 작은 발진이 나타난다. 자연 치유되며 특별히 흉터가 남지는 않으나, 드물게 심한 고열로 열성 경련이 발생할 수 있으므로 체온 변화에 신경 써야 한다.

이 시기의 결정적 발달·기기

- 아이가 길 때에는 팔다리와 허리 근육을 사용하는데, 이때 근육의 긴장과 이완, 골반 운동을 경험하면서 평형감각을 익힌다.
- 기기는 좌·우뇌에 골고루 자극을 주고, 조절력을 키우므로 매우 중요한 단계. 이후 걷기와 신체 조절의 밑바탕이 되므로 충분히 기어 다닐 수 있게 한다.

		평균 몸무게 (kg)	평균 키 (cm)
7개월	남아	8.3	69.2
	여아	7.6	67.3
8개월	남아	8.6	70.6
	여아	7.9	68.7

생후 9~10개월 돌보기

신체 발달이 하루하루 눈부신 시기다. 누워 있다가 앉고, 기어 다니다가 멈추는 등 움직임을 게을리하지 않는다.
집 안 구석구석 기어 다니고 몸을 일으켜 세상을 탐색하면서 호기심도 늘어난다.

발달 포인트

발달의 개인차가 좀 더 뚜렷해진다

목 가누기가 생후 4~5개월에 완성되는 것과 달리 기기나 일어서기 등의 발달은 월령 폭이 매우 넓다. 개인차도 심해서 아이마다 발달 시기에 차이가 많다. 또 기는 기간이 다른 아이에 비해 짧기도 하고, 거의 기지 않다가 어느 날 갑자기 붙잡고 일어서는 아이도 있다. 그러나 생후 9개월 무렵에도 뒤집지 못하거나 앉지 못하면 소아청소년과나 발달센터에서 발달에 이상이 있는지 검사를 받아본다.

기기와 앉기로 걸음마를 준비한다

몸놀림이 매우 능숙해져 누워 있다가 혼자 앉고, 기어 다니다가 앉아서 놀고, 붙잡고 섰다가 다시 앉아 노는 것이 물 흐르듯 자연스럽게 이루어진다. 신체 조절 능력이 좋아져 빠르게 기다가 갑자기 멈춰서 앉고 방향을 바꾸어 기어 다닌다. 두 다리로 서고 걸음마를 하려면 허리 힘이 필요한데, 앉기 동작은 허리 힘을 강화하는 데 효과적이다. 아이는 기기와 앉기를 통해 근육의 힘을 키우며 곧 걸음을 뗄 준비를 한다. 발달이 빠른 아이는 걸음마를 시작하기도 한다.

'죔죔', '곤지곤지'를 할 수 있다

여러 번 반복해서 보여주면 '죔죔', '곤지곤지' 등 손 놀이를 따라 한다. 손을 흔들며 '빠이빠이'도 흉내 낸다. 모방이 늘어난다는 것은 그만큼 행동을 관찰하고 실행에 옮길 수 있는 인지 및 운동 계획 능력이 발달했다는 뜻이다. 손놀림이 전보다 능숙해져 두 손으로 컵을 잡고 마시거나 음식물을 손으로 집을 수 있다. 엄지와 집게로 작은 물건을 집고, 서랍을 여는 등 소근육 발달이 더욱 활발해진다.

몸매가 점점 호리호리해진다

체중은 그다지 늘지 않고, 키는 계속 자라기 때문에 약간 호리호리해지는 것이 일반적이다. 활동량은 늘어나고 먹는 것보다 여기저기 돌아다니거나 노는 것을 좋아하기 때문에 체중 증가가 둔화된다. 살이 빠진 것처럼 보이지만 자연스러운 성장 과정이므로 걱정하지 않아도 된다.

익숙한 말의 뜻을 알아차린다

이름을 부르면 알아차리고 소리 나는 쪽으로 얼굴을 돌린다. 또 "엄마", "맘마"처럼 간단한 소리를 흉내 내며 말하고, "뽀뽀"라고 하면 뽀뽀를 하기도 한다. 반복적인 일상 용어를 익힘과 동시에 말을 듣고 상황을 파악하는 지능이 발달한다. 아직 자발적으로 말하기는 이르지만, 모음을 모방할 정도로 언어가 발달한다. 불쑥 예상외의 소리를 내서 엄마로 하여금 '벌써 단어를 말하는구나' 하는 행복한 착각을 불러일으키기도 한다.

"안 돼"라는 말에 반응을 보인다

여기저기 다니면서 말썽을 부리기 시작한다. 위험한 것을 만지기도 하고, 주워 먹기도 한다. 엄마는 더욱 예민해져 "안 돼"라는 말을 자주 하는 때이다. 이 시기에는 엄마의 표정이나 억양의 의미를 알아차리기 때문에 안 된다는 말을 알아듣고 행동을 잠깐 멈추거나 눈치를 보는 듯한 모습을 보인다. 또 안 된다는 말에 서러운 듯 갑자기 울음을 터뜨리기도 한다.

돌보기 포인트

왕성한 호기심이 부르는 안전사고에 대비한다

호기심이 왕성해 눈에 보이는 것은 무엇이든 만져보고 확인하려 한다. 이제 일어서거나 걷기도 하므로 바닥뿐 아니라 가

이 시기의 발달 특성

누워 있다가 앉고, 기어 다니다 멈추는 동작을 이어서 할 수 있다.

소파나 의자를 잡고 일어나 서 있다가 다시 앉는 자세로 바꿀 수 있다.

9개월에는 엄지와 검지로 물건을 잡고, 10개월에는 작은 과자를 집을 수 있다.

음악을 들으면 몸짓이나 손동작으로 즐거운 기분을 표현한다.

구 위에 있는 위험한 물건은 모두 치운다. 붙잡고 일어설 때 테이블보를 잡아당기거나 물건을 잡고 일어서다가 물건이 쓰러지면서 함께 넘어질 수 있으므로 항상 주의를 기울인다. 콘센트에는 안전 뚜껑을 달아두고, 각진 모서리는 마개를 씌운다. 문과 창문에도 안전장치를 달아 문틈에 손가락이 끼이지 않도록 한다.

이유식은 하루 3회 먹인다
이제 영양의 주체가 이유식이므로 어른과 같이 하루에 3회 먹이되, 시간까지 어른에게 맞출 필요는 없다. 식사와 식사 사이는 3~4시간의 간격을 둔다. 아이가 세끼 이유식을 잘 먹으면 수유량을 차츰 줄여 간식처럼 주되, 아직은 이전처럼 아침저녁으로 젖을 먹인다. 또 이 시기에는 지금까지의 식사보다 조금 딱딱하게 조리해 먹인다. 어른 밥은 아직 무리이며, 밥알이 있는 죽이나 무른 밥이 적당하다.

> ⓘ 아이가 이유식을 먹지 않고 딴짓을 하며 놀면 어느 정도 시간을 주었다가 음식을 치우고 다음 식사 때까지 음식을 주지 않는다. 배가 고프다는 것을 느낄 기회를 주는 것도 올바른 식습관을 기르는 데 도움이 된다.

근육 발달에 좋은 공놀이를 한다
몸 전체를 두루 움직일 수 있는 전신 놀이는 뇌를 고루 자극해 인지 및 운동 능력 발달에 효과적이다. 특히 공놀이는 아이의 흥미를 끌기에도 적합하다. 큰 공 위에 아이를 올려놓고 굴리면서 놀거나 공을 굴려주고 따라가게 한다. 굴러가는 공을 잡거나 작은 공을 바구니에 넣는 놀이 등은

소근육과 대근육을 발달시키기 좋다. 제법 체중이 늘고 행동 범위가 넓어지며 에너지도 왕성해지므로 아빠가 놀이 상대가 되기에 좋은 시기이다.

활동하기 편한 옷을 입는다
온 집 안을 기어 다니면서 놀기 때문에 전보다 땀을 많이 흘리고 옷도 쉽게 더러워진다. 따라서 아이 상태를 살펴보고 옷을 자주 갈아입힌다. 젖은 옷은 아이의 움직임을 방해할 뿐 아니라 체온을 떨어뜨리는 등 컨디션에 좋지 않은 영향을 미친다. 아이 옷은 땀을 잘 흡수하는 면 소재가 좋으며, 몸에 꼭 맞거나 너무 헐렁하거나 단추가 지나치게 많은 옷은 입히지 않는다.

건강 포인트

젖병을 물고 잠들지 않게 한다
젖병을 오랜 시간 물고 있거나 물고 잠이 들면 치아우식증에 걸리기 쉽다. 젖니가 썩으면 영구치에도 나쁜 영향을 미치고

음식을 제대로 씹지 못해 영양의 균형이 깨질 염려가 있다. 이 시기에는 밤중 수유를 확실히 끊고 수유를 한 뒤에는 가제 손수건을 적셔 이를 닦아준다.

부모의 충치 관리에도 신경 쓴다
아이가 예쁘다고 뽀뽀를 하며 간혹 어른이 먹던 숟가락으로 음식을 주기도 한다. 이때 어른의 충치균이 전염될 수 있으므로 엄마 아빠의 치아 관리에 신경 쓴다.

이 시기의 결정적 발달·소근육 협응

- 앉아서 노는 시간이 늘면서 두 손을 자유롭게 쓰고, 두 손의 협응력이 눈에 띄게 향상된다.
- 엄지와 검지로 물건을 집는다. 검지를 잘 쓰면 손놀림이 부쩍 능숙해진다.
- 손끝이 섬세해져 작은 과자를 집어서 먹으려 하고, 관심 있는 물건을 손가락으로 가리키는 것도 활발해진다.

		평균 몸무게 (kg)	평균 키 (cm)
9개월	남아	8.9	72.0
	여아	8.2	70.1
10개월	남아	9.2	73.3
	여아	8.5	71.5

생후 11~12개월 돌보기

세상을 향해 성큼 한 발을 내디디며 걸음마를 시작한다. 자신의 힘으로만 걷기 시작하면서 심리적으로도
그 어느 때보다 자신감에 차 있다. "엄마", "아빠"를 크게 부르는 등 의사소통도 활발해진다.

발달 포인트

걸음마를 시작한다

아이가 첫걸음을 떼는 것은 부모와 아이 모두에게 놀라운 사건이다. 어떤 아이는 자신이 걷는다는 것에 놀라 한 걸음 뗀 뒤 주저앉기도 한다. 아직은 기거나 물건을 잡고 걷는 것이 더 익숙하다. 걷기는 개인차가 크므로 돌에 걷지 못한다고 지나치게 걱정하지 않아도 된다. 보통은 돌이 지나고 2~3개월 이내에 걷기 시작한다. 그러나 생후 18개월 무렵이 되어도 걷지 못한다면 발달에 이상이 있는지 확인해볼 필요가 있다.

대천문이 닫히기 시작한다

신생아 시기에는 두개골이 완전히 결합되지 않아 틈이 있는데, 이를 숨구멍(천문)이라 한다. 그중에서도 정수리 앞쪽에 있는 것을 대천문, 뒤쪽에 있는 것을 소천문이라고 한다. 대천문은 점점 커지다가 생후 11개월 이후 닫히기 시작한다.

의미 있는 '첫말'을 한다

아이는 보통 생후 10~15개월에 의미 있는 '첫말'을 하기 시작한다. 소리를 비슷하게 따라 하면서 말하기 연습을 하던 아이가 자발적으로 의미 있는 단어를 말한다. 첫말은 가장 친밀한 애착 대상인 엄마나 아빠인 경우가 많다. 아이가 의미 있는 단어를 말하기 시작하면 의사소통의 새로운 장이 열린다. 이제 울음이나 행동보다 언어를 통한 소통이 늘어난다. 첫말을 시작했다고 당장 말하기가 부쩍 느는 것은 아니나, 점차 사물과 이름을 연결시키면서 인지능력이 발달한다.

> ❗ 첫말을 하는 시기는 아이마다 다르기 때문에 늦더라도 아직은 걱정하지 않아도 된다. 표현 언어보다 수용(이해) 언어가 먼저 발달하므로, 아이가 익숙한 말을 알아듣는지 확인하는 것이 중요하다.

의기양양 독립심이 생긴다

돌 전후가 되면 아이는 스스로 걷고, 자기 손으로 할 수 있는 일이 많아지면서 부쩍 자신감이 생긴다. 매사 의기양양하고 심리적으로 '전능감'을 느끼는 시기로 독립적 모습을 보인다. 엄마가 도와주려 하면 큰 소리를 지르며 거부하거나 물건을 꽉 쥐고 놓지 않는 일도 잦아진다.

또래 아이에게 관심을 가진다

주변에 또래나 큰 아이가 있으면 관심을 보이기 시작한다. 아직 친구라는 개념보다 주변 대상에 대한 관심이 그만큼 넓어졌다는 의미이다. 아이가 많은 놀이터나 공원에 데리고 가는 것도 좋은 교육 방법이다. 함께 놀게 하기보다는 그 속에서 분위기를 경험하게 한다.

돌보기 포인트

수면 습관을 바로잡는다

수면 습관은 가능한 한 일찍부터 바로잡아야 한다. 한번 자리 잡으면 고치기가 어렵기 때문이다. 또 아이는 어른과 달리 잠이 조금만 부족해도 성장이 둔화된다. 그만큼 올바른 수면은 아이의 성장에 중요한 역할을 한다. 생후 4~12개월에는 잠자리에 들기 전에 하는 일정한 의식을 정해 자야 할 시간이라는 것을 인식시킨다. 생후 13~36개월에는 잠잘 시간을 가르쳐주고, 정해진 시간이 지나면 아이에게 말을 걸지 않는 등 단호한 태도를 보인다.

갑작스럽게 분리시키지 않는다

제법 독립심이 생겼다 해도 아직은 엄마 모습이 잠깐이라도 보이지 않으면 크게 놀라고 우는 시기이다. 시간 개념이 없어 그 순간이 전부라고 생각하기 때문에 엄마가 사라졌다고 놀라는 것이다. 때로는

이 시기의 발달 특성

어른이 손을 잡아주면 몇 걸음 걷고, 혼자서 몇 발짝 걷기도 한다.

손으로 물건을 쥔 채 무릎으로 걷는다.

바퀴 달린 장난감을 밀면서 논다. 공을 굴리면 잡아서 상대에게 다시 굴린다.

"주세요"라고 하며 손을 내밀어 장난감을 요구하면 손 위에 장난감을 놓는다.

제멋대로 행동하면서 엄마를 졸졸 따라다니는 아이가 귀찮게 느껴지더라도 좀 더 견뎌내야 하는 시기이다. 예고 없이 갑자기 아이를 떨어뜨려놓지 않는 것이 중요하고, 자리를 비울 때는 정확히 알아듣지 못하더라도 "엄마가 화장실에 가니까 조금만 기다려"라고 이야기해준다. 또 큰 소리로 엄마가 어디에서 무엇을 하는지 알리는 것도 아이의 불안감을 줄이는 데 도움이 된다.

무른 밥에서 진밥으로 바꿔간다

이제 성인과 거의 비슷한 굳기의 음식을 먹을 수 있다. 이전에는 부드러운 음식을 주로 먹였다면 이제 조리법을 바꾸어 음식을 씹어 먹게 하는 데 중점을 둔다. 무른 밥에서 진밥으로 변화를 주고 우동이나 빵, 스파게티 등을 먹어도 좋다. 단, 향이 강한 것이나 오징어, 조개, 질긴 고기 등은 소화하기 어려우므로 피한다.

젖병을 떼도록 한다

돌이 지나면 분유수유를 끊고 생우유를 컵으로 마셔야 한다. 돌이 지나서도 고칼로리의 분유를 계속 먹으면 밥을 먹기 싫어하거나 비만이 될 위험이 있다. 또 완전히 컵으로 먹는 데 익숙하도록 젖병으로 먹이지 않는다. 젖병을 오래 쓰면 입안에서 양을 조절하면서 삼키는 연습을 하기 어렵다. 이제 손동작도 능숙해지므로 스스로 컵을 쥐고 먹게 한다. 다만 빨기와 관련한 욕구는 좀 더 충족시켜줄 필요가 있으므로 빨대컵이나 스파우트컵을 사용하는 것도 좋다.

친구보다 부모와의 관계에 집중한다

걷기 시작하고 또래에게 관심을 보이면 친구를 만들어주어야 하나 신경이 쓰인다. 그러나 아직은 친구를 만들어주기보다 부모와 아이, 일대일 관계에 집중하는 것이 사회성 발달에 효과적이다. 먼저 부모와 친밀하고 안정된 관계를 맺어야 이를 바탕으로 친구관계를 넓혀갈 수 있다.

집 안에서는 맨발로 지내게 한다

아이는 기고, 서고, 걸을 때 발끝에 힘을 준다. 양말을 신으면 발끝에 힘을 주기 어려울 뿐 아니라 미끄러지기도 쉬우므로 집 안에서는 맨발로 지내게 한다. 발바닥에 있는 지방 쿠션이 아이 발을 외부 압력과 충격으로부터 지켜준다.

건강 포인트

탈골에 주의한다

돌 무렵의 아이는 팔꿈치 관절이 잘 빠진다. 뼈와 뼈를 연결하는 인대와 뼈의 위치가 어긋나기 쉬워 탈골이 되는 것. 아이 팔을 갑자기 잡아당기거나 넘어질 때 팔이 비틀리는 등 팔꿈치에 충격을 받으면 탈골 증상이 일어나므로 아이 팔에 무리한 힘을 가하지 않도록 주의한다.

돌잔치 전후 병치레에 주의한다

돌잔치는 부모와 아이 모두에게 가장 큰 행사이다. 많은 준비로 엄마가 긴장하다 보면 아이도 덩달아 스트레스를 받아 돌잔치 전후에 엄마와 아이 모두 병치레를 하는 경우가 많다. 걸음마 연습 등을 무리하게 시키지 말고, 돌잔치 시간대가 아이의 낮잠 시간과 겹치지 않도록 조절한다. 또 촉각에 예민한 아이라면 돌잔치에 입을 옷을 거부할 수 있으므로 미리 몇 차례 입혀보는 것이 좋다.

		평균 몸무게 (kg)	평균 키 (cm)
11개월	남아	9.4	74.5
	여아	8.7	72.8
12개월	남아	9.6	75.7
	여아	8.9	74.0

생후 13~15개월 돌보기

아직 뒤뚱뒤뚱하며 엉덩방아를 찧기 일쑤이지만, 끊임없이 움직이면서 하루 종일 바쁜 일과를 보낸다.
가족들의 호칭에도 익숙해지고, 어른의 억양을 모방하며 언어적 상호작용이 늘어난다.

발달 포인트

손놀림이 능숙해진다

물건을 꺼냈다가 다시 집어넣기도 하고, 무엇이든 손에 쥐고 있기를 좋아해서 블록으로 쌓기를 하거나 숟가락을 쥐고 그릇을 두드리기도 한다. 아직 음식을 흘리지 않고 입까지 가져가지 못하지만, 숟가락으로 음식을 조금씩 뜰 수 있고 입으로 가져가는 시늉을 한다. 휘갈겨 그리는 것도 좋아하는데, 미술 활동 자체에 의미를 두기보다 대뇌를 자극하는 데 좋은 놀이이므로 마음껏 그리도록 한다.

독립과 의존을 반복한다

엄마의 지시나 돌봄이 잘 통하지 않는 시기. 엄마의 도움이 필요한 때는 제멋대로 행동하며 독립적인 모습을 보였다가, 갑자기 엄마에게 달려와 안기거나 칭얼댄다. 종잡을 수 없는 행동처럼 보이지만 실제로는 독립을 연습하는 단계라 할 수 있다. 호기심도 왕성해지고 운동 능력도 좋아지면서 엄마와 신체적으로 떨어지는 시간이 늘지만, 심리적으로는 아직 떨어지는 게 불안하기 때문에 엄마 품에서 '충전'이 필요하다. 특히 지쳤을 때 엄마에게 더욱 매달리거나 칭얼대는데, 엄마의 따뜻한 보살핌을 통해 독립에 필요한 몸과 마음의 연료를 충전한다.

공격적 모습을 보이기도 한다

걸음마를 시작하면서 아이가 거칠어지거나 공격적 모습을 보이기도 한다. 이는 신체 발달과 조절 능력, 언어 발달 속도의 부조화 때문이다. 아이는 스스로 걷고 손으로 할 수 있는 일이 많아지면 신체적으로 부쩍 자신감을 느낀다. 힘을 발휘해 스스로 해보려는 것도 많아지는 반면, 아직 힘을 조절할 능력은 부족하고 말로 의사를 표현하기 어렵기 때문에 행동이나 목소리가 상대적으로 더 커질 수 있다. 이 때문에 못마땅하면 얼굴이 상기되도록 소리 지르거나 물건을 던지는 등의 모습을 보이기도 한다.

성격상의 개성이 나타난다

장난이 심한 아이, 떼를 많이 쓰는 아이, 짜증이 많고 예민한 아이, 얌전한 아이 등 특징적 성격이 조금씩 눈에 띈다. 자기 의사와 감정 표현이 두드러져 칭찬을 받으면 웃고, 야단을 맞으면 우는 등 상대방의 행동에 대해 명확하게 반응한다. 자기 표현이 늘어나기 때문에 이전에 비해 좀 더 자기주장도 강해진 느낌을 받는다.

익숙한 물건의 이름을 이해하고 가져온다

익숙한 물건의 이름을 말하면 의미를 이해하고 가지고 올 수 있다. 대략 20개의 물건 이름을 이해하는 시기. 또 도움을 청할 때 엄마나 아빠를 큰 소리로 부르기도 한다. "때찌", "아이 예뻐" 등 익숙하게 듣는 어른의 억양을 따라 하기 시작한다.

돌보기 포인트

까꿍 놀이를 다양하게 변형시킨다

기억력이 점점 발달해 주사를 맞을 때 아픈 기억을 잊지 않고, 다음에 병원에 가면 의사를 보고 울음을 터뜨린다. 또 갖고 놀던 장난감을 숨겨놓으면 찾으려고 애쓴다. 이때 기억력과 인지 발달을 더욱 촉진하려면 까꿍 놀이를 자주 해준다. 단순히 얼굴만 가렸다 보이는 것이 아니라 물건을 숨기는 장소를 다양하게 하고, 숨바꼭질을 하는 식으로 까꿍 놀이를 업그레이드해서 놀아준다.

마음껏 낙서할 공간을 마련해준다

소근육이 발달해 크레용이나 색연필을 쥐고 낙서하는 것을 좋아한다. 집 안이 지

이 시기의 발달 특성

다리를 벌리고 뒤꿈치를 들어 뒤뚱거리다가 걷는 자세가 안정된다.

도와주지 않아도 앉아 있다가 혼자서 일어난다.

크레파스를 주면 손에 힘을 주어 가로로 갈겨 쓴다. 세로선은 15개월부터.

손놀림이 섬세해져 2~3개 정도 블록 쌓기 놀이를 할 수 있다.

저분해진다고 낙서를 금지하면 두뇌 발달에도 방해가 된다. 벽이나 바닥에 흰 전지를 붙여주고 마음껏 낙서하도록 한다.

놀면서 인지적 자극을 준다

적극적으로 활동하면서 창의력과 구성력을 길러주는 집짓기 블록이나 점토 같은 장난감을 제공한다. 모래나 진흙 장난도 이 시기 아이가 좋아하는 놀이이다. 작은 삽으로 흙을 퍼 통에 담기도 하고, 통에 흙을 가득 담았다가 다른 곳에 쏟아붓고 다시 퍼 담는 등의 동작을 끊임없이 반복한다. 그림책도 보기 시작한다. 음식물, 동물, 탈것 등 주변에서 쉽게 볼 수 있는 것이 담긴 사물 그림책을 읽어준다.

하루 2~3회 간식을 준다

이 시기부터는 주식과 간식 개념이 분명해져야 한다. 하루 3회 식사를 하고 식사 사이에 생우유, 두유, 치즈, 과일, 고구마 등의 간식을 하루 2~3회 먹인다. 간식은 하루 세끼 식사로 부족한 영양분을 보충하는 의미가 있다. 아이가 좋아하는 과자 등 단맛이 강한 것은 충치의 원인이 되므로 피하고, 영양의 균형을 고려해 다양한 재료로 간식을 만들어주는 것이 좋다. 주식의 양이 적다고 해서 간식량을 늘려서는 안 되며, 반대로 아이가 주식을 잘 먹지 않을수록 간식을 제한해야 한다.

! 과자를 아이에게 보이거나 달래기용으로 주지 않는다. 과자는 항상 먹을 수 있는 것이 아니라는 점을 인식시키고 하루 1~2회로 횟수와 양을 제한한다.

밤중에 깨도 놀아주지 않는다

한밤중에 일어나 놀아달라는 아이가 있는데, 이때 놀아주면 밤에 노는 게 습관이 된다. 아이가 밤에 잠에서 깨도 불을 환히 켜거나 큰 소리를 내지 말고 아이를 눕힌 뒤 자장가를 불러주며 다시 재운다. 부모가 늦게까지 자지 않고 깨어 있으면 아이도 자지 않을 수 있으니, 아이를 재울 때 엄마 아빠도 같이 잠자리에 든다.

배변 훈련을 준비한다

대소변을 가리기 위해서는 대변이나 소변이 '마렵다', '나온다' 하는 감각을 아이 스스로 느낄 수 있어야 한다. 그러므로 아이가 반응을 보일 때까지 느긋하게 기다리는 것이 중요하다. 대변이나 소변을 볼 때 몸을 부르르 떨거나, 하던 동작을 멈추는 등의 행동을 보이면 "나오니?" 하고 물어보고, 기저귀를 보며 "오줌이 나왔네?" 식으로 말해준다.

건강 포인트

안전사고를 조심한다

이 시기의 아이는 넘어져서 멍들고 까지는 경우가 다반사다. 잠깐 방심한 사이 아이가 높은 곳에서 떨어질 수 있으므로 안전사고에 각별히 주의하고, 간단한 안전사고 대처법을 숙지한다. 이물질을 삼키거나 귀나 콧속으로 이물질을 집어넣었을 경우에는 즉시 소아과에 간다.

이 시기의 결정적 발달 · 걷기

* 대부분 12~13개월에 걷기 시작한다. 걷기는 대뇌피질, 소뇌 발달과 밀접한 관련이 있다.
* 처음에는 두 발이 벌어지고 다리가 몸의 중심선 밖을 향해 불안해 보이지만, 점점 온몸의 근육을 사용해 균형 있게 걷는다.
* 걸어서 원하는 사물에 다가가 궁금증을 해결하면서 인지능력이 발달한다.

		평균 몸무게 (kg)	평균 키 (cm)
13개월	남아	9.9	76.9
	여아	9.2	75.2
14개월	남아	10.1	78.0
	여아	9.4	76.4
15개월	남아	10.3	79.1
	여아	9.6	77.5

생후 16~18개월 돌보기

걷기가 제법 능숙해지면서 엄마 손을 뿌리치고 돌진한다. 신나게 놀다가도 마음에 들지 않는 일이 있으면
금세 고함을 지르며 떼를 쓴다. 슬슬 고집을 부리면서 엄마와 기 싸움을 시작한다.

발달 포인트

걷기가 능숙해진다

생후 12~15개월에 걷기 시작하는 아이가
가장 많은데, 생후 18개월이면 대부분의
아이가 걸을 수 있다. 일단 걷기 시작하면
점점 능숙해지고, 몸의 균형을 잡는 능력
도 발달해 빠른 아이는 18개월이면 뛰기
도 한다. 운동 능력이 발달하면서 리듬감
도 몸에 익히게 된다. 이 무렵부터 음악을
들려주면 리듬에 맞춰 몸을 흔들며 춤추
는 아이도 있다.

두 단어 문장으로 말하기도 한다

말하는 단어 수가 늘어나 자기가 하고 싶
은 말을 한두 마디로 표현할 수 있다. 빠
르면 "우유 주세요"같이 단어를 연결해
문장으로 말하기도 한다. 말하는 연습을
시키기보다 엄마가 짧은 문장을 명확한
발음과 다양한 톤으로 들려준다. 이 시기
에 다양한 단어를 들으면 어느 시점에 어
휘력이 훌쩍 향상된다.

대소변이 나오려는 느낌을 알아차린다

소변을 본 뒤에야 기저귀를 가리키던 아
이가 생후 18개월 무렵이면 소변을 보기
전에 사인을 보낼 수 있다. 물론 아이마다
발달 차이가 있으나, 이 무렵이면 신경과
뇌가 발달해 방광에 오줌이 차서 '소변이
마렵다'는 감각을 느낄 수 있다.

> ⓘ 아직은 조절 능력이 부족해 "쉬~"라고
> 말한 뒤 엄마가 달려가기 전에 오줌을
> 싸는 경우가 많다. 대소변 가리기 준비가
> 되어간다는 의미이므로 "얘기해줘서 고마워"
> 하고 칭찬해준다. 이때 야단을 심하게 치면
> 소변을 참는 습관이 생기기 때문이다.

어금니가 나기 시작한다

치아 발달이 꽤 진행되어 아랫니와 윗니
에 이어 어금니도 올라오기 시작한다. 이
제 양치질할 때 안쪽까지 세심하게 닦아
야 한다. 어금니가 나면 씹는 힘이 세져
단단한 음식을 먹을 수 있는데, 씹기는 뇌
신경을 자극해 두뇌 발달을 촉진한다. 또
씹는 동작을 많이 할수록 턱도 발달한다.

손잡이가 없는 컵을 사용한다

손놀림이 섬세해져 숟가락과 포크 사용
이 능숙해진다. 컵 사용에도 익숙해져 흘
리긴 하지만 손잡이가 없는 컵을 두 손으
로 잡고 음료수를 마실 수 있다.

돌보기 포인트

아이의 의사 표현에 적극적으로 반응한다

"싫어", "아니야"라는 말을 많이 하는 시
기. 엄마 입장에서는 괴롭지만 독립된 자
의식이 싹튼다는 신호이다. 이때는 아이
가 정말로 싫은 것인지, 말만 그렇게 하는
것인지를 구분해야 한다. 자신의 의도를
관철시키기 위해서라기보다 부모의 관심
을 끌고 싶어서 하는 말일 수 있다. "그림
책 읽어줄까?"라고 물었을 때 아이가 "싫
어" 하고 대답하면 긍정적 답변을 강요하
지 말고 "그래, 지금 하는 놀이가 더 재미
있구나"라고 답해준다. 아이가 그림책을
보고 싶은 마음이 있다면 잠시 후 엄마가
물었을 때 거부하지 않을 것이다.

가능하면 텔레비전이나 동영상을 보여주지 않는다

유아 프로그램에 흥미를 갖는 시기. 텔레
비전이나 태블릿 PC, 스마트폰 앞에 앉으
면 조용해진다고 해서 그대로 놔두면 위
험하다. 영상 매체는 쌍방의 의사소통이
아니라 일방적으로 메시지를 전달하기 때
문에 정서 발달과 사회성을 키우는 데 방
해가 된다. 가능하면 텔레비전이나 동영
상 등은 보여주지 않는다. 부득이 한 경우
30분을 넘기지 말고, 엄마도 함께 보며 율
동을 하거나 대화를 나누도록 한다.

이 시기의 발달 특성

미숙하지만 두 손으로 공을 던질 수 있다.

3~4개의 나무 블록을 쌓을 수 있다.

상자나 바구니에 장난감(물건)을 넣고 꺼내는 게 익숙하다.

엄마 손을 잡고 계단을 오를 수 있다.

		평균 몸무게 (kg)	평균 키 (cm)
16개월	남아	10.5	80.2
	여아	9.8	78.6
17개월	남아	10.7	81.2
	여아	10.0	79.7
18개월	남아	10.9	82.3
	여아	10.2	80.7

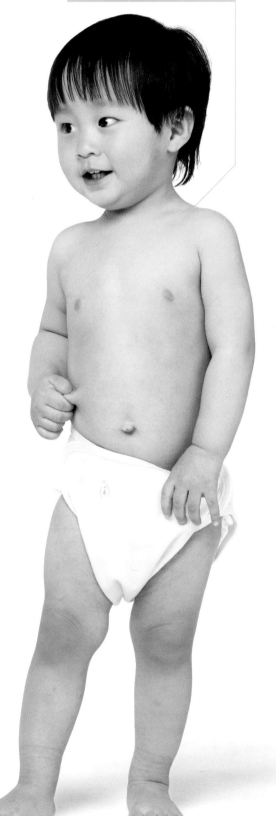

손을 많이 움직이는 놀이를 한다

소근육 협응 능력이 좋아지면서 같은 블록을 가지고도 다양하게 놀 수 있다. 블록을 3개 이상 쌓을 수 있기 때문에 함께 높이 쌓는 놀이를 하면서 스릴감도 즐길 수 있다. 또 말랑말랑한 점토나 밀가루 반죽을 가지고 놀면 부드럽게 촉각을 자극하면서 손힘도 기를 수 있다. 종이접기나 구슬 꿰기는 집중력과 협응 능력을 길러주지만, 아이에 따라 쉽게 포기하거나 재미를 느끼지 못할 가능성이 높으므로 발달 상황을 보고 시도한다.

장난감은 함께 정리하는 연습을 한다

청소한 후 뒤돌아보면 다시 집 안이 엉망인 경우가 많다. 아이가 장난감을 갖고 논 뒤에는 엄마가 매번 혼자 치우기보다 아이가 스스로 정리할 기회를 준다. 아이가 쉽게 장난감을 넣었다 뺐다 할 수 있는 곳을 수납공간으로 정하고, 스스로 장난감을 정리하면 칭찬해 행동을 강화한다.

하루 2~3시간 정도 낮잠을 재운다

성장호르몬 중 3분의 2가 밤새 뇌하수체에서 분비되는데, 이것이 아이의 간을 자극해 또 다른 호르몬을 만들어내며 연골을 성장시킨다. 따라서 성장을 위해서는 숙면이 무엇보다 중요하다. 낮잠 또한 활동성 에너지를 만들어주므로 필수. 오후 중 2~3시간 낮잠을 재운다.

기분 전환 방법을 찾는다

아이는 무엇이든 마음대로 하고 싶지만 뜻대로 되지 않고, 아직 말문이 트이지 않아 아이와 부모 모두 서로에게 답답한 감정을 느끼는 시기이다. 불쾌하고 고통스러운 감각에 노출되면 코르티솔이란 스트레스 호르몬이 분비되는데, 이는 기억력과 밀접한 해마 등 뇌 발달에 손상을 주며, 스트레스에 더욱 취약하게 만든다. 아이는 아직 스스로 기분을 전환할 방법을 모르기 때문에 부모가 다양한 방법을 시도해보아야 한다. 맛있는 것을 먹거나, 잠시 바깥바람을 쐬는 식으로 아이에게 맞는 기분 전환 방법을 찾아본다.

건강 포인트

분노 경련을 일으키면 안아서 달랜다

아이가 심하게 울다가 경련을 일으키며, 갑자기 입술이 새파래지고, 손발이 뻣뻣해지면서 근육이 땅기는 것을 분노 경련이라고 한다. 일종의 스트레스 증상으로 신경질적이고 흥분을 잘하는 아이에게서 흔히 볼 수 있다. 아이가 분노 경련을 보이면 얼른 품에 안아서 토닥여준다.

이 시기의 결정적 발달·자아 발달과 고집

- 생후 18개월 무렵이면 '나'에 대한 개념, 즉 자아가 형성되면서 자율성을 발휘하려는 욕구가 뚜렷해져 고집이 세진다.

- 아직 언어 표현이 어렵기 때문에 아이의 고집은 주로 떼쓰기로 나타난다. 소리를 지르거나 물건을 던지는 일도 많다.

- 떼쓰기는 좌절감의 표현이기도 하다. 이때는 아이와 기 싸움을 하기보다 안아서 다독이며 달래주는 게 효과적이다.

생후 19~24개월 돌보기

발육은 완만하게 진행되지만 골격이 튼튼해지고 몸의 균형이 잡혀 날렵하면서 다부져 보인다.
어휘가 폭발적으로 늘어 하루에도 몇 번씩 엄마를 깜짝 놀라게 만들기도 한다.

발달 포인트

뛰기에 익숙해지고 민첩해진다

방향을 바꾸며 자유자재로 걷다가 뛰기 시작하고, 걷기와 뛰기를 구분하기 어려울 정도로 빠르게 걷기도 한다. 뛰기 시작하면서 난간을 붙잡고 계단을 오르내릴 수 있고, 5cm 높이의 장애물을 뛰어넘을 수 있다. 뛰면 걸을 때보다 더 많은 근육, 특히 전신 근육을 사용하게 돼 신체가 고루 자극을 받는다. 심장박동이 빨라지면서 심장과 주변 근육도 튼튼해진다. 또 공간을 빨리, 자유롭게 이동하면서 이것저것 탐색을 하게 돼 시각, 후각, 촉각 등 다양한 감각이 눈부시게 성장한다.

감정이 풍부해진다

좋다, 싫다는 단순한 차원의 감정이 다양하게 분화된다. 원하는 것을 이루면 기쁘고, 생각대로 되지 않으면 화를 내는 것은 물론, 엄마가 자기 말고 다른 아이를 안고 있으면 심하게 질투할 줄도 안다. 사람들 앞에서 수줍어 하는 등 사회적 상황에서의 감정 표현도 다양해진다. 또 놀이에서 '~인 척하기'가 가능해 바나나를 귀에 대고 전화 받는 척하기 등 초기 단계의 가상 놀이를 한다.

'내 것'이라는 소유 개념이 생긴다

만 2세가 가까워지면 정서가 많이 분화되고 지능도 발달해 뚜렷한 자아의식이 생긴다. 나와 다른 사람을 구별하면서 '내 것'에 대한 소유 의식도 분명해진다. 자기 물건에 대한 애착이 생겨 다른 사람이 물건을 만지면 몹시 화를 내는데, 이따금 부모나 친구를 때리는 공격적 행동으로 이어지기도 한다. 아직 감정을 충동적으로 표현하는 때이므로 큰 소리로 화를 내기보다 손을 잡고 낮은 목소리로 "잠깐, 안 돼"라고 말하는 편이 효과적이다.

> ❗ 자기중심적 사고가 강해져 다른 사람의 물건도 자기 것이라고 우기며 빼앗거나 그냥 가져오기도 한다. 이런 행동은 훔치기와는 다르기 때문에 "네 것이 아니야"라고 타이르는 정도가 적당하다.

귀찮을 정도로 질문이 많아진다

엄마가 귀찮을 정도로 "이거 뭐야?"라는 질문을 많이 한다. 사물에 대한 호기심이 발동하고 언어능력이 향상될 뿐 아니라 사물마다 이름이 있다는 것을 알기 때문이다. 귀찮더라도 될 수 있는 한 눈을 마주 보며 답해주는 것이 중요하다.

때때로 혼잣말을 한다

그날 겪은 일들에 대해 다시 한 번 곰곰이 생각하면서 혼잣말을 하기도 한다. 아이가 혼잣말을 할 때 사용한 단어들을 잘 기억해 두었다가 비슷한 상황에서 사용하면 아이와 감정을 교류하는 데 도움이 된다.

무엇이든 혼자서 하려고 한다

고집이 절정에 이르고, "내가, 내가"라는 말을 많이 한다. 자아가 강해져 무엇이든 혼자서 하고 싶기 때문이다. 아직은 혼자서 능숙하게 할 수 없어 실수하기 일쑤지만, 이를 통해 자신감을 얻는다. 사소한 일이라도 스스로 하게 해서 성취감을 경험하게 해주는 것이 중요하다.

이 시기의 발달 특성

빨리 걷고 뛸 수 있으며, 자기 의지에 따라 뛰다가 멈출 수 있다.

조금 도와주면 혼자서도 옷을 벗을 수 있다.

인형을 안고 귀여워하거나 음식을 먹이고 옷 입히는 시늉을 한다.

엄마가 하는 집안일을 모방해 음식 만들기나 청소하는 시늉을 돈다.

돌보기 포인트

영양이 풍부한 간식을 준비한다

아이는 체중 1kg당 필요한 영양소의 양이 어른보다 훨씬 많다. 건강을 유지하기 위한 필요량에 성장 발육에 필요한 양이 추가되기 때문이다. 정상 발육이 이루어지고 있는 아이라면 1일 1200kcal 정도 필요하고 단백질은 35g, 칼슘은 600mg, 철분은 10~15mg 정도를 섭취해야 한다. 하루 세끼 식사에만 신경 쓰지 말고 간식 하나도 영양을 고려해 먹인다.

자극적 음식을 삼간다

어른이 먹는 식사와 다름없는 유아식을 하면서 자칫 방심하기 쉬운 것이 자극적 음식에 입맛을 길들이는 것. 유아식이라 해도 아이가 먹는 음식은 이유식과 마찬가지로 간을 약하게 하고 최대한 담백하게 만들어야 한다. 진하고 자극적인 맛은 편식 습관을 만들 뿐 아니라 미각 발달과 건강한 식습관 형성을 방해한다.

가상 놀이를 함께한다

모방 욕구가 강해져 주변 사람을 흉내 내기 좋아한다. 모방놀이를 좋아하는 것은 상상력이 풍부해지고 주위 사람과의 관계에도 눈을 뜬다는 증거. 아직 초기 단계이지만 어떤 역할인 척 가장하며 놀이하는 게 가능하므로 소꿉놀이, 병원놀이, 전화놀이, 엄마놀이 등을 함께하면서 정서와 사회성 발달을 촉진한다.

바깥 놀이 시간을 늘린다

놀이터에 나가 맨발로 모래를 밟고 미끄럼틀을 타는 등 활동적인 바깥 놀이를 많이 한다. 손발의 감각을 발달시키기 위해서는 사물과 직접 접촉하게 하는 것이 좋다. 산과 바다를 찾아 흙이나 모래, 돌 등의 감촉을 느끼게 하는 것도 좋지만, 집 근처 놀이터에서 실컷 뛰어놀기만 해도 대·소근육 발달이 촉진된다.

또래와 놀 기회를 마련해준다

점차 주변 아이에게 관심을 갖고 뛰어다니기 좋아할 때이므로 주변 또래 친구와 만날 기회를 만들어준다. 그러나 아직은 같은 장소에 있더라도 각자 독립적으로 놀이를 하며 진정한 의미의 '함께 놀기'는 이루어지지 않는다. 각자 자기 장난감을 갖고 노는 경우가 대부분이므로 아이가 함께 놀지 않거나 다른 아이에게 장난감을 빌려주지 않는다고 해서 사회성이 떨어진다고 판단하기는 이르다. 아직은 1~2명 소수의 친구와 어울리게 하면서 엄마가 놀이에 참여하는 것이 좋다.

가족사진을 보여준다

사람의 얼굴을 인지하고 구별하는 것은 사물 인지에 비해 훨씬 섬세한 능력이다. 이 시기 아이는 엄마와 아빠뿐 아니라 자주 만나는 사람의 얼굴을 구별할 수 있으므로 사진을 가리키면서 이름 맞히기 놀이를 하면 인지력 발달에 도움이 된다. 인물에 대한 느낌을 말하고 생김을 표현하면서 사고력과 언어능력도 발달한다.

건강 포인트

손발을 더욱 청결히 한다

밖에서 놀다가 들어오면 반드시 손발을 깨끗이 씻겨 청결한 생활 습관이 몸에 배도록 한다. 씻는 습관이 들면 아이가 깨끗한 것과 더러운 것을 자연스레 분별하게 된다.

		평균 몸무게 (kg)	평균 키 (cm)
19개월	남아	11.1	83.2
	여아	10.4	81.7
20개월	남아	11.3	84.2
	여아	10.6	82.7
21개월	남아	11.5	85.1
	여아	10.9	83.7
22개월	남아	11.8	86.0
	여아	11.1	84.6
23개월	남아	12.0	86.9
	여아	11.3	85.5
24개월	남아	12.2	87.1
	여아	11.5	85.7

이 시기의 결정적 발달 · 언어능력

- 생후 18개월 이후에는 언어 영역을 관장하는 브로카 영역이 보다 빨리 성숙하면서 언어가 눈부시게 발달한다.

- 그림책을 볼 때 의문사를 사용한 질문의 뜻을 이해하며, "엄마 아빠랑 같이 가서 먹자"처럼 다섯 단어가 연결된 문장을 듣고 이해한다.

- 주로 2~3단어로 된 문장을 말하며, 선택을 요구하는 질문("사과 줄까, 과자 줄까?")에 스스로 답할 수 있다.

변비에 걸리지 않도록 주의한다

유아식을 본격적으로 먹는 등 식습관 변화와 배변 훈련의 영향으로 변비가 생기기 쉽다. 배변 훈련을 시작하면 아이가 변을 참기도 하는데, 변비가 심해지면 훈련 시기를 조정한다. 또 수분과 섬유질이 풍부한 음식을 먹는 데 신경 쓴다.

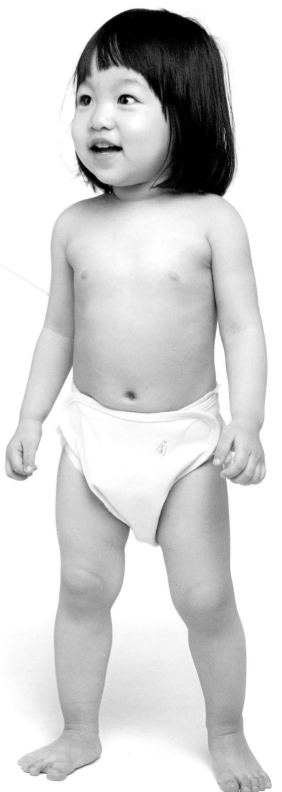

미숙아, 저체중아, 과숙아

또래 아이와 똑같이 돌봐야 할 것도 있고, 더욱 주의해야 할 점도 있다.
조금 빨리, 혹은 늦게 태어난 아이의 일반 특징과 돌보는 방법을 숙지해 건강하게 키우자.

미숙아 키우기

영양분이 부족한 상태로 태어난다

엄마의 자궁 속에 있던 기간이 37주 미만인 아이를 미숙아(조산아)라고 한다. 정상 개월 수를 다 채우지 못하고 태어났기 때문에 뇌, 폐, 간 등 신체의 모든 기관이 미숙하고 땀샘도 덜 발달해 스스로 체온을 조절하기 힘들며, 입으로 빨거나 삼키는 동작도 제대로 하지 못한다. 체중 역시 대

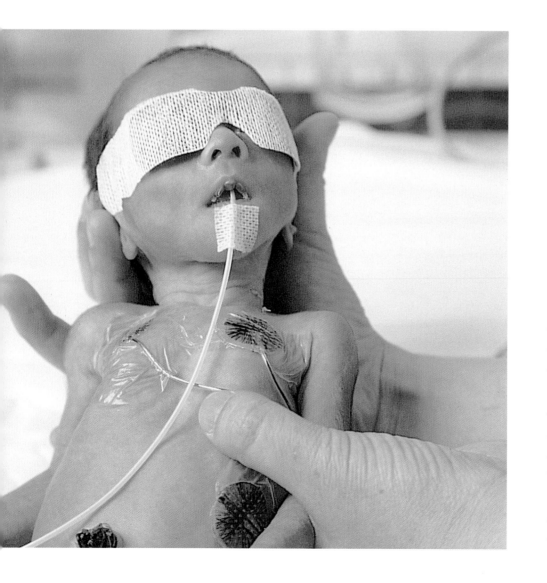

체로 2.5kg 이하이다. 이 중에서 체중이 1.5kg 이하인 아이를 극소저체중아라고 한다. 태아는 출생 직후 필요한 영양을 임신 기간 마지막 3개월 동안 집중적으로 몸에 저장하는데, 미숙아는 그 기간이 짧아서 체내에 철분, 칼슘, 인, 비타민 등의 영양분이 부족한 상태로 태어난다. 또 몸의 성숙도가 크게 떨어져 입으로 빨고 삼키는 동작을 못 할 뿐 아니라 소화도 잘 시키지 못해 외부의 도움을 받아 영양을

섭취해야 한다. 처음에는 인큐베이터의 튜브를 통해 영양 성분이 강화된 미숙아용 특수 분유를 먹이거나 모유를 짜서 튜브관으로 먹이는데, 이때 처방에 따라 모유 강화제를 섞어주기도 한다. 어느 정도 빠는 힘이 생기면 젖을 직접 물리거나 젖병에 담아 먹일 수 있다.

출생 시 체중이 1kg 미만이라도 모유수유를 할 수 있다

미숙아를 출산한 산모의 젖에는 미숙아의 성장을 도와주는 단백질과 지방이 풍부하게 들어 있을 뿐 아니라 아이가 먹었을 때 소화도 더 잘된다. 따라서 미숙아라도 초유를 먹이는 것이 좋으며, 호흡이 불안정한 경우를 제외하고는 체중이 1kg 미만인 아이도 모유를 먹일 수 있다. 먹이는 방법은 의사와 상의한다. 아이 상태가 좋으면 직접 젖을 물릴 수도 있다.

퇴원 후에는 일반 분유를 먹인다

모유수유를 하지 않을 경우 신생아 중환자실에 입원해 있는 동안 미숙아용 분유를 먹이지만, 퇴원 후에는 일반 분유를 먹여도 된다. 분유를 바꿔 먹일 때는 퇴원 후 1~2주 정도 신생아실에서 먹인 분유를 주면서 적응력을 키운 뒤 서서히 새로운 분유로 바꿔나가야 한다. 퇴원하기 전에 신생아실에서 어떤 분유를 먹였는지 확인해둔다. 아이가 빨면서 숨을 쉬고 동시에 삼키는 동작을 할 수 있게 되는 시기는 임신 36주 무렵으로, 그 이전에 태어난 아이는 숨을 쉬기 위해 젖 빠는 것을 멈춰야 할 정도로 젖 먹는 걸 힘들어한다. 수유 도중 갑자기 창백해지거나 숨을 헐떡이면 바로 수유를 중단한다.

젖은 조금씩 자주 천천히 먹인다

미숙아는 위의 크기가 작고, 빨고 삼키면서 숨 쉬는 능력이 부족하기 때문에 한꺼번에 많이 먹지 못한다. 따라서 같은 월령 아이보다 더 자주 먹여야 한다. 보통 3시간에 한 번 정도, 또는 그보다 더 자주 먹여도 좋다. 입이 작은 데다 호흡이 자연스럽지 못하기 때문에 수유 시간도 오래 걸린다. 쉬엄쉬엄 먹을 수 있도록 충분한 시간을 가지고 먹인다. 모유수유를 할 경우 양쪽 젖을 각각 15분 이상씩 빨리고, 분유 수유를 한다면 아이 체중에 따라 먹는 양을 조절해야 한다. 체중이 1.8~2.25kg인 아이의 하루 분유 섭취량은 330~420ml 정도가, 2.7~3.6kg인 아이는 450~600ml 정도가 알맞다.

> ❗ 수유할 때는 아이를 눕힌 자세보다는 세운 자세가 좋으며, 수유하는 동안이나 수유 후에는 아이를 흔들지 않는다. 수유 도중 여러 번 트림을 시키는 것이 안전하며, 수유한 후에는 30분 정도 세운 자세로 안고 토닥인다.

미숙아용 젖꼭지를 사용한다

미숙아용 젖꼭지는 잘 빨지 못하는 아이가 힘을 덜 들이고 빨 수 있도록 만든 것으로, 재질이 부드럽고 구멍이 크다. 분유 수유를 할 계획이라면 퇴원할 때 신생아실에서 어떤 젖꼭지를 물렸는지 확인해서 같은 제품으로 구입한다. 아이가 어느 정도 빨고 삼키는 것이 익숙해지면 만삭아가 사용하는 젖꼭지로 바꾸어준다.

젖병을 철저히 소독한다

태아는 임신 말기에 엄마로부터 면역력을 전해 받는데, 미숙아는 면역력을 받을 수 있는 기간이 짧아 그만큼 면역력이 떨어진다. 퇴원 후 몇 주 동안은 외부인의 출입을 금지하는 것이 좋으며, 특히 감기에 걸렸거나 질병이 있는 사람은 아이 곁에 가지 않도록 주의한다. 아이를 만지기 전에는 비누로 손을 씻고, 엄마 역시 수유 전이나 집안일을 한 후에 반드시 손을 씻는다. 젖병은 세정제로 세척했더라도 반드시 열탕 소독을 한다. 아기용품과 장난감도 자주 소독하고 햇볕에 내어 말려 세균으로부터 아이를 보호한다.

이유식은 교정 연령으로 시작한다

아이의 체중이 6~7kg이 되고, 고개를 가눌 수 있을 때 이유식을 시작한다. 교정 연령으로 4~6개월 정도가 알맞다. 발달 정도가 다소 늦을 수 있으므로 제대로 앉을 수 있고, 어른이 밥 먹는 것을 보면서 입을 오물거리기 시작할 즈음에 이유식을 시작해도 늦지 않다.

> ❗ 아이가 태어나 생활한 개월 수에서 일찍 태어난 개월 수만큼 빼면 교정 연령이 나온다. 3개월 먼저 태어나 5개월 된 미숙아는 교정 연령이 생후 2개월이다.

토하는 횟수가 서서히 줄어든다

토하는 증상은 만삭아에게서도 흔히 나타나지만, 미숙아는 특히 더 자주 나타난다. 음식이 식도로 역류하지 않도록 단단히 조여주는 근육이 덜 발달되어 있으며 조절 능력이 부족하기 때문이다. 그러나 자라면서 점차 토하는 횟수가 줄어들어 교정 연령 6~12개월 정도 되면 증세가 나아진다. 가능한 한 아이를 세워 안고 수유하며, 수유 중과 수유 후에는 아이를 흔들지 않는다. 수유 후 30분 정도 등을 토닥여 안정시킨다. 만약 아이가 먹은 것을 분수처럼 토하고, 코와 입으로 토사물이 흐른다면 병원에 가야 한다.

얕은 잠을 오래 자는데, 건강에 이상이 있는 것은 아니다

일반적으로 신생아는 하루에 15~22시간 정도 잠을 자지만, 미숙아는 그에 비해 수면 시간이 더 긴 편이다. 깊이 잠들지 못하고 얕은 잠을 자기 때문에 그만큼 자주 잔다. 퇴원 후 처음 몇 주 동안은 거의 하루 종일 잠만 자는데, 건강에 이상이 있는 것은 아니므로 걱정하지 않아도 된다. 단,

신생아 분류

출생 체중 기준

정상 체중아	출생 시 체중이 2.5~4kg에 속하는 아이로 출생아의 대부분을 차지한다.
저체중아	출생 시 체중이 2.5kg 이하 아이로 출생아의 7~8%를 차지한다. 요즘은 1kg 미만의 아이도 집중적인 관리를 받아 생존율이 높아지고 있다. 저체중아의 3분의 2는 미숙아이지만, 3분의 1은 만삭아나 과숙아이다.
거대아	출생 시 체중이 4kg 이상인 아이. 정상 임신 상태에서 체중이 많이 나가는 경우도 있지만, 엄마가 당뇨인 경우 거대아가 태어날 가능성이 높다.

임신 기간 기준

만삭아	출생 때의 체중에 관계없이 임신 기간이 37~42주에 속하는 아이로 출생아의 대부분을 차지한다.
미숙아	임신 37주 이전에 출생한 아이를 가리킨다.
과숙아	임신 42주 이후에 출생한 아이를 말한다. 과숙아 중에는 종종 임신 기간은 길어도 발육 상태가 나쁜 아이가 있다. 저체중으로 선천성 기형이나 대사 장애를 동반하는 경우도 있다.

수유를 규칙적으로 하는 것이 좋으므로 수유 시간이 되면 자더라도 깨워 젖을 먹인다. 아이마다 다르지만, 보통 태어난 지 6~8개월이 되면 깊이 잠들 수 있으며 수면 시간이 또래와 비슷해진다.

해열제 사용량이 다르다

해열제 적정 사용량은 월령마다, 아이마다 다르다. 특히 미숙아의 몸은 작은 변화에도 민감하게 반응하므로 해열제를 먹일 때 반드시 전문의의 진찰을 받은 뒤 처방에 따른다. 체온 측정법은 일반 방법과 같으며, 체온은 신체 부위마다 조금씩 다르므로 같은 부위를 여러 번 재야 정확히 알 수 있다. 정상 체온의 범위는 36.6~37.2℃이며, 평소보다 0.5~1℃ 이상 높으면 '열이 난다'고 보고 2℃ 이상 높으면 병원으로 가야 한다.

예방접종은 태어난 날짜를 기준으로 한다

예방접종은 교정 연령을 따르지 않는다. 예를 들어 임신 9개월에 태어난 아이라도 생후 2개월에 해야 하는 DTaP 예방접종 일정은 생후 3개월이 아니라 생후 2개월이다. 단, 신생아 집중치료실에 입원한 동안은 BCG를 맞히지 않고 퇴원 후 맞힌다. 생백신이라 드물게 발열 증상을 유발하기 때문. 곧 좋아지지만, 미숙아의 경우 주의하는 것이 안전하다. 또 체중이 2kg 미만인 아이의 경우 B형간염의 항체 생성률이 매우 낮으므로 체중이 늘 때까지 접종을 연기한다.

2개월에 한 번씩 건강검진을 받는다

퇴원 후 1~2주 이내에 검진을 받는다. 단, 모유수유 중이라면 생후 일주일 시점에 방문한다. 모유를 제대로 먹고 있는지 확인해야 하기 때문. 이때 아이의 행동, 수유 양상, 변 상태 등을 상의하면 얼마 동안 병원에 다녀야 하는지 알려준다. 보통 2개월에 한 번, 돌 이후 별다른 사항이 없으면 6개월에 한 번 검진을 받는다.

발달 체크는 교정 연령을 기준으로 한다

아이의 발달 정도를 체크할 때는 출생일이 아니라 출산 예정일을 기준으로 한다. 즉, 엄마 배 속에서 8개월 정도 있다가 태어나서 현재 5개월인 아이는 5개월이 아닌 생후 3개월 아이로 보는 것이다. 미숙아의 경우 교정 연령은 2~3세까지 사용하는데, 대개 생후 1~2년이 지나면 정상아와 비슷한 발달 정도를 보인다.

주의해야 할 질병

미숙아망막증

눈 뒤쪽에서 비정상적 혈관이 자라면서 망막이 정상적으로 형성되지 못하면서 발생한다. 망막은 시신경이 분포한 곳으로, 망막에 심각한 질환이 생기면 시력을 잃을 수도 있다. 일반적으로 눈 뒤쪽의 혈관은 태어날 무렵 성장이 완료되지만, 미숙아는 태어난 후에도 이 혈관이 계속 자라면서 문제가 생길 수 있는데, 이를 통틀어 미숙아망막증이라고 한다. 만약 아이가 임신 36주 미만에 태어났거나 출생 시 체중이 2kg 미만이었다면, 반드시 정기적으로 안과 검진을 받아야 한다. 생후 4~8주에 선별 검사를 받고, 이후에도

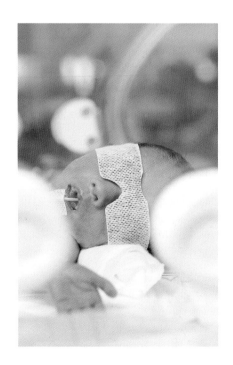

2~3주마다 검사를 받아 망막 상태를 체크한다. 뒤늦게 증상이 나타나는 경우도 있으므로 생후 3개월까지는 꾸준히 검사를 받는 것이 안전하다.

빈혈

엄마로부터 충분한 양의 철분을 공급받지 못했기 때문에 적혈구 수명이 짧아 빈혈에 걸리기 쉽다. 미숙아가 빈혈일 경우에는 출생 시 체중의 2배 정도가 되는 무렵부터 철분제를 먹이는 것이 좋은데, 이때 반드시 전문의와 상담한 후 적정량을 먹여야 한다. 출생 시 체중이 2.5kg 이하인 극소저체중아의 경우에는 생후 8주부터 체중 1kg당 철분 1~3mg을 3~4개월 동안 매일 먹이는 것이 좋다.

두개내출혈

미숙아에게 잘 나타나는 가장 심각한 합병증으로, 출생 시 체중이 적고 임신 주수가 짧을수록 많이 나타난다. 뇌실(뇌척수액의 통로로 매우 중요한 기관이다. 뇌척수액이 꽉 차 있으며 대뇌의 중심부에 있다) 주변에 있는 혈관들이 지지 구조가 부실해 터지면서 뇌출혈이 생기는 것이다. 대개 뇌실 주변에서 출혈이 일어나 뇌

실 내로 혈액이 들어간다. 경미한 출혈은 피가 흡수되면서 저절로 회복되지만 출혈이 심한 경우 물뇌증, 경련, 뇌성마비 같은한 합병증을 초래한다. 초음파 검사로 가장 정확하게 진단할 수 있으며, 출혈의 위치와 정도에 따라 4단계로 분류해 치료한다. 1단계는 작은 출혈, 4단계는 뇌실뿐 아니라 뇌 조직에도 출혈이 있는 경우이다.

만성 폐 질환

미숙아는 폐가 성숙하지 못한 상태로 태어나기 때문에 인큐베이터에서 인공호흡기를 사용하는 경우가 많다. 이 과정에서 지속적으로 압박을 받은 폐가 손상돼 생기는 병이다. 만성 폐 질환에 걸린 아이는 쉽게 숨이 가빠지기 때문에 모유나 분유를 잘 빨지 못한다. 빠는 힘이 충분히 생길 때까지는 조금씩 천천히 수유해야 하며, 감기에 걸리면 증상이 더욱 악화되므로 주의해서 돌본다.

감염성 질환

미숙아는 엄마에게서 항체를 적게 받아 면역력이 약하다. 따라서 폐렴, 뇌수막염, 요로 감염 등의 질환에 걸리기 쉽다. 숨 쉬는 것이 힘들고, 피부색이 변하며, 경련을 일으키거나 소화불량이 오래가면 감염성 질환을 의심한다. 패혈증으로 이어질 경우 사망에 이를 수도 있으므로 감염성 질환이 의심되면 최대한 빨리 병원으로 간다. 청소를 자주 하고, 쓰레기통을 자주 비우는 등 평소 집 안을 청결히 하는 것도 중요하다.

미숙아가 꼭 받아야 할 검사

정상아로 태어난 아이와 다름없이 발달이 완성되기 전까지 받아야 하는 검사는 뇌 초음파 검사와 망막 검사, 청력 검사이다. 처음에는 문제가 잘 나타나지 않다가 아이가 성장하면서 이상이 발견될 수 있기 때문이다. 특히 미숙아망막증은 초기 검사에서 정상으로 판명됐다 하더라도 나중에 진행되는 경우가 있다. 따라서 반드시 정기검진을 받아야 한다. 시기를 놓치면 실명할 수도 있다. 이 외에 폐와 장의 상태를 확인하기 위해 단순 방사선 촬영과 CT 검사를 받을 수 있고, 혈액 검사를 통해 전해질 이상과 빈혈 여부를 알 수 있다.

저체중아 키우기

저체중아란

임신 기간이 37주 이상이지만, 태내에서 너무 느리게 성장해 출생 시 체중이 2.5kg 이하인 아이를 말한다. 저체중으로 태어났다는 것은 태아가 태반을 통해 충분한 영양을 공급받지 못했음을 뜻하며, 대부분 엄마의 건강 이상이 원인이다. 내분비 이상, 심장 질환, 임신중독증, 만성 신우염 등 만성 질환이나 바이러스성 또는 세균성 감염 질환을 앓고 있는 경우가 많으며 그 밖에 약물중독, 영양실조, 음주, 흡연, 쌍둥이 임신, 심한 노동 등도 원인이 된다. 또 태아의 건강 문제로 저체중이 되기도 한다. 선천성 기형, 태내에서 풍진 또는 매독에 감염된 경우, 태반기능부전, 혈류 장애 등이 주요 원인이다. 아이가 저체중 상태로 태어날지 여부는 대부분 출산 전에 미리 알 수 있고, 어느 정도 예방도 가능하다. 하지만 임신 기간을 계속 유지해도 체중이 증가하지 않는 경우에는 유도분만을 한다. 저체중아는 몸집이 작거나 살이 적어 체중은 적게 나가지만 모습은 정상아와 같다.

돌보기 요령

미숙아에 비해 외부에 대한 적응력이 좋고, 성장 발달 속도 또한 빠르다. 단, 선천성 기형 가능성이 높으며, 혈당 수치나 칼슘 수치가 낮은 아이가 많다. 단순히 혈당 수치만 낮은 거라면 포도당 정맥 주사로 컨디션을 조절해주고, 혈당 수치가 안정될 때까지 관찰한다.

과숙아 키우기

과숙아란

임신 42주 이후에 태어난 아이를 과숙아라고 한다. 정확한 원인은 아직 밝혀지지 않았지만, 당뇨병을 앓는 산모에게서 많이 태어난다. 만삭이 지나면 태반의 기능은 점차 퇴화한다. 태반을 둘러싼 혈류가 감소하며, 이로 인해 태아에게 충분한 영양과 산소를 공급하지 못하게 된다. 이렇듯 좋지 않은 태내 환경에서 살면서 태아는 산소결핍증이나 태아곤란증후군, 자궁 안 태변 빈도 증가, 저혈당증, 저체온증 등을 겪기도 한다. 따라서 출산 예정일로부터 2주 이상 지나도 진통이 없을 때는 유도분만이나 제왕절개로 분만해야 한다. 그 시기를 놓치면 과숙아를 출산하게 되며, 자연분만을 하더라도 난산일 확률이 높다. 과숙아라고 하면 제때 태어난 아이보다 체중이 많이 나간다고 생각하기 쉽지만, 오히려 가벼운 경우도 있다.

만삭아와 다른 점

머리둘레와 키는 평균보다 크고, 몸은 야윈 경우가 대부분이다. 갓 태어났을 때는 늙은 아이의 모습을 하고 있으며, 태어나자마자 눈을 뜨고 주위를 살피는 등 신생아 같지 않은 모습을 보인다. 태내에서 산소결핍증으로 태변을 보기 때문에 양수가 태변으로 착색되어서 아이의 피부와 손톱, 탯줄도 노랗게 착색된 경우가 많다. 피부는 태지로 덮여 있어 흰빛을 띠고 전반적으로 거칠지만, 2~3일이 지나면 태지가 벗겨지고 새 피부가 돋아난다.

돌보기 요령

대부분의 과숙아는 생후 5~6일부터 정상적으로 성장을 시작한다. 몸에 특별한 이상이 없다면 크게 걱정할 필요는 없으며, 육아 방법 또한 달리하지 않아도 된다. 간혹 태변 흡입성 폐렴에 걸려 호흡 장애가 발생하거나 혈당치와 칼슘치가 낮아서 입원 치료하는 경우도 있다.

성장 발달의 기준

성장 발달은 아이마다 개인차가 크다. 조금 늦되다고 조바심을 낼 필요는 없지만 발달의 평균을 알아두면
이상 유무를 조기에 확인하고, 성장을 촉진하는 데 많은 도움이 된다.

발달의 평균

생후 2~3개월 · 목 가누기

앉혀놓았을 때 스스로 목을 가누는 시기
는 빠르면 1.7개월, 평균 2~3개월이다.
생후 3개월이면 엎어놓았을 때 고개를 거
의 90도로 들어 올릴 수 있다. 생후 4개
월이 지났는데도 안았을 때 머리를 젖히
거나 목을 가누지 못하면 진단을 받는다.

생후 3개월 · 옹알이

보통 생후 3~4개월에는 옹알이를 하는
데 생후 6개월이 지나도 소리를 내지 않
거나, 엄마가 얼러도 반응을 보이지 않으
면 청각이나 발성기관을 점검한다.

생후 4~6개월 · 뒤집기

빠르면 백일, 늦어도 생후 7개월에는 뒤
집기를 한다. 뒤집기를 하기 위해서는 고
개를 가누는 능력, 몸을 회전하는 데 필
요한 복부 근육이 발달해야 한다. 처음에
는 목과 어깨 근육을 사용해 뒤집고, 익
숙해지면 바로 누운 자세에서 엎드린 자
세로 뒤집을 수 있다. 생후 7개월 이후에
도 뒤집지 못하면 발달 지연을 의심한다.

생후 5개월 · 손 뻗어 물건 잡기

빠르면 생후 4개월 즈음에 손을 뻗어 장
난감이나 젖병 등 관심 있는 것을 잡는다.
눈과 손의 협응이 가능해졌다는 의미. 생
후 6개월이 지나면 한 손으로, 생후 9개
월이면 엄지와 검지로 물건을 잡는다. 생
후 6개월이 지나도 원하는 물건에 손을
뻗지 않거나, 7~8개월이 되어도 손으로
물건을 잡지 못하면 발달 상황을 점검 해
본다.

생후 7개월 · 혼자 앉기

생후 6개월에는 벽이나 소파에 기대앉고,
7개월부터는 두 손으로 바닥을 짚고 몸을
지탱한 채 혼자 앉는다. 생후 9~10개월
에는 완전히 혼자 앉을 수 있다. 생후 8~9
개월이면 앉아서 고개를 돌려 뒤를 돌아
본다. 개인차가 있으나
생후 10개월 후
에도 혼자

앉지 못하면 중추신경계 이상을 의심한다.

생후 7~8개월 · 기기

생후 7개월이면 두 손과 무릎으로 체중을
지지하며 긴다. 아이는 길 때 온몸의 근
육을 이용하고 평형감각을 기르기 때문
에 기기는 이후 서기, 걷기, 운동 발달에
매우 큰 영향을 끼친다. 기지 않고 바로
서는 아이도 있는데, 발달 이상이 있는
것 은 아니나 되도록 충분히 기면서 근력
과 균형 감각을 키우는 것이 바람직하다.

생후 9~10개월 · 호명 반응

생후 5개월 전후가 되면 목소리가 들리는
쪽을 정확하게 바라보며, 생후 9~10개월
이면 이름을 부를 때 알아차리고 소리 나
는 쪽으로 얼굴을 돌린다. 돌 전후엔 엄
마 목소리와 주위의 배경 소리를 구분해
엄마 말에 귀 기울일 정도로 애착 대상
구분이 가능해진다. 생후 13개월 이후에
도 이름을 부르거나 자신을 향한 말에 반
응이 없으면 청각 및 발달 문제를 점검
해본다.

생후 10~12개월 · 혼자 서기

잡고 서기는 생후 9개월이 평균. 이후 점차 물건을 잡지 않고도 설 수 있게 된다. 생후 11개월 이후에도 붙잡고 일어서지 못하거나, 생후 14개월에도 혼자 서지 못하면 발달 검사를 받는다.

생후 12~15개월 · 걷기

생후 10~11개월이면 엄마 손을 잡고 한 발씩 걸음을 뗀다. 대부분의 아이가 생후 15개월까지는 걷기 시작한다. 그러나 정상 아이 중 약 2% 정도는 생후 18개월에 걷기 시작하므로 이때까지는 좀 더 지켜본다. 만일 생후 18개월 이후에도 걷지 못하면 종합병원이나 발달 검사 기관에서 발달 장애와 관련한 문제를 점검해야 한다.

생후 10~12개월 · 한 단어 말하기

생후 10개월부터 "엄마"처럼 의미 있는 첫말을 시작하는 경우가 많다. 개인차가 크지만 보통 생후 10~15개월에는 첫말을 한다. 이때 중요한 것은 무조건 발성만 하는 것이 아니라, 어떤 대상이나 상황에 적절한 단어를 말하는 것이다. 생후 18개월 이후에도 한 단어를 말하지 못하면 언어 및 발달 검사를 받아본다.

12~13개월 · 행동 모방하기

생후 8~9개월이면 일상 소리나 단어, 쨈쨈, 도리도리 같은 쉽고 반복적인 놀이를 따라 한다. 생후 12~13개월이면 걸레질을 흉내 내거나 신문을 보는 척하는 등 타인의 행동을 모방할 수 있다. 생후 15개월 무렵에도 전혀 모방 행동이 나타나지 않고, 타인에게 반응이 적다면 발달 이상을 체크한다. 빠르면 생후 18개월, 일반적으로 만 2세 무렵이면 병원놀이, 소꿉놀이 등 역할놀이를 할 수 있다.

생후 18개월 · 두 단어 연결해 말하기

생후 18~19개월이면 "엄마 까까"처럼 호칭이 들어간 간단한 문장을 말할 수 있다. 생후 24~26개월이면 주로 2~3단어가 연결된 문장을 사용한다. 언어 발달은 개인차가 크므로 조금 늦더라도 크게 걱정할 필요는 없으나, 생후 30개월 이후에도 두 단어 연결 문장을 말하지 못하면 언어 검사를 받아본다.

대표적 발달 이상 신호

- **모방의 어려움** 따라 하기는 사회성이나 인지 발달에서 매우 중요하다. 아이가 엄마 아빠가 하는 쉬운 행동이나 표정도 따라 하지 못하면 발달 이상을 의심해본다.
- **다른 아이에 대한 관심** 만 3세까지는 아이들이 모여 있어도 진정한 의미에서 같이 논다고 보기는 어렵다. 하지만 다른 아이의 행동이나 소리에 관심을 보이고, 만져보려 하거나 다가가는 등의 행동은 하기 마련이다. 다른 아이가 옆에 있어도 마치 혼자인 것처럼 반응이 없다면 사회성 문제를 의심해볼 수 있다.
- **가리키기** 무엇인가에 대한 관심을 표현하기 위해 손가락으로 가리키는 행동을 하는지 살펴본다. 이 행동은 인지 발달과 사회적 상호작용 등을 나타내는 지표이다.
- **보여주기** 다른 사람에게 보여주기 위해 무엇인가를 가지고 오는지 살펴본다. 다른 사람에게 자신이 관심 있는 물건을 알려주고 공감을 요구하는 것은 사회성을 표현하는 기본 행동이다.
- **함께 집중하기** 다른 사람이 조금 멀리 있는 물건을 가리킬 때 아이가 그것을 보는지 확인한다. 다른 사람이 가리키는 물건에 관심을 갖는지로 상호작용 정도를 확인할 수 있다.

발달 검사는 어디서 받을 수 있나?

※발달 검사는 대학병원이나 종합병원 소아청소년정신의학과에서도 받을 수 있다.

김수연아기발달연구소	babysoo.co.kr 02-392-6286	발달 검사 중심으로 부모 교육을 한다. 치료 프로그램은 운영하지 않으며 필요한 경우 특성에 적절한 기관을 안내한다.
생각과느낌의원	seci.or.kr 02-555-4638	발달 문제 치료를 돕는 각종 프로그램과 사회성 집단 프로그램을 운영한다.
서울특별시 어린이병원 발달장애센터	childhosp.seoul.go.kr/ cando/introduce 02-570-8000	발달장애 검사는 물론 개별화된 치료, 부모 교육 등 전문적인 진료와 재활 프로그램을 실시하고 있다. 대기자가 많아 진료와 검사까지 시간이 오래 걸리는 편.
신석호 정신과의원	cafe.naver.com/nonverballd 02-2226-2231	언어 발달이나 자폐 스펙트럼 장애 등 발달 문제와 관련한 각종 장애와 진단에 대한 연구·치료를 진행한다.
오은영 의원	ohclinic.net 031-215-1543	발달 검사와 놀이, 감각 통합 평가 등 종합 검사를 받을 수 있다. 사회성 그룹 치료, 초등학교 적응프로그램 등을 운영한다.
우리두리 아동·청소년발달센터	wduri.com 1899-7680	베일리 검사를 통해 아이의 인지, 언어, 사회·정서, 운동, 적응 행동의 다섯 영역을 검사한 뒤 결과에 따라 맞춤 프로그램을 진행한다.
이루다 아동발달연구소	erooda.co.kr 02-518-8175	발달 검사와 전문 분야의 치료사들이 팀을 이루어 상담 치료를 진행한다.
아이들 세상의원	i-dle.or.kr 02-581-7536	언어 및 놀이, 감각 통합 치료를 한다. 발달 문제가 있는 아이를 대상으로 사회성과 적응 교육을 하는 조기 교실 프로그램도 운영 중.
국민건강보험 일산병원 발달지연클리닉	nhimc.or.kr 031-900-0520~1	초진 시 소아신경학, 소아정신의학, 소아재활의학 전문의가 통합 진료하는 시스템을 운영한다. 검사와 진료 결과를 바탕으로 전문 치료를 한다.

아기의 변과 건강

아직 자신의 몸 상태를 정확하게 전달할 수 없는 아이에게 변은 가장 훌륭한 대변인이다.
변의 양은 수유량이 충분한지를, 색과 횟수 그리고 냄새는 아이가 건강한지를 알려준다.

아이 변의 색깔

변의 색깔은 어떻게 결정되나

변의 색은 간에서 만들어지는 담즙색소인 빌리루빈의 색이다. 그러나 요구르트를 마시면 흰빛을 띠는 등 먹은 것에 따라 색이 바뀌거나, 소화액이 더해져 변색되기도 한다. 장내에 음식물이 머무는 시간, 효소의 분해력, 장내 세균의 종류와 활동성, 음식 종류 등에 따라 색이 달라질 수 있다.

건강한 아이의 변 색깔

● **황색** 간장에서 나올 때 담즙의 색은 기본적으로 갈색이다. 이것이 담낭으로 들어갔다가 나올 때에는 진한 녹색이 되며, 십이지장으로 들어가면 진한 황색으로 바뀐다. 자연스럽고 건강한 변의 색깔이다.
● **녹색** 담즙색소는 장내에 오래 머무르면 산화되어 녹색이 된다. 그 상태 그대로 배설되면 녹색 변을 보는 것이다. 즉, 녹변도 자연스러운 현상이므로 걱정하지 않는다.
● **쑥색** 담즙은 장내에 오래 있을수록 색이 변한다. 따라서 이유식이 진행됨에 따라 음식을 소화하는 시간이 길어지면 점점 농축된 색이 되어 쑥색 변이 나오기도 한다.

병에 걸린 아이의 변 색깔

● **빨간색** 아이 변에 출혈이 있는 경우에는 혈액이 변에 어떻게 묻어 있는지가 중요하다. 변 전체에 스며든 것처럼 붉을 때는 장중첩증이나 세균성 장염(식중독)이 우려되므로 반드시 병원 진료를 받아야 한다.
● **흰색** 담도폐쇄증, 로타바이러스 위장염, 장관 아데노바이러스를 의심해볼 수 있다. 또 췌장과 관련한 병으로 지방 변이 생겨 군데군데 하얗게 묻어 나오는 경우도 있다. 어떤 경우든 흰색 변이 나온다면 질병을 암시하는 것이다.
● **검은색** 위나 소장 등 소화관 위쪽에서 출혈이 일어난 것일 수 있으므로 반드시 진찰을 받아야 한다. 그러나 아이가 코피를 들이마셨거나 엄마 유두에 난 상처로 인해 피를 먹은 경우라면 걱정하지 않아도 된다.

변에 섞여 나오는 것

먹은 것이 그대로 나온다

채소를 먹은 뒤 섬유질을 소화시키지 못해 그대로 배설하는 경우가 있는데, 변의 상태가 평상시와 같다면 문제없다.

점액질이 섞여 나온다

소화관의 점막이 자극받아 점액이 그대로 배설되는 경우로, 특별히 걱정할 필요는 없다. 단, 점액이 많으면 감염됐을 가능성이 있으므로 병원 진료를 받는다.

검은색 알갱이가 섞여 있다

지방 덩어리인 흰색 알갱이에 섬유질이 섞인 상태이다. 담즙에 의해 섬유질 색이 검게 변한 것이다. 녹황색 채소를 먹은 경우 색이 더욱 짙다.

흰색 알갱이가 군데군데 보인다

지방이 제대로 흡수되지 않았거나 지방이 많은 음식을 먹었을 때 나온다. 유지방이 응고된 것으로 걱정할 필요 없다.

피가 묻어 나온다

변의 일부에 피가 묻어 있으면 항문 가까이 있는 점막이 찢어진 항문열상일 확률이 높다. 군데군데 피가 섞여 있다면 대장의 면역세포 집합체가 튀어나와 변이 지나갈 때 출혈이 일어난 것일 수 있다.

아이 변의 굳기

물기 많은 변

이유식이 진행되어 고형식을 먹으면 아이 변은 서서히 딱딱해진다. 수분 섭취량이 많으면 묽어지기도 한다. 단, 아이가 땀을 많이 흘리는 여름에는 수분 섭취량이 많아도 변이 단단할 수 있다.

어른처럼 굵은 변

아이가 오랫동안 변을 보지 못했거나, 변비가 있을 때 굵은 변을 본다. 장 기능에

문제가 있을 수 있으므로 병원에 가서 검진을 받아본 후 식이요법과 약물을 통해 치료한다.

떼굴떼굴 굴러가는 변

아이 변은 어른 변에 비해 묽은 것이 보통이다. 그런데 토끼 똥처럼 떼굴떼굴 굴러가는 딱딱한 변을 보는 경우에는 변비에 걸렸을 가능성이 높다. 장에 경련이 나타나는 경우에도 이런 변을 볼 수 있다.

> ⓘ 열이 난 뒤 녹변을 본다거나 케첩 같은 붉은색 변을 보는 경우, 쌀뜨물처럼 하얀 물변을 보는 경우는 병원에 가야 한다. 세균에 감염됐거나 출혈이 일어난 것일 수 있다.

변을 보는 횟수

변을 잘 안 본다

아이가 잘 먹고 잘 논다면 장시간 변을 보지 않더라도 일단 지켜본다. 분유수유 중이라면 정해진 농도로 수유하며, 유산균제를 함께 타서 먹이면 도움이 된다.

먹을 때마다 변을 본다

아이가 잘 먹고 잘 논다면 별문제 없지만, 간혹 증세가 심해지는 경우가 있으므로 진찰을 받아서 정확한 원인을 파악한다.

횟수는 언제부터 줄어드나

이유식을 진행하면서 대변을 보는 횟수가 줄어들기 시작해 생후 12개월이 되면 하루에 2~3회 변을 본다. 모유에 비해 상대적으로 딱딱한 이유식을 소화하는 데 시간이 걸려 배변의 횟수가 줄어드는 것.

설사와 변비 대책

어떤 변이 설사인가

평소보다 굉장히 묽은 변으로, 횟수도 늘어난 상태. 묽어도 횟수가 평소와 같고 냄새가 약하며 아이가 여느 때처럼 활기차면 설사라고 하지 않는다. 구토와 발열 등의 증상을 동반하거나 물이나 음식을 전

혀 먹지 못하는 경우에는 반드시 병원 진료를 받아야 한다.

설사할 때 돌보는 요령

탈수가 되지 않도록 끓여서 식힌 물이나 유아용 이온 음료 등을 자주 먹이고 음식으로 에너지를 보충해주되, 위장에 부담이 적고 소화가 잘되는 것으로 먹인다. 모유를 먹는 아이는 섭취량을 줄이고, 분유는 평소보다 3분의 2 정도로 묽게 타서 먹인다. 또 엉덩이가 짓무르지 않도록 신경 쓰고, 기저귀를 갈아줄 때는 엄마 손을 깨끗이 씻어야 2차 감염을 예방할 수 있다.

변비는 어떻게 알 수 있을까

평소보다 변이 딱딱해지고 횟수가 줄어 고통을 동반한다. 2~3일 정도 변을 보지 않아도 아이 기분이 좋고 식욕도 있다면 괜찮다. 그러나 아이가 고통스러워하거나 식욕이 줄고 변이 딱딱해 항문이 찢어질 경우에는 병원 진료를 받는다.

변비일 때 처치법

장운동을 촉진하고 당분으로 변을 묽게 만들어주기 위해 과즙을 먹인다. 배꼽 주위를 주무르거나 마사지를 해주는 것도 좋고, 다리를 구부렸다가 펴주는 체조도 효과가 있다. 항문 주위를 엄지손가락으로 눌러 자극을 주거나 올리브유를 바른 면봉으로 항문을 자극해주면 즉각적으로 효과를 볼 수 있다.

> **Q** 변의 냄새로 아이 건강을 체크할 수 있을까?
>
> **A** 아이가 세균에 감염되었다면 변에서 썩은 냄새가 난다. 시큼한 냄새가 난다면 바이러스에 의한 감염을 의심할 수 있다. 그러나 매번 이런 냄새가 나는 게 아니라면 감염되었다기보다 일시적 증상일 가능성이 높다. 감염되면 매번 지독한 냄새가 난다.

수유기의 아이 변

	모유를 먹는 경우	분유를 먹는 경우	혼합 수유를 하는 경우
	변이 묽고 잦다. 모유에 함유된 유당이 대장의 수분 흡수를 억제하기 때문이다. 간혹 흡수가 잘되어 며칠 동안 변을 보지 않기도 한다. 달걀노른자 같은 색깔로 시큼한 냄새가 난다. 하루 3~8회 변을 보고, 간혹 10회 이상 보거나 거품 변을 보기도 한다.	연한 황색 변을 본다. 모유 먹는 아이의 변에 비해 수분이 적어 진흙 형태를 띠며, 진한 황색 변이나 녹변을 보는 경우가 많다. 횟수는 하루 2~4회. 간혹 변에 흰색 알갱이가 섞여 나오는데, 이것은 분유의 지방 성분이 완전히 흡수되지 않은 것이므로 걱정하지 않아도 된다.	변의 묽기는 모유와 분유를 먹는 아이의 중간 정도이다. 모유와 분유의 비율에 따라 달라지는데, 모유 비율이 높으면 노란색에 가까운 묽은 변이고, 분유 비율이 높으면 알갱이가 섞인 변을 주로 본다. 하루 4~5회 변을 보고 약간 시큼한 냄새가 난다.
0개월	부드러우며 묽고 질척질척한 느낌의 황색 변. 수유를 시작한 후 한동안 지속된다.	분유를 먹을 때마다 변을 본다. 하얗고 자잘한 알갱이가 섞인 황색 변. 수분이 많아 기저귀에 스며든다.	맑은 황색으로 흰색 알갱이가 섞여 있다. 수분이 많아 변이 묽다.
1개월	젖을 먹을 때 이러한 변을 보는 경우가 많다. 오렌지 색깔에 가깝고 때로는 알갱이가 섞여 나온다.	평소에는 부드러운 묽은 변을 보지만 가끔은 딱딱한 변도 본다. 밤중 수유 후에도 변을 본다.	변비가 있어 3~4일에 1회 정도 변을 볼 때의 상태. 황토색이 강하며 녹색이나 흰색 알갱이가 섞여 있다.
2개월	처음보다 황색이 진해진다. 간혹 흰색 알갱이가 섞여 있으며 끈적끈적하다. 요구르트 같은 냄새가 난다.	하루 1회, 배변 횟수가 안정된다. 녹색과 황색을 섞은 것 같고, 같은 색의 알갱이가 섞인 경우도 있다.	모유를 많이, 분유를 적게 먹는 경우의 변. 수분이 많은 샛노란 황색 변. 흰색 알갱이가 섞여 있기도 한다.
3개월	수분이 많아져 질척질척한 느낌이다. 아주 노란 황색으로, 종종 흰색 알갱이가 섞여 있다.	황색과 녹색의 중간색으로 끈적끈적해 수분이 적다. 시큼한 냄새가 난다.	모유보다 분유를 100ml 정도 더 먹는 경우의 변. 녹색이 감도는 황색 변이다.
4개월	장이 약하면 묽은 변을 본다. 이틀에 1회 보거나, 일주일 가까이 변을 보지 않는 등 횟수가 일정치 않다.	하루 평균 1회 정도 변을 본다. 진한 녹색을 띠는 황색으로 질척질척하다.	분유를 모유보다 많이 먹는 경우의 변 상태. 진한 녹색이다.

이유기의 아이 변

병에 걸린 아이 변

	생후 4개월	생후 5개월
초기 · 4~5개월 이유식을 시작하면 일시적으로 변이 묽어지기도 한다. 아이의 장이 적응하지 못해 2~3일 동안 설사를 할 수도 있지만 며칠 지나면 되직해지고 횟수도 줄어든다.	 엉덩이에 달라붙을 정도로 변에 끈기가 있으며 황색 또는 녹색이 감돈다.	 끈적끈적한 느낌이 강하다. 감기약을 먹으면 녹색이 감도는 검은색 변이 나오기도 한다.

	생후 6개월	생후 8개월
중기 · 6~8개월 변의 모양과 횟수 등이 아이마다 매우 다르다. 먹을 수 있는 음식이 늘어나면서 먹은 것이 그대로 변으로 배설되는 경우도 있다.	 갈색 변으로 정착된다. 갑작스러운 발진이나 경기를 일으키면 변이 묽어진다. 횟수가 늘고 양이 적어진다.	 하루 1회 규칙적으로 변을 본다. 당근, 무 등 먹은 음식물이 그대로 배설되는 경우도 있다.

	생후 9개월	생후 10개월
후기 · 9~10개월 먹는 양이 늘어나고 딱딱한 변을 보는 경우가 많지만 개인차가 있다. 황색 변은 적어지고 녹색이나 다갈색을 띠는 변으로 바뀐다.	 하루 3~4회 정도 변을 본다. 색깔은 황색에서 갈색으로 바뀌고 냄새도 어른과 거의 같아진다.	 달걀 으깬 것, 채소류, 과일을 먹은 아이의 변. 하루에 1회 변을 보며 짙은 다갈색이다.

	생후 11개월	생후 12개월
완료기 · 11~12개월 영양의 대부분을 음식에서 섭취하므로 변의 색과 굳기, 냄새도 점점 어른 변과 비슷해진다.	 검은 빛깔을 띤 아이 변. 먹은 음식물이 간혹 섞여 나온다.	 구운 생선이나 시금치를 먹으면 변이 좀 더 검어진다.

장중첩증

장이 창자 속으로 말려 들어가는 병. 내장에서 출혈이 일어나 변이 딸기 잼처럼 붉다. 1~2분 정도 자지러지게 울다가 5~15분간 증상이 없는 상황이 반복된다.

위궤양 · 십이지궤양

위나 십이지장에 출혈이 생겼거나 비타민 K 결핍으로 인한 내장 출혈이 있을 때에는 타르 변이라 부르는 검은색 변을 보기도 한다.

담도폐쇄증

담즙이 지나는 길이 태어날 때부터 막힌 병. 담즙색소인 빌리루빈이 변에 섞이지 않아 흰색 변을 본다. 황달로 이어지기도 하므로 조기에 치료해야 한다.

백색변성설사

겨울부터 봄에 걸쳐 유행하는 로타바이러스가 원인이다. 구토로 시작해 쌀뜨물 같은 물변이 나오며 변에서 시큼한 냄새가 난다. 탈수가 될 수 있으므로 빨리 진찰을 받는다.

배변 훈련 시작하기

아이는 배변 훈련을 통해 조절능력을 키우며 부쩍 성장한다. 하지만 기저귀와 작별하기까지 예민한 시기를 보낸다.
배변 훈련의 시작 시기와 단계별 방법을 알아두면 질풍노도의 배변 훈련이 한결 수월해진다.

언제 시작해야 할까?

혼자 걸을 수 있을 때

대소변을 가린다는 건 아이가 용변을 보고 싶다고 느낀 후 변기에 도착할 때까지 배변을 참았다가 배출하는 것을 뜻한다. 그러기 위해서는 뇌신경이 충분히 성숙해서 이 모든 과정을 통제해야 한다. 아이가 혼자 걸을 수 있다면 뇌신경이 근육을 제대로 통제하고 있다는 뜻이므로 배변 훈련을 할 준비가 됐다고 볼 수 있다.

소변 간격이 2시간 이상일 때

2시간마다 소변을 본다는 것은 방광에 소변을 저장할 수 있고, 소변이 마려워도 어느 정도 참을 수 있다는 걸 뜻하기에 배변 훈련을 시작하기에 무리가 없다.

배변 의사를 표현할 수 있을 때

엄마가 "쉬할까?" 하고 물었을 때 아이가 알아듣고, 대소변을 보고 싶을 때 스스로 "엄마 쉬~" 하며 제대로 의사 표현을 할 수 있어야 배변 훈련을 시작할 수 있다.

만 2세부터 시작해도 늦지 않다

대부분의 전문가는 배변 훈련 시기를 생후 18~24개월로 잡으라고 조언한다. 엄마가 아무리 배변 훈련을 시키려 해도 아이 몸이 준비되지 않으면 대소변 가리기가 불가능하기 때문에 그 기간을 충분히 넉넉하게 잡는 것이다. 또 아이가 배변 훈련 때 받을 스트레스를 줄여주고 싶다면 그리고 배변 훈련을 한결 쉽고 빠르게 마치고 싶다면, 그 시기를 생후 24개월로 늦춰 잡으라고 권한다.

1단계·변기와 친해지기

아이가 사용할 변기를 정한다

무턱대고 아이를 변기에 앉히려고 하면 실패할 확률이 높다. 아이가 좋아하는 캐릭터가 그려져 있거나, 멜로디가 나오는 아이 전용 변기를 구입한다. 어른 변기로 배변 훈련을 시작할 예정이라면 아이용 시트를 변기에 부착한다. 또 받침대를 마련해주면 아이 혼자 변기에 오르내릴 수 있어 성취감을 느낄 수 있고, 아이가 안정된 자세를 취할 수 있다.

변기를 의자처럼 사용한다

변기에 앉힌 채 간식도 먹이고 책도 읽어주고 재미난 이야기도 들려준다. 아이 이름을 적은 스티커를 스스로 변기에 붙여보게 하면 '내 것'이라는 생각에 변기에 좀 더 애착을 가질 수 있다.

목욕 전후 변기에 앉혀본다

변기에 어느 정도 익숙해지면 맨살에 닿는 변기의 감촉에 적응할 수 있도록 목욕 전후에 아랫도리를 벗기고 변기에 앉혀본다. 이때 절대 대소변에 대해 언급하지 않는 것이 중요하다. 이 단계에서는 아이가 변기를 친숙하게 느끼도록 해야 한다.

2단계·변기의 쓰임새 알려주기

기저귀 벗기를 서서히 시도한다

지금까지 아이가 알던 변기의 용도를 변경해준다. "지금까지 변기에서 재미있게 잘 놀았지? 이제는 변기에 오줌이나 똥을 누는 연습을 해볼까?" 하고 말한 다음 아이가 대소변을 보고 싶어 하는지 살핀다. 아이가 사인을 보내면 즉시 기저귀를 벗기고 변기에 앉힌 후 "자, 이제 변기에 앉아서 쉬해보자" 식의 말로 아이를 격려한다. 이때 아이가 변기를 거부하거나 욕실 바닥을 향해 오줌을 싸도 화를 내지 않는다. 아이가 내려오고 싶다고 하면 내려주

고, 변을 보지는 않고 그냥 앉아 있기만 하면 "다음에 다시 한 번 해보자" 하고 부드럽게 말해준다. 이 과정을 아이가 변기에 대소변을 볼 때까지 반복한다.

모방할 수 있는 모델을 찾는다

대소변을 가릴 줄 아는 친한 언니나 형이 변기를 사용하는 모습을 보여주면 아이의 모방 심리를 자극할 수 있다. 언니나 형이 없으면 부모가 모델이 되어준다. 단, 이성 모델은 아이에게 혼동을 줄 수 있으므로 동성 모델을 보여준다.

일정한 장소에 변기를 둔다

아이용 변기는 항상 일정한 장소에 두어 아이 스스로 변기를 찾아갈 수 있게 한다. 쉽게 찾을 수 있도록 개방된 장소에 두고, 화장실에 변기를 두는 경우에는 문을 닫지 않는다. 폐쇄적인 느낌은 아이에게 불안감을 줄 수 있다.

아이가 변기에 앉아 있을 때 물을 내리지 않는다

아이가 앉아 있는 상태에서 변기 물을 내리지 않도록 주의한다. 아이는 스스로 본 용변을 자신의 일부로 생각하기 때문에 그것이 변기 안으로 빨려 내려가는 모습을 보면 충격을 받거나 변기에 대해 두려움을 느낄 수 있다.

3단계·기저귀 떼기

팬티를 입히되 자주 갈아입힌다

팬티에 오줌을 싸면 기저귀에 비해 축축한 느낌이 심해서 아이에게 소변을 가리고자 하는 동기를 부여해줄 수 있다. 그렇다고 축축한 팬티를 갈아입히지 않는 것은 절대 금물. 배변 훈련에서 중요한 것은 대소변을 가리지 못했을 때의 축축하고 더럽다는 느낌이 아니라, 대소변을 가렸을 때 깨끗하고 기분 좋다는 느낌을 갖게 하는 것이므로 팬티는 더러워진 즉시 깨끗한 것으로 갈아입힌다.

배변 훈련에 숨은 아이 심리의 비밀

'똥고집'이라는 말이 있다. 실제로 배변 훈련이 힘들었거나 부모와 갈등을 많이 겪은 경우는 이후 고집스럽고 경직된 태도를 보이는 경향이 있다. 배변 훈련이 편안하면 아이는 변을 보면서 일종의 쾌감을 맛본다. 변의를 느끼고 스스로 항문을 조절해 변을 배출한다는 것 자체를 긍정적으로 받아들인다. 반면 강압적 배변 훈련을 한 아이는 규칙에 얽매이고 무슨 일에든 강박을 느낄 수 있다. '배변'이라는 생애 최초의 미션을 스스로의 의지로 성공할 기회를 놓친 것이 이유이다. 이 시기에는 아이와 함께 변을 확인하면서 반가워하고, 아이가 힘들어하지 않도록 컨디션을 조절해주어야 한다.

변기에 앉히는 횟수를 늘린다

아이가 단 한 번이라도 변기에 대소변을 보았다면 점차 횟수를 늘린다. 배변 패턴을 잘 파악해두었다가 용변 볼 시간이 되면 팬티를 벗기고 변기에 앉힌다.

아이가 대소변을 보고 싶다고 말할 때까지 기다린다

변기에 앉혔을 때 거부감 없이 용변을 보는 단계가 되면 이번에는 아이 스스로 용변을 보고 싶다고 말할 때까지 기다린다. 변의를 느끼기도 전에 소변을 보게 하면 방광이 가득 찬 느낌을 경험할 수 없어 의사 표현이 늦어질 수 있다.

당분간 잠잘 때 기저귀를 채운다

낮에 기저귀를 뗐다 해도 잠잘 때만큼은 채우는 것이 좋다. 잠자는 아이를 깨워 화장실에 데려가는 것보다는 잠들기 전에 소변보는 습관을 들이고, 기저귀가 아침까지 보송보송하면 충분히 칭찬해준다. 이러한 패턴이 반복되면 서서히 기저귀를 떼고 팬티만 입힌 채 재워본다. 이때 이부자리에 오줌을 쌌다고 아이에게 화를 내거나 벌을 주는 것은 금물이다.

수면 습관 들이기

잠자리 습관은 아기 때 몸에 배기 때문에 긴 잠을 자는 생후 6주 이후부터는 잠자리 습관 들이기에 신경 써야 한다.
꾸벅꾸벅 졸면서도 좀처럼 잠들지 않고, 잠투정이 심한 아이를 잘 재우는 방법을 알아본다.

아이의 잠

아이 잠과 어른 잠의 차이

사람의 수면은 크게 렘(rem)수면과 논-렘(non-rem)수면으로 나뉜다. 전자가 얕게 자면서 꿈을 꾸는 수면, 후자는 꿈꾸지 않고 깊게 자는 수면을 의미한다. 논-렘수면은 다시 4단계로 나뉘는데 1·2단계가 비교적 얕은 잠이며, 3·4단계가 깊은 잠이다. 대부분의 사람은 하룻밤 동안 논-렘수면의 1·2단계와 3·4단계를 모두 거치며, 이후에는 꿈을 꾸는 렘수면 단계를 겪는다. 이러한 잠의 단계가 4~6회 반복되면 하룻밤이 지나간다. 어른은 이 수면 주기를 거치는 데 90분 정도 소요되지만, 영·유아기 아이는 훨씬 짧은 60분마다 한 번씩 주기가 순환된다. 반면 꿈을 꾸는 렘수면 시간은 어른보다 훨씬 길다. 아이가 자다가 자주 움찔거리고, 몸을 뒤척이며, 깬 것 같지만 자고 있고, 깊이 잠든 듯하다가 눈을 번쩍 뜨고 우는 이유가 바로 이 때문이다.

0~3세 최적의 수면 패턴을 찾아라!

개월수	밤잠시간	낮잠시간	낮잠횟수	총수면시간
1개월	8시간30분	8시간	4회	16시간30분
3개월	10시간	5시간	3회	15시간
6개월	11시간	3시간15분	2회	14시간15분
12개월	11시간	2시간45분	2회	13시간45분
18개월	11시간	2시간	1회	13시간30분
24개월	11시간	2시간	1회	13시간
36개월	10시간30분	1시간30분	1회	12시간

아이는 얼마나 잘까

태어나 만 3세까지는 하루의 절반 이상을 자면서 보낸다. 특히 생후 3개월까지는 15시간 이상을 자면서 보낸다. 생후 2개월까지는 밤에 얕은 잠을 자므로 밤잠과 낮잠의 비율이 거의 같을 정도로 낮잠 시간이 길다. 그러다 생후 3개월이 되면 밤잠 시간이 10시간 정도로 늘어난다.

잠 못 자는 아이

두뇌 발달이 활발히 이루어지지 않는다

잠이 부족하면 제일 먼저 뇌가 부담을 느낀다. 잠이 부족하면 어른도 활동적인 사고를 할 수 없듯이, 아이도 숙면을 취하지 못하면 일상생활만으로 뇌에 과부하가 걸린다. 한 연구에 의하면 태어난 후 3년간 수면 습관이 불규칙하던 아이는 읽기와 수학, 공간 지각 능력 등 학습 능력의 발달이 느린 것으로 밝혀졌다. 아이의 잠은 단순한 수면이 아니라, 그림책 한 권을 보는 것보다 나은 양질의 두뇌 운동이라는 사실을 잊지 말아야 한다.

스트레스가 만성화된다

잠을 못 자 피로감을 느끼면 흥분 호르몬인 아드레날린이 과잉 분비된다. 잠이 부족한 날 아이가 평소보다 활발하게 노는 듯 보이는 것은 이 때문. 코르티솔 역시 잠이 부족할 때 분비되는 호르몬으로, 뇌를 깨워 신체 활동량을 증가시킨다. 언뜻 보면 긍정적 호르몬처럼 보이지만 두 가지 모두 스트레스와 관련한 호르몬으로, 지속적으로 분비될 경우 스트레스가 만성화될 수 있다. 푹 재우지 못했다면 다음 날은 신경 써서 잠을 재운다.

사고력 발달이 지연된다

사물을 응시하고 만지는 과정, 스스로 몸을 움직이는 과정에는 사고력이 필요하다. 잠이 부족하면 움직임도, 움직임으로 인한 뇌 자극도 무딜 수밖에 없으므로 뇌 발달, 특히 사고력 발달이 지연된다.

성장호르몬이 제대로 분비되지 않는다

성장호르몬의 75~80%는 숙면 중에 분비된다. 이 호르몬은 단백질 합성을 촉진해 뼈와 연골, 근육 등 신체 발달을 돕는다. 즉, 머리카락이 자라고 걸음마를 하고 옹알이를 하는 등 아이의 모든 성장과 발달 과정에 영향을 미친다고 할 수 있다.

0~12개월 아이의 수면을 방해하는 요소

영아 산통

백일 이전 아이에게 많이 나타나는 영아 산통은 수면 트러블의 대표 원인이다. 복통으로 밤잠은 물론 낮잠도 푹 재우기 어렵고, 수면 훈련도 할 수 없다. 다행히 백일 무렵이면 저절로 사라지므로 이 시기부터 수면 패턴을 바로잡으면 된다.

식도역류

신생아는 탈이 나지 않아도 젖을 잘 게워 낸다. 생후 1주 미만 아이 중 85%가 하루 한 번 이상 토하며 6주 미만 아이 중 10% 정도는 성장에 문제가 없어도 가끔 토한다. 다른 질병이 없는데 젖을 자주 게워낸다면 신생아 식도역류일 수 있다. 이런 아이는 누우면 위와 식도가 평행이 되므로 역류 가능성이 더욱 높아진다. 따라서 안아서 재우고, 충분히 소화된 후 눕힌다.

밤중 수유

분유수유아의 경우 생후 6개월 이전에, 모유수유아의 경우 생후 9개월 이전에 밤중 수유를 끊어야 바람직한 수면 습관을 들일 수 있다. 모유수유아는 6개월 즈음부터, 분유수유아는 생후 4개월 즈음부터 먹는 양과 수유 간격을 서서히 늘려가면서 밤중 수유 끊기를 준비한다. 이때 젖이나 젖병을 물고 잠들지 않게 하는 것이 중요하다.

잘 재우는 요령

칭얼거릴 때는 안아서 천천히 흔든다

아이를 세워서 안으면 엄마 몸과 딱 달라붙어 아이가 안정감을 느낀다. 이 자세에서 등을 톡톡 두드려준다. 처음에는 약간 빠르게 두드려주다가 서서히 느리고 여유로운 리듬으로 흔들어준다. 아이가 긴장을 풀고 잠에 빠져들기 직전에 요 위에 살짝 내려놓는다.

아이와 나란히 눕는다

나란히 누워 같은 리듬으로 숨을 쉬다 보면 어느새 엄마와 아이의 호흡이 딱 맞아떨어진다. 이런 현상을 '인입 현상'이라고 한다. 엄마가 먼저 잠들 수 있는데, 엄마의 숨소리가 아이에게 그대로 전달되어 아이도 서서히 잠에 빠져든다.

바른 수면 습관 들이기

생후 6주부터 훈련을 시작한다

생후 6주 이후엔 대부분의 아이가 한번 잠들면 길게 잘 수 있다. 이 무렵부터 수면 습관을 들이기 시작한다. 엄마가 임의로 시간을 정하는 것은 무의미하며, 아이가 졸려 하는 때를 찾아서 자는 시간과 노는 시간의 간격을 일정하게 유지한다.

수면 의식을 한다

아이를 재우기 전 항상 같은 행동을 반복한다. 아이가 졸려 하면 기저귀를 확인하

고, 마사지를 해주고, 자장가를 불러주는 등 같은 행동을 매일 반복한다. 아이는 엄마가 이 같은 수면 의식을 하면 잠을 자야 한다고 생각해 스스로 잠을 청한다.

잠자리 환경을 조성한다

아이가 잠들기 최소 2시간 전부터 잠을 잘 잘 수 있는 환경을 조성한다. 조명을 낮추고 잔잔한 음악을 틀어두는 것이 좋다. 가족 모두 편안한 옷으로 갈아입고 함께 눕는 등 정적인 분위기를 연출한다.

잠자기 전에 목욕을 시킨다

목욕 시간은 이른 편이 좋다. 기분 좋게 잠에 빠질 정도로 긴장이 풀어지는 데는 시간이 걸리기 때문이다. 저녁을 먹이고 1시간 뒤인 8시 정도가 적당하다.

아기의 수면을 돕는 스마트 제품

인공지능 스마트 아기 침대로 카메라를 통해 아기의 심장박동, 호흡, 스트레스 지수를 모니터링하며 안전한 육아를 돕는다. 아기 울음 감지 기능이 있어, 보호자가 잠든 상황에도 아기가 울면 바운싱 모션 및 백색 소음이 자동 재생되어 아기의 수면을 유도한다. 19만5000원부터(렌탈), 엠마헬스케어.

애착 형성하기

자존감의 첫 번째 요소는 충분히 사랑받는 경험, 바로 애착이다. 아이는 만 2세까지 애착 형성의 결정적 시기를 보낸다.
안정적 애착은 사회성과 정서 발달의 기본 조건이며 뇌 발달을 촉진하는 핵심이다.

애착 유형 이해하기

안정 애착

생후 12~18개월 아이를 대상으로 한 애착 실험에서 애착이 안정적으로 형성된 아이는 낯선 곳에 갔을 때 엄마가 옆에 있다면 편안하게 놀고 탐색을 한다. 엄마가 자리를 비우면 울거나 불안한 모습을 보이다가 다시 엄마가 나타나면 안정을 되찾는다. 가장 흔하며 가장 긍정적인 애착 유형으로, 아이가 금세 안정되는 이유는 엄마를 자신의 안전 기지라고 여기기 때문이다. 힘들고 불안할 때면 언제든 엄마에게 안겨 에너지를 충전할 수 있다고 믿는다. 이런 아이는 순한 기질을 타고났을 수도 있으나, 엄마가 아이의 신호에 민감하고 일관성 있게 반응한 경우가 많다.

불안정 저항 애착

엄마가 옆에 있어도 낯선 곳에서 놀거나 탐색하지 않고 엄마 곁을 떠나지 못한다. 엄마가 자리를 비우면 몹시 불안해하고 화를 내거나 크게 울음을 터뜨리며, 엄마가 다시 나타나도 쉽게 진정되지 않는다. 엄마에 대한 신뢰가 부족하기 때문이다. 이런 유형의 아이는 평소에도 자주 보채거나 요구가 많고, 엄마가 잠시만 눈에 보이지 않아도 불안해한다. 아이가 까다롭고 예민한 기질을 타고났을 수도 있지만, 엄마가 화를 자주 내거나 아이의 요구에 제때 반응하지 않고 일관성 없는 양육을 했을 가능성이 높다.

불안정 회피 애착

회피 애착 유형의 아이는 엄마 존재에 별로 신경을 쓰지 않는다. 함께 있을 때나 자리를 비웠을 때, 낯선 환경에서도 불안해하지 않는다. 엄마와 떨어질 때도 울지 않는 대신 다시 만날 때도 엄마의 접근이나 관심을 회피하거나 무시한다. 이런 경우 아이가 자폐 성향을 가졌을 가능성이 있다. 또는 엄마가 애정 표현을 잘하지 않았거나, 아이 돌보기가 미숙해 아이와 접촉이 적었는지 점검해볼 필요가 있다.

불안정 혼란 애착

저항 애착과 회피 애착 유형의 특성을 동시에 보이는 아이도 있다. 낯선 곳에서 자리를 비운 엄마와 다시 만났을 때 엄마를 보고도 마치 얼어붙은 것처럼 꼼짝하지 않거나, 도망치다가도 엄마 곁에서 떨어지지 않으려 하는 등 일관성 없고 혼란스러운 행동을 보인다. 이런 경우 아이가 정서적 문제가 있거나 양육자에게 학대받는 등 환경이 불안정했을 가능성이 있다.

애착을 강화하는 육아법

눈 맞춤과 맨살 접촉을 꾸준히 한다

갓 태어난 아이가 맨살로 만나는 바깥세상은 엄마 자궁과는 완전히 다른 공간이다. 아이가 낯선 세상에서 가장 따뜻하고 안정감을 느끼는 순간은 엄마 품에 안겨 익숙한 심장 소리를 들을 때이다. 아이는 누군가 자신의 피부를 만져줄 때 '나'라는 존재를 확인하며, 타인에 대한 느낌도 안정감 있게 받아들인다. 특히 스킨십은 애정 호르몬이라 불리는 옥시토신의 분비를 증가시켜 행복감과 사랑, 편안한 감정을 느끼게 한다. 눈 맞춤도 일종의 스킨십이다. 아이는 눈 맞춤을 통해 비언어적 소통을 배우고 관계 능력을 키워나간다.

빠르고 민감하게 반응한다

아이와의 애착을 안정적으로 형성하는 엄마들의 대표 특성은 민감성, 반응성, 일관성이다. 예를 들어 아이 울음소리를 듣고 배가 고픈지, 기저귀가 젖었는지, 추운지 민감하게 알아차리는 능력이 필요하다. 또 아이의 욕구에 적절하게 반응을 보여야 한다. 마지막으로 엄마의 기분에 따라 욕구를 잘 해결해주었다가 또 어떤 때는 한참 동안 방치하는 등 비일관적 양육을 하지 않는 것이 중요하다.

공감 반응을 충분히 해준다

울 때 엄마가 안고 얼러주며 공감 반응을 하면 아이는 안정감을 느낀다. 또 기분이 좋아 방긋 웃을 때 엄마도 함께 웃는 모습을 보며 같은 감정을 나누는 경험을 한다. 이런 과정은 애착과 사회성 형성의 기본일 뿐 아니라, 아이의 정서 조절 능력을 기르는 데 매우 중요하다. 특히 공감 반응은 아이 뇌의 '거울 뉴런'을 발달시키는 데 결정적 역할을 한다. 거울 뉴런은 관찰이나 간접경험만으로도 마치 자신이 그 일을 직접 하는 것같이 느끼도록 만드는데, 타인과 의사소통하고 사회성을 발휘하는 데 핵심 역할을 한다.

"안 돼"라고 정확히 알려 안정감을 준다

아이를 키우면서 항상 웃어주고 모든 요구를 들어줄 수는 없다. 또 그렇게 한다고 애착이 잘 형성되는 것도 아니다. 오히려 위험하거나 해서는 안 되는 일을 정확히 인지시켜줄 때 아이는 양육자가 자신을 지켜준다는 믿음을 갖는다. 아이가 고집을 부리기 시작할 때 엄마가 일관성 있게 안 되는 것을 제한해야 한다. 이렇게 할 때 아이 마음속에 자신을 수용해주는 '좋은 엄마'와 무섭게 제한하는 '나쁜 엄마'의 모습이 통합되어 '무서울 때도 있지만 충분히 좋은 엄마'라는 이미지가 자리 잡는다.

엄마 자신의 성향과 애착 유형을 파악한다

엄마와 아이가 잘 맞으면 애착도 훨씬 쉽게 형성된다. 잘 맞는다는 의미가 반드시 둘의 기질이나 성향이 비슷해야 한다는 뜻은 아니다. 예를 들어 엄마는 내향적인데 아이는 외향적이고 활동적일 때, 엄마가 아이의 활동적 면을 좋아하고 신나게 놀아줄 에너지가 있으면 애착이 잘 형성된다. 아이와의 관계가 힘들다고 느끼면 엄마의 성향이나 애착 유형을 파악해 서로 맞춰나갈 방법을 찾아야 한다.

아이와 같이 사는 것을 원칙으로 한다

맞벌이 가정의 경우 어쩔 수 없이 아이를 외가나 친가에 맡겨 키우며 주말에만 만나기도 한다. 그러나 부모와 오랫동안 떨어져서 자란 경우 할머니나 친척과 애착을 형성하게 되고, 아이는 두 명의 애착 대상자 사이에서 혼란을 겪는다. 특히 나중에 부모와 함께 살 때, 부모와 아이 모두 부적응 문제를 겪기 쉽다. 떨어져 지낼 때는 안쓰러운 마음에 아이의 요구를 거의 들어주고 함께 놀아주는 시간을 많이 갖다가, 함께 생활할 경우 그동안 보지 못한 부정적 면들도 보이고 훈육도 해야 한다. 이때 부모는 아이를 어떻게 대해야 할지 난감하고, 아이는 부모가 냉정하다고 느끼며 여러 가지 문제를 겪을 수 있다. 1년 떨어져 지내면 관계를 회복하는 데 2~3년 이상의 시간과 노력이 필요하다.

애착을 촉진하는 놀이

담요 배 태우기 (7~12개월)	아이를 담요에 눕히고 엄마가 눈을 마주치며 담요를 흔든다. 담요의 부드러운 촉감과 포근한 느낌이 애정 욕구를 채워준다.
과자 숨바꼭질 (12~24개월)	작은 과자 3~4개를 은박지로 싼 뒤 엄마의 옷소매나 주머니, 몸 어딘가에 숨긴다. 아이가 숨겨놓은 과자를 찾아서 먹게 한다. 자연스럽게 스킨십을 할 수 있으며, 은박지를 벗기며 소근육 협응 능력을 키울 수 있다.
손발 윤곽선 그리기 (12~24개월)	종이 위에 아이 손과 발을 올리게 한 뒤 윤곽선을 그린다. "예쁜 엄지", "귀여운 새끼손가락" 등 아이 몸에 대해 이야기를 들려주면 긍정적 신체상을 갖는 데 도움이 된다. 아이가 움직여 손발 윤곽선 그리기가 어렵다면 물감을 묻혀 찍기 놀이를 한다.
솜 터치 놀이 (12~24개월)	아이에게 눈을 감게 하고 솜으로 눈, 코, 입, 볼 등을 부드럽게 터치한다. 눈을 뜨면 어느 부위를 터치했는지 알아맞히게 한다.
날아라 장풍 놀이 (25~26개월)	아이와 마주 보고 앉아서 손을 잡거나 아이를 엄마의 무릎에 앉힌다. 아이가 엄마를 향해 바람을 불게 한 뒤, 엄마는 뒤로 쓰러진다. 아이가 놀이를 이해하면, 역할을 바꿔 해본다. 아이와 눈 맞춤을 늘리고, 자기 힘을 과시할 수 있는 놀이.
풍선 치기 놀이 (25~36개월)	바닥에 풍선이 닿지 않도록 최대한 오랫동안 풍선을 주고받는 놀이. 재미있게 놀면서 에너지를 발산하고, 풍선을 주고받으며 상호작용이 촉진된다.

베이비 마사지

건강, 정서 발달, 애착 형성 등 베이비 마사지의 특별한 효과에 비하면 실천하는 방법은 아주 간단하다.
살과 살을 맞대고 촉감으로 대화하는 시간, 베이비 마사지 제대로 하는 법.

마사지가 좋은 이유

적절한 스킨십은 엄마와 아이가 교감하게 한다

갓 태어난 아이의 뇌는 외부 자극을 받으면서 발달하는데, 대부분의 자극은 피부 접촉을 통해 일어난다. 엄마가 아이의 피부를 자극하면 아이는 엄마의 냄새와 웃는 표정, 말소리를 들으며 편안함을 느끼고 피부 접촉을 통해 만족감과 안정감을 얻는다. 스킨십은 아이에게 정서적 안정감을 줄 수 있는 가장 손쉬운 방법이며, 아이는 자신이 사랑받고 있다는 것을 느끼면서 엄마 아빠와 애착 관계를 형성해나간다. 특히 오래 울어 지쳤을 때, 마음이 다쳤을 때 경험하는 따뜻하고 부드러운 스킨십은 엄마 아빠에 대한 굳은 믿음을 심어준다. 엄마 역시 아이와의 접촉을 통해 모성애를 키울 수 있다. 스킨십이 가장 필요한 시기는 생후 두 돌까지인데, 이 기간에 엄마와의 애착 관계가 잘 형성된 아이는 신체적·심리적으로 보다 건강한 아이로 자랄 수 있다.

병에 대한 면역력을 키운다

스킨십을 하면 세로토닌이라는 호르몬이 분비되어 마음이 편안해지고 쉽게 잠들 수 있다. 소화나 배설 능력이 좋아지고 순환기와 호흡 기능이 향상되는 효과도 얻을 수 있다. 마사지를 하는 동안 따뜻하게 눈을 맞추고, 골고루 부드럽게 피부를 쓰다듬으며, 엄마의 목소리와 체취 등에 익숙해진 아이는 세균에 대한 면역력이 높다는 연구 결과도 있다. 외상을 입었을 때도 치료한 후 스킨십을 충분히 해서 마음을 어루만져주어야 한다.

여러 감각을 동시에 자각하게 해서 두뇌 발달을 돕는다

스킨십은 효과적으로 감각을 통합해준다. 갓 태어난 아이는 보고, 듣고, 느끼고, 맛을 보지만 아직은 자신이 자극받고 있다는 것을 인지하지 못한다. 아이가 본다고 해도 단순하게 눈앞에 그림이 펼쳐진 것일 뿐이지, '내가 이것을 보고 있구나'라고 자각하는 것은 아니다. 또 각각의 감각은 단순한 자극을 줄 뿐 상호 연결되지 않은 상태이다. 촉각은 신생아기부터 민감하게 발달하므로 스킨십은 아이의 뇌 신경을 자극하며, 따로 느끼는 감각을 서로 통합해주는 역할도 하는데, 아이가 이처럼 독립적인 감각을 연결해가는 과정은 두뇌를 놀라운 속도로 발달시킨다. 마사지를 하는 동안 아이와 눈을 맞추고 소곤소곤 이야기를 나누면 효과가 배가된다.

원만한 대인 관계의 기본이 된다

스킨십을 충분히 받고 자란 아이는 대인 관계에서도 긍정적이고 감정을 표현하는 데 어려움이 없다. 스킨십을 통해 엄마 아빠와의 애착 관계가 잘 형성되어 첫 대인 관계를 원만하게 터득한 아이는 자신감을 갖게 되어 긍정적이고 밝은 성격으로 자라기 때문이다. 반면, 스킨십이 부족한 아이는 다른 사람을 의심하고, 친밀해지는 것을 불안하게 여겨 정서적으로 냉담해지면서 감정 표현을 억압하는 경향이 강해 사회성이 떨어질 수 있다.

Q 아토피피부염인데 마사지를 해도 될까?

A 아이가 몸을 만지는 것에 민감하지 않다면 해도 된다. 단, 증세가 심할 땐 상처 부위를 치료해주는 것이 우선이다. 상처 부위는 2차 감염의 우려가 있으므로 그 부위를 빼고 마사지를 한다. 아토피피부염이라도 오일을 바르고 마사지해주면 건조함과 가려움을 막는 데 도움이 된다.

마사지 기초 레슨

소화를 도와주는 가슴 · 배 마사지

가슴 마사지를 꾸준히 하면 아이의 심장과 폐 기능이 강화된다. 배 마사지는 소화기관과 배설기관의 활동을 원활하게 해준다. 가슴과 배를 마사지할 때는 아이에게 무리가 가지 않도록 손힘을 조절한다.

> ❗ 아이가 밤낮이 바뀌어 밤에 자면서 자주 깰 때는 가슴 마사지를, 변비나 설사를 자주 할 때는 배 마사지를 해주면 효과적이다.

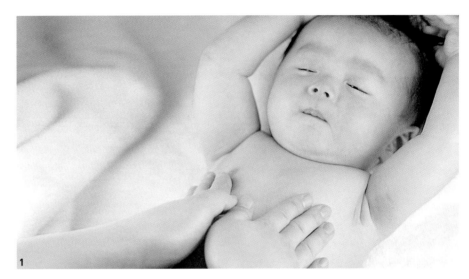

  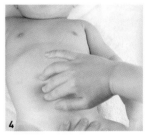

1 양 손바닥을 아이 가슴 위에 올려놓고 잠시 쓸어준 다음, 가슴에 하트를 그리듯 마사지한다.
2 두 손을 가슴 중앙에 놓고 그대로 어깨 뒤로 밀어내듯이 쓰다듬어 넘겼다가 다시 중앙으로 돌아오는 동작을 반복한다.
3 아이의 배를 쓸어내리듯 부드럽게 마사지한 후 두 다리를 잡고 무릎을 굽혀 가슴에 댄다.
4 손가락 끝으로 피아노 건반을 치듯이 아이의 오른쪽 배에서 왼쪽 배로 마사지해나간다. 배 속의 가스 배출을 도와주는 효과가 있다.

장기가 튼튼해지는 손 · 팔 마사지

손바닥에는 모든 장기와 연결된 신경이 분포해 있어 고루 마사지해주면 장기가 튼튼해진다. 손가락은 말초신경이 모인 두뇌 각 부위의 반사 지역이므로, 손가락 하나하나를 정성 들여 세심하게 마사지하면 혈액순환과 두뇌 발달에 직접적 영향을 미친다. 아이가 무언가를 붙잡고 일어서기 시작하면 팔의 근육을 많이 사용하는데, 이때 손과 팔을 마사지해주면 근육 발달과 긴장 완화에 도움이 된다.

 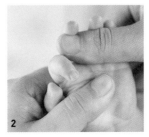 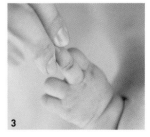

1 아이 팔을 잡고 겨드랑이에서 손목 방향으로 두 손을 교대로 밀착해 천천히 쓸어준다.
2 양 엄지손가락을 이용해 손목에서 손가락 방향으로 손바닥을 교대로 밀어 올려준다.
3 손가락을 잡고 엄지에서 새끼손가락까지 하나씩 잡아 빼듯 부드럽고 세심하게 만져준다.

집중력을 높여주는 발·다리 마사지

발을 마사지하면 아이 머리가 좋아지고 집중력이 높아진다. 또 발바닥에는 손바닥과 같이 장기와 연결된 신경 세포가 분포해 있어 마사지를 해주면 전체적 신체 발육에도 좋은 영향을 미친다. 발과 다리 마사지를 해주어야 할 결정적 시기는 아이가 걷기 시작할 무렵. 이 시기에 발 마사지를 꾸준히 해주면 갑자기 늘어난 다리의 피로감을 해소하는 데 큰 도움이 된다. 또 아이의 다리 골격이 휘어지는 것을 방지하고 근육과 뼈 성장을 도와준다. 아이를 바닥에 똑바로 눕힌 상태에서 마사지한다.

1 아이의 다리를 들고 한 손으로 발목을 잡은 채 다른 손으로 허벅지에서 발목 방향으로 다리를 쓸어올린다.

2 다리를 든 상태에서 두 손으로 다리를 살짝 비틀어준다. 엉덩이부터 발목까지 올라가며 한다.

3 한 손으로 아이 발목을 잡은 후 다른 손으로 발바닥은 물론 발가락 끝까지 세심하게 눌러준다.

성장 발달에 좋은 등 마사지

성장기 아이의 척추를 곧게 만들고 성장을 도와주는 중요한 마사지 중 하나이다. 아이가 걷기 시작하면 신체 각 부위의 긴장이 등의 척추를 따라서 모이기 때문이다. 꾸준히 하면 근육의 긴장이 해소돼 성장 발달에 큰 도움이 된다. 마사지할 때 아이를 반드시 바닥에 눕힐 필요는 없다. 아이의 고개를 옆으로 돌려 엄마 무릎에 엎드려놓거나 편안하게 안은 자세로 한다. 등 마사지는 아이의 기가 위로 치밀어 오르는 것을 막아줘 긴 울음 등으로 인한 분노와 서러움을 가라앉히는 데도 효과적이다.

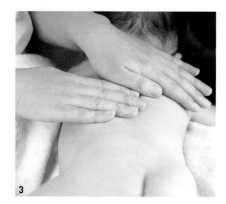

1 아이를 안은 채 손을 아이 등에 가볍게 얹어 가로 방향으로 지그재그 엇갈리게 마사지한다.

2 등에서부터 엉덩이를 지나 발목 뒷부분까지 전체적으로 길게 쓸어내린다.

3 손가락 끝으로 등의 위쪽에서 아래쪽으로 부드럽게 어루만지듯 마사지한다.

좋은 인상을 만드는 얼굴 마사지

생후 12개월 이전이라면 아직 아이의 얼굴형이 잡히지 않은 상태이다. 이때 부드럽게 얼굴을 마사지해주면 얼굴형을 예쁘게 잡아주고 좋은 인상을 만들 수 있다. 얼굴 마사지는 수유로 인한 얼굴 근육의 긴장을 풀어주는 데도 효과적이다. 단, 아이 얼굴뼈는 연약하므로 꾹꾹 누른다기보다 만져주면서 눈 맞춤을 한다는 느낌으로 부드럽게 해야 한다.

> ⓘ 밤에 잠을 이루지 못해 아이가 계속 칭얼거릴 때 관자놀이 부위를 지압하듯 마사지해주면 잠을 잘 잔다.

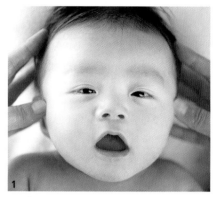

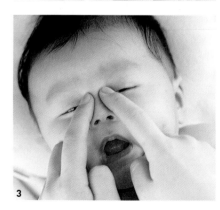

1 손가락 끝으로 아이 얼굴을 쓰다듬어준다. 작은 원을 그리며 지압하듯 눌러준다.

2 두 손으로 귓바퀴 선을 따라 턱까지 쓰다듬어 얼굴형을 잡아주듯이 마사지한다.

3 양 검지손가락 끝으로 코의 옆선을 따라 콧대를 세우듯 살살 눌러준다. 이어 입술 부위도 마사지한다.

증상에 맞는 경락 마사지

밤에 운다 → 간유 경혈 누르기

한의학에서는 잠투정이 심한 아이는 간 기능이 좋지 않다고 본다. 이럴 때는 간유 경혈을 자극해 증상을 완화한다. 화를 잘 내고 짜증이 심한 아이, 신경질이 심한 아이에게도 간유 경혈을 마사지해주면 좋다.

간유 경혈은 견갑골 아래 부위로, 척추 좌우 바깥으로 손가락 두 마디 정도 나간 곳에 위치한다. 눌러주면 간의 기를 받아들여 마음을 차분하게 만든다.

낯가림이 심하다 → 극문 경혈 누르기

낯가림이 심하거나 쉽게 긴장해 잘 우는 아이는 마음을 안정시키는 극문 경혈을 자극해주는 것이 좋다. 표정이 굳어 있고 낯선 상황에 적응하지 못하는 아이에게 효과적이다.

극문 경혈은 팔 안쪽 중앙에 있다. 이 부위를 엄지손가락으로 지그시 눌러주되 힘을 너무 주지 않는다. 긴장을 풀어주는 것이 목표이므로 평소에도 수시로 해주어야 효과를 볼 수 있다.

식욕이 없다 → 비유 경혈 누르기

소화와 흡수 기능을 관장하는 비유 경혈, 위장 기능과 관련 있는 중완 경혈을 자극하면 효과를 볼 수 있다. 소화불량은 물론 입술이 잘 마르고 피부가 까칠한 아이, 나른함을 쉽게 느끼는 아이에게도 효과적이다.

비유 경혈은 간유 경혈보다 손가락 2개 너비만큼 아래로 내려와 위치한다. 위장의 통증이나 식욕부진, 부종 등의 증세가 나타날 때 손가락으로 눌러주면 증상이 가라앉는다. 마사지를 하다가 아이가 아파하면 즉시 멈추고 상태를 지켜보다가 다시 진행한다.

감기에 잘 걸린다 → 대추 경혈과 풍문 경혈 누르기

감기에 잘 걸리는 아이는 경락으로 호흡기 기능을 강화해준다. 호흡기계를 관장하는 대추 경혈과 풍문 경혈을 자극하면 쉽게 지치는 아이, 피부가 약한 아이에게도 좋다.

목을 앞으로 구부리면 목뒤의 뼈가 튀어나온 부위가 있는데, 이 목뼈 사이에 대추 경혈이 있다. 풍문 경혈은 대추 경혈에서 두 번째 돌기 아래의 좌우 바깥쪽으로 손가락 1개 너비 정도 나간 곳에 있다.

베이비 마사지의 기초

1 엄마와 아이가 서로에게 익숙해지는 생후 2~3개월경에 시작하는 것이 좋다.

2 누르는 강도는 어른에게 하는 마사지의 10분의 1 정도로 약하게 해야 한다.

3 마사지 효과를 높이기 위해서는 아이가 기분 좋은 시간을 선택한다. 잠자고 있을 때는 잠을 깨울 수 있으므로 하지 않는다.

4 수유 직후나 음식을 먹은 직후에는 되도록 하지 않는다. 배가 부른 상태에서 하면 마사지 도중 토할 수 있기 때문. 음식을 먹었다면 적어도 30분이 지난 뒤에 한다.

5 머리나 등을 가볍게 쓰다듬는 것부터 시작해 마사지 부위를 조금씩 넓혀나간다.

6 특별한 방법이나 과정이 정해진 것은 아니므로 무리하게 과정을 따라 하려고 하지 말고 몸의 한 부위를 몇 분씩 만져주다가 다른 부위로 범위를 넓혀나간다.

7 아이가 좋아하지 않으면 무리하게 진행하지 않는다. 좋은 것이라는 생각으로 억지로 하면 아이의 근육을 긴장시켜 역효과를 낼 수 있다. 마사지를 하기 전 아이를 안아주고, 마사지를 하는 동안 아이와 눈을 맞추며 꾸준히 말을 거는 등 아이가 마사지를 좋아할 수 있게 노력한다.

8 하루도 거르지 않고 몇 분이라도 꾸준히 한다.

9 마사지가 끝나면 따뜻한 물을 적신 타월로 몸을 닦아내고 물을 먹인다. 마사지가 끝난 뒤 아이가 기분 좋게 잠들었을 때는 깨우지 말고 그대로 재우는 것이 좋다.

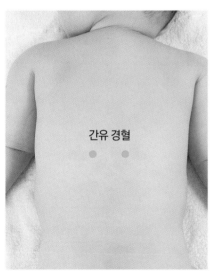

간유 경혈

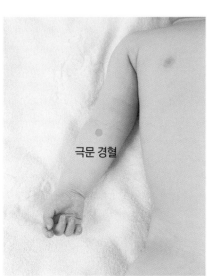

극문 경혈

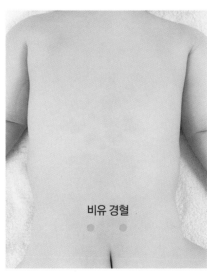

비유 경혈

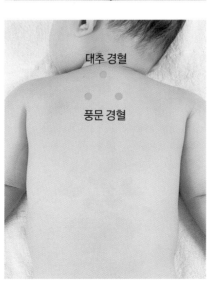

대추 경혈
풍문 경혈

아기 피부 관리하기

민감하고 연약한 아기 피부는 그에 맞는 세심한 관리가 필요하다.
아기 피부 관리 원칙과 유아용 스킨케어 제품 고르는 요령을 소개한다.

아기 피부의 특징

약하고 민감하다

아기 피부는 성인 피부에 비해 얇고 민감하다. 특히 신생아는 피부를 보호하는 각질층이 성인에 비해 30%나 얇고 세포 간 간격이 넓다. 연구에 따르면 만 3세까지는 연령이 증가할수록 각질층의 두께 또한 두꺼워지고, 피부를 통한 수분 손실량이 줄어드는 경향이 있다고 한다. 또 생후 2~3개월 이후부터 만 7세까지는 성인 피부에 비해 피지선도 부족해 수분 손실이 더욱 커진다. 생후 2~3개월 동안에는 임신 중 엄마에게 전달받은 성호르몬의 영향으로 피지 분비가 왕성하다.

면역 체계가 불완전하다

면역력이 약한 아이는 성인에 비해 피부 질환이 쉽게 생긴다. 아토피피부염 역시 면역 체계의 이상으로 생긴 것. 또 영·유아는 체중에 비해 피부 표면적이 넓어 피부를 통해 각종 유해 성분이 흡수될 가능성이 높다. 따라서 유아용 화장품을 고를 때는 성분을 꼼꼼하게 확인해야 한다.

아기 피부 관리 원칙

피부 자극을 최소화한다

매일 5~10분 정도, 38~40℃의 미지근한 물로 가볍게 목욕한다. 뜨거운 물로 너무 자주 샤워하면 아기 피부가 건조해질 수 있으므로 온도와 목욕 시간을 잘 지킨다. 또 때밀이는 각질층을 인위적으로 탈락시키는 목욕법이므로 피부가 건조하고 각질층이 얇은 영·유아에게는 피하는 것이 바람직하다.

목욕 후 3분 내에 보습한다

목욕 후 수건으로 톡톡 두드려 몸에 남은 물기를 가볍게 닦아낸 뒤 3분 이내에 보습제를 발라준다. 목욕 후 3분이 지나면 피부 수분 함량이 30% 이하로 떨어지기 때문. 또 보습제를 바른 후 20~30분간은 차갑거나 건조한 공기를 피해야 보습 효과가 높아진다.

자외선 차단이 중요하다

피부가 연약한 영·유아는 자외선에도 취약하다. 자외선은 평생에 걸쳐 피부에 축적되기 때문에 어려서부터 관리하는 것이 중요하다. 생후 6개월까지는 자외선 차단제 대신 양산, 모자, 가리개 등으로 자외선을 차단해주어야 한다. 생후 6개월부터 24개월까지는 얼굴 등 햇빛에 주로 노출되는 부위 위주로 유아 전용 자외선 차단제를 발라준다. 24개월 이후부터는 몸 전체에 유아 전용 자외선 차단제를 사용해도 괜찮다.

유아용 스킨케어 제품 고를 때 주의할 점

성분 표시를 꼭 확인한다

유아용 화장품을 구입할 때는 특히 제품에 함유된 성분 표시를 꼼꼼하게 확인해야 한다. 제품 뒷면에 작은 글씨로 표시되어 지나치기 쉽지만 세심하게 살펴볼 것. 향료나 인공색소, 알코올, 파라벤 등 화학 방부제를 사용하지 않은 제품을 고른다.

! 화장품 성분에 대한 자세한 내용은 대한화장품협회의 화장품 성분 검색 시스템(kcia.or.kr), 화장품 정보 제공 앱 '화해' 등을 통해서 확인할 수 있다.

약산성이나 중성 제품을 고른다

신생아 피부는 태어날 때 중성에 가까웠다가 일주일 정도 지나면 pH 5~5.5의 약산성으로 바뀐다. 건강한 성인 피부도 마찬가지. 약산성 피부는 세균, 박테리아 등 알칼리성을 띤 세균을 막아주는 역할을 한다. 이때 pH 7 이상의 알칼리성 제품을 사용하면 약산성인 피부 보호막이 손상될 수 있다. 따라서 pH 7 이하의 약산성 제품이나 중성 제품을 사용하는 것이 좋다.

사용 전 알레르기 반응 검사를 해본다

제품을 사용하기 전 알레르기 반응 테스트를 해보는 것이 안전하다. 소량의 제품을 아기 팔이나 다리에 바른 후 24시간 동안 피부에 반응이 있는지 확인하면 된다. 세정제는 손을 닦아 테스트한다. 아기가 가려워하거나 제품을 바른 부위에 발진 등 이상 증세가 보이면 사용하지 않는다. 피부 반응이 늦게 나타나는 경우도 있으므로 새로운 제품을 사용한 뒤에는 아기 피부를 유심히 관찰해야 한다. 번거롭더라도 매장을 방문해 테스트용 샘플 제품을 받아 테스트하면 제품을 샀는데 쓰지 못하는 일이 생기지 않는다.

스킨케어 제품 고르기

세정 제품

비누, 보디 워시와 샴푸 등 세정제를 고를 때는 무색소·무향·약산성 제품을 선택한다. 일반 비누나 보디 워시는 알칼리성인 경우가 많으므로 아기에게 사용하지 않는다. 안심하고 사용할 수 있도록 눈에 넣어도 따갑지 않은 제품을 고르자. 쉽게 건조해지는 아기 피부를 위해 히알루론산 등의 보습 성분이 풍부하게 함유된 세정제를 사용하면 더욱 좋다.

보습 제품

건강한 피부는 각질층의 30% 정도가 수분으로 이루어져 있다. 보습제는 이러한 각질층의 수분을 유지하도록 도와준다. 로션, 크림, 오일 3가지 제형으로 나눌 수 있는데 로션, 크림, 오일 순으로 보습력이 강하다. 일반적으로 여름에는 비교적 산뜻한 젤 타입이나 로션 타입을 많이 사용하고, 겨울에는 오일이나 크림처럼 보습력이 강한 제품을 사용한다. 제품을 발랐을 때 지나치게 끈적이지 않고 피부가 촉촉하다면 아이에게 맞는 제품. 반대로 피부가 건조하거나 끈적한 느낌이 든다면 다른 타입의 제품을 사용해본다.

자외선 차단 제품

자외선 차단 지수와 성분을 고려한다. 자외선 차단 지수는 크게 자외선 B를 차단하는 정도를 나타내는 SPF 지수와 자외선 A를 차단하는 정도를 나타내는 PA 지수로 나뉜다. SPF는 50까지 있고 숫자가 높을수록 차단 효과가 높다. SPF 30은 자외선 B를 97% 차단하는 것으로 알려져 있다. 한편 PA 지수는 뒤에 붙은 + 개수가 많을수록 자외선 A를 효과적으로 차단하는데, PA+부터 PA++++까지 총 4단계가 있다. 유아의 경우 SPF 30, PA++ 의 제품을 사용하면 무리한 자극 없이 일상적인 햇빛을 차단할 수 있다. 한편 자외선 차단 제품의 성분은 크게 빛을 반사시키는 물리적 차단제와 빛을 흡수하는 화학적 차단제로 나뉘는데, 화학적 차단제는 민감한 아기 피부에 자극적일 수 있으므로 유아용 선크림은 되도록 물리적 차단제를 고르는 것을 추천한다.

Q 유아용 세제는 어떤 기준으로 골라야 할까?

A 세제 전 성분을 꼼꼼히 확인해 합성 계면활성제나 형광증백제 등 유해 성분이 함유되지 않았는지 확인한다. 세탁 후 섬유에 남은 세제 성분이 민감한 아이 피부에 자극을 줄 수 있기 때문. 또 물에 잘 녹는 액상 세제를 선택하면 섬유에 남은 세제 잔여물을 줄일 수 있다.

만 3세 이하 아이에게 추천하는 스킨케어 제품

프랑스 프리미엄 브랜드. 100% 천연함량 유기농, 비건 인증 올인원 샤워젤이다. 각종 오염물질과 불필요한 오래된 각질을 제거하여 건강한 피부장벽으로 관리해준다. 물에 쉽게 헹궈지며, 눈에 들어가도 따갑지 않아 아기 첫 목욕제품으로 좋다. 탑투토샤워젤, 400ml, 3만원, 버블비.

100% 천연함량 유기농 호호바오일, 비건 세라마이드 성분이 피부장벽을 튼튼하게 관리해주며, 롤러타입으로 언제 어디서나 간편하게 바를 수 있다. 깐깐한 프랑스 기준의 유해성분 0%, 알려지 프리 제품으로 신생아부터 안심하고 사용할 수 있다. 50ml, 3만5000원, 릴리키위.

높은 미네랄을 함유한 청정 아이슬란드 빙하수를 바탕으로 민감한 태아의 피부 보습, 태열 예방, 피부결 관리에 효과적이다. 독일 더마테스트 excellent등급, 저자극 테스트와 19종 유해 무첨가 테스트에서 최고 등급을 받아 임산부와 영유아 모두 안심하고 사용할 수 있다. 300ml, 4만2000원, 베베드블랑.

빠른 흡수와 100시간 보습이 지속되는 데일리 수분보호막 고보습 아기로션. 민감한 피부를 위한 아토피 피부대상 피부자극 테스트 완료하여 건조하고 연약한 아기피부를 건강하고 촉촉하게 만들어 준다. 판테놀, 세라마이드, 이노시톨 함유 300ml, 3만2900원, 베베숲

아기 피부 지질과 유사한 99% 자연 유래 성분의 저분자 밀크프로틴이 피부 보호막을 형성해 수분손실을 최소화했다. 티어프리 올인원 세정제로 유해성분 0%, 프리미엄 올리브 오일이 함유되어 민감한 아기 피부 지질막을 유지해준다. 환경을 생각하는 생분해성 제형이며, 독일 더마테스트 5-Star 인증 받은 제품이다. 500ml, 2만3850원, 사노산.

출생 후 바로 사용이 가능하며 스위트아몬드오일을 함유해 피부의 보습을 도와준다. 독일 더마테스트의 인증을 받아 안심하고 사용할 수 있다. 350ml, 1만5800원, HIPP.

건강한 유치 관리

유치(젖니) 단계부터 치아 관리가 제대로 이뤄지지 않으면 영구치에 영향을 미쳐 성장하는 내내 치과 질환을 겪는다.
평생 치아 건강을 위한 유치 관리 요령.

유치 관리, 왜 중요할까?

영구치에 충치를 유발한다

영구치는 만 6~7세에 나오기 시작하는데, 유치의 충치가 심한데도 치료하지 않고 방치하면 충치에 생긴 고름이나 세균이 잇몸 속으로 들어가 잇몸 안쪽에 이미 형성된 영구치에 침투한다. 따라서 심할 경우 영구치가 나오기도 전에 충치가 될 수 있다.

영구치가 늦게 나올 수 있다

유치가 빠지면 그 부분을 잇몸이 덮는데, 치아를 뽑은 시기가 오래될수록 잇몸은 더욱 단단해진다. 유치를 일찍 뽑을 경우, 잇몸이 너무 단단해져 영구치가 뚫고 나오지 못하기도 한다. 또는 단단한 잇몸을 피해서 물렁한 안쪽이나 바깥쪽을 뚫고 나와 이가 고르게 나지 않는다.

얼굴 골격의 균형이 맞지 않는다

치아가 튼튼해야 다양한 음식을 골고루 먹을 수 있다. 음식을 씹는 동작은 소화 작용뿐 아니라 얼굴의 골격을 예쁘게 발달시키는 데도 커다란 영향을 미친다. 아이는 턱 구조가 완전히 자리 잡은 상태가 아니기 때문에 치아에 문제가 생겨 음식을 잘 씹지 못하면 아래턱의 성장이 제대로 이루어지지 않거나, 변형되어 얼굴형에도 영향을 미친다.

고른 영양 섭취를 방해한다

치아우식증으로 앞니가 심하게 썩었거나, 어금니 충치가 심한 경우 아이는 딱딱한 음식을 씹기 싫어하고 부드러운 음식만 찾는다. 이렇게 되면 편식 습관이 생겨 고른 영양을 섭취하기 더욱 어려워진다.

유치 나는 순서

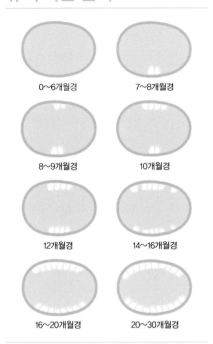

0~6개월경

7~8개월경

8~9개월경

10개월경

12개월경

14~16개월경

16~20개월경

20~30개월경

발음이 부정확해진다

치아가 비뚤비뚤하거나 치아우식증으로 유치가 빠지면 발음이 샐 수 있다. 특히 앞니가 빠지면 발음이 부정확하다. 정확한 발음과 언어능력을 향상시키기 위해서도 유치 관리가 필요하다.

⚠️ 국민건강보험공단에서는 생후 18개월 이후 영·유아를 대상으로 총 4회 구강검진을 실시한다. 우편으로 영유아검진표가 발송되면 해당 기관에서 무료로 받을 수 있다.

충치가 생기는 이유

세균이 원인인 세균성 질환이다

전문 용어로 치아우식증이라고 한다. 충치는 뮤탄스라고 하는 세균에 의해 치아에 생기는 세균성 질환이다. 보통 충치라고 하면 벌레가 파먹어 이가 까맣게 썩어 들어가는 걸로 생각하지만, 실제로는 당분을 먹은 후 생긴 산이 치아를 삭게 만드는 것. 설탕이나 탄수화물을 먹으면 소화가 되면서 산을 만들어내는데, 이렇게 만들어진 산이 오랜 시간 치아에 남아 있으면 치아를 살살 녹여 충치를 일으킨다.

유치는 충치균에 더 약하다

치아는 사람의 몸에서 가장 단단한 곳이지만, 산에는 매우 약한 특징이 있다. 특히 유치는 영구치에 비해 크기가 매우 작고, 법랑질이나 상아질의 막 두께가 영구치의 반 정도밖에 되지 않아 충치균에 더욱 취약하다. 법랑질에서 치수까지의 길이도 짧아 충치가 진행되면 금세 치아 전체가 썩는다.

뽀뽀를 하거나 음식을 나눠 먹어도 생긴다

뽀뽀를 통해 다른 사람의 입안 세균이 옮을 수 있다. 그러나 입안에 균이 있다고 해서 바로 충치가 생기는 것은 아니다. 뮤탄스균은 양치질을 하면 없어지기 때문에 자주 양치를 하는 등 충치가 생길 수 있는 환경을 미리 제거한다.

충치가 잘 생기는 부위

생후 6~12개월

젖병을 빠는 아이는 잇몸과 닿는 앞니의 윗부분이 잘 썩는다. 특히 분유를 먹이는 경우 아이의 이가 하얗게 녹아나지 않는지 살펴본다. 약간 탈색된 것처럼 보여도 속으로는 상당히 썩어 있는 경우가 많다. 치아의 홈 부분이 누렇거나 갈색을 띠는 경우도 충치일 가능성이 있으므로 치아 색을 자주 확인한다.

생후 12~24개월

벌어져 있던 잇새 간격이 붙으면서 치아 사이에 음식이 끼어 썩기 쉽다. 충치가 진행되고 있는 경우 치아 표면이 거칠어 광택이 나지 않고 색이 누렇게 변해 있다. 자세히 들여다보면 하얗거나 새까만 점이 보이기도 한다. 치아가 평소에 보던 색과 좀 다르고, 양치질을 했는데도 색이 돌아오지 않는다면 충치가 생긴 것이다.

⚠️ 건강한 치아는 치아 표면에 윤기가 흐르고 잇몸이 선명한 핑크빛을 띠는 상태. 잇몸을 눌렀을 때 단단해야 한다.

생활 속 충치 예방법

이가 나면 칫솔질을 시작한다

치아 표면에 남은 음식 찌꺼기는 충치균이 서식하기 좋은 환경. 음식을 먹인 뒤에는 반드시 양치질을 시킨다.

칫솔질은 엄마가 꼼꼼하게 해준다

엄마와 아이가 뒤에서 감싸 안고 거울을 보면서 이를 닦아주면 효과적이다. 젖먹이라면 젖을 먹인 뒤 끓여서 식힌 물을 몇 모금 먹이거나 가제 손수건을 적셔서 잇몸과 혀를 닦아준다.

섬유질 식품을 자주 먹인다

섬유질 식품은 뮤탄스균에 의해 산성화된 입안을 중성으로 되돌리는 역할을 한다. 오래 씹어야 해서 씹는 동안 많은 양의 침이 나오기 때문. 치아 표면에 있는 치석을 제거하는 효과도 있다.

✔️ **CHECK**

유치 건강을 위한 생활법

- ☐ 돌 전에 밤중 수유를 뗀다.
- ☐ 주스나 유산균 음료를 먹인 후에는 반드시 양치질을 한다.
- ☐ 음식을 먹인 후 물로 입안을 헹군다.
- ☐ 잠자기 전 입안을 헹구거나 양치질한다.
- ☐ 간식은 정해진 시간에만 먹인다.
- ☐ 과자나 아이스크림처럼 당분이 많은 음식은 하루에 한 번 이상 먹이지 않는다.
- ☐ 시금치처럼 섬유질이 풍부한 채소 등을 매일 반찬으로 만들어 먹인다.
- ☐ 빵과 고기보다 채소와 해산물을 더 자주 먹인다.
- ☐ 식사 후 3분 이내에 양치질을 시킨다.
- ☐ 양치질을 못 하는 날에는 유아용 자일리톨 캔디를 먹인다(18개월부터).
- ☐ 엄마와 아이가 서로 다른 숟가락으로 밥을 먹는다.
- ☐ 양치질은 엄마가 해준다.
- ☐ 아이 입에 뽀뽀를 하지 않는다.

인스턴트식품을 먹이지 않는다

당분이 많이 함유된 케이크나 콜라, 아이스크림, 라면 등은 대표적 산성식품으로 치아 건강을 해치는 주범이다. 반면 과일과 채소, 해조류 등은 알칼리성식품이므로 자주 먹는 것이 치아 건강에 좋다. 특히 산성을 알칼리성으로 바꿔주는 다시마, 미역, 콩과 녹황색 채소를 매일 꾸준히 먹이면 아이의 치아를 튼튼하게 만드는 데 도움이 된다.

유산균 음료를 많이 먹이지 않는다

흔히 요구르트 같은 유산균 음료는 좋다고 생각하기 쉽다. 하지만 대부분의 유산균 음료에는 단백질이나 칼슘은 거의 없고, 설탕 함유량이 매우 높다. 특히 젖병에 요구르트를 넣어 먹이는 것은 치아우식증을 유발하는 아주 나쁜 습관이다.

입에 직접 뽀뽀하지 않는다

부모가 충치가 있는 경우 뽀뽀를 하면 침을 통해 충치균이 전염될 수 있다. 치료가 끝나기 전까지는 뽀뽀를 삼간다. 엄마가 음식을 입으로 잘라서 아이 입에 넣어주거나 엄마와 아이가 같은 숟가락으로 음식을 먹는 것도 엄마의 충치균을 아이에게 옮기는 위험한 행동이다.

치아에 불소를 덮어준다

칫솔질이 치아 표면에 남은 음식물 찌꺼기와 충치균을 청소해준다면 불소 도포는 치아 표면을 튼튼하게 만들어준다. 치아 표면에 일정량의 불소를 덮으면 법랑질이 강해져 충치균이 만들어내는 산의 공격을 잘 견딜 수 있다. 특히 유치는 법랑질이 무르고 약하기 때문에 불소 도포를 해주면 충치를 효과적으로 예방할 수 있다. 보통 3~4개월 정도 불소 효과가 유지되므로 불소 도포는 4개월마다 해주는 게 적당하다.

치아 표면을 매끄럽게 해준다

실런트는 플라스틱 계통의 복합 레진 성분으로 어금니 표면의 홈을 메워 충치를 예방하는 방법이다. 어금니 표면은 음식물을 잘 씹을 수 있도록 가느다란 틈새와 작은 구멍으로 이루어져 있는데, 이 틈새에 음식물과 플라크가 잘 끼어 충치가 생기기 쉽다. 충치의 60%가 어금니 충치이므로 실런트로 홈을 매끄럽게 메우면 충치를 예방할 수 있다.

칫솔은 한 달에 한 번씩 교체해준다

칫솔모가 옆으로 벌어지기 시작하면 칫솔을 교체해준다. 대개 1~2개월 사용하면 교체해야 할 상태가 된다. 칫솔을 보관할 때는 가급적 칫솔모가 서로 닿지 않도록 해야 칫솔을 통해 충치균이 옮는 것을 막을 수 있다. 칫솔을 구입할 때는 모양도

살펴야 한다. 아이는 구강 내부가 작으므로 손잡이가 곧고 칫솔 머리가 작은 것이라야 구석구석 닦을 수 있다. 칫솔 면은 울퉁불퉁한 것보다는 일자로 된 것이, 칫솔모는 부드럽고 끝이 둥근 것이 좋다.

월령별 이 닦는 방법

이가 안 났을 때

잇몸을 마사지해주면 혈액순환이 잘되고 잇몸도 건강해져 유치가 튼튼해진다. 끓여서 식힌 물에 가제 손수건을 적셔서 손가락에 감아 잇몸과 입천장, 혀를 닦아준다.

아랫니 2개 났을 때

실리콘 핑거 칫솔이나 끓여서 식힌 물에 적신 가제 손수건으로 이와 잇몸, 입천장, 혀를 닦아준다. 아이 치아의 결은 가로 방향에 가까우므로 좌우로 닦는 것이 기본.

아랫니·윗니 2~4개씩 났을 때

생후 11개월이면 아랫니 4개, 윗니 2개가 난다. 아이에 따라 아랫니 2개, 윗니 4개가 나기도 한다. 1단계 유아용 칫솔을 연필 쥐듯이 잡고 물을 적셔 치아의 앞면과 뒷면을 닦는다. 이가 나지 않은 부위는 끓여서 식힌 물에 적신 가제 손수건을 둘째 손가락에 감아 문질러 닦아준다.

❗ 아이가 칫솔을 싫어하면 실리콘 소재의 핑거 칫솔을 사용해본다. 입안에 칫솔 넣는 걸 아예 거부할 땐 깨끗이 소독한 가제 손수건을 손가락에 감아 닦거나 맨손가락으로 닦아줘도 괜찮다.

치아의 구조

- **법랑질** 치아의 가장 바깥 면으로 우리 몸에서 제일 단단한 곳. 96%가 무기질로 구성되었다.
- **상아질** 유연성이 있는 조직으로 법랑질에서 받은 충격을 어느 정도 흡수해준다. 상아질 내에는 미세한 관이 있는데, 신경과 연결되어 있어 상아질이 노출되면 이가 시리다.
- **치수** 감각을 느끼는 신경 부위라 시린 것만 느낀다.
- **치관** 밖으로 드러난 치아 표면부터 잇몸까지.
- **치근** 잇몸이 시작되는 부위부터 상아질의 끝부분까지를 가리킨다.

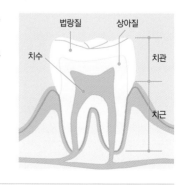

아랫니·윗니 4개씩, 어금니 위아래 2개씩 났을 때

어금니가 나면 치아 표면을 잘 닦아야 하므로 유아용 칫솔을 사용한다. 송곳니 자리의 빈 공간과 닿는 어금니와 앞니는 더욱 신경 써서 닦아준다. 아직 물을 뱉어내는 능력이 없으므로 치약 사용은 뒤로 미뤄도 괜찮다. 아이 등을 엄마 가슴에 대고 아이를 앉힌 뒤 입안이 잘 보이게 벌린다. 아랫니, 윗니, 어금니 순으로 바깥쪽을 먼저 닦은 뒤 안쪽을 닦는다.

아랫니·윗니 8~10개씩 났을 때

본격적인 칫솔질이 가능한 시기이므로 불소 치약을 칫솔에 콩알 크기로 묻힌 후 좌우 또는 작은 원을 그리며 닦는다. 책상다리로 앉아 아이 머리를 엄마 허벅지에 기대고 눕힌 자세로 이를 닦은 후 입안을 헹구고 뱉어내게 한다.

편리한 유치 관리용품

칫솔이 입속 깊숙이 들어가는 것을 막아주는 안전장치가 있는 유아용 칫솔. 1단계(4~8개월), 6900원, 콤비.

잇몸 마사지용, 칫솔질용 두 가지 타입의 실리콘 손가락 칫솔 2종 세트. 1단계(3~10개월), 1만 1000원, 마더케이.

달콤한 과일 향을 담은 무불소 치약. 80g, 8000원, 궁중비책.

외출 시 양치질 대신 간편하게 사용할 수 있는 구강 청결 티슈. 30매, 6400원, 보령메디앙스.

음식물 찌꺼기와 플라크 제거에 효과적인 유아용 구강 세정제. 베이비 치약 플러스(액상), 80g, 6000원, 보령메디앙스.

치아 사이사이까지 청결하게 해주는 유아용 치실. 75개, 5~6000원 선, 덴텍.

이가 안 났을 때

 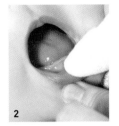 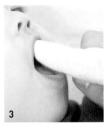 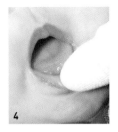

1 끓여서 식힌 물에 적신 가제 손수건을 엄마의 둘째 손가락에 감는다.
2 아랫잇몸 앞쪽을 좌우로 닦은 뒤 안쪽을 닦는다. 어금니 잇몸부터 시작해 좌우로 닦는 것이 좋다.
3 윗잇몸을 아랫잇몸과 같은 방식으로 닦는다.
4 입천장을 바깥으로 쓸어내듯 닦은 뒤 가제 손수건을 헹궈 혀를 안쪽에서 바깥쪽으로 쓸어내린다.

아랫니 2개 혹은 아랫니·윗니 2~4개씩 났을 때

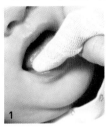 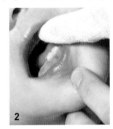 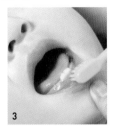 

가제 손수건 1 끓여서 식힌 물에 적신 가제 손수건을 엄마 손가락에 감아 아래 앞니 바깥 면을 좌우로 5회 정도 닦는다. 안쪽 면도 좌우로 5회 닦는다. 2 가제 손수건을 헹궈 나머지 잇몸과 혀를 닦는다.
유아용 칫솔 1 1단계 유아용 칫솔에 물을 적셔 이의 앞면을 닦아준다. 2 이의 뒷면을 같은 방식으로 닦은 뒤 끓여서 식힌 물에 적신 가제 손수건으로 이가 나지 않은 부위를 닦아준다.

아랫니·윗니 4개씩, 어금니 위아래 2개씩 났을 때

  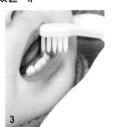 

1 칫솔모를 아랫니 바깥에 대고 좌우로 5회 닦고 안쪽은 좌우나 아래에서 위로 쓸어 올리듯 5회 닦는다.
2 칫솔모를 윗니의 바깥에 대고 좌우로 5회 닦고, 윗입술을 들어 올린 뒤 안쪽을 좌우로 5회 닦는다.
3 아래 어금니의 표면을 좌우로 5회 닦고 바깥 면을 좌우로 5회 닦는다. 안쪽면은 칫솔이 잘 닿지 않으므로 칫솔의 앞쪽을 이용해 5회 이상 문지른다. 위 어금니도 마찬가지 방식으로 닦는다.
4 앞니와 어금니 사이에 송곳니가 자랄 잇몸을 살살 문질러 닦고, 나머지 잇몸을 골고루 문질러준다.

아랫니·윗니 8~10개씩 났을 때

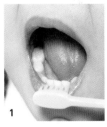 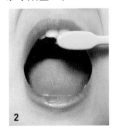 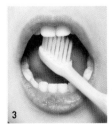 

1 아랫입술을 젖혀 아랫니가 잘 보이게 한 뒤 바깥 면, 안쪽 면 순으로 좌우로 5회씩 닦는다.
2 윗니의 바깥에 칫솔을 대고 좌우로 5회 정도 닦는다.
3 윗입술을 들어 올린 뒤 윗니 안쪽을 좌우로 5회 닦는다. 칫솔 앞부분을 이용하면 닦기 쉽다.
4 아래 어금니 표면과 바깥 면을 좌우로 5회씩 닦는다. 생후 28개월 이후엔 입안을 헹구고 뱉어내게 한다.

미세먼지 대처법

미세먼지, 초미세먼지로 숨 쉬는 것조차 걱정해야 하는 요즘, 호흡기가 약한 아이는 더더욱 걱정이다.
미세먼지 이기는 생활 수칙과 유용한 제품을 소개한다.

미세먼지, 얼마나 위험할까?

미세먼지란

먼지는 대기 중에 떠다니는 입자상 물질을 말하는데, 미세먼지는 먼지 중에서 지름 10마이크로미터(μm)보다 작은 먼지를 말한다. 1μm는 1m의 100만분의 1에 해당하는 크기로, 일반 머리카락 두께의 60분의 1 수준이다. 미세먼지 중에서도 지름이 2.5μm보다 작은 미세먼지는 따로 구분해 초미세먼지라고 한다.

미세먼지 성분

미세먼지는 석탄이나 석유 같은 화학연료를 태우거나, 자동차를 운행할 때, 공장을 가동할 때 1차적으로 발생한다. 또 1차 오염 물질이 공기 중의 수증기나 암모니아 등과 결합해 황산염, 질산염 같은 2차 오염 물질을 만들기도 한다. 2016년 환경부 발표에 따르면 국내 미세먼지는 황산염, 질산염 등이 58.3%를 차지하며 탄소류와 검댕이 16.8%, 광물 6.3%, 기타 18.6%로 이루어져 있다.

미세먼지의 위험성

미세먼지는 눈·코·인후 점막·피부 등 신체 노출 부위에 직접 닿아 알레르기성 결막염, 비염, 기관지염 등을 일으킬 수 있다. 또 크기가 매우 작아서 호흡기와 혈관을 통해 몸속에 들어가 곳곳에 악영향을 미친다. 미세먼지는 폐렴·폐암·뇌줄중·천식 등을 악화시킨다고 알려져 있으며, 호흡기가 약한 영·유아의 폐 성장을 방해

> **Q 황사와 미세먼지는 어떻게 다를까?**
>
> **A** 황사는 미세한 모래 먼지가 바람을 따라 이동하다가 서서히 떨어지는 현상으로, 주로 토양 성분으로 이루어져 있다. 이와 달리 미세먼지는 화학연료를 태우거나 공장과 자동차 배출 가스 등 인위적 과정에서 주로 발생하며, 중금속 등 여러 가지 유해 물질이 들어 있다는 점에서 황사와 구별한다.

하기도 한다. 2013년에는 세계보건기구(WHO) 산하의 국제암연구소(IARC)에서 미세먼지를 '사람에게 암을 일으키는 것으로 확인된 1군 발암물질(Group 1)'로 지정하기도 했다.

미세먼지 심한 날 지켜야 할 생활 수칙

야외 활동을 자제한다

미세먼지 예보나 실시간 농도가 '나쁨' 이상이면 어린이, 노약자 등 대기오염에 민감한 사람은 장시간 외출하거나 운동 등 야외 활동을 하지 않는 것이 바람직하다. 운동을 하면 호흡량이 많아져 미세먼지를 흡입할 가능성도 높아지기 때문. 부득이하게 외출할 경우 미세먼지를 막아주는 보건용 마스크를 착용하고, 외출 시간을 최소화한다. 미세먼지와 직접 접촉을 줄이기 위해 긴소매 옷을 입고 모자를 쓰는 것도 도움이 된다. 미세먼지 농도가 '매우 나쁨' 이상이면 건강한 사람도 무리한 외출은 자제하고, 대기오염에 민감한 계층은 되도록 외출을 삼간다.

미세먼지 예보 등급

예측 농도(㎍/㎥,일)	미세먼지	초미세먼지
좋음	0~30	0~15
보통	31~80	16~35
나쁨	81~150	36~75
매우나쁨	151 이상	76 이상

※미세먼지 예보는 1일간 가로, 세로, 높이 각각 1m의 공간에 있는 미세먼지 무게의 평균을 기준으로 정한다. 이때 마이크로그램(㎍)은 1g의 100만분의 1 무게이다.
※미세먼지 예보 결과는 환경부 에어코리아 홈페이지(www.airkorea.or.kr)를 통해 확인할 수 있다.

환기도 자제한다

미세먼지 농도가 '나쁨' 이상이면 환기를 하지 않고 공기청정기 등을 이용해 실내 공기를 정화하는 것이 원칙. 하지만 실내에서 연기가 나는 요리를 하거나 며칠 동안 창문을 닫고 생활하면 공기청정기를 가동하더라도 실내 공기가 나빠질 수밖에 없다. 이럴 때는 하루 2~3번, 각각 3분 이내로 창문을 열어 환기할 것을 권한다. 환기한 후에는 공기청정기를 가동해 실내 공기를 관리하면 좋다. 공기청정기를 구매할 때는 공기청정기 인증(CA)을 받은 제품인지, 사용 공간의 크기에 알맞은 제품인지, 미세먼지를 제거하는 헤파(HEPA) 필터를 적용한 제품인지 확인한다.

물걸레 청소를 한다

환기를 한 후 청소할 때는 바닥에 먼지가 날리지 않도록 물걸레 청소를 하는 것이 좋다. 이때 물걸레 청소는 물론 살균까지 가능한 스팀 청소기를 사용하면 효과적이다. 진공청소기는 한번 빨아들인 먼지가 다시 새어 나오지 않도록 하는 밀폐 시스템을 제대로 갖추지 않은 제품이면 오히려 미세먼지를 퍼뜨릴 가능성이 있으므로 구매 시 미세먼지 방출량을 꼭 확인한다. 2010년 이후 출시된 진공청소기는 미세먼지 방출량을 의무 표기하고 있다.

외출 시 보건용 마스크를 착용한다

미세먼지 예보나 실시간 농도가 '나쁨' 이상이면 어린이나 노약자 등은 외출 시 보건용 마스크를 꼭 착용한다. 식품의약품안전처에서 인증한 제품은 포장에 '의약외품' 표시와 KF80, KF94, KF99 등의 표시가 있으므로 구매 시 확인하자. KF는 'Korea Filter'의 약자로, KF80은 평균 0.6㎛ 입자를 80% 이상 걸러내고, KF94와 KF99는 평균 0.4㎛ 입자를 각각 94%와 99% 이상 차단한다.

> ❗ KF 뒤에 붙은 숫자가 클수록 미세먼지 입자 차단 효과는 크지만 숨쉬기가 힘들다. 일반적으로 호흡기가 약한 노약자, 어린이, 임산부의 경우 KF80으로도 충분하다. 호흡곤란이나 두통 증상이 나타나면 즉시 마스크를 벗고 의사와 상담한다.

외출 후 옷의 먼지를 꼭 떤다

미세먼지는 입자가 작아 옷에 붙으면 잘 떨어지지 않는다. 집으로 들어가기 전 밖에서 바람을 등지고 옷의 먼지를 꼼꼼히 떨어야 미세먼지가 집 안에 유입되는 것을 막을 수 있다. 미세먼지가 심한 날 입은 의류와 소품은 바로 세탁하면 더욱 좋다. 매번 세탁하는 것이 부담스럽다면 의류 관리기나 빨래 건조기를 활용해 가사 노동의 부담을 더는 것도 방법이다.

외출 후 깨끗이 씻는다

외출 후 미지근한 물과 저자극성 비누로 손과 발, 얼굴에 묻은 미세먼지를 깨끗이 씻어낸다. 콧속을 물로 씻어내는 것도 중요하다. 미세먼지는 머리카락 사이 두피에 특히 잘 쌓이므로 미세먼지가 심한 날 외출했다면 머리도 감는 것이 좋다.

하루 8잔 물을 마신다

미세먼지가 심한 날은 물을 하루 8~10잔 마시는 것이 좋다. 수분 섭취가 부족하면 호흡기 점막이 건조해져 미세먼지가 더 쉽게 체내에 침투하기 때문. 또 물을 충분히 마시면 오염 물질 배출에 도움이 된다.

미세먼지 심한 날 유용한 제품

주방에 쏙 들어가는 한 뼘 크기의 콤팩트한 정수기. 다양한 6가지 컬러로 인테리어 취향에 맞게 선택 가능하다. 물 용량과 온수 온도가 세분화되어 있어 분유 탈 때나 젖병 소독 시 편리하고, 국제 수질 협회(WQA)로부터 인증을 받아 미세플라스틱 99% 걸러 낸 깨끗한 물을 안심하고 마실 수 있다. 관리 방식도 방문관리, 자가관리 중 편한 방법으로 선택 가능하다. 아이콘 정수기2, 월 렌털료 3만3400원(냉온정, 자가관리, 7년 약정 기준), 코웨이.

분유 제조 시 편리한 45℃ 미온수와 하루 600알의 시원한 제빙 능력까지 갖췄다. 필터 역세척살균 기술의 5단계 필터링 시스템으로 바이러스, 박테리아를 제거하고, 유로, 코크 살균으로 안심할 수 있다. 얼음냉온정수기 뉴 아이스트리, 월 렌털료 4만8900원(자가관리, 5년 약정 기준), 청호나이스.

실내 인테리어와 조화를 이룰뿐 아니라 공간의 품격까지 높여주는 프리미엄 아키텍처 디자인의 공기청정기. 코웨이만의 혁신적인 4D 입체청정 필터 시스템으로 실내 미세먼지와 부유 세균 및 바이러스까지 강력 청정하고, 일상 속 생활 냄새까지 케어해 우리 가족 호흡기 건강을 챙길 수 있다. 노블 공기청정기2(53㎡), 월 렌털료 3만4900원(자가관리, 7년 약정 기준), 코웨이.

미세먼지 농도가 높은 바닥에서 10㎝ 띄워 아이들의 바닥 공기를 집중 케어한다. 360° 입체 흡입 구조로 모든 방향에서 흡입하고 0.01㎛ 극초미세먼지, 생활 가스, 냄새를 제거해 실내공기를 쾌적하게 한다. 공기청정기 뉴 히어로2, 월 렌털료 3만4900원(5년 약정 기준), 청호나이스.

8200개의 에어홀로 360도 서라운드 공기 흡입이 가능하여 전면, 양면, 4면보다 더 많은 공기를 청정할 수 있다. 6단계 스마트 청정센서로 공기를 진단하며, 미세먼지농도를 입자별 수치로도 표시하여 현재의 공기상태를 정확하게 확인할 수 있다. W8200 타워형 공기청정기, 월 렌털료 3만2900원, 쿠쿠.

외출 준비하기

출산 후 2개월이 넘으면 몸이 회복되어 엄마 마음이 자꾸 바깥으로 향한다. 아이가 목을 가누고, 주변의 소리나 움직임에 호기심이 많아지는 백일 전후부터 첫 외출을 준비해보자.

지켜야 할 기본 원칙

외출 시기와 시간을 계획한다

돌 전에는 갑작스러운 체온 변화를 겪지 않도록 아침과 저녁 시간은 피하고, 따뜻한 오후 시간대에 외출한다. 돌 전에는 3~4시간, 두 돌까지는 6시간 정도, 세 돌까지는 준비를 철저히 하면 하루 종일 코스로 나들이를 할 수 있다.

> ! 몇 시에 음식을 먹고, 얼마가 지난 뒤 용변을 보는지 아이 나름대로 생활 리듬이 있다. 특히 배변 시간을 알아두면 외출이 더욱 편안해진다.

아이 상태를 살펴 결정한다

되도록 아이의 컨디션이 좋을 때 외출한다. 아이가 젖을 안 먹거나 적게 먹을 때, 잠을 자지 못하고 칭얼대는 등 평소와 다른 모습을 보인다면 외출 계획을 미룬다.

외출하기 30분 전에 수유한다

젖을 먹고 나서 바로 외출하면 외출 중 토하거나 컨디션이 급격히 나빠질 수 있으므로 외출 30분 전에 미리 수유를 마친다. 아이는 산만한 곳에서는 잘 먹지 못하므로 외출해서 수유할 경우 되도록 조용한 곳을 찾는다. 젖 먹는 자세가 나쁘거나 위생 상태가 좋지 않으면 체하기 쉬우므로 편안한 자세를 잡아준다. 물수건을 준비해서 수유하기 전 아이 입과 손을 청결하게 닦아주는 것도 잊지 않는다.

걷지 못해도 신발을 신긴다

유아차에 앉아만 있다고 신발을 신기지 않으면 발이 차가워 감기에 걸리기 쉽다. 가벼운 보행기 신발을 신긴다.

모자를 씌우고 옷을 여러 겹 입힌다

외출 중 모자는 여러모로 유용하다. 날씨가 갑자기 추워질 때는 효과적으로 체온을 유지해주고, 챙이 넓은 모자는 햇빛을 가려준다. 겨울에는 니트나 털 소재보다는 도톰한 면이나 패딩 모자를 씌워야 피부에 자극이 적다. 옷에 부착되어 있거나 고무줄이 달린 모자는 바람에 날리지 않아 편리하다. 옷은 얇은 것으로 여러 겹 입힌다. 두꺼운 옷은 움직임이 불편하고 실내·외를 오가야 할 때 체온을 조절하기 쉽지 않다. 여분으로 크기가 넉넉한 타월이나 카디건을 준비하면 요긴하다.

밑트임이 있는 바지를 입힌다

야외에서 기저귀를 갈 때 바지를 모두 벗기면 체온 변화가 심해 감기에 걸리기 쉽고, 기저귀 갈기가 번거로워 애를 먹는다. 따라서 밑트임 바지를 입히면 편리하다.

기저귀 가방은 숄더백이나 배낭형이 좋다

유아차를 끌고 다니려면 엄마의 손이 자유로워야 한다. 어깨에 메거나 유아차 손잡이에 걸 수 있는 숄더백이 유용하다. 또 아기띠를 착용할 경우에는 배낭형 가방이 여러모로 편리하다.

꼭 필요한 물품의 리스트를 정해 짐의 부피를 줄인다

필요하다고 해서 챙긴 것은 사용하지 않을 때가 많고, 빼먹은 짐은 꼭 필요할 때가 생겨서 이것저것 넣다 보면 어느새 기저귀 가방이 가득 찬다. 필요한 물품 리스트를 만들어 외출할 때마다 참고한다.

외출에서 돌아오면 깨끗이 씻긴다

집에 돌아오면 따뜻한 물에 목욕을 시켜 오염물과 세균 등을 제거한다. 아이가 피곤해할 때는 목욕을 미루고 가제 손수건을 적셔 닦아주어도 좋다. 씻기기 전에는 반드시 엄마 손부터 닦고, 씻은 후에는 잠을 재워 피로를 풀어준다.

월령별 외출 노하우

생후 0~2개월

목을 가누기 어려운 시기이므로 외출할 때는 아이를 옆으로 안는다. 베란다나 집 앞에서 외기욕, 생후 한 달 후 병원에 진료받으러 가는 정도의 외출이 적당하다.

생후 3~5개월

외출 중 잠이 들 수도 있으므로 유아차를 이용해 편안하게 외출한다. 호기심이 생겨 밖에 나가면 고개를 돌려 소리 나는 곳을 바라보는데, 이런 행동은 주위 세계에 대한 탐구를 적극적으로 시작했다는 뜻으로 이때 다양한 자극을 하면 좋다. "와~ 예쁜 꽃이구나" 하며 아이에게 말을 걸어준다. 근처 공원이나 동네 슈퍼 정도 나가는 것이 적당하다.

생후 6~11개월

컨디션이 좋아 보여도 바깥세상의 자극으로 피곤한 상태이므로 수분을 자주 보충해주고 틈틈이 조용한 곳에서 재운다. 백화점 나들이가 가능하고 자동차로 근거리 여행도 할 수 있다.

생후 12~24개월

아이 혼자서 걸어 다닐 때라 안전사고에 주의를 기울여야 한다. 안전하게 돌본다고 안고 다니기보다 아이 스스로 움직이게 하는 것이 성장을 위해 중요하다. 유아차에 억지로 태우거나 엄마가 앞질러 사사건건 행동을 막지 않아야 하는데, 이 경우 요령이 필요하다. 외출 장소로는 공원이나 동물원, 산이나 바다 등 아이의 호기심을 유발하는 곳이 좋다. 4시간 거리의 해외여행도 가능하다. 단, 수분 보충과 충분한 휴식 등 이전 시기의 외출 후 돌보기 원칙을 그대로 지켜야 한다.

0~1세 아이를 위한 외출 준비물 챙기기

부모가 안거나 업거나 혹은 유아차에 태우고 이동해야 한다. 아기띠는 아이를 앞으로 안기 때문에 괜찮지만, 캐리어는 아이를 볼 수 없으므로 아이가 불편하지 않은지 수시로 확인한다. 조금씩 자주 먹는 시기이므로 먹을거리와 관련한 짐은 줄이지 않는다. (3~4시간 외출 기준)

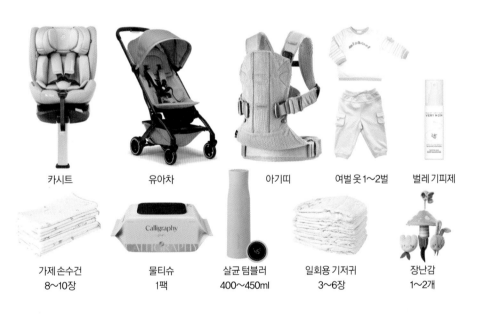

| 카시트 | 유아차 | 아기띠 | 여벌 옷 1~2벌 | 벌레 기피제 |

| 가제 손수건 8~10장 | 물티슈 1팩 | 살균 텀블러 400~450ml | 일회용 기저귀 3~6장 | 장난감 1~2개 |

- **분유수유 시** 휴대용 분유통 1~3칸, 젖병과 젖꼭지 1~3개 또는 일회용 젖병과 모유 저장팩 각각 5개
- **외출 선택 용품** 이유식 1회 분량, 턱받이 1~2개, 과자 등 간식, 비닐봉지 1개, 기저귀 커버 1개, 내의 1벌, 유축기, 방수 요 커버, 파우더 1통

가볍게 짐 싸는 요령

1 턱받이, 기저귀, 젖병, 베이비로션 등은 쓰고 나서 버릴 수 있는 일회용품을 최대한 활용한다.
2 인형 등 덩치가 큰 것은 공기를 빼면 부피가 줄어드는 지퍼백을 이용한다.
3 분유는 1회 분량씩 나누어 담는다.
4 모자나 수건, 기저귀는 작게 접어 부피를 줄인 뒤 작은 파우치에 담는다.
5 수납공간이 많은 가방에 종류별로 칸칸이 담는다.

✔ CHECK

0~2개월 외출 준비

☐ 짐도 많고, 아이도 엄마도 함께 외출하는 것에 익숙하지 않으므로 남편이나 부모님 등 도와줄 사람과 동행한다.
☐ 외출 전 미리 아이에게 젖을 먹이고 기저귀를 갈아준다.
☐ 아이의 체온을 유지하기 위해 포대기나 싸개를 준비한다.
☐ 대중교통을 이용할 때는 번잡한 출퇴근 시간대를 피한다.

3~5개월 외출 준비

☐ 앞으로 메는 아기띠나 유아차를 이용하고 무릎을 덮어줄 수 있는 타월을 준비한다.
☐ 수분 보충을 위해 끓여서 식힌 물을 젖병에 담아 보온·보냉 가방에 넣어 가져간다.
☐ 엄마의 손놀림이 자유롭도록 가방은 배낭형을 이용한다.
☐ 사고의 위험이 없는지, 잘못 삼킬 만한 것은 없는지 아이 눈높이에서 체크한다.

6~11개월 외출 준비

☐ 백화점이나 마트에 갈 경우 기저귀를 갈고 수유할 수 있는 곳이 따로 있는지 미리 체크한다.
☐ 외출해서는 아이가 긴장한 상태이므로 기저귀를 자주 갈아주고, 때에 맞춰 수유를 해서 긴장을 풀어준다.
☐ 아이 옷은 쉽게 입히고 벗길 수 있는 것으로 준비한다.
☐ 장난감을 준비해서 기저귀를 갈아주거나 한곳에 오래 머물 때 갖고 놀게 한다.

12~24개월 외출 준비

☐ 장시간 외출이 가능하므로 수분을 보충하기 위한 음료와 간식을 충분히 준비한다.
☐ 주변에 위험한 것이 없는지 살펴본 뒤 되도록 자유롭게 놀게 한다.
☐ 기온 변화나 강한 햇빛을 주의한다.
☐ 여행할 때는 여러 곳을 돌아다니기보다 한곳에 머물며 휴식을 취하는 것이 좋다.

유아차 고르기

아이와 외출할 때 꼭 필요한 유아차는 고가에다 오랫동안 사용하는 제품이라 꼼꼼히 따져보고 구매해야 한다.
유아차 종류부터 구매 시 체크 포인트, 관리법까지 정리했다.

딜럭스형 유아차 · 신생아~	휴대형 유아차 · 생후 8개월~	절충형 유아차 · 신생아~
튼튼하고 안정감이 있어 신생아부터 사용할 수 있다. 대부분 양대면 기능이 탑재돼 있어 보호자 얼굴을 보며 안정감을 느낄 수 있다. 단, 차체가 크고 무거워서 휴대와 보관이 쉽지 않은 게 단점이다.	휴대형 유아차는 가볍고 크기가 작고, 접고 펴는법도 간단해 외출용으로 적합하다. 가격도 부담스럽지 않은 것이 장점. 딜럭스형이나 절충형에 비해 승차감이나 안정감은 떨어진다.	딜럭스형 유아차와 휴대형 유아차의 장점을 모은 형태로, 딜럭스형 유아차의 안정감과 휴대형 유아차의 휴대성을 두루 겸비했다. 유아차를 한 대만 구입할 예정이라면 절충형을 추천한다.

✓CHECK

- 접거나 펴는 법이 너무 어렵지는 않은지 구입 전에 직접 접고 펴보자.
- 공간을 많이 차지하므로 보관 장소가 충분한지 살펴본다.
- 카시트와 호환되는 제품을 고르면 활용도가 높다.

✓CHECK

- 아이가 스스로 몸을 잘 가눌 수 있을 때, 주로 8개월 이후 사용하길 권한다.
- 접었을 때 한 손으로 들 수 있을 만큼 작고 가벼운지 확인한다.
- 아이를 앉혀보고 무게중심이 한쪽으로 쏠리지 않는지 체크한다.

✓CHECK

- 등받이 각도 조절 기능이 150도 이상이어야 신생아에게 적합하다.
- 충격을 완화해주는 서스펜션 장치가 적용됐는지 확인한다.
- 접었을 때 스스로 서는 셀프 스탠딩 기능을 갖춰야 외출 시 편리하다.

유아차 선택 기준

안전장치는 많을수록 좋다

안전벨트는 잡아주는 방향 수에 따라 3점식과 5점식으로 나뉘는데, 다섯 방향에서 잡아주는 5점식이 좀 더 안전하다. 최근에는 6점식도 많이 선보이는데, 남자아이라면 급소를 압박하지 않도록 보호해주는 6점식 벨트를 사용하는 것이 좋다. 벨트 길이를 조절할 수 있는지도 확인한다.

바퀴가 부드럽게 움직여야 한다

회전할 때마다 바퀴가 멈추지 않고 부드러우면서 자연스럽게 움직이는지 확인한다. 손잡이 높이를 보호자 키에 맞게 조절할 수 있는지, 손잡이가 손안에 잘 들어오는지도 중요하다. 바퀴에 장착된 서스펜션 또한 확인한다. 서스펜션은 불규칙한 노면의 충격을 흡수하고 분산하는 역할을 하기 때문에 안정적인 승차감을 위해서는 꼭 필요한 장치이다.

브레이크 성능이 중요하다

브레이크는 안전상 가장 중요한 요소다. 브레이크를 쉽게 잡을 수 있는 구조인지, 고정 장치는 튼튼한지 꼭 확인한다. 경사진 곳에서도 유아차가 밀리지 않도록 뒷바퀴 잠금장치가 있는지도 체크한다.

❗ 평지처럼 보이더라도 경사질 수 있으므로 유아차를 세워둘 때는 항상 바퀴를 고정해야 한다.

접고 펴는 법이 빠르고 간편해야 한다

유아차를 빠르고 쉽게 접을 수 있는지 확인한다. 외출 시 유아차로 이동하기 어려운 계단을 오르내릴 때 손쉽게 유아차를 접고 펼 수 있어야 한다. 또 휴대형 유아차는 자동차나 비행기에 싣는 일이 많으므로 쉽게 접히는지 꼭 확인해본다.

햇빛 가리개는 길이를 단계별로 조절하는 것이 좋다

캐노피, 차양막 등으로 불리는 햇빛 가리개의 길이가 짧으면 햇빛에 쉽게 노출된다. 필요 시 햇빛을 충분히 막아주면서도 아이의 시야를 가리지 않도록 단계별 조절이 가능한 제품을 고른다. UV 차단과 방수 기능까지 있으면 더욱 좋다.

❗ 햇빛 가리개 대신 수건이나 천으로 그늘을 만들어서는 안 된다. 유아차 안은 통풍이 되지 않고 열이 유지되어 심하면 열사병으로 이어질 수도 있기 때문이다. 따라서 처음 유아차를 구입할 때 덮개가 크고 깊이 내려오는 모델을 구입해야 한다.

등받이와 발판 각도를 조절할 수 있는 것이 좋다

원하는 각도로 기대거나 누울 수 있도록 등받이 각도 조절이 되는 제품을 선택한다. 등받이 각도가 150도 넘어가는 유아차를 A형 유아차라고 하는데, 신생아 때는 A형 유아차를 꼭 사용해야 한다. 발판 각도를 조절할 수 있으면 아이 발을 편안하게 놓을 수 있어 좋다.

❗ 최근 유아차의 트렌드는 다기능이다. 다기능 유아차는 양대면 기능, 서스펜션, 쉬운 폴딩 등 여러 가지 기능을 두루 갖추고 있다. 성장 발달에 따라 유아차를 종류별로 구매하던 예전과 달리 하나의 유아차로 모든 필요를 충족해주는 것이다. 하지만 다기능 제품도 저마다 내세우는 기능이 다르므로 어떤 기능이 가장 필요한지 알아보고 그에 맞는 제품을 구매한다.

유아차 관련 용어

• **양대면** 아이와 보호자가 마주 볼 수 있도록 회전이 가능한 기능을 말한다.

• **서스펜션** 충격을 완화해주는 장치로, 바퀴와 프레임 등에 적용한다.

• **트래블 시스템** 신생아용 바구니 카시트를 유아차에 장착해 사용할 수 있는 기능이다.

• **셀프 스탠딩** 유아차를 접었을 때 바닥에 눕히지 않고 세워둘 수 있는 기능이다.

유아차 관리법

분리형 시트는 손빨래한다

시트를 분리할 수 있다면 벗겨내 30℃ 이하의 미지근한 물에 유아 전용 중성세제를 풀어 손빨래한다. 충분히 헹군 후 물기를 짜고 그늘진 곳에서 말린다.

시트가 분리되지 않으면 솔로 닦는다

시트를 분리할 수 없는 경우, 중성세제를 푼 미지근한 물을 솔에 묻혀 닦는다. 물로 헹군 뒤 마른걸레로 닦고 거꾸로 엎어 그늘에서 말린다.

바퀴와 프레임은 물티슈로 닦는다

바퀴는 브러시로 털고 물티슈로 닦은 뒤 말린다. 프레임은 물티슈로 닦은 뒤 녹이 생기지 않도록 마른걸레로 한 번 더 닦아준다. 일반 물티슈 대신 유아용 제균 티슈를 사용하면 더욱 효과적이다. 이러한 과정이 번거롭다면 유아차 바퀴 커버를 구매해 씌우는 방법도 있다.

유아용 탈취제를 수시로 뿌린다

유아차를 좀 더 청결하게 관리하고 싶다면 항균·탈취 기능이 있는 유아용 탈취제를 수시로 뿌려주자. 약 20~30cm의 거리를 두고 골고루 뿌린 뒤 말리면 된다. 유아용 탈취제를 고를 때는 피부염, 천식 등을 유발하는 자극 물질이 없는 지 확인해야 한다.

2024년 주목할 만한 유아차

1 대형 바퀴, 네 바퀴에 작용하는 서스펜션 시스템으로 부드러운 주행감과 핸들링을 경험할 수 있는 디럭스 유아차. 한 손으로 폴딩이 가능하며, 시트 길이를 최대 10cm까지 확장할 수 있다. 배시넷, 캐노피에 통풍시스템을 갖췄다. 부가부 폭스5. 부가부(bugaboo.com).

2 특허받은 스탠드-업 폴딩 메커니즘으로 허리를 굽히지 않고 한손으로 폴딩이 가능하며, 위치를 옮겨 사용할 수 있는 수납 포켓 등 편의성과 실용성이 뛰어난 절충형 유아차. 친환경 소재를 사용했으며, 색상을 커스텀 할 수 있다. 부가부 드래곤플라이, 부가부(bugaboo.com).

3 안정감과 경쾌함까지 담고 있는 세미 디럭스형 유아차. 슬라이드 리클라이닝 풀 플랫 시트는 인체공학 학회의 자문을 받은 줄즈만의 기술력이다. 180도까지 완벽하게 눕혀지고, 시트의 전체적인 길이가 늘어나는 독창적인 조절 방식이 돋보인다. 디럭스와 절충형의 장점이 담긴 하이브리드형 세미 디럭스. 줄즈 데이5. 줄즈(enfix.com).

4 의사와 물리치료사의 연구개발로 외부 진동 감소와 아기의 올바른 자세 유지, 이동시 사두증 예방, 위·식도 역류 방지에 도움을 줌. 고급스러운 프레임 색상과 핸들 등에 천연 가죽 사용. 디럭스급 프레임을 갖추고 가벼운 무게를 자랑하는 심플한 디자인 절충형 유아차. 미사, 치코(chiccokorea.com).

5 1949년부터 이어져오는 이탈리아 브랜드로 부드러운 핸들링, 시트 분리 없이 0.5초 원터치 폴딩으로 편리하게 이동 가능한 스테디셀러 쌍둥이유아차. 북포투, 뻬그뻬레고(pegperego.com).

6 실용성에 디자인을 더한 미국 감성 유아차. 시트 분리 없이 360도 회전이 가능한 것이 가장 큰 특징으로, 세계특허 받은 스마트허브 기술을 적용하여 손목에 무리 없이 자유롭게 시트를 회전할 수 있다. 정지 상태에서는 시트를 90도로 두고 사용할 수 있어 식당이나 동물원 등에서 유용하다. 오르빗G5, 세피앙(www.orbitbaby.co.kr).

7 네 바퀴에는 물론, 시트에도 서스펜션을 탑재하여 충격량을 한 번 더 흡수하고 최상의 안정감을 선사한다. 또한 시트 방향의 분리 없이 단, 0.5초 만에 가능한 콤팩트한 폴딩 수납. 인펀트 카시트와 호환하여 트래블 시스템으로 사용할 수 있는 스마트한 유아차. 뉴나 트리브넥스트 절충형 유아차, 에이원(aonebaby.co.kr).

8 등받이 각도에 따라 엉덩이 시트가 자동 조절되어 척추 보호가 필요한 아이에게 가장 편안한 자세를 제공하는 퍼스트클래스 시트 모션을 구현한다. 팩트한 폴딩과 셀프 스탠딩 기능으로 편의성과 활용력을 높였으며 4바퀴 독립 서스펜션 및 볼베어링 시스템으로 굴곡 많은 한국형 노면에서도 최상의 핸들링과 안정감 있는 주행이 가능하다. 리안 솔로 절충형 유아차, 에이원(aonebaby.co.kr).

9 과학적으로 분석한 가장 안정적이고 편안한 모양의 에그 시트는 이상적인 구조로 아이에게 편안함을 제공한다. 버튼 하나로 핸들 높낮이와 폴딩을 동시에 조절할 수 있으며, 부드러운 터치감으로 사용하는 부모의 편의성을 고려한다. 5점식 안전벨트를 적용하여 아이의 머리를 보호하고 내구성이 뛰어난 PU 타이어를 사용했다. 에그2 하이엔드 디럭스, 에그코리아(http://eggkorea.kr/).

카시트 고르기

신생아 때부터 만 6세까지 의무적으로 사용해야 하는 카시트. 언제 교체해야 하고, 어떤 기준으로 구매해야 할까?
현명한 카시트 선택과 사용을 위한 유용한 정보를 모두 모았다.

바구니형 카시트	컨버터블 카시트	주니어 카시트
(0~10kg, 신생아~12개월)	(0~25kg, 신생아~7세)	(9~36kg, 12개월~만 11세)

바구니 형태라서 아이를 눕힐 수 있다. 아이와 시트가 마주 보는 뒤보기 방식으로 장착한다. 손잡이가 있어 이동 시 아이를 깨울 필요가 없고, 집에서도 바운서나 요람으로 사용할 수 있다. 유아차에 장착할 수 있는 제품을 선택하면 경제적이다.

✔CHECK
- 일반적으로 12개월까지 사용 가능하므로 돌 전에 사용할 일이 많은지 따져보자.
- 유아차에 장착할 수 있는 제품은 어떤 모델과 후환되는지 미리 알아본다.
- 휴대성이 높은 제품이므로 무겁지는 않은지, 쉽게 설치할 수 있는지 확인한다.

앞보기와 뒤보기가 모두 가능하며, 신생아 때부터 사용할 수 있다고 하지만 목을 가눌 수 있을 때부터 앉히는 게 안전하다. 컨버터블 시트는 만 4세까지 사용하는 것이 일반적이지만, 최근에는 만 7세까지 사용 가능한 올라운드 카시트도 인기다.

✔CHECK
- 사용 가능한 연령이 제품마다 다르므로 사용 가능한 체중을 꼭 확인한다.
- 신생아 사용 시 이너 시트의 크기가 적당한지, 목을 제대로 고정해주는 장치가 있는지 꼼꼼히 확인한다.
- 좌석이 360도로 회전 가능한 제품을 선택하면 태우고 내릴 때, 방향 전환할 때 편리하다.

제품에 따라 12개월부터 만 11세까지 사용 연령의 폭이 넓고 다양하다. 아이의 성장 단계에 따라 목 받침 높이는 물론 어깨 너비까지 조절할 수 있는 제품, 등받이를 떼고 부스터 시트(앉은 높이용 의자)로 활용 가능한 제품도 있다.

✔CHECK
- 사용 가능한 연령이 제품마다 다르므로 사용 기간을 꼭 확인한다.
- 카시트 크기와 높이, 각도를 얼마나 조절할 수 있는지 살핀다.
- 사용 기간 동안 예상하는 아이의 성장 정도와 카시트의 최대 크기를 비교해본다.

카시트 선택 기준

KC 안전마크를 확인한다
카시트는 안전성이 무엇보다 중요하다. 국내 판매 제품은 기본적으로 한국건설 생활환경시험연구원에서 인증하는 KC 안전마크가 있는지 확인한다. 추가로 유럽, 미국, 호주 등 해외 안전 인증까지 받았다면 더욱 믿을 수 있다. 최근에는 최신 유럽 안전기준인 i-size 인증 제품이 인기를 끌고 있다.

❗ i-size는 측면 충돌 시험, 키 성장에 맞춘 개발, 긴 뒤보기 기간 등을 포함한 인증 기준이다.

측면 안전장치가 있는지 살핀다
2016년 교통안전공단의 발표에 따르면 차량 간 교통사고의 40% 이상이 측면 충돌 사고다. 따라서 프레임이 카시트 측면을 넉넉히 감싸는지, 카시트 측면을 쿠션으로 충분히 보강했는지 살펴본다. 유럽 i-size 등 측면 충돌 시험을 포함한 해외 인증을 통과한 제품이면 더욱 믿을 수 있다.

ISOFIX 적용 제품을 고른다
ISOFIX는 국제 표준 유아용 카시트 고정 장치로, 카시트와 자동차를 연결하는 부분을 규격화한 것이다. 안전벨트를 이용하는 기존 방식에 비해 설치하기 쉽고 잘못 설치할 일이 적다. 우리나라는 2010년 부터 출시하는 모든 차량에 의무적으로 ISOFIX를 적용했다. 2010년 이전에 출시한 자동차는 ISOFIX 시스템을 적용하지 않은 경우도 있으므로 카시트를 사기 전에 자동차 제조사에 ISOFIX 시스템을 적용했는지 확인해본다.

사용 가능 기간을 알아본다
같은 종류의 카시트라도 제품에 따라서 사용 가능 연령이 다르다. 따라서 몇 년간 사용할 수 있는지 알아보고 카시트를 구매한다. 아이의 성장에 따라 목 받침 높낮이 조절과 어깨 부분 확장, 등받이 탈착 등이 가능한 제품을 구매하면 더 오래 사용할 수 있다.

비슷한 성능이면 가벼운 제품이 좋다

카시트 무게는 5kg부터 15kg까지 다양하다. 사고가 났을 때 카시트가 차량과 분리되면 아이와 부딪칠 수 있는데, 이때 상대적으로 가벼운 제품이 충격 또한 적다. 또 바구니형 카시트는 들고 다녀야하므로 가벼운 제품을 고른다.

시트 분리형 제품을 고른다

카시트는 길게는 10년 가까이 사용할 수 있으므로 청결하게 관리하는 게 중요하다. 따라서 시트 커버를 분리할 수 있는 제품을 고른다. 시트는 분리해 손빨래한 뒤 그늘에 말린다. 심하지 않은 오염은 그때그때 물티슈로 닦아내고, 과자 부스러기나 먼지 등도 수시로 털어내거나 핸디청소기로 흡입한다. 수시로 유아용 항균 스프레이를 뿌려서 깨끗하게 관리하는 것도 방법이다.

카시트 잘 앉히는 법

카시트는 뒷자리에 설치한다

보호자가 아이 상태를 확인하기 위해 조수석에 카시트를 설치하는 경우가 종종 있다. 하지만 사고 시 조수석에 에어백이 터지면 아이가 목을 다치거나 질식할 위험이 있다. 따라서 카시트는 반드시 뒷자리에 설치한다. 또 전방 사고 시 운전자는 본능적으로 오른쪽으로 핸들을 꺾기 때문에, 뒷자리 중에서도 조수석 뒷자리에 설치하는 것이 가장 안전하다.

신생아는 뒤보기로 앉힌다

신생아는 몸에 비해 머리가 크기 때문에 앞을 보고 앉으면 주행 방향에 따라 머리가 앞으로 쏠려서 목과 척추에 무리가 갈 수 있다. 따라서 적어도 12개월까지는 뒤보기로 앉혀 등받이에 무게가 골고루 분산되도록 해야 한다. 24개월까지 뒤보기로 앉힐 수 있는 제품을 골라 뒤보기 기간을 늘리면 더욱 좋다.

카시트의 정확한 사용 시기 확인법

한국건설생활환경시험연구원에서는 사용 몸무게에 따라 카시트를 0~Ⅲ그룹까지 다섯 등급으로 분류해 인증하고 제품에 표시한다. 예를 들어 Ⅰ그룹과 Ⅱ그룹 표시가 있다면 9~25kg의 아이가 사용할 수 있는 제품이다. 흔히 0+그룹, Ⅰ그룹, Ⅱ그룹 인증을 모두 통과한 제품을 올라운드 시트라고 부른다.

구분	0그룹	0+그룹	Ⅰ그룹	Ⅱ그룹	Ⅲ그룹
몸무게	10kg 미만	13kg 미만	9~18kg	15~25kg	22~36kg
사용 연령	만 1세 이하	만 2세 이하	만 1~4세	만 3~7세	만 7~11세

※ 우리나라 카시트 안전 검사에는 키에 대한 별도의 기준이 없다. 따라서 사기 전에 연령별 평균 앉은키와 카시트 크기를 비교해 언제까지 사용 가능할지 판단해보자. 산업자원부 기술표준원의 발표에 따르면 2005년 기준 만 4세, 만 7세, 만 11세의 평균 앉은키는 각각 58cm, 66cm, 77cm 안팎이다.

2024년 주목할 만한 카시트

1 신생아부터 125cm까지 사용이 가능한 회전형 카시트이다. 레이싱카 시트를 제조하는 독일 시트 브랜드의 기술력과 노하우가 담긴 글로벌 브랜드 레카로(RECARO). 인체공학적 설계와 남다른 퀄리티를 자랑한다. 더뉴 살리아125 회전형 카시트 i-Size, 레카로(enfix.co.kr).

2 신생아부터 12세까지 사용 가능한 올인원 카시트로, i-Size 인증을 획득했다. 축류형 팬, 후면 통풍구, 2종 통기 원단 등을 적용한 공기 순환 시스템으로 체온 조절에 취약한 자녀의 쾌적함까지 챙길 수 있다. 우노 에어, 순성(www.soonsungmall.com).

3 6만대 판매를 돌파한 휴대용 카시트 '빌리'의 24년형 모델. ISOFIX 및 3점식 벨트 장착 지원과 컴팩트 사이즈 폴딩 등의 안전성과 휴대성은 유지하고 이너 서포트 헤드레스트, 허그쉘(hug-shell) 디자인, 에어 매쉬 커버의 적용으로 자녀의 편의성을 한층 높였다. 빌리 프로, 순성(www.soonsungmall.com).

4 신생아부터 5세까지 사용 가능한 제품으로 세계 최초 실차 충돌테스트 안전 수치 검증 완료. 부드러운 한손 회전 기능 특징. 원픽스360 시즌2 i-Size, 다이치(babyseatmall.net).

5 국내 유일 충돌테스트 조건 그대로 아이를 태울 수 있도록 돕는 안전 가이드가 탑재된 최신형 아이 사이즈 회전형 카시트. '소비자의 명확한 이해를 돕는 세련된 디자인'으로 인정받아 세계 3대 디자인 어워드인 iF 디자인 어워드를 수상했다. 오스트리아 브랜드. 스완두 i-size 회전형 카시트 마리3, 끄레델(swandoo.co.kr).

6 장시간 주행에도 아이에게 편안함을 제공하고 목 꺾임이 없도록 카시트 자체 등받이가 4단계로 각도 조절된다. 만3세~12세까지 사용 가능하며 아이 체형에 맞춰 카시트 높이와 좌우 폭을 세밀하게 조절할 수 있다. 주니어 카시트 유일하게 EPP 충격 흡수소재가 적용되어 더욱 안전하다. 시크 i-size 주니어 카시트 맥스아이진, 시크(seecbaby.co.kr).

7 국내 유일 기획부터 제조까지 독일 현지에서 진행한 플래그쉽 회전형 카시트. 신생아부터 5세까지 사용 가능하며, 강철로 된 '와이드 스핀 디스크'가 흔들림 없이 안정적인 회전을 제공한다. 듀얼픽스 프로 아이사이즈, 브라이텍스(britax.co.kr).

8 유럽 최신 i-Size 안전 인증, 독일 ADAC 안전 테스트 완료. 독자적인 기술로 총 4단계 측면 충돌 보호 시스템이 설계되어 있다. 후방 150, 전방 127의 각도 조절로 장·단거리 모두에 편안한 승차감을 제공한다. '토들넥스트'i-Size 회전형 카시트, 에이원(www.aonebaby.co.kr).

9 '안전성'과 '편의성'을 모두 만족하는 조이 아이스핀360. 독일 ADAC 안전 테스트 최고점 획득하고 NASA가 개발한 메모리폼 머리 보호대로 적용했다. 측면 충돌 사고 대비해 돌충형 측면 보호 장치까지 탑재 완료. 조이 아이스핀360 시그니처, 에이원(www.aonebaby.co.kr).

월령별 그림책 고르기

첫 그림책은 언제부터, 어떤 것으로 골라야 할까? 만 3세 전에 보는 그림책은 엄마와 아이 사이의 애착을 단단히 하고
아이의 인지능력과 정서를 발달시킨다. 아이의 발달 단계를 고려하면서 신중하게 선택하자.

그림책 선택의 기준

첫 그림책은 윤곽이 뚜렷한 초점책을 고른다

생후 6개월 이전에는 눈의 초점을 맞추기 어렵다. 따라서 첫 그림책은 시각 자극을 돕는 초점 그림책이 효과적이다. 특히 생후 2~3개월에는 명암 대비가 뚜렷한 흑백 초점책이 적당하다. 또 아기나 어린 동물이 등장하는 사물 그림책도 아이가 자신과 동일시하기에 적당하다.

감각 자극 그림책으로 놀이한다

생후 5~6개월이면 눈앞에 보이는 것은 무엇이든 잡으려 하고, 곧장 입으로 가져간다. 입으로 빨고 물고 씹으면서 만족감을 충족하는 시기이기에 아이가 입안에 넣어도 안전한 촉각 자극 책을 쥐여주면 아이는 스스로 책을 탐색하며 여러 가지 자극을 동시에 받는다. 아이가 혼자서 들 수 있고 책장을 넘기기 좋은 재질로 만든 책은 감각을 자극하면서 책과 친해질 기회를 안겨준다.

단순한 그림의 개념 그림책을 고른다

돌 전에는 사물 이름이나 모양을 알려주는 개념 그림책을 고르되 단순한 그림이 그려진 것이 좋다. 생후 6개월 전에는 윤곽선이 뚜렷하고 원색으로 그려진 사물 그림을 한 면에 꽉 차게 구성한 책이 가장 이해하기 쉽다. 돌 무렵에는 파스텔 톤의 부드러운 색채로 그린 책을 보여주면서 다양한 시각 자극을 준다. 생후 24개월 전후에는 좀 더 세밀한 사물 그림책을 보여주면서 관찰하도록 한다.

일상생활과 가까운 주제의 책을 고른다

생후 12개월 무렵이면 먹기, 목욕하기, 잠자기 등 일상생활 습관을 배우고 익숙해져야 한다. 이때 아이의 생활과 밀접한 주제를 표현한 그림책은 호기심을 자극하고, 생활 습관을 들이는 데 도움이 된다. 특히 음식과 관련한 주제는 아이가 가장 먼저 흥미를 보이곤 한다. 배변 훈련을 하는 두 돌 전후가 되면 익숙한 아기 동물들의 똥 이야기 등을 그린 책을 보여준다.

인지와 애착을 발달시키는 까꿍책을 읽어준다

까꿍 놀이 그림책은 대상영속성을 알려주는 데 매우 효과적이다. 대상영속성은 눈앞에 있던 물건이 잠깐 사라져도 영원히 없어지는 게 아니라는 개념을 아는 것이다. 특히 엄마 아빠가 잠깐 안 보이더라도 다시 나타난다는 믿음을 줄 수 있어 애착 형성과도 매우 밀접한 연관이 있다. 까꿍책은 앞 장에서는 사라졌다가 책장을 넘기면 다시 나타나는 식의 구성이나 플랩북이 스릴과 재미를 주는 데 적당하다.

자주 쓰는 의성어와 의태어로 구성한 책을 고른다

첫말을 하는 돌 전후부터 언어가 눈부시게 발달하는 생후 24개월 전후에 의성어와 의태어가 풍부한 책을 보면 말 배우기에 많은 도움이 된다. 의성어·의태어는 말의 리듬과 운율을 살리기 좋아 아이가 잘 기억할 수 있고 꾸준히 접하면 언어에 대한 감각도 좋아진다. 너무 낯선 단어보다는 일상생활에서 자주 쓰는 의성어·의태어로 구성한 책이 좋다. 짧은 동시나 동요 그림책도 리듬감을 살려 읽어주면 말 배우기에 많은 도움이 된다.

반복 구조가 재미있는 책을 고른다

아이는 같은 책을 계속 읽어달라고 하거나 매번 똑같은 부분에서 웃음을 터뜨리곤 한다. 생후 36개월까지 아이는 수없이 많은 반복을 통해 세상을 배워나간다. 그림책도 반복 구조로 이루어진 것을 고른다. 단, 구조가 단순하더라도 작은 반전등 재미 요소를 살린 책이어야 한다.

전문가가 추천하는 0~3세 좋은 그림책

0~24개월

〈베베북〉
그림 폴린 마르탱
My Little Tiger
아이와의 감동적인 첫 만남 순간을 담은 그림책 시리즈.

〈바스락바스락 아기 초점책〉애플비
흑백 대비로 동물 얼굴을 보여주며 시각 발달을 돕는 초점책.

〈초점책〉
블루래빗
딸랑이와 삑삑이가 들어있는 아이의 목욕 시간이 즐거워지는 동물 모양 목욕책.

〈열어요〉 시리즈
글·그림 아라이 히로유키
한림출판사
익숙한 사물을 열면 무엇이 있을지 호기심을 자극하는 사물 그림책.

〈달님 안녕〉
글·그림 하야시 아키코
한림출판사
달님과 인사하는 반복 구조를 통해 까꿍 놀이를 할 수 있는 그림책.

〈사과가 쿵!〉
글·그림 다다 히로시
보림
여러 동물이 큰 사과를 갉아먹는 반복 구조, 의성어와 의태어를 잘 살린 그림책.

〈말문트기 핑크퐁펜〉
My Little Tiger
돌 전후 아이의 언어 발달을 도와주는 터치펜 포함 사운드북. 1000개 이상의 풍부한 단어와 효과음 수록.

〈하양 까망〉
그림 류재수 보림
주변에서 쉽게 볼 수 있는 동식물과 사물을 간결한 선으로 그린 흑백 그림책.

25~36개월

〈핑크퐁 상어가족 멜로디 팝업북〉
My Little Tiger
책을 펼치면 상어 가족이 튀어나오는 재미있는 팝업북. 멜로디 버튼을 누르면 상어가족송이 재생된다.

〈직업놀이 보드북〉
My Little Tiger
소방관과 의사에 대한 이야기와 떼어 놀 수 있는 종이 인형이 들어있는 역할놀이 보드북.

〈똥이 풍덩!〉
글·그림 알로나 프랑켈
비룡소
변기를 처음 사용하는 주인공의 이야기를 통해 배변 훈련을 돕는다.

〈배고픈 애벌레〉
글·그림 에릭 칼
더큰컴퍼니
배고픈 애벌레를 통해 색깔과 숫자, 요일 등을 배우는 개념 그림책.

〈세밀화로 그린 보리 아기 그림책〉
글 보리 그림 이태수 외
보리 동물과 곤충, 사물을 실감 나게 그린 세밀화 그림책.

〈스웨덴 인성동화〉
My Little Tiger
주체적인 피노의 모습을 보며 인성 발달에 필요한 12가지 주제를 배우는 생활동화 시리즈.

〈두드려보아요〉
글·그림 안나 클라라 티돌름 사계절
문을 두드려 사물을 찾아보는 사물 인지 그림책.

〈손이 나왔네〉
글·그림 하야시 아키코
한림출판사
혼자 옷 입는 과정과 신체 구조를 알려주는 일상생활 그림책.

월령별 장난감 고르기

좋은 장난감은 아이가 재미있게 갖고 노는 동안 신체와 두뇌, 감각을 고루 발달시킨다.
아이의 월령과 성향에 따라 최적의 장난감을 선별하는 기준을 알아두자.

아이에게 장난감이 필요한 이유

놀고 싶은 욕구를 자극한다

장난감은 아이를 놀이 세계로 이끄는 매개체이다. 아이는 놀면서 오감을 발달시키고, 주 양육자와 애착을 더욱 견고히 형성하며, 학습을 하기도 한다.

신체 발달을 촉진한다

장난감은 아이의 움직임을 촉진해 신체 발달을 돕는다. 아이는 딸랑이 소리가 나면 그쪽으로 고개를 돌리고, 모빌이 움직이는 대로 시선이 따라간다. 조금 자라면 북을 두드리고, 승용 장난감을 밀고 타면서 몸이 민첩해지고 협응력도 좋아진다.

두뇌 발달에 좋다

아이가 온몸의 근육과 감각을 사용하면서 재미있게 놀 때, 아이 뇌의 뉴런들이 활발하게 연결된다. 또 블록처럼 시행착오를 겪으며 조작하고 탐색하는 장난감은 사고력과 창의력을 발달시킨다.

상상력과 정서 발달을 돕는다

창의력은 도파민이 전두엽 영역에서 방출될 때 전두엽이 활성화되면서 발달한다. 아이가 장난감을 가지고 놀거나 이리저리 조작하면서 재미를 느끼면 도파민 같은 신경전달물질이 자연스럽게 분비된다.

좋은 장난감의 기준

오감을 자극해야 한다

아이는 세상에 태어나면 생존하기 위해 가장 원초적 감각부터 발달시켜나간다.

이는 태어나 몇 년 동안 감각 운동과 관련한 대뇌피질이 집중 발달한다는 뜻이다. 딸랑이, 촉각책, 치아발육기 겸용 놀잇감 등 각 감각을 자극하는 장난감을 하나씩 구입해 아이의 오감을 두루 자극하는 것이 좋다.

발달 단계에 맞아야 한다

신생아는 흑백을 구별하고 약 15cm 앞의 사물을 볼 수 있을 정도의 시력이므로 화려한 것보다 단순한 흑백 모빌이 알맞다. 한창 기고 서서 움직이기 좋아하는 아이에게 책이나 블록을 주는 것은 아이의 발달 욕구에 맞지 않는다. 장난감을 미리 사두기보다 앉기, 걷기 등 신체 발달의 큰 변화나 소근육 발달, 언어 표현 정도 등을 파악해 알맞은 것을 구입한다.

안전하고 세척하기 쉬워야 한다

안전성은 장난감 선택의 기본 조건이다. 모서리가 날카롭지 않으며 물고 빨아도 안전해야 한다. 국가통합인증마크인 KC 마크는 안전성이 입증된 제품에 부착되므로 이 마크가 있는지 확인한다. 집에서도 손쉽게 세척하고 소독할 수 있는 제품을 고르면 더욱 좋다.

기질 맞춤 장난감 vs. 기질 보완 장난감

활동적이고 자극 추구형 아이

- **기질 맞춤** 거울이나 손 인형, 고리 끼우기, 공, 끌차, 승용 장난감. 동적이고 시각적 변화가 확실한 것이 흥미를 끌 수 있음.
- **기질 보완** 큰 퍼즐, 블록 쌓기, 미술 놀잇감, 구슬 꿰기, 병원놀이, 레고 블록 등. 시지각 협응이 가능하고 직접 만들어 가시적 결과를 내는 제품이 집중력 향상에 도움이 됨.

차분하고 소극적 아이

- **기질 맞춤** 봉제 인형, 퍼즐, 비눗방울 놀이, 놀이용 피겨 등. 안정감을 주고 상상력을 자극하는 장난감이 정서 발달에 효과적.
- **기질 보완** 치아발육기, 헝겊 주사위, 악기, 서프라이즈 상자, 그네, 점토, 세발자전거 등. 활동량을 늘릴 수 있는 장난감이나 악기처럼 감정을 표현할 수 있는 장난감.

고집이 세고 자기 몰입형 아이

- **기질 맞춤** 목욕 장난감, 모양 분류 상자, 팽이, 블록 등. 집중해서 놀이할 수 있거나 스스로 해결하며 노는 장난감.
- **기질 보완** 헝겊 공, 슈퍼놀이, 공구놀이, 컵쌓기, 과일 자르기, 주방놀이 등. 다른 사람과 함께 놀고 순서나 규칙을 지키는 장난감이 상호작용 능력을 촉진함.

몸을 움직여 놀면서 시행착오를 경험할 수 있어야 한다

스마트폰과 태블릿 PC 등 첨단 기기 사용이 무조건 나쁜 것은 아니지만, 영·유아기에는 터치 몇 번으로 쉽게 조작하는 장난감 비중이 높아지는 것을 경계해야 한다. 대·소근육을 충분히 활용하고 여러 차례의 시행착오를 거치는 장난감이 성장 발달에 더욱 좋다.

100% 천연 유래 향료와 식물성 구연산 성분으로 우수한 세정력과 99.99% 세균 살균의 효과가 있다. 유해성분 0%, 알러지 프리 제품으로 민감성피부테스트도 완료한 제품. 아기용품 세정제로 안심하고 사용하기 좋다. 메이드 인 프랑스. 500ml, 1만8000원, 버블비 다목적 토이클리너

월령별 대표 장난감

생후 0~2개월 · 단순한 흑백 모빌부터 시작한다

신생아 때는 단순한 모양의 흑백 모빌이 적당하다. 또 소리 듣기를 좋아하는 시기이므로 딸랑이를 흔들며 얼러주거나 소리 나는 모빌을 걸어주어도 좋다.

모빌 생후 2개월까지는 명암을 통해 사물을 구분하므로 흑백 모빌을, 이후에는 색 대비가 분명한 컬러 모빌을 달아준다. 아이가 눈을 치켜뜨지 않고 볼 수 있는 각도에 달아주고, 시선을 돌릴 수 있도록 가끔 위치를 바꾼다.

딸랑이 손으로 잡고 흔들 수는 없으나, 엄마가 흔들어주면 눈을 크게 뜨거나 소리 나는 쪽으로 고개를 돌리며 반응을 보인다. 처음에는 정면, 생후 2개월부터는 옆에서 흔들어준다. 입으로 빨고 탐색할 수 있는 헝겊 딸랑이도 좋다.

사운드집 아이가 편안하게 들을 수 있는 클래식 음악, 잔잔한 피아노·첼로 등 악기 소리, 물·바람 등 자연 소리 등을 다양하게 들려준다.

생후 3~6개월 · 부드럽게 만지고 빨 수 있는 장난감이 좋다

대근육 발달이 왕성해 주변에 있는 물건을 발로 차거나 팔을 흔든다. 손으로 쥔 물건은 모두 입으로 가져가 물고 빨면서 형태와 질감을 탐색한다. 소리 나는 장난감과 촉각 장난감 등 크기가 작은 장난감으로 다양한 자극을 준다.

오뚝이 엎드린 채 한참 동안 고개를 가누기도 하고, 배밀이도 하므로 아이 앞에 오뚝이를 놔두면 잡으려고 몸을 앞으로 움직인다. 이런 동작은 자연스럽게 기기를 유도할 수 있다. 너무 크거나 무겁지 않은 것으로 고른다.

치아발육기 이가 나기 전에는 잇몸이 근질근질해서 무엇이든 씹으려 한다. 치아발육기는 잇몸을 부드럽게 자극하기 좋은 장난감. 또 손으로 잡고 입으로 가져가는 동작이 시각과 소근육의 협응을 돕는다.

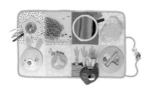

촉각 장난감 처음에는 부드러운 헝겊 소재가 적당하다. 이후 소재를 다양하게 하고 차츰 까칠한 느낌으로 바꿔준다. 촉각을 자극하고 손놀이가 활발해져 두뇌 발달에도 효과적이다.

생후 7~9개월 · 손가락으로 쥘 수 있는 장난감을 준다

혼자서도 안정감 있게 앉을 수 있으므로 두 손이 자유로워진다. 손으로 물건을 잡고 흔들면서 탐색할 수 있으므로 손을 마음껏 사용하고, 손으로 만졌을 때 변화가 나타나 다양한 움직임을 촉진하는 장난감이 좋다.

모양 끼우기 도형을 끼우는 장난감을 제공하되, 끼우는 칸이 널찍하고 칸의 개수가 적은 것으로 골라야 아이가 쉽게 할 수 있다. 도형 부속물은 5개를 넘지 않는 것이 좋다.

물놀이 장난감 움직임이 많아지기 때문에 목욕시키기가 힘든 시기이다. 이럴 때 아이에게 물놀이 장난감을 쥐어주고 집중해서 놀게 하면 손힘을 길러주고 인지 발달에도 도움이 된다.

악기 장난감 입으로 불어서 소리를 내는 것은 아직 어렵다. 입을 대기만 해도 멜로디가 나오는 나팔이 호기심을 자극할 수 있다. 북은 막대를 쥐고 두드려도 좋지만, 맨손으로 두드리는 것도 힘을 조절하는 데 도움이 된다.

생후 10~12개월 · 걸음마를 도와주는 장난감을 선택한다

기거나 걸으면 행동 범위가 넓어진다. '기기, 서기, 잡고 걷기' 순으로 걸음마의 기초를 도와주는 장난감을 골라 운동 발달을 촉진한다. 또 첫말을 터뜨리는 시기이므로 소리를 내거나 말을 하도록 언어 발달을 유도하는 장난감이 좋다.

그네 흔들리는 그네에 앉아도 몸의 균형을 잘 잡을 수 있도록 안전대가 설치된 것을 고른다. 생후 10개월 무렵부터 이용한다.

붕붕카 차에 태워 뒤에서 밀어주는 놀이를 시작한다. 촉각과 청각을 자극하고 손의 협응력을 키워준다. 너무 무겁지 않은 것이 좋다.

롤러코스터 나무 구슬이나 나무 판은 매끄럽게 마무리되어야 하며, 처음에는 너무 복잡하지 않고 꼬임이 5개 미만인 것을 고른다.

아기 걸음마 혼자 걸음마를 하기 전에 붙잡고 걷거나 등을 곧게 펴고 걷는 연습을 할 수 있다.

생후 13~18개월 · 신나는 신체 놀이 장난감이 좋다

걸음마를 시작하면 아이는 의기양양해지고 에너자이저처럼 쉴 새 없이 움직인다. 이때 마음껏 신체 에너지를 발산하지 못하면 짜증이 심해지거나 엉뚱한 고집이 생길 수 있다. 몸 놀이를 자극하는 장난감은 아이의 정서 발달에도 도움이 된다.

볼 텐트 방 안에 놓아주면 아이만의 공간이 생긴다. 움직일 때마다 볼의 감촉도 느낄 수 있어 촉각을 자극하는 데도 유용하다.

공 색감이 선명하고 부드러운 촉감의 공을 고른다. 발로 찼을 때 발등이 아프지 않아야 한다.

사운드 완구 카드를 꽂을 때마다 다른 소리가 나 청각을 자극한다. 소리에 반응하며 언어능력을, 소리를 구별하며 인지력을 키울 수 있다.

생후 19~24개월 · 대화를 촉진하는 장난감을 고른다

두 돌 전후는 언어 발달의 황금기이다. 대화를 많이 나눌 수 있고 말을 유도하는 장난감이 좋다. 또 자아 개념이 강해지고, 혼자 하고 싶은 일도 많아지므로 혼자서 즐길 수 있는 장난감이 도움된다.

역할놀이 장난감 소꿉놀이나 병원놀이 장난감은 아이의 생활과 밀접하기 때문에 쉽게 역할놀이를 시도해볼 수 있다. 엄마와 아이가 되어보기도 하고 의사와 환자 역할을 하면서 자연스레 대화가 많아지며 아이의 상상력도 향상된다.

모래 놀이 장난감 모래 놀이는 촉각을 자극하고 눈과 손의 협응력을 길러준다. 놀이터에서 모래 놀이를 할 경우 위생 상태가 걱정된다면 모래 놀이 장난감 키트를 구매해 집에서 모래 놀이를 할 수 있다.

인형 아이의 상상력과 감정 표현이 풍부해지는 시기이므로 감정이입을 할 수 있는 인형을 사주고 함께 역할놀이를 해본다.

컬러 찰흙 여러 색깔을 섞어가며 놀 수 있도록 색깔이 다양한 것을 고른다. 또 손에 묻어나지 않고 오래 써도 굳지 않는 것이 좋다.

생후 25~36개월 · 상상력 발달을 돕는 것이 좋다

좋아하는 놀이와 싫어하는 놀이의 구분이 확실해진다. 억지로 권하기보다 아이가 좋아하는 것 위주로 놀다가 다른 놀이를 시도한다. 정서 발달이 활발한 시기이므로 표현력을 발휘할 수 있는 장난감이 좋다.

칠판 집 안이 아이의 낙서장이 되는 시기이다. 아이가 그림을 그릴 수 있도록 커다란 칠판을 준비해 마음껏 그리도록 도와준다.

음식 만들기 장난감 음식을 만들고 나눠주는 놀이는 애착과 자신감을 길러준다. 자신이 엄마나 요리사인 것처럼 상상하도록 역할놀이를 한다.

세발자전거 활동량이 늘어나는 아이의 대근육을 발달시킨다. 견고하고 모서리가 매끄러운지, 바퀴가 잘 굴러가는지 살핀다.

NG 장난감이 너무 많으면 애착과 집중을 방해한다

만 1세 아이가 집중하는 시간은 약 20초, 만 2세는 1분 정도이다. 또 아직 상대와 같이 노는 데도 미숙하다. 따라서 이 시기에 너무 많은 장난감을 주면 아이는 이것저것 건드려보기만 할 뿐 집중력을 발휘하거나, 엄마와 상호작용하는 데 관심을 갖기 어렵다. 집중력을 기르려면 동시에 여러 가지 장난감을 주는 것보다 한 가지씩 단계적으로 주는 것이 좋다. 아이가 잘 갖고 놀지 않거나 개월 수에 맞지 않은 것은 치우거나 따로 보관해 시선이 분산되지 않도록 한다.

훈육의 기술

생후 18개월 무렵에는 아이의 고집과 떼쓰기가 부쩍 늘어난다. 이제 훈육이 필요한 때이다.
아이는 엄마의 엄격한 태도에 화를 내기도 하지만, 훈육을 통해 행동의 기준을 이해하며 한층 더 성장한다.

고집의 이유에 따라 대처하기

자아 발달에 따른 고집은 받아준다

순하던 아이도 두 돌 전후가 되면 고집쟁이로 변하곤 한다. '나'에 대한 개념이 생기면서 '내 것', '내가 먼저', '내가 하고 싶은 것'이 중요해지기 때문이다. 이때 엄마는 뭐든 자기가 해보려는 아이 때문에 골머리를 앓곤 한다. 하지만 이 시기 아이는 무엇이든 스스로 해보는 경험을 통해 자율성을 느끼는 것이 매우 중요하다. 만일 크게 위험하지 않고 아이가 일상생활이나 놀이에서 도전해보려는 고집을 부리면 스스로 하도록 놔두는 것이 좋다.

폭력적 행동은 제지한다

다른 아이 것을 갖겠다고 빼앗거나 때리고 던지는 행동은 제지해야 한다. 아직은 구체적 이유를 설명해도 잘 이해할 수 없기 때문에 "안 돼"라며 짧고 정확하게 말한 후 엄한 표정으로 알린다. 두 돌 전후 아이는 엄마가 말리기 전에 손이 먼저 나간다. 이 시기에는 아이 가까이에 있다가 엄마가 손으로 막아서 행동을 제지한다.

폭발적 떼쓰기는 잠시 기다려준다

떼쓰기는 좌절감의 또 다른 얼굴이다. 원하는 대로 할 수 없다는 것에 대한 분노이자 슬픔의 표현이다. 생후 24개월 전후에는 드러눕기, 발 구르기, 숨 넘어가도록 울기 등 떼쓰기가 절정에 이른다. 이 같은 분노 폭발 상태에서는 위험한 일이 없도록 옆에서 지켜봐주면서 기다리는 것이 현명하다. 아이도 이 시간을 통해 감정을 정화한다. 조금 진정되면 아이를 안아준 다음 잘못한 것에 대해 이야기한다.

훈육의 원칙

정말 금지할 일인지 먼저 생각한다

정말 금지해야 할 일인지, 과잉 통제하는 것인지 구분할 필요가 있다. 아이가 말을 듣지 않으면 엄마도 화가 나서 금지하게 되는데, 이런 악순환을 줄이고 아이의 자율성을 키워야 한다. 금지를 많이 당하면 정말 반항적인 아이가 될 수 있다.

미리 감정을 읽어준다

감정 읽기는 아이가 떼쓰기를 시작하기 전에 불을 끄는 작업이다. 아이 입장에서도 욕구가 좌절되어 떼를 쓰는 것이기 때문에 속상한 마음을 읽고 공감해주어야 한다. 그 과정에서 자기 감정의 원인이 무엇인지 알게 되고, 이를 바탕으로 감정을 조절하는 연습을 하게 된다.

제지는 일관성 있고 단호하게 한다

야단을 치거나 제지할 때는 일관성이 무엇보다 중요하다. 또 오래 실랑이를 하면 훈육하려는 내용의 초점이 흐려지기 때문에 짧고 단호하게 말한다. 이때 높은 톤의 큰 목소리보다는 낮고 굵은 목소리로 전달하는 것이 효과적이다.

> ! 고집 센 아이에게 "안 돼", "하지 마"라고 말하면 욕구를 좌절시킨다고 느껴 더 심하게 반항한다. 의미는 비슷하지만 "그만", "잠깐"이라고 하면 주의를 환기시킬 수 있고, 제지당한다는 느낌이 덜하다.

떼쓸 때 요구를 들어주지 않는다

떼쓰기가 습관이 된 아이 중 '이렇게 하면 원하는 것을 들어준다'는 나름의 공식을 터득했기 때문인 경우가 있다. 조금 고집을 부릴 때는 안 된다고 했다가 폭발하면 요구를 들어주는 부모가 가장 위험하다. 들어줄 요구라면 차라리 떼쓰기 전에 흔쾌히 들어주는 게 낫다.

부모의 감정을 조절한다

아이가 떼쓰고 고집을 부리면 부모도 평정심을 잃고 자칫 아이와 싸우는 상황이 된다. 하지만 부모가 함께 화를 내며 폭발하면 아이는 감정을 조절하는 방법을 보고 배울 모델을 잃게 된다. 화낼 때보다 '나는 너와 다르다'는 어른스러운 태도를 보일 때 부모로서 권위는 더 선다. 부모도 자신만의 분노 조절 방법을 터득해야 한다.

육아 지원 제도

정부에서는 육아로 인한 경제적 부담과 맞벌이 가정의 양육 공백을 줄이기 위해 다양한 제도를 운영한다. 만 3세 미만 아이가 있는 가정에 유용한 제도를 소개한다.

보육료 지원

만 0~5세 보육료 지원

어린이집에 다니는 만 0~5세 유아 · 아동에게 보육료를 지원한다. 어린이집을 그만두거나 유치원에 들어갈 경우 서비스 변경 신청을 해야 한다. 종일제 아이 돌봄 서비스 지원과 중복해서 받을 수 없다.
• 지원 내용: 아이 연령에 따라 월 28만 원부터 54만 원까지 지원한다. 연장 보육료는 시간당 1~3000원 추가 지원한다.
• 지원 방법: 아이의 주소지 주민센터나 복지로 홈페이지(bokjiro.go.kr)에서 신청한다.
• 문의처: 보건복지부 콜센터(129) 또는 아이사랑헬프데스크(1566-3232)

가정 양육 수당 지원

만 6세 이하의 아이를 어린이집이나 유치원에 보내지 않고 가정에서 돌볼 경우 가정 양육 수당을 지원한다. 종일제 아이 돌봄 서비스 지원과 중복해서 받을 수 없다. 어린이집이나 유치원에 갈 경우 서비스 변경 신청을 해야 한다.
• 지원 내용: 아이 연령과 농어촌 지역, 장애 유무에 따라 월 10만 원부터 20만 원까지 지원한다.
• 지원 방법: 아이의 주소지 주민센터나 복지로 홈페이지(bokjiro.go.kr)에서 신청한다.
• 문의처: 보건복지부 콜센터(129)

⚠️ 2023년부터는 만 0~1세 영아기 집중 돌봄을 두텁게 지원하기 위해 부모급여를 시행한다. 가정 양육을 하는 경우 만 0세 아동의 부모에게는 월 70만 원, 만 1세 아동의 부모에게는 월 35만 원을 현금으로 지급한다. 어린이집에 다니면 보육료 바우처를 제외한 금액을 받을 수 있다. 자세한 사항은 복지로(bokjiro.go.kr)에서 확인할 수 있다.

맞벌이 부부를 위한 제도

육아휴직 제도

만 8세 이하의 자녀를 양육하기 위해 신청하는 제도로, 부부가 동시에 육아휴직이 가능하다. 기간은 1년 이내로 월 통상임금의 80%(상한액 150만 원, 하한액 70만 원)를 정부에서 지원한다. 또 생후 12개월 내 자녀가 있는 부모가 동시에 또는 순차적으로 육아 휴직을 할 경우 첫 3개월에 대해 각각 최대 300만 원(통상 임금 100%) 지원한다.
• 신청 방법: 육아휴직을 시작하려는 날의 30일 전까지 사업주에게 육아휴직 신청서를 제출한다. 조기 출산 등 특별한 사유가 있으면 7일 전까지 신청 가능하다.
• 급여 신청 대상 및 신청 방법: 육아휴직을 30일 이상 신청한 경우 육아휴직이 끝난 날부터 12개월 이내에 본인이나 대리인이 거주지나 소재지 관할 고용센터를 방문하거나 우편, 인터넷으로 접수한다.
• 문의처: 고용노동부 상담센터(1350)

육아기 근로시간 단축 제도

주당 15~35시간으로 단축 근무하는 제도로, 자녀 한 명당 육아휴직과 육아기 근로시간 단축을 합산해 최대 2년까지 사용할 수 있다. 최소 3개월 단위로 횟수 제한 없이 분할 사용이 가능하다. 또 배우자가 육아휴직 중이라도 육아기 근로시간 단축 제도 신청이 가능하며, 급여는 고용보험에서 지급한다.
• 신청 대상 및 신청 방법: 육아기 근로시간 단축 시간이 하루에 1시간이면 통상 임금의 100%(상한액 200만 원, 하한액 50만 원)을 받고, 1시간 초과하면 통상 임금의 80%(상한액 150만 원, 하한액 50만

원)에 단축 전 근로시간 대비 줄어든 근로시간을 곱해 계산한다. 고용보험 홈페이지(ei.go.kr)에서 급여를 계산할 수 있다.
• 문의처: 고용노동부 상담센터(1350)

아이 돌봄 서비스

아이를 돌볼 수 없을 때 육아 도우미가 방문해 아이를 돌봐주는 서비스. 시간제 돌봄서비스는 생후 3개월부터 만세이하의 아동까지 신청 가능하며, 서비스 이용 요금은 아이만 돌봐주는 일반형은 시간당 1만1630원, 아동 관련 가사까지 도와주는 종합형은 시간당 1만5110원이다. 종일제 서비스는 생후 3개월부터 36개월 이하 영아만 신청할 수 있으며, 서비스이용요금은 시간당 1만1630원이다. 정부 지원은 한 부모 가정의 양육자가 직장을 다니는 경우, 맞벌이 가정인 경우 등 양육 공백이 있는 가정 중 건강보험료 본인부담금 합산액이 기준 중위 소득 150%(2024년 3인 기준 직장 가입자 25만1147원, 지역 가입자 21만599원, 직장 지역 혼합 25만5837원)이하인 가정에 한한다. 이외에도 보육 시설에서 아동 돌봄을 보조해주는 기관 연계 서비스, 전염성 · 유행성 질병에 감염된 시설 아동들에게 가정 돌봄 서비스를 지원해주는 질병감염아동지원 서비스도 있다.
• 지원 대상 신청 방법: 아이의 주소지 주민센터에서 신청한다. 부모가 모두 직장 보험 가입자이면 복지로(bokjiro.go.kr)에서도 신청할 수 있다.
• 자가 부담 신청 방법: 아이돌봄서비스 홈페이지(idolbom.go.kr)에서 신청한다.
• 문의처: 아이돌봄상담 대표전화 (1577-2514)

이유식 먹이기

─────

이유기가 되면 아이에게 매일 무얼 만들어 먹일까 고민이 이만저만 아닙니다.
미음과 죽, 밥으로 이어지는 이유식 진행 순서에 맞춰
매일 새롭고 영양 가득한 이유식을 준비할 수 있도록 도와드릴게요.
이유식의 기본 원칙부터 재료 다듬기, 만드는 과정까지 자세하게 알려드립니다.

이유식의 기본 원칙

이유식은 영양 보충 외에도 아이의 평생 식습관을 형성하는 중요한 과정인 만큼
진행 원칙을 꼼꼼히 알아두어야 한다. 첫 단추부터 잘 끼워야 성공할 수 있다.

언제 시작할까?

생후 4~6개월 무렵에 시작한다

생후 4개월 이전에는 입에 무언가가 들어가면 혀를 밖으로 밀어내는 반사 동작을 한다. 따라서 이 시기에 이유식을 진행하면 시작 자체부터 애를 먹는다. 생후 4~6개월이 넘으면 아이의 장이 어느 정도 성숙해지고 혀로 음식을 밀어내는 반사작용도 없어진다. 아이가 또래보다 성장이 늦은 경우에는 시기를 약간 늦춰도 된다.

보통 몸무게가 6~7kg이 되었을 때가 이유식을 시작하기에 가장 적당하다.

숟가락으로 먹는 것부터 시작한다

이유식을 본격적으로 시작하기 전, 아이가 숟가락 감촉에 거부감을 갖지 않도록 하는 과정이 필요하다. 이때 모유나 분유 이외의 맛에 익숙해지는 연습을 병행하면 좋다. 이유식 숟가락으로 물이나 묽은 미음을 한 스푼씩 먹여본다. 모유를 먹고 나서 기분이 좋을 때 시도한다.

아이가 기분 좋을 때 시작한다

감기에 걸렸거나 예방접종 직전과 직후 등은 컨디션이 나빠서 이유식을 거부할 수 있다. 아이가 소화를 잘 시키고 수유 시간이 규칙적으로 자리 잡은 무렵, 하루를 선택해 이유식을 시작하자. 하루의 첫 수유를 마치고 충분히 휴식을 취한 다음 두 번째 수유를 하기 전인 오전 10시~오후 2시경이 좋다. 아이의 몸과 마음이 가장 안정적이며 적당히 배고픔을 느끼는 시간이기 때문이다.

NG 이유식이 늦으면 영양 불균형이 올 수 있다

생후 6개월이 넘어서도 모유·분유 수유만 하면 영양면에서 불균형이 올 수 있고, 이유식 진행이 순조롭지 않을 수 있다. 늦더라도 6개월부터는 시작해야 한다.

여유를 가지고 시작한다

아이에게 모유와는 다른 음식 맛을 느끼게 하고 식사의 즐거움을 알게 해주는 것은 균형 잡힌 영양 공급만큼이나 중요한 일이다. 음식을 급히 먹이려고 하거나, 한 번에 너무 많은 양을 먹이려고 서두르면 아이가 먹는 일 자체를 부정적으로 생각할 수 있다. 이유식을 시작할 때는 무엇을 먹이느냐보다 아이 스스로 식사 시간이 즐겁다고 여기게 하는 것이 더 중요하다. 이유식을 먹이기 전, 아이 얼굴이나 손을 깨끗이 닦아주고, 기저귀를 갈아주는 것도 아이 기분을 좋게 하는 방법이다.

생후 6개월을 넘기지 않는다

생후 6개월이 되면 모체로부터 받은 영양분이 바닥나기 시작하고, 성장에 가속도가 붙어 필요한 영양소는 더 많아진다. 이유식을 통한 고른 영양 섭취가 꼭 필요한 시기이다. 생후 6개월이 넘도록 이유식을 시작하지 않으면 영양 결핍 상태가 될 뿐 아니라, 새로운 음식에 대한 거부반응이 심하고, 분유나 모유에 대한 집착이 강해져 이유식 진행이 더 어렵다.

어떻게 먹일까?

반드시 숟가락으로 떠먹인다

이유식은 혀를 사용하고, 이로 음식을 씹고, 숟가락을 이용하는 방법을 연습하는 과정이다. 따라서 한두 숟가락 정도의 적은 양이라도 반드시 숟가락으로 먹인다.

> ! 혀 앞쪽에 음식을 넣어주면 혀로 음식을 밀어내기가 쉽다. 혀 중간에 음식을 올려놓으면 밀어내기가 어려워 자연스럽게 삼키게 된다.

인내심을 가지고 여러 번 시도한다

이유식을 처음 먹은 아이는 대부분 입 밖으로 내뱉거나 주르륵 흘려버린다. 이때 실망하지 말고 아이가 음식을 삼킬 때까지 몇 번 더 시도한다. 그래도 안 되면 입술 사이에 음식물을 묻혀 아이가 자연스럽게 빨아 먹으며 맛을 느낄 수 있게 한다. 계속해서 거부하면 일단 중단했다가 며칠 후에 다시 시도한다.

혼자 앉지 못할 때는 안고 먹인다

이유식은 모유나 분유보다는 되직하기 때문에 누워서 먹으면 자칫 기도가 막힐 위험이 있다. 생후 5개월 전후이면 혼자서 앉기 어려우므로 엄마가 아이의 상체를 일으켜 안고 먹인다.

무엇을 먹일까?

쌀미음으로 시작한다

쌀은 알레르기를 거의 일으키지 않는 식품이다. 맛이 담백하며 조리하기도 쉽고 웬만한 이유식 재료에도 두루 어울린다. 아이가 쌀미음을 잘 먹는다 싶으면 향이 강하지 않고 섬유질이 적은 곡류와 채소를 한 가지씩 추가한다. 과즙으로 이유식을 시작하면 단맛에 익숙해져 밍밍한 맛의 이유식을 거부할 수 있으니 주의한다.

한 가지 재료로 차근차근 시작한다

한 번에 한 가지 재료만 골라 쌀미음에 첨가해서 2~3일간 먹여보고, 변과 피부 등에 이상이 없을 때 또 한 가지 재료를 첨가하는 식으로 서서히 재료의 가짓수를 늘려나간다. 그래야 아이의 장이 새로운 음식에 적응할 수 있고, 혹시 알레르기를 일으키더라도 원인이 되는 음식물을 정확히 알 수 있다.

돌 전까지는 간을 하지 않는다

맵고 짠 음식은 위나 장을 자극한다. 가공 식품, 향신료, 화학조미료는 물론 소금이나 간장도 일절 넣지 않는다.

이유식 진행의 정석

하루 1회 1작은술로 시작해 점차 늘린다

맨 처음에는 하루 한 번, 1작은술 정도의 소량으로 이유식을 시작한다. 그 이상은 처음 이유식을 시작하는 아이가 먹을 수 없을 뿐 아니라 위에 부담을 준다. 생후 4~5개월에는 하루 1회, 생후 6~8개월에는 하루 2회, 생후 9~12개월에는 하루 3회를 먹인다. 하루 1회를 먹일 때는 오전 10시경이 좋고, 2회 먹일 때는 오전 10시와 오후 6시, 하루 3회는 오전 10시·오후 2시·오후 6시경에 먹이는 것이 무난하다. 엄마나 아이의 생활 리듬이나 특성에 따라 시간은 조금씩 달라도 괜찮다.

아이의 발달 단계에 맞춰 음식의 굳기를 달리한다

묽은 음식부터 단단한 음식까지 차근차근 단계를 밟아나간다. 초기에는 소화가 잘되는 미음이나 죽 형태가 적당하고, 중기에는 혀와 입천장을 이용해 으깨 먹을 수 있는 연두부 정도의 굳기가 좋다. 후기에는 잇몸이 단단해지고 이도 제법 나므로 진밥을 먹이고, 완료기가 되면 단단한 음식도 씹어 먹을 수 있게 적응시킨다.

이유식으로 바른 식습관을 들인다

수시로 아이 입에 이유식을 넣어주거나 쫓아다니면서 먹이면 음식 먹는 것을 괴로운 일로 받아들인다. 일정한 시간에 먹이고, 하루 세끼 이유식을 먹는 후기부터는 가족의 식사 시간에 맞추어 먹인다.

알레르기를 주의한다

새로운 음식을 먹은 후 붉은 반점이나 발진, 구토, 설사, 호흡곤란 등의 증상이 나타날 수 있으니 이유식을 먹인 후엔 항상 아이의 반응을 지켜본다. 알레르기 유발 위험이 적은 식품부터 시작하고, 달걀(특히 흰자), 우유, 돼지고기, 밀가루 등은 알레르기를 일으킬 수 있는 대표 식품이므로 되도록 먹이지 않는다.

재료별 분량 맞추기

이유식 재료에 소개한 '쌀 20g, 감자 10g'이라는 문구를 보고 그 양을 가늠하지 못해 고개를 갸웃거린 적이 있다면 주목하자.
계량스푼과 저울 없이도 분량을 정확하게 재는 눈대중 계량법.

자주 쓰는 식재료 계량법

※일반 어른 숟가락 크기를 기준으로 했습니다.

쌀 10g
숟가락 위를 평평하게
깎은 양

불린 쌀 10g
숟가락 위로 0.5cm 정도
올라온 양

감자 10g
5×2×1cm 크기의 직육면체
또는 다져서 1숟가락

감자 20g
지름 4cm의 감자 1/4개

검은콩 20g
30~45알 정도

고구마 20g
지름 5cm의 고구마를
2cm 두께로 자른 크기

단호박 10g
다져서 1숟가락

단호박 20g
지름 10cm의 단호박 1/16개

당근 10g
다져서 1숟가락

당근 20g
지름 4cm의 당근을
2cm 두께로 자른 크기

두부 10g
으깨서 1숟가락

두부 20g
두부 1/10모

멸치 10g
중간 크기의 멸치 약 20마리

브로콜리 10g
메추리알 크기의 잎 부분 1개 또는
데친 후 다져서 1숟가락

브로콜리 20g
엄지손가락 3개를 붙여놓은
만큼의 양

사과 10g
즙을 내서 1숟가락

쇠고기 10g
메추리알 2개 크기 또는
다져서 2/3숟가락

쇠고기 20g
숟가락의 오목한 부분을
가득 덮을 만큼의 양

시금치 10g
숟가락 크기의 잎 2장 또는 데친 후
다져서 1/2숟가락

시금치 20g
줄기부터 잎까지 약 12cm
길이의 시금치 10장

애호박 20g
지름 5cm의 애호박을 1.5cm
두께로 자른 크기

콩나물 20g
쥐어서 검지가 엄지의 첫 번째
마디 끝에 채 닿지 않는 정도

팽이버섯 20g
쥐어서 검지가 엄지의 첫 번째
마디에 가볍게 닿는 정도

양송이버섯 20g
중간 크기의 양송이버섯 1개

양파 10g
한 주먹 크기의 양파 1/6개

표고버섯 20g
중간 크기의 표고버섯 1개

흰 살 생선 10g
익힌 후 살만 발라 1숟가락

계량스푼 없을 때 유용한 숟가락 계산법

1큰술은 1테이블스푼(1Ts)을 말하며, 15cc 또는 15ml 분량으로
어른 숟가락에 볼록하게 쌓이도록 담는 양이다. 1작은술은
1티스푼(1ts)을 말하며, 1/3큰술 되는 5cc 분량이다. 어른
숟가락으로는 평평하게 3/4 정도에 해당하고, 아이 숟가락으로는
평평하게 담는 양이다. 재료를 잘게 다지거나 즙을 내어 10g 정도라
하면 어른 숟가락 1개 또는 아이 숟가락 2개에 해당하는 양이다.

양념류 계량법

	1큰술 15cc	1작은술 5cc	약간 1~2cc 정도
간장			
참기름			
올리브유 · 식용유			
물엿			
식초			
소금			
설탕			
깨소금			
고춧가루			

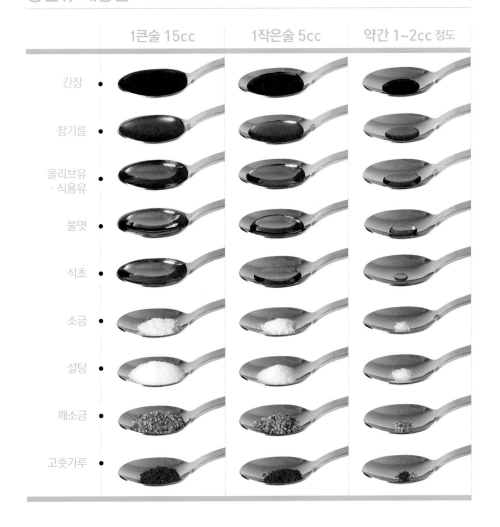

손가락으로 '약간' 양 재기

레시피에 자주 등장하는 '소금 약간'의 양은
구체적으로 얼마만큼일까? 엄지와 검지로
살짝 집었을 때 잡히는 정도가 바로 '약간'의
양이다. 계량스푼에 담으면 고운 가루의 경우
1/4작은술, 입자가 거친 가루는 1/2작은술 정도
된다. 일반 숟가락으로 계량하면 고운 가루는
어른 숟가락으로 1/5이 조금 안 되는 정도,
입자가 거친 가루는 1/5이 조금 넘는 정도이다.

계량컵 없이 물 분량 재기

물의 양을 말할 때 많이 쓰는 '1컵 분량'은
200cc를 가리킨다. 아이가 사용하는 젖병에는
대부분 눈금이 그려져 있으므로 계량컵 대신
사용해도 좋다. 젖병이 없을 때는 우유팩이나
종이컵 등을 활용하면 되는데 1컵은 200ml
우유팩으로 1개, 종이컵으로는 1컵 가득 담은
분량이다.

재료의 굳기와 크기

이유식 단계별로 재료의 굳기와 크기를 잘 조절해야 소화 흡수가 잘되고 씹는 훈련도 제대로 할 수 있다.
재료마다 어떤 굳기로, 어떤 크기로 손질해야 하는지 정리해본다.

시기별 재료 손질 노하우

	초기 생후 4~6개월	중기 생후 7~9개월	후기 생후 10~12개월	완료기 생후 13~15개월
쌀 생후 4개월부터	곱게 갈아 만든 8~10배 죽으로, 수프 정도의 묽기로 진행.	덩어리진 형태의 5배 죽. 마요네즈처럼 떨어지는 묽기.	밥알 형태가 있고 손으로 누르면 부서지는 정도의 무른 밥.	어른 밥보다 물기가 있고 축축한 진밥.
감자 생후 4개월부터	강판에 곱게 갈아 죽에 넣고 끓인 후 고운체로 거른다.	약 3분간 삶아 손절구로 으깬다.	5mm 크기로 썰어 약 3분간 삶는다.	7mm 크기로 썰어 약 3분간 삶는다.
사과 생후 5개월부터	강판에 곱게 갈아 죽에 넣고 끓인 후 고운체로 거른다.	강판에 갈아 살짝 끓인다.	5mm 크기로 썬다.	7mm 크기로 썬다.
브로콜리 생후 5개월부터	꽃 부분만 곱게 갈아 죽에 넣고 끓인 후 고운체로 거른다.	단단한 줄기 부분을 뺀 꽃 부분만 데쳐 잘게 다진다.	단단한 줄기 부분을 뺀 꽃 부분만 데쳐 5mm 크기로 썬다.	단단한 줄기 부분을 뺀 꽃 부분만 데쳐 7mm 크기로 썬다.

	초기 생후 4~6개월	중기 생후 7~9개월	후기 생후 10~12개월	완료기 생후 13~15개월
당근 생후 6개월부터	 강판에 곱게 갈아 죽에 넣고 끓인 후 고운체로 거른다.	 약 3분간 삶아 잘게 다진다.	 5mm 크기로 썰어 약 3분간 삶는다.	 7mm 크기로 썰어 약 3분간 삶는다.
시금치 생후 6개월부터	 끓는 물에 데쳐서 잎 부분만 곱게 갈아 고운체로 거른다.	 끓는 물에 데쳐서 잎 부분만 잘게 다진다.	 끓는 물에 데쳐서 잎 부분만 5mm 크기로 썬다.	 끓는 물에 데쳐서 잎 부분만 7mm 크기로 썬다.
쇠고기 생후 6개월부터	 얇게 저며서 끓는 물에 데쳐 잘게 다진 뒤 손절구로 으깬다.	 얇게 저며서 끓는 물에 데쳐 잘게 다진 뒤 손절구로 으깬다.	 얇게 저며서 끓는 물에 데쳐 3mm 크기로 잘게 다진다.	 완전히 익혀 5mm 크기로 썬다.
닭 가슴살 생후 6개월부터	 얇게 저며서 끓는 물에 데쳐 잘게 다진 뒤 손절구로 으깬다.	 얇게 저며서 끓는 물에 데쳐 잘게 다진 뒤 손절구로 으깬다.	 얇게 저며서 끓는 물에 데쳐 3mm 크기로 잘게 다진다.	 완전히 익혀 5mm 크기로 썬다.
 **달걀** 생후 7개월부터	먹이지 않는다.	 노른자만 완숙해 고운체에 내린 다음 으깬다.	 노른자만 완숙해 덩어리지게 으깬다.	 흰자, 노른자 모두 완숙해 으깨지 않고 그냥 먹인다.
 **흰 살 생선** 생후 7개월부터	먹이지 않는다.	 삶은 후 껍질과 가시를 발라내고 곱게 다진다.	 삶은 후 껍질과 가시를 발라내고 5mm 크기로 썬다.	 삶은 후 껍질과 가시를 발라내고 7mm 크기로 썬다.

이유식 재료 냉동 보관하기

재료는 손질한 후 냉동 보관한다

이유식 만들기가 어려운 이유는 재료를 반나절 전에 불리거나, 채소를 다듬어 데쳐 다지거나 갈고, 생선의 가시를 제거한 후 쪄서 으깨거나 하는 등의 손질이 필요하기 때문. 게다가 아이가 소화시킬 수 있는 식재료의 크기나 종류가 제각각이고, 워낙 소량씩 사용하기 때문에 다양한 식재료를 먹이려면 더 많은 공이 든다. 가장 좋은 해결책은 시기별로 자주 사용하는 재료를 미리 손질해 냉동해두는 것. 준비만 잘해놓으면 이유식 만들기가 한결 쉽고 간편하다.

가열한 뒤 냉동한다

식재료를 그냥 손질해 냉동하면 해동할 때 수분이 빠져나가 맛의 변화가 크다. 가열한 뒤 냉동하면 음식이 빨리 상하는 것을 막을 수 있고, 해동할 때에도 수분이 덜 빠져나가 맛의 변화가 적다. 특히 수분이 많은 채소는 데쳐서 얼린다.

1회분씩 냉동한다

얼린 음식을 해동했다가 다시 얼리면 더 쉽게 상한다. 재료를 한꺼번에 손질한 뒤 1회분씩 포장해서 냉동해두면 필요한 양만큼 녹여서 사용할 수 있다. 뚜껑이 분리되는 보관 용기나 뚜껑 있는 얼음틀에 넣어 얼리면 하나씩 꺼내 사용하기 편리하

다. 랩으로 싼 이유식 재료는 밀폐 용기나 지퍼백에 한 번 더 담아야 냉동실의 잡냄새가 배지 않는다. 해동한 식재료는 냉장실에서 하루 정도 보관할 수 있다.

액체는 용기의 80% 정도만 채운다

육수나 수프 등은 양에 따라 얼음틀, 우유팩, 지퍼백 등에 넣어 얼린다. 액체는 얼면서 부피가 커지므로 용기의 80% 정도만 채우는 게 요령이다. 사용할 때는 냄비에 얼음째 넣고 가열해 녹인다.

보관 기간을 따져 냉동하고
날짜를 적은 이름표를 붙인다

냉동실의 음식도 조금씩 변질된다. 재료를 냉동 보관할 때마다 날짜와 재료를 표시해둬야 먼저 냉동한 것부터 차례대로 먹을 수 있다. 채소, 과일, 육수는 일주일 이내, 건어물과 새우 가루나 멸치 가루 등의 천연 조미료는 3개월 이내, 생선과 고기는 한 달 이내에 사용해야 한다. 이름표는 내용물을 꺼내서 살펴보지 않아도 알 수 있도록 보관한 재료의 이름과 보관 날짜를 반드시 적어 붙인다.

Q 얼린 재료, 쉽고 안전하게 해동하는 방법이 있을까?

A 국물이나 쌀죽은 냉동 상태로 냄비에 넣어 끓이면 된다. 채소 역시 따로 해동할 필요 없이 곧바로 끓는 죽에 넣는다. 다져서 얼린 고기도 끓는 죽에 그대로 넣거나 곧바로 팬에 볶으면 된다. 덩어리째 얼린 육류나 생선류는 세균 번식과 맛의 변화, 영양소 파괴를 최소화하기 위해 냉장실에서 5~6시간에 걸쳐 서서히 해동하는 것이 좋다. 전자레인지의 해동 기능을 이용하면 해동 시간을 줄이고 세균 번식을 억제할 수 있지만, 영양소가 파괴되고 맛에도 변화가 생길 수 있다. 실온에서 해동하는 것은 금물. 해동하는 동안 식중독균 등 유해 세균이 빠르게 번식하기 때문이다.

돌 전 아기 금지 식품

잘못 먹이면 식중독과 알레르기를 일으키는 위험한 식품이 있다.
생후 12개월 이전에 먹이면 독이 되는 식품을 알아본다.

벌꿀

돌 전에는 아이의 장 기능이 미숙해 보툴리누스균이 장 점막에 흡수되면 식중독의 일종인 보툴리누스증에 걸리기 쉽다. 보툴리누스증은 흙이나 먼지, 옥수수 시럽 등에 있는 보툴리누스균에 의해서도 발병할 수 있다. 돌 전에는 꿀 성분이 함유된 과자나 음료도 먹이지 않는다. 돌 이후에는 고기를 잴 때 등 미량 사용할 수 있으나 직접 섭취하는 건 24개월 이후부터 안전하다.

복숭아

대표적 알레르기 유발 식품. 다른 식품에서 알레르기 반응이 있었다면 돌 전에는 먹이지 말고, 두 돌 이후에 먹이는 것이 안전하다. 복숭아 알레르기가 있으면 복숭아를 먹은 뒤 입 주위가 붓고 붉어지며, 복숭아를 만진 손바닥 부위에 두드러기가 생긴다. 처음 먹일 때는 갈아서 아이 숟가락으로 한 스푼 정도 떠서 먹여본 뒤 이상 반응이 나타나는지 살핀다. 알레르기 반응이 없다면 복숭아 1/8개를 숟가락으로 잘게 잘라서 과육을 떠먹이고, 괜찮으면 갈아서 주스로 먹인다.

키위

신맛이 강하고 씨가 있어 아이가 먹기에는 자극적이며, 껍질의 털이 피부에 닿으면 알레르기를 일으킬 수 있다. 키위를 먹은 뒤 입술과 혀 등이 붓거나 입안이 아린 증상이 나타날 때는 키위 알레르기를 의심한다. 돌이 지나면 신맛이 적은 골드키위부터 먹이기 시작하고, 그린키위는 두 돌 이후부터 조금씩 먹인다. 위아래 꼭지를 잘라내고 세로로 4등분한 뒤 가운데 하얀 심 부분을 제거하고 먹이는데, 처음에는 1/4개 정도 과육만 갈아 숟가락으로 먹이다가, 차츰 익숙해지면 과육을 먹기 좋은 크기로 잘라 먹인다. 두 돌 이후라도 한 번에 1개 이상 먹이지 않는다.

생우유

젖소에서 짠 젖을 가공하고 영양분을 보충해 소화 흡수하기 좋은 상태로 만든 분유와 달리 생우유는 살균 과정만 거친다. 생우유의 단백질은 분유 속 단백질보다 소화 흡수가 안 된다. 따라서 장 기능이 미숙하고 알레르기가 나타날 위험이 있는 돌 무렵에 생우유를 먹이면 구토나 설사를 일으킬 수 있다. 돌이 지났다 해도 아이가 이유식에 잘 적응하고 모유수유를 계속한다면 반드시 생우유를 먹일 필요는 없다. 처음 시작할 때는 하루 50~100ml를 2일 정도 먹이면서 반응을 살피고, 문제가 없으면 하루 400~500ml로 양을 늘린다. 달걀찜이나 삶은 감자를 곱게 으깬 것에 섞어 먹이며, 생우유 맛에 익숙해지도록 하는 것도 좋은 방법이다.

달걀

노른자부터 먹이는 것이 원칙. 완숙하면 생후 7개월부터 먹일 수 있지만, 알레르기 유발 성분이 많은 흰자는 먹이는 시기를 좀 더 늦추고, 과자나 빵류도 달걀 성분이 들어 있지 않은 것으로 골라 먹인다. 마요네즈, 슈크림, 카스텔라, 핫케이크, 아이스크림, 비스킷 등의 가공식품에는 달걀흰자가 함유되어 있으므로 역시 돌 전에는 먹이지 않는다. 처음 먹일 땐 달걀 1/4개 정도로 시작해 일주일을 기준으로 3개 정도 먹이는 것이 적당하다.

고등어

알레르기 위험이 높아 생선류 중 가장 나중에 먹인다. 아토피피부염이나 알레르기가 있는 아이라면 돌 이후에도 증상이 심할 땐 먹이지 않는 것이 좋다. 두 돌 이후부터 조금씩 먹이기 시작하는데, 생선 자체에 기름이 많으므로 굽거나 쪄서 먹인다. 특히 고등어 껍질에는 기름 성분이 집중되어 있으므로 먹이지 않는 것이 안전하다. 자반고등어는 소금에 절이는 과정에서 단백질이 파괴되고 염분 함량이 높으므로 돌 이후라도 먹이지 않는다. 아이에게 처음 먹일 때는 1~2젓가락 정도 밥에 올려 먹이고, 두 돌 무렵에는 1/6토막까지 먹일 수 있다.

면류

정제한 밀을 다시 가공해 만든 것이어서 탄수화물을 제외하면 영양분이 거의 없다. 또 밀 자체가 성질이 찬 데다 소화가 잘되지 않아 돌 전 아이에게 적합하지 않다. 돌 이후에도 아이가 제대로 씹지 않고 삼킬 수 있으므로 3cm 크기로 잘라 숟가락으로 떠먹인다.

땅콩

견과류는 알레르기 위험이 높고 지방이 많아서 돌 전에는 먹이지 않는다. 특히 땅콩은 딱딱해서 씹기 어렵고 목에 걸릴 위험이 있어 생후 15개월 이전에는 먹이지 않는다. 과자나 초콜릿 등에 땅콩이 함유된 것이 많으므로 아이에게 먹일 간식을 고를 때도 꼭 확인한다. 15개월 이후에 먹일 때는 갈아서 죽에 섞거나 간식에 뿌려 먹인다. 2알 정도 갈아서 죽에 넣고 잘 먹으면 4~5알 정도로 양을 늘린다.

월령별 안심 이유식 재료

월령별로 안심하고 먹일 수 있는 재료만 알아도 절반은 이유식 도사가 된 셈이다.
알레르기 걱정 없이 마음 놓고 먹일 수 있는 월령별 이유식 재료를 소개한다.

| 생후 4개월부터 | 곡류 | 쌀, 찹쌀 |
| | 채소류 | 감자, 오이, 고구마, 애호박, 단호박 |

| 생후 5개월부터 | 채소류 | 무, 브로콜리, 콜리플라워, 양배추, 청경채 |
| | 과일류 | 사과, 바나나, 배, 자두, 수박, 복숭아(털 알레르기가 있으면 생후 13개월부터), 살구(털 알레르기가 있으면 생후 13개월부터) |

생후 6개월부터	곡류	수수
	국수류	쌀국수(으깨 먹이는 경우)
	채소류	당근, 시금치, 적양배추, 비타민, 양상추, 비트, 배추, 표고버섯, 양송이버섯, 팽이버섯, 새송이버섯, 느타리버섯
	육류	쇠고기(안심), 쇠고기 국물, 닭 가슴살
	해조류	김, 다시마
	콩 · 견과류	완두콩, 강낭콩, 검은콩, 밤콩, 밤(알레르기가 있으면 생후 25개월부터)

! 생후 6개월부터 이유식을 시작하는 아이는 채소와 과일을 차례대로 먹이고, 받아들이는 경과를 보며 고기를 먹인다.

생후 7개월부터	곡류	현미, 차조(메조), 보리
	채소류	아욱, 양파, 마른 대추
	과일류	참외
	생선류	대구, 생조기, 생태, 도미, 광어, 임연수어, 가자미, 갈치, 황태
	해조류	미역, 파래
	유제품 · 알류	달걀노른자(알레르기가 있으면 돌 이후)
	콩 · 견과류	대두, 두부 · 연두부 · 순두부(알레르기가 있으면 생후 13개월부터)

| 생후 8개월부터 | 유제품 · 알류 | 플레인 요구르트(알레르기가 있으면 생후 13개월부터) |

생후 9개월부터	곡류	흑미, 녹두, 옥수수(알레르기가 있으면 생후 13개월부터)
	채소류	콩나물, 숙주, 연근
	과일류	멜론
	생선류	연어
	유제품 · 알류	아이용 슬라이스 치즈(알레르기가 있으면 생후 13개월부터)
	콩 · 견과류	참깨, 검은깨, 들깨, 건포도, 잣
	양념류	참기름, 들기름, 식용유, 올리브유

생후 10개월부터	곡류	밀가루(알레르기가 있으면 생후 13개월부터)
	채소류	무순
	과일류	홍시, 포도(으깨서 13개월부터)
	생선류	마른 새우 국물
	유제품 · 알류	메추리알 노른자

생후 11개월부터	채소류	• 아스파라거스
	해조류	• 우무(한천)
	기타	• 도토리묵, 청포묵

생후 12개월부터	곡류	• 팥
	채소류	• 피망, 파프리카, 쑥, 냉이, 고사리, 깻잎
	육류	• 닭고기(모든 부위)
	과일류	• 단감
	생선류	• 마른 멸치(멸치를 물에 불려 염분을 완전히 빼고 다져서 요리하는 경우. 국물 내기는 생후 13개월부터), 날치알
	유제품 · 알류	• 액상 요구르트(이 시기부터 먹일 수는 있으나 단맛이 강하므로 되도록 늦게 먹이기를 권장), 버터(알레르기가 있다면 생우유에 적응한 이후)
	양념류	• 된장, 미소 된장
	기타	• 젤리류, 식빵(알레르기가 있으면 의사와 상의한 후)

생후 13개월부터	곡류	• 율무
	국수류	• 소면, 칼국수, 우동, 파스타, 당면, 메밀국수(알레르기가 있으면 생후 25개월부터)
	채소류	• 부추, 가지, 토마토, 방울토마토, 토란, 죽순
	육류	• 쇠고기(양지와 사태 부위의 살코기), 돼지고기(안심)
	과일류	• 귤, 오렌지, 파인애플, 망고, 레몬, 딸기, 키위
	생선류	• 고등어, 삼치, 오징어, 북어, 뱅어포, 냉동 참치, 게, 새우(알레르기가 있으면 생후 25개월부터)
	조개류	• 모시조개, 홍합, 대합, 맛조개, 소라, 바지락, 전복, 굴 (알레르기가 있으면 모든 조개류는 생후 25개월부터)
	유제품 · 알류	• 달걀흰자, 메추리알 흰자(알레르기가 있으면 생후 25개월부터), 생우유(알레르기가 있으면 의사와 상의한 후), 생크림, 연유
	콩 · 견과류	• 유부, 두유, 껍질콩, 피스타치오, 호두, 해바라기씨, 은행
	양념류	• 소금, 설탕, 간장, 토마토케첩, 마요네즈, 식초, 굴 소스
	기타	• 카레, 콘플레이크, 꿀, 곤약, 케이크, 햄, 소시지, 치킨 너깃, 딸기 잼, 게맛살

생후 18개월부터	유제품 · 알류	• 모차렐라 치즈
	콩 · 견과류	• 호박씨
	양념류	• 고춧가루, 고추장

생후 25개월부터	곡류	• 혼합 잡곡(선식이나 미숫가루)
	육류	• 돼지고기(삼겹살)
	생선류	• 굴비, 마른 새우
	콩 · 견과류	• 아몬드
	기타	• 초콜릿, 어묵, 인삼

재료별 주의 사항

• **과일류** 이유식 초기에는 갈아서 물에 희석해 먹이고, 생후 8개월까지는 익혀 먹여야 안전하다. 많이 먹이면 설사를 일으킬
수 있으므로 주의한다.

• **조개류** 조개류 알레르기는 평생 가기도 하므로 알레르기 가족력이 있다면 두 돌 이후에 먹이는 것이 안전하다. 조개마다
성분이 조금씩 다르니 조개류 하나를 먹일 때마다 5일 정도 상태를 지켜본 후 다른 조개를 먹이는 식으로 진행한다.

• **해조류** 미역과 김에는 요오드 성분이 많아 지나치게 먹으면 갑상샘 질환을 유발할 수 있다. 하루 한 끼만 먹인다.

• **양념류** 먹일 수 있는 시기여도 되도록 먹이지 않는 것이 바람직하다.

맛국물 만들기

채소나 고기, 생선을 이용해 맛국물을 만들어 두고두고 사용해보자.
이유식 맛이 한층 깊어지고, 아이의 미각 발달에도 도움이 된다.

다시마 국물 생후 6개월부터

칼슘과 요오드 등 무기질이 많아 뼈를 튼튼하게 해주고 요리에 깊은 맛을
더해준다. 이유식에 두루 활용하기 좋다.

재료 다시마 4×4cm 2장, 물 3컵

1 다시마 겉에 묻은 흰 가루를 젖은 행주로 닦거나 깨끗한 물로 재빨리
헹군다. 2 분량의 물을 미지근하게 데워 ①의 다시마를 담그고 30분간
우린다. 3 ②를 냄비에 붓고 센 불에서 끓인다. 4 끓어오르면 거품을
걷어내고 불을 줄인 후 다시마 국물이 충분히 우러났을 때 다시마를 건진다.

쇠고기 국물 생후 6개월부터

국물을 우릴 때는 양지머리나 사태를 쓴다. 어른이 먹을 국을 끓일 때 간을
하기 전, 이유식용으로 따로 덜어 얼려두면 간편하다.

재료 쇠고기(양지머리) 150g, 물 4컵

1 쇠고기에 붙은 기름기를 제거한다. 2 손질한 쇠고기를 찬물에 30분간 담가
핏물을 뺀다. 3 냄비에 ②의 쇠고기와 분량의 물을 넣고 센 불에서 끓이다가
끓어오르면 중간 불로 줄인다. 4 거품과 이물질을 걷어내고 중간 불에서 푹
끓인 뒤 쇠고기를 건져내고 국물만 고운 면포에 밭쳐 거른다.

닭고기 국물 생후 6개월부터

닭고기 살을 이용하려면 살코기가 붙어 있는 채로 국물을 내고, 국물만
쓰려면 살을 발라낸 닭 뼈로 끓인다.

재료 닭 다리뼈 80g, 양파 1/4개, 대파 1대, 물 3컵

1 닭 다리뼈는 칼로 살과 기름기를 발라낸 뒤 1시간 정도 물에 담가 핏물을
빼고, 양파와 대파는 껍질을 벗겨 손질한다. 2 냄비에 ①의 닭 뼈와 나머지
재료를 넣고 센 불에서 끓인다. 3 국물이 끓어오르면 거품을 걷어내면서
불을 줄여 20분간 더 끓인다. 4 뽀얀 우윳빛 국물이 충분히 우러나면
고운체나 면포에 밭쳐 거른다.

채소 국물 생후 6개월부터

이유식에 사용하고 남은 채소는 데치거나 삶아 국물로 활용할 수 있다. 냉동
보관 시 3일 이내에 사용한다.

재료 양파 1/4개, 무·당근 20g씩, 대파 7cm, 마른 표고버섯 1개, 양배추 10g,
물 3컵(당근이나 양배추는 다른 채소로 대체해도 된다)

1 양파, 무, 당근, 대파는 껍질을 벗겨 손질한다. 표고버섯과 양배추는 물로
씻는다. 2 ①의 채소는 국물이 잘 우러나도록 적당한 크기로 썬다. 3 냄비에
②의 채소와 분량의 물을 붓고 거품을 국자로 걷어내며 끓인다. 4 채소가
무르고 국물이 충분히 우러나면 고운체에 밭쳐 거른다.

표고버섯 국물 생후 6개월부터

표고버섯은 알레르기 위험이 비교적 적어 일찍부터 먹일 수 있다. 국물 맛이 담백해서 여러 음식에 두루 활용하기 좋다.

재료 마른 표고버섯 3개, 물 3컵
1 마른 표고버섯은 물에 넣고 살살 흔들어 씻는다. 2 냄비에 분량의 물을 붓고 끓이다 부르르 끓어오르면 중간 불로 줄인 다음 ①의 표고버섯을 넣어 5분간 우린다. 3 표고버섯을 건져내고 국물만 면포에 밭쳐 거른다.

흰 살 생선 국물 생후 7개월부터

국물을 우릴 때 사용하는 생선은 비린 맛이 없는 도미나 생태, 대구 등이 적당하다. 대파의 흰 부분을 넣고 같이 끓이면 비린내가 줄어든다.

재료 생태 100g, 대파 1/4대, 물 3컵
1 칼로 생선 껍질을 살살 벗겨낸다. 2 냄비에 ①의 생선과 손질한 대파를 넣는다. 3 ②와 분량의 물을 넣고 중간 불에서 살이 익을 때까지 끓인다. 젓가락으로 찔러보아 살이 익었으면 불을 끄고 생선을 건져 살만 발라낸다.
4 발라낸 살은 곱게 으깬 뒤 이유식에 넣거나 국물에 다시 넣어 사용한다.

멸치 국물 생후 13개월부터

멸치는 짠맛이 강하므로 이유식 완료기부터 먹인다. 너무 오래 끓이면 짠맛이 더욱 강해지므로 주의한다.

재료 국물용 멸치 15마리, 물 7컵
1 중간 크기 이상의 국물용 멸치를 골라 대가리를 떼어내고 내장을 뺀다.
2 기름을 두르지 않은 팬에 멸치를 살짝 볶아 비린내를 없앤다. 3 냄비에 ②의 멸치와 분량의 물을 넣고 끓기 시작하면 불을 줄여 5분간 더 끓인다.
4 멸치를 건져내고 고운체에 밭친 다음 면포에 다시 한 번 거른다.

가다랑어 국물 생후 6개월부터

가다랑어포를 우려낸 국물은 맛이 자극적이지 않고 담백해 이유식 중기부터 먹일 수 있다. 잡티가 많으니 면포에 잘 걸러낸다.

재료 가다랑어포 1컵, 물 3컵
1 냄비에 분량의 물을 붓고 센 불에서 끓인다. 2 팔팔 끓으면 불을 끈 후 가다랑어포를 넣고 5분간 우린다. 3 가다랑어포를 체로 건져내고 면포에 한 번 더 걸러 잡티를 제거한다.

마른 새우 국물 생후 10개월부터

마른 새우로 국물은 개운하고 깔끔한 맛이 일품이다. 이유식에서는 죽을 끓일 때, 유아식에서는 국이나 수제비를 만들 때 활용한다.

재료 마른 새우 1/2컵, 물 7컵
1 마른 새우는 중간 크기로 골라 잡티를 제거한 뒤 체에 밭쳐 흐르는 물에 씻는다. 2 분량의 물에 ①의 새우를 넣고 10분간 불린다. 3 냄비에 ②를 붓고 센 불에서 끓이다가 끓어오르면 불을 줄이고 충분히 우러나도록 끓인다.
4 새우는 체로 건져내고 찌꺼기가 있으면 면포에 다시 한 번 거른다.

해물 국물 생후 13개월부터

조개만 우리거나 새우, 오징어 등을 섞어 우린다. 새우는 생후 10개월부터, 오징어와 조개는 생후 13개월부터 먹일 수 있다.

재료 조개(바지락 또는 모시조개) 40g, 새우 · 오징어 30g씩, 물 3컵, 소금 약간
1 조개를 포일로 감싸 찬물에 담그면 더 빨리 해감할 수 있다.
2 새우는 껍질을 벗기고 소금물에 씻은 뒤 두 번째 마디에 꼬치를 찔러 내장을 빼낸다. 3 오징어는 껍질을 벗기고 칼집을 낸 뒤 가로세로 4cm로 자른다.
4 냄비에 ①, ②,③과 분량의 물을 붓고 끓이다 국물이 우러나면 체로 거른다.

초기 이유식 생후 4~6개월

이유식 초기는 미음 상태의 죽을 꿀떡꿀떡 삼키는 수준이다. 음식을 삼키는 단계에서 조금 더 발전하면 혀와 잇몸으로 음식을 오물오물 으깨어 먹는다.

하루에 얼마나 먹일까?

	생후 4개월	생후 5개월	생후 6개월
1일 수유 횟수	5~6회	5~6회	4~5회
1회 수유량	180~210ml	180~210ml	180~210ml
1일 이유식 횟수	30~50g씩 1회	40~60g씩 1회	50~70g씩 1~2회
이유식 형태	쌀미음	미음	죽
이유식 재료	곡류, 채소류	곡류, 채소류	곡류, 채소류, 닭 가슴살

진행 포인트

음식을 뱉어내지 않으면 시작한다

엄마 젖이나 분유만 먹던 아이는 액체 이외의 것이 입안에 들어오면 본능적으로 혀를 내밀어 뱉어버린다. 이는 숨 막힘을 방지하려는 일종의 신체 방어 기제인데, 이러한 반사작용은 생후 4개월을 전후로 점차 사라진다. 숟가락이나 음식을 아이 입에 넣었을 때 혀를 내밀어 뱉어내지 않으면 이유식을 시작할 수 있다는 신호이다. 억지로 먹이려 하면 오히려 음식에 대해 나쁜 인식만 하므로 조급해하지 말고 아이가 먹으려 할 때까지 기다린다.

첫 이유식은 쌀미음으로 시작한다

쌀은 우리에게 가장 친숙하고 알레르기 위험이 낮으며 소화가 잘되는 식재료이다. 맛과 향이 자극적이지 않아 다른 이유식 재료를 더해 먹이기에도 좋으므로 첫 이유식 재료로 제격이다. 쌀을 이용한 첫 이유식은 숟가락으로 떠서 기울였을 때 내용물이 주르륵 흐르는 수프 정도의 농도가 알맞다. 일주일 단위로 물의 양을 조금씩 줄이면서 이유식 농도를 걸쭉하게 해나간다. 한 달쯤 후에는 묽은 죽 농도의 이유식을 먹을 수 있다.

이유식 후에는 물을 먹인다

아이가 이유식을 다 먹은 후에는 물을 몇 숟가락 떠먹여주는 것이 좋다. 아직 이가 나지 않아 본격적인 양치질은 필요 없지만, 입속에 남은 음식 찌꺼기를 씻어내야 입안에 세균이 번식하는 것을 막을 수 있다. 이유식 농도가 묽으므로 끓여서 식힌 물이나 정수기 물을 한 숟가락 먹이기만 해도 씻겨 나간다.

일주일 단위로 첨가하는 채소를 바꿔준다

아이가 쌀미음을 무리 없이 잘 먹는다면 일주일 후부터는 채소를 첨가할 수 있다. 이때 활용하기 좋은 채소는 감자, 오이, 애호박 등이다. 향이 강하지 않고 섬유질이 적어 소화 흡수가 잘되기 때문. 단, 한 번에 한 가지 재료만 섞는다. 그래야 아이의 장이 새로운 음식에 적응할 시간을 가질 수 있고, 알레르기가 나타났을 때 원인 식품을 쉽게 가려낼 수 있다. 처음 한 달이 지나면 주기를 일주일 단위에서 2~3일로 바꾸어도 좋다.

생후 6개월부터는 이유식 횟수를 2회로 늘린다

4~5개월부터 이유식을 시작했다면 첫 달에는 1일 1회, 거의 일정한 시간에 먹는 습관을 들인다. 그러다가 생후 6개월이 되면 이유식 횟수를 하루 2회로 늘린다. 만약 6개월부터 이유식을 시작했다면 1일 1회 먹이면서 아이가 받아들이는 경과를 보며 2회로 늘린다. 아이가 한 번 먹을 때 많은 양을 먹었다고 해서 두 번째도 같은 양을 먹이는 것은 금물이다. 아직 소화기관이 불완전하므로 2회식을 시작할 때도 신중해야 한다. 한 숟가락부터 먹이기 시작해 어느 정도 익숙해지면 차츰 양을 늘려나간다.

모든 재료는 데쳐서 사용하고, 간은 절대 하지 않는다

아이의 장기는 어른 장기에 비해 미숙하다. 재료를 잘못 섭취하면 구토나 설사를 일으킬 수 있어 어떤 재료든 데쳐서 섬유질을 부드럽게 한 뒤 조리해야 한다. 그리고 간은 전혀 하지 않는다. 간한 음식은 아이의 미성숙한 신장에 부담을 주고, 재료 고유의 맛을 느끼지 못하게 한다. 이뿐 아니라 간한 이유식을 먹은 아이는 짠맛과 단맛에 길들여져 커서도 자극적인 맛만 찾을 가능성이 높다.

이 시기에 알맞은 이유식

쌀미음

재료 불린 쌀 15g, 물 1컵

1 불린 쌀은 분쇄기에 곱게 간다.
2 냄비에 ①의 쌀가루를 넣고 분량의 물을
부어서 센 불에서 끓이다가 부르르 끓어오르면
불을 약하게 줄여 쌀이 푹 퍼지도록 끓인다.
3 ②를 고운체로 거른다.

고구마미음

재료 불린 쌀 15g, 고구마 10g, 물 1컵

1 불린 쌀은 분쇄기에 곱게 갈아 물을 붓고
미음을 끓인다.
2 고구마는 무르도록 삶아 껍질을 벗긴 후
손절구로 곱게 으깬다.
3 ①의 미음에 ②의 고구마를 넣고 푹 끓인 뒤
고운체로 거른다.

바나나미음

재료 불린 쌀 15g, 바나나 10g, 물 1컵

1 불린 쌀은 분쇄기에 곱게 갈아 물을 붓고
미음을 끓인다.
2 바나나는 껍질을 벗긴 후 손절구로 곱게
으깬다.
3 ①의 미음에 ②의 바나나를 넣고 푹 끓인 뒤
고운체로 거른다.

감자미음

재료 불린 쌀 15g, 감자 10g, 물 1컵

1 불린 쌀은 분쇄기에 곱게 갈아 물을 붓고
미음을 끓인다.
2 감자는 무르도록 삶아 껍질을 벗긴 후
손절구로 곱게 으깬다.
3 ①의 미음에 ②의 감자를 넣고 푹 끓인 뒤
고운체로 거른다.

단호박미음

재료 불린 쌀 15g, 단호박 10g, 물 1컵

1 불린 쌀은 분쇄기에 곱게 갈아 물을 붓고
미음을 끓인다.
2 단호박은 껍질을 벗기고 씨를 제거한 후 삶아
손절구로 곱게 으깬다.
3 ①의 미음에 ②의 단호박을 넣고 푹 끓인 뒤
고운체로 거른다.

사과미음

재료 불린 쌀 15g, 사과 10g, 물 1컵

1 불린 쌀은 분쇄기에 곱게 갈아 물을 붓고
미음을 끓인다.
2 사과는 껍질을 벗긴 후 강판에 곱게 간다.
3 ①의 미음에 ②의 사과를 넣고 푹 끓인 뒤
고운체로 거른다.

양배추미음

재료 불린 쌀 15g, 양배추 10g, 물 1컵
1 불린 쌀은 분쇄기에 곱게 갈아 물을 붓고
미음을 끓인다.
2 양배추는 딱딱한 부분을 잘라내고 잎만 끓는
물에 데쳐 손절구로 으깬다.
3 ①의 미음에 ②의 양배추를 넣고 푹 끓인 뒤
고운체로 거른다.

감자오이미음

재료 불린 쌀 15g, 감자 10g, 오이 5g, 물 1컵
1 불린 쌀은 분쇄기에 곱게 갈아 물을 붓고
미음을 끓인다.
2 감자는 무르도록 삶아 껍질을 벗긴 후
손절구로 곱게 으깬다.
3 오이는 껍질을 벗긴 후 강판에 곱게 간다.
4 ①의 미음에 ②의 감자와 ③의 오이를 넣고
푹 끓인 뒤 고운체로 거른다.

바나나당근미음

재료 불린 쌀 15g, 바나나 10g, 당근 5g, 물 1컵
1 불린 쌀은 분쇄기에 곱게 갈아 물을 붓고
미음을 끓인다.
2 바나나는 껍질을 벗긴 후 손절구로 곱게
으깬다.
3 당근은 껍질을 벗긴 후 강판에 곱게 간다.
4 ①의 미음에 ②의 바나나와 ③의 당근을 넣고
푹 끓인 뒤 고운체로 거른다.

콜리플라워미음

재료 불린 쌀 15g, 콜리플라워 10g, 물 1컵
1 불린 쌀은 분쇄기에 곱게 갈아 물을 붓고
미음을 끓인다.
2 콜리플라워는 줄기를 잘라내고 끓는 물에
데쳐 손절구로 으깬다.
3 ①의 미음에 ②의 콜리플라워를 넣고 푹 끓인
뒤 고운체로 거른다.

배당근미음

재료 불린 쌀 15g, 배 10g, 당근 5g, 물 1컵
1 불린 쌀은 분쇄기에 곱게 갈아 물을 붓고
미음을 끓인다.
2 배는 껍질을 벗겨 씨를 제거하고, 당근은
껍질을 벗긴 후 각각 강판에 곱게 간다.
3 ①의 미음에 ②의 배와 당근을 넣고 푹 끓인
뒤 고운체로 거른다.

브로콜리사과미음

재료 불린 쌀 15g, 브로콜리·사과 5g씩, 물 1컵
1 불린 쌀은 분쇄기에 곱게 갈아 물을 붓고
미음을 끓인다.
2 브로콜리는 줄기를 잘라내고 끓는 물에 데쳐
손절구로 으깬다.
3 사과는 껍질을 벗긴 후 강판에 곱게 간다.
4 ①의 미음에 ②의 브로콜리와 ③의 사과를
넣고 푹 끓인 뒤 고운체로 거른다.

사과당근미음

재료 불린 쌀 15g, 사과·당근 10g씩, 물 1컵
1 불린 쌀은 분쇄기에 곱게 갈아 물을 붓고
미음을 끓인다.
2 사과는 껍질을 벗겨 씨를 제거하고, 당근은
껍질을 벗긴 후 각각 강판에 곱게 간다.
3 ①의 미음에 ②의 사과와 당근을 넣고 푹
끓인 뒤 고운체로 거른다.

고구마시금치미음

재료 불린 쌀 15g, 고구마 10g, 시금치 5g, 물 1컵
1 불린 쌀은 분쇄기에 곱게 갈아 물을 붓고
미음을 끓인다.
2 고구마는 무르도록 삶아 껍질을 벗긴 후
손절구로 곱게 으깬다.
3 시금치는 끓는 물에 데쳐 손절구로 으깬다.
4 ①의 미음에 ②의 고구마와 ③의 시금치를
넣고 푹 끓인 뒤 고운체로 거른다.

사과콜리플라워미음

재료 불린 쌀 15g, 사과·콜리플라워 10g씩,
물 1컵
1 불린 쌀은 분쇄기에 곱게 갈아 물을 붓고
미음을 끓인다.
2 사과는 껍질을 벗긴 후 강판에 곱게 간다.
3 콜리플라워는 줄기를 잘라내고 끓는 물에
데쳐 손절구로 으깬다.
4 ①의 미음에 ②의 사과와 ③의 콜리플라워를
넣고 푹 끓인 뒤 고운체로 거른다.

사과양배추미음

재료 불린 쌀 15g, 사과·양배추 10g씩, 물 1컵
1 불린 쌀은 분쇄기에 곱게 갈아 물을 붓고
미음을 끓인다.
2 사과는 껍질을 벗긴 후 강판에 곱게 간다.
3 양배추는 딱딱한 부분을 잘라내고 잎만 끓는
물에 데쳐 손절구로 으깬다.
4 ①의 미음에 ②의 사과와 ③의 양배추를 넣고
푹 끓인 뒤 고운체로 거른다.

밤애호박미음

재료 불린 쌀 15g, 밤 10g, 애호박 5g, 물 1컵
1 불린 쌀은 분쇄기에 곱게 갈아 물을 붓고
미음을 끓인다.
2 밤은 삶아 껍질을 벗긴 후 손절구로 으깬다.
3 애호박은 껍질을 벗기고 씨를 제거한 후 끓는
물에 삶아 고운체에 내린다.
4 ①의 미음에 ②의 밤과 ③의 애호박을 넣고 푹
끓인 뒤 고운체로 거른다.

검은콩배미음

재료 불린 쌀 15g, 검은콩·배 10g씩, 물 1컵
1 불린 쌀은 분쇄기에 곱게 갈아 물을 붓고
미음을 끓인다.
2 검은콩은 반나절 불린 후 끓는 물에 삶아
껍질을 벗기고 손절구로 곱게 으깬다.
3 배는 껍질을 벗긴 후 강판에 곱게 간다.
4 ①의 미음에 ②의 검정콩과 ③의 배를 넣고
푹 끓인 뒤 고운체로 거른다.

중기 이유식 생후 7~9개월

음식을 흘리지 않고 받아먹을 수 있다. 입을 다물고 2~3초 정도 오물거리며 씹은 후 삼키는 시기이므로
약간 씹히는 느낌이 있는 음식으로 잇몸을 단련시킨다.

하루에 얼마나 먹일까?

	생후 7개월	생후 8개월	생후 9개월
1일 수유 횟수	3~5회	3~5회	3~4회
1회 수유량	200~220ml	200~220ml	200~220ml
1일 이유식 횟수	70~90g씩 2회	80~100g씩 2~3회	90~120g씩 3회
이유식 형태	두부 굳기 정도의 걸쭉한 상태로 부드러운 알갱이가 섞인 죽		
이유식 재료	육류, 달걀노른자, 흰 살 생선류, 곡류, 과일류, 채소류		

진행 포인트

생후 6개월 후반~7개월쯤 시작한다

중기 이유식은 초기 이유식을 시작한 지 최소 한두 달이 지나 아이가 분유나 모유 외에 다른 음식물에 익숙해질 무렵에 시작할 수 있다. 생후 4개월에 이유식을 시작한 아이는 생후 6개월 후반이나 7개월 초반에 중기 이유식을 진행하면 된다. 생후 6개월이 다 되어 이유식을 시작했다면 한두 달 정도 초기 이유식을 진행한 다음 중기 이유식으로 넘어가면 알맞다.

갈지 않고 잘게 다져서 만든다

생후 7~8개월 되면 음식을 혀로 입천장에 밀어 올린 다음 잇몸으로 으깨 먹을 줄 안다. 따라서 아이가 음식의 질감을 충분히 느낄 수 있도록 갈지 않고 잘게 다져 먹이되, 으깨기 쉽도록 무르게 익혀서 준다. 음식의 적당한 굳기는 두부나 바나나 정도. 쌀도 완전히 가루를 내지 말고 살짝 갈아서 사용한다.

철분 보충을 위해 고기를 먹인다

생후 6개월이 되면 모체로부터 받은 철분이 급격히 바닥난다. 따라서 육류를 먹여 양질의 철분을 공급해주어야 한다. 철분 섭취에 좋은 육류로는 알레르기 위험이 낮고 기름기가 적은 쇠고기나 닭 가슴살이 있다. 두뇌와 신체 발달에 지장을 주지 않으려면 적어도 만 2세까지는 고기를 꾸준히 먹여야 한다. 고기 국물은 철분 보충에 그다지 도움이 되지 않으니 살코기를 직접 죽에 섞어 먹인다. 비타민 C를 곁들이면 철분 섭취가 더 잘된다.

8개월 후반부터 3회식을 시도한다

두 끼의 이유식 모두 아이용 밥그릇으로 반 이상 비울 수 있을 정도가 되면 아침저녁 2회식이 자리 잡도록 도와준다. 2회식이 자리 잡은 8개월 후반부터 3회식을 시작하는데, 마지막 한 번의 이유식은 2회식을 시작할 때와 마찬가지로 한 숟가락부터 먹인다. 2회식은 그대로 먹이고 3회식은 한 숟가락만 먹이는 것.

하루 1회 간식을 시작한다

생후 8개월 정도 되면 아이의 활동량이 부쩍 늘어난다. 따라서 하루에 한 번 간식을 먹여 열량과 영양을 보충해주고, 아이가 먹는 것에 더욱 흥미를 느끼게 한다. 적당한 분량의 제철 과일과 플레인 요구르트 45ml 정도면 부담스럽지 않게 먹일 수 있다. 시판 간식은 맛이 자극적인 데다 열량이 높으므로 아직 먹이지 않는다. 간식 시간은 수유 시간이나 이유식 시간과 겹치지 않는 낮 12시에서 오후 2시 사이가 적당하다.

컵을 사용하는 연습을 시작한다

생후 9개월이 지나면 아이가 스스로 젖병을 쥐고 먹는 모습을 간혹 볼 수 있는데, 이는 컵을 사용할 수 있다는 신호이다. 이때부터 손잡이가 달린 컵에 물을 따라 쥐여주어 컵을 사용해볼 수 있도록 도와준다. 컵은 아이가 들기 쉽도록 양옆에 손잡이가 달리고, 쏟는 것을 방지하기 위해 뚜껑이 있는 것으로 고른다. 이유식 후기가 되어야 아이 혼자 컵을 들고 마시는 것이 능숙해지므로 이 시기는 컵 사용을 연습한다고 생각한다.

스스로 먹는 연습을 시작한다

이 시기가 되면 소근육이 발달하면서 무엇이든 손으로 집어 입에 넣으려고 한다. 이때 삶은 채소나 익힌 과일 등을 작게 썰어서 아이가 손으로 집어 먹도록 하면 손과 뇌의 협응력을 기르고 소근육 발달에도 도움이 된다. 생후 8개월부터는 아이 손에 숟가락도 쥐여주자. 숟가락질을 하기엔 아직 무리이지만 숟가락과 친숙해지는 데 도움이 된다.

감자강낭콩죽

재료 불린 쌀 15g, 감자 15g, 강낭콩 5g,
물 2/3컵, 김 가루 · 깨소금 약간씩

1 불린 쌀은 살짝 갈아 물을 붓고 죽을 끓인다.
2 감자와 강낭콩은 각각 삶아 껍질을 벗긴 후
손절구로 으깬다.
3 ①의 죽에 ②를 넣고 한소끔 끓인 뒤 김
가루와 깨소금을 넣는다.

검은콩비타민죽

재료 불린 쌀 15g, 검은콩 · 비타민 10g씩,
물 2/3컵

1 불린 쌀은 살짝 갈아 물을 붓고 죽을 끓인다.
2 검은콩은 반나절 불린 후 끓는 물에 삶아
껍질을 벗기고 손절구로 곱게 으깬다.
3 비타민은 끓는 물에 데쳐 잘게 다진다.
4 ①의 죽에 ②와 ③을 넣고 한소끔 끓인다.

닭살아욱죽

재료 불린 쌀 15g, 닭 가슴살 · 아욱 10g씩,
양파즙 1/2작은술, 다시마 국물 2/3컵

1 불린 쌀은 살짝 갈아 분량의 다시마 국물을
붓고 죽을 끓인다.
2 닭 가슴살은 끓는 물에 삶은 뒤 잘게 다져서
양파즙으로 밑간하고, 아욱은 데쳐 잘게 다진다.
3 ①의 죽에 ②를 넣고 한소끔 끓인다.

감자노른자죽

재료 불린 쌀 · 감자 15g씩, 달걀노른자 5g,
다시마 국물 2/3컵

1 불린 쌀은 살짝 갈아 분량의 다시마 국물을
붓고 죽을 끓인다.
2 감자는 삶아 껍질을 벗긴 후 손절구로 으깬다.
3 달걀은 완숙으로 삶아 노른자만 체에 내린다.
4 ①의 죽에 ②와 ③을 넣고 한소끔 끓인다.

단호박배죽

재료 불린 쌀 15g, 단호박 10g, 배 5g, 물 2/3컵

1 불린 쌀은 살짝 갈아 물을 붓고 죽을 끓인다.
2 단호박은 껍질을 벗기고 씨를 제거한 후 삶아
손절구로 곱게 으깬다.
3 배는 껍질을 벗겨 씨를 제거하고 잘게 다진다.
4 ①의 죽에 ②와 ③을 넣고 한소끔 끓인다.

밤채소죽

재료 불린 쌀 · 고구마 15g씩, 밤 10g,
브로콜리 5g, 다시마 국물 2/3컵

1 불린 쌀은 살짝 갈아 분량의 다시마 국물을
붓고 죽을 끓인다.
2 고구마와 밤은 삶아 껍질을 벗긴 후
손절구로 으깨고, 브로콜리는 잎 부분만 끓는
물에 데쳐 잘게 다진다.
3 ①의 죽에 ②를 넣고 한소끔 끓인다.

쇠고기채소죽

재료 불린 쌀 15g, 간 쇠고기 · 표고버섯 10g씩,
당근 · 양파 5g씩, 물 2/3컵

1 불린 쌀은 살짝 갈아 물을 붓고 죽을 끓인다.

2 간 쇠고기는 끓는 물에 데쳐 체로 건진다.

3 표고버섯은 밑동을 제거하고 끓는 물에 데친
뒤 잘게 다지고, 당근과 양파도 잘게 다진다.

4 ①의 죽에 ②와 ③을 넣고 한소끔 끓인다.

시금치찹쌀죽

재료 불린 쌀 15g, 시금치 · 당근 10g씩,
양파 · 찹쌀가루 5g씩, 물 2/3컵

1 불린 쌀은 살짝 간다.

2 팬에 찹쌀가루를 넣고 볶다가 물을 부어 갠다.

3 시금치는 끓는 물에 데쳐 잘게 다지고, 당근과
양파는 잘게 다진다.

4 냄비에 ①, ②를 넣고 끓이다가 ③을 넣고
쌀알이 퍼질 때까지 끓인다.

영양잡곡죽

재료 불린 쌀 · 밤 10g씩, 불린 찹쌀 · 불린
메조 · 마른 대추 5g씩, 물 3/4컵

1 불린 쌀, 찹쌀, 메조는 분쇄기에 살짝 갈아
물을 붓고 죽을 끓인다.

2 마른 대추는 끓는 물에 삶아 씨를 제거한 뒤
잘게 다지고, 대추 삶은 물은 체에 밭친다.

3 밤은 삶아 껍질을 벗긴 후 손절구로 으깬다.

4 ①의 죽에 ②와 ③을 넣고 한소끔 끓인다.

쇠고기표고버섯죽

재료 불린 쌀 15g, 간 쇠고기 15g, 표고버섯 10g,
양파즙 1/2작은술, 참기름 3g, 물 2/3컵

1 불린 쌀은 살짝 갈아 물을 붓고 죽을 끓인다.

2 간 쇠고기는 끓는 물에 데쳐 체로 건진 후
양파즙, 참기름으로 버무린다.

3 표고버섯은 밑동을 제거하고 끓는 물에 데친
뒤 잘게 다진다.

4 ①의 죽에 ②와 ③을 넣고 한소끔 끓인다.

옥수수완두콩죽

재료 불린 쌀 · 옥수수 알갱이 15g씩,
완두콩 5g, 다시마 국물 2/3컵

1 불린 쌀은 살짝 갈아 분량의 다시마 국물을
붓고 죽을 끓인다.

2 옥수수 알갱이와 완두콩은 삶아 껍질을 벗긴
후 손절구로 으깬다.

3 ①의 죽에 ②를 넣고 한소끔 더 끓인다.

적양배추현미죽

재료 불린 쌀 15g, 적양배추 10g,
불린 현미 · 당근 5g씩, 물 2/3컵

1 불린 쌀과 현미는 살짝 갈아 물을 붓고
죽을 끓인다.

2 적양배추는 잎 부분만 끓는 물에 데쳐 잘게
다지고, 당근은 껍질을 벗긴 후 잘게 다진다.

3 ①의 죽에 ②를 넣고 한소끔 더 끓인다.

콩나물연두부죽

재료 불린 쌀·연두부 15g씩, 콩나물·애호박 10g씩, 양파 5g, 다시마 국물 2/3컵

1 불린 쌀은 살짝 갈아 분량의 다시마 국물을 붓고 죽을 끓인다.
2 연두부는 물에 담근 후 체에 내린다.
3 콩나물은 손질해 삶은 후 잘게 다지고, 애호박과 양파는 껍질을 벗긴 후 잘게 다진다.
4 ①의 죽에 ②와 ③을 넣고 한소끔 더 끓인다.

흰살생선사과죽

재료 불린 쌀 20g, 대구살 10g, 사과 5g, 물 2/3컵

1 불린 쌀은 살짝 갈아 물을 붓고 죽을 끓인다.
2 대구살은 가시를 제거하고 끓는 물에 데친 뒤 살만 발라 잘게 다진다.
3 사과는 껍질을 벗긴 후 잘게 다진다.
4 ①의 죽에 ②와 ③을 넣고 한소끔 더 끓인다.

고구마당근죽

재료 불린 쌀 15g, 고구마 20g, 당근 10g, 물 2/3컵, 분유물 1큰술

1 불린 쌀은 살짝 갈아 물을 붓고 죽을 끓인다.
2 고구마는 삶아 껍질을 벗긴 후 잘게 다진다.
3 당근은 껍질을 벗긴 후 잘게 다진다.
4 ①의 죽에 ②와 ③을 넣고 끓이다가 분유물을 붓고 한 번 더 끓인다.

황태표고죽

재료 불린 쌀 15g, 황태 5g, 표고버섯 10g, 물 2/3컵

1 불린 쌀은 살짝 간다.
2 황태는 손질해 물을 붓고 끓여 국물을 우린다.
3 표고버섯은 밑동을 제거하고 끓는 물에 데친 뒤 잘게 다진다.
4 ①에 ②의 육수를 넣고 끓이다가 ③을 넣어 쌀알이 퍼질 때까지 끓인다.

강낭콩퓌레

재료 강낭콩 50g, 분유물 1/4컵

1 강낭콩은 끓는 물에 삶은 후 체에 밭쳐 둘기를 빼고, 껍질을 벗긴 후 손절구로 으깬다.
2 냄비에 ①과 분유물을 넣고 섞은 다음 중간 불에서 저어가며 끓인다.

사과버무리

재료 고구마 70g, 사과·단호박 50g씩, 분유물 2큰술

1 고구마는 삶아 껍질을 벗긴다.
2 단호박은 껍질을 벗기고 씨를 제거한 후 삶아 ①과 함께 손절구로 으깬다.
3 사과는 껍질을 벗긴 후 잘게 다진다.
4 ②와 ③에 분유물을 붓고 고르게 섞는다.

후기 이유식 생후 10~12개월

이유식 후기에는 씹는 연습을 할 수 있도록 쌀을 갈지 않고, 다른 재료 역시 다지기보다 썰어서 조리한다.
이유식을 먹인 후에는 반드시 거즈나 유아용 칫솔로 이와 잇몸을 닦아준다.

하루에 얼마나 먹일까?

생후 10~12개월

1일 수유 횟수	3~4회
1회 수유량	130~180ml
1일 이유식 횟수	100~150g씩 3회
이유식 형태	잇몸으로 으깼을 때 잘 부서지는 바나나 정도 굳기
이유식 재료	육류, 어패류, 견과류, 곡류, 과일류, 채소류

진행 포인트

평소보다 되직한 죽으로 시작한다
생후 9~10개월 무렵 평소보다 죽을 약간 되직하게 만들어 먹여보고 아이가 거부감 없이 잘 먹으면 이번에는 쌀을 갈지 않고 죽을 끓여 먹여본다. 처음에는 쌀과 물을 1:5 비율로 맞춘 된죽을 먹이다가 한 달 정도 지나 아이가 무리 없이 소화시키면 물의 양을 점점 줄여 1:4 혹은 1:3 정도의 비율로 진밥을 짓는다.

하루 3회 주식으로 먹인다
중기에는 식사 시간에 맞추어 먹는 연습을 했다면, 후기는 본격적으로 하루 세끼를 먹는 시기이다. 이때부터 모유나 분유가 아닌 이유식이 주식이 되어야 한다. 한 번에 먹는 양을 늘리고 횟수도 하루 3회를 기본으로 한다. 한 번 먹을 때 적어도 아이 밥그릇으로 1공기 정도 먹는 것이 적당하다. 영양의 균형 또한 고려해야 한다. 한 끼에 두 가지 정도 영양군을 섞어서 먹이면 균형을 맞추기가 쉽다. 2~3일 간격으로 메뉴를 살펴 5대 식품군 중 빠진 것이 없는지 확인하고 다음 메뉴를 짤때 참고한다.

수유는 되도록 줄인다
이유식 후기가 되면 아이는 활동에 필요한 대부분의 영양소를 이유식을 통해 공급받아야 한다. 따라서 수유량과 횟수를 모두 줄여나간다. 모유나 분유를 충분히 먹은 아이는 이유식을 덜 먹기 때문에 이유식 먹일 시간이 아닌데 아이가 배고파하면 수유를 하는 대신 적당한 간식을 만들어 먹인다.

먹는 시간을 정해놓는다
이 시기 아이는 움직임이 많아 밥을 먹을 때도 한자리에 앉아 있지 못하고 돌아다니거나, 음식을 먹지 않고 손으로 장난치는 경우가 종종 있다. 그럴 때는 억지로 먹이려 하지 말고 단호하게 음식을 치우는 것이 좋다. 평소 이유식 먹는 시간을 30분 정도로 일정하게 정해놓고 그 시간 안에 다 먹지 않으면 더 이상 먹이지 않는다. 아이는 배가 고파지면 자연스럽게 음식을 찾는다. 이때 간식이나 수유량도 늘리지 않아야 한다.

변에 이상이 있으면 일시 중지한다
생후 10개월 정도되면 어른처럼 잘게 씹지는 못해도 진밥 정도는 먹을 수 있다. 하지만 갑자기 덩어리가 있는 음식을 먹으면 소화를 잘 못 시키는 경우가 생기기도 한다. 만일 아이 변에 음식 알갱이가 그대로 섞여 나온다면 이유식 진행을 조금 늦추는 것이 좋다. 조금 더 묽은 죽을 쑤고 재료는 더 잘게 다져 조리해주었다가 별다른 문제가 없으면 해당하는 단계의 이유식을 다시 시도한다.

어른 반찬을 이용하되 간은 생략한다
이 무렵에는 씹는 능력과 소화력이 발달하면서 웬만한 어른 반찬은 다 먹을 수 있다. 단, 어른이 먹는 대로 짜고 매운 반찬을 그대로 먹여서는 절대 안 된다. 어른이 먹을 음식을 만들면서 간을 하기 전에 이유식용으로 재료를 따로 덜어두면 일손을 덜 수 있다.

아이용 숟가락을 쥐여준다
손가락을 자유롭게 움직일 수 있으므로 아이용 숟가락을 쥐여주어 음식은 손으로 먹는 것이 아니라 숟가락을 이용해야 한다는 사실을 알려준다. 엄마가 반복해서 보여주면 도움이 된다. 초반에는 먹는 양보다 흘리는 양이 많지만, 점차 숟가락질에 익숙해져 음식을 흘리지 않고 능숙하게 먹을 수 있게 된다.

이 시기에 알맞은 이유식

감자당근진밥

재료 진밥 60g, 감자 · 당근 20g씩,
다시마 국물 1/2컵

1 감자와 당근은 껍질을 벗겨 사방 5mm
크기로 썬다.

2 냄비에 ①과 다시마 국물을 넣고 끓이다가
한소끔 끓어오르면 진밥을 넣어 밥알이
퍼지도록 끓인다.

고구마쇠고기죽

재료 불린 쌀 30g, 고구마 20g, 간 쇠고기 20g,
양파즙 1/2작은술, 다시마 국물 1½컵

1 고구마는 껍질을 벗겨 사방 5mm 크기로 썬다.

2 간 쇠고기는 양파즙을 넣고 밑간한다.

3 냄비에 불린 쌀과 다시마 국물을 넣고
끓이다가 한소끔 끓어오르면 ①과 ②를 넣고
불을 줄여 쌀알이 퍼질 때까지 끓인다.

버섯치즈진밥

재료 진밥 60g, 양송이버섯 · 느타리버섯 ·
표고버섯 · 당근 10g씩, 아이용 치즈 1/2장,
물 1/2컵, 식용유 약간

1 양송이버섯, 느타리버섯, 표고버섯은 끓는
물에 데친 후 잘게 다진다.

2 당근은 잘게 다진 후 식용유를 두른 팬에
볶다가 ①과 진밥, 물을 넣어 저어가며 끓인다.

3 ②에 치즈를 넣고 버무린다.

마른새우감자진밥

재료 진밥 60g, 마른 새우 국물 1/2컵,
감자 · 무 · 콩나물 10g씩

1 마른 새우 국물을 만든 후 새우는 분쇄기에 간다.

2 감자와 무는 껍질을 벗겨 사방 5mm 크기로
썰고, 콩나물은 손질해 삶은 후 잘게 다진다.

3 냄비에 ①과 ②, 분량의 마른 새우 국물을 넣고
끓이다가 한소끔 끓어오르면 진밥을 넣어
밥알이 퍼지도록 끓인다.

고구마호두진밥

재료 진밥 60g, 고구마 20g, 양배추 15g,
호두 5g, 다시마 국물 1/2컵, 식용유 약간

1 고구마는 껍질을 벗겨 사방 5mm 크기로 썬다.

2 양배추는 잎 부분만 사방 5mm 크기로 썬다.

3 식용유 두른 팬에 ①, ②를 볶은 후 진밥과
분량의 다시마 국물을 넣고 끓인다.

4 호두는 껍질을 벗기고 잘게 갈아 ③에 올린다.

늙은호박당근죽

재료 불린 쌀 30g, 늙은 호박 25g,
당근 15g, 물 1½컵

1 늙은 호박은 껍질을 벗기고 씨를 제거한 후
사방 5mm 크기로 썬다.

2 당근은 껍질을 벗겨 사방 5mm 크기로 썬다.

3 냄비에 불린 쌀과 물을 넣고 끓이다가 한소끔
끓어오르면 ①과 ②를 넣고 불을 줄여 쌀알이
퍼질 때까지 끓인다.

완료기 이유식 생후 13~15개월

돌 무렵이 되면 어금니가 나기 시작하면서 음식을 씹어 삼키기가 수월해진다.
어른과 비슷한 음식을 먹을 수 있지만 원칙 없이 먹이다가는 알레르기나 소화불량이 생길 수 있으므로 주의한다.

하루에 얼마나 먹일까?

	생후 13~15개월
1일 수유 횟수	• 2~3회
1회 수유량	• 150~180ml 정도(생우유 포함)
1일 이유식 횟수	• 120~180g 3회
이유식 형태	• 익힌 달걀흰자 정도의 굳기, 씹을 수 있는 알갱이가 있는 진밥
이유식 재료	• 육류, 어패류, 유제품, 견과류, 곡류, 과일류, 채소류

진행 포인트

다양한 재료를 이용한다

돌이 지나면 이제까지 알레르기 위험이 높아서 먹이지 못한 복숭아나 오렌지 같은 과일과 돼지고기, 우유 등을 안심하고 먹일 수 있다. 단, 먹어보지 않은 음식이므로 한꺼번에 너무 많은 양을 먹이는 것은 금물. 곡류, 채소, 달걀, 생선, 육류, 과일 등을 골고루 먹이되, 소화가 잘되도록 도와주고 철분 흡수를 높이는 비타민 섭취에도 신경을 써야 한다.

❗ 생후 12개월이 넘으면 저염식 간장, 된장, 소금 등으로 약하게 간을 해도 괜찮다. 하지만 생후 18개월 전후의 유아기로 넘어가기 전까지는 이유기이므로 되도록 싱겁게 먹이는 게 좋다.

조리법을 달리해 편식을 예방한다

매번 같은 조리법으로 요리한 음식은 아이가 싫증을 내기 쉽다. 특히 이 시기 아이는 좋아하는 음식과 싫어하는 음식의 기호가 생기므로 같은 재료라도 조리법을 달리해 먹인다. 아이가 싫어하는 재료라도 다양한 조리법으로 만들어 먹이면서 아이가 좋아하도록 유도한다.

인스턴트식품이나 시판 주스는 가급적 피한다

너무 일찍부터 인스턴트식품이나 시판 주스 등을 먹이면 몸에 해로울 뿐 아니라 그 맛에 길들어 편식이 심해진다. 엄마가 만든 담백한 음식을 거부하기 시작하면 올바른 식습관 형성에도 좋지 않은 영향을 미친다. 햄이나 소시지, 어묵, 탄산음료처럼 염분이나 첨가물이 많은 식품은 되도록 먹이지 않는다.

식사 예절을 가르친다

음식을 손으로 집거나, 장난치며 먹거나, 여기저기 돌아다니며 먹고, 먹지 않겠다고 떼쓰는 등 잘못된 식습관은 반드시 고쳐야 한다. '할 수 있는 것'과 '해서는 안 되는 것'을 구별할 수 있는 시기이므로 단호하고 따끔하게 야단치면 나쁜 버릇을 바로잡을 수 있다. 먹다 만 음식은 시간이 지나면 바로 치우고, 때로는 간식도 주지 말고 배고픔을 느껴보게 하는 것이 필요하다. 가족 모두 한자리에서 식사를 하는 것도 좋은 방법이다.

양치하는 습관을 길러준다

유아용 칫솔과 치약을 마련해주고 즐겁게 양치하는 습관을 길러준다. 아이의 모방 심리를 이용해 식사 후 엄마 아빠가 함께 양치하는 모습을 보여주거나, 아이가 좋아하는 캐릭터 모양 칫솔로 양치를 시작하게 하는 것도 좋은 방법이다. 만약 치약을 싫어하거나 치약 잔여물을 제대로 헹궈내지 못할 때는 물로만 헹구더라도 반드시 입안을 닦아준다.

완료기 이유식 양념 사용법

간장 아이가 금세 짠맛에 익숙해질 수 있어 거의 사용하지 않는다. 사용한다면 완료기에 1/2작은술 정도 음식에 넣어 먹인다.

소금 젖이나 분유에도 염분이 들어 있으므로 이유식에는 넣지 않는다. 사용한다면 완료기에 1/15작은술 정도 음식에 넣어 먹인다.

토마토케첩 염분은 많지 않지만 첨가물이 많이 들어 있으므로 후기부터 아주 조금씩 사용한다. 후기에는 3/5작은술, 완료기에는 2/3작은술 정도.

마요네즈 지방과 식초, 그 외 향신료가 많이 들어 있으므로 후기부터 아주 조금씩 사용한다. 후기에는 3/4작은술, 완료기에는 1작은술 정도.

된장 화학조미료가 첨가된 시판 된장이 아니라면 후기나 완료기부터 사용할 수 있다. 후기에는 1/6작은술, 완료기에는 4/7작은술 정도.

설탕 중기에는 2/3작은술, 후기에는 1작은술 정도. 단, 벌꿀과 흑설탕은 돌이 지난 후 먹이고, 알레르기가 있는 아이는 두 돌까지 먹이지 않는다.

이 시기에 알맞은 이유식

감자치즈밥

재료 밥 60g, 감자 35g, 양파 20g,
아이용 치즈 1/2장, 다시마 국물 1/4컵

1 감자와 양파는 껍질을 벗긴 후 각각 사방
7mm 크기로 썬다.

2 팬에 ①을 넣고 볶다가 밥과 다시마 국물을
넣어 끓인 후 치즈를 올린다.

과일감자조림밥

재료 밥 60g, 감자 30g, 당근 · 파인애플 20g씩,
분유물 · 전분물 · 식용유 약간씩

1 감자와 당근은 껍질을 벗긴 후 사방 7mm
크기로 썬다. 파인애플은 과육만 잘게 썬다.

2 식용유를 두른 팬에 감자와 당근을 볶다가
파인애플과 분유물, 전분물을 넣어 끓인다.

3 ②에 밥을 넣어 한 번 더 끓인다.

멸치주먹밥

재료 밥 60g, 잔멸치 · 당근 20g씩,
시금치 15g, 김 가루 약간

1 잔멸치는 체에 담고 흔들어 불순물을 걸러낸
뒤 마른 팬에 볶아 굵게 다진다.

2 당근과 시금치는 끓는 물에 데친 후 다진다.

3 팬에 밥과 ②를 볶다가 ①을 넣어 섞은 후 한
입 크기로 뭉쳐 김 가루에 굴린다.

검은깨비타민밥

재료 밥 60g, 비타민 25g, 검은깨 가루 20g,
물 1/4컵, 참기름 약간

1 비타민은 끓는 물에 데쳐서 물기를 뺀 뒤
분량의 물을 붓고 믹서기에 간다.

2 냄비에 밥과 ①, 물, 검은깨 가루를 넣어
버무린 다음, 참기름을 살짝 두르고 주걱으로
고루 섞는다.

단호박영양밥

재료 밥 60g, 단호박 20g, 대추 · 호박씨 15g씩,
물 1/4컵, 참기름 · 참깨 약간씩

1 단호박은 껍질을 벗기고 씨를 제거한 후 사방
7mm 크기로 썰고, 씨를 뺀 대추와 손질한
호박씨는 곱게 다진다.

2 참기름을 두른 팬에 단호박을 넣어 볶다가
익으면 밥과 물, 참깨를 넣고 끓인다.

3 ②에 다진 대추와 호박씨를 넣고 버무린다.

백김치볶음밥

재료 밥 60g, 아이용 백김치 20g, 물 1/4컵,
간 쇠고기 · 당근 · 양파 10g씩, 식용유 약간

1 백김치는 물기를 꼭 짜고, 당근과 양파는
껍질을 벗긴 후 각각 잘게 다진다.

2 간 쇠고기는 키친타월로 핏물을 뺀다.

3 식용유를 두른 팬에 ①과 ②를 넣고 볶다가
밥과 물을 넣어 한 번 끓인다.

굴무밥

재료 밥 60g, 굴 · 무 · 비타민 15g씩,
양파 5g, 물 1/4컵, 식용유 1/2작은술

1 굴과 무, 양파는 사방 7mm 크기로 썬 후
식용유를 두른 팬에 살짝 볶는다.

2 비타민은 끓는 물에 데쳐 잘게 다진다.

3 냄비에 ①과 ②, 물을 넣고 끓이다가 한소끔
끓어오르면 밥을 넣어 밥알이 퍼지도록 끓인다.

유부부추밥

재료 밥 60g, 유부 · 부추 20g씩, 감자 15g,
물 1/4컵, 식용유 약간

1 유부는 끓는 물에 살짝 데친 후 잘게 다진다.

2 감자는 사방 7mm 크기로 썬다.

3 부추는 잘게 다진다.

4 식용유를 두른 팬에 ②를 볶아 익힌 후 ①과
③, 밥, 물을 넣어 저어가며 끓인다.

쇠고기채소밥

재료 밥 60g, 간 쇠고기 25g, 당근 15g,
브로콜리 10g, 아이용 치즈 1/2장,
채소 국물 1/4컵, 식용유 약간

1 당근은 사방 7mm 크기로 썰고, 브로콜리는
끓는 물에 데친 후 잘게 다진다.

2 간 쇠고기는 키친타월로 핏물을 뺀 후
식용유를 두른 팬에 볶는다.

3 냄비에 밥과 채소 국물, 당근을 넣고 끓이다가
②와 브로콜리, 치즈를 넣어 저어가며 끓인다.

사골진밥

재료 밥 60g, 봄동 · 애호박 · 양파 15g씩,
된장 1g, 사골 국물 1/4컵

1 봄동은 끓는 물에 데친 후 잘게 다진다.

2 애호박과 양파는 잘게 다진다.

3 냄비에 밥과 ①, ②, 사골 국물, 된장을 넣고
저어가며 끓인다.

채소두부밥

재료 밥 60g, 두부 20g, 가지 · 양파 15g씩,
새우살 5g, 물 1/4컵, 식용유 약간

1 두부는 사방 7mm 크기로 썬다.

2 가지와 양파, 새우살은 각각 잘게 다진 후
식용유를 두른 팬에 볶는다.

3 냄비에 밥과 ①, ②, 물을 넣고 저어가며
끓인다.

콩나물느타리진밥

재료 밥 60g, 콩나물 · 느타리버섯 20g씩,
부추 10g, 콩나물 국물 1/4컵

1 콩나물과 느타리버섯은 다듬어 끓는 물에
각각 데친 후 7mm 길이로 썬다.

2 부추는 잘게 다진다.

3 냄비에 밥과 콩나물 국물을 넣고 끓이다가
한소끔 끓어오르면 ①, ②를 넣어 끓인다.

표고장국밥

재료 밥 60g, 표고버섯 20g, 당근 15g,
간 쇠고기 10g, 된장 3g, 물 1/4컵, 식용유 약간
1 표고버섯은 밑동을 제거하고, 당근은 껍질을
벗겨 각각 사방 7mm 크기로 썬다.
2 간 쇠고기는 키친타월로 핏물을 뺀 후
식용유를 두른 팬에 ①과 함께 볶는다.
3 ②에 밥과 물, 된장을 넣어 끓인다.

늙은호박쌀범벅

재료 쌀가루 3큰술, 늙은 호박 25g, 늙은 호박
가루 2큰술, 설탕 1작은술, 물 1/2컵
1 늙은 호박은 껍질을 벗기고 씨를 제거한 후
사방 7mm 크기로 썬다.
2 ①과 늙은 호박 가루, 쌀가루 넣어 잘 섞은 후
설탕과 물을 넣고 버무린다.
3 ②를 김 오른 찜통에 올려 찐다.

새우밥전

재료 진밥 60g, 새우살 · 당근 · 양파 20g씩,
달걀 1개, 청피망 5g, 밀가루 · 식용유 약간씩
1 새우살과 당근, 양파, 청피망은 각각 잘게
다진다. 달걀은 알끈이 없도록 곱게 푼다.
2 볼에 진밥과 ①, 밀가루를 넣고 섞는다.
3 식용유를 두른 팬에 ②의 반죽을 한 숟갈씩
떠서 올려 노릇하게 지진다.

일일 간식 섭취량의 기준

	생후 13~18개월	생후 19~24개월	만 2~3세
생우유	300~400ml를 하루 1~2회 나누어 먹인다.	300~500ml를 하루 1~2회 나누어 먹인다.	하루 500ml 이상은 먹이지 않는다.
요구르트	1개 분량인 80ml를 하루 1~2회 나누어 먹인다.	1개 분량인 80ml를 하루 1~2회 나누어 먹인다.	1개 분량인 80ml를 하루 1~2회 나누어 먹인다.
치즈	아이 전용 치즈 1장을 하루 1~2회 나누어 먹인다.	아이 전용 치즈 1장을 하루 1~2회 나누어 먹인다.	아이 전용 치즈 1장을 하루 1~2회 나누어 먹인다.
과자	3~4조각을 하루 1회 먹인다.	3~4조각을 하루 1~2회 먹인다.	3~4조각을 하루 2회 먹인다.
빵	식빵 1장을 하루 1~2회로 나누어 먹인다.	식빵 1장을 하루 1~2회로 나누어 먹인다.	식빵 1장을 하루 1~2회로 나누어 먹인다.
사탕	먹이지 않는다.	1개를 한 달에 2~3회 먹인다.	1개를 한 달에 2~3회 먹인다.
초콜릿	먹이지 않는다.	1~2조각을 한 달에 2~3회 먹인다.	1~2조각을 한 달에 2~3회 먹인다.
아이스크림	먹이지 않는다.	낱개 포장이나 미니 컵 1개를 1주에 2~3회 먹인다.	낱개 포장이나 미니 컵 1개를 1주에 2~3회 먹인다.
주스	직접 갈아 만든 천연 주스로 100~120ml를 하루 1~2회 나누어 먹인다.	직접 갈아 만든 천연 주스로 100~120ml를 하루 1~2회 나누어 먹인다.	직접 갈아 만든 천연 주스로 100~120ml를 하루 1~2회 나누어 먹인다.
플레인 요구르트	1/2개를 하루 1~2회 나누어 먹인다.	3/4개를 하루 1~2회 나누어 먹인다.	1개를 하루 1~2회 나누어 먹인다.
식혜	150ml를 하루 1회 먹인다.	18개월 이후에는 하루 3잔까지 마셔도 좋다.	
물만두	2개를 1주에 2회 먹인다.	2개를 1주에 2~3회 먹인다.	3개를 1주에 2~3회 먹인다.
군만두	1개를 1주에 2회 먹인다.	2개를 1주에 3회 먹인다.	2개를 1주에 3회 먹인다.

기타 간식 • 생후 18개월 이후부터 먹인다.
떡 3~4조각을 주 3회 정도 먹인다. 소시지 1개를 2주에 1회 먹인다. 껌 1개를 1주에 2~3회 먹인다. 시리얼 당분이 없는 것으로 30~50g을 1주에 1회 먹인다.
젤리 생후 12개월 이후에 1개를 한 달에 2~3회 먹인다.

유아식의 기본, 국 끓이기

어른이 먹는 것과 거의 비슷한 음식을 먹을 수 있는 시기이지만 간을 적게 한 아이 반찬을 따로 만들어주는 것이 좋다.
여의치 않다면 국을 싱겁게 끓여 반찬 대신 먹인다.

영양 만점 국 레시피

김달걀국

재료 달걀 2/3개, 배추 15g, 물 1½ 컵,
김·실파·참기름·국간장 약간씩

1 배추는 가늘게 채썰고, 실파는 송송 썬다.
2 달걀은 곱게 풀고, 김은 잘게 부순다.
3 분량의 물을 끓인 뒤 배추, 김, 국간장, 달걀물
순으로 넣어 섞으며 끓인다.
4 마지막에 실파와 참기름을 넣는다.

아이 국 먹일 때 알아야 할 것

1 국에 밥을 말아 먹이지 않는다. 제대로 씹지
않고 삼키기 때문에 소화하기 어렵고
씹는 연습을 방해해 유아식 진행을 더디게 한다.
국에 말아 먹는 습관은 어른도 좋지 않으므로
좋은 식습관을 들이기 위해서도 삼간다.
2 돌 이후에는 차츰 씹는 연습을 해나가야
하므로 건더기가 있는 국을 준비하는 것이 좋다.
건더기는 씹는 데 부담이 없도록 가로세로
0.5cm부터 시작해 크기를 키워나간다.
 짠 음식은 소화기관이 완전히 형성되지 않은
영·유아에게 부담이 될 수 있고, 지속적으로
먹이면 자극적 맛에 길들여질 수 있으므로 엄마
입맛보다 훨씬 싱겁게 요리한다.

김치호박국

재료 배추김치 15g, 애호박 20g, 양파 10g,
국멸치 2마리, 다시마 1장(3×3cm), 물 1½ 컵

1 김치는 물에 헹궈 물기를 짠 뒤 잘게 다진다.
2 애호박과 양파는 가늘게 채 썬다.
3 냄비에 국멸치와 다시마, 물을 넣어 15분 정도
끓인 후 건더기는 건진다.
4 ③의 국물이 부르르 끓어오르면 ①과 ②를
넣고 한소끔 더 끓인다.

다시마유붓국

재료 유부 2장, 무·시금치 20g씩, 달걀 1개,
다시마 국물 1½ 컵

1 유부는 끓는 물에 살짝 데친 후 1cm 길이로
썰고, 무와 시금치는 사방 1cm 크기로 썬다.
2 달걀은 알끈이 없도록 곱게 푼다.
3 냄비에 다시마 국물과 ①을 넣고 끓이다가
부르르 끓어오르면 ②를 넣어 한소끔 더 끓인다.

닭고기완잣국

재료 닭 가슴살 30g, 애호박 10g, 물 1½ 컵,
양파·당근 5g씩, 소금 약간

1 닭 가슴살과 양파는 각각 곱게 다져 한 입
크기로 빚는다.
2 애호박과 당근은 가늘게 채 썬다.
3 냄비에 물을 넣어 끓인 후 ①을 넣고 더
끓인다. 완자가 떠오르면 ②와 소금을 넣어 한
번 더 끓인다.

두부된장국

재료 두부 20g, 양송이버섯 · 애호박 10g씩,
다시마 국물 1½ 컵, 실파 · 된장 약간씩

1 두부와 양송이 버섯은 사방 1cm 크기로 썬다.
2 애호박은 사방 7mm 크기로 썰고, 실파는
송송 썰어놓는다.
3 냄비에 분량의 다시마 국물과 된장을 넣고
끓이다가 부르르 끓어오르면 ①과 ②를 넣어
한소끔 더 끓인다.

버섯국

재료 양송이버섯 · 배추 15g씩, 표고버섯 ·
팽이버섯 · 당근 7g씩,
다시마 국물 1½ 컵, 국간장 약간

1 양송이버섯과 표고버섯 각각 잘게 썰고,
팽이버섯은 가닥가닥 떼어 듬성듬성 썬다.
2 배추와 당근은 채썬다.
3 냄비에 다시마 국물과 ②를 넣고 끓이다가
부르르 끓어오르면 ①과 국간장을 넣어
한소끔 더 끓인다.

새우살미역국

재료 불린 미역 · 새우살 20g씩, 물 1½ 컵,
참기름 약간

1 불린 미역과 새우살은 각각 사방 5mm
크기로 잘게 썬다.
2 참기름을 두른 냄비에 ①을 볶다가 물을 붓고
끓인다.
※ 미역과 새우에서 약간의 염분이 나오므로
간은 따로 하지 않는다.

쇠고기양배춧국

재료 쇠고기 20g, 양배추 10g, 물 1½ 컵,
다진 마늘 · 국간장1작은술씩, 참기름 약간

1 쇠고기는 끓는 물에 삶아 가늘게 찢고,
양배추는 잎 부분만 사방 7mm 크기로 썬다.
2 참기름을 두른 냄비에 ①을 볶은 후 물을
부어 끓인다. 부르르 끓어오르면 다진 마늘과
국간장을 넣고 한 번 더 끓인다.

연한미소국

재료 배추 · 양파 · 당근 10g씩, 애호박 5g,
미소 된장 1/2작은술, 다시마 국물 1½ 컵

1 배추, 양파, 당근, 애호박은 각각 사방 5mm
크기로 썬다.
2 냄비에 다시마 국물과 ①을 넣고 끓이다가
부르르 끓어오르면 미소 된장을 넣어 한소끔
더 끓인다.

콩가루배춧국

재료 배추 40g, 콩가루 · 된장 7g씩, 피망 3g,
물 1½ 컵, 다진 마늘 약간

1 배추는 끓는 물에 살짝 데친 후 채썰어
콩가루와 버무린다.
2 피망은 사방 5mm 크기로 썬다.
3 냄비에 물과 된장을 넣고 끓이다가 부르르
끓어오르면 ①과 ②, 다진 마늘을 넣어 한소끔
더 끓인다.

아기가 먹는 물 끓이기

아이의 경우 수분이 체중의 70~80%를 차지하는 만큼 어른에 비해 더 많은 양의 물이 필요하다.
밥 한 끼만큼 중요한 아이용 물 끓이는 법.

보리차 생후 7개월부터

전해질 성분이 많아 설사나
구토를 할 때 먹이면 탈진을 예방한다.

재료 보리 15g, 물 2½ 컵
1 보리를 물에 깨끗이 씻어 체에 밭쳐
물기를 뺀다. 2 마른 팬에 ①을 넣고
중간 불에서 타지 않게 저어가며 볶는다.
3 주전자에 분량의 물과 ②를 넣고
뚜껑을 연 채 센 불에서 팔팔 끓이다가
불을 끄고 10분 정도 그대로 둔다.
4 보리가 가라앉으면 고운체로 거른다.

❗ 처음 먹일 때 아이의 반응을 살피고,
알레르기 반응이 있는 경우에는 돌 이후에 먹인다.

1 2 3 4

옥수수차 생후 13개월부터

소화 흡수가 잘되어 속이 편하고,
변비에 효과적이다.

재료 옥수수10g, 물 2¾컵
1 옥수수는 물에 깨끗이 씻어 체에 밭쳐
물기를 뺀다. 2 마른 팬에 ①을 넣고
중간 불에서 타지 않게 저어가며
볶는다. 3 주전자에 분량의 물과 ②를
넣고 뚜껑을 연 채 센 불에서 7~8분간
팔팔 끓이다가 불을 끄고 10분 정도
그대로 둔다. 4 옥수수차가 옅은
노란색을 띠면 고운체로 거른다.

1 2 3 4

결명자차 생후 13개월부터

시력을 보호하고 소화를 도와주며,
변비를 예방하는 효과가 있다.

재료 결명자 3g, 물 2½ 컵
1 결명자는 이물질을 골라낸 후 물에
깨끗이 씻어 체에 밭쳐 물기를 뺀다.
2 마른 팬에 ①을 넣고 중간 불에서 타지
않게 저어가며 볶는다. 3 주전자에 분량의
물을 붓고 팔팔 끓으면 ②를 넣고 뚜껑을
연 채 5분 정도 더 끓인다. 4 결명자차가
옅은 붉은색을 띠면 고운체로 거른다.

현미차 생후 13개월부터

단백질, 비타민, 철분 등이 많으며
섬유질이 풍부해 소화가 잘된다.

재료 현미 15g, 물 2½ 컵
1 현미는 물에 깨끗이 씻어 체에 밭쳐
물기를 뺀다. 2 마른 팬에 ①을 넣고
중간 불에서 타지 않게 저어가며
볶는다. 3 주전자에 분량의 물과 ②를
넣고 뚜껑을 연 채 센 불에서 15분간
팔팔 끓인다. 4 현미가 가라앉으면
고운체로 거른다.

아기 병 대백과

———

아이가 아프면 어쩌나, 사소한 증상이 질병으로 발전하면
어쩌나 늘 불안하고 걱정되시죠?
0~3세 단골 아기 병을 집중 분석했습니다.
집 안은 물론 집 밖에서 흔히 일어나는 안전사고 대처법과
약 먹기 싫어하는 아이를 위해
똑똑하게 약 먹이는 노하우도 알려드립니다.

예방접종 스케줄

아이가 평생 건강하게 자랄 수 있도록 국가예방접종은 물론이고,
필요하다고 생각하면 기타예방접종도 의사와 상의해서 제때 진행한다.

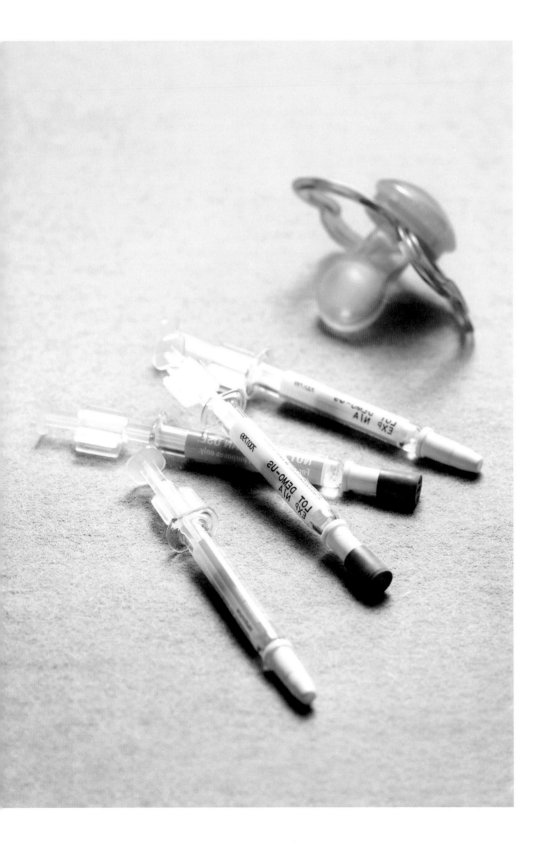

예방접종 기본 상식

국가예방접종 vs. 기타예방접종

국가예방접종은 병에 걸릴 가능성이 많고, 비용 대비 의료비 절감 효과가 있어 국가에서 모든 아이가 맞도록 권장하는 것으로 대부분은 보건소와 지정 의료 기관에서 무료로 접종할 수 있다. 기타예방접종은 국가 지원 대상 이외의 예방접종으로, 일반 의료 기관에서 유료로 접종할 수 있다. 기타예방접종도 질병이 유행 중이거나 의사가 권유하는 경우에는 접종하는 것이 좋다.

> ❗ 만 12세 이전에는 국가예방접종 18종 (BCG피내용, HepB, DTaP, Td, Tdap, IPV, DTaP-IPV, DTaP-IPV/Hib, Hib, MMR, VAR, IJEV, LJEV, HepA, HPV, IIV, 로타바이러스)을 무료로 지원한다. 지정 의료 기관은 질병관리본부 예방접종도우미 사이트 (nip.kdca.go.kr)에서 찾을 수 있다.

접종 전 아이 상태를 체크한다

접종 당일 체온이 37℃ 미만이면 접종해도 되지만, 그보다 높으면 의사와 상담한 후 며칠 미룬다. 접종 후 열이 나거나 경련을 일으키면 원인이 다른 질병인지, 접종 부작용인지 알 수 없기 때문이다.

식사는 접종 30분 전에 한다

생백신은 접종 후 바로 모유나 음식을 먹을 수 없는 경우도 있다. 먹는 약으로 접종하는 것이라 약을 토해내면 안 되기 때문. 경구용 접종이 아니어도 접종 직후 음식을 많이 먹이는 것은 좋지 않다. 도중에 경련이 올 경우 흡인성 폐렴이 생길 수 있다. 모유를 먹이는 것은 괜찮다.

오전 시간에 맞힌다

오전에 예방접종을 하면 부작용이 생길 경우 오후에 바로 응급처치를 받을 수 있지만, 오후에 맞히면 이상 증세가 있더라도 다음 날 아침까지 기다려야 한다. 가능한 한 오전에 맞히는 것이 좋다.

목욕은 접종 전날 시킨다

주사를 맞으면 열이 오르거나 접종 부위가 부어오를 수 있고, 아이가 쉽게 피로를 느껴 접종 당일에는 목욕을 시키기 어렵다. 가능하면 접종 전날 목욕시킨다.

육아수첩을 준비한다

아이의 예방접종은 한 번으로 끝나는 것도 있지만 2차, 3차까지 계속해서 해야 하는 것이 많으며, 일정한 시간이 지나면 예방 효과가 떨어져 추가 접종을 해야 하는 경우도 있다. 또 간염 예방접종처럼 백신 종류가 여러 가지일 경우에는 반드시 다음 회차에도 첫 회차와 동일한 백신을 접종해야만 하며, 첫 회차와 다른 부위에 접종해야 하는 백신도 있다. 따라서 매 접종 때 육아수첩에 접종 날짜와 백신 종류, 접종 부위 등을 꼼꼼하게 기록해놓는다. 최근에는 육아 수첩 대신 스마트폰 육아 앱을 통해 기록하는 경우도 많다. 기록한 데이터가 손실되지 않는 앱을 선택하는 것이 좋다.

의사와 상담한 후 맞힌다

예방접종을 하기 전 의사와 아이의 상태에 대해 꼼꼼하게 상담한다. 최근 1개월 이내에 홍역·볼거리·수두 등에 걸린 적이 있는지, 특정 약품이나 식품에 의한 알레르기가 있는지, 가족 중 특정 예방접종에 부작용을 일으킨 사람이 있는지 등을 알린다. 아이가 미숙아로 태어났는지 등 출산 당시 특이 사항도 알려야 한다. 특이 사항이 없더라도 1개월 이내에 예방접종을 한 적이 있다면 미리 말한다.

접종 부위를 지그시 눌러준다

접종 후 통증은 주사 자체보다 약으로 인한 국소 반응 때문이다. 주사를 맞힌 후 접종 부위를 지그시 눌러주면 약이 골고루 퍼져 국소 반응이 줄어든다. 그대로 두면 접종 부위에 멍울이 생길 수 있다. 단, BCG를 맞았거나 채혈한 부위는 만지지지 않는다.

접종 후 아이 상태를 체크한다

집으로 돌아와 3시간 정도 아이 상태를 관찰한다. 접종한 부위가 부었을 때는 찬물 찜질을 해주면 가라앉는다. 단, 갑자기 열이 나거나 경련을 일으키면 곧바로 소아청소년과 전문의의 진찰을 받아야 한다.

정해진 시기에 맞히는 것이 좋다

예방접종은 정해진 시기에 하는 것이 좋지만, 아이 몸 상태가 좋지 않으면 약간 미뤄도 된다. 깜빡 잊고 접종 시기를 지나치는 경우도 있는데, 시기가 다소 늦었다고 맞힐 수 없는 것은 아니다. 의사와 상의한 후 안전한 시기와 방법을 찾아 접종한다.

> ! 질병관리본부 예방접종도우미 사이트
> (nip.kdca.go.kr)에 아이 정보를
> 등록하면 그동안의 예방접종 기록을 조회할 수
> 있으며, 예방접종 증명서도 발급받을 수 있다.
> 예방접종 증명서는 정부24(gov.kr)에서도
> 발급 가능하다.

✓ CHECK
접종이 불가능한 경우

- ☐ 접종하는 당일에 잰 체온이 37℃ 이상일 때에는 접종을 미룬다.
- ☐ 혈액 제제를 투여하고 있다면 생백신은 안 되고, 비활성화 백신만 주사한다.
- ☐ 예방접종 후 30분 내에 알레르기 반응을 일으킨 적이 있으면 반드시 의사와 상담한 뒤에 접종한다.
- ☐ 면역 결핍인 경우에는 MMR, BCG, 장티푸스의 생백신은 주사하지 않는다.
- ☐ 돌발성 발진이나 홍역 등을 완치한 후 1개월 이상 지나지 않으면 접종이 불가능하다.

부작용 피하는 법

접종 부위를 깨끗이 한다

깨끗한 옷을 입히는 등 접종 부위가 밖으로 노출되지 않도록 해야 세균에 감염될 위험이 적다. 주사 맞은 부위를 일회용 밴드로 오래 덮어놓는 것은 좋지 않다.

최소 3~10일까지 아이를 지켜본다

예방접종 후 최소 10분에서 최대 10일 사이에는 이상 증세가 발생할 수 있다. 접종 당일에는 별다른 증세가 보이지 않더라도 3~10일 정도는 아이의 상태를 세심히 지켜본다. 또한 접종 후에는 엎어 재우지 않도록 한다. 아이가 엎드려 있을 때 경련이나 호흡곤란이 나타나면 사망 사고로 이어질 확률이 높아지기 때문이다.

부작용을 보인 적이 있다면 꼭 알린다

B형간염, DTaP 등 추가 접종을 해야 하는 백신이 있다. 1차 접종한 뒤 40℃ 이상의 고열이 났거나 48시간 이내에 3시간 이상 심하게 보챈 경험, 경련을 일으켰거나 쌕쌕거리는 증상, 두드러기나 습진 등 알레르기 반응을 보인 적이 있다면 다음 접종 시 반드시 의사에게 알린다.

국가예방접종

BCG

예방 질병 결핵 **접종 대상** 모든 영·유아
접종 부위 팔 **접종 방법** 생후 4주 이내, 늦어도 생후 12개월 이전까지는 접종한다.

결핵에 걸리면 수막염과 같은 합병증이 올 수 있고, 심하면 생명을 잃을 수 있다. 생후 4주 이내에 예방접종을 하고, 접종 날짜를 놓쳤더라도 하루빨리 접종하는 것이 좋다. 접종 3~4주 후에 접종 부위가 곪거나 열이 날 수 있는데, 이는 정상적인 반응으로 접종 부위를 깨끗이 하고 통풍시켜준다. 이때 주의해야 할 점은 접종하는 병원이나 보건소에서 자세히 알려주므로 숙지하도록 한다. 아이마다 다르지만 곪은 부위에서 열이 나고 고름이 계속 나오거나 두드러기가 난다면 소아청소년과 전문의의 진찰을 받는다. 흉터는 7~8년 정도 지나면 옅어진다.

⚠ BCG 접종 시 피내용과 경피용 중 선택하는 것이 엄마들의 핫이슈다. 피내용은 흔히 '불주사'라 불리던 주사로, 팔에 흉터가 남는 반면 WHO(세계보건기구)에서 권장하며, 국가 지원으로 무료 접종이 가능하다. 경피용은 도장처럼 생긴 것을 두 번 찍는 형태로, 시간이 지남에 따라 흉터가 옅어진다. 6만~7만 원 정도 비용이 발생한다.

HepB

예방 질병 B형간염 **접종 대상** 모든 영·유아
접종 부위 허벅지 **접종 방법** 생후 0·1·6개월에 총 3회 접종한다.

엄마가 B형간염 보균자라면 출생 시 1차 접종을 해야 한다. 생후 9개월 후에 항체 검사를 해보고 항체가 생기지 않았으면 이미 3차 접종까지 했더라도 처음부터 다시 3회 접종을 권한다.

⚠ 아이가 접종한 부위를 아파하고 그 부위가 부어오르면서 일시적으로 멍울이 생기는 것은 이상 증세라고 볼 수 없다. 하지만 접종 후 2~3일은 아이의 상태를 주의 깊게 지켜보는 것이 현명하다.

DTaP

예방 질병 디프테리아(D), 파상풍(T), 백일해(P)
접종 대상 생후 2개월 이후 아이
접종 부위 돌 이전 허벅지, 돌 이후 다리나 팔
접종 방법 생후 2·4·6개월에 3회 접종하고, 생후 15~18개월과 만 4~6세에 각각 1회씩 추가로 접종한다.

디프테리아, 파상풍, 백일해를 예방하는 백신을 혼합한 것. 접종 후 1~3일 동안 열이 나거나 접종 부위에 멍울이 생길 수 있는데, 대부분 큰 이상은 없다. 증세가 심하면 의사의 진료를 받는다. 추가 접종 시 이러한 증상을 의사에게 알리고, 접종한 부위는 피해서 맞힌다.

⚠ 만 11세 이상이면 DTaP 대신 Td나 Tdap를 추가 접종한다. 이 역시 무료로 시행하는 국가예방접종 중 하나다.

IPV

예방 질병 폴리오(척수성 소아마비)
접종 대상 생후 2개월 이후 아이
접종 부위 돌 이전 허벅지, 돌 이후 다리나 팔
접종 방법 생후 2·4·6개월에 3회 접종하고, 만 4~6세 때 추가 접종한다.

아이 몸이 쇠약한 경우는 접종을 미룬다. 1차 접종 후 2차는 2개월 이후에 아이의 몸 상태가 좋을 때 하면 된다. 3차 접종은 생후 6~18개월에 한다.

⚠ DTaP와 폴리오 백신을 결합한 혼합 백신 DTaP-IPV 또는 DTaP-IPV/Hib 혼합백신을 접종하면 여러 가지 소아 질환을 한꺼번에 예방할 수 있다. 이러한 혼합백신은 총접종 횟수를 절반으로 줄여준다.

Hib

예방 질병 뇌수막염, 후두개염, 폐렴 등
접종 대상 생후 2~59개월 아이, 침습성 Hib 감염의 위험이 높은 만 5세 이상 소아
접종 부위 돌 이전 허벅지, 돌 이후 다리나 팔
접종 방법 생후 2·4·6개월에 3회 접종하고, 생후 12~15개월에 1회 추가 접종한다.

발병률은 낮지만 일단 병에 걸리면 매우 위험하고, 청각·시각 장애 등 치명적 후유증을 남길 수 있으므로 되도록 접종하는 것이 좋다. 접종 시기를 놓쳤다 하더라

도 만 2세 이전에는 접종한다. 생후 2·4·6개월에 3회 접종하고, 생후 15개월에 4차 접종한다. 만약 생후 24개월이 지난 아이라면 1회만 접종한다. 이상 반응은 흔하지 않으며 주사 부위의 국소적 종창, 발적 또는 통증 등이 5~30% 있다고 보고되지만 대부분 12~24시간 이내에 사라진다. 발열이나 보챔 등의 전신 반응은 거의 없고, 심각한 이상 반응도 드물다.

폐렴구균

예방 질병 수막염, 폐렴, 중이염
접종 대상 생후 2개월 이후 아이
접종 부위 돌 이전 허벅지, 돌 이후 다리나 팔
접종 방법 생후 2·4·6개월에 3회 접종하고, 생후 12~15개월에 1회 추가 접종한다.

폐렴구균은 영·유아에 치명적인 수막염, 균혈증을 동반한 폐렴 등의 중증 침습성 질환과 5세 미만에서 발병 빈도가 높은 급성 중이염을 일으킨다. 보통 기침이나 재채기, 손이나 구강 접촉을 통해 전염돼 보육 시설에 다니는 아이들 사이에서 감염 사례가 자주 보고된다. 생후 2·4·6개월에 3회 접종 후 12~15개월에 추가 접종을 권장한다.

⚠ 폐렴구균 예방접종은 10가와 13가 단백결합백신 중 선택할 수 있다. 10가와 13가는 예방 가능한 균의 개수와 범위가 다르므로 전문의와 상담해 필요한 백신을 접종한다.

MMR

예방 질병 홍역, 유행성 이하선염, 풍진
접종 대상 돌 이후 아이 **접종 부위** 팔
접종 방법 생후 12~15개월에 1차 접종하고, 만 4~6세에 1회 추가 접종한다.

홍역, 유행성 이하선염, 풍진의 혼합백신으로 이 질환들은 합병증 발병률이 높고, 최악의 경우 사망할 수 있으므로 반드시 예방접종을 한다. 수두 백신과 동시 접종하는 경우가 많으며, 따로 접종할 때는 적어도 4주 이상 간격을 둔다.

VAR

예방 질병 수두 **접종 대상** 돌 이후 아이
접종 부위 팔 **접종 방법** 생후 12~15개월에 1회 접종한다. 다른 접종과 동시에 해도 문제없다.

수두는 공기나 피부 접촉으로 감염되는데, 예방접종을 하면 80~90% 이상 예방할 수 있다. 초기에는 감기와 비슷한 증상을 보이다 2~3일 사이에 온몸에 발진이 생기고 물집이 잡힌다. 물집 1~2주 계속되고 가려움증이 심해 무척 고통스럽다. 전염성이 강해 형제간이나 놀이방에서 감염되기도 한다. 생후 12~15개월에 1회 접종하면 평생 효과를 볼 수 있으며, 수두 환자와 접촉한 후 2~3일 이내에 접종해도 효과를 볼 수 있다.

HepA

예방 질병 A형간염 **접종 대상** 돌 이후 아이
접종 부위 팔 **접종 방법** 생후 12~23개월에 1차 접종하고, 6~12개월 후 2차 접종한다.

6세 이전 아이가 A형간염에 걸리면 감기처럼 앓고 지나가기 때문에 별문제 되지 않는다. 하지만 성인이 되어 앓으면 황달을 동반한 간염, 전격성 간염, 재발성 간염 등 증상이 심하고 심각한 후유증을 남길 수 있으므로 접종한다. A형간염 백신은 돌 이후에 6~12개월 간격을 두고 총 2회 접종한다. 백신 종류가 다양한데 1차와 2차 때의 접종 약이 달라도 된다. 추가 접종 시기를 놓쳤더라도 2년 내에 접종하면 문제없으므로 의사와 상의한다.

일본뇌염

예방 질병 일본뇌염 **접종 대상** 만 1~12세 아이
접종 부위 팔 **접종 방법** 불활성화 백신은 생후 12~23개월에 일주일 간격으로 2회 접종하고, 1년 후 3차 접종한다. 만 6세와 12세에 각각 1회 추가 접종한다. 약독화 생백신은 생후 12~23개월에 1회 접종하고 1년 후 2차 접종한다.

일본뇌염 바이러스를 가진 모기에 의해 전염된다. 두통과 발열을 동반하고 심하면 뇌성마비, 정신지체 등의 후유증을 남기며 사망하기도 한다. 돌이 지나면 언제든 접종할 수 있으며, 계절과 상관없이 표준 예방접종 일정에 따라 접종한다. 열이 나거나 1년 이내 경기를 일으킨 적이 있는 아이는 접종 전에 의사와 상의한다.

> ⓘ 불활성화 백신은 죽은 균으로 만든 항원을 몸속에 주입해 항체를 생성하는 것이고, 약독화 생백신은 살아 있는 균을 배양해 독소를 약화시키면서 면역성을 유지하는 것이다. 약독화 생백신이 면역력은 오래가나 부작용이 더 많다.

IIV

예방 질병 인플루엔자 바이러스 독감
접종 대상 생후 6개월~12세 이하 아동
접종 부위 돌 이전 허벅지, 돌 이후 다리나 팔
접종 방법 사백신은 생후 6개월 이후 접종이 가능하고, 1개월 간격으로 2회 접종 후 매년 1회 접종한다.

독감에 걸리면 폐렴, 중이염, 심근염 등 합병증을 동반할 수 있으므로 접종하는 것이 안전하다. 접종한 지 2주 후부터 항체가 생겨 한 달 뒤에 최고치에 달하며 6~8개월 정도 효과가 지속된다. 생후 6개월 이상 아이라면 보통 유행 시기 이전인 10~12월에 접종한다. 어린이집에 다니거나 천식 등 만성 호흡기 질환을 앓는 아이는 반드시 맞힌다. 일반 감기는 인플루엔자균에 의해 생기는 독감과 다르므로 독감 예방접종을 해도 걸릴 수 있다.

HPV

예방 질병 사람유두종 바이러스 감염증
(자궁경부암, 생식기 사마귀, 항문생식기암 등)
접종 대상 만 12세 여아 **접종 부위** 팔, 엉덩이
접종 방법 만 13세 미만의 경우 가다실과 서바릭스는 1차 접종 6개월 후에 2차 접종한다.

사람유두종바이러스는 사람에게 종양을 일으키는 바이러스로, 자궁경부암의 99.7%가 이 바이러스 때문에 발병한다. 백신을 접종하면 자궁경부암의 70% 정도를 예방할 수 있다. 자궁경부암은 전 세계 여성 암 중 2위를 차지할 정도로 발병률이 높고, 우리나라에서도 연간 900명이 사망할 정도로 위험하므로 꼭 접종한다.

로타바이러스

예방 질병 급성 설사 및 구토
접종 대상 생후 2~6개월
접종 방법 로타릭스는 총 2회(2개월, 4개월), 로타텍은 총 3회(2개월, 4개월, 6개월)

로타바이러스 장염은 5세 미만 아이에게 심한 설사를 일으키는 것이 주요 증상이다. 감염 초기에는 열나고 토하다가 하루에 수차례의 물설사를 한다. 일단 발병하면 별다른 치료법이 없기에 백신 접종을 통해 사전에 예방하는 것이 중요하다. 생후 5개월부터 발병률이 높으므로 가급적 조기에 예방접종을 마친다. 백신은 경구용으로 두 종류가 있다. 2회 접종 백신의 경우 생후 2·4개월에 접종하고, 3회 접종 백신은 생후 2·4·6개월에 접종한다.

> ⓘ 2023년 3월 6일부터 로타바이러스 백신이 국가 필수예방접종으로 도입되어 로타바이러스 백신 종류에 상관없이 접종 비용이 전액 무료이다.

Q 비싼 기타예방접종, 꼭 해야 할까?

A 기타예방접종은 증상의 경중이 아니라 다른 질병들에 비해 발병률이 낮아 기타예방접종으로 분류되었을 뿐이다. 기타예방접종 중 발병률이 높아지거나 요구가 많아져 국가예방접종으로 지정된 경우도 많다. 2004년 이전에는 수두도 기타예방접종이었고, 2013년 이전에는 Hib가, 2015년 5월 이전에는 A형간염이, 2023년 3월 이전에는 로타바이러스가 기타예방접종이었다.

표준 예방접종 일정표(소아용)

예방 병명	백신 종류	0	1	2	4	6	12	15	18	24	36	만 4세	6세	11세	12세	비고
결핵	BCG(피내용)	1회														반드시 생후 4주 이내 접종한다.
B형간염	HepB	1차	2차			3차										임신부가 B형간염 표면항원(HBsAg) 양성인 경우 출생 후 12시간 이내 B형간염 면역글로불린(HBIG)과 B형간염 백신을 동시에 접종하고, 생후 1개월과 6개월에 2차, 3차 접종을 실시한다.
디프테리아 파상풍 백일해	DTaP			1차	2차	3차		추가4차				추가5차				DTaP-IPV 또는 DTaP-IPV/Hib 혼합백신으로도 접종이 가능하다.
	Tdap														추가6차	만 11~12세에 Tdap또는 Td로 접종하고, 이후 10년마다 Td로 재접종한다. 단, 만 11세 이후에 접종할 때 1회는 Tdap로 접종해야 한다.
폴리오 (소아마비)	IPV			1차	2차		3차					추가4차				3차 접종은 생후 6개월에 접종하나 18개월까지 가능하며, DTaP-IPV 또는 DTaP-IPV/Hib 혼합백신으로 접종 가능하다.
b형 헤모필루스 인플루엔자	Hib			1차	2차	3차	추가4차									생후 2개월~만 5세 미만 모든 소아를 대상으로 접종하고, 만 5세 이상은 b형 헤모필루스 인플루엔자균 감염 위험성이 높은 경우 접종한다. DTaP-IPV/Hib 혼합백신으로도 접종이 가능하다.
폐렴구균	PCV(단백결합)			1차	2차	3차	추가4차									10가와 13가 단백결합 백신 간의 교차 접종은 권하지 않는다.
	PPSV(다당질)						고위험군에 한하여 접종									만 2세 이상의 폐렴구균 감염의 고위험군을 대상으로 하며, 건강 상태를 고려해 담당 의사와 충분히 상담한 후 접종한다.
홍역 유행성 이하선염 풍진	MMR						1차					2차				유행 시 생후 6~11개월에 MMR 접종이 가능하나, 이러한 경우에는 생후 12개월 이후에 MMR 재접종이 필요하다.
수두	VAR						1회									
A형간염	HepA						1~2차									생후 12개월 이후에 1차 접종하고 6~18개월 후 추가 접종한다. 제조사마다 접종 시기가 다르다.
일본뇌염	IJEV (불활성화 백신)						1~2차				3차	추가 4차			추가 5차	1차 접종 후 7~30일 간격으로 2차 접종을 실시하고, 2차 접종 후 12개월 후 3차 접종을 한다.
	LJEV (약독화 생백신)						1차				2차					1차 접종 후 12개월 후 2차 접종을 한다.
인플루엔자	IIV						매년 접종									접종 첫해는 4주 간격으로 2회 접종이 필요하며, 접종 첫해 1회 접종을 했다면 다음 해 2회 접종을 완료한다. 인플루엔자 백신은 다른 백신과 달리 절기별로 정책이 바뀌므로 질병관리본부 홈페이지를 참고한다.
사람유두종 바이러스 감염증	HPV														1~2차	만 12세에 6개월 간격으로 2회 접종하고, 2가와 4가 백신 간 교차 접종은 권장하지 않는다.
로타바이러스	RV1(로타릭스)			1차	2차											생후 2, 4개월 2회 접종(경구 투여)
	RV5(로타텍)			1차	2차	3차										생후 2, 4, 6개월 3회 접종(경구 투여)
결핵	BCG(경피용)	1회														

※ 국가예방접종은 국가가 권장하는 예방접종이다. 만 12세 이하 아이는 지정 의료 기관에서 국가예방접종 18종을 무료로 접종할 수 있다. (질병관리본부 기준)

똑똑하게 약 먹이기

약은 잘 쓰면 도움이 되지만 잘못 쓰면 오히려 증상이 악화될 수 있다.
약 종류별로 언제, 어떻게 먹여야 하는지부터 보관의 원칙까지 아이 약 먹이기 전 꼭 알아야 할 정보들.

올바른 약 사용법

구급상자를 준비한다

처방전 없이도 약국이나 편의점에서 살 수 있는 감기약, 해열제, 연고 등을 구입해 구급상자를 만든다. 단, 상비약은 병원에 가기 전까지 임시 조치를 위한 것이므로 꼭 필요한 몇 가지만 구비한다. 어떤 약을 구입할지 막막하다면 아이가 다니는 소아청소년과 전문의에게 물어본다.

복약 지도를 받는다

사용설명서가 있는 약이라도 아이의 발육 상태나 발병 원인 등에 따라 사용하는 법이 다르다. 반드시 의사나 약사에게 올바른 사용법에 관한 지도를 받는다. 식후에 복용하는지, 식전에 복용하는지, 식사와 관계없이 시간에 맞춰서 먹이면 되는지, 음식에 섞어 먹여도 되는지, 얼마나 먹여야 하는지 등 평소 궁금하던 복용법을 꼼꼼하게 묻는다.

지시한 양을 지시한 기간 동안 정확하게 먹인다

약을 처방받은 후에는 약봉지에 쓰인 주의 사항을 잘 확인하고, 겉면에 유효기간을 적어둔다. 엄마가 임의로 판단해 아이에게 약을 먹이는 일은 피하고, 지시한 기간 동안 지시한 양을 정확하게 먹인다. 만약 사용설명서가 첨부되어 있다면 꼼꼼히 읽고, 사용설명서는 약 종류별로 따로 모아 보관한다.

NG 삐뽀삐뽀! 약을 잘못 먹었어요

1 먹은 양을 확인한다 약에 따라 조금만 먹어도 위험한 경우가 있기 때문이다.

2 개인병원보다는 종합병원으로 간다 아이가 약을 잘못 먹었을 때는 각종 검사가 필요하고 심하면 위세척까지 해야하기 때문이다.

3 먹은 약을 가져간다 의사가 약 성분을 확인하고 그에 따른 대처를 할 수 있도록 먹은 약을 병원에 가져간다.

4 억지로 토하게 하지 않는다 목구멍에 손가락을 집어넣어 토하게 하면 기도가 다치거나 시간이 지체돼 위험하다.

약 먹이는 노하우

맛있는 것을 먹인다고 생각한다

약을 먹일 때는 엄마의 마음 자세나 분위기가 아이에게 고스란히 전해진다. 따라서 아이가 싫어하는 것을 억지로 먹는다는 기분이 들게 하면 안 된다. 아이가 편안한 분위기에서 먹을 수 있도록 엄마 스스로도 맛있는 것을 먹인다고 생각해 웃으면서 자연스럽게 먹인다.

약숟가락 없을 때 계량하는 법

집에 있는 숟가락 가득은 이만큼

2cc	1.5cc	2.2cc	2.5cc	5cc	7cc
요구르트 숟가락	납작한 찻숟가락	아이스크림 숟가락	납작한 아이 숟가락	우묵한 아이 숟가락	어른 숟가락

젖꼭지로 먹일 때는 이만큼

1cc	2cc	3cc

잘 먹는 형태로 바꿔본다

장기간 약을 먹일 때는 의사와 상의해 아이가 잘 먹는 형태로 바꿔본다. 예를 들어 아이가 가루약은 잘 먹지 못하지만 알약이나 물약은 잘 먹는다면 알약이나 물약으로 바꿔 먹이는 식. 물약일 경우 젖병의 젖꼭지나 주사기형 투약기를 이용해 약을 먹이는 것도 방법이다.

따로따로 먹인다

물약에 가루약을 타서 먹이면 가루약의 쓴맛 때문에 아이가 싫어하는 경우가 많다. 이럴 때는 가루약 따로, 물약 따로 먹이는 것이 낫다. 쓴맛 때문에 아이들 대부분이 먹기 싫어하는 가루약은 설탕물이나 요구르트에 타서 간식처럼 먹이면 보다 잘 먹는다.

조금씩 나누어 먹인다

약을 한꺼번에 먹기 힘들어하는 아이라면 10분에 걸쳐 조금씩 나누어 먹인다. 약을 먹으면 자꾸 토하는 아이의 경우, 복용 시간이 식사 여부와 관계없는 약이라면 식사 전 빈속에 조금씩 나누어 먹이는 것도 도움이 된다.

엄마 손가락에 묻혀서 빨린다

생후 12개월 이전에는 엄마 손가락이 최고의 투약기. 깨끗하게 씻은 손가락에 약을 묻혀 빨리면 아이가 곧잘 빨아 먹는다.

약 먹일 때 주의할 사항

자는 아이를 깨워서 먹이지 않는다

감기약 정도라면 약 먹는 시간을 맞추기 위해 굳이 자는 아이를 깨울 필요는 없다. 깨어 있는 동안 시간 간격을 조절해 하루에 먹어야 할 횟수를 맞추면 된다.

약 복용을 임의로 중단하지 않는다

약을 먹이는 도중에 증상이 좋아졌다고 엄마 마음대로 양을 줄이거나 복용을 중단해서는 안 된다. 약은 의사가 알려준 복용법에 따라 정해진 기간 동안 먹여야 효능을 제대로 볼 수 있다.

이상 증세가 있으면 병원을 찾는다

약을 먹은 뒤 이상 증세가 나타나는 경우가 간혹 있다. 이때는 약을 억지로 먹이지 말고, 병원을 찾아 의사에게 진단을 받아야 한다. 아이에 따라 특정 성분에 대한 알레르기 반응이 나타나는 것일 수도 있기 때문이다.

종류별 약 사용법

물약

약병 바닥에 약제가 침전된 경우가 있으므로 잘 흔들어 먹인다. 기관지에 물약이 들어가지 않도록 머리를 뒤로 젖히고 입 안에 약을 흘려 넣는 것이 요령. 숟가락에 여러 번 덜어 먹이다 보면 정확한 양을 가늠하기 힘들므로 1회 복용량을 계량

컵으로 잰 다음 숟가락에 따라 먹이고, 약병이 입에 닿지 않도록 주의한다. 뚜껑을 꼭 닫아 아이 손이 닿지 않는 서늘한 곳에 보관한다. 물약과 가루약을 섞어 먹일 때는 먹기 직전에 섞는다.

가루약

소량의 미지근한 물에 녹여서 먹이거나 주스, 잼 등에 섞어 먹인다. 돌 전에는 물에 약을 잘 개어 깨끗하게 씻은 엄마 손가락 끝에 묻혀 볼 안쪽에 문질러 발라준 후 미지근한 물을 먹인다. 따뜻한 음식에 약을 섞으면 약 성분이 변할 수 있으므로 주의한다. 가루약은 주변 습기를 흡수하기 쉽다. 반드시 밀폐 용기에 담아 건조하고 서늘한 곳에 보관한다.

> ❗ 약을 분유에 타서 먹이면 아이가 분유에 대해 안 좋은 기억을 가질 수 있다. 향후 분유를 먹지 않으려 할 수도 있으므로 분유에 타서 먹이지 않는다.

알약

정제는 으깨어 가루로 만들어서 물에 개어 먹이는 것이 안전하다. 캡슐에 든 약도 내용물을 꺼내 물에 개어 먹인다. 알약을 삼킬 수 있는 큰 아이라도 잘못하면 기도가 막혀 질식할 수 있으므로, 되도록 빻거나 쪼개서 먹이는 것이 좋다. 약을 혀 중간쯤에 올려주면 삼키는 데 도움이 된다. 보관 시에는 뚜껑이 있는 용기에 담아 구입한 날짜를 표시한 뒤 습기가 적고 시원한 곳에 둔다.

좌약

포장을 벗겨 좌약을 꺼낸 다음 앞의 뾰족한 쪽부터 항문에 깊이 집어넣고 4~5초 동안 누른다. 약을 반만 쓸 때는 포장된 상태에서 칼을 이용해 경사지게 자른 후 날카로운 부분을 깨끗한 손으로 둥글게 다듬어 항문에 넣는다. 체온 정도의 온도에도 잘 녹으므로 반드시 냉장 보관한다.

연고

약을 조금씩 여러 번 덜어 상처에 바르면 튜브 입구에 잡균이나 세균이 달라붙을 수 있다. 필요한 분량을 한 번에 손가락에 덜어 면봉에 묻혀 사용한다. 스테로이드 성분이 든 연고의 경우 5mm, 비스테로이드 제제는 7mm 정도 양이 알맞다. 장기간 사용하면 만성화되거나 다른 이상 증세가 나타날 수 있으므로 전문의의 처방을 받아 안전한 것으로 구입하고, 1일 사용 횟수나 용량을 정확히 따른다. 개봉하지 않은 연고는 상온에서 보관하고, 개봉한 후에는 냉장 보관하는 것이 좋다.

> **!** 약국에서 손쉽게 구입할 수 있는 피부 가려움증 연고는 스테로이드 성분이 들어 있지 않다고 생각하는 경우가 많다. 하지만 의사의 처방전 없이 구입할 수 있는 외용 스테로이드제는 의외로 많다. 대부분의 엄마가 알고 있는 보송크림, 리도멕스크림, 더마톱 등은 모두 외용 스테로이드제이다. 따라서 연고를 쓰기 전에는 반드시 아이의 증상을 확인하고, 의사 처방 없이 10일 이상 바르지 않는다.

안약

얼굴을 깨끗하게 씻긴 후 고개를 젖힌 상태에서 위를 향해 눈을 뜨고 아래쪽 눈꺼풀을 살며시 잡아당겨 약이 들어갈 수 있는 공간을 만든다. 안약 용기를 가까이 대고 아래 눈꺼풀 속에 지시한 양을 떨어뜨린다. 눈물샘으로 안약이 흘러 들어가지 않도록 손가락으로 안쪽 눈가를 약 1분간 누른다. 아이가 푹 잠들었을 때 아래 눈꺼풀을 열어 약을 떨어뜨리면 손쉽게 넣을 수 있다. 밀봉해 냉장고에 보관하고 다 나았다면 사용하던 안약은 버린다.

안전하게 보관하기

냉장 보관

약을 냉장고에 보관할 때는 보통 2~8℃ 정도가 적당하며, 4℃가 최적 온도이다.
항생제 일부 항생제는 유효기간이 매우 짧아 실온에서 약 3시간만 지나도 효력을 거의 잃는다. 냉장 보관하더라도 7~14일이 지나면 약효가 현저히 떨어진다.
한약 냉장고에서 약 3~4개월 보관할 수 있다. 보관한 지 3개월이 지났다면 컵에 따라 냄새와 맛을 확인한다.

상온 보관

시럽 여러 가지 성분이 함유되었고 액체 제형이라 상하기 쉽다. 그러나 냉장 보관하면 약 성분이 침전되거나 엉킬 수 있으니 가급적 상온에 보관하되, 그늘지고 서늘한 곳에 둔다. 개봉 전에는 유효기간까지 보관해도 되지만, 개봉 후에는 2주를 넘기지 않는다. 실내 온도가 25℃ 이상인 여름에는 냉장고에 보관한다.
알약과 가루약 본래의 약봉지에 넣어 상온에 두는 게 가장 좋다. 다른 봉지에 약을 보관할 때는 유효기간을 봉지 겉면에 적어두어야 관리하기 편하다. 알약의 경우 유효기간은 보통 2년이다.

> **Q 스테로이드 연고는 얼마나 위험할까?**
>
> **A** 스테로이드제는 부신피질호르몬제로서 염증을 가라앉히는 효과가 매우 뛰어나다. 하지만 오랜 기간 사용하면 면역력을 떨어뜨려 2차 감염이 쉽게 발생할 수 있으며, 합병증을 초래할 확률도 높다. 그러나 이러한 문제들은 잘못된 사용법이 원인인 경우가 많다. 스테로이드제는 처방에 따라 사용하면 훌륭한 치료제이다. 특히 진물이 나거나 피부가 따가워 아이가 계속 울며 보채는 등 증상이 심할 때는 빠른 치료를 위해 스테로이드제를 써야 한다.

필수 구급약품 리스트

1 면봉 상처 부위에 약을 발라줄 때, 귀나 코 등 부위를 손질할 때 필요하다. 면봉 대가 플라스틱으로 잘 휘어지는 것이 좋다.

2 거즈 상처 부위의 가벼운 출혈을 압박할 때 덮어주면 2차 감염을 막을 수 있다.

3 체온계 전자 체온계나 귀 또는 이마로 재는 체온계를 구입한다.

4 해열·진통제 감기로 인한 발열, 통증, 두통이 있을 때 사용한다. 시럽 형태의 파우치가 복용하기 간편하고 보관하기도 좋다. 색소나 보존제를 사용하지 않은 제품으로 고른다.

5 피부 질환 치료제 기저귀 발진이나 땀띠 등이 자주 생긴다면 구비해둔다. 증상이 심하면 의사의 처방을 받아 순한 스테로이드 연고를 사용한다.

6 피부 외용 연고 화상, 찰과상, 날카로운 것에 베인 자상 등 피부에 외상이 생겼을 때 사용한다. 복합 상처를 치료하는 종합 연고로 준비한다. 유효기간은 개봉 여부와 상관없이 2~3년이다.

7 정장제 장이 약한 아이가 설사나 소화불량 등의 증세를 보일 때 먹이면 좋다. 유효기간은 2년 정도이며 개봉 후에는 밀폐해서 서늘한 곳에 보관한다.

8 열 내림 시트 열을 내리는 작용을 하기보다 물수건으로 닦아주는 것처럼 열이 오르는 것을 방지하는 효과가 있다. 젤 타입 시트형으로 이마나 볼, 어깨 등에 붙일 수 있어 편리하다.

9 생리식염수 상처 부위를 세척하거나 코가 막혔을 때 면봉에 소량 묻혀 사용한다. 개봉한 뒤 일주일 이내에 사용한다.

10 종합감기약 콧물, 코막힘, 기침, 발열 등 가벼운 감기 증상이 나타날 때 필요하며 시럽 형태가 좋다. 유효기간은 3년이지만, 개봉한 후에는 실온에서 1~2개월 정도 보관하고 버린다.

11 외용제 모기나 벌레 등에 물렸을 때 발라주면 덜 가려워 긁어서 생기는 상처를 예방한다. 유효기간은 보통 1년이며, 실온에 보관한다.

12 일회용 밴드 바른 약이 옷 등으로 닦여 나가기 쉬운 부위에 붙여주면 좋다. 가벼운 상처나 찰과상을 입었을 때 필요하다. 다양한 크기의 밴드가 든 세트를 구입한다.

13 소화제 먹기 편한 시럽 형태의 소화제가 좋다. 소화불량, 복통, 설사 등에 광범위하게 사용할 수 있다.

14 습윤 밴드 세균의 침투를 막으면서 피부가 자연 치유될 수 있도록 돕는다. 딱지가 생기지 않도록 도와 흉터를 최소화하는 것이 장점이다. 주름이 많고 방수가 잘되는 제품을 선택한다.

0~3세 단골 아기 병

잘 놀다가도 왈칵왈칵 토하고, 환절기만 되면 열이 오르락내리락하는 아이들.
어른에 비해 신체적으로 미숙하고 면역력도 떨어지기 때문에 아플 때 올바르게 치료하고 제대로 돌봐야 한다.

열이 나는 병

감기

목이나 코 등의 점막에 가벼운 염증이 생기는 호흡기 질환. 대부분 바이러스 감염으로 발병하는데 재채기나 기침, 콧물, 가래 등을 동반한다. 아이가 열이 나거나 보채고 기운 없이 축 처지며 식욕이 없는 것도 감기 증상의 하나이다. 토하거나 설사하고, 때로는 두통과 근육통으로 고통스러워한다. 감기 증상처럼 보이더라도 천식이나 모세기관지염, 폐렴, 축농증 등 다른 질병에 걸린 경우도 있다. 따라서 종합감기약을 먹이기 전에 반드시 소아청소년과 전문의의 진료를 받는다.

독감

독감(인플루엔자 바이러스)에 감염되면 1~2일 후에 갑자기 38~39℃까지 열이 오르면서 3~4일간 지속된다. 열과 함께 콧물, 기침, 두통, 근육통 등의 증상이 나타나는데 감기보다 증세가 더 심하다. 주요 증상이 고열과 피로이므로 휴식과 수면을 충분히 취하는 것이 무엇보다 중요하다. 전염성이 강하므로 다른 아이들과 격리해 간호한다. 해열제는 독감을 치료하지 않고 단지 열을 내리는 역할을 할 뿐이며, 독감 바이러스와 싸우기 위한 면역력을 끌어올리지는 못한다. 독감은 제때 치료하지 않으면 바이러스가 증식해 증상이 심해지므로, 집에서 임의로 치료하지 말고 병원 진료를 받는다.

유행성 이하선염(볼거리)

2~3주간 잠복기를 거친 뒤 37~38℃의 열이 나면서 귀밑, 턱 밑, 입안이 부어오

르는 증상이 나타난다. 부은 부위를 손가락으로 누르거나, 음식을 먹을 때, 말할 때 통증을 느낀다. 증상이 나타난 지 일주일 정도 지나면 대개 저절로 낫는다. 발열 초기부터 열이 떨어진 후 일주일까지는 전염될 수 있으므로 사람이 많은 곳으로 외출하지 말고 푹 쉬게 한다. 되도록 부드러운 음식을 먹이고, 심한 통증을 느낄 때는 얼음찜질을 한다.

> ! 엄마로부터 받은 면역 성분이 효과를 발휘하는 생후 6개월 미만 아이는 거의 걸리지 않는다. 또 한 번 앓으면 평생 면역력이 생겨 다시 걸리지 않는다.

발진을 동반하는 병

농가진

세균 감염에 의한 전염성 질환으로 여름에서 가을에 걸쳐 걸리기 쉽다. 피부가 지저분한 경우나 상처에 균이 들어가 발병한다. 얼굴, 몸, 팔, 다리 등에 빨간 물집이 생겼다가 고름이 잡힌 후 터지면서 딱지가 앉는다. 물집이 터지면 고름을 닦아내고 소독한 후 항생제 연고를 바른다. 전염성이 강하므로 수건을 따로 쓰고, 아이가 긁어 물집을 터뜨리지 않도록 손톱을 짧게 깎아준다. 신생아 농가진의 경우 기저귀를 찬 부위에 쉽게 나타나는데, 빨리 치료하지 않으면 박테리아가 온몸에 퍼져 뇌막염이나 다른 전염병을 유발할 수 있다. 물집보다 붉은 반점이 먼저 생기는 비수포성 농가진도 있으므로 아이가 피부를 자꾸 긁으면 주의 깊게 살펴본다.

성홍열

갑자기 38℃의 고열이 2~3일간 지속된다. 목이 아프고 허리, 넓적다리, 겨드랑이 등을 중심으로 붉은 발진이 몸 전체에 나타난다. 혀가 빨개지고 혀 표면에 오톨도톨한 것이 생기면서 잘 먹지 못한다. 병원을 방문해 항생제 치료를 하고, 발진이 있는 동안에는 집에서 안정을 취하게 하고 수분을 충분히 보충해준다.

수두

생후 6개월~만 1세 아이에게 잘 나타난다. 처음에는 가벼운 발진이 나타나다가 발진이 수포로 변하는데, 이때부터 심하게 가렵다. 심지어 두피나 눈의 결막, 입 안 점막에까지 발진이 생겼다가 딱지가 앉기도 한다. 수포는 대개 7~10일 정도 지나면 없어지는데, 아이가 가려움을 참지 못해 긁으면 세균 감염으로 합병증이 나타나거나, 심한 흉터가 남아 보기 좋지 않으므로 손을 싸매주거나 손톱을 짧게 깎아준다.

수족구병

전염성이 매우 강한 급성 질환으로 호흡기를 통해 감염된다. 감염된 지 4~5일이 지나면 증상이 나타나고, 5세 이하 아이에게서 흔히 보인다. 손바닥이나 발바닥, 손가락 사이에 타원형의 작은 물집이 생기는 것이 특징인데 입술이나 뺨 안쪽, 잇몸에 생기기도 한다. 물집이 터지면 아이가 많이 아파한다. 일주일 정도 지나면 수포가 없어지면서 저절로 낫지만, 몇 번씩 반복해서 걸릴 수 있다. 간혹 바이러스 종류에 따라 뇌수막염이나 뇌염, 신경 마비 등의 합병증이 생길 수 있으므로 반드시 소아청소년과 전문의의 진찰을 받는다.

풍진(3일 홍역)

열이 나면서 작고 붉은 발진이 귀 뒷부분부터 시작해 몸 전체에 나타난다. 홍역과 비슷하지만 증상이 가벼워 '3일 홍역'이라 부르기도 한다. 특별한 치료법은 없으며 3~4일 지나면 저절로 없어진다. 합병증이 거의 없고 가볍게 치료되지만, 전염성이 강하므로 다른 사람과 접촉하는 것은 피한다. 목욕은 열이 내리고 발진이 사라진 지 1~2일 지나서 시킨다.

홍역

생후 6개월 이후에 나타나며, 만 1~2세 아이가 걸리기 쉽다. 처음에는 감기와 비슷한 증상을 보이지만, 발병 후 4~5일이

✔CHECK
병원에 가기 전에 체크할 것

체온
- [ ] 언제부터 열이 나기 시작했나?
- [ ] 몇 도까지 열이 올랐나?
- [ ] 해열제를 먹인 후 열이 내렸나?

구토
- [ ] 언제부터 몇 번이나 했나?
- [ ] 분수처럼 뿜었는지, 적은 양이지만 흘렸는지 등 구토 형태는 어떤가?
- [ ] 구토하기 전에 먹은 것은 무엇이고 구토한 내용물은 무엇인가?

설사
- [ ] 언제부터 얼마 간격으로 했나?
- [ ] 변의 상태는 어떤가?
- [ ] 먹이기만 하면 설사를 하나?

기침
- [ ] 언제부터 기침을 했나?
- [ ] 기침은 어떻게 하나(발작적으로 심하게, 컹컹 소리로, 콜록콜록 등)?

발진
- [ ] 처음 시작된 부위는 어디인가?
- [ ] 발진이 나타나기 전 열이 있었나?
- [ ] 발진의 색과 형태는 어떤가?

경련
- [ ] 어떤 형태로 나타났나?
- [ ] 언제 처음 시작했나?
- [ ] 몇 분간 지속됐나?
- [ ] 최근 높은 곳에서 떨어지거나 부딪쳐 머리를 다친 적이 있나?

지나면 기침이 심해지고 39~40℃의 고열이 계속되며, 분홍색 발진이 몸 전체에 퍼진다. 발병 후 7~20일이 지나면 열이 내리고 발진 상태도 점차 거무스름해진다. 발진이 있는 동안에는 열이 높고 식욕도 떨어지므로 죽 등의 유동식이나 보리차를 조금씩 자주 먹인다. 목욕은 열이 내린 후에 시키고 전염성이 강하므로 외출도 삼가는 것이 좋다. 한 번 걸리면 평생 면역력이 생겨 다시 걸리지 않는다.

기침이 나는 병 & 호흡이 곤란한 병

기관지천식

기도가 필요 이상으로 자극에 민감해서 먼지나 꽃가루, 동물 털, 곰팡이 등에 의해 염증이 생기는 질환이다. 발작적인 기침을 하고 끈적끈적한 가래가 생겨 숨쉬기 힘들어진다. 증세가 심하면 탈수 증상이 나타나고, 입술 주위가 새파래지기도 한다. 재발하기 쉬운 만성 질환이므로 원인을 찾아야 한다.

급성 기관지염

발병하면 열이 나며 기침, 가래, 콧물이 나온다. 숨을 쉴 때 쌕쌕 소리가 나기도 한다. 월령이 어린 아이는 스스로 가래를 뱉지 못해 숨이 넘어갈 듯 기침을 하다 구토를 하기도 한다. 기관지염에는 수분 공급이 무엇보다 중요하다. 아이가 기운이 없고 몸이 축 늘어지면 끓여서 식힌 물을 수시로 먹인다. 환기를 자주 시키고 실내 온도는 23~24℃ 정도, 습도는 60% 이상으로 높게 유지한다. 가습기를 사용해 습도를 적절히 높이고 수분을 자주 공급해주면 가래가 묽어져 훨씬 편안해진다.

백일해

기침이 3개월이나 지속된다는 의미에서 백일해라고 한다. 처음 1~2주는 기침, 콧물, 미열 등 감기와 비슷한 증상을 보이다가 점점 심한 기침으로 발전한다. 열은 없으나 밤에 잘 때 기침을 격렬하게 하며, 호흡곤란이나 경련을 일으킬 수 있다.

천식성 기관지염

숨을 쉴 때 그르렁거리는 쇳소리가 나며, 기온이 떨어지는 밤이나 기관지가 좁아지기 쉬운 아침에 증세가 심해진다. 따뜻한 물을 자주 먹여 가래가 잘 나오게 하고, 잠자기 전 물을 준비해두고 아이가 기침할 때마다 먹인다. 물을 먹인 후에는 아이를 세워 안고 등을 가볍게 두드린다.

구토 · 설사가 나는 병

비대 유문협착증

생후 2~3주 정도 된 신생아가 모유나 분유를 먹을 때마다 분수처럼 토한다면 유문협착증을 의심해본다. 이는 위와 십이지장을 연결하는 유문을 둘러싼 근육이 두꺼워지면서 발병하는데, 증세가 가벼운 경우에는 모유나 분유를 조금씩 여러 번 나누어 먹이면 증상이 완화된다. 만약 증세가 심하면 수술을 해야 하며, 간단한 수술로 완치가 가능하다.

유당불내증

우유나 분유, 크림 등 유당이 함유된 식품을 섭취하면 설사나 구토를 일으킨다. 선천적으로 젖당 분해 효소인 락타아제가 부족한 경우에 나타나며, 감기나 세균 감염에 의해서도 발병한다. 의사의 진단에 따라 유당이 들어 있지 않은 두유나 특수 분유를 먹이고, 알레르기를 일으킨 아이라면 가급적 유제품은 먹이지 않는다.

장중첩증

주로 젖먹이에게서 나타나는 질환으로, 다리를 배 쪽으로 끌어당겨 붙이면서 심하게 울며 통증을 호소한다. 안색이 나빠지며 토하기도 하고, 잠시 생기가 살아났다가도 수유를 하면 혈변을 본다. 장의 일부가 접히면서 안쪽으로 밀려 들어가 생기는 병으로, 빨리 치료하지 않으면 생명이 위험하다.

경련을 일으키는 병

뇌수막염

뇌척수를 덮고 있는 막이 바이러스나 세균에 감염되어 생기는 것으로 바이러스 감염에 의한 무균성 수막염, 세균 감염에 의한 세균성 수막염, 결핵성 수막염 등이 있다. 무균성 수막염은 38~39℃의 고열이 3~4일간 계속되고, 두통과 구토 등의 증상을 수반하며, 후유증이나 합병증이 비교적 적다. 세균성 수막염은 39~40℃의 고열과 경련, 구토 증상을 보이며 조기에 치료하는 것이 중요하다. 결핵균이 혈관을 통해 뇌나 수막에 감염될 때 발병하는 결핵성 수막염은 발병 후 2주 이내에 치료하지 않으면 지능 장애나 뇌성마비를 일으킬 수 있으므로 주의해야 한다. 보통 한 번 앓고 나면 평생 면역이 생긴다.

뇌염

감기와 비슷하지만 38~39℃의 열이 3~4일간 계속되고 경련과 두통, 구토가 난다. 뇌염에 의한 경기는 조기 발견해 치료하면 완치되지만, 늦으면 합병증으로 사망하거나 후유증이 남을 수 있다. 바이러스성 질병이므로 외출 후에는 항상 손발을 깨끗이 씻는 습관을 들인다.

분노 경련

갑자기 호흡이 곤란해지고 얼굴이 창백해지며 몇 초간 몸이 경직된 상태로 있다가 의식이 돌아오는 일종의 소아 히스테리 증상이다. 아이가 심하게 울거나 화를 낼 때 나타나며, 이유기에서 만 3세 전후의 예민하고 신경질적인 아이에게서 볼 수 있다. 뇌에 문제가 있는 것이 아니라 갈등과 분노 등으로 인한 스트레스가 원인인 경우가 대부분이다. 혼내기보다 이해하는 태도로 교육하면 4~5세 무렵에는 자연스럽게 없어진다. 증상이 잦다면 의사와 상담해보는 것이 바람직하다.

열성 경련

편도선염이나 인후염, 홍역이나 돌발성 발진으로 열이 날 때 갑자기 의식을 잃고 눈이 약간 돌아가거나 팔다리와 전신 근육에 경련이 일어나는 것을 말한다. 39℃ 이상의 고열이 날 때 나타나며, 1~3분 정도 경련을 일으킨 후 얼마 동안 잠드는 것이 보통. 경련을 처음 일으킨 경우에는 반드시 병원에서 진찰을 받는다. 이미 경련을 일으킨 상태라면 약이나 물을 포함해 아무것도 먹이지 않는다.

눈·코·귀의 질병

급성 외이염

귀의 바깥 통로에 부스럼이 생기거나 상처 부위가 세균에 감염되어 염증을 일으킨 것으로, 주로 귀지를 파다 생긴 상처에 균이 감염되어 나타난다. 환부가 부어 열이 나고 건드리기만 해도 심한 통증을 느낀다. 3~4일 지나면 환부가 찢어지면서 고름이 나오기도 한다. 초기에는 항생제를 복용하면 염증이 가라앉지만, 부스럼이 생겨 고통이 심한 경우는 환부를 절개해 고름을 빼내기도 한다.

급성·만성 비염

재채기, 콧물과 함께 코가 건조해 딱지가 생기면서 숨쉬기가 곤란해진다. 만성 비염이 되면 고름 같은 끈끈한 콧물이 흐르고 냄새를 맡지 못하며 쉽게 지친다. 그대로 두면 숨쉬기 힘들어하고 컨디션이 나빠지므로 콧물을 빼주어야 한다. 면봉으로 코를 간질여 점막을 자극해 재채기를 유도하고, 콧물이 나오면 닦아준다. 시판하는 스포이트나 콧물 흡입기로 콧물을 빼내도 된다. 증상이 심하면 병원 진료를 받고 처방받은 약을 먹인다.

사시

영·유아의 2% 정도가 앓는 흔한 질병으로, 눈에 있는 6개의 근육 중 하나에 이상이 생긴 경우에 나타난다. 눈동자가 안쪽으로 몰려 보이는 내사시, 바깥쪽으로 치우치는 외사시, 위나 아래로 쏠리는 상·하사시 등이 있다. 비수술 치료도 있으나 이것만으로는 완치될 수 없으며, 특히 선천성 내사시는 늦어도 2세 이전에 수술을 받아야 시력과 시기능 발달이 순조롭다. 이상 징후를 발견하지 못하는 경우도 많으므로 생후 3개월이면 전문적인 안과 검진을 받아야 하며, 자라면서 사시가 되는 경우도 있으니 정기적으로 소아안과 검진을 받는 것이 좋다.

유행성 각결막염

각막과 결막에 동시에 발생하는 염증으로 흰자위가 충혈되고 설사, 발열, 목 통증 등을 동반한다. 전염성이 강해 집 안에 환자가 있으면 곧잘 옮으므로 질병이 유행할 때는 손을 철저히 씻고 아이를 만져야 한다. 아이 손 또한 자주 씻기고 어른이 사용하는 수건으로 아이를 닦지 않는다. 어른에게는 큰 병이 아니지만, 연령이 어린 아이의 경우 간혹 실명으로 이어지므로 주의한다. 병원 치료를 받아야 하는 병으로, 증세를 완화시키고 합병증을 막기 위해 항생제 치료를 한다.

첩모난생(속눈썹증)

속눈썹이 안구 쪽을 향해 있어 안구의 표면을 자극해 생기는 증상이다. 결막이 빨갛게 되거나 눈물과 눈곱이 많아진다. 4~5세가 되면 자연히 낫지만 증상이 심하면 속눈썹을 뽑아주거나 수술해야 하는 경우도 있다.

열 내리는 법

아이가 갑자기 열이 나면 당황하기 쉽다. 이럴 땐 체온계로 정확히 열을 측정하는 것이 우선이다.
38℃ 미만이면 미열, 그보다 높으면 고열이다.

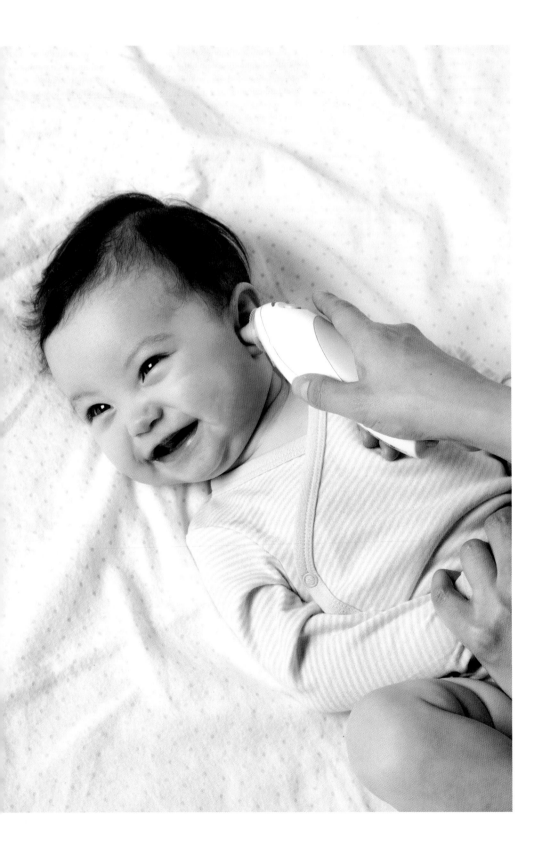

아이의 체온

부위별 정상 체온의 기준

체온은 뇌의 시상하부라는 곳에서 조절하는데, 이 체온 조절 중추의 온도는 항상 37.1℃로 설정되어 있다. 그러나 감염 등의 원인으로 시상하부의 온도가 39℃로 설정되면 우리 몸은 올라간 온도 설정치에 도달하기 위해 열을 더 많이 생산해낸다. 이것이 바로 열이 나는 이유이다.

체온계 사용의 정석

고막 체온계

적외선을 이용해 순간적으로 고막의 체온을 측정하는 방식. 보통 겨드랑이 체온보다 0.5℃까지 높게 측정되는 경향이 있다. 엄마들이 가장 많이 사용하는 체온계이지만 어른의 귓구멍을 기준으로 만들어 특히 돌 이전 아이의 경우 잘못 측정될 가능성이 있으며, 간혹 귀지가 지나치게 많아 체온이 낮게 나오기도 한다.

● **바른 사용법** 귓바퀴를 살짝 잡아당겨 체온계 끝이 고막과 일직선으로 마주 보도록 한다. 한손으로 아이의 머리를 고정한 후 측정부를 귓속에 넣고 1~2초 후 버튼을 누른다. 정확한 측정을 위해 2~3회 반복해서 잰다. 38℃ 이상이면 열이 있다고 본다.

전자 체온계

온도 측정 센서가 달린 전자식 체온계. 혀 밑과 겨드랑이, 항문으로 측정 가능하다. 간편하고 경제적이며 비교적 정확해 널리 사용한다. 겨드랑이보다는 혀 밑이나 항문 부위를 측정하는 게 더 정확하다.

● **바른 사용법** 혀 밑, 겨드랑이, 항문에 측정부를 넣고 알림 소리가 들릴 때까지

30초~2분 유지한다. 측정부를 혀 밑에 넣은 뒤에는 입을 다물고, 코로 자연스럽게 숨을 쉰다. 항문에 넣을 때는 2cm 내외로 부드럽게 넣고, 겨드랑이에 넣기 전에는 땀을 닦는다.

비접촉 체온계

피부에 직접 닿지 않아 자고 있는 아이를 자극하지 않으면서 체온을 측정할 수 있다. 아이가 심하게 울거나 주변 공기가 뜨거우면 실제보다 높게 측정될 수 있다. 생활 모드를 활용해 목욕물이나 아이 분유, 이유식 등의 온도도 잴 수 있다.

• **바른 사용법** 관자놀이 근처에 대고 측정 버튼을 누른다. 이때 손을 떨지 않아야 보다 정확하게 잴 수 있다. 비접촉 체온계로 37.5℃가 넘으면 열이 있는 것으로 본다.

해열 7단계

1단계 • 옷 벗기기

옷이 몸을 감싼 상태에서는 피부가 열을 발산하지 못하므로 옷을 벗겨야 한다. 얇은 내의도 보온 효과가 크니 38℃ 이상의 고열일 때는 내의까지 벗긴다. 특히 땀에 젖은 옷을 입고 있으면 오한이 날 수 있으므로 반드시 벗긴다.

2단계 • 손발 따뜻하게 해주기

열이 나면 몸은 달아오르는데 손발은 차가운 경우가 많다. 혈액순환이 원활하게 이루어지지 않아서 나타나는 현상이다. 열이 나면 아이에게 양말을 신긴 다음, 엄마 손바닥을 비벼 따뜻하게 만든 뒤 아이 손을 비빈다. 이렇게 손발을 따뜻하게 해주면 혈액순환이 잘돼 온몸에 열이 고루 퍼지면서 오히려 열이 가라앉는다.

3단계 • 실내 환기시키기

실내 온도를 재빨리 내리는 가장 효과적인 방법은 환기이다. 단, 찬 바람이 아이 몸에 직접 닿지 않도록 할 것. 아이를 방에 눕혀놓고 거실 창문을 2~3분 열어두면 실내 온도가 알맞게 맞춰진다.

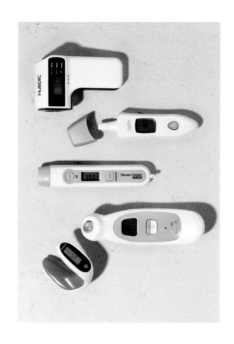

4단계 • 수분 보충하기

어떤 이유로든 열이 나면 수시로 물을 먹여 탈수가 되지 않도록 돌봐야 한다. 몸에 수분이 부족하면 혈액순환이 원활하지 않아 열이 잘 떨어지지 않는다. 반대로 수분을 충분히 섭취하면 땀과 소변이 배출되면서 열도 더 빨리 내린다. 끓여서 식힌 물을 먹여 수분을 보충해주되 조금씩 자주 먹인다.

5단계 • 땀 닦기

열이 나기 시작할 때는 땀이 나지 않는다. 오히려 열이 조금씩 떨어지면서 땀이 나기 시작한다. 대사량이 많아지면서 열이 몸 밖으로 발산되기 때문. 아이 몸에 땀이 나기 시작하면 땀을 닦아주어 땀이 더 잘 배출되고 열이 발산되도록 도와준다.

6단계 • 해열제 먹이기

아이 옷을 가볍게 입히고, 실내 환기를 시켰는데도 열이 나거나 힘들어하면 해열제를 사용한다. 흔히 추천하는 해열제는 타이레놀과 부루펜 시럽이다. 하지만 2세 이전 아이가 열이 날 때는 해열제를 임의로 먹이지 말고 먼저 소아청소년과 전문의의 진료를 받는 것이 바람직하다. 도저히 병원에 갈 수 없는 상황이라면 소아청소년과 전문의와 전화로 상담한 후에 해열제를 사용한다.

7단계 • 미지근한 물로 온몸 닦기

해열제를 먹였는데도 열이 잘 떨어지지 않으면 물수건으로 아이 몸을 닦아준다. 수건에 30℃ 정도의 미지근한 물을 적셔 아이의 가슴, 배, 겨드랑이, 다리 순서로 30분~1시간가량 가볍게 구석구석 닦아준다. 물이 증발하면서 아이 피부의 열이 내려간다. 이때 수건을 너무 꼭 짜서 사용하면 효과가 없다. 물이 뚝뚝 떨어질 정도로 흥건하게 젖은 수건으로 닦아준다. 요즘 많이 사용하는 해열 시트는 접착력이 좋아 몸을 자주 뒤척이는 아이에게 사용하기 제격이다. 단, 미열에는 도움이 되지만 고열에는 큰 효과가 없다.

측정 부위		정상 체온 (°C)
겨드랑이	●	35.3~37.3℃
입안	●	35.5~37.5℃
항문	●	36.6~37.9℃
귀	●	35.7~37.5℃

Q 해열제를 여러 번 복용해도 괜찮을까?

A 어떤 해열제든 정량을 사용해야 한다. 많이 사용하면 열은 금방 떨어질지 몰라도 아이 몸에 해롭다. 열은 병이 아니고 증상이다. 열을 빨리 떨어뜨린다고 병이 빨리 낫는 것은 아니다. 오히려 해열제를 많이 쓰면 간에 손상을 입거나 저체온증을 일으킬 수 있다. 좌약과 먹는 약 두 가지를 동시에 사용해도 정량을 초과하므로, 반드시 하나만 사용한다.

아픈 아기 돌보기

아이의 증상에 따라 먹여야 하는 음식과 돌보는 방법이 달라진다.
아픈 아이, 빨리 낫게 하는 생활 처방.

증상을 완화시키는 마사지

열이 날 때

넷째 손가락 문지르기 • 생후 6개월 이후

아이 손바닥을 잡고 넷째 손가락을 엄마의 엄지로 손바닥 쪽에서 손가락 방향으로 부드럽게 밀어 올렸다가 다시 손가락 끝에서 손바닥 쪽으로 밀어 내린다. 이 동작을 100~500회 반복한다. 폐의 기를 보강해 열을 내려준다.

팔목 문지르기 • 생후 6개월 이후

손목 안쪽 관절 중앙부터 팔꿈치 안쪽 관절 중앙을 검지와 중지로 100~300회 밀어 올린다. 경락의 혈자리가 지나가는 부위이므로 마사지하면 몸 전체가 서늘해지는 효과가 있다.

족욕하기 • 생후 24개월 이후

38~40℃의 뜨거운 물에 발목이 잠기도록 담근다. 아이의 목 위쪽으로 땀이 나는 듯하면 바로 중지하고, 반드시 물수건이 아닌 마른 수건으로 두드려 땀을 닦아준 후 옷을 갈아입혀 바로 재운다.

기침할 때

등 두드리기 • 생후 6개월 이후

손바닥을 컵처럼 오목하게 만들어서 등을 톡톡 두드리면 기관지에 붙어 있는 가래가 쉽게 떨어진다. 이때 세게 두드리지 말고 가볍게 통통 친다는 느낌으로 해야 하며, 너무 오래 하는 것도 좋지 않다.

목이 부어 아플 때

목덜미 문지르기 • 생후 6개월 이후

뒷머리가 나는 부위의 한가운데부터 고개를 숙였을 때 가장 높이 튀어나온 목뼈까지를 경추골이라 한다. 엄마의 검지와 중지를 이용해 경추골을 위에서 아래로 100~300회 정도 문지른다. 열을 내리는 효과가 있으며 특히 인후염으로 목이 아플 때 해주면 증상이 완화된다.

콧물이 나고 코가 막힐 때

콧구멍 아래 문지르기 • 생후 6개월 이후

양쪽 콧구멍 바로 아래를 황봉입동이라고 한다. 엄마의 검지와 중지를 이 부위에 대고 50~100회 문지르면 외부에서 들어온 좋지 않은 기운을 내보내 코가 뚫린다.

콧방울 누르기 • 생후 12개월 이후

양쪽 콧방울이 시작되는 부위와 목덜미 부위에는 코와 관련한 혈자리가 있다. 이 부위를 엄마의 엄지와 검지로 자주 눌러주면 막힌 코를 뚫어주는 효과가 있다. 단, 과도하게 주지 않도록 주의하면서 부드럽게 마사지한다.

배탈 났을 때

어깨 지압하기 • 생후 6개월 이후

머리를 뒤로 젖혔을 때 어깨 근육이 불거져 나온 바로 아래 움푹 들어간 부위를 신주라고 한다. 이 부위를 쓰다듬거나 손가락으로 가볍게 눌러준다. 장의 혈자리가 있는 곳이라 마사지를 하면 설사 증상이 가라앉는다. 아이를 뒤에서 안은 후 양어깨를 잡고 당기는 동작도 도움이 된다.

손가락 문지르기 • 생후 6개월 이후

손바닥을 위로 향하고 폈을 때 엄지손가락 쪽 검지 측면 전체에 대장 혈자리가 있고, 새끼손가락의 바깥쪽 측면 전체에 소장 혈자리가 있다. 이 부위를 각각 3~5분간 100~300회 정도 엄마의 검지로 살살 문질러준다. 대장과 소장의 나쁜 기운을 몰아내 설사를 멈추게 한다.

변비가 있을 때

배꼽 주변 문지르기 • 생후 6개월 이후

아이를 눕혀서 무릎을 세우고 따뜻한 손바닥으로(엄마 손을 비벼서 따뜻하게 한다) 배 전체를 20~30회 시계 방향으로 문지른 다음, 배를 가로세로 각 3등분해 차례차례 따뜻한 손가락으로 지그시 누른다. 아이가 숨을 내쉴 때 누르고, 들이마실 때 손을 뗀다. 뭉친 부위가 있으면 풀릴 때까지 천천히 원을 그리듯 문지른다. 마지막으로 배 전체를 따뜻한 손바닥으로 20~30회 가볍게 비벼준다. 아침저녁으로 반복하면 효과적이다. 손바닥을 비벼서 열을 낸 뒤 배를 감싸도 좋다.

체했을 때

손가락 사이 주무르기 • 생후 6개월 이후

엄지와 검지 사이의 두툼한 부위를 합곡이라 한다. 이 부위를 10~15분 정도 손가락으로 살살 문질러주면 기의 순환이 활발해져 소화에 도움이 된다. 엄지발가락과 둘째 발가락이 갈라지는 부위를 태충이라고 하는데, 협곡을 마사지한 후 이 부위를 눌러주면 효과가 배가된다. 단, 양쪽을 모두 해야 효과를 볼 수 있다.

등 누르기 • 생후 6개월 이후

등에서 어깻죽지 밑을 이은 선이 척추와 만나는 지점을 지양혈이라 하는데, 이 부위를 손가락으로 자주 눌러주면 소화 기능이 좋아진다.

아플 때 먹이기

무즙
소화 안 될 때 • 생후 6개월부터

재료 무 1/4개
1 무는 껍질을 벗긴 후 강판에 곱게 갈아 베보에 싸서 즙을 낸다.
2 무즙은 이유식이나 유아식을 먹인 뒤에 30ml 정도씩 규칙적으로 먹인다.
무에 함유된 효소가 소화흡수를 돕는다.

양배추주스
변비일 때 • 생후 8개월부터

재료 양배추 · 당근 30g씩, 사과 1/3개, 액상 요구르트 80ml
1 양배추는 굵은 심을 제거하고, 당근과 사과는 껍질을 벗긴 후 대충 썬다.
2 블렌더나 믹서에 ①을 넣고 곱게 간다.
3 ②에 요구르트를 넣고 잘 섞는다.
양배추에는 변비에 좋은 섬유질과 유황 성분이 많이 들어 있다.

도라지차
목이 부었을 때 • 생후 9개월부터

재료 도라지 10g, 물 1/2컵
1 도라지는 껍질을 벗겨 대충 썬다.
2 냄비에 ①과 분량의 물을 넣어 중간 불에서 30분 정도 달인다. 귤껍질을 넣으면 쓴맛을 줄일 수 있다.
도라지는 기관지 점막의 염증을 없애주어 목감기에 매우 효과적이다.

보리결명자차
열날 때 • 생후 10개월부터

재료 보리 · 결명자 10g씩, 물 2½컵
1 보리와 결명자는 기름을 두르지 않은 팬에 살짝 볶는다.
2 주전자에 ①과 분량의 물을 넣고 10분간 끓인 다음 체에 걸러 보리와 결명자를 건져낸다.
보리와 결명자는 성질이 차서 열을 떨어뜨리는 작용을 한다.

매실차
설사할 때 • 생후 12개월부터

재료 매실 농축액 1큰술, 물 1/4컵
1 매실 농축액은 매실과 설탕의 비율을 1:1로 해 유리병에 켜켜이 쌓아 실온에서 10여 일 발효시킨 뒤 매실을 건져낸다.
2 분량의 미지근한 물에 매실 농축액을 넣고 고루 섞는다.
매실은 정장작용이 뛰어나 설사와 변비를 모두 멎게 한다.

배꿀도라지즙
기침할 때 • 생후 13개월부터

재료 배 1개, 도라지 1뿌리, 꿀 약간
1 배는 가로로 반 갈라 씨를 파낸다.
2 도라지는 껍질을 벗겨 잘게 썬다.
3 ①의 배 속에 ②와 꿀을 넣고 내열 용기에 담아 1~2시간 중탕한다. 배 속에 고인 물을 따뜻한 상태로 떠먹인다.
배와 도라지는 기관지 점막의 염증을 줄여주어 가래와 기침을 완화시킨다.

아플 때 먹이는 원칙

조금씩 자주 먹인다
아프면 입맛이 없을 뿐 아니라 소화력이 떨어져 한 번에 많은 양을 먹을 수 없다. 한 번에 먹는 양은 줄이되 평소 하루에 먹는 양을 여러 번으로 나누어 먹인다.

묽게 만들어 먹인다
평소보다 물을 2배 정도 더 넣어 음식을 만들어 먹인다. 고형식을 먹는 아이라면 소화가 잘되면서 부드럽고 수분을 많이 함유하는 '찌는' 요리가 좋다.

열량과 수분을 보충한다
평소보다 고단백 · 고열량 재료를 이용해 음식을 만들어 먹인다. 콩, 두부, 단호박 등 소화 흡수가 잘되면서 영양이 풍부한 고단백 식품을 미음에 섞어 먹인다.

아토피피부염 아기 돌보기

아토피피부염은 각종 알레르기 질환의 시작을 알리는 적신호일 뿐 아니라, 한번 생기면 잘 없어지지 않는다.
자칫 평생의 적이 될 수 있는 아토피피부염의 원인과 관리법을 알아본다.

아토피피부염 바로 알기

아토피피부염이란 무엇인가

면역 체계 과민으로 인한 알레르기 질환의 일종. 외부 자극에 과민한 반응을 보이는 증상을 말한다. 정상적인 경우 외부 항원이 몸속에 들어오면 면역을 담당하는 대식세포가 항원을 먹어치우는데, 아토피피부염 증상이 있으면 몸에 이상한 물체가 들어왔을 때 면역글로블린-E(lgE)이라는 항체가 만들어져 과민 반응을 일으킨다. 좁쌀만 한 발진이 얼굴 부위에 생기다가 차츰 몸통이나 팔다리로 퍼져나간다.

한방에서 보는 아토피피부염

몸 안의 뭉친 열이 독을 만들어 생긴다고 본다. 사람의 몸은 열이 발생하면 땀을 통해, 또는 외부의 시원한 공기와 접촉하면서 이를 발산한다. 이 과정이 순조롭지 않으면 열이 피부로 몰리고, 이로 인해 피부가 건조해지는 것. 이 같은 상황이 반복되면 피부 면역력이 떨어져 가려움증이나 염증이 발생하는데, 이를 아토피피부염이라고 한다. 최대한 빨리 피부 열감을 식혀주어야 염증이 심해지는 것을 막을 수 있으며, 땀 분비를 정상화하는 등 피부 기능을 회복시키는 치료를 한다.

성장 발달을 저해할 수 있다

아토피피부염이 계속되면 면역 기능이 떨어져서 감기에 자주 걸리거나 비염, 천식 등 다른 알레르기 증상을 동반하기 쉽다. 또 심해졌다 좋아졌다를 반복하며 아이의 정상적 성장 발달을 저해하고 정서에도 악영향을 미칠 수 있다. 초기에 적극적으로 치료하는 것이 바람직하다.

아토피피부염을 일으키는 주요 요인

집먼지진드기

주로 침대나 소파 밑 등에 서식한다. 집먼지진드기의 배설물은 천식과 비염 등 호흡기 알레르기의 원인 물질인 동시에 식품 알레르기로 인한 아토피피부염을 더욱 악화시킨다.

대기오염 물질

삼성서울병원 아토피환경보건센터 연구에 따르면 대기 중 미세먼지와 벤젠, 톨루엔 등 유해 물질의 농도가 높을 경우 아토피피부염 증세가 악화된다고 한다.

유전적 요인

부모가 모두 아토피피부염이 있다면 70~80%의 확률로 유전되며, 한쪽 부모만 있다면 50%의 확률로 유전된다.

아토피피부염이 의심될 때 해볼 수 있는 검사

1 **알레르기 패치 테스트** 특정 식품이나 물질에 대한 피부 반응을 검사하는 것으로 식품 알레르기, 아토피피부염과 접촉피부염을 예측할수 있다.

2 **혈액 검사** 알레르기와 관련한 백혈구 수치를 확인하는 검사와 더 전문적이고 세밀한 혈액 검사가 있다. 총 알레르기 수치로 알레르기 진행도를 알 수 있으며, 특정 물질에 대한 알레르기 항체도 확인할수 있다.

3 **식품 유발 검사**
• 12개월 미만 모든 이유식을 중지하고 알레르기 전문 분유를 먹이며 경과를 본다. 증상이 많이 호전되거나 일정 수준으로 유지되면 이유식을 한 가지씩 먹이면서 식이 조절을 한다.
• 12개월 이상 식품 알레르기의 원인으로 추정되는 식품을 제한한다. 검사가 끝나면 추가로 의심되는 식품을 제한하고, 증상이 호전되면 제한한 식품을 한 가지씩 먹인다. 그런 다음 특정 제품에 대한 내성을 유도하기 위해 8회 이상 검사를 시행해 원인이 되는 식품을 찾아낸다.

단열재 등 유해 물질

새 가구의 접착제, 벽지와 단열재 그리고 페인트에 포함된 화학 유해 물질은 시공이 끝난 후에도 장기간 뿜어져 나와 피부를 자극한다.

식품첨가물

식품을 만들 때 들어가는 색소나 방부제 등 식품첨가물도 아토피피부염을 일으키는 주요 원인이다. 아토피피부염 증상이 있는 335명 아이에게 식품첨가물이 일으키는 과민 반응 여부를 조사한 결과, 23명이 양성반응을 보였다.

모유 성분

모유를 먹는 신생아에게도 아토피피부염 증세가 나타날 수 있다. 이는 엄마가 먹은 달걀과 우유의 단백질이 아이에게 전달되어 알레르기 반응을 일으키기 때문이다. 따라서 아토피피부염이 의심되는 아이에게 모유를 먹일 경우 엄마도 반드시 음식을 가려 먹어야 한다.

아토피피부염 아이를 위한 생활 수칙

100% 순면 소재 옷을 입힌다

흡수성이 좋은 면 소재 옷을 입히고 꽉 끼거나 털 소재로 된 옷은 입히지 않는다. 옷을 세탁할 때는 여러 번 충분히 헹구어 세제 찌꺼기가 남지 않게 하고, 무릎 뒤 등 피부가 접히는 곳은 증상이 더욱 심하므로 약간 큰 옷을 입혀 피부 자극을 줄인다.

목욕은 30~35℃의 미지근한 물에서 10분간 한다

목욕물은 체온보다 약간 낮은 30~35℃ 정도의 미지근한 물이 좋다. 너무 오랫동안 목욕하면 피부의 지질이 빠져나가므로 10~15분 정도가 적당하며, 뜨거운 물에 몸을 오래 담그고 있으면 피부가 자극받을 뿐 아니라 건조해지므로 가벼운 샤워로 끝내는 것이 좋다. 목욕을 한 후에는

면 기저귀와 같이 부드러운 천으로 물기를 닦아내고 3분 이내에 보습제를 충분히 발라주어 피부가 건조해지는 것을 방지한다. 아토피피부염 아이는 자주 씻으면 안 된다는 말이 있는데 이는 잘못된 속설이다. 목욕은 피부 표면의 더러움을 씻어낼 뿐 아니라, 몸속 노폐물을 배출하고 혈액순환을 원활하게 해 피부 기능을 회복하는 데 도움이 된다.

❗ 목욕 후 아이 피부는 장벽이 매우 연약한 상태이다. 문지르듯 물기를 닦으면 피부에 큰 자극이 되므로 톡톡 두드려 닦는다.

목욕 후 보습제를 발라준다

아토피피부염이 생기면 피부가 쉽게 건조해져 가려움증이나 건성 습진 등 다른 피부염을 동반하기 쉽다. 특히 아이가 심하게 가려워하거나 버석거릴 정도로 피부가 건조한 경우에는 하루 3회 정도 보습제를 몸 전체에 꼼꼼히 발라준다. 아토피피부염이 있는 아이의 가장 큰 특징은 각질층의 천연 지질인 세라마이드가 부족하다는 것인데, 세라마이드는 피부 보습에 중요한 역할을 하므로 보습제를 선택할 때 세라마이드 성분 함량을 확인한다. 이 외에 천연 보습 인자인 락틱산이나 유리아제가 들어 있는 제품도 아토피피부염에 효과적이다. 세안이나 샤워 시 피부의 천연 보습 인자들이 제거되지 않도록 약산성의 부드러운 클렌저를 사용하는 것도 방법이다.

> ⚠ 보습제나 로션 등 화장품을 구입할 때는 샘플을 받아서 미리 테스트를 해본 뒤 구입하는 것이 안전하다. 내용물을 덜어 팔 안쪽 연한 피부에 2~3일 바르면서 붉은 발진이나 가려움증이 나타나는지 살펴본다.

연고는 부위에 따라 강도를 달리 사용한다

아토피피부염의 치료제인 스테로이드제는 염증을 가라앉혀 고통을 줄여주고 2차 감염을 막는다. 부작용이 생긴다고 기피하는 경우도 있지만, 이 행동 역시 스테로이드제 남용만큼이나 위험하다. 스테로이드제가 심각한 부작용을 일으키는 경우는 드물고, 중증의 아토피피부염을 치료하는 데는 스테로이드제만큼 효과가 있는 약물은 없다. 하지만 피부에 미치는 영향이 강력한 연고인 만큼 주의해서 사용해야 한다. 특히 장기간 주기적으로 사용해서는 절대 안 된다. 염증 부위에 따라 바르는 약도 달라야 한다. 피부는 부위에 따라 두께와 흡수도가 다르기 때문. 손발은 성분이 강한 연고를, 팔다리는 중간 정도, 얼굴과 성기는 가장 약한 연고를 바른다. 단, 의사 처방 없이 바르는 것은 절대 금한다.

알레르기를 일으키는 음식은 피한다

생후 1년 이내 아토피피부염 증상이 나타난 경우에는 음식을 조절하는 것만으로도 증상을 완화할 수 있다. 아토피피부염을 악화시키는 식품으로는 달걀흰자, 밀, 오렌지 등이 있으나 사람마다 차이가 있으므로 어떤 음식에 알레르기 반응을 보이는지 유심히 살펴본다. 아이에게 새로운 식재료를 먹일 때는 한 가지 식재료만 먹이고, 3~4일 간격으로 하나씩 추가하면서 피부 반응을 확인한다. 생후 1년이 지나면 면역력이 강화되고 장 기능도 좋아지기 때문에 음식물이 아토피피부염에 큰 영향을 미치지는 않는다. 따라서 음식을 한 번 섭취한 뒤 이상 증세가 나타났다고 해서 섣불리 알레르기 판정을 내려서는 안 된다. 3~4회 먹인 후 동일한 증상이 나타날 때만 특정 음식에 대한 알레르기 반응을 확신해야 하다.

> ⚠ 이유식을 너무 일찍 시작해도 아토피피부염에 걸릴 수 있으므로 아이의 상태를 살펴서 이유식 시작 시기를 정한다. 과즙처럼 자극이 강한 음식은 되도록 늦게 먹이는 것이 안전하다.

친환경 자재로 집을 꾸민다

실내 공기의 질은 아토피피부염에 매우 큰 영향을 미친다. 친환경 자재를 사용할 경우 집 안 공기의 질을 개선할 수 있으므로 자재의 선택과 시공 방식을 꼼꼼하게 따져봐야 한다. 인체에 무해한 친환경 수성페인트를 사용하고, 공기를 정화하는 기능이 있거나 옥수수 등의 천연 성분을 주원료로 만든 벽지, 접착제를 사용하지 않고 시공하는 마루 등을 선택하는 것이 좋다. PVC 벽지(실크 벽지)나 바닥재(장판)를 사용하는 경우에는 환경호르몬 등 인체 유해성 논란이 있는 프탈레이트계 가소제를 사용하지 않은 제품을 선택하는 것이 안전하다.

자주 환기해서 진드기를 박멸한다

집 안 공기가 건조하거나 깨끗하지 않으면 아토피피부염 증상이 더 심해진다. 수시로 창문을 열어 환기를 시켜야 하는데, 특히 여름철에는 습기가 많으므로 집 안의 습도 조절에 신경 쓴다. 햇볕이 잘 드는 날엔 방문과 베란다 창, 현관문까지

아토피피부염에 좋다! 풍욕의 정석

창문을 열어 실내 공기가 원활하게 소통되도록 한 뒤 아이의 옷을 벗겨 온몸을 공기 중에 노출시킨다. 그런 다음 담요를 덮은 채 1분간 조용히 쉬게 한다. 아래 표에 따라 회차별 노출 시간과 휴식 시간을 늘린다. 처음에는 6회, 둘째 날은 7회, 셋째 날은 8회 실시한다. 만 3세 미만의 아이는 최대 8회 하는 것이 적당하며 그 이상의 연령이라면 9회까지 늘린다.

횟수	1	2	3	4	5	6	7	8	9
나체	20초	30초	40초	50초	60초	70초	80초	90초	100초
담요	1분	1분	1분	1분	1분 30초	1분 30초	1분 30초	2분	2분

- **담요** 몸을 덮는 담요는 제철에 사용하는 침구보다 약간 두꺼운 것이 좋다.
- **시간** 해 뜨기 전과 해가 진 후가 가장 적합하지만 처음 풍욕을 할 땐 낮 12시 무렵과 오후 3시경 2회만 한다.
- **수유** 수유 1시간 전이나, 수유하고 30~40분이 경과한 후 시작한다. 익숙해지면 아침, 낮, 저녁으로 나누어 하루에 3회 한다.
- **목욕** 풍욕 뒤에 목욕을 하는 것은 상관없으나, 목욕 후에 풍욕을 한다면 1시간 이상 지난 뒤에 해야 체력 소모가 심하지 않고 체온을 조절하는 데 별 무리가 없다.
- **기간** 처음 30일간은 하루도 쉬지 말고 계속하고, 그 이후 약 3개월간은 4~5일에 한 번씩 한다. 아토피피부염 증상이 심할 때는 처음부터 다시 반복한다.

아토피피부염 이기는 안전 목욕 수칙

- **미지근한 물로 10분 정도 한다**
  뜨거운 목욕과 사우나는 피부의 수분 손실을 가져오므로 미지근한 물로 가볍게 샤워하는 것이 좋으며, 샤워 시간은 최대 15분을 넘기지 않는다.
- **약산성 비누로 씻는다**
  시중에서 판매하는 알칼리성 비누는 자극이 심하고 피부를 건조하게 만들므로 약산성 비누를 사용한다. 계면활성제의 함유량이 적은 제품이 좋으며, 보습력을 강화한 클렌저도 괜찮다. 비누로 닦은 뒤에는 몸에 비누 성분이 남지 않도록 꼼꼼하게 헹구는 것도 잊지 않는다.
- **때를 밀지 않는다**
  때를 밀거나 스크럽제를 사용하면 피부에 자극을 주고, 건강한 각질층까지 제거해 피부를 건조하고 외부 자극에 민감하게 만들 수 있으므로 주의한다.
- **목욕 후 3분 이내에 보습제를 바른다**
  목욕 후 수건으로 톡톡 두드리며 물기를 닦아내고 보습제를 충분히 발라준다. 보습제는 목욕 후 3분 이내에 발라야 효과가 좋다.

활짝 열어 30분 정도 환기시킨다. 이때 옷장이나 이불장 문까지 모두 열어 한꺼번에 환기를 시키지 않으면 집먼지진드기가 장소를 옮겨가며 생존하게 된다. 신발장과 화장실 문도 반드시 열어 공기가 잘 통하도록 한다.

> **!** 미세먼지나 황사가 있는 날 환기를 시켜야 할지 말아야 할지 고민이 많다. 미세먼지가 '나쁨' 이상인 날은 피하되, '보통' 이하인 날은 잠깐씩이라도 환기하는 게 낫다.

침구는 햇볕에 내어 말린다

이불, 베개 커버, 침대 시트, 봉제 인형 등은 헝겊 소재여서 집먼지진드기가 서식할 가능성이 높다. 햇볕이 좋고 공기가 맑은 날 밖에 걸어놓고 방망이로 두드리면서 말리면 집먼지진드기를 제거할 수 있다. 이불이나 베개 커버를 벗길 때는 바깥으로 들고 나가서 할 것. 그래야 진드기가 집 안의 다른 곳으로 옮아가지 않는다.

놀이도 가려서 한다

아이는 수시로 손을 입으로 가져가기 때문에 아토피피부염 아이라면 놀잇감에도 주의를 기울여야 한다. 점토 놀이나 그림 그리기 놀이를 한 후에는 특히 신경 쓴다. 점토 놀이를 할 때는 점토가 닿은 손과 팔 부분을 비누로 깨끗이 씻기고, 크레파스를 만진 후에도 반드시 손을 씻어준다. 무독성 제품이라고 해도 민감한 피부의 아이에게는 자극이 될 수 있으므로 증상을 악화시킬 수 있는 요인을 찾아 미리 차단하는 것이 좋다.

숙변을 해결한다

대장에 변이 가득 차면 혈액순환이 잘 안 되고 숙변에서 배출되는 독소가 인체에 악영향을 미친다. 따라서 아토피피부염을 치료하려면 우선 숙변부터 해결해야 한다. 아이 배를 자주 마사지하고 몸통 근육을 단련할 수 있는 운동을 하도록 이끌어 숙변이 쌓이지 않는 몸을 만든다. 물과 채소를 많이 먹이고 과일은 주스 형태가 아니라 강판에 갈아 섬유질까지 섭취하도록 한다. 밀가루나 당분이 많은 음식, 청량음료는 장운동을 방해해 숙변이 쌓이게 하므로 먹이지 않는다.

아토피피부염 대처법

손톱을 짧게 깎아준다

가렵다고 긁으면 증상이 더욱 악화된다. 특히 길게 자란 손톱으로 긁으면 피부에 상처가 생기고, 심하면 진물이 나기도 한다. 따라서 손톱은 항상 짧은 상태로 유지해준다. 아이용 손톱깎이로 짧게 자른 후 2~3일마다 손톱줄로 부드럽게 갈아준다. 자면서도 긁을 수 있으므로 증상이 심할 땐 잠잘 때만이라도 손싸개로 손을 싸주는 것도 방법이다.

가려운 부위에 찬 물수건을 댄다

가려움을 가라앉히는 가장 좋은 방법은 몸을 차게 하는 것. 부드러운 타월을 찬물에 담가 가볍게 짠 뒤 가려운 부위에 댄다. 차가운 성질이 있어 몸의 열을 식혀주는 알로에즙을 발라주는 것도 좋다. 알로에즙은 발병 부위에만 바르고 거즈로 덮어둔다. 즙이 굳으면 피부 호흡을 막을 염려가 있으므로 어느 정도 마르면 깨끗이 씻어낸다.

땀띠와 기저귀 발진

신생아 때부터 나타나는 피부 트러블에는 땀띠와 기저귀 발진이 대표적이다.
둘 다 청결이 가장 중요한 치료법이자 예방법. 변을 본 뒤에는 깨끗이 씻어주고 기저귀를 자주 갈아준다.

뒤통수
목
엉덩이
얼굴
사타구니
팔꿈치 안쪽

땀띠의 원인

많은 양의 땀, 외부 자극

땀구멍이 막히면서 염증이 생겨 하얗고 좁쌀만 한 물집이 잡힌다. 특히 얼굴이나 목, 사타구니, 팔꿈치 안쪽처럼 피부가 접히는 부위에 잘 생긴다. 초기에는 가렵지 않은 흰색이었다가 심해지면 붉게 변한다. 붉어지면 몹시 가렵고 따끔거린다.

땀띠 예방법

땀 나는 부위를 시원하게 해준다

땀띠는 피부를 시원하게 해주는 것이 좋

다. 그렇다고 에어컨을 세게 틀면 아이 컨디션만 나빠진다. 에어컨이나 선풍기는 실내·외 온도 차가 5℃를 넘지 않을 정도로만 작동하고, 그 상태에서 땀이 많이 나는 부위에 부채질을 해주는 것이 훨씬 좋은 땀띠 예방책이다.

미지근한 물수건으로 닦아준다

땀띠가 많이 발생하는 여름, 덥다고 너무 자주 목욕을 시키면 피부가 건조해져 오히려 악화된다. 쾌적한 피부 상태를 유지하고 싶다면 아이가 땀을 흘릴 때마다 미지근한 물수건으로 가볍게 닦아준다. 샤워는 하루 한 번 미지근한 물로만 한다.

땀띠 관리법

헐렁한 면 티셔츠를 입히고 파우더는 바르지 않는다

아예 벗겨놓는 것보다 흡습성이 뛰어난 면 소재 티셔츠를 입히는 것이 땀 흡수에 효과적이다. 이미 땀띠가 돋은 곳에 파우더를 바르면 땀구멍을 막아 염증을 일으킬 수 있으므로 절대 바르지 않는다.

오이나 수박 껍질로 열을 식힌다

피부의 열을 식혀주는 천연 재료로 땀띠가 난 부위를 마사지해줘도 효과를 볼 수 있다. 껍질을 벗긴 오이나 수박 껍질을 얇게 썰어 땀띠 부위에 붙였다가 4~5분 후 맑은 물로 헹군다. 녹두 가루를 물에 풀어 씻기기도 하는데, 열을 내리는 효과는 있지만 자극적이라 피부가 예민한 아이는 땀띠가 더욱 심해질 수 있다.

병원에서 연고 처방을 받는다

땀띠가 발긋발긋해진 경우 따끔따끔하고 가렵기 때문에 아이가 환부를 긁으면 2차 세균 감염이 되기 쉽다. 땀띠가 돋은 부위의 땀샘관이 파괴되어 땀이 배출되지 못하는 경우도 있으므로, 병원에서 연고를 처방받아 빨리 가라앉혀주는 것이 최선이다. 지루성 피부염 등 땀띠와 비슷한 질환일 수도 있는데, 치료법이 달라 임의로 연고를 사서 발라주어서는 안 된다.

보습용 비누를 사용한다

피부 노폐물, 먼지, 균 등이 땀구멍을 막아 염증을 일으켜 가려움증을 악화시킬 수 있으므로 비누를 사용해 씻기되, 보습력이 강한 아토피피부염용 비누를 사용하는 것이 좋다. 연고는 보습제 등 일반 방법으로 피부를 관리하는 데 한계가 있을 때 처방받은 것만 사용한다.

기저귀 발진의 원인

세균, 암모니아, 세제

피부 노폐물이나 세균에 의해 생기는 피부염의 일종이다. 아이 피부는 세균에 감염되기 쉬운 데다 축축한 피부는 말랐을 때보다 자극에 더 약하다. 대소변을 본 기저귀를 제때 갈아주지 않았을 경우 암모니아가 피부에 손상을 입히고, 피부와 기저귀가 마찰하면서 받는 자극이나 높은 습도가 트러블을 일으키기도 한다. 천 기저귀에 남은 비누나 세제가 원인이 되기도 한다. 염증이 생기면 피부가 붉어지고 거칠어지는데, 이미 발진이 생겨 손상된 피부에는 칸디다라는 곰팡이가 자라기 쉽다. 칸디다균에 2차 감염되면 발진 상태가 더욱 악화된다.

기저귀 발진 예방법

기저귀를 자주 갈아준다

기저귀 발진의 가장 큰 원인은 젖은 기저귀이다. 젖은 기저귀를 그대로 채워두면 아이 피부가 발진의 주요 원인인 암모니아와 장시간 접촉하게 되고, 이 때문에 손상된 피부는 칸디다균에 2차 감염되기 쉽다. 기저귀를 갈 때는 엉덩이와 성기 부분을 닦은 후 5분 이상 그대로 노출해 물기를 완전히 말려야 한다. 피부가 젖어 있으면 칸디다균이 번식하기가 더욱 쉬워지기 때문이다.

기저귀를 조이지 않게 채운다

오줌이 새지 않게 하려고, 혹은 추울까 봐 엉덩이를 꽁꽁 싸두면 통풍이 되지 않아 발진이 더 잘 일어난다. 기저귀를 낙낙하게 채워서 엉덩이가 숨 쉴 수 있게 한다.

더운 날은 하루 1~2시간 기저귀를 벗겨놓는다

대소변을 본 직후 깨끗이 씻긴 다음 물기가 남지 않도록 부드러운 수건으로 톡톡 두드려 닦는다. 바로 기저귀를 채우지 말고 1~2시간 벗긴 상태에서 보송보송한 면 침구 위에서 놀게 한다. 금방 소변을 봐도 또 볼 수 있으므로 엉덩이 밑에 천 기저귀를 2장 정도 깔아준다.

사용한 천 기저귀를 물에 장시간 담가두지 않는다

천 기저귀는 물에 오래 담가두지 않는다. 물에 담가둔 기저귀는 세균이나 곰팡이의 온상이 되기 십상. 잠시 담갔다가 빨아야 하며, 귀찮더라도 매번 삶아 햇볕에 바싹 말려 철저히 살균해야 세균 번식을 막을 수 있다. 비 오는 날이 계속될 때는 다림질을 해서라도 말린다.

> **!** 기저귀에 남아 있는 세제나 섬유 유연제 성분이 피부염을 일으킬 수 있으므로 비눗기를 깨끗하게 제거하고 햇볕에 말려 소독한다. 거품이 적고 천연 성분으로만 만든 천연 세제도 도움이 된다.

기저귀 발진 관리법

기저귀를 벗기고 엉덩이를 녹찻물로 닦아준다

기저귀를 자주 벗겨놓고 평소보다 헐렁하게 채운다. 녹찻물을 냉장고에 넣어두었다가 가제 손수건에 적셔 엉덩이와 성기 부분을 살살 닦아주는 것도 효과적. 증상이 심할 때는 천 기저귀를 사용하고, 상황이 여의치 않으면 종이 기저귀에 가제 손수건을 덧대준다.

씻긴 뒤 기저귀 발진 크림을 발라준다

변이 엉덩이에 남아 있지 않도록 물로 깨끗이 씻기고, 물기가 완전히 마른 후 기저귀 발진 크림을 발라준다. 기저귀 발진 크림은 약이 아닌 보습제여서 중독성이 없고, 변에서 나오는 암모니아로부터 아이 피부를 지켜주기 때문에 기저귀를 갈 때마다 발라줘도 괜찮다.

> **!** 기저귀 발진 크림을 바른 후 파우더를 덧바르지 않는다. 크림에 파우더가 엉겨붙어 둘 다 제 역할을 못할 뿐 아니라, 피부가 숨 쉬지 못해 증상이 악화될 수 있다.

아무 연고나 바르지 않는다

기저귀 발진은 암모니아 때문에 생긴 경우와 곰팡이균인 칸디다균에 감염되어 생긴 경우가 있는데, 각각 치료법이 다르므로 아무 연고나 바르면 증상이 악화된다. 또 회음부 피부는 몹시 연약하므로 반드시 의사의 처방을 받은 연고를 용법에 맞게 발라줘야 한다. 증상이 나아진 듯 보이더라도 의사 지시 없이 약 바르는 걸 멈추면 안 된다.

대변을 보면 엉덩이를 전부 씻는다

여름철 감기로 인한 설사는 기저귀 발진을 악화시키는 주범이다. 아이가 설사를 할 때는 변을 본 후 반드시 엉덩이 전체를 씻기고 비눗기가 남지 않도록 깨끗이 헹군다. 무엇보다 감기를 빨리 치료해 설사를 멎게 하는 것이 중요하다.

안전사고 대책과 예방

넘어지거나 미끄러지는 등 아이 키우면서 한두 번은 경험하는 안전사고. 집 안 환경을 안전하게 만들고,
사고가 난 순간 침착하고 능숙하게 대처할 수 있도록 기본 응급처치법을 익혀둔다.

안전한 집 안 환경 만들기

방과 거실

1 벽에 무거운 물건을 걸지 않는다. 특히 아이 손이 닿는 곳에는 아무것도 걸지 않는다.

2 쉽게 움직일 수 있는 물건, 깨질 수 있는 무거운 물건은 테이블 위에 놓지 않는다.

3 전선은 가지런히 정리하고 아이 동선에 걸리지 않도록 한다.

4 아이 침대는 아이 혼자서 오르내릴 수 있고, 모서리가 둥근 것을 선택한다.

5 창문에는 안전 고리와 안전망 또는 난간을 설치한다.

6 아이가 딛고 올라갈 수 있으므로 창문 옆에는 침대나 가구를 두지 않는다.

7 창틀 위에 아이의 호기심을 자극하는 장난감이나 물건을 올려놓지 않는다.

8 가전제품의 뒷부분이나 난방 기구 등은 아이 손이 닿지 않는 곳에 설치한다.

9 안전 콘센트가 아니라면 반드시 안전 덮개로 콘센트를 덮어둔다.

10 의약품이나 화학제품 등은 아이 손이 닿지 않는 곳에 두고 잠금장치를 한다.

욕실

1 세면대 혹은 변기의 윗부분에 유리컵이나 화장품 등을 얹어놓지 않는다.

2 바닥에 고무 매트나 안전 발판 같은 미끄럼 방지 도구를 깔아둔다.

3 욕실 벽이나 욕조 바로 옆에 손잡이를 부착해 미끄러질 때 잡을 수 있도록 한다.

4 수도꼭지는 항상 찬물 쪽으로 돌려놓고 완충장치가 될 만한 커버를 씌워둔다.

5 아이가 비누 조각이나 샴푸 등에 미끄러질 수 있으므로 사용 후 비누는 반드시 비눗갑에 넣고, 샴푸는 즉시 마개를 닫아둔다.

6 비누, 치약, 샴푸는 사용한 뒤 제자리에 두고 세제는 아이 손이 닿지 않는 곳에 보관한다.

7 화장실 세탁 세제나 변기를 청소하는 솔 등은 벽장 속에 넣고 문을 닫아둔다.

8 모든 전기 제품은 욕실 밖에 두어야 하지만 욕실 안에서 사용해야 하는 경우에는 욕조나 변기, 세면대 등 물기가 있는 곳에 떨어지지 않도록 수납장 안에 보관한다. 반드시 물기가 마른 상태에서 사용해야 하며, 쓰지 않을 때에는 전원 플러그를 뽑는다.

9 아이가 목욕할 때는 항상 물 온도를 확인하고, 수도꼭지에 머리를 부딪치지 않도록 주의한다. 특히 목욕 중 아이가 뜨거운 수도꼭지를 만지지 못하도록 한다.

10 만 3세 미만의 아이는 욕조에서 익사할 우려가 있으므로 혼자 욕실에 두지 말고, 바로 사용할게 아니라면 욕조에 물을 채워두지 않는다.

부엌과 식탁 주변

1 냄비나 프라이팬 손잡이는 언제나 뒤쪽을 향하게 두어 아이가 잡을 수 없게 한다.

2 식탁보는 아이가 잡아당길 수 있으므로 사용하지 않는다.

3 부엌 바닥에 물기가 있을 때는 즉시 닦는다.

4 아이 손가락이 문에 끼지 않도록 모든 찬장과 서랍은 잠금장치를 하거나 손쉽게 열 수 없도록 개폐 방지 손잡이를 부착한다.

5 칼이나 가위 같은 날카로운 물건, 콩이나 땅콩 등 작고 딱딱한 물건은 아이 손이 닿지 않는 곳에 보관한다.

6 아이가 가스레인지를 만지지 않도록 하며, 항상 중간 밸브를 잠그고 가스 누설 자동 차단 장치를 반드시 설치한다.

7 튀김 요리를 할 때는 아이의 접근을 막고 기름을 식힐 때는 튀김용 냄비 등을 바닥에 아무렇게나 두지 않는다.

8 취사 중에는 아이가 부엌에 오지 못하게 하고, 화상 사고가 발생하지 않도록 주의한다.

9 아이가 쓰레기통을 뒤질 수 있으므로 뚜껑 있는 쓰레기통을 사용한다.

10 냉장고 자석은 사용하지 않는다. 크기가 크면 아이 머리 위로 떨어져 다칠 우려가 있고, 작으면 아이가 삼킬 수 있다.

베란다

1 창문 보호대나 난간을 반드시 설치한다.

2 문이나 창문에는 잠금장치를 해 아이가 혼자서 창문을 열 수 없도록 한다.

3 창문 가까이 가구나 물건을 두지 않는다.

4 베란다에는 아이가 딛고 올라설 수 있는 의자나 상자 등을 두지 않는다.

5 베란다에서 가급적이면 아이 혼자 놀지 않도록 한다.

안전한 집 안 환경 만드는 도우미

1 안전 잠금장치 서랍, 냉장고, 세탁기, 전자레인지, 변기 뚜껑 등 아이 손이 닿으면 위험한 곳에 부착해 사고를 예방한다.

2 문 고정 장치 갑자기 닫히는 문이나 창문에 아이 몸이나 손이 끼는 사고를 방지한다. 갑자기 문이 닫혀 자동으로 잠기는 것 또한 막는다. 문과 바닥 사이에 끼우는 도어 스토퍼와 문 측면에 걸어서 사용하는 도어 쿠션이 있다.

3 창문 고정 장치 아이가 창문을 열고 베란다 등으로 나가지 못하게 한다.

4 콘센트 안전 덮개 감전 사고 위험으로부터 아이를 보호한다.

5 모서리 · 코너 보호대 아이가 걷기 시작하면 집 안 곳곳의 모서리에 부딪치게 되는데, 이때 보호대를 설치하면 충격을 흡수해서 아이가 크게 다치는 것을 막을 수 있다. 필요한 만큼 잘라서 사용하면 되고, 최근에는 인테리어를 해치지 않는 투명한 제품이 인기다.

6 식탁 미끄럼 방지 패드 식탁 위에 놓인 유리가 미끄러지는 상황을 방지한다.

7 바닥 미끄럼 방지 매트 · 스티커 흡착형 매트, 바닥에 붙이는 스티커, 미끄럼 방지 슬리퍼 등 다양한 안전용품으로 사고를 미연에 방지한다. 욕조 바닥에도 스티커를 붙인다.

8 가스레인지 스위치 커버 가스레인지가 아이 손에 닿는 위치에 있을 경우, 스위치를 돌려 가스가 새는 등 화재를 유발할 수 있으므로 커버를 사용해 예방한다.

9 문틈 손 끼임 방지 보호대 여닫이문 경첩 사이 또는 미닫이문과 문틀 사이에 부착해서 문이 열고 닫힐 때 아이 손이 끼는 것을 방지한다.

10 안전문 창문, 현관 등에 설치해 낙상 사고를 예방한다.

※출처 세이프키즈 코리아 safekids.or.kr

사고별 응급처치법

이물질을 삼켰다

2세 미만 아이는 눈에 보이는 물건을 입으로 가져가는 경향이 있다. 입으로 삼킨 이물질의 80~90%는 위장관을 거쳐 자연 배출되지만, 크기가 큰 이물질의 경우 내시경이나 수술로 제거해야 한다. 무엇을 삼켰든 목구멍에 손을 넣어 억지로 토하게 하는 것은 금물이다. 이물질이 동전이나 스티커 등 고형인 경우도 있지만 세제처럼 액체도 있고, 건전지처럼 수시간 내에 제거하지 않으면 문제가 되는 것도 있으며, 또 아이 연령에 따라 조치법이 다르기 때문에 위험한 이물질을 삼켰다면 즉시 병원에 가야 한다. 아이 연령에는 소화하기 어려운 음식물을 삼킨 후 호흡이 거칠고 불안정하거나 계속 울면서 토할 때, 안색이 나빠지면서 몸이 축 늘어질 때도 병원에 가야 한다. 병원에 갈 때는 아이가 먹고 남긴 것을 가져간다.

● **응급처치법** 전문가가 아닌 사람이 임의로 조치를 취하는 것은 옳지 않지만, 질식할 위험이 있다면 토하게 해야 한다. 만 1세 이전 아이는 다리를 들어 올려 몸을 거꾸로 한 뒤 등을 두드려 내용물이 빠져나오게 한다. 이때 복부 대신 가슴을 압박해야 장기가 다치지 않는다. 만 1세 이후에는 선 자세에서 아이를 앞으로 안고 한 손으로 주먹을 쥔 다음 다른 손으로 주먹 쥔 손을 감싸고 복부를 압박한다.

상처가 났다

일단 상처가 나면 상처의 깊이, 크기, 출혈량 등을 체크한다. 얼굴에 상처가 났거나 7mm 이상으로 찢어진 경우, 출혈이 심하거나 상처가 푹 파인 경우, 흙이나 가시·유리 조각 등의 이물질이 남아 있는 경우에는 병원에 간다. 상처가 잘 낫지 않고 곪아 종기가 생긴 경우에도 병원에 가야 한다. 유리나 작은 파편 같은 이물질이 피부 깊숙이 박혔을 때 무리하게 빼려 하지 말고 그대로 병원에 가는 것이 좋다.

● **응급처치법** 상처 부위를 흐르는 물로 씻어낸 뒤 소독하고, 깨끗한 가제 손수건이나 소독한 솜으로 상처 부위를 3분 이상 눌러 지혈한다.

높은 데서 떨어져 머리를 다쳤다

아이는 머리가 무겁고 몸의 균형이 맞지 않아 걸핏하면 넘어진다. 벽이나 바닥에 살짝 부딪친 정도라면 괜찮지만 의식이 없거나 꼬집어도 반응이 없는 경우, 머리를 다치면서 날카로운 것에 찔린 경우, 얼굴이 시퍼렇고 온몸이 축 늘어지는 경우, 눈동자의 움직임이 비정상적인 경우에는 빨리 병원에 가야 한다. 의식이 없다면 호흡을 확인하고, 호흡이 있으면 목에 베개를 받치고 턱을 위로 향하게 해 기도가 막히지 않게 한다.

● **응급처치법** 품에 안아 안정시킨 뒤 상처가 있는지 살펴본다. 이때 아이 몸을 흔드는 것은 금물. 이상이 없다면 얼음주머니로 열을 식혀준다. 다친 날은 목욕을 시키지 않고 활동적인 놀이도 삼간다.

뜨거운 것에 데었다

가벼운 화상이라도 화상 부위가 넓다면 위험하므로 큰 천 등으로 몸을 감싸고 병원에 데려간다. 피부색이 하얗게 또는 검게 변한 경우는 피부 안쪽까지 덴 것이므로 화상 부위가 작아도 위험하다. 얼굴이나 머리, 손발 관절, 음부, 항문부 등에 화상을 입으면 후유증이 나타날 수 있으므로 응급처치 후 곧바로 병원에 간다.

● **응급처치법** 광범위한 화상이 아니라면 병원에 가기 전에 흐르는 물로 20~30분 정도 식힌 뒤 찬물에 적신 천으로 화상 부위를 감싸고 병원에 간다. 동전 크기 이상의 물집이 생겼으면 터지지 않게 주의한다.

⚠ 옷을 입은 상태에서 화상을 입었다면 옷을 벗기지 말고 샤워기로 물을 뿌리거나 욕조에 물을 받아 몸을 담근다. 억지로 옷을 벗기면 피부가 같이 떨어져 나갈 수 있다.

벌레나 동물에게 물렸다

물린 부위가 새빨갛게 붓고 통증과 출혈이 심한 경우, 아이가 호흡곤란이나 의식장애를 일으키는 경우에는 즉시 병원으로 데려간다. 벌에 쏘였다면 쏘인 부분을 꼭 쥐어 독을 짜낸 후, 개에게 물렸을 때는 즉시 병원에 데려간다. 개의 이빨은 대부분 오염되어 있고, 침에 세균이 많아 염증으로 발전할 확률이 매우 높다.

● **응급처치법** 물린 부위를 흐르는 물에 깨끗이 씻고 독충인 경우에는 독을 짜낸다. 긁어서 상처가 나면 세균이 들어가 농가진을 유발할 수 있으므로 찬물로 씻은 다음 연고를 발라주고 아이가 긁지 못하게 한다. 상처를 손으로 긁어서 염증이 생기는 농가진은 빠르게 주변으로 번지므로 초기에 치료해야 한다.

코피가 났다

아이는 비강 내 점막이 약해서 코피가 자주 난다. 코피가 나면 당황하지 말고 아이를 잘 달래면서 지혈한다. 코피가 나더라도 금방 멈추고, 하루에 여러 번 반복되는 경우가 아니라면 크게 걱정하지 않는다. 단, 지혈을 했는데도 30분 이상 피가 멈추지 않는다면 큰 혈관이 손상되었을 가능성이 있으므로 병원에 간다. 하루에도 몇 번씩 코피가 나는 상태가 3일 이상 지속되면 병원에 가서 혈관 이상인지 알아봐야 한다.

● **응급처치법** 아이를 일으켜 앉힌 후 콧방울 양쪽을 엄지와 검지로 꼭 눌러주면 대개는 2~3분 내에 지혈된다. 그래도 멈추지 않으면 이 자세에서 솜을 말아 콧속에 넣고 4~5분간 콧방울을 누른다. 찬 수건을 코와 뺨, 목덜미에 대거나 목덜미를 주물러주는 것도 도움이 된다. 목을 뒤로 젖히거나 평평하게 눕는 자세는 흐르는 피를 삼키게 되므로 금할 것.

물에 빠졌다

물에서 꺼낸 즉시 울음을 터뜨린다면 물을 많이 마시지 않은 것이므로 물을 뱉어내고 숨을 쉴 수 있게 도와준다. 만약 아무런 반응과 의식이 없으면 인공호흡을 실시한다. 물에서 나왔는데 시간이 지나면서 호흡이 거칠어지고 안색이 나빠지거나 꾸벅꾸벅 조는 등의 반응을 보이는 경우에도 병원에 가야 한다.

● **응급처치법** 아이를 거꾸로 안고 목 안 깊숙이 손가락을 집어넣어 물을 토하게 한다. 좀 더 큰 아이라면 한쪽 무릎을 세워 아이 배가 무릎 위에 닿도록 엎드리게 한 후, 등을 두드려 물을 토하게 한다. 물을 토한 후에는 젖은 옷을 벗기고 물기를 닦은 후 담요 등으로 감싸 몸을 따뜻하게 해 품에 안아 흥분을 가라앉힌다.

감전되었다

감전으로 인한 화상은 피부 깊숙한 데까지 영향을 미쳐 흉터가 남기 쉽다. 쇼크로 인해 의식을 잃을 수 있으므로 아이가 숨을 쉬는지 확인하고, 몇 초가 지나도 호흡하지 않으면 인공호흡을 한다. 구급차를 부르고 구조대가 올 때까지 아이 몸을 담요 등으로 덮어주고 편안하게 눕힌다.

• **응급처치법** 먼저 플러그, 퓨즈 상자 등의 전기를 차단해야 한다. 전기 차단이 어렵다면 마른 막대를 이용해 아이를 전기로부터 떼어놓는다. 찬 수건으로 상처 부위를 식힌 후, 아이가 상처를 긁지 않도록 가제 손수건으로 손을 감싼 뒤 병원에 데리고 간다.

눈에 이물질이 들어갔다

눈을 비비면 눈에 들어간 이물질이 각막을 손상시킬 수 있으므로 절대 비비지 못하게 한다. 눈이 충혈되었거나 아파서 눈을 뜨지 못하면 각막이 손상되었을 가능성이 있으므로 즉시 병원에 간다. 이물질이 눈에 깊이 박힌 경우에는 어떤 응급처치도 하지 말고 눈을 감게 한 뒤, 깨끗한 손수건을 덮은 채 병원에 간다. 세제나 약품이 들어간 경우에는 즉시 다량의 물로 눈을 충분히 씻어내고 병원으로 간다. 병원에 갈 때 눈에 들어간 세제나 약품을 가지고 가면 도움이 된다.

• **응급처치법** 눈을 자주 깜빡거리게 해 눈물을 흘리게 한 뒤 이물질이 남아 있는지 살펴보고 깨끗한 거즈나 면봉으로 찍어낸다. 이렇게 해도 빠지지 않으면 머리를 높게 해 눕힌 후 눈에 식염수를 부어 흘러내리게 한다.

뼈가 부러지거나 삐었다

아이의 뼈는 가벼운 충격에도 부러지기 쉽다. 심하게 울고 팔이나 다리가 비뚤어진 듯 보이거나 유난히 한쪽을 움직이지 않으려 할 때는 뼈가 부러졌을 가능성이 있다. 안아 올리면 인상을 쓰고, 눕히면 심하게 우는 등 특정한 자세를 지나치게 싫어하는 경우에도 검사를 받아야 한다. 골절이라고 하면 주로 팔다리를 떠올리지만, 유아용 침대에서 떨어져 쇄골이 골절되는 사고도 종종 발생한다. 관절이 붓고, 주변 피부색이 검푸르게 변했다면 삐었을 가능성이 높다. 삔다는 것은 염좌, 즉 관절 외측 인대가 부분적으로 손상된 상태를 말한다. 심하면 관절이 어긋나 수술을 해야 할 수 있으므로 4~5일이 지난 후에도 통증을 호소하면 병원 진료를 받아야 한다.

• **응급처치법** 골절이 의심되면 일단 아이가 골절 부위를 움직이지 못하도록 하고, 나무 판 등으로 골절 부위를 고정한 뒤 병원으로 간다. 삐었을 경우 움직이지 못하도록 환부를 붕대로 고정한 후, 찬 물수건으로 열을 식힌다. 환부를 마사지하거나 움직여서는 절대 안 된다.

넘어져 이나 입안을 다쳤다

입안을 다치면 피가 많이 나 큰 사고처럼 보이지만 피를 헹궈내고 살펴보면 작은 상처인 경우도 많다. 또 다른 부위에 생긴 상처에 비해 빨리 아물기도 하므로 상처가 크지 않을 때는 저절로 아물 때까지 기다린다. 하지만 잇몸이나 입술이 크게 찢어졌다면 소독한 거즈로 지혈하고 재빨리 병원으로 가서 처치를 받는다. 또 아이가 계속 아파하고 음식을 제대로 먹지 못할 때도 병원에 가야 한다. 이를 다쳤을 때는 다친 이에 별다른 이상이 없고 잇몸 출혈이 없다면 걱정할 필요 없다.

• **응급처치법** 입 안에 흙이나 모래가 들어갔다면 소독한 솜을 물에 적셔 환부를 깨끗이 닦아내고 물로 헹군다. 거즈 등을 입에 물리거나 피가 나는 부위를 꼭 눌러 지혈한 후 지혈이 잘 되는지 지켜본다.

손톱이 빠졌다

아이 손톱은 얇고 뾰족하기 때문에 작은 충격에도 잘 빠진다. 평소 손톱은 일자로 자른 후 양쪽 끝을 둥글게 다듬는 것이 안전하다. 손톱이 절반 이상 떨어졌거나 손톱이 떨어지지 않았더라도 무르거나 들뜬 부분에서 피가 멈추지 않으면 병원 치료를 받는다.

• **응급처치법** 피가 나면 소독한 거즈로 지혈한 뒤 손톱을 꼭 누른 상태에서 반창고로 단단히 감는다. 손톱의 빠진 부분이 절반 이하이고 출혈이 계속되지 않으면 3~4일 이내에 다시 붙는다.

못이나 뾰족한 것에 찔렸다

가시나 유리, 못 등에 찔린 상처는 겉으로는 대수롭지 않아 보이지만 파상풍이 생길 우려가 있으므로 반드시 병원에서 처치를 받는다. 이때 이물질이 깊이 박혀 뽑히지 않을 때는 억지로 뽑아내려 하지 말고 찔린 부위를 움직이지 않게 한 뒤, 병원에 가서 처치를 받는다.

• **응급처치법** 작은 가시가 얕게 박힌 정도는 소독한 핀셋으로 제거하면 된다. 가시를 뺀 후에는 상처 주위를 눌러 피를 짜내고 소독한 후 밴드를 붙인다. 손톱 밑에 가시가 들어갔을 경우에는 억지로 빼내려 하지 말고 반드시 의사의 처치를 받는다.

손가락이 문틈에 끼었다

좁은 공간에 손가락을 끼는 것을 좋아하는 아이들은 창문 틈이나 문틈 사이에 다치는 일이 자주 일어난다. 손톱이 빠지거나 손을 움직이지 못하는 정도라면 병원에 가서 인대나 뼈에 이상이 없는지 확인해야 한다. 낀 손가락을 잘 움직이지 못하거나 만지면 아파서 울음을 터뜨리는 경우, 손가락이 부자연스럽게 굽은 경우에는 골절이 의심되므로 부목을 대고 병원으로 데려간다. 처음에는 괜찮다가 며칠 후 붓고 색이 검푸르게 변했다면 힘줄이 끊어진 것일 수 있으므로 병원에 간다.

• **응급처치법** 흐르는 물에 환부를 식히는 것이 중요하다. 큰 부상이 아닌 경우에는 대개 잠시 식히면 괜찮아진다. 하지만 점점 더 부어오르거나 움직였을 때 심하게 아프면 병원에 데려간다.

 응급 의료 정보 제공 애플리케이션 이용하기

'응급 의료 정보 제공' 애플리케이션은 보건복지부와 중앙응급의료센터에서 관리한다. 실시간 응급 의료 기관 검색, 야간 의료 기관 정보, 자동 심장 충격기 위치 정보, 명절에 진료하는 병·의원 및 약국 검색, 증상별 응급처치 요령 등을 제공한다. 특히 사용자의 위치를 파악해 가장 가까운 응급실과 병·의원, 소아 야간 진료가 가능한 병원 리스트를 알려주는 서비스가 유용하다.

생후 1~48개월 신체 성장 표준치

※ 2017 소아 청소년 성장 도표(질병관리본부, 대한소아과학회) 기준입니다.

백분위수(남아)												백분위수(여아)										
3	5	10	15	25	50	75	85	90	95	97		3	5	10	15	25	50	75	85	90	95	97
3.4	3.6	3.8	3.9	4.1	4.5	4.9	5.1	5.3	5.5	5.7	1개월 몸무게(kg)	3.2	3.3	3.5	3.6	3.8	4.2	4.6	4.8	5.0	5.2	5.4
51.1	51.5	52.2	52.7	53.4	54.7	56.0	56.7	57.2	57.9	58.4	키(cm)	50.0	50.5	51.2	51.7	52.4	53.7	55.0	55.7	56.2	56.9	57.4
35.1	35.4	35.8	36.1	36.5	37.3	38.1	38.5	38.8	39.2	39.5	머리둘레(cm)	34.3	34.6	35.0	35.3	35.8	36.5	37.3	37.8	38.0	38.5	38.8
4.4	4.5	4.7	4.9	5.1	5.6	6.0	6.3	6.5	6.8	7.0	2개월 몸무게(kg)	4.0	4.1	4.3	4.5	4.7	5.1	5.6	5.9	6.0	6.3	6.5
54.7	55.1	55.9	56.4	57.1	58.4	59.8	60.5	61.0	61.7	62.2	키(cm)	53.2	53.7	54.5	55.0	55.7	57.1	58.4	59.2	59.7	60.4	60.9
36.9	37.2	37.6	37.9	38.3	39.1	39.9	40.3	40.6	41.1	41.3	머리둘레(cm)	36.0	36.3	36.7	37.0	37.4	38.3	39.1	39.5	39.8	40.2	40.5
5.1	5.2	5.5	5.6	5.9	6.4	6.9	7.2	7.4	7.7	7.9	3개월 몸무게(kg)	4.6	4.7	5.0	5.1	5.4	5.8	6.4	6.7	6.9	7.2	7.4
57.6	58.1	58.8	59.3	60.1	61.4	62.8	63.5	64.0	64.8	65.3	키(cm)	55.8	56.3	57.1	57.6	58.4	59.8	61.2	62.0	62.5	63.3	63.8
38.3	38.6	39.0	39.3	39.7	40.5	41.3	41.7	42.0	42.5	42.7	머리둘레(cm)	37.2	37.5	37.9	38.2	38.7	39.5	40.4	40.8	41.1	41.6	41.9
5.6	5.8	6.0	6.2	6.5	7.0	7.6	7.9	8.1	8.4	8.6	4개월 몸무게(kg)	5.1	5.2	5.5	5.6	5.9	6.4	7.0	7.3	7.5	7.9	8.1
60.0	60.5	61.2	61.7	62.5	63.9	65.3	66.0	66.6	67.3	67.8	키(cm)	58.0	58.5	59.3	59.8	60.6	62.1	63.5	64.3	64.9	65.7	66.2
39.4	39.7	40.1	40.4	40.8	41.6	42.4	42.9	43.2	43.6	43.9	머리둘레(cm)	38.2	38.5	39.0	39.3	39.7	40.6	41.4	41.9	42.2	42.7	43.0
6.1	6.2	6.5	6.7	7.0	7.5	8.1	8.4	8.6	9.0	9.2	5개월 몸무게(kg)	5.5	5.6	5.9	6.1	6.4	6.9	7.5	7.8	8.1	8.4	8.7
61.9	62.4	63.2	63.7	64.5	65.9	67.3	68.1	68.6	69.4	69.9	키(cm)	59.9	60.4	61.2	61.7	62.5	64.0	65.5	66.3	66.9	67.7	68.2
40.3	40.6	41.0	41.3	41.7	42.6	43.4	43.8	44.1	44.5	44.8	머리둘레(cm)	39.0	39.3	39.8	40.1	40.6	41.5	42.3	42.8	43.1	43.6	43.9
6.4	6.6	6.9	7.1	7.4	7.9	8.5	8.9	9.1	9.5	9.7	6개월 몸무게(kg)	5.8	6.0	6.2	6.4	6.7	7.3	7.9	8.3	8.5	8.9	9.2
63.6	64.1	64.9	65.4	66.2	67.6	69.1	69.8	70.4	71.1	71.6	키(cm)	61.5	62.0	62.8	63.4	64.2	65.7	67.3	68.1	68.6	69.5	70.0
41.0	41.3	41.8	42.1	42.5	43.3	44.2	44.6	44.9	45.3	45.6	머리둘레(cm)	39.7	40.1	40.5	40.8	41.3	42.2	43.1	43.5	43.9	44.3	44.6
6.7	6.9	7.2	7.4	7.7	8.3	8.9	9.3	9.5	9.9	10.2	7개월 몸무게(kg)	6.1	6.3	6.5	6.7	7.0	7.6	8.3	8.7	8.9	9.4	9.6
65.1	65.6	66.4	66.9	67.7	69.2	70.6	71.4	71.9	72.7	73.2	키(cm)	62.9	63.5	64.3	64.9	65.7	67.3	68.8	69.7	70.3	71.1	71.6
41.7	42.0	42.4	42.7	43.1	44.0	44.8	45.3	45.6	46.0	46.3	머리둘레(cm)	40.4	40.7	41.1	41.5	41.9	42.8	43.7	44.2	44.5	45.0	45.3
7.0	7.2	7.5	7.7	8.0	8.6	9.3	9.6	9.9	10.3	10.5	8개월 몸무게(kg)	6.3	6.5	6.8	7.0	7.3	7.9	8.6	9.0	9.3	9.7	10.0
66.5	67.0	67.8	68.3	69.1	70.6	72.1	72.9	73.4	74.2	74.7	키(cm)	64.3	64.9	65.7	66.3	67.2	68.7	70.3	71.2	71.8	72.6	73.2
42.2	42.5	42.9	43.2	43.7	44.5	45.4	45.8	46.1	46.6	46.9	머리둘레(cm)	40.9	41.2	41.7	42.0	42.5	43.4	44.3	44.7	45.1	45.6	45.9
7.2	7.4	7.7	7.9	8.3	8.9	9.6	10.0	10.2	10.6	10.9	9개월 몸무게(kg)	6.6	6.8	7.0	7.3	7.6	8.2	8.9	9.3	9.6	10.1	10.4
67.7	68.3	69.1	69.6	70.5	72.0	73.5	74.3	74.8	75.7	76.2	키(cm)	65.6	66.2	67.0	67.6	68.5	70.1	71.8	72.6	73.2	74.1	74.7
42.6	42.9	43.4	43.7	44.2	45.0	45.8	46.3	46.6	47.1	47.4	머리둘레(cm)	41.3	41.6	42.1	42.4	42.9	43.8	44.7	45.2	45.5	46.0	46.3
7.5	7.7	8.0	8.2	8.5	9.2	9.9	10.3	10.5	10.9	11.2	10개월 몸무게(kg)	6.8	7.0	7.3	7.5	7.8	8.5	9.2	9.6	9.9	10.4	10.7
69.0	69.5	70.4	70.9	71.7	73.3	74.8	75.6	76.2	77.0	77.6	키(cm)	66.8	67.4	68.3	68.9	69.8	71.5	73.1	74.0	74.6	75.5	76.1
43.0	43.3	43.8	44.1	44.6	45.4	46.3	46.7	47.0	47.5	47.8	머리둘레(cm)	41.7	42.0	42.5	42.8	43.3	44.2	45.1	45.6	46.0	46.4	46.8
7.7	7.9	8.2	8.4	8.7	9.4	10.1	10.5	10.8	11.2	11.5	11개월 몸무게(kg)	7.0	7.2	7.5	7.7	8.0	8.7	9.5	9.9	10.2	10.7	11.0
70.2	70.7	71.6	72.1	73.0	74.5	76.1	77.0	77.5	78.4	78.9	키(cm)	68.0	68.6	69.5	70.2	71.1	72.8	74.5	75.4	76.0	76.9	77.5
43.4	43.7	44.1	44.4	44.9	45.8	46.6	47.1	47.4	47.9	48.2	머리둘레(cm)	42.0	42.4	42.9	43.2	43.7	44.6	45.5	46.0	46.3	46.8	47.1
7.8	8.1	8.4	8.6	9.0	9.6	10.4	10.8	11.1	11.5	11.8	12개월 몸무게(kg)	7.1	7.3	7.7	7.9	8.2	8.9	9.7	10.2	10.5	11.0	11.3
71.3	71.8	72.7	73.3	74.1	75.7	77.4	78.2	78.8	79.7	80.2	키(cm)	69.2	69.8	70.7	71.3	72.3	74.0	75.8	76.7	77.3	78.3	78.9
43.6	44.0	44.4	44.7	45.2	46.1	46.9	47.4	47.7	48.2	48.5	머리둘레(cm)	42.3	42.7	43.2	43.5	44.0	44.9	45.8	46.3	46.6	47.1	47.5

3	5	10	15	25	50	75	85	90	95	97		3	5	10	15	25	50	75	85	90	95	97
8.0	8.2	8.6	8.8	9.2	9.9	10.6	11.1	11.4	11.8	12.1	**13개월** 몸무게(kg)	7.3	7.5	7.9	8.1	8.4	9.2	10.0	10.4	10.8	11.3	11.6
72.4	72.9	73.8	74.4	75.3	76.9	78.6	79.4	80.0	80.9	81.5	키(cm)	70.3	70.9	71.8	72.5	73.4	75.2	77.0	77.9	78.6	79.5	80.2
43.9	44.2	44.7	45.0	45.5	46.3	47.2	47.7	48.0	48.5	48.8	머리둘레(cm)	42.6	42.9	43.4	43.8	44.3	45.2	46.1	46.6	46.9	47.4	47.7
8.2	8.4	8.8	9.0	9.4	10.1	10.9	11.3	11.6	12.1	12.4	**14개월** 몸무게(kg)	7.5	7.7	8.0	8.3	8.6	9.4	10.2	10.7	11.0	11.5	11.9
73.4	74.0	74.9	75.5	76.4	78.0	79.7	80.6	81.2	82.1	82.7	키(cm)	71.3	72.0	72.9	73.6	74.6	76.4	78.2	79.2	79.8	80.8	81.4
44.1	44.4	44.9	45.2	45.7	46.6	47.5	47.9	48.3	48.7	49.0	머리둘레(cm)	42.9	43.2	43.7	44.0	44.5	45.4	46.3	46.8	47.2	47.7	48.0
8.4	8.6	9.0	9.2	9.6	10.3	11.1	11.6	11.9	12.3	12.7	**15개월** 몸무게(kg)	7.7	7.9	8.2	8.5	8.8	9.6	10.4	10.9	11.3	11.8	12.2
74.4	75.0	75.9	76.5	77.4	79.1	80.9	81.8	82.4	83.3	83.9	키(cm)	72.4	73.0	74.0	74.7	75.7	77.5	79.4	80.3	81.0	82.0	82.7
44.3	44.7	45.1	45.5	45.9	46.8	47.7	48.2	48.5	49.0	49.3	머리둘레(cm)	43.1	43.4	43.9	44.2	44.7	45.7	46.6	47.1	47.4	47.9	48.2
8.5	8.8	9.1	9.4	9.8	10.5	11.3	11.8	12.1	12.6	12.9	**16개월** 몸무게(kg)	7.8	8.1	8.4	8.7	9.0	9.8	10.7	11.2	11.5	12.1	12.5
75.4	76.0	76.9	77.5	78.5	80.2	82.0	82.9	83.5	84.5	85.1	키(cm)	73.3	74.0	75.0	75.7	76.7	78.6	80.5	81.5	82.2	83.2	83.9
44.5	44.8	45.3	45.6	46.1	47.0	47.9	48.4	48.7	49.2	49.5	머리둘레(cm)	43.3	43.6	44.1	44.4	44.9	45.9	46.8	47.3	47.6	48.1	48.5
8.7	8.9	9.3	9.6	10.0	10.7	11.6	12.0	12.4	12.9	13.2	**17개월** 몸무게(kg)	8.0	8.2	8.6	8.8	9.2	10.0	10.9	11.4	11.8	12.3	12.7
76.3	76.9	77.9	78.5	79.5	81.2	83.0	84.0	84.6	85.6	86.2	키(cm)	74.3	75.0	76.0	76.7	77.7	79.7	81.6	82.6	83.3	84.4	85.0
44.7	45.0	45.5	45.8	46.3	47.2	48.1	48.6	48.9	49.4	49.7	머리둘레(cm)	43.5	43.8	44.3	44.6	45.1	46.1	47.0	47.5	47.8	48.3	48.7
8.9	9.1	9.5	9.7	10.1	10.9	11.8	12.3	12.6	13.1	13.5	**18개월** 몸무게(kg)	8.2	8.4	8.8	9.0	9.4	10.2	11.1	11.6	12.0	12.6	13.0
77.2	77.8	78.8	79.5	80.4	82.3	84.1	85.1	85.7	86.7	87.3	키(cm)	75.2	75.9	77.0	77.7	78.7	80.7	82.7	83.7	84.4	85.5	86.2
44.9	45.2	45.7	46.0	46.5	47.4	48.3	48.7	49.1	49.6	49.9	머리둘레(cm)	43.6	44.0	44.5	44.8	45.3	46.2	47.2	47.7	48.0	48.5	48.8
9.0	9.3	9.7	9.9	10.3	11.1	12.0	12.5	12.9	13.4	13.7	**19개월** 몸무게(kg)	8.3	8.6	8.9	9.2	9.6	10.4	11.4	11.9	12.3	12.9	13.3
78.1	78.7	79.7	80.4	81.4	83.2	85.1	86.1	86.8	87.8	88.4	키(cm)	76.2	76.9	77.9	78.7	79.7	81.7	83.7	84.8	85.5	86.6	87.3
45.0	45.3	45.8	46.2	46.6	47.5	48.4	48.9	49.2	49.7	50.0	머리둘레(cm)	43.8	44.1	44.6	45.0	45.5	46.4	47.3	47.8	48.2	48.7	49.0
9.2	9.4	9.8	10.1	10.5	11.3	12.2	12.7	13.1	13.6	14.0	**20개월** 몸무게(kg)	8.5	8.7	9.1	9.4	9.8	10.6	11.6	12.1	12.5	13.1	13.5
78.9	79.6	80.6	81.3	82.3	84.2	86.1	87.1	87.8	88.8	89.5	키(cm)	77.0	77.7	78.8	79.6	80.7	82.7	84.7	85.8	86.6	87.7	88.4
45.2	45.5	46.0	46.3	46.8	47.7	48.6	49.1	49.4	49.9	50.2	머리둘레(cm)	44.0	44.3	44.8	45.1	45.6	46.6	47.5	48.0	48.4	48.9	49.2
9.3	9.6	10.0	10.3	10.7	11.5	12.5	13.0	13.3	13.9	14.3	**21개월** 몸무게(kg)	8.7	8.9	9.3	9.6	10.0	10.9	11.8	12.4	12.8	13.4	13.8
79.7	80.4	81.5	82.2	83.2	85.1	87.1	88.1	88.8	89.9	90.5	키(cm)	77.9	78.6	79.7	80.5	81.6	83.7	85.7	86.8	87.6	88.7	89.4
45.3	45.6	46.1	46.4	46.9	47.8	48.7	49.2	49.6	50.1	50.4	머리둘레(cm)	44.1	44.5	45.0	45.3	45.8	46.7	47.7	48.2	48.5	49.0	49.4
9.5	9.8	10.2	10.5	10.9	11.8	12.7	13.2	13.6	14.2	14.5	**22개월** 몸무게(kg)	8.8	9.1	9.5	9.8	10.2	11.1	12.0	12.6	13.0	13.6	14.1
80.5	81.2	82.3	83.0	84.1	86.0	88.0	89.1	89.8	90.9	91.6	키(cm)	78.7	79.5	80.6	81.4	82.5	84.6	86.7	87.8	88.6	89.7	90.5
45.4	45.8	46.3	46.6	47.1	48.0	48.9	49.4	49.7	50.2	50.5	머리둘레(cm)	44.3	44.6	45.1	45.4	46.0	46.9	47.8	48.3	48.7	49.2	49.5
9.7	9.9	10.3	10.6	11.1	12.0	12.9	13.4	13.8	14.4	14.8	**23개월** 몸무게(kg)	9.0	9.2	9.7	9.9	10.4	11.3	12.3	12.8	13.3	13.9	14.3
81.3	82.0	83.1	83.8	84.9	86.9	89.0	90.0	90.8	91.9	92.6	키(cm)	79.6	80.3	81.5	82.2	83.4	85.5	87.7	88.8	89.6	90.7	91.5
45.6	45.9	46.4	46.7	47.2	48.1	49.0	49.5	49.9	50.3	50.7	머리둘레(cm)	44.4	44.7	45.3	45.6	46.1	47.0	48.0	48.5	48.8	49.3	49.7
9.8	10.1	10.5	10.8	11.3	12.2	13.1	13.7	14.1	14.7	15.1	**24개월** 몸무게(kg)	9.2	9.4	9.8	10.1	10.6	11.5	12.5	13.1	13.5	14.2	14.6
81.4	82.1	83.2	83.9	85.1	87.1	89.2	90.3	91.0	92.1	92.9	키(cm)	79.6	80.4	81.6	82.4	83.5	85.7	87.9	89.1	89.9	91.0	91.8
45.7	46.0	46.5	46.8	47.3	48.3	49.2	49.7	50.0	50.5	50.8	머리둘레(cm)	44.6	44.9	45.4	45.7	46.2	47.2	48.1	48.6	49.0	49.5	49.8

3	5	10	15	25	50	75	85	90	95	97		3	5	10	15	25	50	75	85	90	95	97
10.0	10.2	10.7	11.0	11.4	12.4	13.3	13.9	14.3	14.9	15.3	25개월 몸무게(kg)	9.3	9.6	10.0	10.3	10.8	11.7	12.7	13.3	13.8	14.4	14.9
82.1	82.8	84.0	84.7	85.9	88.0	90.1	91.2	92.0	93.1	93.8	키(cm)	80.4	81.2	82.4	83.2	84.4	86.6	88.8	90.0	90.8	92.0	92.8
45.8	46.1	46.6	47.0	47.5	48.4	49.3	49.8	50.1	50.6	50.9	머리둘레(cm)	44.7	45.0	45.5	45.9	46.4	47.3	48.3	48.8	49.1	49.6	49.9
10.1	10.4	10.8	11.1	11.6	12.5	13.6	14.1	14.6	15.2	15.6	26개월 몸무게(kg)	9.5	9.8	10.2	10.5	10.9	11.9	12.9	13.6	14.0	14.7	15.2
82.8	83.6	84.7	85.5	86.7	88.8	90.9	92.1	92.9	94.0	94.8	키(cm)	81.2	82.0	83.2	84.0	85.2	87.4	89.7	90.9	91.7	92.9	93.7
45.9	46.2	46.7	47.1	47.6	48.5	49.4	49.9	50.3	50.8	51.1	머리둘레(cm)	44.8	45.2	45.7	46.0	46.5	47.5	48.4	48.9	49.2	49.8	50.1
10.2	10.5	11.0	11.3	11.8	12.7	13.8	14.4	14.8	15.4	15.9	27개월 몸무게(kg)	9.6	9.9	10.4	10.7	11.1	12.1	13.2	13.8	14.3	15.0	15.4
83.5	84.3	85.5	86.3	87.4	89.6	91.8	93.0	93.8	94.9	95.7	키(cm)	81.9	82.7	83.9	84.8	86.0	88.3	90.6	91.8	92.6	93.8	94.6
46.0	46.3	46.8	47.2	47.7	48.6	49.5	50.0	50.4	50.9	51.2	머리둘레(cm)	44.9	45.3	45.8	46.1	46.6	47.6	48.5	49.0	49.4	49.9	50.2
10.4	10.7	11.1	11.5	12.0	12.9	14.0	14.6	15.0	15.7	16.1	28개월 몸무게(kg)	9.8	10.1	10.5	10.8	11.3	12.3	13.4	14.0	14.5	15.2	15.7
84.2	85.0	86.2	87.0	88.2	90.4	92.6	93.8	94.6	95.8	96.6	키(cm)	82.6	83.5	84.7	85.5	86.8	89.1	91.4	92.7	93.5	94.7	95.6
46.1	46.5	47.0	47.3	47.8	48.7	49.7	50.2	50.5	51.0	51.3	머리둘레(cm)	45.1	45.4	45.9	46.3	46.8	47.7	48.7	49.2	49.5	50.0	50.3
10.5	10.8	11.3	11.6	12.1	13.1	14.2	14.8	15.2	15.9	16.4	29개월 몸무게(kg)	10.0	10.2	10.7	11.0	11.5	12.5	13.6	14.3	14.7	15.5	16.0
84.9	85.7	86.9	87.7	88.9	91.2	93.4	94.7	95.5	96.7	97.5	키(cm)	83.4	84.2	85.4	86.3	87.6	89.9	92.2	93.5	94.4	95.6	96.4
46.2	46.6	47.1	47.4	47.9	48.8	49.8	50.3	50.6	51.1	51.4	머리둘레(cm)	45.2	45.5	46.0	46.4	46.9	47.8	48.8	49.3	49.6	50.1	50.5
10.7	11.0	11.4	11.8	12.3	13.3	14.4	15.0	15.5	16.2	16.6	30개월 몸무게(kg)	10.1	10.4	10.9	11.2	11.7	12.7	13.8	14.5	15.0	15.7	16.2
85.5	86.3	87.6	88.4	89.6	91.9	94.2	95.5	96.3	97.5	98.3	키(cm)	84.0	84.9	86.2	87.0	88.3	90.7	93.1	94.3	95.2	96.5	97.3
46.3	46.6	47.1	47.5	48.0	48.9	49.9	50.4	50.7	51.2	51.6	머리둘레(cm)	45.3	45.6	46.1	46.5	47.0	47.9	48.9	49.4	49.7	50.2	50.6
10.8	11.1	11.6	11.9	12.4	13.5	14.6	15.2	15.7	16.4	16.9	31개월 몸무게(kg)	10.3	10.5	11.0	11.3	11.9	12.9	14.1	14.7	15.2	16.0	16.5
86.2	87.0	88.2	89.1	90.3	92.7	95.0	96.2	97.1	98.4	99.2	키(cm)	84.7	85.6	86.9	87.7	89.0	91.4	93.9	95.2	96.0	97.3	98.2
46.4	46.7	47.2	47.6	48.1	49.0	50.0	50.5	50.8	51.3	51.7	머리둘레(cm)	45.4	45.7	46.2	46.6	47.1	48.0	49.0	49.5	49.8	50.4	50.7
10.9	11.2	11.7	12.1	12.6	13.7	14.8	15.5	15.9	16.6	17.1	32개월 몸무게(kg)	10.4	10.7	11.2	11.5	12.0	13.1	14.3	15.0	15.5	16.2	16.8
86.8	87.6	88.9	89.7	91.0	93.4	95.7	97.0	97.9	99.2	100.0	키(cm)	85.4	86.2	87.5	88.4	89.7	92.2	94.6	95.9	96.8	98.2	99.0
46.5	46.8	47.3	47.7	48.2	49.1	50.1	50.6	50.9	51.4	51.8	머리둘레(cm)	45.5	45.8	46.3	46.7	47.2	48.1	49.1	49.6	49.9	50.5	50.8
11.1	11.4	11.9	12.2	12.8	13.8	15.0	15.7	16.1	16.9	17.3	33개월 몸무게(kg)	10.5	10.8	11.3	11.7	12.2	13.3	14.5	15.2	15.7	16.5	17.0
87.4	88.2	89.5	90.4	91.7	94.1	96.5	97.8	98.6	99.9	100.8	키(cm)	86.0	86.9	88.2	89.1	90.4	92.9	95.4	96.7	97.6	99.0	99.8
46.6	46.9	47.4	47.8	48.3	49.2	50.2	50.7	51.0	51.5	51.9	머리둘레(cm)	45.6	45.9	46.4	46.8	47.3	48.2	49.2	49.7	50.0	50.6	50.9
11.2	11.5	12.0	12.4	12.9	14.0	15.2	15.9	16.3	17.1	17.6	34개월 몸무게(kg)	10.7	11.0	11.5	11.8	12.4	13.5	14.7	15.4	15.9	16.8	17.3
88.0	88.8	90.1	91.0	92.3	94.8	97.2	98.5	99.4	100.7	101.5	키(cm)	86.7	87.5	88.9	89.8	91.1	93.6	96.2	97.5	98.4	99.8	100.6
46.6	47.0	47.5	47.8	48.3	49.3	50.3	50.8	51.1	51.6	52.0	머리둘레(cm)	45.7	46.0	46.5	46.9	47.4	48.3	49.3	49.8	50.1	50.7	51.0
11.3	11.6	12.2	12.5	13.1	14.2	15.4	16.1	16.6	17.3	17.8	35개월 몸무게(kg)	10.8	11.1	11.6	12.0	12.5	13.7	14.9	15.7	16.2	17.0	17.6
88.5	89.4	90.7	91.6	93.0	95.4	97.9	99.2	100.1	101.4	102.3	키(cm)	87.3	88.2	89.5	90.5	91.8	94.4	96.9	98.3	99.2	100.5	101.4
46.7	47.1	47.6	47.9	48.4	49.4	50.3	50.8	51.2	51.7	52.0	머리둘레(cm)	45.8	46.1	46.6	47.0	47.5	48.4	49.4	49.9	50.2	50.7	51.1
12.3	12.6	13.0	13.3	13.8	14.7	15.7	16.3	16.7	17.3	17.7	36개월 몸무게(kg)	11.7	12.0	12.4	12.8	13.3	14.2	15.2	15.7	16.1	16.6	17.0
89.7	90.5	91.8	92.6	93.9	96.5	99.2	100.7	101.8	103.4	104.4	키(cm)	88.1	89.0	90.4	91.4	92.8	95.4	98.1	99.5	100.5	102.0	103.0
46.7	47.1	47.7	48.1	48.7	49.8	50.9	51.4	51.8	52.3	52.7	머리둘레(cm)	46.0	46.3	46.9	47.3	47.8	48.8	49.9	50.5	50.8	51.4	51.8

3	5	10	15	25	50	75	85	90	95	97		3	5	10	15	25	50	75	85	90	95	97
12.4	12.7	13.2	13.5	14.0	14.9	15.9	16.5	16.9	17.5	17.9	37개월 몸무게(kg)	11.8	12.1	12.6	12.9	13.4	14.4	15.4	15.9	16.3	16.9	17.2
90.2	91.0	92.3	93.2	94.5	97.0	99.8	101.3	102.3	103.9	105.0	키(cm)	88.7	89.6	90.9	91.9	93.3	95.9	98.6	100.1	101.1	102.6	103.5
46.8	47.2	47.8	48.2	48.8	49.9	50.9	51.5	51.9	52.4	52.7	머리둘레(cm)	46.0	46.4	47.0	47.3	47.9	48.9	50.0	50.5	50.9	51.5	51.8
12.5	12.8	13.3	13.6	14.1	15.1	16.1	16.7	17.1	17.8	18.2	38개월 몸무게(kg)	11.9	12.2	12.7	13.1	13.6	14.5	15.6	16.1	16.5	17.1	17.5
90.7	91.5	92.8	93.7	95.0	97.6	100.3	101.8	102.9	104.5	105.6	키(cm)	89.2	90.1	91.5	92.4	93.8	96.5	99.2	100.6	101.6	103.1	104.1
46.9	47.3	47.9	48.3	48.9	50.0	51.0	51.5	51.9	52.4	52.8	머리둘레(cm)	46.1	46.5	47.0	47.4	48.0	49.0	50.0	50.6	51.0	51.5	51.9
12.7	13.0	13.4	13.8	14.3	15.3	16.3	16.9	17.4	18.0	18.5	39개월 몸무게(kg)	12.1	12.4	12.9	13.2	13.7	14.7	15.8	16.3	16.8	17.4	17.8
91.2	92.0	93.3	94.2	95.5	98.1	100.9	102.4	103.5	105.1	106.1	키(cm)	89.7	90.6	92.0	93.0	94.4	97.0	99.7	101.2	102.2	103.7	104.7
47.0	47.4	48.0	48.4	49.0	50.0	51.1	51.6	52.0	52.5	52.8	머리둘레(cm)	46.2	46.6	47.1	47.5	48.0	49.1	50.1	50.6	51.0	51.6	52.0
12.8	13.1	13.6	13.9	14.4	15.4	16.5	17.2	17.6	18.3	18.7	40개월 몸무게(kg)	12.2	12.5	13.0	13.3	13.9	14.9	16.0	16.6	17.0	17.6	18.1
91.7	92.5	93.8	94.7	96.1	98.7	101.4	103.0	104.0	105.6	106.7	키(cm)	90.2	91.1	92.5	93.5	94.9	97.6	100.3	101.8	102.8	104.3	105.3
47.1	47.5	48.1	48.5	49.0	50.1	51.1	51.6	52.0	52.5	52.9	머리둘레(cm)	46.3	46.7	47.2	47.6	48.1	49.1	50.2	50.7	51.1	51.7	52.0
12.9	13.2	13.7	14.0	14.6	15.6	16.7	17.4	17.8	18.5	19.0	41개월 몸무게(kg)	12.3	12.7	13.1	13.5	14.0	15.1	16.2	16.8	17.2	17.9	18.3
92.2	93.0	94.3	95.3	96.6	99.2	102.0	103.5	104.6	106.2	107.2	키(cm)	90.8	91.7	93.1	94.0	95.4	98.1	100.8	102.3	103.3	104.8	105.8
47.2	47.6	48.2	48.6	49.1	50.1	51.2	51.7	52.1	52.6	52.9	머리둘레(cm)	46.4	46.8	47.3	47.7	48.2	49.2	50.2	50.8	51.2	51.7	52.1
13.0	13.4	13.8	14.2	14.7	15.8	16.9	17.6	18.1	18.8	19.3	42개월 몸무게(kg)	12.5	12.8	13.3	13.6	14.2	15.2	16.4	17.0	17.5	18.1	18.6
92.7	93.5	94.9	95.8	97.1	99.8	102.6	104.1	105.1	106.7	107.8	키(cm)	91.3	92.2	93.6	94.5	96.0	98.6	101.4	102.9	103.9	105.4	106.4
47.3	47.7	48.2	48.6	49.2	50.2	51.2	51.7	52.1	52.6	53.0	머리둘레(cm)	46.5	46.8	47.4	47.7	48.3	49.3	50.3	50.8	51.2	51.8	52.1
13.2	13.5	14.0	14.3	14.9	16.0	17.1	17.8	18.3	19.1	19.6	43개월 몸무게(kg)	12.6	12.9	13.4	13.8	14.3	15.4	16.6	17.2	17.7	18.4	18.9
93.2	94.0	95.4	96.3	97.7	100.3	103.1	104.6	105.7	107.3	108.4	키(cm)	91.8	92.7	94.1	95.1	96.5	99.2	101.9	103.4	104.5	106.0	107.0
47.4	47.8	48.3	48.7	49.3	50.3	51.3	51.8	52.2	52.7	53.0	머리둘레(cm)	46.6	46.9	47.4	47.8	48.3	49.3	50.3	50.9	51.3	51.8	52.2
13.3	13.6	14.1	14.5	15.0	16.1	17.3	18.0	18.5	19.3	19.8	44개월 몸무게(kg)	12.7	13.1	13.6	13.9	14.5	15.6	16.8	17.4	17.9	18.7	19.2
93.7	94.5	95.9	96.8	98.2	100.9	103.7	105.2	106.3	107.9	108.9	키(cm)	92.4	93.3	94.7	95.6	97.0	99.7	102.5	104.0	105.0	106.5	107.6
47.5	47.8	48.4	48.8	49.3	50.3	51.3	51.8	52.2	52.7	53.1	머리둘레(cm)	46.6	47.0	47.5	47.9	48.4	49.4	50.4	50.9	51.3	51.9	52.2
13.4	13.8	14.3	14.6	15.2	16.3	17.5	18.3	18.8	19.6	20.1	45개월 몸무게(kg)	12.9	13.2	13.7	14.1	14.6	15.7	17.0	17.7	18.2	18.9	19.5
94.2	95.0	96.4	97.3	98.7	101.4	104.2	105.8	106.8	108.4	109.5	키(cm)	92.9	93.8	95.2	96.1	97.6	100.3	103.0	104.5	105.6	107.1	108.1
47.6	47.9	48.5	48.8	49.4	50.4	51.4	51.9	52.2	52.8	53.1	머리둘레(cm)	46.7	47.0	47.6	47.9	48.4	49.4	50.5	51.0	51.4	51.9	52.3
13.6	13.9	14.4	14.8	15.3	16.5	17.7	18.5	19.0	19.8	20.4	46개월 몸무게(kg)	13.0	13.3	13.9	14.2	14.8	15.9	17.2	17.9	18.4	19.2	19.7
94.7	95.5	96.9	97.9	99.3	102.0	104.8	106.3	107.4	109.0	110.1	키(cm)	93.4	94.3	95.7	96.7	98.1	100.8	103.6	105.1	106.1	107.7	108.7
47.7	48.0	48.5	48.9	49.4	50.4	51.4	51.9	52.3	52.8	53.2	머리둘레(cm)	46.8	47.1	47.6	48.0	48.5	49.5	50.5	51.0	51.4	52.0	52.3
13.7	14.0	14.5	14.9	15.5	16.7	17.9	18.7	19.2	20.1	20.7	47개월 몸무게(kg)	13.1	13.5	14.0	14.4	14.9	16.1	17.4	18.1	18.6	19.5	20.0
95.2	96.0	97.4	98.4	99.8	102.5	105.3	106.9	108.0	109.6	110.6	키(cm)	93.9	94.8	96.2	97.2	98.6	101.4	104.1	105.7	106.7	108.3	109.3
47.7	48.1	48.6	49.0	49.5	50.5	51.5	52.0	52.3	52.9	53.2	머리둘레(cm)	46.8	47.2	47.7	48.0	48.6	49.6	50.6	51.1	51.5	52.0	52.4
13.8	14.2	14.7	15.1	15.6	16.8	18.1	18.9	19.5	20.4	20.9	48개월 몸무게(kg)	13.3	13.6	14.1	14.5	15.1	16.3	17.6	18.3	18.9	19.7	20.3
95.6	96.5	97.9	98.9	100.3	103.1	105.9	107.5	108.5	110.1	111.2	키(cm)	94.5	95.4	96.8	97.7	99.2	101.9	104.7	106.2	107.3	108.8	109.8
47.8	48.2	48.7	49.0	49.6	50.5	51.5	52.0	52.4	52.9	53.3	머리둘레(cm)	46.9	47.2	47.8	48.1	48.6	49.6	50.6	51.1	51.5	52.1	52.4

※**표 보는 법** 신장은 2세(24개월)부터 누운 키에서 선 키로 측정 방법을 변경합니다.
백분위수 50은 같은 또래의 평균치입니다. 50 이하일수록 키나 몸무게가 적고, 50 이상일수록 키나 몸무게가 평균 이상이라는 뜻입니다.

2006
초판 1쇄 3월 1일
초판 2쇄 5월 1일
초판 3쇄 8월 1일
초판 4쇄 10월 1일
초판 5쇄 12월 15일

2007
개정 1판 1쇄 4월 1일
개정 1판 2쇄 6월 1일
개정 1판 3쇄 9월 15일
개정 1판 4쇄 12월 1일

2008
개정 2판 1쇄 1월 15일
개정 2판 2쇄 4월 15일
개정 2판 3쇄 7월 15일
개정 2판 4쇄 10월 15일

2009
개정 3판 1쇄 1월 15일
개정 3판 2쇄 3월 15일
개정 3판 3쇄 7월 1일
개정 3판 4쇄 9월 1일
개정 3판 5쇄 11월 1일

2010
개정 4판 1쇄 1월 1일
개정 4판 2쇄 4월 1일
개정 4판 3쇄 6월 15일
개정 4판 4쇄 10월 15일

2011
개정 5판 1쇄 1월 1일
개정 5판 2쇄 4월 1일
개정 5판 3쇄 7월 1일
개정 5판 4쇄 8월 15일

2012
개정 6판 1쇄 1월 1일
개정 6판 2쇄 3월 1일
개정 6판 3쇄 7월 15일
개정 6판 4쇄 10월 1일

2013
개정 7판 1쇄 3월 1일
개정 7판 2쇄 7월 1일
개정 7판 3쇄 10월 1일

2014
개정 7판 4쇄 2월 1일
개정 7판 5쇄 4월 15일
개정 7판 6쇄 6월 15일
개정 8판 1쇄 7월 25일
개정 8판 2쇄 10월 1일

2015
개정 8판 3쇄 1월 15일
개정 8판 4쇄 5월 15일
개정 9판 1쇄 7월 25일
개정 9판 2쇄 10월 1일

2016
개정 9판 3쇄 3월 15일
개정 9판 4쇄 5월 1일
개정 10판 1쇄 7월 15일
개정 10판 2쇄 11월 1일

2017
개정 10판 3쇄 4월 1일
개정 10판 4쇄 6월 1일
개정 11판 1쇄 7월 1일
개정 11판 2쇄 11월 1일

2018
개정 11판 3쇄 2월 1일
개정 12판 1쇄 7월 1일
개정 12판 2쇄 9월 1일
개정 12판 3쇄 11월 15일

2019
개정 12판 4쇄 2월 1일
개정 13판 1쇄 7월 1일
개정 13판 2쇄 9월 15일

2020
개정 13판 3쇄 1월 15일
개정 13판 4쇄 6월 1일
개정 14판 1쇄 7월 31일
개정 14판 2쇄 12월 15일

2021
개정 14판 3쇄 4월 15일
개정 14판 4쇄 6월 15일
개정 15판 1쇄 7월 15일
개정 15판 2쇄 11월 1일

2022
개정 15판 3쇄 4월 1일
개정 16판 1쇄 7월 15일
개정 16판 2쇄 11월 15일

2023
개정 16판 3쇄 3월 1일
개정 17판 1쇄 7월 15일

2024
개정 17판 2쇄 1월 15일
개정 17판 3쇄 4월 15일
개정 18판 1쇄 7월 15일
개정 18판 2쇄 9월 1일

임신 출산 육아
대백과

개정판 18판 2쇄 2024년 9월 1일

발행처 ㈜삼성출판사
발행인 김진용
등록 번호 제 1-276호
주소 서울시 서초구 명달로 94
문의 전화 080-470-3000
홈페이지 www.mylittletiger.co.kr

값 19,500원

ISBN 978-89-15-99900-8 13590